# 中小型水利水电工程施工管理实务

胡先林 黄忠赤 余 兵 张亦军 叶礼宏 等编著

黄河水利出版社
·郑州·

## 内 容 提 要

本书主要分三个部分:第一部分主要是工程建设实用的法律法规,包括水利工程施工过程中法律法规对施工单位、项目部、工程负责人等的要求;第二部分主要是中小型水利工程常用的施工技术,包括小型水工建筑物组成、施工导流、临时工程施工及主体工程施工要求;第三部分主要是水利工程项目管理,包括合同管理、技术管理、进度管理、质量管理、安全管理、成本管理等。

本书适用于负责水利工程施工的项目负责人使用,其他项目管理人员也可参照使用。

**图书在版编目(CIP)数据**

中小型水利水电工程施工管理实务/胡先林等编著.
郑州:黄河水利出版社,2011.7
ISBN 978 - 7 - 5509 - 0076 - 9

Ⅰ.①中… Ⅱ.①胡… Ⅲ.①水利水电工程 - 施工
管理 Ⅳ.①TV512

中国版本图书馆 CIP 数据核字(2011)第 129777 号

---

出 版 社:黄河水利出版社
    地址:河南省郑州市顺河路黄委会综合楼 14 层     邮政编码:450003
发行单位:黄河水利出版社
    发行部电话:0371 - 66026940、66020550、66028024、66022620(传真)
    E-mail:hhslcbs@ 126. com
承印单位:黄河水利委员会印刷厂
开本:787 mm × 1 092 mm    1/16
印张:30.5
字数:705 千字                 印数:1—2 600
版次:2011 年 7 月第 1 版       印次:2011 年 7 月第 1 次印刷

---

定价:116.00 元

# 中小型水利水电工程施工管理实务
## 编 委 会

# 前 言

  根据《中共中央、国务院关于加快水利改革发展的决定》(中发〔2011〕1号)文件精神,水利基本建设又上升到国家一个新的高度,水利工程建设即将迎来新的高潮,而目前的水利工程专业建造师的数量及质量满足不了要求,特别是中小型水利工程现场实际工程负责人的管理和技术水平有待提高。为了提高建造师特别是施工现场负责人的合同、安全、质量意识,贯彻落实中央1号文件及《安徽省人民政府办公厅关于加快建筑业发展的意见》(皖政办〔2009〕103号)文件精神,结合安徽省水利厅出台的小型水利工程施工负责人培训考核和中小型水利建设项目经理"AB"岗管理制度等要求,针对施工过程及执行规程规范常遇问题,特编写本书。

  本书主要分三个部分:第一部分主要是工程建设实用的法律法规,包括水利工程施工过程中法律法规对施工单位、项目部、工程负责人等的要求;第二部分主要是中小型水利工程常用的施工技术,包括小型水工建筑物组成、施工导流、临时工程施工及主体工程施工要求;第三部分主要是水利工程项目管理,包括合同管理、技术管理、进度管理、质量管理、安全管理、成本管理等。

  本书编写人员及编写分工如下:陈惠全编写第一部分第一章第一、二、五、六节和第三部分第七章第四、五节;汪霞编写第一部分第一章第三、四节;邢海波编写第一部分第一章第七、八、九节;晏芳编写第一部分第二章第一节、第三部分第五章第四节;唐骏编写第一部分第二章第二节;杨益编写第一部分第二章第三节;余兵编写第一部分第三章第一、二、三节;张亦军编写第一部分第三章第四、五节;黄忠赤编写第二部分第一章第一、二、三节;吴帮杰编写第二部分第一章第四、五节;储涛编写第二部分第一章第六节和第四章第七、八节;黄守琳编写第二部分第二章第一、二、三节;李燕编写第二部分第二章第四、五节;柏瑞编写第二部分第二章第六、七节;芮兵利编写第二部分第三章第一、二、三节;胡先林编写第二部分第三章第四、五节和第四章第一、三、四节;邰洪生编写第三部分第二章第一、二节;袁磊编写第二部分第四章第二节;王光平编写第二部分第四章第五、六节;李磊编写第三部分第一章第一、二节和第三章第三节;蒙诗毅编写第三部分第一章第三、四节;叶礼宏编写第三部分第二章第三节,第四章第五、六节,第六章第一、二节,第七章第六节;靳艳岳编写第三部分第三章第一、二节;费广旭编写第三部分第四章第一、二、三、四节;王本法编写第三部分第五章第一、二、三节;黄俊霞编写第三部分第六章第三、四节;汪惠芬编写第三部分第六章第五、六节;於祥子编写第三部分第七章第一、二、三节。

本书通稿和校对由芮兵利和靳艳岳共同完成,由王荣喜、黄祚继、胡先林、高建中统审。

本书适用于负责水利工程施工的项目负责人使用,其他项目管理人员也可参照使用。

本书在编写过程中得到安徽省水利厅基建处、安徽省水利水电基本建设管理局、安徽省水利科学研究院、安徽水安建设集团股份有限公司、安徽省大禹工程建设监理咨询有限公司的大力支持和帮助,在此表示诚挚的感谢!

由于编者水平有限、时间仓促,书中不足之处敬请读者斧正。

编　者

2011 年 5 月

# 目 录

## 第一部分 常用法律法规及相关知识

## 第二部分 常见水利工程施工技术

# 第一部分　常用法律法规及相关知识

# 第一章　建设工程法律制度

## 第一节　法律体系和法的形式

### 一、法律体系

法律体系,是指一国的全部现行法律规范,按照一定的标准和原则,划分为不同的法律部门而形成的内部和谐一致、有机联系的整体。

我国的法律体系通常如下。

**(一)宪法**

宪法是整个法律体系的基础,主要表现形式是《中华人民共和国宪法》。

**(二)民法**

民法是调整作为平等主体的公民之间、法人之间、公民和法人之间的财产关系和人身关系的法律,主要由《中华人民共和国民法通则》和单行民事法律组成,单行法律主要包括合同法、担保法、专利法、商标法、著作权法、婚姻法等。

**(三)商法**

商法是调整平等主体之间的商事关系或商事行为的法律,主要包括公司法、证券法、保险法、票据法、企业破产法、海商法等。我国实行"民商合一"的原则,商法虽然是一个相对独立的法律部门,但民法的许多概念、规则和原则也通用于商法。

**(四)经济法**

经济法是调整国家在经济管理中发生的经济关系的法律,包括建筑法、招标投标法、反不正当竞争法、税法等。

**(五)行政法**

行政法是调整国家行政管理活动中各种社会关系的法律规范的总和。主要包括行政处罚法、行政复议法、行政监察法、治安管理处罚法等。

**（六）劳动法与社会保障法**

劳动法是调整劳动关系的法律，主要是《中华人民共和国劳动法》；社会保障法是调整有关社会保障、社会福利的法律，包括安全生产法、消防法等。

**（七）自然资源与环境保护法**

自然资源与环境保护法是关于保护环境和自然资源，防治污染和其他公害的法律。自然资源法主要包括土地管理法、节约能源法等；环境保护方面的法律主要包括环境保护法、环境影响评价法、噪声污染环境防治法等。

**（八）刑法**

刑法是规定犯罪和刑罚的法律，主要是《中华人民共和国刑法》。一些单行法律、法规的有关条款也可能规定刑法规范。

**（九）诉讼法**

诉讼法（又称诉讼程序法），是有关各种诉讼活动的法律，其作用在于从程序上保证实体法的正确实施。诉讼法主要包括民事诉讼法、行政诉讼法、刑事诉讼法。仲裁法、律师法、法官法、检察官法等法律的内容也大体属于该法律部门。

## 二、法的形式

根据《中华人民共和国宪法》和《中华人民共和国立法法》（以下简称《立法法》）及有关规定，我国法的形式主要包括以下几种。

**（一）宪法**

宪法是每一个民主国家最根本的法的渊源，其法律地位和效力是最高的。我国的宪法是由我国的最高权力机关——全国人民代表大会制定和修改的，一切法律、行政法规和地方性法规都不得与宪法相抵触。

**（二）法律**

法律包括广义的法律和狭义的法律。

广义上的法律，泛指《立法法》调整的各类法的规范性文件；狭义上的法律，仅指全国人大及其常委会制定的规范性文件。在这里，我们仅指狭义上的法律。法律的效力低于宪法，但高于其他的法。

**（三）行政法规**

行政法规是最高国家行政机关即国务院制定的规范性文件，如《建设工程质量管理条例》、《建设工程勘察设计管理条例》、《建设工程安全生产管理条例》、《安全生产许可证条例》和《建设项目环境保护管理条例》等。

行政法规的效力低于宪法和法律。

**（四）地方性法规**

地方性法规是指省、自治区、直辖市以及省、自治区人民政府所在地的市和经国务院批准的较大的市的人民代表大会及其常委会，在其法定权限内制定的法律规范性文件，如《安徽省安全生产管理条例》、《安徽省环境保护条例》、《安徽省小型水库安全管理办法》、《安徽省水工程管理和保护条例》等。

地方性法规具有地方性，只在本辖区内有效，其效力低于法律和行政法规。

## （五）行政规章

行政规章是由国家行政机关制定的法律规范性文件,包括部门规章和地方政府规章。

部门规章是由国务院各部、委制定的法律规范性文件,如《工程建设项目施工招标投标办法》(2003年3月8日国家发改委等7部委30号令)、《评标委员会和评标方法暂行规定》(2001年7月5日国家发改委等7部委令第12号发布)、《建筑业企业资质管理规定》(2001年4月18日建设部令第87号发布)等。部门规章的效力低于法律、行政法规。

地方政府规章是由省、自治区、直辖市以及省、自治区人民政府所在地的市和国务院批准的较大的市的人民政府所制定的法律规范性文件。地方政府规章的效力低于法律、行政法规,低于同级或上级地方性法规。

《中华人民共和国立法法》第85条规定:地方性法规、规章之间不一致时,由有关机关依照下列规定的权限作出裁决:

(1)同一机关制定的新的一般规定与旧的特别规定不一致时,由制定机关裁决。

(2)地方性法规与部门规章之间对同一事项的规定不一致,不能确定如何适用时,由国务院提出意见,国务院认为应当适用地方性法规的,应当决定在该地方适用地方性法规的规定;认为应当适用部门规章的,应当提请全国人民代表大会常务委员会裁决。

(3)部门规章之间、部门规章与地方政府规章之间对同一事项的规定不一致时,由国务院裁决。

## （六）最高人民法院司法解释规范性文件

最高人民法院对于法律的系统性解释文件和对法律适用的说明,对法院审判有约束力,具有法律规范的性质,在司法实践中具有重要的地位和作用。在民事领域,最高人民法院制定的司法解释文件有很多,例如《关于贯彻执行〈中华人民共和国民法通则〉若干问题的意见(试行)》、《关于审理建设工程施工合同纠纷案件适用法律问题的解释》等。

## （七）国际条约

国际条约是指我国作为国际法主体同外国缔结的双边、多边协议和其他具有条约、协定性质的文件,如《建筑业安全卫生公约》等。国际条约是我国法的一种形式,对所有国家机关、社会组织和公民都具有法律效力。

此外,自治条例和单行条例、特别行政区法律等,也属于我国法的形式。

【例题】 法律效力等级是正确适用法律的关键,法律效力正确的排序是:宪法＞法律＞行政法规＞地方政府规章。

## 三、宪法

宪法是我国的根本大法,是其他法律的制定基础。现行宪法经过的历程如下:1982年12月4日第五届全国人民代表大会第五次会议通过,1982年12月4日全国人民代表大会公告公布施行,根据1988年4月12日第七届全国人民代表大会第一次会议通过的《中华人民共和国宪法修正案》、1993年3月29日第八届全国人民代表大会第一次会议通过的《中华人民共和国宪法修正案》、1999年3月15日第九届全国人民代表大会第二次会议通过的《中华人民共和国宪法修正案》和2004年3月14日第十届全国人民代表大会第二次会议通过的《中华人民共和国宪法修正案》修正。

我国宪法规定了公民享有的基本权利,包括以下几项。

## (一)平等权

所谓平等权,是指公民依法平等地享有权利,不受任何差别对待,要求国家给予同等保护的权利。

我国宪法第33条规定:"中华人民共和国公民在法律面前一律平等。"这种平等表现为三方面:

(1)公民平等地享有宪法和法律规定的权利,平等地履行宪法和法律规定的义务。

(2)任何人的合法权利都平等地受到保护,对任何违法行为一律予以追究。

(3)不允许任何公民享有法律以外的特权,任何人不得强制任何公民承担法律以外的义务,不得使公民受到法律以外的处罚。

平等权是我国法律赋予公民的一项基本权利,是公民实现其他权利的基础。但是,平等权也是具有相对性的,并不排斥合理的差别。例如,我国法律对于老人、妇女、儿童的特殊保护就属于这种合理的差别。

## (二)政治权利和自由

政治权利和自由是公民作为国家政治主体而依法享有的参加国家政治生活的权利和自由。包括享有选举权和被选举权及言论、出版、集会、结社、游行和示威的自由。

在行使言论、出版、集会、结社、游行和示威的权利时,既要注意符合法律规定的要件,又要注意不得损害国家的、社会的、集体的利益和其他公民的合法的权利和自由。

## (三)宗教信仰自由

中华人民共和国公民有宗教信仰自由,表现为:公民有信教或者不信教的自由,有信仰这种宗教或者那种宗教的自由,有信仰同宗教中的这个教派或那个教派的自由,有过去信教现在不信教或者过去不信教现在信教的自由。

但是,从事宗教活动必须遵守国家法律,尊重他人的合法权益,服从社会整体利益的要求。

## (四)社会经济权利

社会经济权利包括财产权、劳动权、休息权。

财产权指的是公民对其合法财产享有的不受侵犯的所有权。我国宪法规定:"公民的合法的私有财产不受侵犯。"

劳动权指的是有劳动能力的公民有从事劳动并取得相应报酬的权利。

休息权指的是劳动者为保护身体健康、提高劳动效率而享有的休息和休养的权利。我国宪法规定:"公民有休息的权利。"我国劳动法对此作出了细化的规定:

(1)国家实行劳动者每日工作时间不超过8小时、平均每周工作时间不超过44小时的工时制度。

(2)用人单位应当保证劳动者每周至少休息一次。

(3)用人单位在下列节日期间应当依法安排劳动者休假:①元旦;②春节;③国际劳动节;④国庆节;⑤法律、法规规定的其他休假节日。

## (五)文化教育权利

文化教育权利包括以下两部分:

（1）受教育的权利。在这项权利所包含的内容中,与工程建设活动相关的权利包括:成年人有接受成年教育的权利;公民有从集体经济组织、国家企业事业组织和其他社会力量举办的教育机构接受教育的机会;就业前的公民有接受必要的劳动就业训练的权利和义务。

（2）进行科学研究、文学艺术创作和其他文化活动的自由。

### （六）监督权和获得赔偿权

监督权是指宪法赋予公民监督国家机关及其工作人员的活动的权利,其内容包括批评建议权、检举控告权和申诉权。我国宪法规定:"中华人民共和国公民对于任何国家机关和国家工作人员,有提出批评和建议的权利;对于任何国家机关和国家工作人员的违法失职行为,有向国家机关提出申诉、控告或者检举的权利,但不得捏造或者歪曲事实进行诬告陷害。"获得赔偿权是指公民的合法权益因国家机关或者国家机关工作人员违法行使职权而受到侵害的,公民有要求赔偿的权利。

### （七）公民的基本义务

公民在享有权利的同时,也要履行相应的义务。我国宪法规定了公民要履行下列主要义务:

（1）维护国家统一和民族团结的义务。

（2）遵守宪法和法律,保守国家秘密,爱护公共财产,遵守劳动纪律,遵守公共秩序,尊重社会公德。

（3）维护祖国的安全、荣誉和利益。

（4）保卫祖国、依法服兵役和参加民兵组织。

（5）依法纳税。

（6）其他方面的基本义务,例如成年子女赡养扶助父母的义务。

## 四、民法

民法,是我国法律体系中最基本和最重要的法律之一。民法包括的范围很广,本书主要介绍《中华人民共和国民法通则》(以下简称《民法通则》)、《中华人民共和国著作权法》(以下简称《著作权法》)、《中华人民共和国专利法》(以下简称《专利法》)、《中华人民共和国商标法》(以下简称《商标法》)的部分内容。

《民法通则》于1986年4月12日第六届全国人民代表大会第四次会议通过,1987年1月1日起施行。《民法通则》的立法目的在于保障公民、法人合法的民事权益,正确调整民事关系。《民法通则》共分为9章156条。本书仅就与工程建设密切相关的部分内容进行介绍。

《著作权法》、《专利法》、《商标法》是保护知识产权的三部主要法律。本书仅就其与工程建设密切相关的部分进行介绍。

#### （一）民事法律关系

1.民事法律关系的构成

民事法律关系是由民法规范调整的以权利义务为内容的社会关系,包括人身关系和财产关系。

法律关系都是由法律关系主体、法律关系客体和法律关系内容三个要素构成的,缺少其中一个要素就不能构成法律关系。由于三要素的内涵不同,则组成不同的法律关系,诸如民事法律关系、行政法律关系、劳动法律关系、经济法律关系等。

1)民事法律关系主体

民事法律关系主体(简称民事主体),是指民事法律关系中享受权利、承担义务的当事人和参与者,包括自然人、法人和其他组织。

a. 自然人

自然人是依自然规律出生而取得民事主体资格的人。本来民法上只有人的概念,亦即指自然人,后来团体的法律地位被民法确认,产生了法人。为了区分人与法律拟制的"人",遂出现了"自然人"这一称谓。所以,自然人是与法人相对应的概念。

自然人包括公民、外国人和无国籍的人。

公民是指具有一国国籍并按该国宪法和法律享受权利和承担义务的自然人。我国《宪法》规定,凡具有中华人民共和国国籍的人都是中华人民共和国公民。

外国人和无国籍人不具有我国的国籍,不属于我国的公民,但是这并不妨碍其成为我国的民事主体,享受民事权利,承担民事义务。

自然人作为民事主体的一种,能否通过自己的行为取得民事权利、承担民事义务,取决于其是否具有民事行为能力。所谓民事行为能力,是指民事主体通过自己的行为取得民事权利、承担民事义务的资格。民事行为能力分为完全民事行为能力、限制民事行为能力、无民事行为能力三种。

(1)完全民事行为能力。

①18 周岁以上的公民是成年人,具有完全民事行为能力,可以独立进行民事活动,是完全民事行为能力人。

②16 周岁以上不满 10 周岁的公民,以自己的劳动收入为主要生活来源的,视为完全民事行为能力人。

(2)限制民事行为能力。

①10 周岁以上的未成年人是限制民事行为能力人。这种人可以进行与他的年龄、智力相适应的民事活动。

②不能完全辨认自己行为的精神病人是限制民事行为能力人。这种人可以进行与他的精神健康状况相适应的民事活动;其他民事活动由他的法定代理人代理,或者征得他的法定代理人的同意。

(3)无民事行为能力。

①不满 18 周岁的未成年人是无民事行为能力人。这种人由他的法定代理人代理民事活动。

②不能辨认自己行为的精神病人是无民事行为能力人。这种人也由他的法定代理人代理民事活动。

b. 法人

法人是具有民事权利能力和民事行为能力,依法独立享有民事权利和承担民事义务的组织。

根据《民法通则》第 37 条的规定,法人应当具备 4 个条件:

(1)依法成立;

(2)有必要的财产和经费;

(3)有自己的名称、组织机构和场所;

(4)能够独立承担民事责任。

法人也具有行为能力,法人的民事行为能力是法律赋予法人独立进行民事活动的能力,其行为能力总是有限的,由其成立的宗旨和业务范围所决定。法人的行为能力始于法人的成立而止于法人的撤销。

c.其他组织

根据《中华人民共和国合同法》(以下简称《合同法》)及相关法律的规定,法人以外的其他组织也可以成为民事法律关系的主体,称为非法人组织。

2)民事法律关系客体

民事法律关系客体,是指民事法律关系之间权利和义务所指向的对象。法律关系客体的种类包括财、物、行为、智力成果。

a.财

财一般指资金及各种有价证券。在建设法律关系中表现为财的客体主要是建设资金,如基本建设贷款合同的标的,即一定数量的货币。

b.物

物是指法律关系主体支配的、在生产上和生活上所需要的客观实体。例如,施工中使用的各种建筑材料、施工机械都属于物的范围。

c.行为

作为法律关系客体的行为是指义务人所要完成的能满足权利人要求的结果。这种结果表现为两种:物化的结果与非物化的结果。

物化的结果指的是义务人的行为凝结于一定的物体,产生一定的物化产品。例如,水闸、泵站等水利建设工程项目。

非物化的结果即义务人的行为没有转化为物化实体,而仅表现为一定的行为过程,最终产生了权利人所期望的法律效果。例如,企业对员工的安全教育培训、技术和安全技术交底等行为。

d.智力成果

智力成果是指通过某种物体或大脑记载下来并加以流传的思维成果。例如,文学作品就是这种智力成果。智力成果属于非物质财富,也称为精神产品。

3)民事法律关系内容

民事法律关系内容,是指法律关系主体之间的法律权利和法律义务。这种法律权利和法律义务的来源可以分为法定的权利、义务和约定的权利、义务。

**2.民事法律关系的变更**

构成法律关系的三个要素如果发生变化,就会导致这个特定的法律关系发生变化,所以,法律关系的变更分为主体变更、客体变更和内容变更。

1）主体变更

主体变更有两种表现形式：主体数目发生变化和主体改变。

a.主体数目发生变化

主体数目发生变化表现为主体的数目增加或者减少。例如，总承包商将所承揽的工程进行了分包，就导致了主体数目的增加。

b.主体改变

主体改变也称为合同转让，由另一个新主体代替原主体享有权利、承担义务。

2）客体变更

客体变更也有两种表现形式：客体范围的变更和客体性质的变更。

a.客体范围的变更

客体范围的变更表现为客体的规模、数量发生了变化。例如，由于工程设计变更，增加或减少了工程，如将某分部分项工程的工程量由 1 000 m³ 混凝土增加到了 2 000 m³。

b.客体性质的变更

客体性质的变更表现为原有的客体已经不复存在，而由新的客体代替了原来的客体。例如，由于设计变更，将原工程量清单中的混凝土路面改成沥青路面。

3）内容变更

内容变更也有两种表现形式：权利增加和权利减少。

a.权利增加

一方的权利增加，也就意味着另一方的义务的增加。例如，建设单位与施工单位之间经过协商修改了原合同，由施工单位自行完成三通一平工作，其费用另行计算。

b.权利减少

一方的权利减少，也就意味着另一方义务的减少。例如，建设单位与施工单位之间经过协商约定，将原合同中的"定时支付工程款"修改为"达到一定工程量的前提下，定时支付工程款"。这就导致了施工单位请求工程款的权利减少。

3.民事法律关系的终止

民事法律关系的终止，是指民事法律关系主体之间的权利义务不复存在，彼此丧失了约束力。法律关系的终止可以分为自然终止、协议终止和违约终止。

1）自然终止

民事法律关系自然终止，是指某类民事法律关系所规范的权利义务顺利得到履行，取得了各自的利益，从而使该法律关系达到完结。

2）协议终止

民事法律关系协议终止，是指民事法律关系主体之间协商解除某类建设法律关系规范的权利义务，致使该法律关系归于消灭。

协议终止有两种表现形式：即时协商和约定终止条件。

a.即时协商

这种协议终止指的是当事人双方就终止法律关系事宜即时协商，达成了一致意见后终止了他们之间的法律关系。

b.约定终止条件

这种协议终止指的是双方当事人在签订合同的时候就约定了终止的条件,当具备这个条件时,不需要与另一方当事人协商,一方当事人即可终止其法律关系。

3)违约终止

民事法律关系违约终止,是指民事法律关系主体一方违约,或发生不可抗力,致使某类民事法律关系规范的权利不能实现。

**(二)民事法律行为的成立要件**

1. 民事法律行为的概念

民事法律行为,是指公民或者法人设立、变更、终止民事权利和民事义务的合法行为。

2. 要式法律行为和不要式法律行为

1)要式法律行为

要式法律行为指法律规定应当采用特定形式的民事法律行为。《民法通则》第 56 条规定:"民事法律行为可以采取书面形式、口头形式或者其他形式。法律规定是特定形式的,应当依照法律规定。"例如,根据《合同法》第 270 条的规定,建设工程合同应当采用书面形式。因此,订立建设工程合同的行为,属于要式法律行为。

2)不要式法律行为

不要式法律行为指法律没有规定特定形式,采用书面、口头或其他任何形式均可成立的民事法律行为。

《合同法》第 197 条规定:"借款合同采用书面形式,但自然人之间借款另有约定的除外。"这个条款规定了自然人之间的借款属于不要式法律行为,有没有书面形式的合同均可。而非自然人之间的借款则属于要式法律行为,必须采用书面形式。

3. 民事法律行为的成立要件

根据《民法通则》第 55 条、第 56 条的规定,民事法律行为应当具备下列条件。

1)法律行为主体具有相应的民事权利能力和行为能力

民事权利能力是法律确认的自然人享有民事权利、承担民事义务的资格。自然人只有具备了民事权利能力,才能参加民事活动。《民法通则》第 9 条规定:"公民从出生时起到死亡时止,具有民事权利能力,依法享有民事权利,承担民事义务。"

具有民事权利能力,是自然人获得参与民事活动的资格,但能不能运用这一资格,还受自然人的理智、认识能力等主观条件制约。有民事权利能力者,不一定具有民事行为能力。

2)行为人意思表示真实

意思表示真实指的是行为人内心的效果意思与表示意思一致。也即不存在认识错误、欺诈、胁迫等外在因素而使得表示意思与效果意思不一致。

但是,意思表示不真实的行为也不是必然的无效行为,因其导致意思不真实的原因不同,可能会发生无效或者被撤销的法律后果。

3)行为内容合法

根据《民法通则》的规定,行为内容合法表现为不违反法律和社会公共利益、社会公德。行为内容合法首先不得与法律、行政法规的强制性或禁止性规范相抵触。其次,行为内容合法还包括行为人实施的民事行为不得违背社会公德,不得损害社会公共利益。

4）行为形式合法

民事法律行为的形式也就是行为人进行意思表示的形式。凡属要式的民事法律行为,必须采用法律规定的特定形式才为合法,而不要式民事法律行为,则当事人在法律允许范围选择口头形式、书面形式或其他形式作为民事法律行为的形式皆为合法。

### (三)代理

#### 1.代理的含义

代理是代理人于代理权限内,以被代理人的名义向第三人为意思表示或受领意思表示,该意思表示直接对本人生效的民事法律行为。

公民、法人可以通过代理人实施民事法律行为。代理人在代理权限内,以被代理人名义实施民事法律行为,被代理人对代理人的代理行为,承担民事责任。

代理涉及三方当事人,分别是被代理人、代理人和代理关系的第三人。

#### 2.代理的种类

根据《民法通则》第64条第1款的规定,代理包括委托代理、法定代理和指定代理。

1）委托代理

委托代理是代理人根据被代理人授权而进行的代理。

民事法律行为的委托代理,可以用书面形式,也可以用口头形式。法律规定用书面形式的,应当用书面形式。书面委托代理的授权委托书应当载明下列事项:

(1)代理人的姓名或者名称;

(2)代理事项、权限和期间;

(3)委托人签名或者盖章。

2）法定代理

法定代理是根据法律的直接规定而产生的代理。法定代理主要是为了维护限制民事行为能力人或者无民事行为能力人的合法权益而设计的。法定代理不同于委托代理,属于全权代理,法定代理人原则上应代理被代理人的有关财产方面的一切民事法律行为和其他允许代理的行为。

3）指定代理

指定代理是根据人民法院或者有关机关的指定而产生的代理。例如,根据最高人民法院《关于适用〈中华人民共和国民事诉讼法〉若干问题的意见》第67条的规定,在诉讼中,如果无民事行为能力人、限制民事行为能力人事先没有确定监护人,有监护资格的人又协商不成的,由人民法院在他们之间指定的人担任诉讼之中的代理人。

指定代理在本质上也属于法定代理。其与法定代理的区别在于前者的代理无需指定,而后者则需要有指定的过程。

#### 3.代理人与被代理人的责任承担

1）授权不明确的责任承担

委托书授权不明的,被代理人应当向第三人承担民事责任,代理人负连带责任。

2）无权代理的责任承担

没有代理权、超越代理权或者代理权终止后的行为,只有经过被代理人的追认,被代理人才承担民事责任。未经追认的行为,由行为人承担民事责任。本人知道他人以本人名义实施民事行为而不作否认表示的,视为同意。

第三人知道行为人没有代理权、超越代理权或者代理权已终止还与行为人实施民事行为给他人造成损害的,由第三人和行为人负连带责任。

3)代理人不履行职责的责任承担

代理人不履行职责而给被代理人造成损害的,应当承担民事责任。代理人和第三人串通,损害被代理人的利益的,由代理人和第三人负连带责任。

4)代理事项违法的责任承担

代理人知道被委托代理的事项违法仍然进行代理活动的,或者被代理人知道代理人的代理行为违法不表示反对的,由被代理人和代理人负连带责任。

5)转托他人代理的责任承担

委托代理人为被代理人的利益需要转托他人代理的,应当事先取得被代理人的同意。事先没有取得被代理人同意的,应当在事后及时告诉被代理人,如果被代理人不同意,由代理人对自己所转托的人的行为负民事责任,但在紧急情况下,为了保护被代理人的利益而转托他人代理的除外。

4. 代理的终止

1)委托代理的终止

有下列情形之一的,委托代理终止:

(1)代理期间届满或者代理事务完成;

(2)被代理人取消委托或者代理人辞去委托;

(3)代理人死亡;

(4)代理人丧失民事行为能力;

(5)作为被代理人或者代理人的法人终止。

2)法定代理或指定代理的终止

有下列情形之一的,法定代理或者指定代理终止:

(1)被代理人取得或者恢复民事行为能力;

(2)被代理人或者代理人死亡;

(3)代理人丧失民事行为能力;

(4)指定代理的人民法院或者指定单位取消指定;

(5)由其他原因引起的被代理人和代理人之间的监护关系消灭。

**(四)诉讼时效**

诉讼时效,是指权利人在法定期间内,不行使权利即丧失请求人民法院保护的权利。

1. 超过诉讼时效期间的法律后果

1)胜诉权消灭

胜诉权就是向人民法院请求保护民事权利的权利,胜诉权的存在,可以使得当事人的民事权利得到保护。而超过了诉讼时效期间,法律消灭了当事人的胜诉权,就意味着当事人的民事权利已经得不到法律的保护了。

2)实体权利不消灭

《民法通则》第138条规定:"超过诉讼时效期间,当事人自愿履行的,不受诉讼时效限制。"实体权利并不因超过了诉讼时效而消灭,如果债务人在超过了诉讼时效的前提下自愿履行,债权人依然可以受领。债务人履行义务后,不得要求返还。

2. 诉讼时效期间的种类

根据我国《民法通则》及有关法律的规定,诉讼时效期间通常可划分为4类。

1)普通诉讼时效

普通诉讼时效指向人民法院请求保护民事权利的期间。普通诉讼时效期间通常为2年。普通诉讼时效是相对于不普通的诉讼时效而言的,去除短期诉讼时效和特殊诉讼时效,余下的都是普通诉讼时效。

2)短期诉讼时效

下列诉讼时效期间为1年:身体受到伤害要求赔偿的;延付或拒付租金的;出售质量不合格的商品未声明的;寄存财物被丢失或损毁的。

3)特殊诉讼时效

特殊诉讼时效不是由民法规定的,而是由特别法规定的诉讼时效。例如,《合同法》第129条规定涉外合同诉讼时效期间为4年;《海商法》第257条规定,就海上货物运输向承运人要求赔偿的请求权,时效期间为1年。

4)权利的最长保护期限

诉讼时效期间从知道或应当知道权利被侵害时起计算。但是,从权利被侵害之日起超过20年的,人民法院不予保护。

3. 诉讼时效的中止和中断

1)诉讼时效中止

《民法通则》第139条规定,在诉讼时效期间的最后6个月内,因不可抗力或者其他障碍不能行使请求权的,诉讼时效中止。从中止时效的原因消除之日起,诉讼时效期间继续计算。

中止诉讼时效的法定事由必须是发生在诉讼时效期间的最后6个月才能导致诉讼时效中止,法定事由如果发生在诉讼时效期间的最后6个月之前,只有该事件持续到最后6个月内才产生中止时效的效果。

2)诉讼时效中断

《民法通则》第140条规定,诉讼时效因提起诉讼、当事人一方提出要求或者同意履行义务而中断。从中断时起,诉讼时效期间重新计算。

重新计算的时间点可以依照下列不同的情形确定。

a. 因提起诉讼而中断的情形

虽然诉讼的本意是由法院代表国家行使审判权解决民事争议的方式,但是此处的诉讼应作广义的理解,还应该包括仲裁。

因提起诉讼或仲裁中断时效的,应于诉讼终结或法院作出裁判时重新计算;权利人申请执行程序的,应以执行程序完毕之时重新计算。

b. 因提出要求而中断的情形

提出要求即债权人表达出了请求债务人履行义务的要求。书面通知的,应以书面通知到达相对人时重新开始;口头通知的,应以相对人了解通知内容时重新开始。

请求的相对人包括义务人、义务人的代理人、主债务的保证人。

c.同意履行义务而中断的情形

同意履行义务是指义务人向权利人表示同意履行义务的意思。同意的方式,法律没有限制。同意履行义务而导致诉讼时效中断,书面形式同意的,应以书面通知到达债权人时重新开始;口头形式同意的,应以债权人了解通知内容时重新开始。

同意的相对人包括权利人、权利人的代理人。

# 第二节　建设工程施工许可及资质、资格管理

建设工程施工项目实行开工许可制度,水利工程施工项目实行开工报告审批制度。从事建设项目施工的企业和企业的从业人员实行资质和资格认定制度。

## 一、《建筑法》中施工许可制度

《建筑法》第7条规定:"建筑工程开工前,建设单位应当按照国家有关规定向工程所在地县级以上人民政府建设行政主管部门申请领取施工许可证。"这个规定确立了我国工程建设的施工许可制度。

### (一)申请施工许可证的条件

依据《建筑法》第8条,申请施工许可证应当具备以下条件。

1)已经办理该建筑工程用地批准手续

根据《中华人民共和国土地管理法》(以下简称《土地管理法》)的有关规定,任何单位和个人进行建设,需要使用土地的,必须依法申请使用土地。其中需要使用国有建设用地的,应当向有批准权的土地行政主管部门申请,经其审查,报本级人民政府批准。

如果没有办理用地批准手续,意味着将没有合法的土地使用权,自然是无法开工的,因此不能颁发施工许可证。

2)在城市规划区的建筑工程,已经取得规划许可证

《中华人民共和国城乡规划法》对于建设用地规划许可证作出了规定。

a.以划拨方式提供国有土地使用权的建设项目用地规划许可证

在城市、镇规划区内以划拨方式提供国有土地使用权的建设项目,经有关部门批准、核准、备案后,建设单位应当向城市、县人民政府城乡规划主管部门提出建设用地规划许可申请,由城市、县人民政府城乡规划主管部门依据控制性详细规划核定建设用地的位置、面积、允许建设的范围,核发建设用地规划许可证。建设单位在取得建设用地规划许可证后,方可向县级以上地方人民政府土地主管部门申请用地,经县级以上人民政府审批后,由土地主管部门划拨土地。

b.以出让方式提供国有土地使用权的建设项目用地规划许可证

在城市、镇规划区内以出让方式提供国有土地使用权的,在国有土地使用权出让前,城市、县人民政府城乡规划主管部门应当依据控制性详细规划,提出出让地块的位置、使用性质、开发强度等规划条件,作为国有土地使用权出让合同的组成部分。未确定规划条件的地块,不得出让国有土地使用权。以出让方式取得国有土地使用权的建设项目,在签

订国有土地使用权出让合同后,建设单位应当持建设项目的批准、核准、备案文件和国有土地使用权出让合同,向城市、县人民政府城乡规划主管部门领取建设用地规划许可证。

如果没有取得规划许可证,意味着拟建的工程属于违章建筑。这种情况下,自然不能颁发施工许可证。

3)需要拆迁的,其拆迁进度符合施工要求

很多工程都涉及拆迁,如果拆迁工作进展不顺利,就意味着后续工作无法进行。因此,开始修建工程之前,必须首先解决拆迁的问题。但是,解决拆迁的问题并不意味着必须要拆迁完毕才能施工,只要拆迁的进度能够满足后续施工的要求就可以了。这样可以形成拆迁与施工的流水作业,缩短总工期。

4)已经确定建筑施工企业

只有确定了建筑施工企业,才具有了开工的可能。如果建筑施工企业尚未确定,显然就是没有满足开工的条件,自然不能颁发给施工许可证。

5)有满足施工需要的施工图纸及技术资料

施工单位的责任是按图施工,如果没有满足施工需要的施工图纸和技术资料,施工单位显然是无法施工的。

《建筑工程施工许可管理办法》第 4 条进一步规定,建设单位在申请领取施工许可证时,除了应当"有满足施工需要的施工图纸及技术资料",还应满足"施工图设计文件已按规定进行了审查"。

6)有保证工程质量和安全的具体措施

《建设工程安全生产管理条例》第 10 条第 1 款规定:"建设单位在领取施工许可证时,应当提供建设工程有关安全施工措施的资料。"第 42 条第 1 款规定:"建设行政主管部门在审核发放施工许可证时,应当对建设工程是否有安全措施进行审查,对没有安全施工措施的,不得颁发施工许可证。"

由于工程监理单位接受建设单位的委托代表建设单位去进行项目管理,因此可以说委托监理单位去进行监理本身就是建设单位保证质量和安全的一项具体措施。同时,监理单位在监理过程中也是很多具体保证质量和安全措施的执行者,因此《建筑工程施工许可管理办法》对于申请施工许可证的条件又在《建筑法》的基础上进一步延伸,规定了"按照规定应该委托监理的工程已委托监理"。这也是发给施工许可证的一个限制性条件。

7)建设资金已经落实

建筑活动需要较多的资金投入,建设单位在建筑工程施工过程中必须拥有足够的建设资金。这是预防拖欠工程款,保证施工顺利进行的基本经济保障。对此,《建筑工程施工许可管理办法》第 4 条进一步具体规定为:

(1)建设工期不足一年的,到位资金原则上不得少于工程合同价的 50%,建设工期超过一年的,到位资金原则上不得少于工程合同价的 30%。

(2)建设单位应当提供银行出具的到位资金证明,有条件的可以实行银行付款保函或者其他第三方担保。

8）法律、行政法规规定的其他条件

建筑工程申请领取施工许可证，除了应当具备以上七项条件外，还应当具备其他法律、行政法规规定的有关建筑工程开工的条件。这样规定是为了同其他法律、行政法规的规定相衔接。例如，根据《中华人民共和国消防法》（以下简称《消防法》），对于按规定需要进行消防设计的建筑工程，建设单位应当将其消防设计图纸报送公安消防机构审核；未经审核或者经审核不合格的，建设行政主管部门不得发给施工许可证，建设单位不得施工。

**（二）未取得施工许可证擅自开工的后果**

《建筑法》第 64 条规定："违反本法规定，未取得施工许可证或者开工报告未经批准擅自施工的，责令改正，对不符合开工条件的责令停止施工，可以处以罚款。"

2001 年 7 月 4 日施行的修改后的《建筑工程施工许可管理办法》第 10 条规定："对于未取得施工许可证或者为规避办理施工许可证将工程项目分解后擅自施工的，由有管辖权的发证机关责令改正，对于不符合开工条件的责令停止施工，并对建设单位和施工单位分别处以罚款。"

对这两条规定进行分析，我们可以对未取得施工许可证擅自开工的建设项目得出下面的结论：

（1）都将被责令改正，也就是要去申请施工许可证。

（2）对于不符合开工条件的，都要停工。至于是否要对建设单位或者施工单位进行罚款，《建筑法》并没有作出强制性规定，而是"可以处以罚款"。《建筑工程施工许可管理办法》则作出了强制性规定，"并对建设单位和施工单位分别处以罚款"。但是，由于《建筑工程施工许可管理办法》有自己的适用范围，其第 16 条规定："本办法关于施工许可管理的规定适用于其他专业建筑工程。有关法律、行政法规有明确规定的，从其规定。"

（3）对于符合开工条件的，《建筑法》与《建筑工程施工许可管理办法》都没有作出明确规定，我们可以根据存在的条款推断不需要停工，也不可以对建设单位或者施工单位处以罚款。

**（三）不需要申请施工许可证的工程类型**

在我国并不是所有的工程在开工前都需要办理施工许可证，有 6 类工程不需要办理。

1. 国务院建设行政主管部门确定的限额以下的小型工程

根据 2001 年 7 月 4 日建设部发布的《建筑工程施工许可管理办法》第 2 条，所谓的限额以下的小型工程指的是：工程投资额在 30 万元以下或者建筑面积在 300 $m^2$ 以下的建筑工程。同时，该办法也进一步作出了说明，省、自治区、直辖市人民政府建设行政主管部门可以根据当地的实际情况，对限额进行调整，并报国务院建设行政主管部门备案。

2. 作为文物保护的建筑工程

《建筑法》第 83 条规定："依法核定作为文物保护的纪念建筑物和古建筑等的修缮，依照文物保护的有关法律规定执行。"

3. 抢险救灾工程

由于此类工程的特殊性，《建筑法》明确规定此类工程开工前不需要申请施工许可证。

4. 临时性建筑

工程建设中经常会出现临时性建筑,例如工人的宿舍、食堂等。这些临时性建筑由于其生命周期短,《建筑法》也明确规定此类工程不需要申请施工许可证。

5. 军用房屋建筑

由于此类工程涉及军事秘密,不宜过多公开信息,《建筑法》第84条明确规定:"军用房屋建筑工程建筑活动的具体管理办法,由国务院、中央军事委员会依据本法制定。"

6. 按照国务院规定的权限和程序批准开工报告的建筑工程

此类工程开工的前提是已经有经批准的开工报告,而不是施工许可证,因此此类工程自然是不需要申请施工许可证的,如水利工程建设项目实行的就是开工报告制度。

**(四)施工许可证的管理**

1. 施工许可证废止的条件

《建筑法》第9条规定:"建设单位应当自领取施工许可证之日起3个月内开工。因故不能按期开工的,应当向发证机关申请延期;延期以两次为限,每次不超过3个月。既不开工又不申请延期或者超过延期时限的,施工许可证自行废止。"

2. 重新核验施工许可证的条件

在建的建筑工程因故中止施工的,建设单位应当自中止施工之日起1个月内,向发证机关报告,并按照规定做好建筑工程的维护管理工作。

建筑工程恢复施工时,应当向发证机关报告;中止施工满一年的工程恢复施工前,建设单位应当报发证机关核验施工许可证。

3. 重新办理开工报告的条件

按照国务院规定办理开工报告的工程是施工许可制度的特殊情况。对于这类工程的管理,《建筑法》第11条规定:"按照国务院有关规定批准开工报告的建筑工程,因故不能按期开工或者中止施工的,应当及时向批准机关报告情况。因故不能按期开工超过六个月的,应当重新办理开工报告的批准手续。"

## 二、水利工程开工许可制度

水利工程建设许可应当符合水利部水建〔1995〕128号通知《水利工程建设项目管理规定(试行)》及《水利工程建设程序暂行规定》的要求。

**(一)水利工程建设程序**

水利工程建设程序,按《水利工程建设项目管理规定(试行)》(水利部水建〔1995〕128号)明确的建设程序执行,水利工程建设程序一般分为8个阶段,即项目建议书、可行性研究报告、初步设计、施工准备(包括招标设计)、建设实施、生产准备、竣工验收、后评价等阶段。

**(二)主体工程开工应具备的条件**

《水利工程建设项目管理规定》第十三条规定:项目法人或建设单位向主管部门提出主体工程开工申请报告,按审批权限,经批准后,方能正式开工。主体工程开工,必须具备以下条件:

(1)前期工程各阶段文件已按规定批准,施工详图设计可以满足初期主体工程施工

需要;

（2）建设项目已列入国家年度计划,年度建设资金已落实;

（3）主体工程招标已经决标,工程承包合同已经签订,并得到主管部门同意;

（4）现场施工准备和征地移民等建设外部条件能够满足主体工程开工需要。

**（三）施工准备阶段的相关要求**

《水利工程建设程序暂行规定》第七条规定了施工准备阶段的相关要求:

（1）项目在主体工程开工之前,必须完成各项施工准备工作,其主要内容包括:①施工现场的征地、拆迁;②完成施工用水、电、通信、路和场地平整等工程;③必需的生产、生活临时建筑工程;④组织招标设计、咨询、设备和物资采购等服务;⑤组织建设监理和主体工程招标投标,并择优选定建设监理单位和施工承包队伍。

（2）施工准备工作开始前,项目法人或其代理机构,须依照《水利工程建设项目管理规定（试行）》（水利部水建〔1995〕128号）中"管理体制和职责"明确的分级管理权限,向水行政主管部门办理报建手续,项目报建须交验工程建设项目的有关批准文件。工程项目进行项目报建登记后,方可组织施工准备工作。

（3）工程建设项目施工,除某些不适应招标的特殊工程项目外（须经水行政主管部门批准）,均须实行招标投标。水利工程建设项目的招标投标,按《水利工程建设项目施工招标投标管理规定》（水利部水建〔1995〕130号）执行。

（4）水利工程项目必须满足如下条件,施工准备方可进行:①初步设计已经批准;②项目法人已经建立;③项目已列入国家或地方水利建设投资计划,筹资方案已经确定;④有关土地使用权已经批准;⑤已办理报建手续。

**（四）工程实施阶段的相关要求**

《水利工程建设程序暂行规定》第八条规定了实施阶段的相关要求:

（1）建设实施阶段是指主体工程的建设实施,项目法人按照批准的建设文件,组织工程建设,保证项目建设目标的实现。

（2）项目法人或其代理机构必须按审批权限,向主管部门提出主体工程开工申请报告,经批准后,主体工程方能正式开工。主体工程开工须具备《水利工程建设项目管理规定（试行）》（水利部水建〔1995〕128号）明确的条件,即:①前期工程各阶段文件已按规定批准,施工详图设计可以满足初期主体工程施工需要;②建设项目已列入国家或地方水利建设投资年度计划,年度建设资金已落实;③主体工程招标已经决标,工程承包合同已经签订,并得到主管部门同意;④现场施工准备和征地移民等建设外部条件能够满足主体工程开工需要。

（3）水利工程建设项目实行项目法人责任制,主体工程开工前还须具备以下条件:①建设管理模式已经确定,投资主体与项目主体的管理关系已经理顺;②项目建设所需全部投资来源已经明确,且投资结构合理;③项目产品的销售,已有用户承诺,并确定了定价原则。

（4）项目法人要充分发挥建设管理的主导作用,为施工创造良好的建设条件。项目法人要充分授权工程监理,使之能独立负责项目的建设工期、质量、投资的控制和现场施工的组织协调。监理单位选择必须符合《水利工程建设监理规定》（水利部水建〔1996

396 号）的要求。

（5）要按照"政府监督、项目法人负责、社会监理、企业保证"的要求，建立健全质量管理体系，重要建设项目，须设立质量监督项目站，行使政府对项目建设的监督职能。

**（五）加强水利工程开工管理的要求**

水建管〔2006〕144 号文《关于加强水利工程建设项目开工管理工作的通知》的相关要求如下：

（1）政府参与投资的大中型水利工程建设项目（含 1、2、3 级堤防工程）开工前，项目法人应按本通知的规定申请开工，经有审批权的水行政主管部门批准后，工程方能开工。

小型水利工程建设项目可参照本通知执行，或由各流域机构、省级水行政主管部门参照本通知制定具体管理办法。

（2）项目开工前，项目法人应将开工申请报告及有关材料报送项目水行政主管部门审查，经项目水行政主管部门审查并出具审查意见后，由项目水行政主管部门上报开工审批单位审批。

项目水行政主管部门在受理开工申请后，应在 20 个工作日内完成审查并出具审查意见。

开工审批单位在接到开工申请后，应在 20 个工作日内予以批复。批准文件中应对项目竣工验收的主持单位予以明确。

（3）水利工程建设项目的开工审批权限如下：

①国家重点建设工程、流域控制性工程、流域重大骨干工程由水利部负责审批。

②中央项目由水利部或流域机构负责审批，其中水利部直接管理或总投资 2 亿元（含 2 亿元）以上的项目由水利部负责审批，总投资 2 亿元以下的项目由流域机构负责审批并报水利部备案。

③中央参与投资的地方项目中，以中央投资为主的由水利部或流域机构负责审批，其中总投资 5 亿元（含 5 亿元）以上的项目由水利部负责审批，总投资 5 亿元以下的项目由流域机构负责审批并报水利部备案。

中央参与投资的地方项目中，以地方投资为主的由省级水行政主管部门负责审批。

④中央补助地方项目和一般地方项目由省级水行政主管部门负责审批。

（4）水利工程建设项目开工应具备以下的条件：

①项目法人（或项目建设责任主体）已经设立，项目组织管理机构和规章制度健全，项目法定代表人和管理机构成员已经到位。

②初步设计已经批准，项目法人与项目设计单位已签订供图协议，且施工详图设计可以满足主体工程 3 个月施工需要。

③建设资金筹措方案已经确定，工程已列入国家或地方水利建设投资年度计划，年度建设资金已落实。

④质量与安全监督单位已经确定并已办理质量、安全监督手续。

⑤主体工程的施工、监理单位已经确定，施工、监理合同已经签订，能够满足主体工程开工需要。

⑥施工准备和征地移民等工作能够满足主体工程开工需要。

⑦建设需要的主要设备和材料已落实来源,能够满足主体工程施工需要。

(5)项目法人提交的开工申请报告,应包括以下内容:

①工程概况。

②项目法人的机构和人员情况。

③可行性研究、初步设计文件批复情况,供图协议签订及施工详图供图情况。

④投资落实和资金到位情况。

⑤质量、安全监督手续办理情况。

⑥工程监理单位、施工单位招标和合同签订情况。

⑦征地移民工作完成情况。

⑧施工准备完成情况和主要设备、材料采购情况。

⑨其他应说明的情况。

⑩附录材料:

- 项目法人组建批准文件;
- 可行性研究、初步设计批准文件;
- 建设资金落实情况证明材料,年度投资计划下达文件;
- 质量监督书;
- 施工图供图协议;
- 监理合同及主体工程施工承包合同副本;
- 征地审批手续;
- 其他证明材料。

(6)项目法人应当自开工申请批准之日起3个月内开工。因故不能按期开工的,应当向开工审批单位申请延期;延期以两次为限,每次不超过3个月。在3个月内既不开工又不申请延期或者超过批准延期时限的,开工审批文件自行废止。两次延期后仍因故不能按期开工的,应当重新申请开工。

在建工程因故中止施工的,项目法人应当向开工审批单位报告,并按照规定做好工程的维护管理工作。工程恢复施工时,应当向开工审批单位报告;中止施工满一年的工程恢复施工前,应当重新申请开工。

对未经批准擅自开工、开工审批文件废止后仍开工或弄虚作假骗取开工审批的建设项目,有关水行政主管部门应责令其立即停工,限期改正。对有关责任人由其主管部门给予行政处分。

【例题】

(1)水利工程建设项目_____由向_____提出主体工程开工申请报告,按审批权限,经批准后,方能正式开工。

(2)项目水行政主管部门在受理开工申请后,应在_____个工作日内完成审查并出具审查意见。

(3)《水利工程建设项目管理规定》规定:要按照_____的要求,建立健全质量管理体系,重要建设项目,须设立质量监督项目站,行使政府对项目建设的监督职能。

(4)水利建设项目因故不能按期开工的,应当向开工审批单位申请延期;延期以两次为限,每次不超过_____个月。

### 三、企业资质等级许可制度

**(一)建设工程企业的必备条件**

从事建筑活动的建筑施工企业、勘察单位、设计单位和工程监理单位,按照其拥有的注册资本、专业技术人员、技术装备和已完成的建筑工程业绩等资质条件,划分为不同的资质等级,经资质审查合格,取得相应等级的资质证书后,方可在其资质等级许可的范围内从事建筑活动。

**(二)建设工程施工企业的资质管理**

1.建设工程企业资质管理机关

国务院建设行政主管部门负责全国建筑业企业资质、建设工程勘察、设计资质、工程监理企业资质的归口管理工作,国务院铁道、交通、水利、信息产业、民航等有关部门配合国务院建设行政主管部门实施相关资质类别和相应行业企业资质的管理工作。

新设立的企业,应到工商行政管理部门登记注册手续并取得企业法人营业执照后,方可到建设行政主管部门办理资质申请手续。任何单位和个人不得涂改、伪造、出借、转让企业资质证书,不得非法扣押、没收资质证书。

2.建设工程施工企业资质分类管理

建筑业企业,是指从事土木工程、建筑工程、线路管道设备安装工程、装修工程的新建、扩建、改建等活动的企业。

建筑业企业资质分为施工总承包、专业承包和劳务分包三个序列。施工总承包资质、专业承包资质、劳务分包资质序列按照工程性质和技术特点分别划分为若干资质类别。各资质类别按照规定的条件划分为若干资质等级。

1)施工总承包企业可以承揽的业务范围

取得施工总承包资质的企业(以下简称施工总承包企业),可以承接施工总承包工程。施工总承包企业可以对所承接的施工总承包工程内各专业工程全部自行施工,也可以将专业工程或劳务作业依法分包给具有相应资质的专业承包企业或劳务分包企业。

2)专业承包企业可以承揽的业务范围

取得专业承包资质的企业(以下简称专业承包企业),可以承接施工总承包企业分包的专业工程和建设单位依法发包的专业工程。专业承包企业可以对所承接的专业工程全部自行施工,也可以将劳务作业依法分包给具有相应资质的劳务分包企业。

3)劳务分包企业可以承揽的业务范围

取得劳务分包资质的企业(以下简称劳务分包企业),可以承接施工总承包企业或专业承包企业分包的劳务作业。

**(三)专业人员执业资格制度**

《建筑法》第14条规定:"从事建筑活动的专业技术人员,应当依法取得相应的执业资格证书,并在执业资格证书许可的范围内从事建筑活动。"

1.建筑业专业人员执业资格制度的含义

建筑业专业人员执业资格制度指的是我国的建筑业专业人员在各自的专业范围内参

加全国或行业组织的统一考试,获得相应的执业资格证书,经注册后在资格许可范围内执业的制度。建筑业专业人员执业资格制度是我国强化市场准入制度、提高项目管理水平的重要举措。

2. 目前我国主要的建筑业施工企业专业技术人员执业资格种类

施工企业专业技术人员执业资格主要有:

(1)注册造价工程师(水利工程注册造价师);

(2)注册建造师;

(3)注册会计师;

(4)注册安全工程师。

3. 建筑业专业技术人员执业资格的共同点

这些不同岗位的执业资格存在许多共同点,这些共同点正是我国建筑业专业技术人员执业资格的核心内容。

1)均需要参加统一考试

跨行业、跨区域执业的,就要参加全国统一考试;只在本行业内部执业的,要参加本行业统一考试;只在本区域内部执业的,要参加本区域统一考试。

2)均需要注册

只有经过注册后才能成为注册执业人员。没有注册的,即使通过了统一考试,也不能执业。

每个不同的执业资格的注册办法均由相应的法规或者规章所规定。

3)均有各自的执业范围

每个执业资格证书都限定了一定的执业范围,其范围也均由相应的法规或者规章所界定。注册执业人员不得超越范围执业。

4)均须接受继续教育

由于知识在不断更新,每一位注册执业人员都必须及时更新知识,因此都必须接受继续教育。接受继续教育的频率和形式由相应的法规或者规章所规定。

上面这些相同点是宏观范围上的相同点,它们还有许多微观范围的相同点,例如,不得同时应聘于两家不同的单位等具体的相同点,在此就不予以归纳了。这些具体的相同点在相应的法规或者办法中都有详细的规定。

# 第三节 招标投标法中投标活动的开标程序、中标要求

《中华人民共和国招标投标法》(以下简称《招标投标法》)由中华人民共和国第九届全国人民代表大会常务委员会第十一次会议于1999年8月30日通过,自2000年1月1日起施行。

《招标投标法》的立法目的在于规范招标投标活动,保护国家利益、社会公共利益和招标投标活动当事人的合法权益,提高经济效益,保证项目质量。

依据《招标投标法》,我国陆续发布了一系列规范招标投标活动的行政法规和部门规章。

# 一、招标投标活动原则及适用范围

## （一）招标投标活动所应遵循的基本原则

《招标投标法》第5条规定："招标投标活动应当遵循公开、公平、公正和诚实信用的原则。"

### 1.公开原则

招标投标活动应当遵循公开原则,这是为了保证招标活动的广泛性、竞争性和透明性。公开原则,首先要求招标信息公开;其次,公开原则还要求招标投标过程公开。

### 2.公平原则

公平原则,要求给予所有投标人平等的机会,使其享有同等的权利,履行同等的义务,招标人不得以任何理由排斥或者歧视任何投标人。

### 3.公正原则

公正原则,要求招标人在招标投标活动中应当按照统一的标准衡量每一个投标人的优劣。

### 4.诚实信用原则

诚实信用原则,是我国民事活动所应当遵循的一项重要基本原则。招标投标活动作为订立合同的一种特殊方式,同样应当遵循诚实信用原则。

## （二）必须招标的项目范围和规模标准

### 1.必须招标的工程建设项目范围

根据《招标投标法》第3条规定,在中华人民共和国境内进行下列工程建设项目包括项目的勘察、设计、施工、监理以及与工程建设有关的重要设备、材料等的采购,必须进行招标:

（1）大型基础设施、公用事业等关系社会公共利益、公众安全的项目;

（2）全部或者部分使用国有资金投资或者国家融资的项目;

（3）使用国际组织或者外国政府贷款、援助资金的项目。

### 2.必须招标项目的规模标准

《工程建设项目招标范围和规模标准规定》规定的上述各类工程建设项目,包括项目的勘察、设计、施工、监理以及与工程建设有关的重要设备、材料等的采购,达到下列标准之一的,必须进行招标:

（1）施工单项合同估算价在200万元人民币以上的;

（2）重要设备、材料等货物的采购,单项合同估算价在100万元人民币以上的;

（3）勘察、设计、监理等服务的采购,单项合同估算价在50万元人民币以上的;

（4）单项合同估算价低于第（1）、（2）、（3）项规定的标准,但项目总投资额在3 000万元人民币以上的。

## （三）可以不进行招标的工程建设项目

如果建设项目不属于必须招标的项目则可以招标也可以不招标。但是,即使符合必须招标项目的条件但是属于某些特殊情形的,也是可以不招标的。

1.可以不进行招标的施工项目

依据《招标投标法》第66条和2003年3月8日国家发展改革委、建设部等7部委令第30号发布的《工程建设项目施工招标投标办法》第12条的规定,需要审批的工程建设项目,有下列情形之一的,由审批部门批准,可以不进行施工招标:

(1)涉及国家安全、国家秘密或者抢险救灾而不适宜招标的;

(2)属于利用扶贫资金实行以工代赈需要使用农民工的;

(3)施工主要技术采用特定的专利或者专有技术的;

(4)施工企业自建自用的工程,且该施工企业资质等级符合工程要求的;

(5)在建工程追加的附属小型工程或者主体加层工程,原中标人仍具备承包能力的;

(6)法律、行政法规规定的其他情形。

不需要审批但依法必须招标的工程建设项目,有前款规定情形之一的,可以不进行施工招标。

2.可以不进行招标的勘查、设计项目

《建设工程勘察设计管理条例》第16条规定,下列建设工程的勘察、设计,经有关主管部门批准,可以直接发包:

(1)采用特定的专利或者专有技术的;

(2)建筑艺术造型有特殊要求的;

(3)国务院规定的其他建设工程的勘察、设计。

**(四)法律责任**

1.规避招标的法律责任

依法必须进行招标的项目而不招标的,将必须进行招标的项目化整为零或者以其他任何方式规避招标的,有关行政监督部门责令限期改正,可以处项目合同金额5‰以上10‰以下的罚款;对全部或者部分使用国有资金的项目,项目审批部门可以暂停项目执行或者暂停资金拨付;对单位直接负责的主管人员和其他直接责任人员依法给予处分。

行为影响中标结果的,中标无效。

2.影响公平竞争的法律责任

(1)招标人以不合理的条件限制或者排斥潜在投标人的,对潜在投标人实行歧视待遇的,强制要求投标人组成联合体共同投标的,或者限制投标人之间竞争的,责令改正,可以处1万元以上5万元以下的罚款。

(2)依法必须进行招标的项目的招标人向他人透露已获取招标文件的潜在投标人的名称、数量或者可能影响公平竞争的有关招标投标的其他情况的,或者泄露标底的,给予警告,可以并处1万元以上10万元以下的罚款;对单位直接负责的主管人员和其他直接责任人员依法给予处分;构成犯罪的,依法追究刑事责任。

前款所列行为影响中标结果的,中标无效。

二、投标的要求

**(一)投标人的资格要求**

投标人应当具备承担招标项目的能力;国家有关规定对投标人资格条件或者招标文

件对投标人资格条件有规定的,投标人应当具备规定的资格条件。

### (二)投标文件

1. 投标文件的编制

根据《招标投标法》第 27 条的规定,投标人应当按照招标文件的要求编制投标文件。投标文件应当对招标文件的实质性要求作出响应。招标项目属于建设施工的,投标文件的内容应当包括拟派出的项目负责人与主要技术人员的简历、业绩和拟用于完成招标项目的机械设备等。

《工程建设项目施工招标投标办法》第 37 条规定,招标人可以在招标文件中要求投标人提交投标保证金。投标保证金除现金外,可以是银行出具的银行保函、保兑支票、银行汇票或现金支票。投标保证金一般不得超过投标总价的 2%,但最高不得超过 80 万元人民币。投标保证金有效期应当超出投标有效期 30 天。投标人应当按照招标文件要求的方式和金额,将投标保证金随投标文件提交给招标人。投标人不按招标文件要求提交投标保证金的,该投标文件将被拒绝,作废标处理。

2. 投标文件的提交

投标人应当在招标文件要求提交投标文件的截止时间前,将投标文件送达投标地点;在截止时间后送达的投标文件,招标人应当拒收。

招标人收到投标文件后,应当签收保存,不得开启。投标人少于 3 个的,招标人应当依法重新招标。

3. 投标文件的补充、修改、替代或撤回

投标人在招标文件要求投标文件的截止时间前,可以补充、修改或者撤回已提交的投标文件,并书面通知招标人。补充、修改的内容为投标文件的组成部分。

在提交投标文件截止时间后到招标文件规定的投标有效期终止之前,投标人不得补充、修改、替代或者撤回其投标文件。投标人补充、修改、替代投标文件的,招标人不予接受;投标人撤回投标文件的,其投标保证金将被没收。

### (三)联合体投标

1. 联合体投标的含义

联合体投标指的是某承包单位为了承揽不适于自己单独承包的工程项目而与其他单位联合,以一个投标人的身份去投标的建设行为。

《招标投标法》第 31 条规定,两个以上法人或者其他组织可以组成一个联合体,以一个投标人的身份共同投标。

2. 联合体各方资质条件

根据《招标投标法》第 31 条的规定,对联合体各方资质条件要求如下:

(1)联合体各方均应当具备承担招标项目的相应能力;

(2)国家有关规定或者招标文件对投标人资格条件有规定的,联合体各方均应当具备规定的相应资格条件;

(3)由同一专业单位组成的联合体,按照资质等级较低的单位确定资质等级。

3. 共同投标协议

联合体各方应当签订共同投标协议,明确约定各方拟承担的工作和责任,并将共同投标协议连同投标文件一并提交招标人。

共同投标协议约定了组成联合体各成员单位在联合体中所承担的各自的工作范围,这个范围的确定也为建设单位判断该成员单位是否具备"相应的资格条件"提供了依据。共同投标协议也约定了组成联合体各成员单位在联合体中所承担的各自的责任,这也为将来可能引发的纠纷的解决提供了必要的依据。

所以,共同投标协议对于联合体投标这种投标的形式是非常必要的,也正是基于此,《工程建设项目施工招标投标办法》第50条将没有附有联合体各方共同投标协议的联合体投标确定为废标。

4.联合体各方的责任

1)履行共同投标协议中约定的责任

共同投标协议中约定了联合体中各方应该承担的责任,各成员单位必须要按照该协议的约定认真履行自己义务,否则将对对方承担违约责任。

同时,共同投标协议中约定的责任承担也是各成员单位最终的责任承担方式。

2)就中标项目承担连带责任

如果联合体中的一个成员单位没能按照合同约定履行义务,招标人可以要求联合体中任何一个成员单位承担不超过总债务的任何比例的债务,而该单位不得拒绝。该成员单位承担了被要求的责任后,有权向其他成员单位追偿其按照共同投标协议不应当承担的债务。

3)不得重复投标

联合体各方签订共同投标协议后,不得再以自己名义单独投标,也不得组成新的联合体或参加其他联合体在同一项目中投标。

4)不得随意改变联合体的构成

联合体参加资格预审并获通过的,其组成的任何变化都必须在提交投标文件截止之日前征得招标人的同意。如果变化后的联合体削弱了竞争,含有事先未经过资格预审或者资格预审不合格的法人或者其他组织,或者使联合体的资质降到资格预审文件中规定的最低标准以下,招标人有权拒绝。

5)必须有代表联合体的牵头人

联合体各方必须指定牵头人,授权其代表所有联合体成员负责投标和合同实施阶段的主办、协调工作,并应当向招标人提交由所有联合体成员法定代表人签署的授权书。

联合体投标的,应当以联合体各方或者联合体中牵头人的名义提交投标保证金。以联合体中牵头人名义提交的投标保证金,对联合体各成员具有约束力。

**(四)禁止投标人实施的不正当竞争行为的规定**

1.禁止投标人实施的不正当行为的种类

根据《招标投标法》第32条、第33条的规定,投标人不得实施以下不正当竞争行为。

1)投标人相互串通投标报价

《工程建设项目施工招标投标办法》第46条规定,下列行为均属于投标人串通投标报价:

(1)投标人之间相互约定抬高或降低投标报价;

（2）投标人之间相互约定,在招标项目中分别以高、中、低价位报价;

（3）投标人之间先进行内部竞价,内定中标人,然后再参加投标;

（4）投标人之间其他串通投标报价行为。

2）投标人与招标人串通投标

《工程建设项目施工招标投标办法》第47条规定,下列行为均属于招标人与投标人串通投标：

（1）招标人在开标前开启投标文件,并将投标情况告知其他投标人,或者协助投标人撤换投标文件,更改报价;

（2）招标人向投标人泄露标底;

（3）招标人与投标人商定,投标时压低或抬高标价,中标后再给投标人或招标人额外补偿;

（4）招标人预先内定中标人;

（5）其他串通投标行为。

3）以行贿的手段谋取中标

《招标投标法》第32条第3款规定:"禁止投标人以向招标人或者评标委员会成员行贿的手段谋取中标。"

投标人以行贿的手段谋取中标是严重违背招标投标法基本原则的违法行为,对其他投标人是不公平的。投标人以行贿手段谋取中标的法律后果是中标无效,有关责任人和单位应当承担相应的行政责任或刑事责任,给他人造成损失的,还应当承担民事赔偿责任。

4）以低于成本的报价竞标

《招标投标法》第33条规定,"投标人不得以低于成本的报价竞标"。在这里,所谓"成本",应指投标人的个别成本,该成本是根据投标人的企业定额测定的成本。如果投标人低于成本的报价竞标时将很难保证建设工程的安全和质量。

《反不正当竞争法》第11条规定:"经营者不得以排挤竞争对手为目的,以低于成本的价格销售商品。"认为低于成本销售商品属于不正当竞争行为,这个思想与《招标投标法》的思想是一致的。

《工程建设项目货物招标投标办法》第44条规定:"最低投标价不得低于成本。"则在《招标投标法》与《反不正当竞争法》中建立起了一个桥梁,进一步确认了低于成本竞标的违法性。

5）以他人名义投标或以其他方式弄虚作假,骗取中标

《招标投标法》第33条规定,投标人不得以他人名义投标或者以其他方式弄虚作假,骗取中标。根据《工程建设项目施工招标投标办法》第48条规定,以他人名义投标是指投标人挂靠其他施工单位,或从其他单位通过转让或租借的方式获取资格或资质证书,或者由其他单位及其法定代表人在自己编制的投标文件上加盖印章或签字等行为。

**2. 法律责任**

1）串通投标的法律责任

投标人相互串通投标或者与招标人串通投标的,投标人以向招标人或者评标委员会

成员行贿的手段谋取中标的,中标无效,处中标项目金额5‰以上10‰以下的罚款,对单位直接负责的主管人员以及其他直接责任人员处单位罚款数额5%以上10%以下的罚款;有违法所得的,并处没收违法所得;情节严重的,取消其1年至2年内参加依法必须进行招标的项目的投标资格并予以公告,直至由工商行政管理机关吊销营业执照;构成犯罪的,应依法追究刑事责任。给他人造成损失的,依法承担赔偿责任。

行为影响中标结果的,中标无效。

2)骗取中标的法律责任

投标人以他人名义投标或者以其他方式弄虚作假,骗取中标的,中标无效,给招标人造成损失的,依法承担赔偿责任;构成犯罪的,依法追究刑事责任。

依法必须进行招标的项目的投标人有前款所列行为尚未构成犯罪的,处中标项目金额5‰以上10‰以下的罚款,对单位直接负责的主管人员和其他直接责任人员处单位罚款数额5%以上10%以下的罚款;有违法所得的,并处没收违法所得;情节严重的,取消其1年至3年内参加依法必须进行招标的项目的投标资格并予以公告,直至由工商行政管理机关吊销营业执照。

行为影响中标结果的,中标无效。

## 三、开标程序

根据《招标投标法》及相关规定,开标应当遵守如下程序:开标应当在招标文件确定的提交投标文件截止时间的同一时间公开进行;开标地点应当为招标文件中预先确定的地点。开标由招标人主持,邀请所有投标人参加。开标时,由投标人或者其推选的代表检查投标文件的密封情况,也可以由招标人委托的公证机构检查并公证;经确认无误后,由工作人员当众拆封,宣读投标人名称、投标价格和投标的其他主要内容。开标过程应当记录,并存档备查。

投标文件有下列情形之一的,招标人不予受理:

(1)逾期送达的或者未送达指定地点的;

(2)未按招标文件要求密封的。

## 四、评标委员会的规定和评标方法

### (一)评标委员会

1.评标委员会的组成

根据《招标投标法》第37条的规定,评标由招标人依法组建的评标委员会负责。依法必须进行招标的项目,其评标委员会由招标人的代表和有关技术、经济等方面的专家组成,成员为5人以上单数,其中技术、经济等方面的专家不得少于成员总数的2/3。评标委员会成员的名单在中标结果确定前应当保密。

2.评标专家的选取

根据《招标投标法》和《评标委员会和评标方法暂行规定》的有关规定,技术、经济等方面的评标专家由招标人从国务院有关部门或者省、自治区、直辖市人民政府有关部门提供的专家名册或者招标代理机构的专家库的相关专业的专家名单中确定。一般招标项目可以采取随机抽取方式,技术特别复杂、专业性要求特别高或者国家有特殊要求的招标项目,采取随机抽取方式确定的专家难以胜任的,可以由招标人直接确定。

3. 对评标委员会成员的职业道德要求和保密义务

根据《招标投标法》和《评标委员会和评标方法暂行规定》的有关规定,评标委员会成员应当客观、公正地履行职责,遵守职业道德,对所提出的评审意见承担个人责任。

评标委员会成员不得与任何投标人或者与招标结果有利害关系的人进行私下接触,不得收受投标人、中介人、其他利害关系人的财物或者其他好处。

评标委员会成员和与评标活动有关的工作人员不得透露对投标文件的评审和比较、中标候选人的推荐情况以及与评标有关的其他情况。在这里,"与评标活动有关的工作人员",是指评标委员会成员以外的因参与评标监督工作或者事务性工作而知悉有关评标情况的所有人员。

(二)评标

1. 评标的标准和方法

招标人应当采取必要的措施,保证评标在严格保密的情况下进行。任何单位和个人不得非法干预、影响评标的过程和结果。评标委员会应当按照招标文件确定的评标标准和方法,对投标文件进行评审和比较;设有标底的,应当参考标底。

2. 按废标处理的情形

《工程建设项目施工招标投标办法》第50条规定,以下的情形将被作为废标处理:

(1)无单位盖章并无法定代表人或法定代表人授权的代理人签字或盖章的;

(2)未按规定的格式填写,内容不全或关键字迹模糊、无法辨认的;

(3)投标人递交两份或多份内容不同的投标文件,或在一份投标文件中对同一招标项目报有两个或多个报价,且未声明哪一个有效,按招标文件规定提交备选投标方案的除外;

(4)投标人名称或组织结构与资格预审时不一致的;

(5)未按招标文件要求提交投标保证金的;

(6)联合体投标未附联合体各方共同投标协议的。

2005年3月1日起施行的《工程建设项目货物招标投标办法》在《工程建设项目施工招标投标办法》的基础上进一步补充了应当作为废标的情形:

(1)无法定代表人出具的授权委托书的;

(2)投标人名称或组织结构与资格预审时不一致且未提供有效证明的;

(3)投标有效期不满足招标文件要求的。

《招标投标法》第42条规定:"评标委员会可以否决全部投标。依法必须进行招标的项目的所有投标被否决的,招标人应当依法重新招标。"

3. 投标文件的澄清、说明和修正

评标委员会可以要求投标人对投标文件中含义不明确的内容作必要的澄清或者说明,但是澄清或者说明不得超出投标文件的范围或者改变投标文件的实质性内容。

评标委员会在对实质上响应招标文件要求的投标进行报价评估时,除招标文件另有约定外,应当按下述原则进行修正:

（1）用数字表示的数额与用文字表示的数额不一致时，以文字数额为准。

（2）单价与工程量的乘积与总价之间不一致时，以单价为准。若单价有明显的小数点错位，应以总价为准，并修改单价。

调整后的报价经投标人确认后产生约束力。

4. 评标报告和中标候选人

1）评标报告

评标委员会完成评标工作后，应当向招标人提出书面评标报告，并抄送有关行政监督部门。

评标报告由评标委员会全体成员签字。对评标结论持有异议的评标委员会成员可以书面方式阐述其不同意见和理由。评标委员会成员拒绝在评标报告上签字且不陈述其不同意见和理由的，视为同意评标结论。评标委员会应当对此作出书面说明并记录在案。

2）中标候选人

评标委员会推荐的中标候选人应当限定在 1～3 人，并表明排列顺序。中标人的投标，应当符合下列条件之一：

（1）能够最大限度地满足招标文件中规定的各项综合评价标准。

（2）能够满足招标文件的实质性要求，并且经评审的投标价格最低；但是投标价格低于成本的除外。

评标委员会经评审，认为所有投标都不符合招标文件要求的，可以否决所有投标。依法必须进行招标的项目的所有投标被否决的，招标人应当依照本法重新招标。

在确定中标人前，招标人不得与投标人就投标价格、投标方案等实质性内容进行谈判。

**（三）法律责任**

1. 影响公平竞争的法律责任

评标委员会成员收受投标人的财物或者其他好处的，评标委员会成员或者参加评标的有关工作人员向他人透露对投标文件的评审和比较、中标候选人的推荐以及与评标有关的其他情况的，给予警告，没收收受的财物，可以并处 3 000 元以上 5 万元以下的罚款，对有所列违法行为的评标委员会成员取消担任评标委员会成员的资格，不得再参加任何依法必须进行招标的项目的评标；构成犯罪的，依法追究刑事责任。

2. 与投标人先行谈判的法律责任

依法必须进行招标的项目，招标人违反本法规定，与投标人就投标价格、投标方案等实质性内容进行谈判的，给予警告，对单位直接负责的主管人员和其他直接责任人员依法给予处分。

行为影响中标结果的，中标无效。

## 五、中标的要求

### （一）确定中标人

根据《招标投标法》和《工程建设项目施工招标投标办法》的有关规定，确定中标人应当遵守如下程序：

（1）评标委员会提出书面评标报告后，招标人一般应当在 15 日内确定中标人，但最迟应当在投标有效期结束日 30 个工作日前确定。

（2）招标人应当接受评标委员会推荐的中标候选人，不得在评标委员会推荐的中标候选人之外确定中标人。

（3）依法必须招标的项目，招标人应当确定排名第一的中标候选人为中标人。排名第一的中标候选人放弃中标、因不可抗力提出不能履行合同，或者招标文件规定应当提交履约保证金而在规定的期限内未能提交的，招标人可以确定排名第二的中标候选人为中标人，依次类推。

（4）招标人可以授权评标委员会直接确定中标人。

**（二）中标通知书**

根据《招标投标法》及《工程建设项目施工招标投标办法》的有关规定，招标人发出中标通知书应当遵守如下规定：

（1）中标人确定后，招标人应当向中标人发出中标通知书，并同时将中标结果通知所有未中标的投标人。

（2）招标人不得以向中标人提出压低报价、增加工作量、缩短工期或其他违背中标人意愿的要求，以此作为发出中标通知书和签订合同的条件。

（3）中标通知书对招标人和投标人具有法律效力。中标通知书发出后，招标人改变中标结果的，或者中标人放弃中标项目的，应当依法承担法律责任。

**（三）签订合同**

1. 签订合同的要求

《招标投标法》第 46 条规定："招标人和中标人应当自中标通知书发出之日起三十日内，按照招标文件和中标人的投标文件订立书面合同。招标人和中标人不得再行订立背离合同实质性内容的其他协议。"

如果出现了两个或者两个以上内容有矛盾的合同，将来就会出现履行合同时适用哪一个合同的争议。但是，有的时候，招标人为了能够获得更大的利益，会要求中标人另行签订一个背离原合同实质性内容的合同。针对这种情况可能产生的纠纷，《最高人民法院关于审理建设工程施工合同纠纷案件适用法律问题的解释》第 21 条规定："当事人就同一建设工程另行订立的建设工程施工合同与经过备案的中标合同实质性内容不一致的，应当以备案的中标合同作为结算工程价款的根据。"

"备案的中标合同"就是依据《招标投标法》第 46 条签订的书面合同。

2. 担保与垫资

1）担保

招标人为了降低自己的风险，经常会要求投标人提交履约保证金，招标文件要求中标人提交履约保证金的，中标人应当提交。拒绝提交的，视为放弃中标项目。招标人要求中标人提供履约保证金或其他形式履约担保的，招标人应当同时向中标人提供工程款支付担保。招标人不得擅自提高履约保证金。

招标人与中标人签订合同后 5 个工作日内,应当向未中标的投标人退还投标保证金。

2) 垫资

《工程建设项目施工招标投标办法》第 62 条同时规定:"招标人不得强制要求中标人垫付中标项目建设资金。"

尽管法律已经明确规定招标人不得强制要求中标人垫付中标项目资金,但在实践中,中标人垫付中标项目建设资金的情形还是存在的。这种垫资行为经常引发关于利息的纠纷,对此,《最高人民法院关于审理建设工程施工合同纠纷案件适用法律问题的解释》第 6 条给出了处理意见:

当事人对垫资和垫资利息有约定,承包人请求按照约定返还垫资及其利息的,应予支持,但是约定的利息计算标准高于中国人民银行发布的同期同类贷款利率的部分除外。

当事人对垫资没有约定的,按照工程欠款处理。

当事人对垫资利息没有约定,承包人请求支付利息的,不予支持。

### (四)招标投标情况书面报告

根据《招标投标法》的有关规定,依法必须进行招标的项目,招标人应当自确定中标人之日起 15 日内,向有关行政监督部门提交招标投标情况书面报告。

### (五)法律责任

1. 非法确定中标人的法律责任

招标人在评标委员会依法推荐的中标候选人以外确定中标人的,依法必须进行招标的项目在所有投标被评标委员会否决后自行确定中标人的,中标无效。责令改正,可以处中标项目金额 5‰以上 10‰以下的罚款;对单位直接负责的主管人员和其他直接责任人员依法给予处分。

2. 非法订立合同的法律责任

招标人与中标人不按照招标文件和中标人的投标文件订立合同的,或者招标人、中标人订立背离合同实质性内容的协议的,责令改正;可以处中标项目金额 5‰以上 10‰以下的罚款。

### (六)安徽省水利工程招标投标特点

安徽省水利工程招标集中在省水利工程招标服务中心集中统一进行,主要有以下几个特点:示范文本共包括施工、货物、服务 3 大类,共计 9 个示范文本,12 个评标办法。一是招标文件采用示范文本(共 3 大类、9 个范本、12 个评标办法);二是投标单位和人员要进行备案;三是评标定标与企业在安徽水利建设市场的行为和信用挂钩;四是对违法行为处罚力度加大。

【例题】 安徽省水利工程招标集中在省水利工程招标服务中心集中统一进行,示范文本共包括哪 3 大类,共计 9 个示范文本,12 个评标办法。

# 第四节　水利工程分包及监理制度

## 一、水利工程建设项目施工分包管理的规定

水利部水建管〔2005〕304 号文《水利工程建设项目施工分包管理暂行规定》明确了

水利工程分包的相关规定。

**（一）分包的规定**

工程建设项目的主要建筑物不得分包；地下基础处理、金属结构制造安装等专业性较强的专项工程以及附属工程和临时工程等工程需经项目法人批准方可分包，但不准任何单位以任何名义进行再次分包。分包工程量除项目法人在标书中指定部分外，一般不得超过承包合同总额的30%。主要建筑物和允许分包项目的内容，由项目法人在招标文件中明确。

**（二）分包单位的资质要求**

分包单位应持有营业执照和具备与分包工程专业等级相应的资质等级证书，并具备完成分包工程所必需的技术人员、管理人员和必要的机构设备。

**（三）分包合同的签订**

经由项目法人批准的分包工程，由承包单位与分包单位签订分包合同，并报项目法人（或委托监理工程师）批准。

分包合同应符合国家有关工程建设的规定和平等、互利、协商一致的原则。同时，分包合同还必须遵循承包合同的各项原则，满足承包合同中的技术、经济条款。

**（四）分包单位的管理**

**1. 项目法人的管理**

(1)项目法人应对承包单位提出的分包内容和分包单位的资质进行审核，对分包内容不符合已签订的承包合同要求或分包单位不具备的相应资质条件的，不予批准。

(2)项目法人对承包单位和分包单位签订的分包合同实施情况进行监督检查，防止分包单位再分包。

(3)项目法人对承包单位雇用劳务情况进行监督检查，防止不合格劳务进入建设工地及变相分包。

(4)项目法人可根据工程分包管理的需要，委托监理单位履行(1)、(2)和(3)中相应的管理，但须将委托内容通知承包单位和分包单位。

**2. 总包单位的管理**

(1)承包单位在选择分包单位时要严格审查分包单位的条件，必须符合国家规定的资质、业绩要求及其他条件。

(2)承包单位应按照招标投标管理的有关规定，采用公开或邀请招标方式选择分包单位，尚不具备公开或邀请招标条件的，应选择3家以上符合条件的施工单位参加议标。

(3)承包单位应严格履行分包合同中的职责。承包单位对其分包工程项目的实施以及分包单位的行为负全部责任。尤其要对分包单位再次分包负责。

(4)承包单位应对分包项目的工程进度、质量、计量和验收等实施监督与管理。

(5)承包单位要负责分包工程的单元工程划分工作，并与分包单位共同对分包工程质量进行最终检查。

**3. 分包单位的职责**

(1)分包单位应严格履行分包合同中的职责。分包单位应接受承包单位的管理，并对承包单位负责。

（2）分包单位与承包单位一样，须接受项目法人（监理单位）、质量监督机构的监督和管理。

**（五）指定推荐分包**

（1）在招标过程中，项目法人根据专项工程的情况，可推荐专项工程的分包单位，但应在招标文件中表明工作内容和推荐分包单位的资质等级要求等情况。承包单位可自行决定同意或拒绝项目法人推荐的分包单位。如承包单位同意，则应与该推荐分包单位签订分包合同，并对该推荐分包单位的行为负全部责任；如承包单位拒绝，则可自行承担或选择其他单位，但需报项目法人审查批准。项目法人不得因推荐分包单位被拒绝而进行刁难。

（2）在特殊情况下，合同实施过程中，经上级主管部门同意，项目法人根据工程技术、进度等要求，可对某专项工程分包并指定分包单位，但不得增加承包单位的额外费用。

项目法人负责协调承包单位与该指定分包单位签订分包合同，由承包单位负责该分包工程合同的管理。由指定分包单位造成的与其分包工作有关的一切索赔、诉讼和损失赔偿由指定分包单位直接对项目法人负责，承包单位不对此承担责任。职责划分可由承包单位与项目法人签订协议明确。

**（六）分包基本程序**

1. 项目法人推荐分包的程序

（1）当项目法人有意向将某专项工程分包并推荐分包单位时，应在招标文件中写明拟分包工程的工作内容和工程量以及推荐分包单位的资质和其他情况。

（2）承包单位如接受项目法人提出的推荐分包单位，则负责审查分包单位的资质；如拒绝，并自行选择新的分包单位，则由承包单位报项目法人审核同意。不管是项目法人推荐还是承包单位自行选择，都必须采用招标方式。

（3）承包单位与分包单位签订分包合同。

2. 项目法人指定分包的程序

（1）当项目法人需将某专项工程分包并通过优选指定分包单位时，应将拟分包工程的工作内容和工程量以及指定分包单位的资质和其他情况通知承包单位。

（2）承包单位与项目法人签订协议。

（3）由项目法人协调，承包单位与分包单位签订分包合同。

3. 承包单位提出分包的程序

（1）当承包单位需将中标工程中某专项工程或附属工程、临时工程分包时，应在投标文件中按项目法人的有关规定和格式说明分包工程和分包单位情况。

（2）项目法人对承包单位拟分包的工程及其分包单位条件进行审查。如批准，承包单位可进行下一程序工作。如不批准，承包单位要重新选择分包单位，直到项目法人最终批准。

（3）承包单位与分包单位签订分包合同。

**（七）法律责任**

（1）项目法人因没有发现承包单位或分包单位的违规分包行为而给工程项目造成质量事故或经济损失的，由上级主管部门根据责任大小给予项目法人负责人行政处分。

（2）承包单位将中标全部工程分包或不经项目法人批准将部分工程分包的,由项目法人责成承包单位解除分包合同,按承包单位违约处理。

（3）分包单位违反规定,将分包工程再次分包的,由项目法人责成承包单位负责将二次分包单位清除出工地,按承包单位违约处理。

（4）因承包单位或分包单位违规分包造成工程质量事故或重大经济损失的,由主管部门报施工企业资质管理部门给予降低企业资质的处罚,追究责任人的责任并赔偿经济损失;造成伤亡事故的,要移送司法机关依法追究当事人的刑事责任。

【例题】 《水利工程建设项目施工分包管理暂行规定》规定:分包工程量除项目法人在标书中指定部分外,一般不得超过承包合同总额的多少?

## 二、水利工程建设监理制度

### （一）工程监理的含义

建设工程监理是指工程监理单位接受建设单位的委托,代表建设单位进行项目管理的过程。

根据《建筑法》的有关规定,建设单位与其委托的工程监理单位应当订立书面委托合同。工程监理单位应当根据建设单位的委托,客观、公正地执行监理业务。建设单位和工程监理单位之间是一种委托代理关系,适用《民法通则》有关代理的法律规定。

### （二）水利工程监理的依据、内容

#### 1. 工程监理的依据

根据相关法律法规的规定,水利工程监理的依据如下。

1）法律、法规

施工单位的建设行为是受很多法律、法规制约的。例如,不可偷工减料等。工程监理在监理过程中首先就要监督检查施工单位是否存在违法行为,因此法律、法规是工程监理单位的依据之一。

2）有关的技术标准

技术标准分为强制性标准和推荐性标准。强制性标准是各参建单位都必须执行的标准,而推荐性标准则是可以自主决定是否采用的标准。通常情况下,建设单位如要求采用推荐性标准,应当与设计单位或施工单位在合同中予以明确约定。经合同约定采用的推荐性标准,对合同当事人同样具有法律约束力,设计或施工未达到该标准,将构成违约行为。

3）设计文件

施工单位的任务是按图施工,也就是按照施工图设计文件进行施工。如果施工单位没有按照图纸的要求去修建工程就构成违约,如果是擅自修改图纸更构成了违法。因此,设计文件就是监理单位的依据之一。

4）建设工程承包合同

建设单位和承包单位通过订立建设工程承包合同,明确双方的权利和义务。合同中约定的内容要远远大于设计文件的内容。例如,进度、工程款支付等都不是设计文件所能描述的,而这些内容也是当事人必须履行的义务。工程监理单位有权利也有义务监督检查承包单位是否按照合同约定履行这些义务。因此,建设工程承包合同也是工程监理的一个依据。

2. 工程监理的内容

工程监理在本质上是项目管理,是代表建设单位而进行的项目管理。其监理的内容自然与项目管理的内容是一致的。其内容包括三控制(进度控制、质量控制、成本控制)、三管理(安全管理、合同管理、信息管理)、一协调(沟通协调)。

3. 水利工程监理的相关规定

水利部 2006 年 12 月 18 日颁布了《水利工程建设监理规定》(水利部 28 号令),对水利工程建设监理作出了具体规定。

1)适用范围

《水利工程建设监理规定》第二条规定:"从事水利工程建设监理以及对水利工程建设监理实施监督管理,适用本规定。

"本规定所称水利工程是指防洪、排涝、灌溉、水力发电、引(供)水、滩涂治理、水土保持、水资源保护等各类工程(包括新建、扩建、改建、加固、修复、拆除等项目)及其配套和附属工程。

"本规定所称水利工程建设监理,是指具有相应资质的水利工程建设监理单位(以下简称监理单位),受项目法人(建设单位,下同)委托,按照监理合同对水利工程建设项目实施中的质量、进度、资金、安全生产、环境保护等进行的管理活动,包括水利工程施工监理、水土保持工程施工监理、机电及金属结构设备制造监理、水利工程建设环境保护监理。"

2)水利工程监理范围

《水利工程建设监理规定》第三条规定:"水利工程建设项目依法实行建设监理。

"总投资 200 万元以上且符合下列条件之一的水利工程建设项目,必须实行建设监理:

"(一)关系社会公共利益或者公共安全的;

"(二)使用国有资金投资或者国家融资的;

"(三)使用外国政府或者国际组织贷款、援助资金的。

"铁路、公路、城镇建设、矿山、电力、石油天然气、建材等开发建设项目的配套水土保持工程,符合前款规定条件的,应当按照本规定开展水土保持工程施工监理。

"其他水利工程建设项目可以参照本规定执行。"

3)水利工程建设项目监理程序

《水利工程建设监理规定》第十一条规定:"监理单位应当按下列程序实施建设监理:

"(一)按照监理合同,选派满足监理工作要求的总监理工程师、监理工程师和监理员组建项目监理机构,进驻现场;

"(二)编制监理规划,明确项目监理机构的工作范围、内容、目标和依据,确定监理工作制度、程序、方法和措施,并报项目法人备案;

"(三)按照工程建设进度计划,分专业编制监理实施细则;

"(四)按照监理规划和监理实施细则开展监理工作,编制并提交监理报告;

"(五)监理业务完成后,按照监理合同向项目法人提交监理工作报告、移交档案资料。"

4)监理业务委托与承接

《水利工程建设监理规定》第五条规定:"按照本规定必须实施建设监理的水利工程建设项目,项目法人应当按照水利工程建设项目招标投标管理的规定,确定具有相应资质的监理单位,并报项目主管部门备案。

"项目法人和监理单位应当依法签订监理合同。"

第六条规定:"项目法人委托监理业务,应当执行国家规定的工程监理收费标准。

"项目法人及其工作人员不得索取、收受监理单位的财物或者其他不正当利益。"

第七条规定:"监理单位应当按照水利部的规定,取得《水利工程建设监理单位资质等级证书》,并在其资质等级许可的范围内承揽水利工程建设监理业务。

"两个以上具有资质的监理单位,可以组成一个联合体承接监理业务。联合体各方应当签订协议,明确各方拟承担的工作和责任,并将协议提交项目法人。联合体的资质等级,按照同一专业内资质等级较低的一方确定。联合体中标的,联合体各方应当共同与项目法人签订监理合同,就中标项目向项目法人承担连带责任。"

第八条规定:"监理单位与被监理单位以及建筑材料、建筑构配件和设备供应单位有隶属关系或者其他利害关系的,不得承担该项工程的建设监理业务。

"监理单位不得以串通、欺诈、胁迫、贿赂等不正当竞争手段承揽水利工程建设监理业务。"

第九条规定:"监理单位不得允许其他单位或者个人以本单位名义承揽水利工程建设监理业务。

"监理单位不得转让监理业务。"

5)监理业务实施

《水利工程建设监理规定》第十条规定:"监理单位应当聘用具有相应资格的监理人员从事水利工程建设监理业务。监理人员包括总监理工程师、监理工程师和监理员。监理人员资格应当按照行业自律管理的规定取得。

"监理工程师应当由其聘用监理单位(以下简称注册监理单位)报水利部注册备案,并在其注册监理单位从事监理业务;需要临时到其他监理单位从事监理业务的,应当由该监理单位与注册监理单位签订协议,明确监理责任等有关事宜。

"监理人员应当保守执(从)业秘密,并不得同时在两个以上水利工程项目从事监理业务,不得与被监理单位以及建筑材料、建筑构配件和设备供应单位发生经济利益关系。"

第十一条规定:"监理单位应当按下列程序实施建设监理:

"(一)按照监理合同,选派满足监理工作要求的总监理工程师、监理工程师和监理员组建项目监理机构,进驻现场;

"(二)编制监理规划,明确项目监理机构的工作范围、内容、目标和依据,确定监理工作制度、程序、方法和措施,并报项目法人备案;

"(三)按照工程建设进度计划,分专业编制监理实施细则;

"(四)按照监理规划和监理实施细则开展监理工作,编制并提交监理报告;

"（五）监理业务完成后，按照监理合同向项目法人提交监理工作报告、移交档案资料。"

第十二条规定："水利工程建设监理实行总监理工程师负责制。

"总监理工程师负责全面履行监理合同约定的监理单位职责，发布有关指令，签署监理文件，协调有关各方之间的关系。

"监理工程师在总监理工程师授权范围内开展监理工作，具体负责所承担的监理工作，并对总监理工程师负责。

"监理员在监理工程师或者总监理工程师授权范围内从事监理辅助工作。"

第十三条规定："监理单位应当将项目监理机构及其人员名单、监理工程师和监理员的授权范围书面通知被监理单位。监理实施期间监理人员有变化的，应当及时通知被监理单位。

"监理单位更换总监理工程师和其他主要监理人员的，应当符合监理合同的约定。"

第十四条规定："监理单位应当按照监理合同，组织设计单位等进行现场设计交底，核查并签发施工图。未经总监理工程师签字的施工图不得用于施工。

"监理单位不得修改工程设计文件。"

第十五条规定："监理单位应当按照监理规范的要求，采取旁站、巡视、跟踪检测和平行检测等方式实施监理，发现问题应当及时纠正、报告。

"监理单位不得与项目法人或者被监理单位串通，弄虚作假、降低工程或者设备质量。

"监理人员不得将质量检测或者检验不合格的建设工程、建筑材料、建筑构配件和设备按照合格签字。

"未经监理工程师签字，建筑材料、建筑构配件和设备不得在工程上使用或者安装，不得进行下一道工序的施工。"

第十六条规定："监理单位应当协助项目法人编制控制性总进度计划，审查被监理单位编制的施工组织设计和进度计划，并督促被监理单位实施。"

第十七条规定："监理单位应当协助项目法人编制付款计划，审查被监理单位提交的资金流计划，按照合同约定核定工程量，签发付款凭证。

"未经总监理工程师签字，项目法人不得支付工程款。"

第十八条规定："监理单位应当审查被监理单位提出的安全技术措施、专项施工方案和环境保护措施是否符合工程建设强制性标准和环境保护要求，并监督实施。

"监理单位在实施监理过程中，发现存在安全事故隐患的，应当要求被监理单位整改；情况严重的，应当要求被监理单位暂时停止施工，并及时报告项目法人。被监理单位拒不整改或者不停止施工的，监理单位应当及时向有关水行政主管部门或者流域管理机构报告。"

第十九条规定："项目法人应当向监理单位提供必要的工作条件，支持监理单位独立开展监理业务，不得明示或者暗示监理单位违反法律法规和工程建设强制性标准，不得更改总监理工程师指令。"

第二十条规定："项目法人应当按照监理合同，及时、足额支付监理单位报酬，不得无故削减或者拖延支付。

"项目法人可以对监理单位提出并落实的合理化建议给予奖励。奖励标准由项目法人与监理单位协商确定。"

6）法律责任

《水利工程建设监理规定》第二十五条规定："项目法人将水利工程建设监理业务委托给不具有相应资质的监理单位，或者必须实行建设监理而未实行的，依照《建设工程质量管理条例》第五十四条、第五十六条处罚。

"项目法人对监理单位提出不符合安全生产法律、法规和工程建设强制性标准要求的，依照《建设工程安全生产管理条例》第五十五条处罚。"

第二十六条规定："项目法人及其工作人员收受监理单位贿赂、索取回扣或者其他不正当利益的，予以追缴，并处违法所得3倍以下且不超过3万元的罚款；构成犯罪的，依法追究有关责任人员的刑事责任。"

第二十七条规定："监理单位有下列行为之一的，依照《建设工程质量管理条例》第六十条、第六十一条、第六十二条、第六十七条、第六十八条处罚：

"（一）超越本单位资质等级许可的业务范围承揽监理业务的；

"（二）未取得相应资质等级证书承揽监理业务的；

"（三）以欺骗手段取得的资质等级证书承揽监理业务的；

"（四）允许其他单位或者个人以本单位名义承揽监理业务的；

"（五）转让监理业务的；

"（六）与项目法人或者被监理单位串通，弄虚作假、降低工程质量的；

"（七）将不合格的建设工程、建筑材料、建筑构配件和设备按照合格签字的；

"（八）与被监理单位以及建筑材料、建筑构配件和设备供应单位有隶属关系或者其他利害关系承担该项工程建设监理业务的。"

第二十八条规定："监理单位有下列行为之一的，责令改正，给予警告；无违法所得的，处1万元以下罚款，有违法所得的，予以追缴，处违法所得3倍以下且不超过3万元罚款；情节严重的，降低资质等级；构成犯罪的，依法追究有关责任人员的刑事责任：

"（一）以串通、欺诈、胁迫、贿赂等不正当竞争手段承揽监理业务的；

"（二）利用工作便利与项目法人、被监理单位以及建筑材料、建筑构配件和设备供应单位串通，谋取不正当利益的。"

第二十九条规定："监理单位有下列行为之一的，依照《建设工程安全生产管理条例》第五十七条处罚：

"（一）未对施工组织设计中的安全技术措施或者专项施工方案进行审查的；

"（二）发现安全事故隐患未及时要求施工单位整改或者暂时停止施工的；

"（三）施工单位拒不整改或者不停止施工，未及时向有关水行政主管部门或者流域管理机构报告的；

"（四）未依照法律、法规和工程建设强制性标准实施监理的。"

第三十条规定："监理单位有下列行为之一的，责令改正，给予警告；情节严重的，降低资质等级：

"（一）聘用无相应监理人员资格的人员从事监理业务的；

"（二）隐瞒有关情况、拒绝提供材料或者提供虚假材料的。"

第三十一条规定："监理人员从事水利工程建设监理活动，有下列行为之一的，责令改正，给予警告；其中，监理工程师违规情节严重的，注销注册证书，2 年内不予注册；有违法所得的，予以追缴，并处 1 万元以下罚款；造成损失的，依法承担赔偿责任；构成犯罪的，依法追究刑事责任：

"（一）利用执（从）业上的便利，索取或者收受项目法人、被监理单位以及建筑材料、建筑构配件和设备供应单位财物的；

"（二）与被监理单位以及建筑材料、建筑构配件和设备供应单位串通，谋取不正当利益的；

"（三）非法泄露执（从）业中应当保守的秘密的。"

第三十二条规定："监理人员因过错造成质量事故的，责令停止执（从）业 1 年，其中，监理工程师因过错造成重大质量事故的，注销注册证书，5 年内不予注册，情节特别严重的，终身不予注册。

"监理人员未执行法律、法规和工程建设强制性标准的，责令停止执（从）业 3 个月以上 1 年以下，其中，监理工程师违规情节严重的，注销注册证书，5 年内不予注册，造成重大安全事故的，终身不予注册；构成犯罪的，依法追究刑事责任。"

第三十三条规定："水行政主管部门和流域管理机构的工作人员在工程建设监理活动的监督管理中玩忽职守、滥用职权、徇私舞弊的，依法给予处分；构成犯罪的，依法追究刑事责任。

第三十四条规定："依法给予监理单位罚款处罚的，对单位直接负责的主管人员和其他直接责任人员处单位罚款数额百分之五以上、百分之十以下的罚款。

"监理单位的工作人员因调动工作、退休等原因离开该单位后，被发现在该单位工作期间违反国家有关工程建设质量管理规定，造成重大工程质量事故的，仍应当依法追究法律责任。"

第三十五条规定："降低监理单位资质等级、吊销监理单位资质等级证书的处罚以及注销监理工程师注册证书，由水利部决定；其他行政处罚，由有关水行政主管部门依照法定职权决定。"

# 第五节　施工企业的安全生产保障、从业人员的权利和义务及生产安全事故应急救援和处理

《中华人民共和国安全生产法》（以下简称《安全生产法》）由中华人民共和国第九届全国人民代表大会常务委员会第二十八次会议于 2002 年 6 月 29 日通过，自 2002 年 11 月 1 日起施行。

《安全生产法》的立法目的在于加强安全生产监督管理，防止和减少生产安全事故，保障人民群众生命和财产安全，促进经济发展。《安全生产法》包括 7 章，共 99 条。对生

产经营单位的安全生产保障、从业人员的权利和义务、安全生产的监督管理、生产安全事故的应急救援与调查处理四个主要方面作出了规定。

在中华人民共和国领域内从事生产经营活动的单位的安全生产,适用本法。有关法律、行政法规对消防安全和道路交通安全、铁路交通安全、水上交通安全、民用航空安全另有规定的除外。

## 一、生产经营单位的安全生产保障

### (一)生产经营单位的安全生产保障措施

1. 组织保障措施

1)建立安全生产保障体系

生产经营单位必须建立安全生产保障体系。生产经营单位必须遵守《安全生产法》和其他有关安全生产的法律、法规,加强安全生产管理,建立、健全安全生产责任制度,完善安全生产条件,确保安全生产。

施工企业应当按照建设部〔2008〕91号文的要求设置安全生产管理机构和配备安全生产专职管理人员。

2)明确岗位责任

a. 生产经营单位的主要负责人的职责

生产经营单位的主要负责人对本单位安全生产工作负有下列职责:

(1)建立、健全本单位安全生产责任制;

(2)组织制定本单位安全生产规章制度和操作规程;

(3)保证本单位安全生产投入的有效实施;

(4)督促、检查本单位的安全生产工作,及时消除生产安全事故隐患;

(5)组织制定并实施本单位的生产安全事故应急救援预案;

(6)及时、如实报告生产安全事故。

同时,《安全生产法》第42条规定:"生产经营单位发生重大生产安全事故时,单位的主要负责人应当立即组织抢救,并不得在事故调查处理期间擅离职守。"

b. 生产经营单位的安全生产管理人员的职责

生产经营单位的安全生产管理人员应当根据本单位的生产经营特点,对安全生产状况进行经常性检查;对检查中发现的安全问题,应当立即处理;不能处理的,应当及时报告本单位有关负责人。检查及处理情况应当记录在案。

c. 对安全设施、设备的质量负责的岗位

(1)对安全设施的设计质量负责的岗位。建设项目安全设施的设计人、设计单位应当对安全设施设计负责。

建设项目的安全设施设计应当按照国家有关规定报经有关部门审查,审查部门及其负责审查的人员对审查结果负责。

(2)对安全设施的施工负责的岗位。矿山建设项目和用于生产、储存危险物品的建设项目的施工单位必须按照批准的安全设施设计施工,并对安全设施的工程质量负责。

(3)对安全设施的竣工验收负责的岗位。建设项目竣工投入生产或者使用前,必须依照有关法律、行政法规的规定对安全设施进行验收;验收合格后,方可投入生产和使用。验收部门及其验收人员对验收结果负责。

(4)对安全设备质量负责的岗位。施工单位使用的涉及生命安全、危险性较大的特种设备,以及危险物品的容器、运输工具,必须按照国家有关规定,由专业生产单位生产,并经取得专业资质的检测、检验机构检测、检验合格,取得安全使用证或者安全标志,方可投入使用。检测、检验机构对检测、检验结果负责。

涉及生命安全、危险性较大的特种设备的目录由国务院负责特种设备安全监督管理的部门制定,报国务院批准后执行。

2.管理保障措施

1)人力资源管理

a.对主要负责人和安全生产管理人员的管理

施工单位的主要负责人和安全生产管理人员必须具备与本单位所从事的生产经营活动相应的安全生产知识和管理能力。

施工单位的主要负责人和安全生产管理人员,应当由有关主管部门对其安全生产知识和管理能力考核合格后方可任职。考核不得收费。

b.对一般从业人员的管理

施工单位应当对从业人员进行安全生产教育和培训,保证从业人员具备必要的安全生产知识,熟悉有关的安全生产规章制度和安全操作规程,掌握本岗位的安全操作技能。未经安全生产教育和培训合格的从业人员,不得上岗作业。

c.对特种作业人员的管理

施工单位的特种作业人员必须按照国家有关规定经专门的安全作业培训,取得特种作业操作资格证书,方可上岗作业。

目前,施工单位特种作业人员操作资格证书主要有以下几个部门颁发证书:建设行政主管部门、质量技术监督部门和安全生产监督管理部门等。

2)物力资源管理

a.设备的日常管理

施工单位应当在有较大危险因素的生产经营场所和有关设施、设备上,设置明显的安全警示标志。

安全设备的设计、制造、安装、使用、检测、维修、改造和报废,应当符合国家标准或者行业标准。

施工单位必须对安全设备进行经常性维护、保养,并定期检测,保证正常运转。维护、保养、检测应当作好记录,并由有关人员签字。

b.设备的淘汰制度

国家对严重危及生产安全的工艺、设备实行淘汰制度。生产经营单位不得使用国家明令淘汰、禁止使用的危及生产安全的工艺、设备。

c.生产经营项目、场所、设备的转让管理

生产经营单位不得将生产经营项目、场所、设备发包或者出租给不具备安全生产条件或者相应资质的单位或者个人。

d. 生产经营项目、场所的协调管理

生产经营项目、场所有多个承包单位、承租单位的，生产经营单位应当与承包单位、承租单位签订专门的安全生产管理协议，或者在承包合同、租赁合同中约定各自的安全生产管理职责；生产经营单位对承包单位、承租单位的安全生产工作统一协调、管理。

3. 经济保障措施

财政部、国家安全生产监督管理总局关于印发《高危行业企业安全生产费用财务管理暂行办法》(财企〔2006〕478 号)的通知中规定，建筑施工企业以建筑安装工程造价为计提依据。各工程类别安全费用提取标准如下：

(1)房屋建筑工程、矿山工程为 2.0%；

(2)电力工程、水利水电工程、铁路工程为 1.5%；

(3)市政公用工程、冶炼工程、机电安装工程、化工石油工程、港口与航道工程、公路工程、通信工程为 1.0%。

建筑施工企业提取的安全费用列入工程造价，在竞标时，不得删减。国家对基本建设投资概算另有规定的，从其规定。

总包单位应当将安全费用按比例直接支付分包单位，分包单位不再重复提取。

1)保证安全生产所必需的资金

生产经营单位应当具备的安全生产条件所必需的资金投入，由生产经营单位的决策机构、主要负责人或者个人经营的投资人予以保证，并对由于安全生产所必需的资金投入不足导致的后果承担责任。

2)保证安全设施所需要的资金

生产经营单位新建、改建、扩建工程项目(以下统称建设项目)的安全设施，必须与主体工程同时设计、同时施工、同时投入生产和使用。安全设施投资应当纳入建设项目概算。

3)保证劳动防护用品、安全生产培训所需要的资金

生产经营单位必须为从业人员提供符合国家标准或者行业标准的劳动防护用品，并监督、教育从业人员按照使用规则佩戴、使用。

生产经营单位应当安排用于配备劳动防护用品、进行安全生产培训的经费。

4)保证工伤社会保险所需要的资金

生产经营单位必须依法参加工伤社会保险，为从业人员缴纳保险费。

4. 技术保障措施

1)对新工艺、新技术、新材料或者使用新设备的管理

生产经营单位采用新工艺、新技术、新材料或者使用新设备，必须了解、掌握其安全技术特性，采取有效的安全防护措施，并对从业人员进行专门的安全生产教育和培训。

2)对安全条件论证和安全评价的管理

矿山建设项目和用于生产、储存危险物品的建设项目，应当分别按照国家有关规定进行安全条件论证和安全评价。

3)对废弃危险物品的管理

生产、经营、运输、储存、使用危险物品或者处置废弃危险物品的，由有关主管部门依

照有关法律、法规的规定和国家标准或者行业标准审批并实施监督管理。

生产经营单位生产、经营、运输、储存、使用危险物品或者处置废弃危险物品，必须执行有关法律、法规和国家标准或者行业标准，建立专门的安全管理制度，采取可靠的安全措施，接受有关主管部门依法实施的监督管理。

4）对重大危险源的管理

生产经营单位对重大危险源应当登记建档，进行定期检测、评估、监控，并制订应急预案，告知从业人员和相关人员在紧急情况下应当采取的应急措施。

生产经营单位应当按照国家有关规定将本单位重大危险源及有关安全措施、应急措施报有关地方人民政府负责安全生产监督管理的部门和有关部门备案。

5）对员工宿舍的管理

生产、经营、储存、使用危险物品的车间、商店、仓库不得与员工宿舍在同一座建筑物内，并应当与员工宿舍保持安全距离。

生产经营场所和员工宿舍应当设有符合紧急疏散要求、标志明显、保持畅通的出口。禁止封闭、堵塞生产经营场所或者员工宿舍的出口。

6）对危险作业的管理

生产经营单位进行爆破、吊装等危险作业，应当安排专门人员进行现场安全管理，确保操作规程的遵守和安全措施的落实。

7）对安全生产操作规程的管理

生产经营单位应当教育和督促从业人员严格执行本单位的安全生产规章制度和安全操作规程，并向从业人员如实告知作业场所和工作岗位存在的危险因素、防范措施以及事故应急措施。

8）对施工现场的管理

两个以上生产经营单位在同一作业区域内进行生产经营活动，可能危及对方生产安全的，应当签订安全生产管理协议，明确各自的安全生产管理职责和应当采取的安全措施，并指定专职安全生产管理人员进行安全检查与协调。

**（二）法律责任**

1. 不满足资金投入的法律责任

生产经营单位的决策机构、主要负责人、个人经营的投资人不依照本法规定保证安全生产所必需的资金投入，致使生产经营单位不具备安全生产条件的，责令限期改正，提供必需的资金；逾期未改正的，责令生产经营单位停产停业整顿。

有前款违法行为，导致发生生产安全事故，构成犯罪的，依照刑法有关规定追究刑事责任；尚不够刑事处罚的，对生产经营单位的主要负责人给予撤职处分，对个人经营的投资人处 2 万元以上 20 万元以下的罚款。

2. 未履行安全管理职责的法律责任

生产经营单位的主要负责人未履行《安全生产法》规定的安全生产管理职责的，责令限期改正；逾期未改正的，责令生产经营单位停产停业整顿。

生产经营单位的主要负责人有前款违法行为，导致发生生产安全事故，构成犯罪的，依照刑法有关规定追究刑事责任；尚不够刑事处罚的，给予撤职处分或者处 2 万元以上

20万元以下的罚款。

生产经营单位的主要负责人依照前款规定受刑事处罚或者撤职处分的,自刑罚执行完毕或者受处分之日起,5年内不得担任任何生产经营单位的主要负责人。

3. 未配备合格人员的责任

生产经营单位有下列行为之一的,责令限期改正;逾期未改正的,责令停产停业整顿,可以并处2万元以下的罚款:

(1)未按照规定设立安全生产管理机构或者配备安全生产管理人员的;

(2)危险物品的生产、经营、储存单位以及矿山、建筑施工单位的主要负责人和安全生产管理人员未按照规定经考核合格的;

(3)未依法对从业人员进行安全生产教育和培训,或者未依法如实告知从业人员有关的安全生产事项的;

(4)特种作业人员未按照规定经专门的安全作业培训并取得特种作业操作资格证书,上岗作业的。

4. 不符合安全设施、设备管理的法律责任

生产经营单位有下列行为之一的,责令限期改正;逾期未改正的,责令停止建设或者停产停业整顿,可以并处5万元以下的罚款;造成严重后果,构成犯罪的,依照刑法有关规定追究刑事责任:

(1)矿山建设项目或者用于生产、储存危险物品的建设项目没有安全设施设计或者安全设施设计未按照规定报经有关部门审查同意的;

(2)矿山建设项目或者用于生产、储存危险物品的建设项目的施工单位未按照批准的安全设施设计施工的;

(3)矿山建设项目或者用于生产、储存危险物品的建设项目竣工投入生产或者使用前,安全设施未经验收合格的;

(4)未在有较大危险因素的生产经营场所和有关设施、设备上设置明显的安全警示标志的;

(5)安全设备的安装、使用、检测、改造和报废不符合国家标准或者行业标准的;

(6)未对安全设备进行经常性维护、保养和定期检测的;

(7)未为从业人员提供符合国家标准或者行业标准的劳动防护用品的;

(8)特种设备以及危险物品的容器、运输工具未经取得专业资质的机构检测、检验合格,取得安全使用证或者安全标志,投入使用的;

(9)使用国家明令淘汰、禁止使用的危及生产安全的工艺、设备的。

5. 擅自生产、经营、储存危险物品的法律责任

未经依法批准,擅自生产、经营、储存危险物品的,责令停止违法行为或者予以关闭,没收违法所得,违法所得10万元以上的,并处违法所得1倍以上5倍以下的罚款,没有违法所得或者违法所得不足10万元的,单处或者并处2万元以上10万元以下的罚款;造成严重后果,构成犯罪的,依照刑法有关规定追究刑事责任。

6. 对重大危险源管理不当的法律责任

生产经营单位有下列行为之一的,责令限期改正;逾期未改正的,责令停产停业整顿,

可以并处 2 万元以上 10 万元以下的罚款;造成严重后果,构成犯罪的,依照刑法有关规定追究刑事责任:

(1)生产、经营、储存、使用危险物品,未建立专门安全管理制度、未采取可靠的安全措施或者不接受有关主管部门依法实施的监督管理的;

(2)对重大危险源未登记建档,或者未进行评估、监控,或者未制定应急预案的;

(3)进行爆破、吊装等危险作业,未安排专门管理人员进行现场安全管理的。

**7. 非法转让经营项目、场所、设备的法律责任**

生产经营单位将生产经营项目、场所、设备发包或者出租给不具备安全生产条件或者相应资质的单位或者个人的,责令限期改正,没收违法所得;违法所得 5 万元以上的,并处违法所得 1 倍以上 5 倍以下的罚款;没有违法所得或者违法所得不足 5 万元的,单处或者并处 1 万元以上 5 万元以下的罚款;导致发生生产安全事故给他人造成损害的,与承包方、承租方承担连带赔偿责任。

生产经营单位未与承包单位、承租单位签订专门的安全生产管理协议或者未在承包合同、租赁合同中明确各自的安全生产管理职责,或者未对承包单位、承租单位的安全生产统一协调、管理的,责令限期改正;逾期未改正的,责令停产停业整顿。

**8. 未协调安全生产的法律责任**

两个以上生产经营单位在同一作业区域内进行可能危及对方安全生产的生产经营活动,未签订安全生产管理协议或者未指定专职安全生产管理人员进行安全检查与协调的,责令限期改正;逾期未改正的,责令停产停业。

**9. 非法设置员工宿舍的法律责任**

生产经营单位有下列行为之一的,责令限期改正;逾期未改正的,责令停产停业整顿;造成严重后果,构成犯罪的,依照刑法有关规定追究刑事责任:

(1)生产、经营、储存、使用危险物品的车间、商店、仓库与员工宿舍在同一座建筑内,或者与员工宿舍的距离不符合安全要求的;

(2)生产经营场所和员工宿舍未设有符合紧急疏散需要、标志明显、保持畅通的出口,或者封闭、堵塞生产经营场所或者员工宿舍出口的。

## 二、从业人员安全生产的权利和义务

生产经营单位的从业人员,是指该单位从事生产经营活动各项工作的所有人员,包括管理人员、技术人员和各岗位的工人,也包括生产经营单位临时聘用的人员。他们在从业过程中依法享有权利、承担义务。

**(一)安全生产中从业人员的权利和义务**

**1. 安全生产中从业人员的权利**

1)知情权

生产经营单位的从业人员有权了解其作业场所和工作岗位存在的危险因素、防范措施及事故应急措施,有权对本单位的安全生产工作提出建议。

2)批评权和检举、控告权

从业人员有权对本单位安全生产工作中存在的问题提出批评、检举、控告。

3）拒绝权

从业人员有权拒绝违章指挥和强令冒险作业。生产经营单位不得因从业人员对本单位安全生产工作提出批评、检举、控告或者拒绝违章指挥、强令冒险作业而降低其工资、福利等待遇或者解除与其订立的劳动合同。

4）紧急避险权

从业人员发现直接危及人身安全的紧急情况时，有权停止作业或者在采取可能的应急措施后撤离作业场所。

生产经营单位不得因从业人员在前款紧急情况下停止作业或者采取紧急撤离措施而降低其工资、福利等待遇或者解除与其订立的劳动合同。

5）请求赔偿权

因生产安全事故受到损害的从业人员，除依法享有工伤社会保险外，依照有关民事法律尚有获得赔偿的权利的，有权向本单位提出赔偿要求。

依法为从业人员缴纳工伤社会保险费和给予民事赔偿，是生产经营单位的法定义务。生产经营单位必须依法参加工伤社会保险，为从业人员缴纳保险费；生产经营单位与从业人员订立的劳动合同，应当载明依法为从业人员办理工伤社会保险的事项。

发生生产安全事故后，受到损害的从业人员首先按照劳动合同和工伤社会保险合同的约定，享有请求相应赔偿的权利。如果工伤保险赔偿金不足以补偿受害人的损失，受害人还可以依照有关民事法律的规定，向其所在的生产经营单位提出赔偿要求。为了切实保护从业人员的该项权利，《安全生产法》第44条第2款还规定："生产经营单位不得以任何形式与从业人员订立协议，免除或者减轻其对从业人员因生产安全事故伤亡依法应承担的责任。"

6）获得劳动防护用品的权利

生产经营单位必须为从业人员提供符合国家标准或者行业标准的劳动防护用品，并监督、教育从业人员按照使用规则佩戴、使用。

7）获得安全生产教育和培训的权利

生产经营单位应当对从业人员进行安全生产教育和培训，保证从业人员具备必要的安全生产知识，熟悉有关的安全生产规章制度和安全操作规程，掌握本岗位的安全操作技能。

**2. 安全生产中从业人员的义务**

1）自律遵规的义务

从业人员在作业过程中，应当严格遵守本单位的安全生产规章制度和操作规程，服从管理，正确佩戴和使用劳动防护用品。

2）自觉学习安全生产知识的义务

从业人员应当接受安全生产教育和培训，掌握本职工作所需的安全生产知识，提高安全生产技能，增强事故预防和应急处理能力。

3）危险报告义务

从业人员发现事故隐患或者其他不安全因素，应当立即向现场安全生产管理人员或者本单位负责人报告；接到报告的人员应当及时予以处理。

## (二)法律责任

### 1.订立非法免责条款的法律责任

生产经营单位与从业人员订立协议,免除或者减轻其对从业人员因生产安全事故伤亡依法应承担的责任的,该协议无效;对生产经营单位的主要负责人、个人经营的投资人处2万元以上10万元以下的罚款。

### 2.从业人员违章操作的法律责任

生产经营单位的从业人员不服从管理,违反安全生产规章制度或者操作规程的,由生产经营单位给予批评教育,依照有关规章制度给予处分;造成重大事故,构成犯罪的,依照刑法有关规定追究刑事责任。

## 三、生产安全事故的应急救援与处理

### (一)生产安全事故的应急救援

#### 1.生产安全事故的分类

2007年6月1日起施行的《生产安全事故报告和调查处理条例》对生产安全事故作出了明确的分类。

根据生产安全事故(以下简称事故)造成的人员伤亡或者直接经济损失,事故一般分为以下等级:

(1)特别重大事故,是指造成30人以上死亡,或者100人以上重伤(包括急性工业中毒,下同),或者1亿元以上直接经济损失的事故;

(2)重大事故,是指造成10人以上30人以下死亡,或者50人以上100人以下重伤,或者5 000万元以上1亿元以下直接经济损失的事故;

(3)较大事故,是指造成3人以上10人以下死亡,或者10人以上50人以下重伤,或者1 000万元以上5 000万元以下直接经济损失的事故;

(4)一般事故,是指造成3人以下死亡,或者10人以下重伤,或者1 000万元以下直接经济损失的事故。

国务院安全生产监督管理部门可以会同国务院有关部门,制定事故等级划分的补充性规定。

这里所称的"以上"包括本数,所称的"以下"不包括本数。

**【案例1】**

安徽省某省属企业在安徽省某水库加固工程现场,在拆除启闭机管理房时发生坍塌,将一些正在工作的工人掩埋,最终导致了3名工人死亡。工人刘××在现场目睹了整个事故的全过程,于是立即向本单位负责人报告。由于刘××看到的是掩埋了10名工人,他就推测这10名工人均已经死亡。于是向本单位负责人报告说10名工人遇难。此数字与实际数字不符。(1)你认为该工人是否违法? (2)该起事故为何种等级?

**分析:**(1)不违法。

依据《安全生产法》,事故现场有关人员应当立即报告本单位负责人,但并不要求如实报告。因为在进行报告的时候,报告人未必能准确知道伤亡人数。所以,即使报告数据与实际数据不符,也并不违法。

但是,如果报告人不及时报告,就会涉嫌违法。因为可能由于其报告不及时而使得救援迟缓,伤亡扩大。

(2)该起事故属于较大事故。

《生产安全事故报告和调查处理条例》对生产安全事故的分类:较大事故是指造成3人以上10人以下死亡,或者10人以上50人以下重伤,或者1 000万元以上5 000万元以下直接经济损失的事故。

2.应急救援体系的建立

《安全生产法》第68条规定:"县级以上地方各级人民政府应当组织有关部门制定本行政区域内特大生产安全事故应急救援预案,建立应急救援体系。"

根据《安全生产法》第69条的规定,建筑施工单位应当建立应急救援组织;生产经营规模较小,可以不建立应急救援组织的,应当指定兼职的应急救援人员。危险物品的生产、经营、储存单位以及矿山、建筑施工单位应当配备必要的应急救援器材、设备,并进行经常性维护、保养,保证正常运转。

**(二)生产安全事故报告**

1.安全生产法关于生产安全事故报告的规定

根据《安全生产法》第70~72条的规定,生产安全事故的报告应当遵守以下规定:

(1)生产经营单位发生生产安全事故后,事故现场有关人员应当立即报告本单位负责人。

(2)单位负责人接到事故报告后,应当迅速采取有效措施,组织抢救,防止事故扩大,减少人员伤亡和财产损失,并按照国家有关规定立即如实报告当地负有安全生产监督管理职责的部门,不得隐瞒不报、谎报或者拖延不报,不得故意破坏事故现场、毁灭有关证据。对于实行施工总承包的建设工程,根据《建设工程安全生产管理条例》第50条的规定,由总承包单位负责上报事故。

(3)负有安全生产监督管理职责的部门接到事故报告后,应当立即按照国家有关规定上报事故情况。负有安全生产监督管理职责的部门和有关地方人民政府对事故情况不得隐瞒不报、谎报或者拖延不报。

(4)有关地方人民政府和负有安全生产监督管理职责部门的负责人接到重大生产安全事故报告后,应当立即赶到事故现场,组织事故抢救。

2.《生产安全事故报告和调查处理条例》关于生产安全事故报告的规定

《生产安全事故报告和调查处理条例》在《安全生产法》的基础上作出了进一步的详细规定。

1)事故单位的报告

事故发生后,事故现场有关人员应当立即向本单位负责人报告;单位负责人接到报告后,应当于1小时内向事故发生地县级以上人民政府安全生产监督管理部门和负有安全生产监督管理职责的有关部门报告。

情况紧急时,事故现场有关人员可以直接向事故发生地县级以上人民政府安全生产监督管理部门和负有安全生产监督管理职责的有关部门报告。

2）监管部门的报告

a. 生产安全事故的逐级报告

安全生产监督管理部门和负有安全生产监督管理职责的有关部门接到事故报告后，应当依照下列规定上报事故情况，并通知公安机关、劳动保障行政部门、工会和人民检察院：

（1）特别重大事故、重大事故逐级上报至国务院安全生产监督管理部门和负有安全生产监督管理职责的有关部门；

（2）较大事故逐级上报至省、自治区、直辖市人民政府安全生产监督管理部门和负有安全生产监督管理职责的有关部门；

（3）一般事故上报至设区的市级人民政府安全生产监督管理部门和负有安全生产监督管理职责的有关部门。

安全生产监督管理部门和负有安全生产监督管理职责的有关部门依照前款规定上报事故情况，应当同时报告本级人民政府。国务院安全生产监督管理部门和负有安全生产监督管理职责的有关部门以及省级人民政府接到发生特别重大事故、重大事故的报告后，应当立即报告国务院。

必要时，安全生产监督管理部门和负有安全生产监督管理职责的有关部门可以越级上报事故情况。

b. 生产安全事故报告的时间要求

安全生产监督管理部门和负有安全生产监督管理职责的有关部门逐级上报事故情况，每级上报的时间不得超过 2 小时。

3）报告的内容

报告事故应当包括下列内容：

（1）事故发生单位概况；

（2）事故发生的时间、地点以及事故现场情况；

（3）事故的简要经过；

（4）事故已经造成或者可能造成的伤亡人数（包括下落不明的人数）和初步估计的直接经济损失；

（5）已经采取的措施；

（6）其他应当报告的情况。

事故报告后出现新情况的，应当及时补报。自事故发生之日起 30 日内，事故造成的伤亡人数发生变化的，应当及时补报。道路交通事故、火灾事故自发生之日起 7 日内，事故造成的伤亡人数发生变化的，应当及时补报。

4）应急救援

事故发生单位负责人接到事故报告后，应当立即启动事故相应应急预案，或者采取有效措施，组织抢救，防止事故扩大，减少人员伤亡和财产损失。

事故发生地有关地方人民政府、安全生产监督管理部门和负有安全生产监督管理职责的有关部门接到事故报告后，其负责人应当立即赶赴事故现场，组织事故救援。

5）现场与证据

事故发生后，有关单位和人员应当妥善保护事故现场以及相关证据，任何单位和个人不得破坏事故现场、毁灭相关证据。

因抢救人员、防止事故扩大以及疏通交通等原因，需要移动事故现场物件的，应当作出标志，绘制现场简图并作出书面记录，妥善保存现场重要痕迹、物证。

3.《安徽省生产安全事故报告和调查处理办法》关于生产安全事故报告的规定

《安徽省生产安全事故报告和调查处理办法》（安徽省人民政府令第232号）的相关规定。

（1）事故发生后，事故现场有关人员应当立即向本单位负责人报告；单位负责人接到报告后，应当于1小时内向事故发生地县级以上人民政府安全生产监督管理部门和负有安全生产监督管理职责的有关部门报告。

情况紧急时，事故现场有关人员可以直接向事故发生地县级以上人民政府安全生产监督管理部门和负有安全生产监督管理职责的有关部门报告。

中央驻皖企业、省属企业及其所属生产经营单位发生事故，除按规定向事故发生地县级以上人民政府安全生产监督管理部门和负有安全生产监督管理职责的有关部门报告外，还应当向省人民政府安全生产监督管理部门和负有安全生产监督管理职责的有关部门报告。

（2）安全生产监督管理部门和负有安全生产监督管理职责的有关部门接到事故报告后，应当依照下列规定逐级上报事故情况，并通知公安机关、监察机关、人力资源社会保障行政主管部门、工会和人民检察院，每级上报的时间不得超过2小时：

①特别重大事故、重大事故逐级上报至国务院安全生产监督管理部门和负有安全生产监督管理职责的有关部门；

②较大事故，以及造成3人以下死亡或者3人以上10人以下重伤，或者300万元以上1 000万元以下直接经济损失的一般事故，逐级上报至省人民政府安全生产监督管理部门和负有安全生产监督管理职责的有关部门；

③造成3人以下重伤，或者300万元以下直接经济损失的一般事故，上报至设区的市人民政府安全生产监督管理部门和负有安全生产监督管理职责的有关部门。

安全生产监督管理部门、负有安全生产监督管理职责的有关部门依照前款规定上报事故情况，应当同时报告本级人民政府。必要时，安全生产监督管理部门、负有安全生产监督管理职责的有关部门可以越级上报事故情况。

（3）发生较大事故以上等级事故的，市、县人民政府安全生产监督管理部门和负有安全生产监督管理职责的有关部门接到事故报告后，应当在1小时内先用电话快报省人民政府安全生产监督管理部门和负有安全生产监督管理职责的有关部门，随后补报文字报告。

【案例2】

背景同案例1。

问：施工单位应当如何上报该起事故？

分析：依据《安徽省生产安全事故报告和调查处理办法》规定：事故发生后，事故现场有关人员应当立即向本单位负责人报告;单位负责人接到报告后,应当于1小时内上报到项目所在地县级以上人民政府安全生产监督管理部门和负有安全生产监督管理职责的有关部门。

情况紧急时,事故现场有关人员可以直接向事故发生地县级以上人民政府安全生产监督管理部门和负有安全生产监督管理职责的有关部门报告。

省属企业及其所属生产经营单位发生事故,还应当向省人民政府安全生产监督管理部门和负有安全生产监督管理职责的有关部门报告。

### (三)生产安全事故调查处理

1.《安全生产法》对生产安全事故调查的规定

根据《安全生产法》第73~75条的规定,生产安全事故调查处理应当遵守以下基本规定:

(1)事故调查处理应当按照实事求是、尊重科学的原则,及时、准确地查清事故原因,查明事故性质和责任,总结事故教训,提出整改措施,并对事故责任者提出处理意见。

(2)生产经营单位发生生产安全事故,经调查确定为责任事故的,除了应当查明事故单位的责任并依法予以追究外,还应当查明对安全生产的有关事项负有审查批准和监督职责的行政部门的责任,对有失职、渎职行为的,追究法律责任。

(3)任何单位和个人不得阻挠和干涉对事故的依法调查处理。

2.《生产安全事故报告和调查处理条例》对生产安全事故调查的规定

1)事故调查的管辖

a.级别管辖

特别重大事故由国务院或者国务院授权有关部门组织事故调查组进行调查。

重大事故、较大事故、一般事故分别由事故发生地省级人民政府、设区的市级人民政府、县级人民政府负责调查。省级人民政府、设区的市级人民政府、县级人民政府可以直接组织事故调查组进行调查,也可以授权或者委托有关部门组织事故调查组进行调查。

未造成人员伤亡的一般事故,县级人民政府也可以委托事故发生单位组织事故调查组进行调查。

上级人民政府认为必要时,可以调查由下级人民政府负责调查的事故。

自事故发生之日起30日内(道路交通事故、火灾事故自发生之日起7日内),因事故伤亡人数变化导致事故等级发生变化,依照本条例规定应当由上级人民政府负责调查的,上级人民政府可以另行组织事故调查组进行调查。

b.地域管辖

特别重大事故以下等级事故,事故发生地与事故发生单位不在同一个县级以上行政区域的,由事故发生地人民政府负责调查,事故发生单位所在地人民政府应当派人参加。

2)事故调查组的组成

a.组成的原则

事故调查组的组成应当遵循精简、效能的原则。

b.成员的来源

根据事故的具体情况,事故调查组由有关人民政府、安全生产监督管理部门、负有安全生产监督管理职责的有关部门、监察机关、公安机关以及工会派人组成,并应当邀请人民检察院派人参加。

事故调查组可以聘请有关专家参与调查。

c.成员的条件

事故调查组成员应当具有事故调查所需要的知识和专长,并与所调查的事故没有直接利害关系。

d.事故调查组组长

事故调查组组长由负责事故调查的人民政府指定。事故调查组组长主持事故调查组的工作。

3)事故调查组的职责

a.事故调查组的职责与权利

(1)事故调查组的职责。事故调查组履行下列职责:

①查明事故发生的经过、原因、人员伤亡情况及直接经济损失;

②认定事故的性质和事故责任;

③提出对事故责任者的处理建议;

④总结事故教训,提出防范和整改措施;

⑤提交事故调查报告。

事故调查中发现涉嫌犯罪的,事故调查组应当及时将有关材料或者其复印件移交司法机关处理。

(2)事故调查组的权利。事故调查组有权向有关单位和个人了解与事故有关的情况,并要求其提供相关文件、资料,有关单位和个人不得拒绝。

b.事故调查组成员的职责

事故发生单位的负责人和有关人员在事故调查期间不得擅离职守,并应当随时接受事故调查组的询问,如实提供有关情况。

事故调查组成员在事故调查工作中应当诚信公正、恪尽职守,遵守事故调查组的纪律,保守事故调查的秘密。未经事故调查组组长允许,事故调查组成员不得擅自发布有关事故的信息。

4)调查的时限

事故调查组应当自事故发生之日起60日内提交事故调查报告;特殊情况下,经负责事故调查的人民政府批准,提交事故调查报告的期限可以适当延长,但延长的期限最长不超过60日。

事故调查中需要进行技术鉴定的,事故调查组应当委托具有国家规定资质的单位进行技术鉴定。必要时,事故调查组可以直接组织专家进行技术鉴定。技术鉴定所需时间不计入事故调查期限。

5)事故调查报告

事故调查报告应当包括下列内容:

(1)事故发生单位概况;

(2)事故发生经过和事故救援情况;

(3)事故造成的人员伤亡和直接经济损失；

(4)事故发生的原因和事故性质；

(5)事故责任的认定以及对事故责任者的处理建议；

(6)事故防范和整改措施。

事故调查报告应当附具有关证据材料。事故调查组成员应当在事故调查报告上签名。事故调查报告报送负责事故调查的人民政府后，事故调查工作即告结束。事故调查的有关资料应当归档保存。

**3.《生产安全事故报告和调查处理条例》对生产安全事故处理的规定**

**1）处理时限**

重大事故、较大事故、一般事故，负责事故调查的人民政府应当自收到事故调查报告之日起15日内作出批复；特别重大事故，30日内作出批复，特殊情况下，批复时间可以适当延长，但延长的时间最长不超过30日。

有关机关应当按照人民政府的批复，依照法律、行政法规规定的权限和程序，对事故发生单位和有关人员进行行政处罚，对负有事故责任的国家工作人员进行处分。

事故发生单位应当按照负责事故调查的人民政府的批复，对本单位负有事故责任的人员进行处理。负有事故责任的人员涉嫌犯罪的，依法追究刑事责任。

**2）整改**

事故发生单位应当认真吸取事故教训，落实防范和整改措施，防止事故再次发生。防范和整改措施的落实情况应当接受工会和职工的监督。

安全生产监督管理部门和负有安全生产监督管理职责的有关部门应当对事故发生单位落实防范和整改措施的情况进行监督检查。

**3）处理结果的公布**

事故处理的情况由负责事故调查的人民政府或者其授权的有关部门、机构向社会公布，依法应当保密的除外。

**4.《安徽省生产安全事故报告和调查处理办法》对生产安全事故处理的规定**

《安徽省生产安全事故报告和调查处理办法》(安徽省人民政府令第232号)的规定。

特别重大事故的调查，按照国务院规定执行。重大事故及其以下等级事故的调查，按照下列规定执行：

(1)重大事故以及死亡7人以上10人以下的道路交通事故，死亡4人以上10人以下的水上交通事故、工矿商贸事故、建筑施工事故，由省人民政府授权省人民政府安全生产监督管理部门组织调查；

(2)死亡3人以上7人以下的道路交通事故，死亡3人的水上交通事故、工矿商贸事故、建筑施工事故，由设区的市人民政府负责调查；

(3)一般事故由事故发生地县级人民政府负责调查，其中未造成人员伤亡的，县级人民政府可以委托事故发生单位组织事故调查。

(4)较大事故、一般事故的发生地与事故发生单位不在同一行政区域的，由事故发生地人民政府负责事故调查，事故发生单位所在地人民政府应当派人参加。

【案例3】

背景同案例1。

问:该起事故由哪一级负责调查?

分析:

事故发生地设区的市人民政府负责调查,事故发生单位所在地人民政府应当派人参加。

依据《安徽省生产安全事故报告和调查处理办法》规定:死亡3人以上7人以下的道路交通事故,死亡3人的水上交通事故、工矿商贸事故、建筑施工事故,由设区的市人民政府负责调查。

较大事故、一般事故的发生地与事故发生单位不在同一行政区域的,由事故发生地人民政府负责事故调查,事故发生单位所在地人民政府应当派人参加。

### (四)法律责任

**1.违反《安全生产法》的法律责任**

1)救援不利的法律责任

生产经营单位主要负责人在本单位发生重大生产安全事故时,不立即组织抢救或者在事故调查处理期间擅离职守或者逃匿的,给予降职、撤职的处分,对逃匿的处15日以下拘留;构成犯罪的,依照刑法有关规定追究刑事责任。

2)不及时如实报告安全生产事故的法律责任

生产经营单位主要负责人对生产安全事故隐瞒不报、谎报或者拖延不报的,依照前款规定处罚。

**2.违反《生产安全事故报告和调查处理条例》的法律责任**

1)事故发生单位及其有关人员的法律责任

a.事故发生后玩忽职守而承担的法律责任

事故发生单位主要负责人有下列行为之一的,处上一年年收入40%～80%的罚款;属于国家工作人员的,并依法给予处分;构成犯罪的,依法追究刑事责任:

(1)不立即组织事故抢救的;

(2)迟报或者漏报事故的;

(3)在事故调查处理期间擅离职守的。

b.因恶意阻挠对事故调查处理的法律责任

事故发生单位及其有关人员有下列行为之一的,对事故发生单位处100万元以上500万元以下的罚款;对主要负责人、直接负责的主管人员和其他直接责任人员处上一年年收入60%～100%的罚款;属于国家工作人员的,并依法给予处分;构成违反治安管理行为的,由公安机关依法给予治安管理处罚;构成犯罪的,依法追究刑事责任:

(1)谎报或者瞒报事故的;

(2)伪造或者故意破坏事故现场的;

(3)转移、隐匿资金、财产,或者销毁有关证据、资料的;

(4)拒绝接受调查或者拒绝提供有关情况和资料的;

(5)在事故调查中作伪证或者指使他人作伪证的;

（6）事故发生后逃匿的。

c. 对事故负有责任的单位和人员应承担的法律责任

（1）对事故负有责任的单位承担的法律责任。事故发生单位对事故发生负有责任的，依照下列规定处以罚款：

①发生一般事故的，处10万元以上20万元以下的罚款；

②发生较大事故的，处20万元以上50万元以下的罚款；

③发生重大事故的，处50万元以上200万元以下的罚款；

④发生特别重大事故的，处200万元以上500万元以下的罚款。

（2）对事故负有责任的人员承担的法律责任。事故发生单位主要负责人未依法履行安全生产管理职责，导致事故发生的，依照下列规定处以罚款；属于国家工作人员的，并依法给予处分；构成犯罪的，依法追究刑事责任：

①发生一般事故的，处上一年年收入30%的罚款；

②发生较大事故的，处上一年年收入40%的罚款；

③发生重大事故的，处上一年年收入60%的罚款；

④发生特别重大事故的，处上一年年收入80%的罚款。

（3）对事故负有责任的单位和人员应承担的其他法律责任。事故发生单位对事故发生负有责任的，由有关部门依法暂扣或者吊销其有关证照；对事故发生单位负有事故责任的有关人员，依法暂停或者撤销其与安全生产有关的执业资格、岗位证书；事故发生单位主要负责人受到刑事处罚或者撤职处分的，自刑罚执行完毕或者受处分之日起，5年内不得担任任何生产经营单位的主要负责人。

为发生事故的单位提供虚假证明的中介机构，由有关部门依法暂扣或者吊销其有关证照及其相关人员的执业资格；构成犯罪的，依法追究刑事责任。

2）政府有关部门及其人员的法律责任

有关地方人民政府、安全生产监督管理部门和负有安全生产监督管理职责的有关部门有下列行为之一的，对直接负责的主管人员和其他直接责任人员依法给予处分；构成犯罪的，依法追究刑事责任：

（1）不立即组织事故抢救的；

（2）迟报、漏报、谎报或者瞒报事故的；

（3）阻碍、干涉事故调查工作的；

（4）在事故调查中作伪证或者指使他人作伪证的。

违反《生产安全事故报告和调查处理条例》规定，有关地方人民政府或者有关部门故意拖延或者拒绝落实经批复的对事故责任人的处理意见的，由监察机关对有关责任人员依法给予处分。

3）参与事故调查人员的法律责任

参与事故调查的人员在事故调查中有下列行为之一的，依法给予处分；构成犯罪的，依法追究刑事责任：

（1）对事故调查工作不负责任，致使事故调查工作有重大疏漏的；

（2）包庇、袒护负有事故责任的人员或者借机打击报复的。

# 第六节 合同法

## 一、合同的概念及原则

合同是指平等主体的双方或多方当事人（自然人或法人）关于建立、变更、消灭民事法律关系的协议。此类合同是产生债的一种最为普遍和重要的根据，故又称债权合同。《合同法》所规定的经济合同，属于债权合同的范围。合同有时也泛指发生一定权利、义务的协议，又称契约。

合同法的基本原则，是制定和执行合同法的总的指导思想，是合同法的灵魂。合同法的基本原则，是合同法区别其他法律的标志，集中体现了合同法的基本特征。其基本原则如下。

### （一）平等自愿原则

合同法的平等原则指的是当事人的民事法律地位平等，包括订立和履行合同两个方面，一方不得将自己的意志强加给另一方。平等原则是民事法律的基本原则，是区别行政法律、刑事法律的重要特征，也是合同法其他原则赖以存在的基础。合同法的自愿原则，既表现在当事人之间，因一方欺诈、胁迫订立的合同无效或者可以撤销，也表现在合同当事人与其他人之间，任何单位和个人不得非法干预。自愿原则是法律赋予的，同时也受到其他法律规定的限制，是在法律规定范围内的"自愿"。法律的限制主要有两方面。一是实体法的规定，有的法律规定某些物品不得买卖，比如毒品；合同法明确规定损害社会公共利益的合同无效，对此当事人不能"自愿"认为有效；国家根据需要下达指令性任务或者国家订货任务的，有关法人、其他组织之间应当依照有关法律、行政法规规定的权利和义务订立合同，不能"自愿"不订立。

### （二）公平、诚实信用原则

《合同法》第5条规定，当事人应当遵循公平原则确定各方的权利和义务。这里讲的公平，既表现在订立合同时的公平，显失公平的合同可以撤销；也表现在发生合同纠纷时公平处理，既要切实保护守约方的合法利益，也不能使违约方因较小的过失承担过重的责任；还表现在极个别的情况下，因客观情势发生异常变化，履行合同使当事人之间的利益重大失衡，公平地调整当事人之间的利益。诚实信用，主要包括三层含义：一是诚实，要表里如一，因欺诈订立的合同无效或者可以撤销。二是守信，要言行一致，不能反复无常，也不能口惠而实不至。三是从当事人协商合同条款时起，就处于特殊的合作关系中，当事人应当恪守商业道德，履行相互协助、通知、保密等义务。

《合同法》第42条规定，当事人订立合同过程中有下列情形之一，给对方造成损失的，应当承担损害赔偿责任：

（1）假借订立合同，恶意进行磋商；

（2）故意隐瞒与订立合同有关的重要事实或者提供虚假情况；

（3）有其他违背诚实信用原则的行为。

《合同法》第43条规定，当事人在订立合同过程中知悉的商业秘密，无论合同是否成立,不得泄露或者不正当地使用。泄露或者不正当地使用商业秘密给对方造成损失的,应当承担损害赔偿责任。

该两条规定的是缔约过失责任,承担缔约过失责任的基本依据是违背诚实信用原则。《合同法》第 92 条规定,合同的权利义务终止后,当事人应当遵循诚实信用原则,根据交易习惯履行通知、协助、保密等义务。该条讲的是后契约义务,履行后契约义务的基本依据也是诚实信用原则。

**(三)遵守法律、不得损害社会公共利益原则**

《合同法》第 7 条规定,当事人订立、履行合同,应当遵守法律、行政法规,尊重社会公德,不得扰乱社会经济秩序,损害社会公共利益。该条规定,集中表明两层含义,一是遵守法律(包括行政法规),二是不得损害社会公共利益。

**(四)合同具有法律约束力的原则**

《合同法》第 8 条规定,依法成立的合同,对当事人具有法律约束力。当事人应当按照约定履行自己的义务,不得擅自变更或者解除合同。

## 二、合同特征

(1)合同是双方的法律行为。即需要两个或两个以上的当事人互为意思表示(意思表示就是将能够发生民事法律效果的意思表现于外部的行为)。

(2)双方当事人意思表示须达成协议,即意思表示要一致。

(3)合同是以发生、变更、终止民事法律关系为目的。

(4)合同是当事人在符合法律及合同法规范要求条件下而达成的协议,故应为合法行为。

合同一经成立即具有法律效力,在双方当事人之间就发生了权利、义务关系;或者使原有的民事法律关系发生变更或消灭。当事人一方或双方未按合同履行义务,就要依照合同或法律承担违约责任。

## 三、法律性质

(1)合同是一种民事法律行为。

(2)合同是两方或多方当事人意思表示一致的民事法律行为。

(3)合同是以设立、变更、终止民事权利义务关系为目的的民事法律行为。

## 四、合同分类

对合同作出科学的分类,不仅有助于针对不同合同确定不同的规则,而且便于准确适用法律。一般来说,合同可作如下分类。

**(一)有名合同与无名合同**

根据法律是否规定一定名称并有专门规定为标准,合同可以分为有名合同与无名合同。

有名合同,也称典型合同,是法律上已经确定一定的名称,并设定具体规则的合同,如《合同法》分则所规定的建设工程施工合同等 15 类合同。

无名合同,也称非典型合同,是法律上尚未确定专门名称和具体规则的合同。根据合同自由原则,合同当事人可以自由决定合同的内容,可见当事人可自由订立无名合同。从实践来看,无名合同大量存在,是合同的常态。

**（二）双务合同与单务合同**

依当事人双方是否互负给付义务为标准,合同可以分为双务合同与单务合同。

双务合同是当事人之间互负义务的合同。例如买卖合同、租赁合同、借款合同、加工承揽合同与建设工程合同等。

单务合同是只有一方当事人负担义务的合同。例如,赠与合同、借用合同等。

**（三）有偿合同与无偿合同**

根据当事人是否可以从合同中获取某种利益为标准,可以将合同分为有偿合同与无偿合同。

有偿合同,是指当事人一方享有合同规定的权益,须向另一方付出相应代价的合同。有偿合同是商品交换最典型的法律形式。在实践中,绝大多数合同都是有偿的。有偿合同是常见的合同形式,诸如买卖、租赁、运输、承揽等。

无偿合同,是一方当事人享有合同约定的权益,但无须向另一方付出相应对价的合同。例如赠与合同、借用合同等。

**（四）诺成合同与实践合同**

以合同的成立是否必须交付标的物为标准,合同分为诺成合同与实践合同。

诺成合同,是指当事人各方的意思表示一致即告成立的合同,如委托合同,勘察、设计合同等。

实践合同,又称要物合同,是指除双方当事人的意思表示一致以后,尚须交付标的物才能成立的合同,如保管合同、定金合同等。

**（五）要式合同与不要式合同**

根据合同的成立是否必须采用法律规定或当事人约定的形式为标准,可将合同划分为要式合同与不要式合同。

要式合同是法律规定或当事人约定必须具备一定形式的合同。如《合同法》规定建设工程合同应当采用书面形式,建设工程合同即属于要式合同。

不要式合同是法律规定或当事人约定不要求具备一定形式的合同。

**（六）格式合同与非格式合同**

按条款是否预先拟定,可以将合同分为格式合同与非格式合同。

格式合同,又称为定式合同、附和合同或一般交易条件,它是当事人一方为与不特定的多数人进行交易而预先拟定的,且不允许相对人对其内容作任何变更的合同。反之,为非格式合同。

格式条款具有《合同法》规定的导致合同无效的情形,或者提供格式条款一方免除其责任、加重对方责任、排除对方主要权利的,该条款无效。

对格式条款的理解发生争议的,应当按照通常理解予以解释。对格式条款有两种以上解释的,应当作出不利于提供格式条款一方的解释。格式条款和非格式条款不一致的,应当采用非格式条款。

### (七)主合同与从合同

以合同相互间的主从关系为标准,合同分为主合同与从合同。

主合同是指不需要其他合同存在即可独立存在的合同;从合同是以其他合同为存在前提的合同。例如,对于保证合同而言,设立主债务的合同就是主合同,保证合同是从合同。

## 五、合同的生效

### (一)合同的成立

合同成立是指当事人完成了签订合同过程,并就合同内容协商一致。合同成立不同于合同生效。合同生效是法律认可合同效力,强调合同内容合法性。因此,合同成立体现了当事人的意志,而合同生效体现国家意志。合同成立是合同生效的前提条件,如果合同不成立,是不可能生效的。但是合同成立也并不意味着合同就生效了。

1. 合同成立的一般要件

1)存在订约当事人

合同成立首先应具备双方或者多方订约当事人,只有一方当事人不可能成立合同。例如,某人以某公司的名义与某团体订立合同,若该公司根本不存在,则可认为只有一方当事人,合同不能成立。

2)订约当事人对主要条款达成一致

合同成立的根本标志是订约双方或者多方经协商,就合同主要条款达成一致意见。

3)经历要约与承诺两个阶段

《合同法》第13条规定:"当事人订立合同,采取要约、承诺方式。"缔约当事人就订立合同达成合意,一般应经过要约、承诺阶段。若只停留在要约阶段,合同根本未成立。

2. 合同成立时间

合同成立时间关系到当事人何时受合同关系拘束,因此合同成立时间具有重要意义。确定合同成立时间,遵守如下规则:

(1)当事人采用合同书形式订立合同的,自双方当事人签字或者盖章时合同成立。各方当事人签字或者盖章的时间不在同一时间的,最后一方签字或者盖章时合同成立。

(2)当事人采用信件、数据电文等形式订立合同的,可以在合同成立之前要求签订确认书。签订确认书时合同成立。此时,确认书具有最终正式承诺的意义。

3. 合同成立地点

合同成立地点可能成为确定法院管辖的依据,因此具有重要意义。确定合同成立地点,遵守如下规则:

(1)承诺生效的地点为合同成立的地点。采用数据电文形式订立合同的,收件人的主营业地为合同成立的地点;没有主营业地的,其经常居住地为合同成立的地点。当事人另有约定的,按照其约定。

(2)当事人采用合同书形式订立合同的,双方当事人签字或者盖章的地点为合同成立的地点。

### (二)合同生效

合同生效,是指法律按照一定标准对合同评价后而赋予强制力。已经成立的合同,必须具备一定的生效要件,才能产生法律拘束力。合同生效要件是判断合同是否具有法律效力的评价标准。合同的生效要件如下。

**1. 订立合同的当事人必须具有相应的民事权利能力和民事行为能力**

经营范围是衡量法人权利能力与行为能力的重要标准。最高人民法院《关于适用〈中华人民共和国合同法〉若干问题的解释(一)》第10条规定:"当事人超越经营范围订立合同,人民法院不因此认定合同无效。但违反国家限制经营、特许经营以及法律、行政法规禁止经营规定的除外。"

**2. 意思表示真实**

所谓意思表示真实,是指表意人的表示行为真实反映其内心的效果意思,即表示行为应当与效果意思相一致。

意思表示真实是合同生效的重要构成要件。在意思表示不真实的情况下,合同可能无效,如在被欺诈、胁迫致使行为人表示于外的意思与其内心真意不符,且涉及国家利益受损的情况;合同也可能被撤销或者变更,如在被欺诈、胁迫致使行为人表示于外的意思与其内心真意不符,但未违反法律和行政法规强制性规定及社会公共利益的情况。

**3. 不违反法律、行政法规的强制性规定,不损害社会公共利益**

这里的"法律"是狭义的法律,即全国人民代表大会及其常务委员会依法通过的规范性文件。这里的"行政法规"是国务院依法制定的规范性文件。所谓强制性规定,是当事人必须遵守的不得通过协议加以改变的规定。

有效合同不仅不得违反法律、行政法规的强制性规定,而且不得损害社会公共利益。社会公共利益是一个抽象的概念,内涵丰富、范围宽泛,包含了政治基础、社会秩序、社会公共道德要求,可以弥补法律、行政法规明文规定的不足。对于那些表面上虽未违反现行法律明文强制性规定但实质上违反社会规范的合同行为,具有重要的否定作用。

**4. 具备法律所要求的形式**

这里的形式包括两层意思:订立合同的程序与合同的表现形式。这两方面都必须符合法律的规定,否则不能当然发生法律效力。例如,《合同法》第44条规定:"依法成立的合同,自成立时生效。法律、行政法规规定应当办理批准、登记等手续生效的,依照其规定。"如果符合此规定的合同没有进行登记、备案,则合同不能当然发生法律效力。

## 六、合同的撤销、变更

### (一)可变更、可撤销合同的概念

合同的变更、撤销,是指因意思表示不真实,法律允许撤销权人通过行使撤销权,使已经生效的合同效力归于消灭或使合同内容变更。

可变更、可撤销合同与无效合同存在显著区别。无效合同是自始无效、当然无效,即从订立起就是无效,且不必取决于当事人是否主张无效。但是,可变更、可撤销合同在被撤销之前存在效力,尤其是对无撤销权的一方具有完全约束力;而且,其效力取决于撤销权人是否向法院或者仲裁机构主张行使撤销权以及是否被支持。

## (二)导致合同变更与撤销的原因

### 1.重大误解

所谓重大误解,是指合同当事人因自己过错(如误认或者不知情等)对合同的内容发生错误认识而订立了合同并造成了重大损失的情形。重大误解的构成条件有以下几种。

1)表意人因为误解作出了意思表示

表意人对合同的相关内容产生了错误,并且基于这种错误认识进行了意思表示行为。即表意人的意思表示与其错误认识之间具有因果关系。

2)表意人的误解是重大的

一般的误解并不足以造成合同可撤销。对因误解导致合同可撤销是对误解者的保护,但是,该误解却是误解者自己过错造成的,因此若不对误解的程度加以限定,将对相对人相当不公平。鉴于此,只有因"重大"误解订立的合同才是可撤销的。当行为人因为对行为的性质、对方当事人、标的物的品种、质量、规格和数量等的错误认识,使行为的后果与自己的意思相悖,并造成较大损失的,可以认定为重大误解。

3)误解是由表意人自己的过失造成的

通常情况下,误解是由表意人自己过失造成的,如不注意、不谨慎,而不是受他人欺诈或者其他不正当影响。

4)误解不应是表意人故意发生的

法律不允许当事人在故意发生错误的情况下,借重大误解为由,规避对其不利的后果。如果表意思人在缔约时故意发生错误(如保留其真实意思),则表明其追求其意思表示产生的效果,不存在意思表示不真实的情况,不应按重大误解处理。

### 2.显失公平

显失公平,是指一方当事人利用优势或利用对方没有经验,致使双方的权利、义务明显不对等,使对方遭受重大不利,而自己获得不平衡的重大利益。其构成要件如下。

1)合同在订立时就显失公平

可撤销的显失公平合同要求这种明显失衡的利益安排在合同订立时就已形成,而不是在合同订立以后形成。如果在合同订立之后因为非当事人原因导致合同对一方当事人很不公平,不应当按照显失公平合同来处理。

2)合同的内容在客观上利益严重失衡

某当事人一方获得的利益超过法律允许的限度,而其他方获得的利益与其义务不相称。在我国法律实践中,就显失公平的判断,绝大多数情况下,并未规定具体的数量标准,而留待法院裁量。

3)受有过高利益的当事人在主观上具有利用对方的故意

一般认为,在显失公平合同下,遭受不利后果的一方当事人存在轻率、无经验等不利因素,而受益一方故意利用了对方的这种轻率、无经验,或者利用了自身交易优势。

### 3.因欺诈、胁迫而订立的合同

前文已经述及,根据我国合同法,因欺诈、胁迫而订立的合同应区分为两类:一类是以欺诈、胁迫的手段订立合同而损害国家利益的,应作为无效合同对待;另一类是以欺诈、胁迫的手段订立合同但未损害国家利益的,应作为可撤销合同处理,即被欺诈人、被胁迫人有权将合同撤销。

合同法未将欺诈、胁迫订立的合同一律作无效处理，充分体现了民法的意思自治原则，充分尊重被欺诈人、被胁迫人的意愿，并对维护交易安全具有重要意义。

4.乘人之危而订立的合同未损害国家利益

乘人之危，是指一方当事人乘对方处于危难之机，为牟取不正当利益，迫使对方作出不真实的意思表示，从而严重损害对方利益的行为。其构成要件如下。

1）不法行为人乘对方危难或者急迫之际逼迫对方

这里的危难是指受害人出现了财产、生命、健康、名誉等方面的危机状况。这里的急迫，是指受害人出现生活、身体或者经济等方面的紧急需要。同时，行为人为订立不公平的合同而故意利用受害人的这种危难或者急迫。

2）受害人因为自身危难或者急迫而订立合同

受害人明知该合同将使自身利益受到重大损害，但因陷于危难或者急迫而订立该合同。

3）不法行为人所获得的利益超出了法律允许的程度

不法行为人通过利用对方危难或者急迫，获取了在正常情况下不可能获得的重大利益，明显违背了合同公平原则。

## 七、合同转让

合同转让，是指合同权利、义务的转让，亦即当事人一方将合同的权利或义务全部或部分转让给第三人的现象，也就是说，由新的债权人代替原债权人，由新的债务人代替原债务人，不过债的内容保持同一性的一种法律现象。

### （一）合同转让的定义

按照所转让的内容不同，合同转让包括合同权利的让与、合同债务的承担和合同权利义务的概括移转三种类型，当然，转让可以是全部也可以是部分，因为转让的内容有所差异，其条件和合同转让效力也有所不同。合同转让，即合同权利义务的转让，在习惯上又称为合同主体的变更，是以新的债权人代替原合同的债权人；或新的债务人代替原合同的债务人；或新的当事人承受债权，同时又承受债务。上述三种情况，第一种是债权转让；第二种是债务转移（债务承担）；第三是概括承受。合同的转让，体现了债权债务关系是动态的财产关系这一特性。

合同的转让，与合同的第三人履行或接受履行不同，第三人并不是合同的当事人，他只是代债务人履行义务或代债权人接受义务的履行。合同责任由当事人承担而不是由第三人承担。合同转让时，第三人成为合同的当事人。合同转让，虽然在合同内容上没有发生变化，但出现了新的债权人或债务人，故合同转让的效力在于成立了新的法律关系，即成立了新的合同，原合同应归于消灭，由新的债务人履行合同，或者由新的债权人享受权利。我国《民法通则》第91条规定："合同一方将合同的权利、义务全部或者部分转让给第三人的，应当取得合同另一方的同意，并不得牟利。依照法律规定应当由国家批准的合同，需经原批准机关批准。但是，法律另有规定或者原合同另有约定的除外。"依法理，债权的转让一般不必经债务人同意。因为只要不增加债务人的负担，仅是改变债权人，一般不会增加债务人的负担。而债务的转让须经过债权人的同意，因为债务人的履行能力与能否满足债权有密切关系。我国现行立法对《民法通则》第91条的规定已经有所突破。如根据《担保法》第22条、第23条的规定，以及《合同法》第80条、第84条的规定，债权人转让债权，是依法转让、通知转让，并不以债务人的同意为必要条件。而债务人转让债务须得到债权人的许可。

### (二)合同转让的特征

**1. 内容的一致性**

合同转让，只是改变履行合同权利和义务的主体，并不改变原订的合同权利和义务，转让后的权利人或义务人所享有的权利或义务仍是原合同约定的，因此转让合同并不引起合同内容的变更，其内容应与原合同内容一致。

**2. 合同转让后形成新的合同关系人**

合同转让，只是改变了原合同权利义务履行人主体，其直接结果是原合同关系的当事人之间的权利义务消失，取而代之的是转让后的新的权利义务关系人，自转让成立起，第三人代替原合同关系的一方或加入原合同成为原合同的权利义务主体，形成新的合同关系人。

**3. 合同转让改变了债权债务关系**

合同转让会涉及原合同当事人之间的债权债务和转让人与受让人之间的债权债务关系，尽管合同转让是在转让人与受让人之间完成的，但是合同转让必然涉及原合同当事人的利益，所以合同义务的转让应征得债权人的同意，合同权利的转让应通知原合同债务人。

合同转让后，因转让合同纠纷提起的诉讼，债权人、债务人、出让人可列为第三人参与诉讼活动。

《合同法》规定："当事人一方经另一方同意，可以将自己在合同中的权利和义务一并转让给第三人。"

## 八、违约责任

### (一)违约责任与违约行为

**1. 违约责任**

违约责任是指合同当事人不履行合同或者履行合同不符合约定而应承担的民事责任。

违约责任的构成要件包括主观要件和客观要件。

1)主观要件

主观要件是指作为合同当事人，在履行合同中不论其主观上是否有过错，即主观上有无故意或过失，只要造成违约的事实，均应承担违约法律责任。

2)客观要件

客观要件是指合同依法成立、生效后，合同当事人一方或者双方未按照法定或约定全面地履行应尽的义务，也即出现了客观地违约事实，即应承担违约的法律责任。

违约责任实行严格责任原则。严格责任原则是指有违约行为即构成违约责任，只有存在免责事由的时候才可以免除违约责任。

2. 违约行为

违约责任源于违约行为。违约行为,是指合同当事人不履行合同义务或者履行合同义务不符合约定条件的行为。根据不同标准,可以将违约行为根据不同标准作以下分类:

(1)单方违约与双方违约;

(2)预期违约与实际违约。

违约责任是财产责任。这种财产责任表现为支付违约金、定金、赔偿损失、继续履行、采取补救措施等。尽管违约责任含有制裁性,但是,违约责任的本质不完全在于对违约方的制裁,也在于对被违约方的补偿,即表现为补偿性。

**(二)承担违约责任的基本形式**

《合同法》第107条规定:"当事人一方不履行合同义务或者履行合同义务不符合约定的,应当承担继续履行、采取补救措施或者赔偿损失等违约责任。"

违约责任的承担方式主要有三种,即继续履行、采取补救措施和赔偿损失。但是,在承担违约责任的过程中也会存在各种特殊的情形,例如,当事人既约定了违约金又约定了定金的情形、当事人的违约是由于第三人的原因引起的情形等。对于这些特殊的情形,合同法都有专门的规定。

违约责任在一定条件下可以被免除。这些条件可以是约定的,也可以是法定的。

1. 继续履行

实际履行,是指在某合同当事人违反合同后,非违约方有权要求其依照合同约定继续履行合同,也称强制实际履行。《合同法》第109条规定:"当事人一方未支付价款或者报酬的,对方可以要求其支付价款或者报酬。"这就是关于实际履行的法律规定。

继续履行必须建立在能够并应该实际履行的基础上。根据《合同法》第110条规定,当事人一方不履行非金钱债务或者履行非金钱债务不符合约定的,对方可以要求履行,但有下列情形之一的除外:

(1)法律上或者事实上不能履行;

(2)债务的标的不适于强制履行或者履行费用过高;

(3)债权人在合理期限内未按要求履行。

2. 采取补救措施

违约方采取补救措施可以减少非违约方所受的损失。根据《合同法》第111条,质量不符合约定的,应当按照当事人的约定承担违约责任。对违约责任没有约定或者约定不明确,或不能确定的,受损害方根据标的的性质以及损失的大小,可以合理选择要求对方承担修理、更换、重作、退货、减少价款或者报酬等违约责任。

3. 赔偿损失

根据《合同法》,当事人一方不履行合同义务或者履行合同义务不符合约定的,在履行义务或者采取补救措施后,对方还有其他损失的,应当赔偿损失。

当事人一方不履行合同义务或者履行合同义务不符合约定,给对方造成损失的,损失赔偿额应当相当于因违约所造成的损失,包括合同履行后可以获得的利益,但不得超过违反合同一方订立合同时预见到或者应当预见到的因违反合同可能造成的损失。

（三）违约金与定金

1. 违约金

违约金，是指当事人在合同中或合同订立后约定因一方违约而应向另一方支付一定数额的金钱。违约金可分为约定违约金和法定违约金。

当事人可以约定一方违约时应当根据违约情况向对方支付一定数额的违约金，也可以约定因违约产生的损失赔偿额的计算方法。

约定的违约金低于造成的损失的，当事人可以请求人民法院或者仲裁机构予以增加；约定的违约金过分高于造成的损失的，当事人可以请求人民法院或者仲裁机构予以适当减少。

当事人就迟延履行约定违约金的，违约方支付违约金后，还应当履行债务。

2. 定金

定金，是合同当事人一方预先支付给对方的款项，其目的在于担保合同债权的实现。定金是债权担保的一种形式，定金之债是从债务，因此合同当事人对定金的约定是一种从属于被担保债权所依附的合同的从合同。

当事人可以依照《中华人民共和国担保法》约定一方向对方给付定金作为债权的担保。债务人履行债务后，定金应当抵作价款或者收回。给付定金的一方不履行约定的债务的，无权要求返还定金；收受定金的一方不履行约定的债务的，应当双倍返还定金。

3. 违约金与定金的选择

违约金存在于主合同之中，定金存在于从合同之中。它们可能单独存在，也可能同时存在。

当事人既约定违约金，又约定定金的，一方违约时，对方可以选择适用违约金或者定金条款。

（四）承担违约责任的特殊情形

1. 先期违约

先期违约，也叫预期违约，是指当事人一方在合同约定的期限届满之前，明示或默示其将来不能履行合同。

《合同法》规定："当事人一方明确表示或者以自己的行为表明不履行合同义务的，对方可以在履行期限届满之前要求其承担违约责任。"

先期违约的构成要件有：

（1）违约的时间必须在合同有效成立后至合同履行期限截止前；

（2）违约必须是对根本性合同义务的违反，即导致合同目的落空。

2. 当事人双方都违约的情形

《合同法》第120条规定："当事人双方都违反合同的，应当各自承担相应的责任。"

当事人双方违约，是指当事人双方分别违反了自身的义务。依照法律规定，双方违约责任承担的方式是由违约方分别各自承担相应的违约责任，即由违约方向非违约方各自独立地承担自己的违约责任。

3. 因第三人原因违约的情形

当事人一方因第三人的原因造成违约的，应当向对方承担违约责任。当事人一方和第三人之间的纠纷,依照法律规定或者按照约定解决。

4.违约与侵权竞合的情形

因当事人一方的违约行为,侵害对方人身、财产权益的,受损害方有权选择依照《合同法》要求其承担违约责任或者依照其他法律要求其承担侵权责任。

## 九、不可抗力及违约责任的免除

### (一)不可抗力

不可抗力,是指不能预见、不能避免并不能克服的客观情况。不可抗力包括如下情况:

(1)自然事件,如地震、洪水、火山爆发、海啸等;

(2)社会事件,如战争、暴乱、骚乱、特定的政府行为等。

根据《合同法》,当事人一方因不可抗力不能履行合同的,应当及时通知对方,以减轻可能给对方造成的损失,并应当在合理期限内提供证明。

当事人一方违约后,对方应当采取适当措施防止损失的扩大;没有采取适当措施致使损失扩大的,不得就扩大的损失要求赔偿。

当事人因防止损失扩大而支出的合理费用,由违约方承担。

### (二)违约责任的免除

所谓违约责任免除,是指在履行合同的过程中,因出现法定的免责条件或者合同约定的免责事由导致合同不履行的,合同债务人将被免除合同履行义务。

1.约定的免责

合同中可以约定在一方违约的情况下免除其责任的条件,这个条款称为免责条款。免责条款并非全部有效,根据《合同法》第53条规定,合同中的下列免责条款无效:

(1)造成对方人身伤害的;

(2)因故意或者重大过失造成对方财产损失的。

造成对方人身伤害侵犯了对方的人身权,造成对方财产损失侵犯了对方的财产权,均属于违法行为,因而这样的免责条款是无效的。

2.法定的免责

法定的免责是指出现了法律规定的特定情形,即使当事人违约也可以免除违约责任。

《合同法》第117条规定:"因不可抗力不能履行合同的,根据不可抗力的影响,部分或者全部免除责任,但法律另有规定的除外。当事人迟延履行后发生不可抗力的,不能免除责任。"

# 第七节　劳动法

## 一、劳动保护的规定

劳动安全卫生,又称劳动保护,是指直接保护劳动者在劳动中的安全和健康的法律保障。根据《劳动法》的有关规定,用人单位和劳动者应当遵守如下有关劳动安全卫生的法

律规定:

(1)用人单位必须建立、健全劳动安全卫生制度,严格执行国家劳动安全卫生规程和标准,对劳动者进行劳动安全卫生教育,防止劳动过程中的事故,减少职业危害。

(2)劳动安全卫生设施必须符合国家规定的标准。新建、改建、扩建工程的劳动安全卫生设施必须与主体工程同时设计、同时施工、同时投入生产和使用。

(3)用人单位必须为劳动者提供符合国家规定的劳动安全卫生条件和必要的劳动防护用品,对从事有职业危害作业的劳动者应当定期进行健康检查。

(4)从事特种作业的劳动者必须经过专门培训并取得特种作业资格。

(5)劳动者在劳动过程中必须严格遵守安全操作规程。劳动者对用人单位管理人员违章指挥、强令冒险作业,有权拒绝执行;对危害生命安全和身体健康的行为,有权提出批评、检举和控告。

**(一)女职工的特殊保护**

根据我国《劳动法》的有关规定,对女职工的特殊保护规定主要包括:

(1)禁止安排女职工从事矿山井下、国家规定的第四级体力劳动强度的劳动和其他禁忌从事的劳动。

(2)不得安排女职工在经期从事高处、低温、冷水作业和国家规定的第三级体力劳动强度的劳动。

(3)不得安排女职工在怀孕期间从事国家规定的第三级体力劳动强度的劳动和孕期禁忌从事的劳动。对怀孕 7 个月以上的女职工,不得安排其延长工作时间和夜班劳动。

(4)女职工生育享受不少于 90 天的产假。

(5)不得安排女职工在哺乳未满一周岁的婴儿期间从事国家规定的第三级体力劳动强度的劳动和哺乳期禁忌从事的其他劳动,不得安排其延长工作时间和夜班劳动。

**(二)未成年工特殊保护**

所谓未成年工,是指年满 16 周岁未满 18 周岁的劳动者。根据我国《劳动法》的有关规定,对未成年工的特殊保护规定主要包括:

(1)不得安排未成年工从事矿山井下、有毒有害、国家规定的第四级体力劳动强度的劳动和其他禁忌从事的劳动。

(2)用人单位应当对未成年工定期进行健康检查。

## 二、劳动争议处理

劳动争议又称劳动纠纷,是指劳动关系当事人之间关于劳动权利和义务的争议。我国《劳动法》第 77 条明确规定:"用人单位与劳动者发生劳动争议,当事人可以依法申请调解、仲裁、提起诉讼,也可以协商解决。"2008 年 5 月 1 日开始施行的《中华人民共和国劳动争议调解仲裁法》(以下简称《劳动争议调解仲裁法》)第 5 条进一步规定:"发生劳动争议,当事人不愿协商、协商不成或者达成和解协议后不履行的,可以向调解组织申请调解;不愿调解、调解不成或者达成调解协议后不履行的,可以向劳动争议仲裁委员会申请仲裁;对仲裁裁决不服的,除本法另有规定的外,可以向人民法院提起诉讼。"本部分将重点介绍前三种劳动争议解决方法。

**(一)协商解决劳动争议**

协商,是指当事人各方在自愿、互谅的基础上,按照法律、政策的规定,通过摆事实讲道理解决纠纷的一种方法。协商的方法是一种简便易行、最有效、最经济的方法,能及时解决争议,消除分歧,提高办事效率,节省费用,也有利于双方的团结和相互的协作关系。

根据《劳动争议调解仲裁法》第 4 条的规定,"发生劳动争议,劳动者可以与用人单位协商,也可以请工会或者第三方共同与用人单位协商,达成和解协议"。

**(二)申请调解解决劳动争议**

1. 调解组织

发生劳动争议,当事人可以到下列调解组织申请调解:

(1)企业劳动争议调解委员会;

(2)依法设立的基层人民调解组织;

(3)在乡镇、街道设立的具有劳动争议调解职能的组织。

企业劳动争议调解委员会由职工代表和企业代表组成。职工代表由工会成员担任或者由全体职工推举产生,企业代表由企业负责人指定。企业劳动争议调解委员会主任由工会成员或者双方推举的人员担任。

当事人申请劳动争议调解可以书面申请,也可以口头申请。口头申请的,调解组织应当当场记录申请人基本情况、申请调解的争议事项、理由和时间。

2. 调解协议书

经调解达成协议的,应当制作调解协议书。

调解协议书由双方当事人签名或者盖章,经调解员签名并加盖调解组织印章后生效,对双方当事人具有约束力,当事人应当履行。

自劳动争议调解组织收到调解申请之日起 15 日内未达成调解协议的,当事人可以依法申请仲裁。

3. 调解协议的履行

达成调解协议后,一方当事人在协议约定期限内不履行调解协议的,另一方当事人可以依法申请仲裁。

因支付拖欠劳动报酬工伤医疗费、经济补偿或者赔偿金事项达成调解协议,用人单位在协议约定期限内不履行的,劳动者可以持调解协议书依法向人民法院申请支付令。人民法院应当依法发出支付令。

**(三)通过劳动争议仲裁委员会进行裁决**

1. 劳动争议仲裁的特点

与其他解决方式以及《仲裁法》规定的仲裁相比,劳动争议仲裁有以下基本特点:

(1)从仲裁主体上看,劳动争议仲裁委员会由劳动行政部门代表、工会代表和企业方面代表组成。劳动争议仲裁委员会组成人员应当是单数,是带有司法性质的行政执行机关。它不是一般的民间组织,也区别于司法机构、群众自治性组织和行政机构。

(2)从解决对象看,劳动争议仲裁解决劳动争议,这是与《仲裁法》规定的仲裁方式的重大区别。

(3)从仲裁实行的原则看,劳动争议仲裁实行的是法定管辖,而《仲裁法》规定的是约定管辖。

（4）从与诉讼的关系看，当事人对劳动争议仲裁裁决不服的，可以向法院起诉。《仲裁法》规定的仲裁，则采用或裁或审的体制。

2. 劳动争议仲裁的原则

劳动争议仲裁原则是指劳动争议仲裁机构在仲裁程序中应遵守的准则，它是劳动争议仲裁的特有原则，反映了劳动争议仲裁的本质要求。

1）一次裁决原则

一次裁决原则即劳动争议仲裁实行一个裁级一次裁决制度，一次裁决即为终局裁决。当事人如不服仲裁裁决，只能依法向人民法院起诉，不得向上一级仲裁委员会申请复议或要求重新处理。

2）合议原则

仲裁庭裁决劳动争议案件，实行少数服从多数的原则。合议原则是民主集中制在仲裁工作中的体现，其目的是保证仲裁裁决的公正性。

3）强制原则

劳动争议仲裁实行强制原则，主要表现为：当事人申请仲裁无须双方达成一致协议，只要一方申请，仲裁委员会即可受理；在仲裁庭对争议调解不成时，无须得到当事人的同意，可直接行使裁决权；对发生法律效力的仲裁文书，可申请人民法院强制执行。

3. 劳动争议仲裁委员会与仲裁庭

1）劳动争议仲裁委员会

劳动争议仲裁委员会是依法成立的，通过仲裁方式处理劳动争议的专门机构，它独立行使劳动争议仲裁权。省、自治区人民政府可以决定在市、县设立；直辖市人民政府可以决定在区、县设立。直辖市、设区的市也可以设立一个或者若干个劳动争议仲裁委员会。劳动争议仲裁委员会不按行政区划层层设立。

劳动争议仲裁委员会应当设仲裁员名册。

仲裁员应当公道正派并符合下列条件之一：

（1）曾任审判员的；

（2）从事法律研究、教学工作并具有中级以上职称的；

（3）具有法律知识、从事人力资源管理或者工会等专业工作满5年的；

（4）律师执业满3年的。

劳动争议仲裁委员会负责管辖本区域内发生的劳动争议。

劳动争议由劳动合同履行地或者用人单位所在地的劳动争议仲裁委员会管辖。双方当事人分别向劳动合同履行地和用人单位所在地的劳动争议仲裁委员会申请仲裁的，由劳动合同履行地的劳动争议仲裁委员会管辖。

2）仲裁庭

仲裁庭在仲裁委员会领导下处理劳动争议案件，实行一案一庭制。

仲裁庭由一名首席仲裁员、两名仲裁员组成。简单案件，仲裁委员会可以指定一名仲裁员独任处理。

仲裁庭的首席仲裁员由仲裁委员会负责人或授权其办事机构负责人指定，另两名仲裁员由仲裁委员会授权其办事机构负责人指定或由当事人各选一名,具体办法由省、自治区、直辖市自行确定。

仲裁庭组成不符合规定的,由仲裁委员会予以撤销,重新组成仲裁庭。

3)仲裁委员会或仲裁庭组成人员的回避

仲裁委员会组成人员或者仲裁员有下列情形之一的,应当回避,当事人有权以口头或者书面方式申请其回避:

(1)是本案当事人或者当事人、代理人的近亲属的;

(2)与本案有利害关系的;

(3)与本案当事人、代理人有其他关系,可能影响公正裁决的;

(4)私自会见当事人、代理人,或者接受当事人、代理人的请客送礼的。

4.劳动争议仲裁的申请与受理

1)申请

《劳动争议调解仲裁法》第27条规定:"劳动争议申请仲裁的时效期间为一年。仲裁时效期间从当事人知道或者应当知道其权利被侵害之日起计算。

"前款规定的仲裁时效,因当事人一方向对方当事人主张权利,或者向有关部门请求权利救济,或者对方当事人同意履行义务而中断。从中断时起,仲裁时效期间重新计算。

"因不可抗力或者有其他正当理由,当事人不能在本条第一款规定的仲裁时效期间申请仲裁的,仲裁时效中止。从中止时效的原因消除之日起,仲裁时效期间继续计算。

"劳动关系存续期间因拖欠劳动报酬发生争议的,劳动者申请仲裁不受本条第一款规定的仲裁时效期间的限制;但是,劳动关系终止的,应当自劳动关系终止之日起一年内提出。"

申请人申请仲裁应当提交书面仲裁申请,并按照被申请人人数提交副本。

仲裁申请书应当载明下列事项:

(1)劳动者的姓名、性别、年龄、职业、工作单位和住所,用人单位的名称、住所和法定代表人或者主要负责人的姓名、职务;

(2)仲裁请求和所根据的事实、理由;

(3)证据和证据来源、证人姓名和住所。

书写仲裁申请确有困难的,可以口头申请,由劳动争议仲裁委员会记入笔录,并告知对方当事人。

2)受理

劳动争议仲裁委员会收到仲裁申请之日起5日内,认为符合受理条件的,应当受理,并通知申请人;认为不符合受理条件的,应当书面通知申请人不予受理,并说明理由。对劳动争议仲裁委员会不予受理或者逾期未作出决定的,申请人可以就该劳动争议事项向人民法院提起诉讼。

劳动争议仲裁委员会受理仲裁申请后,应当在5日内将仲裁申请书副本送达被申请人。

被申请人收到仲裁申请书副本后,应当在10日内向劳动争议仲裁委员会提交答辩书。劳动争议仲裁委员会收到答辩书后,应当在5日内将答辩书副本送达申请人。被申请人未提交答辩书的,不影响仲裁程序的进行。

3) 审理

仲裁庭应当在开庭 5 日前,将开庭日期、地点书面通知双方当事人。当事人有正当理由的,可以在开庭 3 日前请求延期开庭。是否延期,由劳动争议仲裁委员会决定。

申请人收到书面通知,无正当理由拒不到庭或者未经仲裁庭同意中途退庭的,可以视为撤回仲裁申请。被申请人收到书面通知,无正当理由拒不到庭或者未经仲裁庭同意中途退庭的,可以缺席裁决。

仲裁庭裁决劳动争议案件,应当自劳动争议仲裁委员会受理仲裁申请之日起 45 日内结束。案情复杂需要延期的,经劳动争议仲裁委员会主任批准,可以延期并书面通知当事人,但是延长期限不得超过 15 日。逾期未作出仲裁裁决的,当事人可以就该劳动争议事项向人民法院提起诉讼。

仲裁庭裁决劳动争议案件时,其中一部分事实已经清楚,可以就该部分先行裁决。

4) 执行

当事人对仲裁裁决不服的,自收到裁决书之日起 15 日内,可以向人民法院起诉;期满不起诉的,裁决书即发生法律效力。但是,下列劳动争议,除《劳动争议调解仲裁法》另有规定外,仲裁裁决为终局裁决,裁决书自作出之日起发生法律效力:

(1)追索劳动报酬、工伤医疗费、经济补偿或者赔偿金,不超过当地月最低工资标准 12 个月金额的争议;

(2)因执行国家的劳动标准在工作时间、休息休假、社会保险等方面发生的争议。

当事人对发生法律效力的调解书和裁决书,应当依照规定的期限履行。一方当事人逾期不履行的,另一方当事人可以依照民事诉讼法的有关规定向人民法院申请强制执行。

**(四)通过人民法院处理劳动争议**

人民法院受理劳动争议案件的条件:其一是争议案件已经过劳动争议仲裁委员会仲裁;其二是争议案件的当事人在接到仲裁决定书之日起 15 日内向法院提起。人民法院处理劳动争议适用《民事诉讼法》规定的程序,由各级人民法院民庭受理,实行两审终审。参见民事诉讼法有关规定。

## 三、劳动合同的订立

### (一)劳动关系的建立与劳动合同的订立

1. 劳动关系的建立

1) 劳动关系的含义

劳动关系是指劳动者与用人单位(包括各类企业、个体工商户、事业单位等)在实现劳动过程中建立的社会经济关系。从广义上讲,生活在城市和农村的任何劳动者与任何性质的用人单位之间因从事劳动而结成的社会关系都属于劳动关系的范畴。从狭义上讲,现实经济生活中的劳动关系是指依照国家劳动法律法规规范的劳动法律关系,即双方当事人是被一定的劳动法律规范所规定及确认的权利和义务联系在一起的,其权利和义务的实现是由国家强制力来保障的。劳动法律关系的一方(劳动者)必须加入某一个用人单位,成为该单位的一员,并参加单位的生产劳动,遵守单位内部的劳动规则;而另一方(用人单位)则必须按照劳动者的劳动数量或质量给付其报酬,提供工作条件,并不断改进劳动者的物质文化生活。

2)确认建立劳动关系的时间

用人单位自用工之日起即与劳动者建立劳动关系。用人单位与劳动者在用工前订立劳动合同的,劳动关系自用工之日起建立。

用人单位应当建立职工名册备查。职工名册应当包括劳动者姓名、性别、公民身份证号码、户籍地址及现住址、联系方式、用工形式、用工起始时间、劳动合同期限等内容。

3)建立劳动关系时当事人的权利和义务

用人单位招用劳动者时,应当如实告知劳动者工作内容、工作条件、工作地点、职业危害、安全生产状况、劳动报酬,以及劳动者要求了解的其他情况;用人单位有权了解劳动者与劳动合同直接相关的基本情况,劳动者应当如实说明。

用人单位招用劳动者,不得扣押劳动者的居民身份证和其他证件,不得要求劳动者提供担保或者以其他名义向劳动者收取财物。

**2. 劳动合同的订立**

劳动合同是劳动者与用人单位确立劳动关系、明确双方权利和义务的协议。《劳动法》第 16 条规定:"建立劳动关系应当订立劳动合同。"

1)劳动合同当事人

劳动合同的当事人为用人单位和劳动者。《劳动合同法实施条例》进一步规定了,劳动合同法规定的用人单位设立的分支机构,依法取得营业执照或者登记证书的,可以作为用人单位与劳动者订立劳动合同;未依法取得营业执照或者登记证书的,受用人单位委托可以与劳动者订立劳动合同。

2)订立劳动合同的时间限制

已建立劳动关系,未同时订立书面劳动合同的,应当自用工之日起一个月内订立书面劳动合同。

a. 因劳动者的原因未能订立劳动合同的法律后果

自用工之日起一个月内,经用人单位书面通知后,劳动者不与用人单位订立书面劳动合同的,用人单位应当书面通知劳动者终止劳动关系,无需向劳动者支付经济补偿,但是应当依法向劳动者支付其实际工作时间的劳动报酬。

b. 因用人单位的原因未能订立劳动合同的法律后果

用人单位自用工之日起超过一个月不满一年未与劳动者订立书面劳动合同的,应当依照《劳动合同法》第 82 条的规定向劳动者每月支付两倍的工资,并与劳动者补订书面劳动合同;劳动者不与用人单位订立书面劳动合同的,用人单位应当书面通知劳动者终止劳动关系,并依照《劳动合同法》第 47 条的规定支付经济补偿。

这里,用人单位向劳动者每月支付两倍工资的起算时间为用工之日起满一个月的次日,截止时间为补订书面劳动合同的前一日。

用人单位自用工之日起满一年未与劳动者订立书面劳动合同的,自用工之日起满一个月的次日至满一年的前一日应当依照劳动合同法的规定向劳动者每月支付两倍的工资,并视为自用工之日起满一年的当日已经与劳动者订立无固定期限劳动合同,应当立即与劳动者补订书面劳动合同。

3)劳动合同的生效

劳动合同由用人单位与劳动者协商一致,并经用人单位与劳动者在劳动合同文本上签字或者盖章生效。

劳动合同文本由用人单位和劳动者各执一份。

**(二)劳动合同的类型**

劳动合同分为固定期限劳动合同、无固定期限劳动合同和以完成一定工作任务为期限的劳动合同。

1. 固定期限劳动合同

固定期限劳动合同,是指用人单位与劳动者约定合同终止时间的劳动合同。用人单位与劳动者协商一致,可以订立固定期限劳动合同。

2. 无固定期限劳动合同

无固定期限劳动合同,是指用人单位与劳动者约定无确定终止时间的劳动合同。

用人单位与劳动者协商一致,可以订立无固定期限劳动合同。有下列情形之一,劳动者提出或者同意续订、订立劳动合同的,除劳动者提出订立固定期限劳动合同外,应当订立无固定期限劳动合同:

(1)劳动者在该用人单位连续工作满10年的;

(2)用人单位初次实行劳动合同制度或者国有企业改制重新订立劳动合同时,劳动者在该用人单位连续工作满10年且距法定退休年龄不足10年的;

(3)连续订立两次固定期限劳动合同,且劳动者没有《劳动合同法》第39条(即用人单位可以解除劳动合同的条件)和第40条第1项、第2项规定(即劳动者患病或者非因工负伤,在规定的医疗期满后不能从事原工作,也不能从事由用人单位另行安排的工作的;劳动者不能胜任工作,经过培训或者调整工作岗位,仍不能胜任工作的)的情形,续订劳动合同的。

若劳动者依据此处的规定提出订立无固定期限劳动合同的,用人单位应当与其订立无固定期限劳动合同。对劳动合同的内容,双方应当按照合法、公平、平等自愿、协商一致、诚实信用的原则协商确定。

对于这里的"10年"的计算,《劳动合同法实施条例》作出了详细的规定:连续工作满10年的起始时间,应当自用人单位用工之日起计算,包括《劳动合同法》施行前的工作年限。

劳动者非因本人原因从原用人单位被安排到新用人单位工作的,劳动者在原用人单位的工作年限合并计算为新用人单位的工作年限。原用人单位已经向劳动者支付经济补偿的,新用人单位在依法解除、终止劳动合同计算支付经济补偿的工作年限时,不再计算劳动者在原用人单位的工作年限。

3. 以完成一定工作任务为期限的劳动合同

以完成一定工作任务为期限的劳动合同,是指用人单位与劳动者约定以某项工作的完成为合同期限的劳动合同。用人单位与劳动者协商一致,可以订立以完成一定工作任务为期限的劳动合同。

### (三)劳动合同的条款

劳动合同应当具备以下条款:

(1)用人单位的名称、住所和法定代表人或者主要负责人;

(2)劳动者的姓名、住址和居民身份证或者其他有效身份证件号码;

(3)劳动合同期限;

(4)工作内容和工作地点;

(5)工作时间和休息休假;

(6)劳动报酬;

(7)社会保险;

(8)劳动保护、劳动条件和职业危害防护;

(9)法律、法规规定应当纳入劳动合同的其他事项。

劳动合同除前款规定的必备条款外,用人单位与劳动者可以约定试用期、培训、保守秘密、补充保险和福利待遇等其他事项。

劳动合同对劳动报酬和劳动条件等标准约定不明确,引发争议的,用人单位与劳动者可以重新协商;协商不成的,适用集体合同规定;没有集体合同或者集体合同未规定劳动报酬的,实行同工同酬;没有集体合同或者集体合同未规定劳动条件等标准的,适用国家有关规定。

### (四)试用期

1. 试用期的时间长度限制

劳动合同期限3个月以上不满1年的,试用期不得超过1个月;劳动合同期限1年以上不满3年的,试用期不得超过2个月;3年以上固定期限和无固定期限的劳动合同,试用期不得超过6个月。

2. 试用期的次数限制

同一用人单位与同一劳动者只能约定一次试用期。

以完成一定工作任务为期限的劳动合同或者劳动合同期限不满3个月的,不得约定试用期。

试用期包含在劳动合同期限内。劳动合同仅约定试用期的,试用期不成立,该期限为劳动合同期限。

3. 试用期内的最低工资

《劳动合同法》规定,劳动者在试用期的工资不得低于本单位相同岗位最低档工资或者劳动合同约定工资的80%,并不得低于用人单位所在地的最低工资标准。

2008年9月3日公布实施的《劳动合同法实施条例》对此作了进一步解释:劳动者在试用期的工资不得低于本单位相同岗位最低档工资的80%或者不得低于劳动合同约定工资的80%,并不得低于用人单位所在地的最低工资标准。

4. 试用期内合同解除条件的限制

在试用期中,除劳动者有《劳动合同法》第39条(即用人单位可以解除劳动合同的条件)和第40条第1项、第2项(即劳动者患病或者非因工负伤,在规定的医疗期满后不能从事原工作,也不能从事由用人单位另行安排的工作的;劳动者不能胜任工作,经过培训或者调整工作岗位,仍不能胜任工作的)规定的情形外,用人单位不得解除劳动合同。用人单位在试用期解除劳动合同的,应当向劳动者说明理由。

### (五)服务期

用人单位为劳动者提供专项培训费用,对其进行专业技术培训的,可以与该劳动者订立协议,约定服务期。劳动合同期满,但是用人单位与劳动者依照劳动合同法的规定约定的服务期尚未到期的,劳动合同应当续延至服务期满;双方另有约定的,从其约定。

劳动者违反服务期约定的,应当按照约定向用人单位支付违约金。违约金的数额不得超过用人单位提供的培训费用。用人单位要求劳动者支付的违约金不得超过服务期尚未履行部分所应分摊的培训费用。

《劳动合同法实施条例》对于这里的培训费用进一步作出了规定:包括用人单位为了对劳动者进行专业技术培训而支付的有凭证的培训费用、培训期间的差旅费用以及因培训产生的用于该劳动者的其他直接费用。

用人单位与劳动者约定了服务期,劳动者依照《劳动合同法》第38条的规定解除劳动合同的,不属于违反服务期的约定,用人单位不得要求劳动者支付违约金。

有下列情形之一,用人单位与劳动者解除约定服务期的劳动合同的,劳动者应当按照劳动合同的约定向用人单位支付违约金:

(1)劳动者严重违反用人单位的规章制度的;

(2)劳动者严重失职,营私舞弊,给用人单位造成重大损害的;

(3)劳动者同时与其他用人单位建立劳动关系,对完成本单位的工作任务造成严重影响,或者经用人单位提出,拒不改正的;

(4)劳动者以欺诈、胁迫的手段或者乘人之危,使用人单位在违背真实意思的情况下订立或者变更劳动合同的;

(5)劳动者被依法追究刑事责任的。

用人单位与劳动者约定服务期的,不影响按照正常的工资调整机制提高劳动者在服务期期间的劳动报酬。

### (六)保密协议与竞业限制条款

用人单位与劳动者可以在劳动合同中约定保守用人单位的商业秘密和与知识产权相关的保密事项。

对负有保密义务的劳动者,用人单位可以在劳动合同或者保密协议中与劳动者约定竞业限制条款,并约定在解除或者终止劳动合同后,在竞业限制期限内按月给予劳动者经济补偿。劳动者违反竞业限制约定的,应当按照约定向用人单位支付违约金。

竞业限制的人员限于用人单位的高级管理人员、高级技术人员和其他负有保密义务的人员。竞业限制的范围、地域、期限由用人单位与劳动者约定,竞业限制的约定不得违反法律、法规的规定。

在解除或者终止劳动合同后,前款规定的人员到与本单位生产或者经营同类产品、从事同类业务的有竞争关系的其他用人单位,或者自己开业生产或者经营同类产品、从事同类业务的竞业限制期限,不得超过2年。

### （七）劳动合同的无效

下列劳动合同无效或者部分无效：

（1）以欺诈、胁迫的手段或者乘人之危，使对方在违背真实意思的情况下订立或者变更劳动合同的；

（2）用人单位免除自己的法定责任、排除劳动者权利的；

（3）违反法律、行政法规强制性规定的。

对劳动合同的无效或者部分无效有争议的，由劳动争议仲裁机构或者人民法院确认。

劳动合同部分无效，不影响其他部分效力的，其他部分仍然有效。

劳动合同被确认无效，劳动者已付出劳动的，用人单位应当向劳动者支付劳动报酬。劳动报酬的数额，参照本单位相同或者相近岗位劳动者的劳动报酬确定。

## 四、劳动合同的履行及变更

### （一）劳动合同的履行

用人单位与劳动者应当按照劳动合同的约定，全面履行各自的义务。

用人单位应当按照劳动合同约定和国家规定，向劳动者及时足额支付劳动报酬。

用人单位拖欠或者未足额支付劳动报酬的，劳动者可以依法向当地人民法院申请支付令，人民法院应当依法发出支付令。

用人单位应当严格执行劳动定额标准，不得强迫或者变相强迫劳动者加班。用人单位安排加班的，应当按照国家有关规定向劳动者支付加班费。

劳动者拒绝用人单位管理人员违章指挥、强令冒险作业的，不视为违反劳动合同。

劳动者对危害生命安全和身体健康的劳动条件，有权对用人单位提出批评、检举和控告。

### （二）劳动合同的变更

用人单位变更名称、法定代表人、主要负责人或者投资人等事项，不影响劳动合同的履行。

用人单位发生合并或者分立等情况，原劳动合同继续有效，劳动合同由承继其权利和义务的用人单位继续履行。

用人单位与劳动者协商一致，可以变更劳动合同约定的内容。变更劳动合同，应当采用书面形式。

变更后的劳动合同文本由用人单位和劳动者各执一份。

## 五、劳动合同的解除

用人单位与劳动者协商一致，可以解除劳动合同。用人单位向劳动者提出解除劳动合同并与劳动者协商一致解除劳动合同的，用人单位应当向劳动者给予经济补偿。

劳动者提前 30 日以书面形式通知用人单位，可以解除劳动合同。劳动者在试用期内提前 3 日通知用人单位，可以解除劳动合同。

### （一）劳动者可以解除劳动合同的情形

《劳动合同法》规定，用人单位有下列情形之一的，劳动者可以解除劳动合同，用人单位应当向劳动者支付经济补偿：

（1）未按照劳动合同约定提供劳动保护或者劳动条件的；

（2）未及时足额支付劳动报酬的；

（3）未依法为劳动者缴纳社会保险费的；

（4）用人单位的规章制度违反法律、法规的规定，损害劳动者权益的；

（5）因《劳动合同法》第 26 条第 1 款（即以欺诈、胁迫的手段或者乘人之危，使对方在违背真实意思的情况下订立或者变更劳动合同的）规定的情形致使劳动合同无效的；

（6）法律、行政法规规定劳动者可以解除劳动合同的其他情形。

用人单位以暴力、威胁或者非法限制人身自由的手段强迫劳动者劳动的，或者用人单位违章指挥、强令冒险作业危及劳动者人身安全的，劳动者可以立即解除劳动合同，不需事先告知用人单位。

在此基础上，《劳动合同法实施条例》进一步规定，具备下列情形之一的，劳动者可以与用人单位解除固定期限劳动合同、无固定期限劳动合同或者以完成一定工作任务为期限的劳动合同：

（1）劳动者与用人单位协商一致的；

（2）劳动者提前 30 日以书面形式通知用人单位的；

（3）劳动者在试用期内提前 3 日通知用人单位的；

（4）用人单位在劳动合同中免除自己的法定责任、排除劳动者权利的；

（5）用人单位违反法律、行政法规强制性规定的。

**（二）用人单位可以解除劳动合同的情形**

用人单位单方解除劳动合同，应当事先将理由通知工会。用人单位违反法律、行政法规规定或者劳动合同约定的，工会有权要求用人单位纠正。用人单位应当研究工会的意见，并将处理结果书面通知工会。

除用人单位与劳动者协商一致，用人单位可以与劳动者解除合同外，下列情形，用人单位也可以与劳动者解除合同。

1. 随时解除

劳动者有下列情形之一的，用人单位可以解除劳动合同：

（1）在试用期间被证明不符合录用条件的；

（2）严重违反用人单位的规章制度的；

（3）严重失职，营私舞弊，给用人单位造成重大损害的；

（4）劳动者同时与其他用人单位建立劳动关系，对完成本单位的工作任务造成严重影响，或者经用人单位提出，拒不改正的；

（5）因《劳动合同法》第 26 条第 1 款第 1 项（即以欺诈、胁迫的手段或者乘人之危，使对方在违背真实意思的情况下订立或者变更劳动合同的）规定的情形致使劳动合同无效的；

（6）被依法追究刑事责任的。

2. 预告解除

有下列情形之一的，用人单位提前 30 日以书面形式通知劳动者本人或者额外支付劳动者 1 个月工资后，可以解除劳动合同，用人单位应当向劳动者支付经济补偿：

（1）劳动者患病或者非因工负伤，在规定的医疗期满后不能从事原工作，也不能从事

由用人单位另行安排的工作的;

（2）劳动者不能胜任工作，经过培训或者调整工作岗位，仍不能胜任工作的;

（3）劳动合同订立时所依据的客观情况发生重大变化，致使劳动合同无法履行，经用人单位与劳动者协商，未能就变更劳动合同内容达成协议的。

用人单位依照此规定，选择额外支付劳动者 1 个月工资解除劳动合同的，其额外支付的工资应当按照该劳动者上一个月的工资标准确定。

3. 经济性裁员

有下列情形之一，需要裁减人员 20 人以上或者裁减不足 20 人但占企业职工总数10% 以上的，用人单位提前 30 日向工会或者全体职工说明情况，听取工会或者职工的意见后，裁减人员方案经向劳动行政部门报告，可以裁减人员，用人单位应当向劳动者支付经济补偿:

（1）依照企业破产法规定进行重整的;

（2）生产经营发生严重困难的;

（3）企业转产、重大技术革新或者经营方式调整，经变更劳动合同后，仍需裁减人员的;

（4）其他因劳动合同订立时所依据的客观经济情况发生重大变化，致使劳动合同无法履行的。

裁减人员时，应当优先留用下列人员:

（1）与本单位订立较长期限的固定期限劳动合同的;

（2）与本单位订立无固定期限劳动合同的;

（3）家庭无其他就业人员，有需要扶养的老人或者未成年人的。

用人单位依照上述规定裁减人员，在 6 个月内重新招用人员的，应当通知被裁减的人员，并在同等条件下优先招用被裁减的人员。

4. 用人单位不得解除劳动合同的情形

劳动者有下列情形之一的，用人单位不得依照《劳动合同法》第 40 条、第 41 条的规定解除劳动合同:

（1）从事接触职业病危害作业的劳动者未进行离岗前职业健康检查，或者疑似职业病病人在诊断或者医学观察期间的;

（2）在本单位患职业病或者因工负伤并被确认丧失或者部分丧失劳动能力的;

（3）患病或者非因工负伤，在规定的医疗期内的;

（4）女职工在孕期、产期、哺乳期的;

（5）在本单位连续工作满 15 年，且距法定退休年龄不足 5 年的;

（6）法律、行政法规规定的其他情形。

**（三）劳动合同终止**

《劳动合同法》规定，有下列情形之一的，劳动合同终止。用人单位与劳动者不得在劳动合同法规定的劳动合同终止情形之外约定其他的劳动合同终止条件:

（1）劳动者达到法定退休年龄的，劳动合同终止。

（2）劳动合同期满的。除用人单位维持或者提高劳动合同约定条件续订劳动合同，劳动者不同意续订的情形外,依照本项规定终止固定期限劳动合同的,用人单位应当向劳动者支付经济补偿。

(3)劳动者开始依法享受基本养老保险待遇的。

(4)劳动者死亡,或者被人民法院宣告死亡或者宣告失踪的。

(5)用人单位被依法宣告破产的;依照本项规定终止劳动合同的,用人单位应当向劳动者支付经济补偿。

(6)用人单位被吊销营业执照、责令关闭、撤销或者用人单位决定提前解散的;依照本项规定终止劳动合同的,用人单位应当向劳动者支付经济补偿。

(7)法律、行政法规规定的其他情形。

劳动合同期满,有《劳动合同法》第42条(即用人单位不得解除劳动合同的规定)规定情形之一的,劳动合同应当续延至相应的情形消失时终止。但是,《劳动合同法》第42条第2项规定丧失或者部分丧失劳动能力劳动者的劳动合同的终止,按照国家有关工伤保险的规定执行。

### (四)终止合同的经济补偿

1. 经济补偿的情形

1)以完成一定工作任务为期限的劳动合同终止的补偿

以完成一定工作任务为期限的劳动合同因任务完成而终止的,用人单位应当依照《劳动合同法》第47条(即下文的补偿标准)的规定向劳动者支付经济补偿。

2)工伤职工的劳动合同终止的补偿

用人单位依法终止工伤职工的劳动合同的,除依照《劳动合同法》第47条(即下文的补偿标准)的规定支付经济补偿外,还应当依照国家有关工伤保险的规定支付一次性工伤医疗补助金和伤残就业补助金。

3)违反劳动合同法的规定解除或者终止劳动合同的补偿

用人单位违反《劳动合同法》的规定解除或者终止劳动合同,依照本法第47条规定的经济补偿标准的2倍向劳动者支付赔偿金的,不再支付经济补偿。赔偿金的计算年限自用工之日起计算。

2. 补偿标准

《劳动合同法》第47条规定了终止劳动合同的补偿标准,具体标准为:

经济补偿按劳动者在本单位工作的年限,每满1年支付1个月工资的标准向劳动者支付。6个月以上不满1年的,按1年计算;不满6个月的,向劳动者支付半个月工资的经济补偿。

劳动者月工资高于用人单位所在直辖市、设区的市级人民政府公布的本地区上年度职工月平均工资3倍的,向其支付经济补偿的标准按职工月平均工资3倍的数额支付,向其支付经济补偿的年限最高不超过12年。

上述所称月工资是指劳动者在劳动合同解除或者终止前12个月的平均工资。按照劳动者应得工资计算,包括计时工资或者计件工资以及奖金、津贴和补贴等货币性收入。劳动者在劳动合同解除或者终止前12个月的平均工资低于当地最低工资标准的,按照当地最低工资标准计算。劳动者工作不满12个月的,按照实际工作的月数计算平均工资。

（五）违约与赔偿

用人单位违反《劳动合同法》规定解除或者终止劳动合同,劳动者要求继续履行劳动合同的,用人单位应当继续履行;劳动者不要求继续履行劳动合同或者劳动合同已经不能继续履行的,用人单位应当依照本法第87条(用人单位违反本法规定解除或者终止劳动合同的,应当依照本法第47条(即经济补偿额的计算))规定的经济补偿标准的2倍向劳动者支付赔偿金。

# 第八节　标准化法、税法

## 一、标准化法

《中华人民共和国标准化法》(以下简称《标准化法》)自1989年4月1日起施行。

《标准化法》的立法目的在于发展社会主义商品经济,促进技术进步,改进产品质量,提高社会经济效益,维护国家和人民的利益,使标准化工作适应社会主义现代化建设和发展对外经济关系的需要。《标准化法》分为5章,共26条,分别对标准的制定、标准的实施作出了规定。

依据《标准化法》,我国陆续发布了与工程建设标准有关的一系列行政法规、部门规章。其中主要有:

(1)1990年4月6日实施的《中华人民共和国标准化法实施条例》;

(2)1992年12月30日实施的《工程建设国家标准管理办法》;

(3)1992年12月30日实施的《工程建设行业标准管理办法》;

(4)2000年8月25日实施的《实施工程建设强制性标准监督规定》。

除此之外,还包括水利、交通、铁路等其他行业的标准管理办法。

**（一）工程建设标准的分级**

《标准化法》按照标准的级别不同,把标准分为国家标准、行业标准、地方标准和企业标准。

1. 国家标准

《标准化法》第6条规定,对需要在全国范围内统一的技术标准,应当制定国家标准。《工程建设国家标准管理办法》规定了应当制定国家标准的种类。

2. 行业标准

《标准化法》第6条规定,对没有国家标准而又需要在全国某个行业范围内统一的技术要求,可以编制行业标准。《工程建设行业标准管理办法》规定了可以制定行业标准的种类。

3. 地方标准

《标准化法》第6条规定,对没有国家标准和行业标准而又需要在省、自治区、直辖市范围内统一的工业产品的安全、卫生要求,可以制定地方标准。

4. 企业标准

《标准化法实施条例》第17条规定,企业生产的产品没有国家标准、行业标准和地方标准的,应当制定相应的企业标准,作为组织生产的依据。

**(二)工程建设强制性标准和推荐性标准**

国家标准、行业标准分为强制性标准和推荐性标准。保障人体健康,人身、财产安全的标准和法律、行政法规规定强制执行的标准是强制性标准,其他标准是推荐性标准。省、自治区、直辖市标准化行政主管部门制定的工业产品的安全、卫生要求的地方标准,在本行政区域内是强制性标准。与上述规定相对应,工程建设标准也分为强制性标准和推荐性标准。强制性标准,必须执行。推荐性标准,国家鼓励企业自愿采用。

根据《工程建设国家标准管理办法》第 3 条的规定,下列工程建设国家标准属于强制性标准:

(1)工程建设勘察、规划、设计、施工(包括安装)及验收等通用的综合标准和重要的通用的质量标准;

(2)工程建设通用的有关安全、卫生和环境保护的标准;

(3)工程建设通用的术语、符号、代号、量与单位、建筑模数和制图方法标准;

(4)工程建设重要的通用的试验、检验和评定方法等标准;

(5)工程建设重要的通用的信息技术标准;

(6)国家需要控制的其他工程建设通用的标准。

根据《工程建设行业标准管理办法》第 3 条的规定,下列工程建设行业标准属于强制性标准:

(1)工程建设勘察、规划、设计、施工(包括安装)及验收等行业专用的综合性标准和重要的行业专用的质量标准;

(2)工程建设行业专用的有关安全、卫生和环境保护的标准;

(3)工程建设重要的行业专用的术语、符号、代号、量与单位和制图方法等标准;

(4)工程建设重要的行业专用的试验、检验和评定方法等标准;

(5)工程建设重要的行业专用的信息技术标准;

(6)行业需要控制的其他工程建设标准。

## 二、税法

税法是调整税收关系的法律规范的总称。本书仅就与工程建设密切相关的法律、法规进行介绍。主要包括:

(1)《中华人民共和国税收征收管理法》(以下简称《税收征收管理法》);

(2)《中华人民共和国营业税暂行条例》;

(3)《营业税暂行条例实施细则》;

(4)《城市维护建设税暂行条例》;

(5)《中华人民共和国企业所得税暂行条例》;

(6)《中华人民共和国个人所得税法》。

**(一)纳税人的权利和义务**

**1.纳税人的权利**

1)特殊情况下延期纳税的权利

根据《税收征收管理法》的有关规定,纳税人因有特殊困难,不能按期缴纳税款的,经批准可以延期缴纳税款，但是最长不得超过3个月。纳税人未按照规定期限缴纳税款的，扣缴义务人未按照规定期限解缴税款的，税务机关除责令限期缴纳外，从滞纳税款之日起，按日加收滞纳税款5‰的滞纳金。

2）收取完税凭证的权利

税务机关征收税款时，必须给纳税人开具完税凭证。扣缴义务人代扣、代收税款时，纳税人要求扣缴义务人开具代扣、代收税款凭证的，扣缴义务人应当开具。

2. 纳税人的义务

1）依法纳税

纳税人、扣缴义务人应按照法律、行政法规规定或者税务机关依照法律、行政法规的规定确定的期限，缴纳或者解缴税款。

未按规定解缴税款是指扣缴义务人已将纳税人应缴的税款代扣、代收，但没有按时缴入国库的行为。

2）出境清税

欠缴税款的纳税人或者他的法定代表人需要出境的，应当在出境前向税务机关结清应纳税款、滞纳金或者提供担保。未结清税款、滞纳金，又不提供担保的，税务机关可以通知出境管理机关阻止其出境。

3）纳税人报告制度

欠缴税款数额较大的纳税人在处分其不动产或者大额资产之前，应当向税务机关报告。

**（二）税务管理的制度**

税务管理是税收征管程序中的基础性环节，主要包括三项制度，分别是税务登记制度、账簿凭证管理制度和纳税申报管理制度。

1. 税务登记制度

1）开业、变更及注销登记

根据《税收征收管理法》的有关规定，企业及其在外地设立的分支机构等从事生产、经营的纳税人，应当自领取营业执照之日起30日内，向税务机关申报办理税务登记。税务登记内容发生变化的，纳税人应当自办理工商变更登记之日起30日内或办理工商注销登记前，向税务机关申报办理变更或者注销税务登记。

从事生产、经营的纳税人应当按照国家有关规定，持税务登记证件，在银行或者其他金融机构开立基本存款账户和其他账户，并将其全部账号向税务机关报告。

2）税务登记证件

纳税人应当按照国家有关规定使用税务登记证件，不得转借、涂改、损毁、买卖或者伪造税务登记证件。税务登记证件具有重要作用，除按照规定不需要发给税务登记证件的，纳税人办理下列事项时，必须持税务登记证件：

（1）开立银行账户；

（2）申请减税、免税、退税；

（3）申请办理延期申报、延期缴纳税款；

（4）领购发票；

（5）申请开具外出经营活动税收管理证明；

（6）办理停业、歇业等。

2. 账簿凭证管理制度

根据《税收征收管理法》的有关规定，纳税人、扣缴义务人按照有关法律、行政法规和国务院财政、税务主管部门的规定设置账簿，根据合法、有效凭证记账，进行核算。从事生产、经营的纳税人、扣缴义务人必须按照国务院财政、税务主管部门规定的保管期限保管账簿、记账凭证、完税凭证及其他有关资料，账簿、记账凭证、完税凭证及其他有关资料不得伪造、变造或者擅自损毁。

3. 纳税申报管理制度

根据《税收征收管理法》的有关规定，纳税人必须依照法律、行政法规规定或者税务机关依照法律、行政法规的规定确定的申报期限、申报内容如实办理纳税申报，报送纳税申报表、财务会计报表以及税务机关根据实际需要要求纳税人报送的其他纳税资料。扣缴义务人必须依照法律、行政法规规定或者税务机关依照法律、行政法规的规定确定的申报期限、申报内容如实报送代扣代缴、代收代缴税款报告表以及税务机关根据实际需要要求扣缴义务人报送的其他有关资料。

纳税人、扣缴义务人不能按期办理纳税申报或者报送代扣代缴、代收代缴税款报告表的，经税务机关核准，可以延期申报，但应在核准的延期内办理税款结算。

# 第九节　环境保护法等其他法律法规

## 一、环境保护法

环境保护法有广义和狭义之分。广义的环境保护法指的是与环境保护相关的法律体系；狭义的环境保护法指的是 1989 年 12 月 26 日实施的《中华人民共和国环境保护法》（以下简称《环境保护法》）。由于工程建设与环境保护息息相关，所以，本部分将在《环境保护法》的基础上，在广义的环境保护法的范畴进行论述。其中主要涉及《水污染防治法》、《大气污染防治法》、《环境噪声污染防治法》和《固体废物污染环境防治法》。

### （一）建设工程项目的环境影响评价制度

环境影响评价，是指对规划和建设项目实施后可能造成的环境影响进行分析、预测和评估，提出预防或者减轻不良环境影响的对策和措施，进行跟踪监测的方法与制度。

为了实施可持续发展战略，预防因规划和建设项目实施后对环境造成不良影响，促进经济、社会和环境的协调发展，在国务院《建设项目环境保护管理条例》（1998 年 11 月 29 日国务院令第 253 号发布）已有规定的基础上，我国于 2002 年 10 月 28 日公布了《中华人民共和国环境影响评价法》（以下简称《环境影响评价法》），进一步以法律的形式确立了环境影响评价制度。

1. 建设项目环境影响评价的分类管理

我国根据建设项目对环境的影响程度，对建设项目的环境影响评价实行分类管理，建设单位应当依法组织编制相应的环境影响评价文件：

（1）可能造成重大环境影响的，应当编制环境影响报告书，对产生的环境影响进行全面评价。

（2）可能造成轻度环境影响的，应当编制环境影响报告表，对产生的环境影响进行分析或者专项评价。

（3）对环境影响很小、不需要进行环境影响评价的，应当填报环境影响登记表。

2.建设项目环境影响评价文件的审批管理

根据《环境影响评价法》的规定，建设项目的环境影响评价文件，由建设单位按照国务院的规定报有审批权的环境保护行政主管部门审批；建设项目有行业主管部门的，其环境影响报告书或者环境影响报告表应当经行业主管部门预审后，报有审批权的环境保护行政主管部门审批。建设项目的环境影响评价文件未经法律规定的审批部门审查或者审查后未予批准的，该项目审批部门不得批准其建设，建设单位不得开工建设。

建设项目的环境影响评价文件经批准后，建设项目的性质、规模、地点、采用的生产工艺或者防治污染、防止生态破坏的措施发生重大变动的，建设单位应当重新报批建设项目的环境影响评价文件。建设项目的环境影响评价文件自批准之日起超过5年，方决定该项目开工建设的，其环境影响评价文件应当报原审批部门重新审核。

3.环境影响的后评价和跟踪管理

在项目建设、运行过程中产生不符合经审批的环境影响评价文件的情形的，建设单位应当组织环境影响的后评价，采取改进措施，并报原环境影响评价文件审批部门和建设项目审批部门备案；原环境影响评价文件审批部门也可以责成建设单位进行环境影响的后评价，采取改进措施。

环境保护行政主管部门应当对建设项目投入生产或者使用后所产生的环境影响进行跟踪检查，对造成严重环境污染或者生态破坏的，应当查清原因、查明责任。

**（二）环境保护"三同时"制度**

所谓环境保护"三同时"制度，是指建设项目需要配套建设的环境保护设施，必须与主体工程同时设计、同时施工、同时投产使用。《环境影响评价法》第26条规定："建设项目建设过程中，建设单位应当同时实施环境影响报告书、环境影响报告表以及环境影响评价文件审批部门审批意见中提出的环境保护对策措施。"环境保护"三同时"制度是建设项目环境保护法律制度的重要组成部分。

1.设计阶段

建设项目的初步设计，应当按照环境保护设计规范的要求，编制环境保护篇章，并依据经批准的建设项目环境影响报告书或者环境影响报告表，在环境保护篇章中落实防治环境污染和生态破坏的措施以及环境保护设施投资概算。

2.试生产阶段

建设项目的主体工程完工后，需要进行试生产的，其配套建设的环境保护设施必须与主体工程同时投入试运行。建设项目试生产期间，建设单位应当对环境保护设施运行情况和建设项目对环境的影响进行监测。

3.竣工验收和投产使用阶段

建设项目竣工后，建设单位应当向审批环境影响评价文件的环境保护行政主管部门申请该建设项目需要配套建设的环境保护设施竣工验收。环境保护设施竣工验收,应当与主体工程竣工验收同时进行。需要进行试生产的建设项目,建设单位应当自建设项目投入试生产之日起 3 个月内,向审批环境影响评价文件的环境保护行政主管部门申请该建设项目需要配套建设的环境保护设施竣工验收。分期建设、分期投入生产或者使用的建设项目,其相应的环境保护设施应当分期验收。建设项目需要配套建设的环境保护设施经验收合格,该建设项目方可正式投入生产或者使用。

### (三)水、大气、噪声和固体废物环境污染防治

#### 1.水污染防治

水污染,是指水体因某种物质的介入,而导致其化学、物理、生物或者放射性等方面特性的改变,从而影响水的有效利用,危害人体健康或者破坏生态环境,造成水质恶化的现象。在我国,《水污染防治法》是规范水污染防治的基本法律。

1)防止地表水污染的具体规定

(1)在生活饮用水源地、风景名胜区水体、重要渔业水体和其他有特殊经济文化价值的水体的保护区内,不得新建排污口。在保护区附近新建排污口,必须保证保护区水体不受污染。《水污染防治法》公布前已有的排污口,排放污染物超过国家或者地方标准的,应当治理;危害饮用水源的排污口,应当搬迁。

(2)排污单位发生事故或者其他突然性事件,排放污染物超过正常排放量,造成或者可能造成水污染事故的,必须立即采取应急措施,通报可能受到水污染危害和损害的单位,并向当地环境保护部门报告。

(3)禁止向水体排放油类、酸液、碱液或者剧毒废液。

(4)禁止在水体清洗装贮过油类或者有毒污染物的车辆和容器。

(5)禁止将含有汞、镉、砷、铬、铅、氰化物、黄磷等的可溶性剧毒废渣向水体排放、倾倒或者直接埋入地下。存放可溶性剧毒废渣的场所,必须采取防水、防渗漏、防流失的措施。

(6)禁止向水体排放、倾倒工业废渣、城市垃圾和其他废弃物。

(7)禁止在江河、湖泊、运河、渠道、水库最高水位线以下的滩地和岸坡堆放、存贮固体废弃物和其他污染物。

(8)禁止向水体排放或者倾倒放射性固体废弃物或者含有高放射性和中放射性物质的废水。向水体排放含低放射性物质的废水,必须符合国家有关放射防护的规定和标准。

(9)向水体排放含热废水,应当采取措施,保证水体的水温符合水环境质量标准,防止热污染危害。

(10)排放含病原体的污水,必须经过消毒处理;符合国家有关标准后,方准排放。

2)防止地下水污染的具体规定

(1)禁止企业事业单位利用渗井、渗坑、裂隙和溶洞排放、倾倒含有毒污染物的废水、含病原体的污水和其他废弃物。

(2)在无良好隔渗地层,禁止企业事业单位使用无防止渗漏措施的沟渠、坑塘等输送或者存贮含有毒污染物的废水、含病原体的污水和其他废弃物。

(3)在开采多层地下水的时候,如果各含水层的水质差异大,应当分层开采;对已受

污染的潜水和承压水,不得混合开采。

(4)兴建地下工程设施或者进行地下勘探、采矿等活动,应当采取防护性措施,防止地下水污染。

(5)人工回灌补给地下水,不得恶化地下水质。

2. 大气污染防治

所谓"大气污染",是指有害物质进入大气,对人类和生物造成危害的现象。如果对它不加以控制和防治,将严重地破坏生态系统和人类生存条件。

依据《大气污染防治法》,与工程建设相关的具体规定包括:

(1)向大气排放粉尘的排污单位,必须采取除尘措施。

(2)严格限制向大气排放含有毒物质的废气和粉尘;确需排放的,必须经过净化处理,不超过规定的排放标准。

(3)在人口集中地区和其他依法需要特殊保护的区域内,禁止焚烧沥青、油毡、橡胶、塑料、皮革、垃圾以及其他产生有毒有害烟尘和恶臭气体的物质。

(4)运输、装卸、贮存能够散发有毒有害气体或者粉尘物质的,必须采取密闭措施或者其他防护措施。

(5)在城市市区进行建设施工或者从事其他产生扬尘污染活动的单位,必须按照当地环境保护的规定,采取防治扬尘污染的措施。

3. 环境噪声污染防治

环境噪声,是指在工业生产、建筑施工、交通运输和社会生活中所产生的干扰周围生活环境的声音。环境噪声污染,则是指所产生的环境噪声超过国家规定的环境噪声排放标准,并干扰他人正常生活、工作和学习的现象。在我国,《环境噪声污染防治法》是规范噪声污染防治的基本法律。

《环境噪声污染防治法》中与工程建设有关的噪声是建筑施工噪声和交通运输噪声。建筑施工噪声,是指在建筑施工过程中产生的干扰周围生活环境的声音。交通运输噪声,是指机动车辆、铁路机车、机动船舶、航空器等交通运输工具在运行时所产生的干扰周围生活环境的声音。具体规定如下。

(1)在城市市区范围内向周围生活环境排放建筑施工噪声的,应当符合国家规定的建筑施工场界环境噪声排放标准。

(2)在城市市区范围内,建筑施工过程中使用机械设备,可能产生环境噪声污染的,施工单位必须在工程开工15日以前向工程所在地县级以上地方人民政府环境保护行政主管部门申报该工程的项目名称、施工场所和期限、可能产生的环境噪声值以及所采取的环境噪声污染防治措施的情况。

(3)在城市市区噪声敏感建筑物集中区域内,禁止夜间进行产生环境噪声污染的建筑施工作业,但抢修、抢险作业和因生产工艺上要求或者特殊需要必须连续作业的除外。

因特殊需要必须连续作业的,必须有县级以上人民政府或者其有关主管部门的证明。前款规定的夜间作业,必须公告附近居民。

(4)建设经过已有的噪声敏感建筑物集中区域的高速公路和城市高架、轻轨道路,有可能造成环境噪声污染的,应当设置声屏障或者采取其他有效的控制环境噪声污染的措施。

"噪声敏感建筑物"是指医院、学校、机关、科研单位、住宅等需要保持安静的建筑物。"噪声敏感建筑物集中区域"是指医疗区、文教科研区和以机关或者居民住宅为主的区域。

(5)在已有的城市交通干线的两侧建设噪声敏感建筑物的,建设单位应当按照国家规定间隔一定距离,并采取减轻、避免交通噪声影响的措施。

### 4. 固体废物污染防治

固体废物污染环境是指固体废物在产生、收集、贮存、运输、利用、处置的过程中产生的危害环境的现象。依据《固体废物污染环境防治法》,与工程建设有关的具体规定包括:

(1)产生固体废物的单位和个人,应当采取措施,防止或者减少固体废物对环境的污染。

(2)收集、贮存、运输、利用、处置固体废物的单位和个人,必须采取防扬散、防流失、防渗漏或者其他防止污染环境的措施。不得在运输过程中沿途丢弃、遗撒固体废物。

(3)在国务院和国务院有关主管部门及省、自治区、直辖市人民政府划定的自然保护区、风景名胜区、生活饮用水源地和其他需要特别保护的区域内,禁止建设工业固体废物集中贮存、处置设施、场所和生活垃圾填埋场。

(4)转移固体废物出省、自治区、直辖市行政区域贮存、处置的,应当向固体废物移出地的省级人民政府环境保护行政主管部门报告,并经固体废物接受地的省级人民政府环境保护行政主管部门许可。

(5)禁止中国境外的固体废物进境倾倒、堆放、处置。

(6)国家禁止进口不能用做原料的固体废物;限制进口可以用做原料的固体废物。

(7)露天贮存冶炼渣、化工渣、燃煤灰渣、废矿石、尾矿和其他工业固体废物的,应当设置专用的贮存设施、场所。

(8)施工单位应当及时清运、处置建筑施工过程中产生的垃圾,并采取措施,防止污染环境。

### 5. 危险废物污染环境防治的特别规定

危险废物,是指列入国家危险废物名录或者根据国家规定的危险废物鉴别标准和鉴别方法认定的具有危险特性的废物。依据《固体废物污染环境防治法》,与工程建设有关的具体规定有:

(1)对危险废物的容器和包装物以及收集、贮存、运输、处置危险废物的设施、场所,必须设置危险废物识别标志。

(2)以填埋方式处置危险废物不符合国务院环境保护行政主管部门的规定的,应当缴纳危险废物排污费。危险废物排污费征收的具体办法由国务院规定。危险废物排污费用于危险废物污染环境的防治,不得挪作他用。

(3)从事收集、贮存、处置危险废物经营活动的单位,必须向县级以上人民政府环境保护行政主管部门申请领取经营许可证,具体管理办法由国务院规定。禁止无经营许可证或者不按照经营许可证规定从事危险废物收集、贮存、处置的经营活动。禁止将危险废物提供或者委托给无经营许可证的单位从事收集、贮存、处置的经营活动。

（4）收集、贮存危险废物，必须按照危险废物特性分类进行。禁止混合收集、贮存、运输、处置性质不相容而未经安全性处置的危险废物。禁止将危险废物混入非危险废物中贮存。

（5）转移危险废物的，必须按照国家有关规定填写危险废物转移联单，并向危险废物移出地和接受地的县级以上地方人民政府环境保护行政主管部门报告。

（6）运输危险废物，必须采取防止污染环境的措施，并遵守国家有关危险货物运输管理的规定。禁止将危险废物与旅客在同一运输工具上载运。

（7）收集、贮存、运输、处置危险废物的场所、设施、设备和容器、包装物及其他物品转作他用时，必须经过消除污染的处理，方可使用。

（8）直接从事收集、贮存、运输、利用、处置危险废物的人员，应当接受专业培训，经考核合格，方可从事该项工作。

（9）产生、收集、贮存、运输、利用、处置危险废物的单位，应当制定在发生意外事故时采取的应急措施和防范措施，并向所在地县级以上地方人民政府环境保护行政主管部门报告；环境保护行政主管部门应当进行检查。

（10）禁止经中华人民共和国过境转移危险废物。

## 二、节约能源法

我国于 1997 年 11 月 1 日发布了《中华人民共和国节约能源法》（以下简称《节约能源法》），并自 1998 年 1 月 1 日起开始实施。2007 年 10 月 28 日第十届全国人民代表大会常务委员会第三十次会议修订，修订后的《节约能源法》于 2008 年 4 月 1 日施行。2006 年施行的《民用建筑节能规定》和 2008 年施行的《民用建筑节能条例》与《节约能源法》一起构成了关于节能的法律体系。

### （一）民用建筑节能的有关规定

1. 民用建筑节能的含义

民用建筑，是指居住建筑、国家机关办公建筑和商业、服务业、教育、卫生等其他公共建筑。

民用建筑节能，是指在保证民用建筑使用功能和室内热环境质量的前提下，降低其使用过程中能源消耗的活动。

国家鼓励和扶持在新建建筑和既有建筑节能改造中采用太阳能、地热能等可再生能源。在具备太阳能利用条件的地区，有关地方人民政府及其部门应当采取有效措施，鼓励和扶持单位、个人安装使用太阳能热水系统、照明系统、供热系统、采暖制冷系统等太阳能利用系统。

民用建筑节能项目依法享受税收优惠。

2. 新建建筑节能

1）节能材料与设备的使用

国家推广使用民用建筑节能的新技术、新工艺、新材料和新设备，限制使用或者禁止使用能源消耗高的技术、工艺、材料和设备。国务院节能工作主管部门、建设主管部门应当制定、公布并及时更新推广使用、限制使用、禁止使用目录。

国家限制进口或者禁止进口能源消耗高的技术、材料和设备。

建设单位、设计单位、施工单位不得在建筑活动中使用列入禁止使用目录的技术、工艺、材料和设备。

2）建设节能主体的节能义务

a. 城乡规划主管部门与建设主管部门的节能义务

编制城市详细规划、镇详细规划,应当按照民用建筑节能的要求,确定建筑的布局、形状和朝向。

城乡规划主管部门依法对民用建筑进行规划审查,应当就设计方案是否符合民用建筑节能强制性标准征求同级建设主管部门的意见;建设主管部门应当自收到征求意见材料之日起10日内提出意见。征求意见时间不计算在规划许可的期限内。

对不符合民用建筑节能强制性标准的,不得颁发建设工程规划许可证。

b. 施工图审查机构的节能义务

施工图设计文件审查机构应当按照民用建筑节能强制性标准对施工图设计文件进行审查;经审查不符合民用建筑节能强制性标准的,县级以上地方人民政府建设主管部门不得颁发施工许可证。

c. 建设单位的节能义务

建设单位不得明示或者暗示设计单位、施工单位违反民用建筑节能强制性标准进行设计、施工,不得明示或者暗示施工单位使用不符合施工图设计文件要求的墙体材料、保温材料、门窗、采暖制冷系统和照明设备。

按照合同约定由建设单位采购墙体材料、保温材料、门窗、采暖制冷系统和照明设备的,建设单位应当保证其符合施工图设计文件要求。

建设单位组织竣工验收,应当对民用建筑是否符合民用建筑节能强制性标准进行查验;对不符合民用建筑节能强制性标准的,不得出具竣工验收合格报告。

房地产开发企业销售商品房,应当向购买人明示所售商品房的能源消耗指标、节能措施和保护要求、保温工程保修期等信息,并在商品房买卖合同和住宅质量保证书、住宅使用说明书中载明。

d. 设计单位、施工单位、工程监理单位的节能义务

设计单位、施工单位、工程监理单位及其注册执业人员,应当按照民用建筑节能强制性标准进行设计、施工、监理。

施工单位应当对进入施工现场的墙体材料、保温材料、门窗、采暖制冷系统和照明设备进行查验;不符合施工图设计文件要求的,不得使用。

工程监理单位发现施工单位不按照民用建筑节能强制性标准施工的,应当要求施工单位改正;施工单位拒不改正的,工程监理单位应当及时报告建设单位,并向有关主管部门报告。

墙体、屋面的保温工程施工时,监理工程师应当按照工程监理规范的要求,采取旁站、巡视和平行检验等形式实施监理。

未经监理工程师签字,墙体材料、保温材料、门窗、采暖制冷系统和照明设备不得在建筑上使用或者安装,施工单位不得进行下一道工序的施工。

### 3.既有建筑节能

#### 1)既有建筑节能的含义

既有建筑节能改造,是指对不符合民用建筑节能强制性标准的既有建筑的围护结构、供热系统、采暖制冷系统、照明设备和热水供应设施等实施节能改造的活动。

既有建筑节能改造应当根据当地经济、社会发展水平和地理气候条件等实际情况,有计划、分步骤地实施分类改造。

#### 2)节能改造

国家机关办公建筑、政府投资和以政府投资为主的公共建筑的节能改造,应当制定节能改造方案,经充分论证,并按照国家有关规定办理相关审批手续方可进行。各级人民政府及其有关部门、单位不得违反国家有关规定和标准,以节能改造的名义对前款规定的既有建筑进行扩建、改建。

此外的其他公共建筑和居住建筑不符合民用建筑节能强制性标准的,在尊重建筑所有权人意愿的基础上,可以结合扩建、改建,逐步实施节能改造。

实施既有建筑节能改造,应当符合民用建筑节能强制性标准,优先采用遮阳、改善通风等低成本改造措施。既有建筑围护结构的改造和供热系统的改造应当同步进行。

### 4.法律责任

#### 1)建设单位的法律责任

建设单位有下列行为之一的,由县级以上地方人民政府建设主管部门责令改正,处20万元以上50万元以下的罚款:

(1)明示或者暗示设计单位、施工单位违反民用建筑节能强制性标准进行设计、施工的;

(2)明示或者暗示施工单位使用不符合施工图设计文件要求的墙体材料、保温材料、门窗、采暖制冷系统和照明设备的;

(3)采购不符合施工图设计文件要求的墙体材料、保温材料、门窗、采暖制冷系统和照明设备的;

(4)使用列入禁止使用目录的技术、工艺、材料和设备的。

建设单位对不符合民用建筑节能强制性标准的民用建筑项目出具竣工验收合格报告的,由县级以上地方人民政府建设主管部门责令改正,处民用建筑项目合同价款2%以上4%以下的罚款;造成损失的,依法承担赔偿责任。

#### 2)设计单位的法律责任

设计单位未按照民用建筑节能强制性标准进行设计,或者使用列入禁止使用目录的技术、工艺、材料和设备的,由县级以上地方人民政府建设主管部门责令改正,处10万元以上30万元以下的罚款;情节严重的,由颁发资质证书的部门责令停业整顿,降低资质等级或者吊销资质证书;造成损失的,依法承担赔偿责任。

#### 3)施工单位的法律责任

施工单位未按照民用建筑节能强制性标准进行施工的,由县级以上地方人民政府建设主管部门责令改正,处民用建筑项目合同价款2%以上4%以下的罚款;情节严重的,由颁发资质证书的部门责令停业整顿,降低资质等级或者吊销资质证书;造成损失的,依法承担赔偿责任。

施工单位有下列行为之一的,由县级以上地方人民政府建设主管部门责令改正,处10万元以上20万元以下的罚款;情节严重的,由颁发资质证书的部门责令停业整顿,降低资质等级或者吊销资质证书;造成损失的,依法承担赔偿责任:

(1)未对进入施工现场的墙体材料、保温材料、门窗、采暖制冷系统和照明设备进行查验的;

(2)使用不符合施工图设计文件要求的墙体材料、保温材料、门窗、采暖制冷系统和照明设备的;

(3)使用列入禁止使用目录的技术、工艺、材料和设备的。

4)工程监理单位的法律责任

工程监理单位有下列行为之一的,由县级以上地方人民政府建设主管部门责令限期改正;逾期未改正的,处10万元以上30万元以下的罚款;情节严重的,由颁发资质证书的部门责令停业整顿,降低资质等级或者吊销资质证书;造成损失的,依法承担赔偿责任:

(1)未按照民用建筑节能强制性标准实施监理的;

(2)墙体、屋面的保温工程施工时,未采取旁站、巡视和平行检验等形式实施监理的。

对不符合施工图设计文件要求的墙体材料、保温材料、门窗、采暖制冷系统和照明设备,按照符合施工图设计文件要求签字的,依照《建设工程质量管理条例》第67条的规定处罚。

对不符合施工图设计文件要求的墙体材料、保温材料、门窗、采暖制冷系统和照明设备,按照符合施工图设计文件要求签字的,依照《建设工程质量管理条例》第67条的规定处罚。

### (二)建设工程节能的规定

1. 建筑节能标准

建筑节能的国家标准、行业标准由国务院建设主管部门组织制定,并依照法定程序发布。

省、自治区、直辖市人民政府建设主管部门可以根据本地实际情况,制定严于国家标准或者行业标准的地方建筑节能标准,并报国务院标准化主管部门和国务院建设主管部门备案。

国家鼓励企业制定严于国家标准、行业标准的企业节能标准。

2. 固定资产投资项目节能评估和审查制度

国家实行固定资产投资项目节能评估和审查制度。不符合强制性节能标准的项目,依法负责项目审批或者核准的机关不得批准或者核准建设;建设单位不得开工建设;已经建成的,不得投入生产、使用。具体办法由国务院管理节能工作的部门会同国务院有关部门制定。

3. 鼓励发展的建筑节能技术及产品

根据2006年施行的《民用建筑节能规定》(建设部第143号令),鼓励发展下列建筑节能技术和产品:

(1)新型节能墙体和屋面的保温、隔热技术与材料;

（2）节能门窗的保温隔热和密闭技术；

（3）集中供热和热、电、冷联产联供技术；

（4）供热采暖系统温度调控和分户热量计量技术与装置；

（5）太阳能、地热等可再生能源应用技术及设备；

（6）建筑照明节能技术与产品；

（7）空调制冷节能技术与产品；

（8）其他技术成熟、效果显著的节能技术和节能管理技术。

《民用建筑节能规定》第 16 条规定："从事建筑节能及相关管理活动的单位，应当对其从业人员进行建筑节能标准与技术等专业知识的培训。"

## 三、消防法

消防法指的是 1998 年 9 月 1 日起施行的《中华人民共和国消防法》（以下简称《消防法》），该法的目的在于预防火灾和减少火灾危害，保护公民人身、公共财产和公民财产的安全，维护公共安全。

**（一）消防设计的审核与验收**

1. 消防设计的审核

按照国家工程建筑消防技术标准需要进行消防设计的建筑工程，设计单位应当按照国家工程建筑消防技术标准进行设计，建设单位应当将建筑工程的消防设计图纸及有关资料报送公安消防机构审核；未经审核或者经审核不合格的，建设行政主管部门不得发给施工许可证，建设单位不得施工。

经公安消防机构审核的建筑工程消防设计需要变更的，应当报经原审核的公安消防机构核准；未经核准的，任何单位和个人不得变更。

建筑构件和建筑材料的防火性能必须符合国家标准或者行业标准。公共场所室内装修、装饰根据国家工程建设消防技术标准的规定，应当使用不燃、难燃材料的，必须选用依照《中华人民共和国产品质量法》等法律、法规确定的检验机构检验合格的材料。

2. 消防设计的验收

根据《消防法》，按照国家工程建筑消防技术标准进行消防设计的建筑工程竣工时，必须经公安消防机构进行消防验收；未经验收或者经验收不合格的，不得投入使用。

3. **法律责任**

1）未进行消防设计的法律责任

建筑工程的消防设计未经公安消防机构审核或者经审核不合格，擅自施工的，责令限期改正；逾期不改正的，责令停止施工、停止使用或者停产停业，可以并处罚款。单位有前款行为的，依照前款的规定处罚，并对其直接负责的主管人员和其他直接责任人员处警告或者罚款。

2）未经消防验收或者验收不合格擅自使用工程的法律责任

依法应当进行消防设计的建筑工程竣工时未经消防验收或者经验收不合格，擅自使用的，责令限期改正；逾期不改正的，责令停止施工、停止使用或者停产停业，可以并处罚款。单位有前款行为的，依照前款的规定处罚，并对其直接负责的主管人员和其他直接责任人员处警告或者罚款。

3）降低消防技术标准施工的法律责任

擅自降低消防技术标准施工、使用防火性能不符合国家标准或者行业标准的建筑构件和建筑材料或者不合格的装修、装饰材料施工的，责令限期改正；逾期不改正的，责令停止施工，可以并处罚款。单位有前款行为的，依照前款的规定处罚，并对其直接负责的主管人员和其他直接责任人员处警告或者罚款。

**（二）工程建设中应采取的消防安全措施**

1．工程建设中应当采取的消防安全措施

（1）在设有车间或者仓库的建筑物内，不得设置员工集体宿舍。在设有车间或者仓库的建筑物内，已经设置员工集体宿舍的，应当限期加以解决。对于暂时确有困难的，应当采取必要的消防安全措施，经公安消防机构批准后，可以继续使用。

（2）生产、储存、运输、销售或者使用、销毁易燃易爆危险物品的单位、个人，必须执行国家有关消防安全的规定。进入生产、储存易燃易爆危险物品的场所，必须执行国家有关消防安全的规定。禁止携带火种进入生产、储存易燃易爆危险物品的场所。储存可燃物资仓库的管理，必须执行国家有关消防安全的规定。

（3）禁止在具有火灾、爆炸危险的场所使用明火；因特殊情况需要使用明火作业的，应当按照规定事先办理审批手续。作业人员应当遵守消防安全规定并采取相应的消防安全措施。进行电焊、气焊等具有火灾危险的作业人员和自动消防系统的操作人员，必须持证上岗，并严格遵守消防安全操作规程。

（4）消防产品的质量必须符合国家标准或者行业标准。禁止生产、销售或者使用未经依照《产品质量法》的规定确定的检验机构检验合格的消防产品。禁止使用不符合国家标准或者行业标准的配件或者灭火剂维修消防设施和器材。公安消防机构及其工作人员不得利用职务为用户指定消防产品的销售单位和品牌。

（5）电器产品、燃气用具的质量必须符合国家标准或者行业标准。电器产品、燃气用具的安装、使用和线路、管路的设计、敷设，必须符合国家有关消防安全技术规定。

（6）任何单位、个人不得损坏或者擅自挪用、拆除、停用消防设施、器材，不得埋压、圈占消火栓，不得占用防火间距，不得堵塞消防通道。公用和城建等单位在修建道路以及停电、停水、截断通信线路时有可能影响消防队灭火救援的，必须事先通知当地公安消防机构。

2．法律责任

1）单位不履行消防安全职责的法律责任

机关、团体、企业、事业单位违反《消防法》的规定，未履行消防安全职责的，责令限期改正；逾期不改正的，对其直接负责的主管人员和其他直接责任人员依法给予行政处分或者处警告。

在设有车间或者仓库的建筑物内设置员工集体宿舍的，责令限期改正；逾期不改正的，责令停产停业，可以并处罚款，并对其直接负责的主管人员和其他直接责任人员处罚款。

2）不当处理易燃易爆危险物品的法律责任

生产、储存、运输、销售或者使用、销毁易燃易爆危险物品的，责令停止违法行为，可以处警告、罚款或者15日以下拘留。

单位有前款行为的，责令停止违法行为，可以处警告或者罚款，并对其直接负责的主管人员和其他直接责任人员依照前款的规定处罚。

3）其他法律责任

（1）有下列行为之一的，处警告、罚款或者10日以下拘留：

①违反消防安全规定进入生产、储存易燃易爆危险物品场所的；

②违法使用明火作业或者在具有火灾、爆炸危险的场所违反禁令，吸烟、使用明火的；

③阻拦报火警或者谎报火警的；

④故意阻碍消防车、消防艇赶赴火灾现场或者扰乱火灾现场秩序的；

⑤拒不执行火场指挥员指挥，影响灭火救灾的；

⑥过失引起火灾，尚未造成严重损失的。

（2）有下列行为之一的，处警告或者罚款：

①指使或者强令他人违反消防安全规定，冒险作业，尚未造成严重后果的；

②埋压、圈占消火栓或者占用防火间距、堵塞消防通道的，或者损坏和擅自挪用、拆除、停用消防设施、器材的；

③有重大火灾隐患，经公安消防机构通知逾期不改正的。

单位有前款行为的，依照前款的规定处罚，并对其直接负责的主管人员和其他直接责任人员处警告或者罚款。

有第一款第二项所列行为的，还应当责令其限期恢复原状或者赔偿损失；对逾期不恢复原状的，应当强制拆除或者清除，所需费用由违法行为人承担。

## 四、土地管理法

土地管理法是特指全国人大常委会1986年6月25日通过的、2004年8月28日修订的《中华人民共和国土地管理法》（以下简称《土地管理法》），该法的目的在于加强土地管理，维护土地的社会主义公有制，保护、开发土地资源，合理利用土地，切实保护耕地，促进社会经济的可持续发展。

### （一）建设用地

任何单位和个人进行建设，需要使用土地的，必须依法申请使用国有土地。建设占用土地，涉及农用地转为建设用地的，应当办理农用地转用审批手续。

建设单位使用国有土地的，应当按照土地使用权出让等有偿使用合同的约定或者土地使用权划拨批准文件的规定使用土地；确需改变该幅土地建设用途的，应当经有关人民政府土地行政主管部门同意，报原批准用地的人民政府批准。其中，在城市规划区内改变土地用途的，在报批前，应当先经有关城市规划行政主管部门同意。

建设项目施工和地质勘察需要临时使用国有土地或者农民集体所有的土地的，由县级以上人民政府土地行政主管部门批准。其中，在城市规划区内的临时用地，在报批前，应当先经有关城市规划行政主管部门同意。土地使用者应当根据土地权属，与有关土地行政主管部门或者农村集体经济组织、村民委员会签订临时使用土地合同,并按照合同的约定支付临时使用土地补偿费。临时使用土地的使用者应当按照临时使用土地合同约定的用途使用土地,并不得修建永久性建筑物。临时使用土地期限一般不超过2年。

### (二)监督检查

县级以上人民政府土地行政主管部门对违反土地管理法律、法规的行为进行监督检查。土地管理监督检查人员履行职责,需要进入现场进行勘测、要求有关单位或者个人提供文件、资料和作出说明的,应当出示土地管理监督检查证件。

有关单位和个人对县级以上人民政府土地行政主管部门就土地违法行为进行的监督检查应当支持与配合,并提供工作方便,不得拒绝与阻碍土地管理监督检查人员依法执行职务。

县级以上人民政府土地行政主管部门在监督检查工作中发现土地违法行为构成犯罪的,应当将案件移送有关机关,依法追究刑事责任;尚不构成犯罪的,应当依法给予行政处罚。

### (三)法律责任

买卖或者以其他形式非法转让土地的,由县级以上人民政府土地行政主管部门没收违法所得;对违反土地利用总体规划擅自将农用地改为建设用地的,限期拆除在非法转让的土地上新建的建筑物和其他设施,恢复土地原状,对符合土地利用总体规划的,没收在非法转让的土地上新建的建筑物和其他设施;可以并处罚款;对直接负责的主管人员和其他直接责任人员,依法给予行政处分;构成犯罪的,依法追究刑事责任。

依照《土地管理法》规定,责令限期拆除在非法占用的土地上新建的建筑物和其他设施的,建设单位或者个人必须立即停止施工,自行拆除;对继续施工的,作出处罚决定的机关有权制止。建设单位或者个人对责令限期拆除的行政处罚决定不服的,可以在接到责令限期拆除决定之日起15日内,向人民法院起诉;期满不起诉又不自行拆除的,由作出处罚决定的机关依法申请人民法院强制执行,费用由违法者承担。

## 五、档案法

《中华人民共和国档案法》(以下简称《档案法》)于1987年9月5日第六届全国人民代表大会常务委员会第二十二次会议通过,1996年7月5日第八届全国人民代表大会常务委员会第二十次会议对其进行了修正。

《档案法》的立法目的在于加强对档案的管理和收集、整理工作,有效地保护和利用档案,为社会主义现代化建设服务。

依据《档案法》,2001年3月5日,建设部、国家质量监督总局联合发布了《建设工程文件归档整理规范》,该规范自2001年7月1日起实施。该规范适用于建设工程文件的归档整理以及建设工程档案的验收。专业工程按有关规定执行。

为了做好重大项目的档案验收,国家档案局制定了《重大建设项目档案验收办法》。该办法对重大建设项目档案验收的组织、验收申请、验收要求作出了更具体的规定。

### (一)应当归档的建设工程文件

根据国家标准《建设工程文件归档整理规范》(GB/T 50328—2001),"建设工程档案"是指"在工程建设活动中直接形成的具有归档保存价值的文字、图表、声像等各种形式的历史记录"。根据该国家标准,应当归档的建设工程文件如下。

1. **工程准备阶段文件**

工程准备阶段文件,指工程开工以前,在立项、审批、征地、勘察、设计、招投标等工程准备阶段形成的文件。

1) 立项文件

(1) 项目建议书;

(2) 项目建议书审批意见及前期工作通知书;

(3) 可行性研究报告及附件;

(4) 可行性研究报告审批意见;

(5) 关于立项有关的会议纪要、领导讲话;

(6) 专家建议文件;

(7) 调查资料及项目评估研究材料等。

2) 建设用地、征地、拆迁文件

(1) 选址申请及选址规划意见通知书;

(2) 用地申请报告及县级以上人民政府城乡建设用地批准书;

(3) 拆迁安置意见、协议、方案等;

(4) 建设用地规划许可证及其附件;

(5) 划拨建设用地文件;

(6) 国有土地使用证。

3) 勘察、测绘、设计文件

(1) 工程地质勘察报告;

(2) 水文地质勘察报告、自然条件、地震调查;

(3) 建设用地钉桩通知单(书);

(4) 地形测量和拔地测量成果报告;

(5) 申报的规划设计条件和规划设计条件通知书;

(6) 初步设计图纸和说明;

(7) 技术设计图纸和说明;

(8) 审定设计方案通知书及审查意见;

(9) 有关行政主管部门(人防、环保、消防、交通、园林、市政、文物、通信、保密、河湖、教育、白蚁防治、卫生等)批准文件或取得的有关协议;

(10) 施工图及其说明;

(11) 设计计算书;

(12) 政府有关部门对施工图设计文件的审批意见等。

4) 招标投标文件

(1) 勘察设计招投标文件;

(2) 勘察设计承包合同;

(3) 施工招投标文件;

(4)施工承包合同；

(5)工程监理招投标文件；

(6)监理委托合同等。

5)开工审批文件

(1)建设项目列入年度计划的申报文件；

(2)建设项目列入年度的批复文件或年度计划项目表；

(3)规划审批申报表及报送的文件和图纸；

(4)建设工程规划许可证及其附件；

(5)建设工程开工审查表；

(6)建设工程施工许可证；

(7)投资许可证、审计证明、缴纳绿化建设费等证明；

(8)工程质量监督手续等。

6)财务文件

(1)工程投资估算材料；

(2)工程设计概算材料；

(3)施工图预算材料；

(4)施工预算等。

7)建设、施工、监理机构及负责人名单

(1)工程项目管理机构(项目经理部)及负责人名单；

(2)工程项目监理机构(项目监理部)及负责人名单；

(3)工程项目施工管理机构(施工项目经理部)及负责人名单等。

2.监理文件

监理文件,指工程监理单位在工程监理过程中形成的文件,主要包括：

(1)监理规划,包括监理规划、监理实施细则和监理部总控制计划等；

(2)监理月报中的有关质量问题；

(3)监理会议纪要中的有关质量问题；

(4)进度控制文件,包括工程开工/复工审批表、工程开工/复工暂停令等；

(5)质量控制文件,包括不合格项目通知、质量事故报告及处理意见等；

(6)造价控制文件,包括预付款报审与支付、月付款报审与支付、设计变更、洽商费用报审与签认、工程竣工结算审核意见书等；

(7)分包资质文件,包括分包单位资质材料、供货单位资质材料、试验等单位资质材料；

(8)监理通知,包括有关进度控制的监理通知、有关质量控制的监理通知、有关造价控制的监理通知；

(9)合同与其他事项管理文件,包括工程延期报告及审批、费用索赔报告及审批、合同争议、违约报告及处理意见、合同变更材料等；

(10)监理工作总结,包括专题总结、月报总结、工程竣工总结、质量评价意见报告。

3.施工文件

施工文件,指施工单位在工程施工过程中形成的文件。不同专业的工程对施工文件的要求不尽相同,一般包括:

(1)施工技术准备文件,包括施工组织设计、技术交底、图纸会审记录、施工预算的编制和审查、施工日志等;

(2)施工现场准备文件,包括控制网设置资料、工程定位测量资料、基槽开挖线测量资料、施工安全措施、施工环保措施等;

(3)地基处理记录;

(4)工程图纸变更记录,包括设计会议会审记录、设计变更记录、工程洽商记录等;

(5)施工材料、预制构件质量证明文件及复试试验报告;

(6)设备、产品质量检查、安装记录,包括设备、产品质量合格证、质量保证书,设备装箱单、商检证明和说明书、开箱报告,设备安装记录,设备试运行记录,设备明细表等;

(7)施工试验记录、隐蔽工程检查记录;

(8)施工记录,包括工程定位测量检查记录、预检工程检查记录、沉降观测记录、结构吊装记录、工程竣工测量、新型建筑材料、施工新技术等;

(9)工程质量事故处理记录;

(10)工程质量检验记录,包括检验批质量验收记录、分项工程质量验收记录、基础和主体工程验收记录、分部(子分部)工程质量验收记录等。

4.竣工图和竣工验收文件

竣工图是指工程竣工验收后,真实反映建设工程项目施工结果的图样。竣工验收文件是指建设工程项目竣工验收活动中形成的文件。竣工验收文件主要包括:

(1)工程竣工总结,包括工程概况表、工程竣工总结;

(2)竣工验收记录,包括单位(子单位)工程质量验收记录、竣工验收证明书、竣工验收报告、竣工验收备案表(包括各专项验收认可文件)、工程质量保修书等;

(3)财务文件,包括决算文件、交付使用财产总表和财产明细表;

(4)声像、缩微、电子档案,包括工程照片、录音、录像材料、各种光盘、磁盘等。

**(二)建设工程档案的移交程序**

1.各主要参建单位向建设单位移交工程文件

1)基本规定

《建设工程文件归档整理规范》(GB/T 50328—2001)规定,建设、勘察、设计、施工、监理等单位应将工程文件的形成和积累纳入工程建设管理的各个环节和有关人员的职责范围。建设单位在工程招标及与勘察、设计、施工、监理等单位签订合同时,应对工程文件的套数、费用、质量、移交时间等提出明确要求。勘察、设计、施工、监理等单位应将本单位形成的工程文件立卷后向建设单位移交。

建设单位应当收集和整理工程准备阶段、竣工验收阶段形成的文件,并应进行立卷归档。建设单位还应当负责组织、监督和检查勘察、设计、施工、监理等单位的工程文件的形成、积累和立卷归档工作,并收集和汇总勘察、设计、施工、监理等单位立卷归档的工程档案。

建设工程项目实行总承包的,总包单位负责收集、汇总各分包单位形成的工程档案,并应及时向建设单位移交;各分包单位应将本单位形成的工程文件整理、立卷后及时移交总包单位。建设工程项目由几个单位承包的,各承包单位负责收集、整理立卷其承包项目的工程文件,并应及时向建设单位移交。

2)工程文件的归档范围及质量要求

对与工程建设有关的重要活动、记载工程建设主要过程和现状、具有保存价值的各种载体的文件,均应收集齐全,整理立卷后归档。归档的工程文件应为原件。工程文件的内容及其深度必须符合国家有关工程勘察、设计、施工、监理等方面的技术规范、标准和规程。

3)工程文件的归档

归档文件必须完整、准确、系统,能够反映工程建设活动的全过程。归档的文件必须经过分类整理,并应组成符合要求的案卷。根据建设程序和工程特点,归档可以分阶段进行,也可以在单位或分部工程通过竣工验收后进行。勘察、设计单位应当在任务完成时,施工、监理单位应当在工程竣工验收前,将各自形成的有关工程档案向建设单位归档。凡设计、施工及监理单位需要向本单位归档的文件,应按国家有关规定单独立卷归档。

勘察、设计、施工单位在收齐工程文件并整理立卷后,建设单位、监理单位应根据城建管理机构的要求对档案文件完整、准确、系统情况和案卷质量进行审查。审查合格后向建设单位移交。工程档案一般不少于两套,一套由建设单位保管,一套(原件)移交当地城建档案馆(室)。勘察、设计、施工、监理等单位向建设单位移交档案时,应编制移交清单,双方签字、盖章后方可交接。

2. 建设单位向政府主管机构移交建设项目档案

《建设工程质量管理条例》第17条规定:"建设单位应当严格按照国家有关档案管理的规定,及时收集、整理建设项目各环节的文件资料,建立、健全建设项目档案,并在建设工程竣工验收后,及时向建设行政主管部门或者其他有关部门移交建设项目档案。"

列及城建档案馆(室)档案接收范围的工程,建设单位在组织工程竣工验收前,应提请城建档案管理机构对工程档案进行预验收。建设单位未取得城建档案管理机构出具的认可文件,不得组织工程竣工验收。

城建档案管理部门在进行工程档案的验收时,应重点验收以下内容:

(1)工程档案齐全、系统、完整;

(2)工程档案的内容真实、准确地反映工程建设活动和工程实际状况;

(3)工程档案已整理立卷,立卷符合本规范的规定;

(4)竣工图绘制方法、图式及规格等符合专业技术要求,图面整洁,盖有竣工图章;

(5)文件的形成、来源符合实际,要求单位或个人签章的文件,其签章手续完备;

(6)文件材质、幅面、书写、绘图、用墨、托裱等符合要求。

列入城建档案馆(室)接收范围的工程,建设单位在工程竣工验收后3个月内,必须向城建档案馆(室)移交一套符合规定的工程档案。

停建、缓建建设工程的档案,暂由建设单位保管。对改建、扩建和维修工程,建设单位应当组织设计、施工单位据实修改、补充和完善原工程档案。对改变的部件,应当重新编制工程档案,并在工程竣工验收后3个月内向城建档案馆(室)移交。

建设单位向城建档案馆(室)移交工程档案时,应办理移交手续,填写移交目录,双方签字、盖章后交接。

建设工程竣工验收后,建设单位未按规定移交建设工程档案的,依据《建设工程质量管理条例》第59条的规定,建设单位除应被责令改正外,还应当受到罚款的行政处罚。

3. 重大建设项目档案验收

为了做好重大项目的档案验收,国家档案局制定了《重大建设项目档案验收办法》。该办法对重大建设项目档案验收的组织、验收申请、验收要求作出了更具体的规定。该办法适用于各级政府投资主管部门组织或委托组织进行竣工验收的固定资产投资项目(以下简称项目)。所称各级政府投资主管部门是指各级政府发展改革部门和具有投资管理职能的经济(贸易)部门。

1)验收组织

a. 项目档案验收的组织

(1)国家发展和改革委员会组织验收的项目,由国家档案局组织项目档案的验收;

(2)国家发展和改革委员会委托中央主管部门(含中央管理企业,下同)、省级政府投资主管部门组织验收的项目,由中央主管部门档案机构、省级档案行政管理部门组织项目档案的验收,验收结果报国家档案局备案;

(3)省以下各级政府投资主管部门组织验收的项目,由同级档案行政管理部门组织项目档案的验收;

(4)国家档案局对中央主管部门档案机构、省级档案行政管理部门组织的项目档案验收进行监督、指导。项目主管部门、各级档案行政管理部门应加强项目档案验收前的指导和咨询,必要时可组织预检。

b. 项目档案验收组的组成

(1)国家档案局组织的项目档案验收,验收组由国家档案局、中央主管部门、项目所在地省级档案行政管理部门等单位组成;

(2)中央主管部门档案机构组织的项目档案验收,验收组由中央主管部门档案机构及项目所在地省级档案行政管理部门等单位组成;

(3)省级及省以下各级档案行政管理部门组织的项目档案验收,由档案行政管理部门、项目主管部门等单位组成;

(4)凡在城市规划区范围内建设的项目,项目档案验收组成员应包括项目所在地的城建档案接收单位;

(5)项目档案验收组人数为不少于5人的单数,组长由验收组织单位人员担任,必要时可邀请有关专业人员参加验收组。

2)验收申请

项目建设单位(法人)应向项目档案验收组织单位报送档案验收申请报告,并填报《重大建设项目档案验收申请表》。项目档案验收组织单位应在收到档案验收申请报告的10个工作日内作出答复。

a. 申请项目档案验收应具备的条件

(1)项目主体工程和辅助设施已按照设计建成,能满足生产或使用的需要;

(2)项目试运行指标考核合格或者达到设计能力;

(3)完成了项目建设全过程文件材料的收集、整理与归档工作;

(4)基本完成了项目档案的分类、组卷、编目等整理工作。

项目档案验收前,项目建设单位(法人)应组织项目设计、施工、监理等方面负责人以及有关人员,根据档案工作的相关要求,依照《重大建设项目档案验收内容及要求》进行全面自检。

b.项目档案验收申请报告的主要内容

(1)项目建设及项目档案管理概况;

(2)保证项目档案的完整、准确、系统所采取的控制措施;

(3)项目文件材料的形成、收集、整理与归档情况,竣工图的编制情况及质量状况;

(4)档案在项目建设、管理、试运行中的作用;

(5)存在的问题及解决措施。

3)验收要求

a.项目档案验收会议

项目档案验收应在项目竣工验收3个月之前完成。项目档案验收以验收组织单位召集验收会议的形式进行。项目档案验收组全体成员参加项目档案验收会议,项目的建设单位(法人)、设计、施工、监理和生产运行管理或使用单位的有关人员列席会议。

项目档案验收会议的主要议程包括:

(1)项目建设单位(法人)汇报项目建设概况、项目档案工作情况;

(2)监理单位汇报项目档案质量的审核情况;

(3)项目档案验收组检查项目档案及档案管理情况;

(4)项目档案验收组对项目档案质量进行综合评价;

(5)项目档案验收组形成并宣布项目档案验收意见。

b.档案质量的评价

检查项目档案,采用质询、现场查验、抽查案卷的方式。抽查档案的数量应不少于100卷,抽查重点为项目前期管理性文件、隐蔽工程文件、竣工文件、质检文件、重要合同、协议等。

项目档案验收应根据《国家重大建设项目文件归档要求与档案整理规范》(DA/T 28—2002),对项目档案的完整性、准确性、系统性进行评价。

c.项目档案验收意见的主要内容

(1)项目建设概况;

(2)项目档案管理情况,包括:项目档案工作的基础管理工作,项目文件材料的形成、收集、整理与归档情况,竣工图的编制情况及质量,档案的种类、数量,档案的完整性、准确性、系统性及安全性评价,档案验收的结论性意见;

(3)存在问题、整改要求与建议。

d.档案验收结果

项目档案验收结果分为合格与不合格。项目档案验收组半数以上成员同意通过验收的为合格。

项目档案验收合格的项目,由项目档案验收组出具项目档案验收意见。

项目档案验收不合格的项目,由项目档案验收组提出整改意见,要求项目建设单位(法人)于项目竣工验收前对存在的问题限期整改,并进行复查。复查后仍不合格的,不得进行竣工验收,并由项目档案验收组提请有关部门对项目建设单位(法人)通报批评。造成档案损失的,应依法追究有关单位及人员的责任。

## 六、公司法

公司法指的是自1994年7月1日起施行的《中华人民共和国公司法》(以下简称《公司法》),该法的目的在于规范公司的组织和行为,保护公司、股东和债权人的合法权益,维护社会经济秩序,促进社会主义市场经济的发展。

### (一)概念

公司是指依照《公司法》在中国境内设立的有限责任公司和股份有限公司。公司是企业法人,有独立的法人财产,享有法人财产权。公司以其全部财产对公司的债务承担责任。

有限责任公司的股东以其认缴的出资额为限对公司承担责任;股份有限公司的股东以其认购的股份为限对公司承担责任。

设立公司,应当依法向公司登记机关申请设立登记。符合《公司法》规定的设立条件的,由公司登记机关分别登记为有限责任公司或者股份有限公司;不符合《公司法》规定的设立条件的,不得登记为有限责任公司或者股份有限公司。法律、行政法规规定设立公司必须报经批准的,应当在公司登记前依法办理批准手续。公众可以向公司登记机关申请查询公司登记事项,公司登记机关应当提供查询服务。

公司必须保护职工的合法权益,依法与职工签订劳动合同,参加社会保险,加强劳动保护,实现安全生产。公司应当采用多种形式,加强公司职工的职业教育和岗位培训,提高职工素质。公司职工依照《中华人民共和国工会法》组织工会,开展工会活动,维护职工合法权益。公司应当为本公司工会提供必要的活动条件。公司工会代表职工就职工的劳动报酬、工作时间、福利、保险和劳动安全卫生等事项依法与公司签订集体合同。

### (二)法律责任

违反《公司法》规定,虚报注册资本、提交虚假材料或者采取其他欺诈手段隐瞒重要事实取得公司登记的,由公司登记机关责令改正,对虚报注册资本的公司,处以虚报注册资本金额5%以上15%以下的罚款;对提交虚假材料或者采取其他欺诈手段隐瞒重要事实的公司,处以5万元以上50万元以下的罚款;情节严重的,撤销公司登记或者吊销营业执照。

公司违反《公司法》规定,在法定的会计账簿以外另立会计账簿的,由县级以上人民政府财政部门责令改正,处以5万元以上50万元以下的罚款。

公司在依法向有关主管部门提供的财务会计报告等材料上作虚假记载或者隐瞒重要事实的,由有关主管部门对直接负责的主管人员和其他直接责任人员处以3万元以上30万元以下的罚款。

公司不依照《公司法》规定提取法定公积金的,由县级以上人民政府财政部门责令如数补足应当提取的金额,可以对公司处以 20 万元以下的罚款。

公司成立后无正当理由超过 6 个月未开业的,或者开业后自行停业连续 6 个月以上的,可以由公司登记机关吊销营业执照。公司登记事项发生变更时,未依照《公司法》规定办理有关变更登记的,由公司登记机关责令限期登记;逾期不登记的,处以 1 万元以上 10 万元以下的罚款。

公司违反《公司法》规定,应当承担民事赔偿责任和缴纳罚款、罚金的,其财产不足以支付时,先承担民事赔偿责任。违反《公司法》规定,构成犯罪的,依法追究刑事责任。

## 七、保险法

保险法指专门的保险立法和其他法律中有关保险的法律规定,包括 1995 年 6 月 30 日通过并开始实施的《中华人民共和国保险法》(以下简称《保险法》),该法的目的在于规范保险活动,保护保险活动当事人的合法权益,加强对保险业的监督管理,维护社会经济秩序和社会公共利益,促进保险事业的健康发展。

《保险法》中所称保险,是指投保人根据合同约定,向保险人支付保险费,保险人对于合同约定的可能发生的事故因其发生所造成的财产损失承担赔偿保险金责任,或者当被保险人死亡、伤残、疾病或者达到合同约定的年龄、期限等条件时承担给付保险金责任的商业保险行为。

2009 年 2 月 28 日,全国人大常委会对本法进行了第七次修订。

### (一)建设工程的保险

建筑工程保险包括以下两个方面:一是施工人员的意外伤害保险及意外伤害医疗保险;二是施工标的的工程保险。

施工人员的意外伤害保险及意外伤害医疗保险是法定的强制性保险,凡是在施工现场从事施工作业和管理的人员都应当享受建筑意外伤害保险。保险费将由施工单位支付,而实行施工总承包的,由总承包单位支付意外伤害保险费。保险期限应涵盖工程项目开工之日到工程竣工验收合格日。提前竣工的,保险责任自行终止。因延长工期的,应当办理保险顺延手续。

施工标的的工程保险承担的责任有以下几个方面:一是保险公司承担在施工期间的施工材料的非人为因素所致的缺失责任;二是承担施工机械在施工期间内的修复和置换责任;三是承担施工期间内由于施工方的原因所造成施工区域附近所发生第三方的财产损失和人身伤亡的经济责任;四是向标的所有人赠送施工标的的建筑质量的保证保险。

### (二)法律责任

投保人、被保险人或者受益人有下列行为之一,进行保险欺诈活动,构成犯罪的,依法追究刑事责任:

(1)投保人故意虚构保险标的,骗取保险金的;

(2)未发生保险事故而谎称发生保险事故,骗取保险金的;

(3)故意造成财产损失的保险事故,骗取保险金的;

(4)故意造成被保险人死亡、伤残或者疾病等人身保险事故,骗取保险金的;

(5)伪造、变造与保险事故有关的证明、资料和其他证据,或者指使、唆使、收买他人提供虚假证明、资料或者其他证据,编造虚假的事故原因或者夸大损失程度,骗取保险金的。

有前款所列行为之一,情节轻微,尚不构成犯罪的,依照国家有关规定给予行政处罚。

## 八、水法

水法是调整有关防治水害和开发、利用、保护、管理水资源的人类活动以及由此产生的各类水事关系的法律。

### (一)水法中的相关规定

修建闸坝、桥梁、码头和其他拦河、跨河、临河建筑物,铺设跨河管道、电缆,必须符合国家规定的防洪标准、通航标准和其他有关的技术要求。

兴建水工程或者其他建设项目,对原有灌溉用水、供水水源或者航道水量有不利影响的,建设单位应当采取补救措施或者予以补偿。

兴建跨流域引水工程,必须进行全面规划和科学论证,统筹兼顾引出和引入流域的用水需求,防止对生态环境的不利影响。

兴建水工程,必须遵守国家规定的基本建设程序和其他有关规定。凡涉及其他地区和行业利益的,建设单位必须事先向有关地区和部门征求意见,并按照规定报上级人民政府或者有关主管部门审批。

在防洪河道和滞洪区、蓄洪区内,土地利用和各项建设必须符合防洪的要求。

### (二)相关法律责任

违反水法规定取水、截水、阻水、排水,给他人造成妨碍或者损失的,应当停止侵害,排除妨碍,赔偿损失。

违反水法规定,有下列行为之一的,由县级以上地方人民政府水行政主管部门或者有关主管部门责令其停止违法行为,限期清除障碍或者采取其他补救措施,可以并处罚款;对有关责任人员可以由其所在单位或者上级主管机关给予行政处分:

(1)在江河、湖泊、水库、渠道内弃置、堆放阻碍行洪、航运的物体的,种植阻碍行洪的林木和高秆作物的,在航道内弃置沉船、设置碍航渔具、种植水生植物的;

(2)未经批准在河床、河滩内修建建筑物的;

(3)未经批准或者不按照批准的范围和作业方式,在河道、航道内开采砂石、砂金的;

(4)违反《水法》第二十七条的规定,围垦湖泊、河流的。

违反水法规定,有下列行为之一的,由县级以上地方人民政府水行政主管部门或者有关主管部门责令其停止违法行为,采取补救措施,可以并处罚款;对有关责任人员可以由其所在单位或者上级主管机关给予行政处分;构成犯罪的,依照刑法规定追究刑事责任:

(1)擅自修建水工程或者整治河道、航道的;

(2)违反《水法》第四十二条的规定,擅自向下游增大排泄洪涝流量或者阻碍上游洪涝下泄的。

违反水法规定,有下列行为之一的,由县级以上地方人民政府水行政主管部门或者有关主管部门责令其停止违法行为,赔偿损失,采取补救措施,可以并处罚款;应当给予治安管理处罚的,依照治安管理处罚条例的规定处罚;构成犯罪的,依照刑法规定追究刑事责任：

（1）毁坏水工程及堤防、护岸等有关设施，毁坏防汛设施、水文监测设施、水文地质监测设施和导航、助航设施的；

（2）在水工程保护范围内进行爆破、打井、采石、取土等危害水工程安全的活动的。

当事人对行政处罚决定不服的，可以在接到处罚通知之日起15日内，向作出处罚决定的机关的上一级机关申请复议；对复议决定不服的，可以在接到复议决定之日起15日内，向人民法院起诉。当事人也可以在接到处罚通知之日起15日内，直接向人民法院起诉。当事人逾期不申请复议或者不向人民法院起诉又不履行处罚决定的，由作出处罚决定的机关申请人民法院强制执行。

对治安管理处罚不服的，依照治安管理处罚条例的规定办理。

## 九、防洪法

为了防治洪水，防御、减轻洪涝灾害，维护人民的生命和财产安全，保障社会主义现代化建设顺利进行，制定防洪法。防洪工作实行全面规划、统筹兼顾、预防为主、综合治理、局部利益服从全局利益的原则。任何单位和个人都有保护防洪工程设施和依法参加防汛抗洪的义务。

### （一）相关规定

在江河、湖泊上建设防洪工程和其他水工程、水电站等，应当符合防洪规划的要求；水库应当按照防洪规划的要求留足防洪库容。防洪工程和其他水工程、水电站的可行性研究报告按照国家规定的基本建设程序报请批准时，应当附具有关水行政主管部门签署的符合防洪规划要求的规划同意书。

整治河道和修建控制引导水流向、保护堤岸等工程，应当兼顾上下游、左右岸的关系，按照规划治导线实施，不得任意改变河水流向。

建设跨河、穿河、穿堤、临河的桥梁、码头、道路、渡口、管道、缆线、取水、排水等工程设施，应当符合防洪标准、岸线规划、航运要求和其他技术要求，不得危害堤防安全，影响河势稳定、妨碍行洪畅通；其可行性研究报告按照国家规定的基本建设程序报请批准前，其中的工程建设方案应当经有关水行政主管部门根据前述防洪要求审查同意。前款工程设施需要占用河道、湖泊管理范围内土地，跨越河道、湖泊空间或者穿越河床的，建设单位应当在有关水行政主管部门对该工程设施建设的位置和界限审查批准后，方可依法办理开工手续；安排施工时，应当按照水行政主管部门审查批准的位置和界限进行。

对于河道、湖泊管理范围内依照防洪法规定建设的工程设施，水行政主管部门有权依法检查；水行政主管部门检查时，被检查者应当如实提供有关的情况和资料。

工程设施竣工验收时，应当有水行政主管部门参加。

### （二）法律责任

违反《防洪法》第十七条规定，未经水行政主管部门签署规划同意书，擅自在江河、湖泊上建设防洪工程和其他水工程、水电站的，责令停止违法行为，补办规划同意书手续；违反规划同意书的要求，严重影响防洪的，责令限期拆除；违反规划同意书的要求，影响防洪但尚可采取补救措施的，责令限期采取补救措施，可以处1万元以上10万元以下的罚款。

违反《防洪法》第十九条规定,未按照规划治导线整治河道和修建控制引导河水流向、保护堤等工程,影响防洪的,责令停止违法行为,恢复原状或者采取其他补救措施,可以处1万元以上10万元以下的罚款。

违反《防洪法》第二十二条第二款、第三款规定,有下列行为之一的,责令停止违法行为,排除阻碍或者采取其他补救措施,可以处5万元以下的罚款:

(1)在河道、湖泊管理范围内建设妨碍行洪的建筑物、构筑物的;

(2)在河道、湖泊管理范围内倾倒垃圾、渣土,从事影响河势稳定、危害河岸堤防安全和其他妨碍河道行洪的活动的;

(3)在行洪河道内种植阻碍行洪的林木和高秆作物的。

违反《防洪法》第二十七条规定,未经水行政主管部门对其工程建设方案审查同意或者未按照有关水行政主管部门审查批准的位置、界限,在河道、湖泊管理范围内从事工程设施建设活动的,责令停止违法行为,补办审查同意或者审查批准手续;工程设施建设严重影响防洪的,责令限期拆除,逾期不拆除的,强行拆除,所需费用由建设单位承担;影响行洪但尚可采取补救措施的,责令限期采取补救措施,可以处1万元以上10万元以下的罚款。

违反《防洪法》第三十三条第一款规定,在洪泛区、蓄滞洪区内建设非防洪建设项目,未编制洪水影响评价报告的,责令限期改正;逾期不改正的,处5万元以下的罚款。

违反《防洪法》第三十四条规定,因城市建设擅自填堵原有河道沟汊、贮水湖塘洼淀和废除原有防洪围堤的,城市人民政府应当责令停止违法行为,限期恢复原状或者采取其他补救措施。

## 十、水土保持法

广义的水土保持法指国家为调整人们在水土保持活动中所产生的各种社会关系而制定的法律规范的总称。水土保持是指对自然因素和人为活动造成的水土流失所采取的预防和治理措施的总称。专义的水土保持法是特指全国人民代表大会常务委员会1991年6月29日通过的《中华人民共和国水土保持法》(以下简称《水土保持法》)。水土保持工作实行预防为主、保护优先、全面规划、综合治理、因地制宜、突出重点、科学管理、注重效益的方针。

### (一)相关规定

《水土保持法》第八条规定:"任何单位和个人都有保护水土资源、预防和治理水土流失的义务,并有权对破坏水土资源、造成水土流失的行为进行举报。"

第十五条规定:"有关基础设施建设、矿产资源开发、城镇建设、公共服务设施建设等方面的规划,在实施过程中可能造成水土流失的,规划的组织编制机关应当在规划中提出水土流失预防和治理的对策和措施,并在规划报请审批前征求本级人民政府水行政主管部门的意见。"

第二十六条规定:"依法应当编制水土保持方案的生产建设项目,生产建设单位未编制水土保持方案或者水土保持方案未经水行政主管部门批准的,生产建设项目不得开工建设。"

第二十七条规定:"依法应当编制水土保持方案的生产建设项目中的水土保持设施,应当与主体工程同时设计、同时施工、同时投产使用;生产建设项目竣工验收,应当验收水土保持设施;水土保持设施未经验收或者验收不合格的,生产建设项目不得投产使用。"

第二十八条规定:"依法应当编制水土保持方案的生产建设项目,其生产建设活动中排弃的砂、石、土、矸石、尾矿、废渣等应当综合利用;不能综合利用,确需废弃的,应当堆放在水土保持方案确定的专门存放地,并采取措施保证不产生新的危害。"

第三十二条规定:"开办生产建设项目或者从事其他生产建设活动造成水土流失的,应当进行治理。"

"在山区、丘陵区、风沙区以及水土保持规划确定的容易发生水土流失的其他区域开办生产建设项目或者从事其他生产建设活动,损坏水土保持设施、地貌植被,不能恢复原有水土保持功能的,应当缴纳水土保持补偿费,专项用于水土流失预防和治理。专项水土流失预防和治理由水行政主管部门负责组织实施。水土保持补偿费的收取使用管理办法由国务院财政部门、国务院价格主管部门会同国务院水行政主管部门制定。"

"生产建设项目在建设过程中和生产过程中发生的水土保持费用,按照国家统一的财务会计制度处理。"

第三十八条规定:"对生产建设活动所占用土地的地表土应当进行分层剥离、保存和利用,做到土石方挖填平衡,减少地表扰动范围;对废弃的砂、石、土、矸石、尾矿、废渣等存放地,应当采取拦挡、坡面防护、防洪排导等措施。生产建设活动结束后,应当及时在取土场、开挖面和存放地的裸露土地上植树种草、恢复植被,对闭库的尾矿库进行复垦。"

"在干旱缺水地区从事生产建设活动,应当采取防止风力侵蚀措施,设置降水蓄渗设施,充分利用降水资源。"

**(二)检查监督**

《水土保持法》第四十一条规定:"对可能造成严重水土流失的大中型生产建设项目,生产建设单位应当自行或者委托具备水土保持监测资质的机构,对生产建设活动造成的水土流失进行监测,并将监测情况定期上报当地水行政主管部门。

"从事水土保持监测活动应当遵守国家有关技术标准、规范和规程,保证监测质量。"

第四十四条规定:"水政监督检查人员依法履行监督检查职责时,有权采取下列措施:

"(一)要求被检查单位或者个人提供有关文件、证照、资料;

"(二)要求被检查单位或者个人就预防和治理水土流失的有关情况作出说明;

"(三)进入现场进行调查、取证。

"被检查单位或者个人拒不停止违法行为,造成严重水土流失的,报经水行政主管部门批准,可以查封、扣押实施违法行为的工具及施工机械、设备等。"

第四十五条规定:"水政监督检查人员依法履行监督检查职责时,应当出示执法证件。被检查单位或者个人对水土保持监督检查工作应当给予配合,如实报告情况,提供有关文件、证照、资料;不得拒绝或者阻碍水政监督检查人员依法执行公务。"

**(三)法律责任**

违反《水土保持法》规定,有下列行为之一的,由县级以上人民政府水行政主管部门责令停止违法行为,限期补办手续;逾期不补办手续的,处 5 万元以上 50 万元以下的罚款;对生产建设单位直接负责的主管人员和其他直接责任人员依法给予处分:

(1)依法应当编制水土保持方案的生产建设项目,未编制水土保持方案或者编制的水土保持方案未经批准而开工建设的;

(2)生产建设项目的地点、规模发生重大变化,未补充、修改水土保持方案或者补充、修改的水土保持方案未经原审批机关批准的;

(3)水土保持方案实施过程中,未经原审批机关批准,对水土保持措施作出重大变更的。

违反《水土保持法》规定,水土保持设施未经验收或者验收不合格将生产建设项目投产使用的,由县级以上人民政府水行政主管部门责令停止生产或者使用,直至验收合格,并处 5 万元以上 50 万元以下的罚款。

违反《水土保持法》规定,在水土保持方案确定的专门存放地以外的区域倾倒砂、石、土、矸石、尾矿、废渣等的,由县级以上地方人民政府水行政主管部门责令停止违法行为,限期清理,按照倾倒数量处每立方米 10 元以上 20 元以下的罚款;逾期仍不清理的,县级以上地方人民政府水行政主管部门可以指定有清理能力的单位代为清理,所需费用由违法行为人承担。

违反《水土保持法》规定,开办生产建设项目或者从事其他生产建设活动造成水土流失,不进行治理的,由县级以上人民政府水行政主管部门责令限期治理;逾期仍不治理的,县级以上人民政府水行政主管部门可以指定有治理能力的单位代为治理,所需费用由违法行为人承担。

违反《水土保持法》规定,造成水土流失危害的,依法承担民事责任;构成违反治安管理行为的,由公安机关依法给予治安管理处罚;构成犯罪的,依法追究刑事责任。

# 第二章 规章制度和相关文件

## 第一节 安全生产管理的相关规定

### 一、《建设工程安全生产管理条例》

《建设工程安全生产管理条例》(以下简称《安全生产管理条例》)于 2003 年 11 月 12 日经国务院第 28 次常务会议通过,2003 年 11 月 24 日以中华人民共和国国务院令第 393 号公布,自 2004 年 2 月 1 日起施行。

《安全生产管理条例》的立法目的在于加强建设工程安全生产监督管理,保障人民群众生命和财产安全。《中华人民共和国建筑法》(以下简称《建筑法》)和《中华人民共和国安全生产法》(以下简称《安全生产法》)是制定该条例的基本法律依据。《安全生产管理条例》是《中华人民共和国建筑法》和《中华人民共和国安全生产法》在工程建设领域的进一步细化与延伸。《安全生产管理条例》分为 8 章,共包括 71 条,分别对建设单位、施工单位、工程监理单位以及勘察、设计和其他有关单位的安全责任做出了规定。

《安全生产管理条例》第 2 条规定:"在中华人民共和国境内从事建设工程的新建、扩建、改建和拆除等有关活动及实施对建设工程安全生产的监督管理,必须遵守本条例。本条例所称建设工程,是指土木工程、建筑工程、线路管道和设备安装工程及装修工程。"

#### (一)建设工程安全生产管理制度

2003 年 11 月 24 日《建设工程安全生产管理条例》(国务院令第 393 号)颁布实施,该条例依据《建筑法》和《安全生产法》的规定进一步明确了建设工程安全生产管理基本制度。

##### 1. 安全生产责任制度

安全生产责任制度是建筑生产中最基本的安全管理制度,是所有安全规章制度的核心。安全生产责任制度是指将各种不同的安全责任落实到有安全管理责任的人员和具体岗位人员身上的一种制度。这一制度是"安全第一、预防为主"方针的具体体现,是建筑安全生产的基本制度。在建筑活动中,只有明确安全责任,分工负责,才能形成完整有效的安全管理体系,激发每个人的安全责任感,严格执行建筑工程安全的法律、法规和安全规程、技术规范,防患于未然,减少和杜绝建筑工程事故,为建筑工程的生产创造一个良好的环境。

##### 2. 群防群治制度

群防群治制度是职工群众进行预防和治理安全的一种制度。这一制度也是"安全第一、预防为主"的具体体现,同时也是群众路线在安全工作中的具体体现,是企业进行民主管理的重要内容。这一制度要求建筑企业职工在施工中应当遵守有关生产的法律、法规和建筑行业规章、规程,不得违章作业;对于危及生命安全和身体健康的行为有权提出批评、检举和控告。

3. 安全生产教育培训制度

安全生产教育培训制度是对广大建筑干部职工进行安全教育培训,提高安全意识,增加安全知识和技能的制度。安全生产,人人有责:只有通过对广大职工进行安全教育、培训,才能使广大职工真正认识到安全生产的重要性、必要性,才能使广大职工掌握更多更有效的安全生产的科学技术知识,牢固树立安全第一的思想,自觉遵守各项安全生产和规章制度。分析许多建筑安全事故,一个重要的原因就是有关人员安全意识不强,安全技能不够,这些都是没有搞好安全教育培训工作的后果。

4. 安全生产检查制度

安全生产检查制度是上级管理部门或企业自身对安全生产状况进行定期或不定期检查的制度。通过检查可以发现问题,查出隐患,从而采取有效措施,堵塞漏洞,把事故消灭在发生之前,做到防患于未然,是"预防为主"的具体体现。通过检查,还可总结出好的经验加以推广,为进一步搞好安全工作打下基础。安全检查制度是安全生产的保障。

5. 伤亡事故处理报告制度

施工中发生事故时,建筑企业应当采取紧急措施减少人员伤亡和事故损失,并按照国家有关规定及时向有关部门报告的制度。事故处理必须遵循一定的程序,做到三不放过(事故原因不清不放过、事故责任者和群众没有受到教育不放过、没有防范措施不放过)。通过对事故的严格处理,可以总结出教训,为制定规程、规章提供第一手素材,做到亡羊补牢。

6. 安全责任追究制度

建设单位、设计单位、施工单位、监理单位,由于没有履行职责造成人员伤亡和事故损失的,视情节给予相应处理;情节严重的,责令停业整顿,降低资质等级或吊销资质证书;构成犯罪的,依法追究刑事责任。

**(二)建设单位的安全责任**

1. 安全责任

1)向施工单位提供资料的责任

建设单位应当向施工单位提供施工现场及毗邻区域内供水、排水、供电、供气、供热、通信、广播电视等地下管线资料,气象和水文观测资料,相邻建筑物和构筑物、地下工程的有关资料,并保证资料的真实、准确、完整。

建设单位因建设工程需要,向有关部门或者单位查询前款规定的资料时,有关部门或者单位应当及时提供。

建设单位提供的资料将成为施工单位后续工作的主要参考依据。这些资料如果不真实、准确、完整,并因此导致了施工单位的损失,施工单位可以就此向建设单位要求赔偿。

2)依法履行合同的责任

建设单位不得对勘察、设计、施工、工程监理等单位提出不符合建设工程安全生产法律、法规和强制性标准规定的要求,不得压缩合同约定的工期。

建设单位与勘察、设计、施工、工程监理等单位都是完全平等的合同双方的关系,不存在建设单位是这些单位的管理单位的关系。其对这些单位的要求必须要以合同为根据并不得触犯相关的法律、法规。

3)提供安全生产费用的责任

安全生产需要资金的保证,而这笔资金的源头就是建设单位。只有建设单位提供了用于安全生产的费用,施工单位才可能有保证安全生产的费用。

因此,《安全生产管理条例》第 8 条规定:"建设单位在编制工程概算时,应当确定建设工程安全作业环境及安全施工措施所需费用。"

4)不得推销劣质材料设备的责任

建设单位不得明示或者暗示施工单位购买、租赁、使用不符合安全施工要求的安全防护用具、机械设备、施工机具及配件、消防设施和器材。

5)提供安全施工措施资料的责任

建设单位在申请领取施工许可证时,应当提供建设工程有关安全施工措施的资料。

依法批准开工报告的建设工程,建设单位应当自开工报告批准之日起 15 日内,将保证安全施工的措施报送建设工程所在地的县级以上地方人民政府建设行政主管部门或者其他有关部门备案。

6)对拆除工程进行备案的责任

《安全生产管理条例》第 11 条规定,建设单位应当将拆除工程发包给具有相应资质等级的施工单位。

建设单位应当在拆除工程施工 15 日前,将下列资料报送建设工程所在地的县级以上地方人民政府建设行政主管部门或者其他有关部门备案:

(1)施工单位资质等级证明;

(2)拟拆除建筑物、构筑物及可能危及毗邻建筑的说明;

(3)拆除施工组织方案;

(4)堆放、清除废弃物的措施。

实施爆破作业的,应当遵守国家有关民用爆炸物品管理的规定。

2. 法律责任

1)未提供安全生产作业环境及安全施工措施所需费用的法律责任

建设单位未提供建设工程安全生产作业环境及安全施工措施所需费用的,责令限期改正;逾期未改正的,责令该建设工程停止施工。

建设单位未将保证安全施工的措施或者拆除工程的有关资料报送有关部门备案的,责令限期改正,给予警告。

2)其他法律责任

建设单位有下列行为之一的,责令限期改正,处 20 万元以上 50 万元以下的罚款;造成重大安全事故,构成犯罪的,对直接责任人员,依照刑法有关规定追究刑事责任;造成损失的,依法承担赔偿责任:

(1)对勘察、设计、施工、工程监理等单位提出不符合安全生产法律、法规和强制性标

准规定的要求的;

（2）要求施工单位压缩合同约定的工期的;

（3）将拆除工程发包给不具有相应资质等级的施工单位的。

**（三）工程监理单位的安全责任**

1. 审查施工方案的责任

《安全生产管理条例》第14条规定:"工程监理单位应当审查施工组织设计中的安全技术措施或者专项施工方案是否符合工程建设强制性标准。"

施工组织设计在本质上是施工单位编制的施工计划。其中要包含安全技术措施和施工方案。对于达到一定规模的危险性较大的分部分项工程要编制专项施工方案。

实际上,整个施工组织设计都需要经过监理单位的审批后才能被施工单位使用。由于本章主要是谈安全管理,所以在这里仅仅强调了监理单位要审查施工组织设计中的安全技术措施或者专项施工方案是否符合工程强制性标准。

这里,监理单位的审查标准是看一看"是否符合工程建设强制性标准",也就是看一看是否违反法律的规定。在实践中可能会存在合同中约定的标准高于强制性标准的情况,那时,监理单位就不仅要审查施工组织设计中的安全技术措施或者专项施工方案是否违法,还要看一看是否违约。若违约,也不能批准施工单位的施工组织设计。

2. 监理的安全生产责任

工程监理单位在实施监理过程中,发现存在安全事故隐患的,应当要求施工单位整改;情况严重的,应当要求施工单位暂时停止施工,并及时报告建设单位。施工单位拒不整改或者不停止施工的,工程监理单位应当及时向有关主管部门报告。工程监理单位和监理工程师应当按照法律、法规和工程建设强制性标准实施监理,并对建设工程安全生产承担监理责任。

3. 法律责任

1）违反强制性标准的法律责任

注册执业人员（包括监理工程师）未执行法律、法规和工程建设强制性标准的,责令停止执业3个月以上1年以下;情节严重的,吊销执业资格证书,5年内不予注册;造成重大安全事故的,终身不予注册;构成犯罪的,依照刑法有关规定追究刑事责任。

2）其他法律责任

工程监理单位有下列行为之一的,责令限期改正;逾期未改正的责令停业整顿,并处10万元以上30万元以下的罚款;情节严重的,降低资质等级,直至吊销资质证书;造成重大安全事故,构成犯罪的,对直接责任人员,依照刑法有关规定追究刑事责任;造成损失的,依法承担赔偿责任:

（1）未对施工组织设计中的安全技术措施或者专项施工方案进行审查的;

（2）发现安全事故隐患未及时要求施工单位整改或者暂时停止施工的;

（3）施工单位拒不整改或者不停止施工,未及时向有关主管部门报告的;

（4）未依照法律、法规和工程建设强制性标准实施监理的。

**（四）施工单位的安全责任**

1. 主要负责人、项目负责人和专职安全生产管理人员的安全责任

1）主要负责人

加强对施工单位安全生产的管理，首先要明确责任人。《安全生产管理条例》第21条第1款的规定，施工单位主要负责人依法对本单位的安全生产工作全面负责。在这里，"主要负责人"并不仅限于施工单位的法定代表人，而是指对施工单位全面负责，有生产经营决策权的人。

根据《安全生产管理条例》的有关规定，施工单位主要负责人的安全生产方面的主要职责包括：

（1）建立健全安全生产责任制度和安全生产教育培训制度；

（2）制定安全生产规章制度和操作规程；

（3）保证本单位安全生产条件所需资金的投入；

（4）对所承建的建设工程进行定期和专项安全检查，并做好安全检查记录。

2）项目负责人

《安全生产管理条例》第21条第2款规定，施工单位的项目负责人应当由取得相应执业资格的人员担任，对建设工程项目的安全施工负责。

项目负责人（主要指项目经理）在工程项目中处于中心地位，对建设工程项目的安全全面负责。鉴于项目负责人对安全生产的重要作用，国家规定施工单位的项目负责人应当由取得相应执业资格的人员担任。这里，"相应执业资格"目前指建造师执业资格。

根据《安全生产管理条例》第21条的规定，项目负责人的安全责任主要包括：

（1）落实安全生产责任制度，安全生产规章制度和操作规程；

（2）确保安全生产费用的有效使用；

（3）根据工程的特点组织制定安全施工措施，消除安全事故隐患；

（4）及时、如实报告生产安全事故。

3）安全生产管理机构和专职安全生产管理人员

根据《安全生产管理条例》第23条规定，施工单位应当设立安全生产管理机构，配备专职安全生产管理人员。

a. 安全生产管理机构的设立及其职责

安全生产管理机构是指施工单位及其在建设工程项目中设置的负责安全生产管理工作的独立职能部门。

根据建设部《建筑施工企业安全生产管理机构设置及专职安全生产管理人员配备办法》（建质[2008]91号）规定，施工单位所属的分公司、区域公司等较大的分支机构应当各自独立设置安全生产管理机构，负责本企业（分支机构）的安全生产管理工作。施工单位及其所属分公司、区域公司等较大的分支机构必须在建设工程项目中设立安全生产管理机构。

安全生产管理机构的职责主要包括：落实国家有关安全生产法律法规和标准、编制并适时更新安全生产管理制度、组织开展全员安全教育培训及安全检查等活动。

b. 专职安全生产管理人员的配备及其职责

Ⅰ.专职安全生产管理人员的配备

《安全生产管理条例》第23条规定,专职安全生产管理人员的配备办法由国务院建设行政主管部门会同国务院其他有关部门制定。建设部《建筑施工企业安全生产管理机构设置及专职安全生产管理人员配备办法》(建质[2008]91号)对专职安全生产管理人员的配备做出了具体规定。

Ⅱ.专职安全生产管理人员的职责

专职安全生产管理人员是指经建设主管部门或者其他有关部门安全生产考核合格,并取得安全生产考核合格证书在企业从事安全生产管理工作的专职人员,包括施工单位安全生产管理机构的负责人及其工作人员和施工现场专职安全生产管理人员。

专职安全生产管理人员的安全责任主要包括:对安全生产进行现场监督检查;发现安全事故隐患,应当及时向项目负责人和安全生产管理机构报告;对于违章指挥、违章操作的,应当立即制止。

2. 总承包单位和分包单位的安全责任

1)总承包单位的安全责任

《安全生产管理条例》第24条规定,建设工程实行施工总承包的,由总承包单位对施工现场的安全生产负责。为了防止违法分包和转包等违法行为的发生,真正落实施工总承包单位的安全责任,《安全生产管理条例》进一步强调:"总承包单位应当自行完成建设工程主体结构的施工。"这也是《建筑法》的要求,避免由于分包单位的能力的不足而导致生产安全事故的发生。

2)承包单位与分包单位的安全责任划分

《安全生产管理条例》第24条规定:"总承包单位依法将建设工程分包给其他单位的,分包合同中应当明确各自的安全生产方面的权利、义务。总承包单位和分包单位对分包工程的安全生产承担连带责任。"

但是,总承包单位与分包单位在安全生产方面的责任也不是固定的,要根据具体的情况来确定责任。《安全生产管理条例》第24条规定:"分包单位应当服从总承包单位的安全生产管理,分包单位不服从管理导致生产安全事故的,由分包单位承担主要责任。"

3. 安全生产教育培训

1)管理人员的考核

施工单位的主要负责人、项目负责人、专职安全生产管理人员应当经建设行政主管部门或者其他有关部门考核合格后方可任职。

2)作业人员的安全生产教育培训

a. 日常培训

施工单位应当对管理人员和作业人员每年至少进行一次安全生产教育培训,其教育培训情况记入个人工作档案。安全生产教育培训考核不合格的人员,不得上岗。

b. 新岗位培训

作业人员进入新的岗位或者新的施工现场前,应当接受安全生产教育培训。未经教育培训或者教育培训考核不合格的人员,不得上岗作业。

施工单位在采用新技术、新工艺、新设备、新材料时,也应当对作业人员进行相应的安全生产教育培训。

c. 特种作业人员的专门培训

垂直运输机械作业人员、安装拆卸工、爆破作业人员、起重信号工、登高架设作业人员等特种作业人员,必须按照国家有关规定经过专门的安全作业培训,并取得特种作业操作资格证书后,方可上岗作业。

4. 施工单位应采取的安全措施

1) 编制安全技术措施、施工现场临时用电方案和专项施工方案

a. 编制安全技术措施

《安全生产管理条例》第26条规定,施工单位应当在施工组织设计中编制安全技术措施。

施工组织设计的内容上文已有阐述。

b. 编制施工现场临时用电方案

《安全生产管理条例》第26条还规定,施工单位应当在施工组织设计中编制安全技术措施和施工现场临时用电方案。临时用电方案直接关系到用电人员的安全,应当严格按照《施工现场临时用电安全技术规范》(JGJ 46—2005)进行编制,保障施工现场用电,防止触电和电气火灾事故发生。

c. 编制专项施工方案

对下列达到一定规模的危险性较大的分部分项工程编制专项施工方案,并附具安全验算结果,经施工单位技术负责人、总监理工程师签字后实施,由专职安全生产管理人员进行现场监督:

(1) 基坑支护与降水工程;

(2) 土方开挖工程;

(3) 模板工程;

(4) 起重吊装工程;

(5) 脚手架工程;

(6) 拆除、爆破工程;

(7) 国务院建设行政主管部门或者其他有关部门规定的其他危险性较大的工程。

对上述所列工程中涉及深基坑、地下暗挖工程、高大模板工程的专项施工方案,施工单位还应当组织专家进行论证、审查。

2) 安全施工技术交底

施工前的安全施工技术交底的目的就是让所有的安全生产从业人员都对安全生产有所了解,最大限度地避免安全事故的发生。因此,在建设工程施工前,施工单位负责项目管理的技术人员应当对有关安全施工的技术要求向施工作业班组、作业人员作出详细说明,并由双方签字确认。

3) 施工现场安全警示标志的设置

施工单位应当在施工现场入口处、施工起重机械、临时用电设施、脚手架、出入通道口、楼梯口、电梯井口、孔洞口、桥梁口、隧道口、基坑边沿、爆破物及有害危险气体和液体存放处等危险部位,设置明显的安全警示标志。安全警示标志必须符合国家标准。

4）施工现场的安全防护

施工单位应当根据不同施工阶段和周围环境及季节、气候的变化，在施工现场采取相应的安全施工措施。施工现场暂时停止施工的，施工单位应当做好现场防护，所需费用由责任方承担，或者按照合同约定执行。

5）施工现场的布置应当符合安全和文明施工要求

施工单位应当将施工现场的办公、生活区与作业区分开设置，并保持安全距离；办公、生活区的选址应当符合安全性要求。职工的膳食、饮水、休息场所等应当符合卫生标准。施工单位不得在尚未竣工的建筑物内设置员工集体宿舍。

施工现场临时搭建的建筑物应当符合安全使用要求。施工现场使用的装配式活动房屋应当具有产品合格证。临时建筑物一般包括施工现场的办公用房、宿舍、食堂、仓库、卫生间等。

6）对周边环境采取防护措施

施工单位对因建设工程施工可能造成损害的毗邻建筑物、构筑物和地下管线等，应当采取专项防护措施。施工单位应当遵守有关环境保护法律、法规的规定，在施工现场采取措施，防止或者减少粉尘、废气、废水、固体废物、噪声、振动和施工照明对人和环境的危害和污染。在城市市区内的建设工程，施工单位应当对施工现场实行封闭围挡。

7）施工现场的消防安全措施

施工单位应当在施工现场建立消防安全责任制度，确定消防安全责任人，制定用火、用电、使用易燃易爆材料等各项消防安全管理制度和操作规程，设置消防通道、消防水源，配备消防设施和灭火器材，并在施工现场入口处设置明显标志。

8）安全防护设备管理

施工单位采购、租赁的安全防护用具、机械设备、施工机具及配件，应当具有生产（制造）许可证、产品合格证，并在进入施工现场前进行查验。

施工现场的安全防护用具、机械设备、施工机具及配件必须由专人管理，定期进行检查、维修和保养，建立相应的资料档案，并按照国家有关规定及时报废。

作业人员应当遵守安全施工的强制性标准、规章制度和操作规程，正确使用安全防护用具、机械设备等。

9）起重机械设备管理

施工单位在使用施工起重机械和整体提升脚手架、模板等自升式架设设施前，应当组织有关单位进行验收，也可以委托具有相应资质的检验检测机构进行验收；使用承租的机械设备和施工机具及配件的，由施工总承包单位、分包单位、出租单位和安装单位共同进行验收。验收合格的方可使用。

《特种设备安全监察条例》规定的施工起重机械，在验收前应当经有相应资质的检验检测机构监督检验合格。

施工单位应当自施工起重机械和整体提升脚手架、模板等自升式架设设施验收合格之日起 30 日内，向建设行政主管部门或者其他有关部门登记。登记标志应当置于或者附着于该设备的显著位置。

依据《特种设备安全监察条例》第 2 条，作为特种设备的施工起重机械指的是"涉及生命安全、危险性较大的"起重机械。

10）办理意外伤害保险

《安全生产管理条例》第 38 条规定：施工单位应当为施工现场从事危险作业的人员办理意外伤害保险。

"意外伤害保险费由施工单位支付。实行施工总承包的，由总承包单位支付意外伤害保险费。意外伤害保险期限自建设工程开工之日起至竣工验收合格止。"

5. 法律责任

1）挪用安全生产费用的法律责任

施工单位挪用列入建设工程概算的安全生产作业环境及安全施工措施所需费用的，责令限期改正，处挪用费用 20% 以上 50% 以下的罚款；造成损失的，依法承担赔偿责任。

2）违反施工现场管理的法律责任

施工单位有下列行为之一的，责令限期改正；逾期未改正的，责令停业整顿，并处 5 万元以上 10 万元以下的罚款；造成重大安全事故，构成犯罪的，对直接责任人员，依照刑法有关规定追究刑事责任：

（1）施工前未对有关安全施工的技术要求作出详细说明的；

（2）未根据不同施工阶段和周围环境及季节、气候的变化，在施工现场采取相应的安全施工措施，或者在城市市区内的建设工程的施工现场未实行封闭围挡的；

（3）在尚未竣工的建筑物内设置员工集体宿舍的；

（4）施工现场临时搭建的建筑物不符合安全使用要求的；

（5）未对因建设工程施工可能造成损害的毗邻建筑物、构筑物和地下管线等采取专项防护措施的。

施工单位有上述第（4）、第（5）项行为，造成损失的，依法承担赔偿责任。

3）违反安全设施管理的法律责任

施工单位有下列行为之一的，责令限期改正；逾期未改正的，责令停业整顿，并处 10 万元以上 30 万元以下的罚款；情节严重的，降低资质等级，直至吊销资质证书；造成重大安全事故，构成犯罪的，对直接责任人员，依照刑法有关规定追究刑事责任；造成损失的，依法承担赔偿责任：

（1）安全防护用具、机械设备、施工机具及配件在进入施工现场前未经查验或者查验不合格即投入使用的；

（2）使用未经验收或者验收不合格的施工起重机械和整体提升脚手架、模板等自升式架设设施的；

（3）委托不具有相应资质的单位承担施工现场安装、拆卸施工起重机械和整体提升脚手架、模板等自升式架设设施的；

（4）在施工组织设计中未编制安全技术措施、施工现场临时用电方案或者专项施工方案的。

4）管理人员不履行安全生产管理职责的法律责任

施工单位的主要负责人、项目负责人未履行安全生产管理职责的，责令限期改正；逾期未改正的，责令施工单位停业整顿；造成重大安全事故、重大伤亡事故或者其他严重后果,构成犯罪的,依照刑法有关规定追究刑事责任。

施工单位的主要负责人、项目负责人有上述违法行为,尚不够刑事处罚的,处2万元以上20万元以下的罚款或者按照管理权限给予撤职处分;自刑罚执行完毕或者受处分之日起,5年内不得担任任何施工单位的主要负责人、项目负责人。

5)作业人员违章作业的法律责任

作业人员不服从管理、违反规章制度和操作规程冒险作业造成重大伤亡事故或者其他严重后果,构成犯罪的,依照刑法有关规定追究刑事责任。

6)降低安全生产条件的法律责任

施工单位取得资质证书后,降低安全生产条件的,责令限期改正;经整改仍未达到与其资质等级相适应的安全生产条件的,责令停业整顿,降低其资质等级直至吊销资质证书。

7)其他法律责任

施工单位有下列行为之一的,责令限期改正;逾期未改正的,责令停业整顿,依照《安全生产法》的有关规定处以罚款;造成重大安全事故,构成犯罪的,对直接责任人员,依照刑法有关规定追究刑事责任:

(1)未设立安全生产管理机构、配备专职安全生产管理人员或者分部分项工程施工时无专职安全生产管理人员现场监督的;

(2)施工单位的主要负责人、项目负责人、专职安全生产管理人员、作业人员或者特种作业人员,未经安全教育培训或者经考核不合格即从事相关工作的;

(3)未在施工现场的危险部位设置明显的安全警示标志,或者未按照国家有关规定在施工现场设置消防通道、消防水源、配备消防设施和灭火器材的;

(4)未向作业人员提供安全防护用具和安全防护服装的;

(5)未按照规定在施工起重机械和整体提升脚手架、模板等自升式架设设施验收合格后登记的;

(6)使用国家明令淘汰、禁止使用的危及施工安全的工艺、设备、材料的。

## 二、《安全生产许可证条例》

《安全生产许可证条例》于2004年1月7日国务院第34次常务会议通过,2004年1月13日起施行。

《安全生产许可证条例》的立法目的在于严格规范安全生产条件,进一步加强安全生产监督管理,防止和减少生产安全事故。该条例共包括24条,对安全生产许可证的颁发管理做出了规定。

《安全生产许可证条例》第2条规定:"国家对矿山企业、建筑施工企业和危险化学品、烟花爆竹、民用爆破器材生产企业(以下统称企业)实行安全生产许可制度。企业未取得安全生产许可证的,不得从事生产活动。"

依据《安全生产许可证条例》,建设部于2004年7月5号发布施行了《建筑施工企业安全生产许可证管理规定》。其适用范围为建筑施工企业。这里所称建筑施工企业,是指从事土木工程、建筑工程、线路管道和设备安装工程及装修工程的新建、扩建、改建和拆除等有关活动的企业。

**（一）安全生产许可证的取得条件**

《安全生产许可证条例》第6条规定,企业领取安全生产许可证应当具备一系列安全生产条件。在此规定基础上,结合建筑施工企业的自身特点,《建筑施工企业安全生产许可证管理规定》第4条,将建筑施工企业取得安全生产许可证应当具备的安全生产条件具体规定为:

(1)建立、健全安全生产责任制,制定完备的安全生产规章制度和操作规程;

(2)保证本单位安全生产条件所需资金的投入;

(3)设置安全生产管理机构,按照国家有关规定配备专职安全生产管理人员;

(4)主要负责人、项目负责人、专职安全生产管理人员经建设主管部门或者其他有关部门考核合格;

(5)特种作业人员经有关业务主管部门考核合格,取得特种作业操作资格证书;

(6)管理人员和作业人员每年至少进行一次安全生产教育培训并考核合格;

(7)依法参加工伤保险,依法为施工现场从事危险作业的人员办理意外伤害保险,为从业人员缴纳保险费;

(8)施工现场的办公、生活区及作业场所和安全防护用具、机械设备、施工机具及配件符合有关安全生产法律、法规、标准和规程的要求;

(9)有职业危害防治措施,并为作业人员配备符合国家标准或者行业标准的安全防护用具和安全防护服装;

(10)有对危险性较大的分部分项工程及施工现场易发生重大事故的部位、环节的预防、监控措施和应急预案;

(11)有生产安全事故应急救援预案、应急救援组织或者应急救援人员,配备必要的应急救援器材、设备;

(12)法律、法规规定的其他条件。

《安全生产许可证条例》第14条还规定,安全生产许可证颁发管理机关应当加强对取得安全生产许可证的企业的监督检查,发现其不再具备本条例规定的安全生产条件的,应当暂扣或者吊销安全生产许可证。

**（二）安全生产许可证的管理规定**

1. 安全生产许可证的申请

建筑施工企业从事建筑施工活动前,应当依照本规定向省级以上建设主管部门申请领取安全生产许可证。

中央管理的建筑施工企业(集团公司、总公司)应当向国务院建设主管部门申请领取安全生产许可证。

上述规定以外的其他建筑施工企业,包括中央管理的建筑施工企业(集团公司、总公司)下属的建筑施工企业,应当向企业注册所在地省、自治区、直辖市人民政府建设主管部门申请领取安全生产许可证。

依据《建筑施工企业安全生产许可证管理规定》第6条,建筑施工企业申请安全生产许可证时,应当向建设主管部门提供下列材料:

（1）建筑施工企业安全生产许可证申请表；

（2）企业法人营业执照；

（3）与申请安全生产许可证应当具备的安全生产条件相关的文件、材料。

建筑施工企业申请安全生产许可证，应当对申请材料实质内容的真实性负责，不得隐瞒有关情况或者提供虚假材料。

**2. 安全生产许可证的有效期**

《安全生产许可证条例》第9条规定，"安全生产许可证的有效期为3年。安全生产许可证有效期满需要延期的，企业应当于期满前3个月向原安全生产许可证颁发管理机关办理延期手续。企业在安全生产许可证有效期内，严格遵守有关安全生产的法律法规，未发生死亡事故的，安全生产许可证有效期届满时，经原安全生产许可证颁发管理机关同意，不再审查，安全生产许可证有效期延期3年。"

**3. 安全生产许可证的变更与注销**

建筑施工企业变更名称、地址、法定代表人等，应当在变更后10日内，到原安全生产许可证颁发管理机关办理安全生产许可证变更手续。

建筑施工企业破产、倒闭、撤销的，应当将安全生产许可证交回原安全生产许可证颁发管理机关予以注销。

建筑施工企业遗失安全生产许可证，应当立即向原安全生产许可证颁发管理机关报告，并在公众媒体上声明作废后，方可申请补办。

**4. 安全生产许可证的管理**

根据《安全生产许可证条例》和《建筑施工企业安全生产许可证管理规定》，建筑施工企业应当遵守如下强制性规定：

（1）未取得安全生产许可证的，不得从事建筑施工活动。建设主管部门在审核发放施工许可证时，应当对已经确定的建筑施工企业是否有安全生产许可证进行审查，对没有取得安全生产许可证的，不得颁发施工许可证。

（2）企业不得转让、冒用安全生产许可证或者使用伪造的安全生产许可证。

（3）企业取得安全生产许可证后，不得降低安全生产条件，并应当加强日常安全生产管理，接受安全生产许可证颁发管理机关的监督检查。

**5. 法律责任**

1）未取得安全生产许可证擅自生产的法律责任

未取得安全生产许可证擅自进行生产的，责令停止生产，没收违法所得，并处10万元以上50万元以下的罚款；造成重大事故或者其他严重后果，构成犯罪的，依法追究刑事责任。

2）期满未办理延期手续，继续进行生产的法律责任

违反《安全生产许可证条例》规定，安全生产许可证有效期满未办理延期手续，继续进行生产的，责令停止生产，限期补办延期手续，没收违法所得，并处5万元以上10万元以下的罚款；逾期仍不办理延期手续，继续进行生产的，依照条例第19条的规定处罚。

3）转让安全生产许可证的法律责任

转让安全生产许可证的，没收违法所得，处10万元以上50万元以下的罚款，并吊销

其安全生产许可证;构成犯罪的,依法追究刑事责任;接受转让的,依照《安全生产许可证条例》第 19 条的规定处罚。

4)冒用或伪造安全生产许可证的法律责任

冒用安全生产许可证或者使用伪造的安全生产许可证进行生产的,责令停止生产,没收违法所得,并处 10 万元以上 50 万元以下的罚款;造成重大事故或者其他严重后果,构成犯罪的,依法追究刑事责任。

**（三）暂扣或吊销的规定**

建设部 2008 年 6 月 30 日颁发了《建筑施工企业安全生产许可证动态监管暂行办法》,对暂扣或吊销安全生产许可证做出了新的规定:

（一）市、县级人民政府建设主管部门或其委托的建筑安全监督机构在日常安全生产监督检查中,应当查验承建工程施工企业的安全生产许可证。发现企业降低施工现场安全生产条件的或存在事故隐患的,应立即提出整改要求;情节严重的,应责令工程项目停止施工并限期整改。

（二）依据前款责令停止施工符合下列情形之一的,市、县级人民政府建设主管部门应当于作出最后一次停止施工决定之日起 15 日内以书面形式向颁发管理机关（县级人民政府建设主管部门同时抄报设区市级人民政府建设主管部门;工程承建企业跨省施工的,通过省级人民政府建设主管部门抄告）提出暂扣企业安全生产许可证的建议,并附具企业及有关工程项目违法违规事实和证明安全生产条件降低的相关询问笔录或其他证据材料。

（1）在 12 个月内,同一企业同一项目被两次责令停止施工的。

（2）在 12 个月内,同一企业在同一市、县内三个项目被责令停止施工的;

（3）施工企业承建工程经责令停止施工后,整改仍达不到要求或拒不停工整改的。

（三）颁发管理机关接到本办法第十条规定的暂扣安全生产许可证建议后,应当于 5 个工作日内立案,并根据情节轻重依法给予企业暂扣安全生产许可证 30 日至 60 日的处罚。

（四）工程项目发生一般及以上生产安全事故的,工程所在地市、县级人民政府建设主管部门应当立即按照事故报告要求向本地区颁发管理机关报告。

工程承建企业跨省施工的,工程所在地省级建设主管部门应当在事故发生之日起 15 日内将事故基本情况书面通报颁发管理机关,同时附具企业及有关项目违法违规事实和证明安全生产条件降低的相关询问笔录或其他证据材料。

（五）颁发管理机关接到本办法第 12 条规定的报告或通报后,应立即组织对相关建筑施工企业（含施工总承包企业和与发生事故直接相关的分包企业）安全生产条件进行复核,并于接到报告或通报之日起 20 日内复核完毕。

颁发管理机关复核施工企业及其工程项目安全生产条件,可以直接复核或委托工程所在地建设主管部门复核。被委托的建设主管部门应严格按照法规规章和相关标准进行复核,并及时向颁发管理机关反馈复核结果。

（六）依据本办法第 13 条进行复核,对企业降低安全生产条件的,颁发管理机关应当依法给予企业暂扣安全生产许可证的处罚;属情节特别严重的或者发生特别重大事故的,依法吊销安全生产许可证。

暂扣安全生产许可证处罚视事故发生级别和安全生产条件降低情况，按下列标准执行：

（1）发生一般事故的，暂扣安全生产许可证30至60日。

（2）发生较大事故的，暂扣安全生产许可证60至90日。

（3）发生重大事故的，暂扣安全生产许可证90至120日。

建筑施工企业在12个月内第二次发生生产安全事故的，视事故级别和安全生产条件降低情况，分别按下列标准进行处罚：

（1）发生一般事故的，暂扣时限为在上一次暂扣时限的基础上再增加30日。

（2）发生较大事故的，暂扣时限为在上一次暂扣时限的基础上再增加60日。

（3）发生重大事故的，或按本条(1)、(2)处罚暂扣时限超过120日的，吊销安全生产许可证。

12个月内同一企业连续发生三次生产安全事故的，吊销安全生产许可证。

（七）建筑施工企业瞒报、谎报、迟报或漏报事故的，在本办法第14条、第16条处罚的基础上，再处延长暂扣期30日至60日的处罚。暂扣时限超过120日的，吊销安全生产许可证。

（八）建筑施工企业在安全生产许可证暂扣期内，拒不整改的，吊销其安全生产许可证。

### 三、《水利建设工程安全生产管理规定》

《水利工程建设安全生产管理规定》已经2005年6月22日水利部部务会议审议通过，现予公布，自公布之日起施行。为了加强水利工程建设安全生产监督管理，明确安全生产责任，防止和减少安全生产事故，保障人民群众生命和财产安全，根据《中华人民共和国安全生产法》《建设工程安全生产管理条例》等法律、法规，结合水利工程的特点，制定本规定。《水利工程建设安全生产管理规定》共42条，分别对水利工程项目法人、建设单位、施工单位、工程监理单位以及勘察、设计和其他有关单位的安全责任做出了规定。

《水利工程建设安全生产管理规定》第2条规定："本规定适用于水利工程的新建、扩建、改建、加固和拆除等活动及水利工程建设安全生产的监督管理。水利工程，是指防洪、除涝、灌溉、水力发电、供水、围垦等（包括配套与附属工程）各类水利工程。"

#### （一）项目法人的安全责任

1. 向施工单位提供资料的责任

项目法人应当向施工单位提供施工现场及毗邻区域内供水、排水、供电、供气、供热、通信、广播电视等地下管线资料，气象和水文观测资料，相邻建筑物和构筑物、地下工程的有关资料，并保证资料的真实、准确、完整。对可能影响施工报价的资料，应当在招标时提供。

2. 依法提供安全生产费用的责任

项目法人不得调减或挪用批准概算中所确定的水利工程建设有关安全作业环境及安全施工措施等所需费用。工程承包合同中应当明确安全作业环境及安全施工措施所需费用。

3. 编制保证安全生产措施方案的责任

项目法人应当组织编制保证安全生产的措施方案,并自开工报告批准之日起15日内报有管辖权的水行政主管部门、流域管理机构或者其委托的水利工程建设安全生产监督机构(以下简称安全生产监督机构)备案。建设过程中安全生产的情况发生变化时,应当及时对保证安全生产的措施方案进行调整,并报原备案机关。

4. 对拆除工程进行备案的责任

项目法人应当将水利工程中的拆除工程和爆破工程发包给具有相应水利水电工程施工资质等级的施工单位。

项目法人应当在拆除工程或者爆破工程施工15日前,将下列资料报送水行政主管部门、流域管理机构或者其委托的安全生产监督机构备案:

(1)施工单位资质等级证明;

(2)拟拆除或拟爆破的工程及可能危及毗邻建筑物的说明;

(3)施工组织方案;

(4)堆放、清除废弃物的措施;

(5)生产安全事故的应急救援预案。

**(二)勘察(测)、设计、建设监理及其他有关单位的安全责任**

1. 勘察(测)单位的安全责任

勘察(测)单位应当按照法律、法规和工程建设强制性标准进行勘察(测),提供的勘察(测)文件必须真实、准确,满足水利工程建设安全生产的需要。

勘察(测)单位在勘察(测)作业时,应当严格执行操作规程,采取措施保证各类管线、设施和周边建筑物、构筑物的安全。

勘察(测)单位和有关勘察(测)人员应当对其勘察(测)成果负责。

2. 设计单位的安全责任

设计单位应当按照法律、法规和工程建设强制性标准进行设计,并考虑项目周边环境对施工安全的影响,防止因设计不合理导致生产安全事故的发生。

设计单位应当考虑施工安全操作和防护的需要,对涉及施工安全的重点部位和环节在设计文件中注明,并对防范生产安全事故提出指导意见。

采用新结构、新材料、新工艺以及特殊结构的水利工程,设计单位应当在设计中提出保障施工作业人员安全和预防生产安全事故的措施建议。

设计单位和有关设计人员应当对其设计成果负责。

设计单位应当参与与设计有关的生产安全事故分析,并承担相应的责任。

3. 建设监理单位的安全责任

建设监理单位和监理人员应当按照法律、法规和工程建设强制性标准实施监理,并对水利工程建设安全生产承担监理责任。

建设监理单位应当审查施工组织设计中的安全技术措施或者专项施工方案是否符合工程建设强制性标准。

建设监理单位在实施监理过程中,发现存在生产安全事故隐患的,应当要求施工单位整改;对情况严重的,应当要求施工单位暂时停止施工,并及时向水行政主管部门、流域管理机构或者其委托的安全生产监督机构以及项目法人报告。

**(三)施工单位的安全责任**

施工单位主要负责人依法对本单位的安全生产工作全面负责。施工单位应当建立健全安全生产责任制度和安全生产教育培训制度,制定安全生产规章制度和操作规程,保证本单位建立和完善安全生产条件所需资金的投入,对所承担的水利工程进行定期和专项安全检查,并做好安全检查记录。

施工单位的项目负责人应当由取得相应执业资格的人员担任,对水利工程建设项目的安全施工负责,落实安全生产责任制度、安全生产规章制度和操作规程,确保安全生产费用的有效使用,并根据工程的特点组织制定安全施工措施,消除安全事故隐患,及时、如实报告生产安全事故。

施工单位在工程报价中应当包含工程施工的安全作业环境及安全施工措施所需费用。对列入建设工程概算的上述费用,应当用于施工安全防护用具及设施的采购和更新、安全施工措施的落实、安全生产条件的改善,不得挪作他用。

施工单位应当设立安全生产管理机构,按照国家有关规定配备专职安全生产管理人员。施工现场必须有专职安全生产管理人员。

专职安全生产管理人员负责对安全生产进行现场监督检查。发现生产安全事故隐患,应当及时向项目负责人和安全生产管理机构报告;对违章指挥、违章操作的,应当立即制止。

施工单位在建设有度汛要求的水利工程时,应当根据项目法人编制的工程度汛方案、措施制定相应的度汛方案,报项目法人批准;涉及防汛调度或者影响其他工程、设施度汛安全的,由项目法人报有管辖权的防汛指挥机构批准。

垂直运输机械作业人员、安装拆卸工、爆破作业人员、起重信号工、登高架设作业人员等特种作业人员,必须按照国家有关规定经过专门的安全作业培训,并取得特种作业操作资格证书后,方可上岗作业。

施工单位应当在施工组织设计中编制安全技术措施和施工现场临时用电方案,对下列达到一定规模的危险性较大的工程应当编制专项施工方案,并附具安全验算结果,经施工单位技术负责人签字以及总监理工程师核签后实施,由专职安全生产管理人员进行现场监督:

(1)基坑支护与降水工程;

(2)土方和石方开挖工程;

(3)模板工程;

(4)起重吊装工程;

(5)脚手架工程;

(6)拆除、爆破工程;

(7)围堰工程;

(8)其他危险性较大的工程。

对前款所列工程中涉及高边坡、深基坑、地下暗挖工程、高大模板工程的专项施工方案,施工单位还应当组织专家进行论证、审查。

施工单位在使用施工起重机械和整体提升脚手架、模板等自升式架设设施前,应当组织有关单位进行验收,也可以委托具有相应资质的检验检测机构进行验收;使用承租的机械设备和施工机具及配件的,由施工总承包单位、分包单位、出租单位和安装单位共同进行验收。验收合格的方可使用。

施工单位的主要负责人、项目负责人、专职安全生产管理人员应当经水行政主管部门安全生产考核合格后方可任职。

施工单位应当对管理人员和作业人员每年至少进行一次安全生产教育培训,其教育培训情况记入个人工作档案。安全生产教育培训考核不合格的人员,不得上岗。

施工单位在采用新技术、新工艺、新设备、新材料时,应当对作业人员进行相应的安全生产教育培训。

**(四)监督管理**

水行政主管部门和流域管理机构按照分级管理权限,负责水利工程建设安全生产的监督管理。水行政主管部门或者流域管理机构委托的安全生产监督机构,负责水利工程施工现场的具体监督检查工作。

水利部负责全国水利工程建设安全生产的监督管理工作,其主要职责是:

(1)贯彻、执行国家有关安全生产的法律、法规和政策,制定有关水利工程建设安全生产的规章、规范性文件和技术标准;

(2)监督、指导全国水利工程建设安全生产工作,组织开展对全国水利工程建设安全生产情况的监督检查;

(3)组织、指导全国水利工程建设安全生产监督机构的建设、考核和安全生产监督人员的考核工作以及水利水电工程施工单位的主要负责人、项目负责人和专职安全生产管理人员的安全生产考核工作。

水行政主管部门、流域管理机构或者其委托的安全生产监督机构依法履行安全生产监督检查职责时,有权采取下列措施:

(1)要求被检查单位提供有关安全生产的文件和资料。

(2)进入被检查单位施工现场进行检查。

(3)纠正施工中违反安全生产要求的行为。

(4)对检查中发现的安全事故隐患,责令立即排除;重大安全事故隐患排除前或者排除过程中无法保证安全的,责令从危险区域内撤出作业人员或者暂时停止施工。

**(五)生产安全事故的应急救援和调查处理**

项目法人应当组织制定本建设项目的生产安全事故应急救援预案,并定期组织演练。应急救援预案应当包括紧急救援的组织机构、人员配备、物资准备、人员财产救援措施、事故分析与报告等方面的方案。

施工单位应当根据水利工程施工的特点和范围,对施工现场易发生重大事故的部位、环节进行监控,制定施工现场生产安全事故应急救援预案。实行施工总承包的,由总承包单位统一组织编制水利工程建设生产安全事故应急救援预案,工程总承包单位和分包单位按照应急救援预案,各自建立应急救援组织或者配备应急救援人员,配备救援器材、设备,并定期组织演练。

施工单位发生生产安全事故,应当按照国家有关伤亡事故报告和调查处理的规定,及时、如实地向负责安全生产监督管理的部门以及水行政主管部门或者流域管理机构报告;特种设备发生事故的,还应当同时向特种设备安全监督管理部门报告。接到报告的部门应当按照国家有关规定,如实上报。

实行施工总承包的建设工程,由总承包单位负责上报事故。

发生生产安全事故,项目法人及其他有关单位应当及时、如实地向负责安全生产监督管理的部门以及水行政主管部门或者流域管理机构报告。

水利工程建设生产安全事故的调查、对事故责任单位和责任人的处罚与处理,按照有关法律、法规的规定执行。

违反本规定,需要实施行政处罚的,由水行政主管部门或者流域管理机构按照《建设工程安全生产管理条例》的规定执行。

# 第二节　质量管理的相关规定

## 一、《建设工程质量管理条例》

《建设工程质量管理条例》于 2000 年 1 月 10 日经国务院第 25 次常务会议通过,2000年 1 月 30 日实施。

《建设工程质量管理条例》的立法目的在于加强对建设工程质量的管理,保证建设工程质量,保护人民生命和财产安全。共包括 137 条,分别对建设单位、施工单位、工程监理单位和勘察、设计单位质量责任和义务作出了规定。

《建设工程质量管理条例》第 2 条规定:"凡在中华人民共和国境内从事建设工程的新建、扩建、改建等有关活动及实施对建设工程质量监督管理的,必须遵守本条例。"

**（一）建设单位的质量责任和义务及法律责任**

1. 建设单位的质量责任和义务

1）依法对工程进行发包的责任

建设单位应当将工程发包给具有相应资质等级的单位,不得将建设工程肢解发包。

建设单位应当依法行使工程发包权,《建筑法》对此已有明确规定。

2）依法对材料设备进行招标的责任

《建设工程质量管理条例》第 8 条规定,建设单位应当依法对工程建设项目的勘察、设计、施工、监理以及与工程建设有关的重要设备、材料等的采购进行招标。

3）提供原始资料的责任

建设单位必须向有关的勘察、设计、施工、工程监理等单位提供与建设工程有关的原始资料。原始资料必须真实、准确、齐全。

4）不得干预投标人的责任

建设工程发包单位不得迫使承包方以低于成本的价格竞标。

在这里,承包方主要指勘察、设计和施工单位。《招标投标法》从规范投标人竞标行为的角度,在第33条规定"投标人不得以低于成本的报价竞标"。建设单位迫使施工单位实施违法的建设行为自然是法律所不允许的。

建设单位也不得任意压缩合理工期,不得明示或者暗示设计单位或者施工单位违反工程建设强制性标准,降低建设工程质量。

5) 送审施工图的责任

建设单位应当将施工图设计文件报县级以上人民政府建设行政主管部门或者其他有关部门审查。施工图设计文件未经审查批准的,不得使用。

6) 委托监理的责任

根据《建设工程质量管理条例》第12条的规定,建设单位应当依法委托监理。

7) 确保提供的物资符合要求的责任

按照合同约定,由建设单位采购建筑材料、建筑构配件和设备的,建设单位应当保证建筑材料、建筑构配件和设备符合设计文件和合同要求。

如果建设单位提供的建筑材料、建筑构配件和设备不符合设计文件和合同要求,属于违约行为,应当由施工单位承担违约责任,施工单位有权拒绝接收这些货物。

8) 不得擅自改变主体和承重结构进行装修的责任

涉及建筑主体和承重结构变动的装修工程,建设单位应当在施工前委托原设计单位或者具有相应资质等级的设计单位提出设计方案;没有设计方案的,不得施工。

9) 依法组织竣工验收的责任

建设单位收到建设工程竣工报告后,应当组织设计、施工、工程监理等有关单位进行竣工验收。

建设工程竣工验收是施工全过程的最后一道程序,是建设投资成果转入生产或使用的标志,也是全面考核投资效益、检验设计和施工质量的重要环节。根据《建设工程质量管理条例》第16条的规定,建设工程竣工验收应当具备下列条件:

(1) 完成建设工程设计和合同约定的各项内容;

(2) 有完整的技术档案和施工管理资料;

(3) 有工程使用的主要建筑材料、建筑构配件和设备的进场试验报告;

(4) 有勘察、设计、施工、工程监理等单位分别签署的质量合格文件;

(5) 有施工单位签署的工程保修书。

在工程实践中,部分建设单位忽视竣工验收的重要性,未经竣工验收或验收不合格,即将工程提前交付使用。这种不规范的行为很容易产生质量问题,并会在发承包双方之间就质量责任归属问题产生争议。《建设工程质量管理条例》第16条第3款明确规定,"建设工程经竣工验收合格的,方可交付使用"。如果建设单位有下列行为,根据《建设工程质量管理条例》将承担法律责任:

(1) 未组织竣工验收,擅自交付使用的;

(2) 验收不合格,擅自交付使用的;

(3) 对不合格的建设工程按照合格工程验收的。

此外,根据最高人民法院的有关司法解释规定:建设工程未经竣工验收,发包人擅自使用后,又以使用部分质量不符合约定为由主张权利的,不予支持;但是承包人应当在建设工程的合理使用寿命对地基基础量程和主体结构质量承担民事责任。这是因为地基基础和主体结构的最低保修期限是设计的合理使用年限。

10)移交建设项目档案的责任

建设单位应当严格按照国家有关档案管理的规定,向建设行政主管部门或者其他有关部门移交建设项目档案。

**2. 法律责任**

1)违反资质管理发包的法律责任

建设单位将建设工程发包给不具有相应资质等级的勘察、设计、施工单位或者委托给不具有相应资质等级的工程监理单位的,责令改正,处 50 万元以上 100 万元以下的罚款。

2)肢解发包的法律责任

建设单位将建设工程肢解发包的,责令改正,处工程合同价款 0.5% 以上 1% 以下的罚款;对全部或者部分使用国有资金的项目,并可以暂停项目执行或者暂停资金拨付。

3)擅自开工的法律责任

建设单位未取得施工许可证或者开工报告未经经批准擅自施工的,责令停止施工,限期改正,处工程合同价款 1% 以上 2% 以下的罚款。

4)违反验收管理的法律责任

建设单位有下列行为之一的,责令改正,处工程合同价款 2% 以上 4% 以下的罚款;造成损失的,依法承担赔偿责任:

(1)未组织竣工验收,擅自交付使用的;

(2)验收不合格,擅自交付使用的;

(3)对不合格的建设工程按照合格工程验收的。

5)未移交档案的法律责任

建设工程竣工验收后,建设单位未向建设行政主管部门或者其他有关部门移交建设项目档案的,责令改正,处 1 万元以上 10 万元以下的罚款。

6)擅自改变房屋主体或者承重结构的法律责任

涉及建筑主体或者承重结构变动的装修工程,没有设计方案擅自施工的,责令改正,处 50 万元以上 100 万元以下的罚款;房屋建筑使用者在装修过程中擅自变动房屋建筑主体和承重结构的,责令改正,处 5 元以上 10 万元以下的罚款。

有前款所列行为,造成损失的,依法承担赔偿责任。

7)其他法律责任

建设单位有下列行为之一的,责令改正,处 20 万元以上 50 万元以下的罚款:

(1)迫使承包方以低于成本的价格竞标的;

(2)任意压缩合理工期的;

(3)明示或者暗示设计单位或者施工单位违反工程建设强制性标准,降低工程质量的;

（4）施工图设计文件未经审查或者审查不合格，擅自施工的；

（5）建设项目必须实行工程监理而未实行工程监理的；

（6）未按照国家规定办理工程质量监督手续的；

（7）明示或者暗示施工单位使用不合格的建筑材料、建筑构配件和设备的；

（8）未按照国家规定将竣工验收报告、有关认可文件或者准许使用文件报送备案的。

8）责任人员应承担的法律责任

（1）依照《建设工程质量管理条例》规定，给予单位罚款处罚的，对单位直接负责的主管人员和其他直接责任人员处单位罚款数额 5% 以上 10% 以下的罚款。

（2）建设单位、设计单位、施工单位、工程监理单位违反国家规定，降低工程质量标准，造成重大安全事故，构成犯罪的，对直接责任人员依法追究刑事责任。

（3）建设、勘察、设计、施工、工程监理单位的工作人员因调动工作、退休等原因离开该单位后，被发现在该单位工作期间违反国家有关建设工程质量管理规定，造成重大工程质量事故的，仍应当依法追究法律责任。

（4）建设单位、设计单位、施工单位、工程监理单位违反国家规定，降低工程质量标准，造成重大安全事故的，对直接责任人员处 5 年以下有期徒刑或者拘役，并处罚金；后果特别严重的，处 5 年以上 10 年以下有期徒刑，并处罚金。

### （二）施工单位的质量责任和义务及法律责任

1. 施工单位的质量责任和义务

1）依法承揽工程的责任

施工单位应当依法取得相应等级的资质证书，并在其资质等级许可的范围内承揽工程。

禁止施工单位超越本单位资质等级许可的业务范围或者以其他施工单位的名义承揽工程。禁止施工单位允许其他单位或者个人以本单位的名义承揽工程。施工单位不得转包或者违法分包工程。

《建筑法》部分对此已有论述。

2）建立质量保证体系的责任

施工单位对建设工程的施工质量负责。施工单位应当建立质量责任制，确定工程项目的项目经理、技术负责人和施工管理负责人。

建设工程实行总承包的，总承包单位应当对全部建设工程质量负责；建设工程勘察、设计、施工、设备采购的一项或者多项实行总承包的，总承包单位应当对其承包的建设工程或者采购的设备的质量负责。

3）分包单位保证工程质量的责任

总承包单位依法将建设工程分包给其他单位的，分包单位应当按照分包合同的约定对其分包工程的质量向总承包单位负责，总承包单位与分包单位对分包工程的质量承担连带责任。

4）按图施工的责任

《建设工程质量管理条例》第 28 条规定："施工单位必须按照工程设计图纸和施工技

术标准施工,不得擅自修改工程设计,不得偷工减料。"

施工单位在施工过程中发现设计文件和图纸有差错的,应当及时提出意见和建议。

建设单位、施工单位、监理单位不得修改建设工程勘察、设计文件;确需修改建设工程勘察、设计文件的,应当由原建设工程勘察、设计单位修改。经原建设工程勘察、设计单位书面同意,建设单位也可以委托其他具有相应资质的建设工程勘察、设计单位修改。修改单位对修改的勘察、设计文件承担相应责任。施工单位、监理单位发现建设工程勘察、设计文件不符合工程建设强制性标准、合同约定的质量要求的,应当报告建设单位,建设单位有权要求建设工程勘察、设计单位对建设工程勘察、设计文件进行补充、修改。建设工程勘察、设计文件内容需要作重大修改的,建设单位应当报经原审批机关批准后,方可修改。

5)对建筑材料、构配件和设备进行检验的责任

《建设工程质量管理条例》第 29 条规定:"施工单位必须按照工程设计要求、施工技术标准和合同约定,对建筑材料、建筑构配件、设备和商品混凝土进行检验,检验应当有书面记录和专人签字;未经检验或者检验不合格的,不得使用。"

6)对施工质量进行检验的责任

施工单位必须建立、健全施工质量的检验制度,严格工序管理,作好隐蔽工程的质量检查和记录。隐蔽工程在隐蔽前,施工单位应当通知建设单位和建设工程质量监督机构。

7)见证取样的责任

施工人员对涉及结构安全的试块、试件以及有关材料,应当在建设单位或者工程监理单位监督下现场取样,并送具有相应资质等级的质量检测单位进行检测。

在工程施工过程中,为了控制工程施工质量,需要依据有关技术标准和规定的方法,对用于工程的材料和构件抽取一定数量的样品进行检测,并根据检测结果判断其所代表部位的质量。为了加强对建设工程质量检测的管理,根据《建筑法》和《建设工程质量管理条例》,建设部于 2005 年 9 月 28 日发布了《建设工程质量检测管理办法》(建设部令第141 号,2005 年 11 月 1 日起实施),明确规定:

(1)检测机构是具有独立法人资格的中介机构。检测机构从事规定的质量检测业务,应当依据该办法取得相应的资质证书。

(2)本办法规定的质量检测业务,由工程项目建设单位委托具有相应资质的检测机构进行检测。

(3)质量检测试样的取样应当严格执行有关工程建设标准和国家有关规定,在建设单位或者工程监理单位监督下现场取样。提供质量检测试样的单位和个人,应当对试样的真实性负责。

(4)检测机构不得与行政机关,法律、法规授权的具有管理公共事务职能的组织以及所检测工程项目相关的设计单位、施工单位、监理单位有隶属关系或者其他利害关系。

(5)检测机构应当将检测过程中发现的建设单位、监理单位、施工单位违反有关法律、法规和工程建设强制性标准的情况,以及涉及结构安全检测结果的不合格情况,及时报告工程所在地建设主管部门。

8）保修的责任

施工单位对施工中出现质量问题的建设工程或者竣工验收不合格的建设工程，应当负责返修。

在建设工程竣工验收合格前，施工单位应对质量问题履行返修义务；建设工程竣工验收合格后，施工单位应对保修期内出现的质量问题履行保修义务。《合同法》第281条对施工单位的返修义务也有相应规定，因施工人原因致使建设工程质量不符合约定的，发包人有权要求施工人在合理期限内无偿修理或者返工、改建。经过修理或者返工、改建后，造成逾期交付的，施工人应当承担违约责任。返修包括修理和返工。

2. 法律责任

1）超越资质承揽工程的法律责任

施工单位超越本单位资质等级承揽工程的，责令停止违法行为，对施工单位处工程合同价款2%以上4%以下的罚款，可以责令停业整顿，降低资质等级；情节严重的，吊销资质证书；有违法所得的，予以没收。

未取得资质证书承揽工程的，予以取缔，依照前款规定处以罚款；有违法所得的，予以没收。

以欺骗手段取得资质证书承揽工程的，吊销资质证书，依照本条第一款规定处以罚款；有违法所得的，予以没收。

2）出借资质的法律责任

施工单位允许其他单位或者个人以本单位名义承揽工程的，责令改正，没收违法所得，对施工单位处工程合同价款2%以上4%以下的罚款；可以责令停业整顿，降低资质等级；情节严重的，吊销资质证书。

3）转包或者违法分包的法律责任

承包单位将承包的工程转包或者违法分包的，责令改正，没收违法所得，对施工单位处工程合同价款0.5%以上1%以下的罚款；可以责令停业整顿，降低资质等级；情节严重的，吊销资质证书。

4）偷工减料，不按图施工的法律责任

施工单位在施工中偷工减料的，使用不合格的建筑材料、建筑构配件和设备的，或者有不按照工程设计图纸或者施工技术标准施工的其他行为的，责令改正，处工程合同价款2%以上4%以下的罚款；造成建设工程质量不符合规定的质量标准的，负责返工、修理，并赔偿因此造成的损失；情节严重的，责令停业整顿，降低资质等级或者吊销资质证书。

5）未取样检测的法律责任

施工单位未对建筑材料、建筑构配件、设备和商品混凝土进行检验，或者未对涉及结构安全的试块、试件以及有关材料取样检测的，责令改正，处10万元以上20万元以下的罚款；情节严重的，责令停业整顿，降低资质等级或者吊销资质证书；造成损失的，依法承担赔偿责任。

6）不履行保修义务的法律责任

施工单位不履行保修义务或者拖延履行保修义务的，责令改正，处10万元以上20万元以下的罚款，并对在保修期内因质量缺陷造成的损失承担赔偿责任。

### (三)工程监理单位的质量责任和义务

**1. 依法承揽业务**

《建设工程质量管理条例》第 34 条规定,工程监理单位应当依法取得相应等级的资质证书,并在其资质等级许可的范围内承担工程监理业务。

禁止工程监理单位超越本单位资质等级许可的范围或者以其他工程监理单位的名义承担工程监理业务。禁止工程监理单位允许其他单位或者个人以本单位的名义承担工程监理业务。工程监理单位不得转让工程监理业务。

**2. 独立监理**

《建设工程质量管理条例》第 35 条规定:"工程监理单位与被监理工程的施工承包单位以及建筑材料、建筑构配件和设备供应单位有隶属关系或者其他利害关系的,不得承担该项建设工程的监理业务。"

独立是公正的前提条件,监理单位如果不独立是不可能保持公正的。

**3. 依法监理**

《建设工程质量管理条例》第 36 条规定:"工程监理单位应当依照法律、法规以及有关技术标准、设计文件和建设工程承包合同,代表建设单位对施工质量实施监理,并对施工质量承担监理责任。"

监理工程师应当按照工程监理规范的要求,采取旁站、巡视和平行检验等形式,对建设工程实施监理。

**4. 确认质量**

工程监理单位应当选派具备相应资格的总监理工程师和监理工程师进驻施工现场。

未经监理工程师签字,建筑材料、建筑构配件和设备不得在工程上使用或者安装,施工单位不得进行下一道工序的施工。未经总监理工程师签字,建设单位不拨付工程款,不进行竣工验收。

**5. 法律责任**

1)超越资质承揽工程的法律责任

工程监理单位超越本单位资质等级承揽工程的,责令停止违法行为,对工程监理单位处合同约定的监理酬金 1 倍以上 2 倍以下的罚款;可以责令停业整顿,降低资质等级;情节严重的,吊销资质证书;有违法所得的,予以没收。

未取得资质证书承揽工程的,予以取缔,依照前款规定处以罚款;有违法所得的,予以没收。

以欺骗手段取得资质证书承揽工程的,吊销资质证书,依照本条第一款规定处以罚款;有违法所得的,予以没收。

2)出借资质的法律责任

工程监理单位允许其他单位或者个人以本单位名义承揽工程的,责令改正,没收违法所得,对工程监理单位处合同约定的监理酬金 1 倍以上 2 倍以下的罚款;可以责令停业整顿,降低资质等级;情节严重的,吊销资质证书。

3)转包或者违法分包的法律责任

工程监理单位转让工程监理业务的,责令改正,没收违法所得,处合同约定的监理酬金 25% 以上 50% 以下的罚款;可以责令停业整顿,降低资质等级;情节严重的,吊销资质证书。

4) 违反公正监理的法律责任

工程监理单位有下列行为之一的,责令改正,处 50 万元以上 100 万元以下的罚款,降低资质等级或者吊销资质证书;有违法所得的,予以没收;造成损失的,承担连带赔偿责任:

(1) 与建设单位或者施工单位串通,弄虚作假,降低工程质量的;

(2) 将不合格的建设工程、建筑材料、建筑构配件和设备按照合格签字的。

5) 违反独立监理的法律责任

工程监理单位与被监理工程的施工承包单位以及建筑材料、建筑构配件和设备供应单位有隶属关系或者其他利害关系承担该项建设工程的监理业务的,责令改正,处 5 万元以上 10 万元以下的罚款,降低资质等级或者吊销资质证书;有违法所得的,予以没收。

6) 注册执业人员应承担的法律责任

监理工程师因过错造成质量事故的,责令停止执业 1 年;造成重大质量事故的,吊销执业资格证书,5 年以内不予注册,情节特别恶劣的,终身不予注册。

**(四)建设工程质量保修制度**

所谓建设工程质量保修,一是指建设工程竣工验收后在保修期限内出现的质量缺陷(或质量问题),由施工单位依照法律规定或合同约定予以修复。其中,质量缺陷是指建设工程的质量不符合工程建设强制性标准以及合同的约定。

建设工程实行质量保修制度,是《建筑法》确立的一项基本法律制度。《建设工程质量管理条例》则在建设工程的保修范围、保修期限和保修责任等方面,对该项制度做出了更具体的规定。

1. 工程质量保修书

《建设工程质量管理条例》第 39 条第 2 款规定:"建设工程承包单位在向建设单位提交工程竣工验收报告时,应当向建设单位出具质量保修书。质量保修书中应当明确建设工程的保修范围、保修期限和保修责任等。"

根据《建设工程质量管理条例》第 16 条的规定,"有施工单位签署的工程保修书"是建设工程竣工验收应具备的条件之一。工程质量保修书也是一种合同,是发承包双方就保修范围、保修期限和保修责任等设立权利义务的协议,集中体现了承包单位对发包单位的工程质量保修承诺。

2. 保修范围和最低保修期限

《建设工程质量管理条例》第 40 条规定了保修范围及其在正常使用条件下各自对应的最低保修期限:

(1) 基础设施工程、房屋建筑的地基基础工程和主体结构工程,为设计文件规定的该工程的合理使用年限;

(2) 屋面防水工程、有防水要求的卫生间、房间和外墙面的防渗漏,为 5 年;

(3) 供热与供冷系统,为 2 个采暖期、供冷期;

(4) 电气管线、给排水管道、设备安装和装修工程,为 2 年。

上述保修范围属于法律强制性规定。超出该范围的其他项目的保修不是强制的,而是属于发承包双方意思自治的领域。最低保修期限同样属于法律强制性规定,发承包双方约定的保修期限不得低于条例规定的期限,但可以延长。

3. 保修责任

《建设工程质量管理条例》第41条规定:"建设工程在保修范围和保修期限内发生质量问题的,施工单位应当履行保修义务,并对造成的损失承担赔偿责任。"

根据该条规定,质量问题应当发生在保修范围和保修期以内,是施工单位承担保修责任的两个前提条件。《房屋建筑工程质量保修办法》(2000年6月30日建设部令第80号)规定了三种不属于保修范围的情况,分别是:

(1)因使用不当造成的质量缺陷;

(2)第三方造成的质量缺陷;

(3)不可抗力造成的质量缺陷。

就工程质量保修事宜,建设单位和施工单位应遵守如下基本程序:

(1)建设工程在保修期限内出现质量缺陷,建设单位应当向施工单位发出保修通知。

(2)施工单位接到保修通知后,应当到现场核查情况,在保修书约定的时间内予以保修。发生涉及结构安全或者严重影响使用功能的紧急抢修事故,施工单位接到保修通知后,应当立即到达现场抢修。

(3)施工单位不按工程质量保修书约定保修的,建设单位可以另行委托其他单位保修,由原施工单位承担相应责任。

(4)保修费用由造成质量缺陷的责任方承担。如果质量缺陷是由于施工单位未按照工程建设强制性标准和合同要求施工造成的,则施工单位不仅要负责保修,还要承担保修费用。但是,如果质量缺陷是由于设计单位、勘察单位或建设单位、监理单位的原因造成的,施工单位仅负责保修,其有权对由此发生的保修费用向建设单位索赔。建设单位向施工单位承担赔偿责任后,有权向造成质量缺陷的责任方追偿。

4. 建设工程质量保证金

2005年1月12日,建设部、财政部联合颁发了《建设工程质量保证金管理暂行办法》,该办法的实施,将有助于进一步规范质量保修制度的经济保障措施。

1)质量保证金的含义

建设工程质量保证金(保修金)(以下简称保证金)是指发包人与承包人在建设工程承包合同中约定,从应付的工程款中预留,用以保证承包人在缺陷责任期内对建设工程出现的缺陷进行维修的资金。

缺陷是指建设工程质量不符合工程建设强制性标准、设计文件,以及承包合同的约定。

2)缺陷责任期

缺陷责任期从工程通过竣(交)工验收之日起计。由于承包人原因导致工程无法按规定期限进行竣(交)工验收的,缺陷责任期从实际通过竣(交)工验收之日起计。由于发包人原因导致工程无法按规定期限进行竣(交)工验收的,在承包人提交竣(交)工验收报告90天后,工程自动进入缺陷责任期。

缺陷责任期一般为6个月、12个月或24个月,具体可由发、承包双方在合同中约定。

缺陷责任期内,由承包人原因造成的缺陷,承包人应负责维修,并承担鉴定及维修费用。如承包人不维修也不承担费用,发包人可按合同约定扣除保证金,并由承包人承担违约责任。承包人维修并承担相应费用后,不免除对工程的一般损失赔偿责任。

由他人原因造成的缺陷,发包人负责组织维修,承包人不承担费用,且发包人不得从保证金中扣除费用。

3)质量保证金的数额

发包人应当在招标文件中明确保证金预留、返还等内容,并与承包人在合同条款中对涉及保证金的下列事项进行约定:

(1)保证金预留、返还方式;

(2)保证金预留比例、期限;

(3)保证金是否计付利息,如计付利息,利息的计算方式;

(4)缺陷责任期的期限及计算方式;

(5)保证金预留、返还及工程维修质量、费用等争议的处理程序;

(6)缺陷责任期内出现缺陷的索赔方式。

建设工程竣工结算后,发包人应按照合同约定及时向承包人支付工程结算价款并预留保证金。

全部或者部分使用政府投资的建设项目,按工程价款结算总额5%左右的比例预留保证金。社会投资项目采用预留保证金方式的,预留保证金的比例可参照执行。

采用工程质量保证担保、工程质量保险等其他保证方式的,发包人不得再预留保证金。

4)质量保证金的返还

缺陷责任期内,承包人认真履行合同约定的责任,到期后,承包人向发包人申请返还保证金。

发包人在接到承包人返还保证金申请后,应于14日内会同承包人按照合同约定的内容进行核实。如无异议,发包人应当在核实后14日内将保证金返还给承包人,逾期支付的,从逾期之日起,按照同期银行贷款利率计付利息,并承担违约责任。发包人在接到承包人返还保证金申请后14日内不予答复,经催告后14日内仍不予答复,视同认可承包人的返还保证金申请。

**(五)勘察、设计单位的质量责任和义务**

1. 勘察、设计单位共同的责任

1)依法承揽工程的责任

从事建设工程勘察、设计的单位应当依法取得相应等级的资质证书,并在其资质等级许可的范围内承揽工程。

禁止勘察、设计单位超越其资质等级许可的范围或者以其他勘察、设计单位的名义承揽工程。禁止勘察、设计单位允许其他单位或者个人以本单位的名义承揽工程。

勘察、设计单位不得转包或者违法分包所承揽的工程。

《建筑法》第13条对此已有明确规定。

2）执行强制性标准的责任

强制性标准是必须执行的标准，《建设工程质量管理条例》第 19 条规定："勘察、设计单位必须按照工程建设强制性标准进行勘察、设计，并对其勘察、设计的质量负责。注册建筑师、注册结构工程师等注册执业人员应当在设计文件上签字，对设计文件负责。"

2. 勘察单位的质量责任

由于勘察单位提供的资料会影响到后续工作的质量，因此勘察单位提供的地质、测量、水文等勘察成果必须真实、准确。

3. 设计单位的质量责任

1）科学设计的责任

设计单位应当根据勘察成果文件进行建设工程设计，脱离勘察成果文件的设计会为施工质量带来极大的隐患。

设计文件应当符合国家规定的设计深度要求，注明工程合理使用年限。

2）选择材料设备的责任

设计单位在设计文件中选用的建筑材料、建筑构配件和设备，应当注明规格、型号、性能等技术指标，其质量要求必须符合国家规定的标准。

除有特殊要求的建筑材料、专用设备、工艺生产线等外，设计单位不得指定生产厂、供应商。

3）解释设计文件的责任

《建设工程质量管理条例》第 23 条规定："设计单位应当就审查合格的施工图设计文件向施工单位作出详细说明。"

由于施工图是设计单位设计的，设计单位对施工图会有更深刻的理解，尤其对施工单位作出说明是非常必要的，有助于施工单位理解施工图，保证工程质量。

建设工程勘察、设计单位应当在建设工程施工前，向施工单位和监理单位说明建设工程勘察、设计意图，解释建设工程勘察、设计文件。建设工程勘察、设计单位应当及时解决施工中出现的勘察、设计问题。

4）参与质量事故分析的责任

设计单位应当参与建设工程质量事故分析，并对因设计造成的质量事故，提出相应的技术处理方案。

4. 法律责任

1）超越资质承揽工程的法律责任

勘察、设计单位超越本单位资质等级承揽工程的，责令停止违法行为，对勘察、设计单位处合同约定的勘察费、设计费 1 倍以上 2 倍以下的罚款；可以责令停业整顿，降低资质等级；情节严重的，吊销资质证书；有违法所得的，予以没收。

未取得资质证书承揽工程的，予以取缔，依照前款规定处以罚款；有违法所得的，予以没收。

以欺骗手段取得资质证书承揽工程的，吊销资质证书，依照本条第一款规定处以罚款；有违法所得的，予以没收。

2）出借资质的法律责任

勘察、设计单位允许其他单位或者个人以本单位名义承揽工程的，责令改正，没收违法所得，对勘察、设计单位处合同约定的勘察费、设计费1倍以上2倍以下的罚款；可以责令停业整顿，降低资质等级；情节严重的，吊销资质证书。

3）转包或者违法分包的法律责任

承包单位将承包的工程转包或者违法分包的，责令改正，没收违法所得，对勘察、设计单位处合同约定的勘察费、设计费25%以上50%以下的罚款；可以责令停业整顿，降低资质等级；情节严重的，吊销资质证书。

4）注册执业人员应承担的法律责任

注册建筑师、注册结构工程师等注册执业人员因过错造成质量事故的，责令停止执业1年；造成重大质量事故的，吊销执业资格证书，5年以内不予注册；情节特别恶劣的，终身不予注册。

5）其他法律责任

有下列行为之一的，责令改正，处10万元以上30万元以下的罚款：

(1)勘察单位未按照工程建设强制性标准进行勘察的；

(2)设计单位未根据勘察成果文件进行工程设计的；

(3)设计单位指定建筑材料、建筑构配件的生产厂、供应商的；

(4)设计单位未按照工程建设强制性标准进行设计的。

有前款所列行为，造成重大工程质量事故的，责令停业整顿，降低资质等级；情节严重的，吊销资质证书；造成损失的，依法承担赔偿责任。

**（六）建设工程质量的监督管理**

《建设工程质量管理条例》明确规定，国家实行建设工程质量监督管理制度。政府质量监督作为一项制度，以行政法规的性质在《建设工程质量管理条例》中加以明确，强调了建设工程质量必须实行政府监督管理。政府实行建设工程质量监督的主要目的是保证建设工程使用安全和环境质量，主要依据是法律、法规和强制性标准，主要方式是政府认可的第三方强制监督，主要内容是地基基础、主体结构、环境质量和与此相关的工程建设各方主体的质量行为，主要手段是施工许可制度和竣工验收备案制度。

建设工程质量监督管理具有以下几个特点：

第一，具有权威性，建设工程质量监督体现的是国家意志，任何从事工程建设活动的单位和个人都应当服从这种监督管理。

第二，具有综合性，这种监督管理并不局限于某一个阶段或某一个方面，而是贯穿于工程建设全过程，并适用于建设单位、勘察单位、设计单位、监理单位和施工单位。

工程质量监督也不局限于某一个工程建设项目，工程质量监督管理部门可以对本区域内的所有建设工程项目进行监督。

1. 建设工程质量监督的主体

对建设工程质量进行监督管理的主体是各级政府建设行政主管部门和其他有关部门。根据《建设工程质量管理条例》第43条第2款的规定，国务院建设行政主管部门对全国的建设工程质量实施统一的监督管理。国务院铁路、交通、水利等有关部门按照国务院规定的职责分工,负责对全国的有关专业建设工程质量的监督管理。

《建设工程质量管理条例》规定各级政府有关主管部门应当加强对有关建设工程质量的法律、法规和强制性标准执行情况的监督检查;同时,规定政府有关主管部门履行监督检查职责时,有权采取下列措施:

(1)要求被检查的单位提供有关工程质量的文件和资料;

(2)进入被检查的施工现场进行检查;

(3)发现有影响工程质量的问题时,责令改正。

由于建设工程质量监督具有专业性强、周期长、程序繁杂等特点,政府部门通常不宜亲自进行日常检查工作。这就需要通过委托由政府认可的第三方,即建设工程质量监督机构,来依法代行工程质量监督职能,并对委托的政府部门负责。政府部门主要对建设工程质量监督机构进行业务指导和管理,不进行具体工程质量监督。

根据建设部《关于建设工程质量监督机构深化改革的指导意见》(建建〔2000〕151号)的有关规定,建设工程质量监督机构是经省级以上建设行政主管部门或有关专业部门考核认定的独立法人。建设工程质量监督机构及其负责人、质量监督工程师和助理质量监督工程师,均应具备国家规定的基本条件。其中,从事施工图设计文件审查的建设工程质量监督机构,还应当具备国家规定的其他条件。建设工程质量监督机构的主要任务包括:

(1)根据政府主管部门的委托,受理建设工程项目质量监督。

(2)制订质量监督工作方案。具体包括:

①确定负责该项工程的质量监督工程师和助理质量监督工程师;

②根据有关法律、法规和工程建设强制性标准,针对工程特点,明确监督的具体内容、监督方式;

③在方案中对地基基础、主体结构和其他涉及结构安全的重要部位和关键工序,作出实施监督的详细计划安排;

④建设工程质量监督机构应将质量监督工作方案通知建设、勘察、设计、施工、监理单位。

(3)检查施工现场工程建设各方主体的质量行为。主要包括:

①核查施工现场工程建设各方主体及有关人员的资质或资格;

②检查勘察、设计、施工、监理单位的质量保证体系和质量责任制落实情况;

③检查有关质量文件、技术资料是否齐全并符合规定。

(4)检查建设工程的实体质量。主要包括:

①按照质量监督工作方案,对建设工程地基基础、主体结构和其他涉及结构安全的关键部位进行现场实地抽查;

②对用于工程的主要建筑材料、构配件的质量进行抽查;

③对地基基础分部、主体结构分部工程和其他涉及结构安全的分部工程的质量验收进行监督。

(5)监督工程竣工验收。主要包括:

①监督建设单位组织的工程竣工验收的组织形式、验收程序以及在验收过程中提供

的有关资料和形成的质量评定文件是否符合有关规定；

②实体质量是否存有严重缺陷；

③工程质量的检验评定是否符合国家验收标准。

(6)工程竣工验收后5日内,应向委托部门报送建设工程质量监督报告。建设工程质量监督报告应包括：

①对地基基础和主体结构质量检查的结论；

②工程竣工验收的程序、内容和质量检验评定是否符合有关规定；

③历次抽查该工程发现的质量问题和处理情况等内容。

(7)对预制建筑构件和商品混凝土的质量进行监督。

(8)受委托部门委托,按规定收取工程质量监督费。

(9)政府主管部门委托的工程质量监督管理的其他工作。

建设工程质量监督机构在进行监督工作中发现有违反建设工程质量管理规定行为和影响工程质量的问题时,有权采取责令改正、局部暂停施工等强制性措施,直至问题得到改正。需要给予行政处罚的,报告委托部门批准后实施。

2. 竣工验收备案制度

建设单位应当自建设工程竣工验收合格之日起15日内,将建设工程竣工验收报告和规划、公安消防、环保等部门出具的认可文件或者准许使用文件报建设行政主管部门或者其他有关部门备案。

建设行政主管部门或者其他有关部门发现建设单位在竣工验收过程中有违反国家有关建设工程质量管理规定行为的,责令停止使用,重新组织竣工验收。

3. 工程质量事故报告制度

建设工程发生质量事故,有关单位应当在24小时内向当地建设行政主管部门和其他有关部门报告。对重大质量事故,事故发生地的建设行政主管部门和其他有关部门应当按照事故类别和等级向当地人民政府和上级建设行政主管部门和其他有关部门报告。

《建设工程质量管理条例》第52条第2款规定:"特别重大质量事故的调查程序按照国务院有关规定办理。"

4. 法律责任

1)不及时如实报告重大质量事故的法律责任

发生重大工程质量事故隐瞒不报、谎报或者拖延报告期限的,对直接负责的主管人员和其他责任人员依法给予行政处分。

2)国家机关工作人员不尽职的法律责任

国家机关工作人员在建设工程质量监督管理工作中玩忽职守、滥用职权、徇私舞弊,构成犯罪的,依法追究刑事责任;尚不构成犯罪的,依法给予行政处分。

## 二、水利建设工程质量管理条例

根据国务院《质量振兴纲要(1996－2010年)》和有关规定,为了加强对水利工程的质量管理,保证工程质量,水利部1997年12月21日颁布了《水利建设工程质量管理规定》。

凡在中华人民共和国境内从事水利工程建设活动的单位(包括项目法人(建设单位)、监理、设计、施工等单位)或个人,必须遵守该规定。该规定所称水利工程是指由国家投资、中央和地方合资、地方投资以及其他投资方式兴建的防洪、除涝灌溉、水力发电、供水、围垦等(包括配套与附属工程)各类水利工程。

## (一)一般规定

水利部负责全国水利工程质量管理工作。各流域机构受水利部的委托负责本流域由流域机构管辖的水利工程的质量管理工作,指导地方水行政主管部门的质量管理工作。各省、自治区、直辖市水行政主管部门负责本行政区域内水利工程质量管理工作。

水利工程质量实行项目法人(建设单位)负责、监理单位控制、施工单位保证和政府监督相结合的质量管理体制。

水利工程质量由项目法人(建设单位)负全面责任。监理、施工、设计单位按照合同及有关规定对各自承担的工作负责。质量监督机构履行政府部门监督职能,不代替项目法人(建设单位)、监理、设计、施工单位的质量管理工作。水利工程建设各方均有责任和权利向有关部门和质量监督机构反映工程质量问题。

水利工程项目法人(建设单位)、监理、设计、施工等单位的负责人,对本单位的质量工作负领导责任。各单位在工程现场的项目负责人对本单位在工程现场的质量工作负直接领导责任。各单位的工程技术负责人对质量工作负技术责任。具体工作人员为直接责任人。

## (二)项目法人(建设单位)的质量管理

项目法人(建设单位)应根据国家和水利部有关规定依法设立,主动接受水利工程质量监督机构对其质量体系的监督检查。

项目法人(建设单位)应根据工程规模和工程特点,按照水利部有关规定,通过资质审查招标选择勘测设计、施工、监理单位并实行合同管理。在合同文件中,必须有工程质量条款,明确图纸、资料、工程、材料、设备等的质量标准及合同双方的质量责任。

项目法人(建设单位)要加强工程质量管理,建立健全施工质量检查体系,根据工程特点建立质量管理机构

项目法人(建设单位)在工程开工前,应按规定向水利工程质量监督机构办理工程质量监督手续。在工程施工过程中,应主动接受质量监督机构对工程质量的监督检查。

项目法人(建设单位)应组织设计和施工单位进行设计交底;施工中应对工程质量进行检查,工程完工后,应及时组织有关单位进行工程质量验收、签证。

## (三)监理单位的质量管理

监理单位必须持有水利部颁发的监理单位资格等级证书,依照核定的监理范围承担相应水利工程的监理任务。监理单位必须接受水利工程质量监督机构对其监理资格质量检查体系及质量监理工作的监督检查。

监理单位必须严格执行国家法律、水利行业法规、技术标准,严格履行监理合同。

监理单位根据所承担的监理任务向水利工程施工现场派出相应的监理机构,人员配备必须满足项目要求。监理工程师上岗必须持有水利部颁发的监理工程师岗位证书,一般监理人员上岗要经过岗前培训。

监理单位应根据监理合同参与招标工作,从保证工程质量全面履行工程承建合同出

发,签发施工图纸;审查施工单位的施工组织设计和技术措施;指导监督合同中有关质量标准、要求的实施;参加工程质量检查、工程质量事故调查处理和工程验收工作。

**(四)设计单位的质量管理**

设计单位必须按其资质等级及业务范围承担勘测设计任务,并应主动接受水利工程质量监督机构对其资质等级及质量体系的监督检查。

设计单位必须建立健全设计质量保证体系,加强设计过程质量控制,健全设计文件的审核、会签批准制度,做好设计文件的技术交底工作。

设计文件必须符合下列基本要求:

(1)设计文件应当符合国家、水利行业有关工程建设法规、工程勘测设计技术规程、标准和合同的要求。

(2)设计依据的基本资料应完整、准确、可靠,设计论证充分,计算成果可靠。

(3)设计文件的深度应满足相应设计阶段有关规定要求,设计质量必须满足工程质量、安全需要并符合设计规范的要求。

设计单位应按合同规定及时提供设计文件及施工图纸,在施工过程中要随时掌握施工现场情况,优化设计,解决有关设计问题。对大中型工程,设计单位应按合同规定在施工现场设立设计代表机构或派驻设计代表。

设计单位应按水利部有关规定在阶段验收、单位工程验收和竣工验收中,对施工质量是否满足设计要求提出评价意见。

**(五)施工单位的质量管理**

施工单位必须按其资质等级和业务范围承揽工程施工任务,接受水利工程质量监督机构对其资质和质量保证体系的监督检查。

施工单位必须依据国家、水利行业有关工程建设法规、技术规程、技术标准的规定以及设计文件和施工合同的要求进行施工,并对其施工的工程质量负责。

施工单位不得将其承接的水利建设项目的主体工程进行转包。对工程的分包,分包单位必须具备相应资质等级,并对其分包工程的施工质量向总包单位负责,总包单位对全部工程质量向项目法人(建设单位)负责。工程分包必须经过项目法人(建设单位)的认可。

施工单位要推行全面质量管理,建立健全质量保证体系,制定和完善岗位质量规范、质量责任及考核办法,落实质量责任制。在施工过程中要加强质量检验工作,认真执行"三检制",切实做好工程质量的全过程控制。

工程发生质量事故,施工单位必须按照有关规定向监理单位、项目法人(建设单位)及有关部门报告,并保护好现场,接受工程质量事故调查,认真进行事故处理。

竣工工程质量必须符合国家和水利行业现行的工程标准及设计文件要求,并应向项目法人(建设单位)提交完整的技术档案、试验成果及有关资料。

**(六)建筑材料、设备采购的质量管理和工程保修**

建筑材料和工程设备的质量由采购单位承担相应责任。凡进入施工现场的建筑材料和工程设备均应按有关规定进行检验。经检验不合格的产品不得用于工程。

建筑材料和工程设备的采购单位具有按合同规定自主采购的权利,其他单位或个人不得干预。

建筑材料或工程设备应当符合下列要求：

(1)有产品质量检验合格证明；

(2)有中文标明的产品名称、生产厂名和厂址；

(3)产品包装和商标式样符合国家有关规定和标准要求；

(4)工程设备应有产品详细的使用说明书,电气设备还应附有线路图；

(5)实施生产许可证或实行质量认证的产品,应当具有相应的许可证或认证证书。

水利工程保修期从工程移交证书写明的工程完工日起一般不少于一年。有特殊要求的工程,其保修期限在合同中规定。

工程质量出现永久性缺陷的,承担责任的期限不受以上保修期限制。

水利工程在规定的保修期内,出现工程质量问题,一般由原施工单位承担保修责任,所需费用由责任方承担。

### (七)处罚规定

水利工程发生重大工程质量事故,应严肃处理。对责任单位予以通报批评、降低资质等级或收缴资质证书；对责任人给予行政纪律处分,构成犯罪的,移交司法机关进行处理。

因水利工程质量事故造成人身伤亡及财产损失的,责任单位应按有关规定,给予受损方经济赔偿。

项目法人(建设单位)有下列行为之一的,由其主管部门予以通报批评或其他纪律处理：

(1)未按规定选择相应资质等级的勘测设计、施工、监理单位的；

(2)未按规定办理工程质量监督手续的；

(3)未按规定及时进行已完工程验收,就进行下一阶段施工和未经竣工或阶段验收,而将工程交付使用的；

(4)发生重大工程质量事故没有按有关规定及时向有关部门报告的。

勘测设计、施工、监理单位有下列行为之一的,根据情节轻重,予以通报批评、降低资质等级直至收缴资质证书,经济处理按合同规定办理,触犯法律的,按国家有关法律处理：

(1)无证或超越资质等级承接业务的；

(2)不接受水利工程质量监督机构监督的；

(3)设计文件不符合本规定第27条要求的；

(4)竣工交付使用的工程不符合本规定第35条要求的；

(5)未按规定实行质量保修的；

(6)使用未经检验或检验不合格的建筑材料和工程设备,或在工程施工中粗制滥造、偷工减料、伪造记录的；

(7)发生重大工程质量事故没有及时按有关规定向有关部门报告的；

(8)经水利工程质量监督机构核定工程质量等级为不合格或工程需加固或拆除的。

检测单位伪造检验数据或伪造检验结论的,根据情节轻重,予以通报批评、降低资质等级直至收缴资质证书。因伪造行为造成严重后果的,按国家有关规定处理。

# 第三节 其他管理制度

## 一、建造师管理制度

建造师执业资格制度起源于1834年的英国,近30年在美国得到进一步深化和发展。目前,世界上成立了国际建造师协会,成员有美国、英国、印度、南非、智利、日本、澳大利亚等17个国家和地区。

人事部、建设部于2002年12月5日联合发布了《关于印发〈建造师执业资格制度暂行规定〉的通知》(人发[2002]111号),规定必须取得建造师资格并经注册,方能担任建设工程项目总承包及施工管理的项目施工负责人。该暂行规定为我国推行建造师制度奠定了基础。

### (一)建造师制度框架体系

建造师执业资格制度的实施工作由人力资源和社会保障部与住房和城乡建设部共同负责,两个部门在具体实施工作中既有合作,又有分工,《关于印发〈建造师执业资格制度暂行规定〉的通知》中明确规定了两个部门相应的职责与分工。

建造师管理体制遵循"分级管理、条块结合"的原则。住房和城乡建设部负责对全国注册建造师实行统一的监督管理,国务院各专业部门按照职责分工,负责对本专业注册建造师监督管理。各省建设厅和同级的各专业部门负责本省和本专业的二级注册建造师监督管理。

建造师执业资格制度遵循"分级别、分专业"的原则。根据我国现行行政管理体制实际情况,结合现行的施工企业资质管理办法,将建造师划分为两个级别,每个级别划分为若干个专业。其中,一级设置10个专业,二级设置6个专业。

注册建造师制度体系由"1+6"个文件构成:"1"为《注册建造师管理规定》;"6"为《一级建造师注册实施办法》、《注册建造师执业工程规模标准》(试行)、《注册建造师施工管理签章文件目录》(试行)、《注册建造师执业管理办法》(试行)、《注册建造师继续教育管理办法》和《注册建造师信用档案管理办法》。其中,执业制度体系由"1+3"个文件构成:"1"为《注册建造师管理规定》;"3"为《注册建造师执业管理办法》(试行)、《注册建造师执业工程规模标准》(试行)和《注册建造师施工管理签章文件目录》(试行)。

建造师执业资格制度体系由六大标准作为支撑,即职业实践标准(含职业道德标准)、教育和评估标准、考试标准、注册标准、执业标准和继续教育标准。

### (二)考试管理

我国建造师执业资格分一级建造师和二级建造师两个级别。一级建造师执业资格考试实行"统一大纲、统一命题、统一组织"的考试制度,由国家统一组织,人力资源和社会保障部、住房和城乡建设部共同负责具体组织实施。一级建造师考试实行"三加一"考试制度,即三门综合科目:建设工程经济、建设工程项目管理、建设工程法规及相关知识。另一门专业管理与实务考试科目由考生根据工作需要选择10个专业的其中一个专业参加考试。

二级建造师执业资格实行全国统一大纲,各省、自治区、直辖市组织命题考试的制度。同时,考生也可以选择参加二级建造师执业资格全国统一考试。全国统一考试由国家统一组织命题和考试。

二级建造师考试实行"二加一"考试制度,即两门综合科目:建设工程施工管理、建设工程法规及相关知识。另一门专业管理与实务考试科目由考生根据工作需要选择 6 个专业的其中一个专业参加考试。

（三）注册管理

注册建造师,是指通过考核认定或考试合格取得中华人民共和国建造师资格证书经过注册,取得中华人民共和国注册建造师注册执业证书和执业印章,担任施工单位项目负责人及从事施工管理相关活动的专业技术人员。

建造师的注册分为初始注册、延续注册、变更注册和增项注册四类。注册证书和执业印章是注册建造师的执业凭证,由注册建造师本人保管、使用。

初始注册证书与执业印章有效期为 3 年。延续注册的,注册证书与执业印章有效期也为 3 年。变更注册的,变更注册后的注册证书与执业印章仍延续原注册有效期。

多专业注册的注册建造师,其中一个专业注册期满仍需以该专业继续执业和以其他专业执业的,应当及时办理续期注册。

因变更注册申报不及时影响注册建造师执业,导致工程项目出现损失的,由注册建造师所在聘用企业承担责任,并作为不良行为记入企业信用档案。

（四）执业管理

一级注册建造师可在全国范围内以一级注册建造师名义执业。通过二级建造师资格考核认定,或参加全国统考取得二级建造师资格证书并经注册人员,可在全国范围内以二级注册建造师名义执业。

建设工程施工活动中形成的有关工程施工管理文件,应当由注册建造师签字并加盖执业印章。施工单位签署质量合格的文件上,必须有注册建造师的签字盖章。注册建造师签章完整的工程施工管理文件方为有效。

注册建造师执业工程规模标准依据不同专业设置为多个工程类别,不同的工程类别又进一步细分为不同的项目。这些项目依据相应的、不同的计量单位分为大型、中型和小型工程。大中型工程项目施工负责人必须由本专业注册建造师担任,其中大型工程项目负责人必须由本专业一级注册建造师担任。

注册建造师不得有下列行为:

(1)不按设计图纸施工;

(2)使用不合格建筑材料;

(3)使用不合格设备、建筑构配件;

(4)违反工程质量、安全、环保和用工方面的规定;

(5)在执业过程中,索贿、行贿、受贿或者谋取合同约定费用外的其他不法利益;

(6)签署弄虚作假或在不合格文件上签章的;

(7)以他人名义或允许他人以自己的名义从事执业活动;

(8)同时在两个或者两个以上企业受聘并执业;

（9）超出执业范围和聘用企业业务范围从事执业活动；

（10）未变更注册单位，而在另一家企业从事执业活动；

（11）所负责工程未办理竣工验收或移交手续前，变更注册到另一企业；

（12）伪造、涂改、倒卖、出租、出借或以其他形式非法转让资格证书、注册证书和执业印章；

（13）不履行注册建造师义务和法律、法规、规章禁止的其他行为。

### （五）继续教育管理

注册建造师在每一个注册有效期内应当达到国务院建设主管部门规定的继续教育要求。

注册建造师在每一注册有效期内应接受 120 学时继续教育。必修课 60 学时中，30 学时为公共课、30 学时为专业课；选修课 60 学时中，30 学时为公共课、30 学时为专业课。注册两个及以上专业的，除接受公共课的继续教育外，每年应接受相应注册专业的专业课各 20 学时的继续教育。

注册建造师继续教育证书可作为申请逾期初始注册、延续注册、增项注册和重新注册的证明。

### （六）信用档案管理

注册建造师及其聘用单位应当按照要求，向注册机关提供真实、准确、完整的注册建造师信用档案信息。

注册建造师信用档案应当包括注册建造师的基本情况、业绩、良好行为、不良行为等内容。违法违规行为、被投诉举报处理、行政处罚等情况应当作为注册建造师的不良行为记入其信用档案。

注册建造师信用档案信息按照有关规定向社会公示。

### （七）监督管理

县级以上人民政府建设主管部门、其他有关部门应当依照有关法律、法规和本规定，对注册建造师的注册、执业和继续教育实施监督检查。

国务院建设主管部门应当将注册建造师注册信息告知省、自治区、直辖市人民政府建设主管部门。

省、自治区、直辖市人民政府建设主管部门应当将注册建造师注册信息告知本行政区域内市、县、市辖区人民政府建设主管部门。

注册建造师违法从事相关活动的，违法行为发生地县级以上地方人民政府建设主管部门或者其他有关部门应当依法查处，并将违法事实、处理结果告知注册机关；依法应当撤销注册的，应当将违法事实、处理建议及有关材料报注册机关。

## 二、工程建设强制性标准的实施

### （一）工程建设强制性标准的实施和监督管理

1. 工程建设强制性标准的实施

1）实施工程建设强制性标准的意义

依据 2000 年 8 月 25 日建设部发布的《实施工程建设强制性标准监督规定》（建设部

第81号令)的第3条,工程建设强制性标准是指直接涉及工程质量、安全、卫生及环境保护等方面的工程建设标准强制性条文。

国家工程建设标准强制性条文由国务院建设行政主管部门会同国务院有关行政主管部门确定。

2000年11月3日,建设部发布了《关于加强〈工程建设标准强制性条文〉实施工作的通知》。通知中谈到:为了贯彻执行国务院发布的《建设工程质量管理条例》,我部会同国务院有关部门共同编制了《工程建设标准强制性条文》(以下简称《强制性条文》)。《强制性条文》是工程建设全过程中的强制性技术规定,是参与建设活动各方执行工程建设强制性标准的依据,也是政府对执行工程建设强制性标准情况实施监督的依据。《强制性条文》中的条款都必须严格执行。执行《强制性条文》是贯彻落实《建设工程质量管理条例》重要内容,是从技术上确保建设工程质量的关键。因此,必须高度重视《强制性条文》的实施与监督,进一步加强《强制性条文》的宣传、贯彻、实施与监督工作。

2)工程建设强制性标准实施的特殊情况

工程建设中拟采用的新技术、新工艺、新材料,不符合现行强制性标准规定的,应当由拟采用单位提请建设单位组织专题技术论证,报批准标准的建设行政主管部门或者国务院有关主管部门审定。

工程建设中采用国际标准或者国外标准,现行强制性标准未作规定的,建设单位应当向国务院建设行政主管部门或者国务院有关行政主管部门备案。

2. 实施工程建设强制性标准的监督管理

《关于加强〈工程建设标准强制性条文〉实施工作的通知》中要求:各级建设行政主管部门要健全本地区实施《强制性条文》的监督机构,明确职责,责任到人,按建设部令第81号的规定,认真履行实施《强制性条文》的监督职责。在工程建设活动中,要强化各方自觉执行《强制性条文》的意识,保证《强制性条文》在工程建设的规划、勘察设计、施工和竣工验收的各个环节得以有效实施,同时要通过多种渠道,加强社会舆论监督。

1)监督机构

《实施工程建设强制性标准监督规定》规定了实施工程建设强制性标准的监督机构,包括:

(1)建设项目规划审查机关应当对工程建设规划阶段执行强制性标准的情况实施监督。

(2)施工图设计审查单位应当对工程建设勘察、设计阶段执行强制性标准的情况实施监督。

(3)建筑安全监督管理机构应当对工程建设施工阶段执行施工安全强制性标准的情况实施监督。

(4)工程质量监督机构应当对工程建设施工、监理、验收等阶段执行强制性标准的情况实施监督。

(5)工程建设标准批准部门应当对工程项目执行强制性标准情况进行监督检查。监督检查可以采取重点检查、抽查和专项检查的方式。

2）监督检查的方式

工程建设标准批准部门应当定期对建设项目规划审查机关、施工图设计文件审查单位、建筑安全监督管理机构、工程质量监督机构实施强制性标准的监督进行检查，对监督不力的单位和个人，给予通报批评，建议有关部门处理。

工程建设标准批准部门应当对工程项目执行强制性标准情况进行监督检查。监督检查可以采取重点检查、抽查和专项检查的方式。

工程建设标准批准部门应当将强制性标准监督检查结果在一定范围内公告。

3）监督检查的内容

根据《实施工程建设强制性标准监督规定》第 10 条的规定，强制性标准监督检查的内容包括：

（1）有关工程技术人员是否熟悉、掌握强制性标准；

（2）工程项目的规划、勘察、设计、施工、验收等是否符合强制性标准的规定；

（3）工程项目采用的材料、设备是否符合强制性标准的规定；

（4）工程项目的安全、质量是否符合强制性标准的规定；

（5）工程中采用的导则、指南、手册、计算机软件的内容是否符合强制性标准的规定。

**（二）工程建设标准的分类**

**1．工程建设标准的分级**

《中华人民共和国标准化法》（以下简称《标准化法》）按照标准的级别不同，把标准分为国家标准、行业标准、地方标准和企业标准。

1）国家标准

《标准化法》第 6 条规定，对需要在全国范围内统一的技术标准，应当制定国家标准。《工程建设国家标准管理办法》规定了应当制定国家标准的种类。

2）行业标准

《标准化法》第 6 条规定，对没有国家标准而又需要在全国某个行业范围内统一的技术要求，可以制定行业标准。《工程建设行业标准管理办法》规定了可以制定行业标准的种类。

3）地方标准

《标准化法》第 6 条规定，对没有国家标准和行业标准而又需要在省、自治区、直辖市范围内统一的工业产品的安全、卫生要求，可以制定地方标准。

4）企业标准

《标准化法实施条例》第 17 条规定，企业生产的产品没有国家标准、行业标准和地方标准的，应当制定相应的企业标准，作为组织生产的依据。

**2．工程建设强制性标准和推荐性标准**

国家标准、行业标准分为强制性标准和推荐性标准。保障人体健康，人身、财产安全的标准和法律、行政法规规定强制执行的标准是强制性标准，其他标准是推荐性标准。省、自治区、直辖市标准化行政主管部门制定的工业产品的安全、卫生要求的地方标准，在本行政区域内是强制性标准。与上述规定相对应，工程建设标准也分为强制性标准和推荐性标准。强制性标准，必须执行。推荐性标准，国家鼓励企业自愿采用。

根据《工程建设国家标准管理办法》第 3 条的规定,下列工程建设国家标准属于强制性标准:

(1)工程建设勘察、规划、设计、施工(包括安装)及验收等通用的综合标准和重要的通用的质量标准;

(2)工程建设通用的有关安全、卫生和环境保护的标准;

(3)工程建设通用的术语、符号、代号、量与单位、建筑模数和制图方法标准;

(4)工程建设重要的通用的试验、检验和评定方法等标准;

(5)工程建设重要的通用的信息技术标准;

(6)国家需要控制的其他工程建设通用的标准。

## 三、关于进一步加强企业安全生产管理工作的相关文件

### (一)国务院关于进一步加强企业安全生产工作的通知(国发〔2010〕23 号)

1. 严格加强企业安全管理

(1)进一步规范企业生产经营行为。企业要健全完善严格的安全生产规章制度,坚持不安全不生产。加强对生产现场监督检查,严格查处违章指挥、违规作业、违反劳动纪律的"三违"行为。凡超能力、超强度、超定员组织生产的,要责令停产停工整顿,并对企业和企业主要负责人依法给予规定上限的经济处罚。对以整合、技改名义违规组织生产,以及规定期限内未实施改造或故意拖延工期的矿井,由地方政府依法予以关闭。要加强对境外中资企业安全生产工作的指导和管理,严格落实境内投资主体和派出企业的安全生产监督责任。

(2)及时排查治理安全隐患。企业要经常性开展安全隐患排查,并切实做到整改措施、责任、资金、时限和预案"五到位"。建立以安全生产专业人员为主导的隐患整改效果评价制度,确保整改到位。对隐患整改不力造成事故的,要依法追究企业和企业相关负责人的责任。对停产整改逾期未完成的不得复产。

(3)强化生产过程管理的领导责任。企业主要负责人和领导班子成员要轮流现场带班。煤矿、非煤矿山要有矿领导带班并与工人同时下井、同时升井,对无企业负责人带班下井或该带班而未带班的,对有关责任人按擅离职守处理,同时给予规定上限的经济处罚。发生事故而没有领导现场带班的,对企业给予规定上限的经济处罚,并依法从重追究企业主要负责人的责任。

(4)强化职工安全培训。企业主要负责人和安全生产管理人员、特殊工种人员一律严格考核,按国家有关规定持职业资格证书上岗;职工必须全部经过培训合格后上岗。企业用工要严格依照劳动合同法与职工签订劳动合同。凡存在不经培训上岗、无证上岗的企业,依法停产整顿。没有对井下作业人员进行安全培训教育,或存在特种作业人员无证上岗的企业,情节严重的要依法予以关闭。

(5)全面开展安全达标。深入开展以岗位达标、专业达标和企业达标为内容的安全生产标准化建设,凡在规定时间内未实现达标的企业要依法暂扣其生产许可证、安全生产许可证,责令停产整顿;对整改逾期未达标的,地方政府要依法予以关闭。

2. 建设坚实的技术保障体系

(1)加强企业生产技术管理。强化企业技术管理机构的安全职能,按规定配备安全技术人员,切实落实企业负责人安全生产技术管理负责制,强化企业主要技术负责人技术决策和指挥权。因安全生产技术问题不解决产生重大隐患的,要对企业主要负责人、主要技术负责人和有关人员给予处罚;发生事故的,依法追究责任。

(2)强制推行先进适用的技术装备。煤矿、非煤矿山要制定和实施生产技术装备标准,安装监测监控系统、井下人员定位系统、紧急避险系统、压风自救系统、供水施救系统和通信联络系统等技术装备,并于3年之内完成。逾期未安装的,依法暂扣安全生产许可证、生产许可证。运输危险化学品、烟花爆竹、民用爆炸物品的道路专用车辆、旅游包车和三类以上的班线客车要安装使用具有行驶记录功能的卫星定位装置,于2年之内全部完成;鼓励有条件的渔船安装防撞自动识别系统,在大型尾矿库安装全过程在线监控系统,大型起重机械要安装安全监控管理系统;积极推进信息化建设,努力提高企业安全防护水平。

(3)加快安全生产技术研发。企业在年度财务预算中必须确定必要的安全投入。国家鼓励企业开展安全科技研发,加快安全生产关键技术装备的换代升级。进一步落实《国家中长期科学和技术发展规划纲要(2006—2020年)》等,加大对高危行业安全技术、装备、工艺和产品研发的支持力度,引导高危行业提高机械化、自动化生产水平,合理确定生产一线用工。"十二五"期间要继续组织研发一批提升我国重点行业领域安全生产保障能力的关键技术和装备项目。

3. 实施更加有力的监督管理

(1)进一步加大安全监管力度。强化安全生产监管部门对安全生产的综合监管,全面落实公安、交通、国土资源、建设、工商、质检等部门的安全生产监督管理及工业主管部门的安全生产指导职责,形成安全生产综合监管与行业监管指导相结合的工作机制,加强协作,形成合力。在各级政府统一领导下,严厉打击非法违法生产、经营、建设等影响安全生产的行为,安全生产综合监管和行业管理部门要会同司法机关联合执法,以强有力措施查处、取缔非法企业。对重大安全隐患治理实行逐级挂牌督办、公告制度,重大隐患治理由省级安全生产监管部门或行业主管部门挂牌督办,国家相关部门加强督促检查。对拒不执行监管监察指令的企业,要依法依规从重处罚。进一步加强监管力量建设,提高监管人员专业素质和技术装备水平,强化基层站点监管能力,加强对企业安全生产的现场监管和技术指导。

(2)强化企业安全生产属地管理。安全生产监管监察部门、负有安全生产监管职责的有关部门和行业管理部门要按职责分工,对当地企业包括中央、省属企业实行严格的安全生产监督检查和管理,组织对企业安全生产状况进行安全标准化分级考核评价,评价结果向社会公开,并向银行业、证券业、保险业、担保业等主管部门通报,作为企业信用评级的重要参考依据。

(3)加强建设项目安全管理。强化项目安全设施核准审批,加强建设项目的日常安全监管,严格落实审批、监管的责任。企业新建、改建、扩建工程项目的安全设施,要包括安全监控设施和防瓦斯等有害气体、防尘、排水、防火、防爆等设施,并与主体工程同时设计、同时施工、同时投入生产和使用。安全设施与建设项目主体工程未做到同时设计的一律不予审批,未做到同时施工的责令立即停止施工,未同时投入使用的不得颁发安全生产许可证,并视情节追究有关单位负责人的责任。严格落实建设、设计、施工、监理、监管等各方安全责任。对项目建设生产经营单位存在违法分包、转包等行为的,立即依法停工停产整顿,并追究项目业主、承包方等各方责任。

(4)加强社会监督和舆论监督。要充分发挥工会、共青团、妇联组织的作用,依法维护和落实企业职工对安全生产的参与权与监督权,鼓励职工监督举报各类安全隐患,对举报者予以奖励。有关部门和地方要进一步畅通安全生产的社会监督渠道,设立举报箱,公布举报电话,接受人民群众的公开监督。要发挥新闻媒体的舆论监督,对舆论反映的客观问题要深查原因,切实整改。

**4. 建设更加高效的应急救援体系**

(1)加快国家安全生产应急救援基地建设。按行业类型和区域分布,依托大型企业,在中央预算内基建投资支持下,先期抓紧建设 7 个国家矿山应急救援队,配备性能可靠、机动性强的装备和设备,保障必要的运行维护费用。推进公路交通、铁路运输、水上搜救、船舶溢油、油气田、危险化学品等行业(领域)国家救援基地和队伍建设。鼓励和支持各地区、各部门、各行业依托大型企业和专业救援力量,加强服务周边的区域性应急救援能力建设。

(2)建立完善企业安全生产预警机制。企业要建立完善安全生产动态监控及预警预报体系,每月进行一次安全生产风险分析。发现事故征兆要立即发布预警信息,落实防范和应急处置措施。对重大危险源和重大隐患要报当地安全生产监管监察部门、负有安全生产监管职责的有关部门和行业管理部门备案。涉及国家秘密的,按有关规定执行。

(3)完善企业应急预案。企业应急预案要与当地政府应急预案保持衔接,并定期进行演练。赋予企业生产现场带班人员、班组长和调度人员在遇到险情时第一时间下达停产撤人命令的直接决策权和指挥权。因撤离不及时导致人身伤亡事故的,要从重追究相关人员的法律责任。

**5. 加强政策引导**

(1)制定促进安全技术装备发展的产业政策。要鼓励和引导企业研发、采用先进适用的安全技术和产品,鼓励安全生产适用技术和新装备、新工艺、新标准的推广应用。把安全检测监控、安全避险、安全保护、个人防护、灾害监控、特种安全设施及应急救援等安全生产专用设备的研发制造,作为安全产业加以培育,纳入国家振兴装备制造业的政策支持范畴。大力发展安全装备融资租赁业务,促进高危行业企业加快提升安全装备水平。

(2)加大安全专项投入。切实做好尾矿库治理、扶持煤矿安全技改建设、瓦斯防治和小煤矿整顿关闭等各类中央资金的安排使用,落实地方和企业配套资金。加强对高危行业企业安全生产费用提取和使用管理的监督检查,进一步完善高危行业企业安全生产费用财务管理制度,研究提高安全生产费用提取下限标准,适当扩大适用范围。依法加强道路交通事故社会救助基金制度建设,加快建立完善水上搜救奖励与补偿机制。高危行业企业探索实行全员安全风险抵押金制度。完善落实工伤保险制度,积极稳妥推行安全生产责任保险制度。

(3)提高工伤事故死亡职工一次性赔偿标准。从 2011 年 1 月 1 日起,依照《工伤保险条例》的规定,对因生产安全事故造成的职工死亡,其一次性工亡补助金标准调整为按全国上一年度城镇居民人均可支配收入的 20 倍计算,发放给工亡职工近亲属。同时,依法确保工亡职工一次性丧葬补助金、供养亲属抚恤金的发放。

(4)鼓励扩大专业技术和技能人才培养。进一步落实完善校企合作办学、对口单招、订单式培养等政策,鼓励高等院校、职业学校逐年扩大采矿、机电、地质、通风、安全等相关专业人才的招生培养规模,加快培养高危行业专业人才和生产一线急需技能型人才。

**(二)安徽省人民政府关于进一步加强企业安全生产工作的实施意见(皖政〔2010〕89 号)**

**1. 严格企业安全管理**

(1)不断规范企业生产经营行为。企业要健全安全生产责任制等各项安全规章制度和操作规程,把安全生产责任落实到生产经营活动的各个环节和每个员工,实行以岗位安全绩效为重点的安全生产目标管理考核,高危行业企业员工安全生产绩效工资不低于其工资总额的 20% ,管理层的安全生产绩效工资不低于其年收入总额的 30% ,高管层的绩效工资不低于其年收入总额的 50% 。企业要认真执行建设项目安全设施"三同时"(安全设施与主体工程同时设计、同时施工、同时投入生产和使用)、外包工程安全管理、安全生产承诺、安全生产预警等安全保障制度。企业要严格查处违章指挥、违规作业、违反劳动纪律的"三违"行为,严禁超能力、超强度、超定员组织生产,严禁超速、超载、超限运输。凡超能力、超强度、超定员组织生产的,一律依法实施企业停产停工整顿,并对企业和企业主要负责人给予规定上限的经济处罚。对以整合、技改名义违规组织生产,以及在规定期限内未实施改造或故意拖延工期的矿井,由地方政府依法予以关闭。

(2)健全企业安全管理机构。企业要健全安全生产管理机构,配齐安全管理人员以及专、兼职安全员,并切实保障其工作开展。煤矿、非煤矿山、从业人员在 30 人以上的危险物品生产、经营、储存单位,从业人员在 300 人以上的其他企业,应设立安全总监并行使企业副职职权。

(3)严格实行隐患排查治理制度。企业要把隐患排查治理作为安全生产长效机制之一,实行班组班前、班中、班后安全检查制度,采取岗位日查、车间周查、作业区域巡查等方式开展日常化的隐患排查,企业主要负责人或主管负责人每月至少组织一次企业内全面的安全检查,切实做到隐患整改责任、措施、资金、时限、预案"五到位"。企业要建立重大隐患公告制度,实行由安全管理人员、技术人员为主导的隐患整改效果评估制,做到隐患排查治理工作闭环管理。对停产停工整改逾期未完成而复产复工的、隐患整改不力发生事故的,依法追究企业和企业负责人的责任。

(4)实行企业领导带班制度。厂矿企业要制定领导带班制度实施办法,企业的党政正副职、总工程师(总工艺师)要每周轮流现场带班。煤矿、非煤矿山带班领导要与工人同时下井、同时升井。建设工程领域推行建筑施工现场项目经理、项目总监等相关负责人在重点施工时段和环节现场考勤制度。无企业领导带班下井或该带班而未带班的,对有关责任人按擅离职守处理,同时给予规定上限的经济处罚;发生事故而没有领导现场带班的,对企业给予规定上限的经济处罚,并依法从重追究企业主要负责人的责任。企业带班领导要纳入安全培训范围,保证其具备安全生产管理知识和技能。

(5)实行全员安全培训教育制度。企业要进行全员安全教育培训,实行厂矿(公司)、车间、班组三级专题安全教育。在使用新技术、新工艺、新装置,员工转岗、轮岗前,进行安全生产专题培训。企业主要负责人、分管负责人和安全管理人员、特种作业人员要取得安全资格证书。积极开展企业安全文化建设。凡存在不经培训上岗、无证上岗的,依法实施停产停业整顿,有关部门不得给予企业及其建设项目资金支持;未对井下作业人员进行安全培训教育,或特种作业人员无证上岗导致事故发生的企业,依法予以关闭。

(6)开展安全达标升级活动。企业要严格执行《企业安全生产标准化基本规范》(AQ/T9006—2010),推进各类企业开展以岗位达标、专业达标和企业达标为主要内容的安全生产标准化建设。开展建筑工地、渡口渡船安全质量标准化达标升级和重点行业(领域)企业安全评价。煤矿、井工开采非煤矿山、大中型露天矿山和三等以上尾矿库须在2011年底前至少达到安全标准化最低等级;2013年底前,所有非煤矿山和尾矿库须达到安全标准化最低等级。凡在规定时间内未实现达标的企业要依法暂扣其生产许可证、安全生产许可证,责令限期整改;整改逾期未达标的,由地方政府依法关闭。

(7)加强职业安全健康防护。粉尘、放射性物质和其他有毒有害物质作业岗位要依法达到安全防护标准,实施现场检测监控,配备作业人员防护用品,按规定组织员工职业健康体检,做好职业病防治。

2. 建设坚实的技术保障体系

(1)强化企业生产技术管理。企业主要技术负责人对生产设备、工艺装置的安全性能负技术管理责任,对可能危及生产安全的技术问题负有处理决策权,对无法解决的技术问题应立即报告企业主要负责人处理。因安全生产技术问题不解决产生重大隐患的,对企业主要负责人、主要技术负责人和有关责任人给予处罚;发生事故的,依法从重处理。重点行业(领域)企业技术负责人要具备相关专业技术职称或与主业相关的专科以上学历。大中型企业高管人员须具有相关专业大专以上学历,小型企业经理人要逐步达到相关专业大专以上学历。煤矿、非煤矿山、建筑施工和危险化学品企业要配备或聘用注册安全工程师,其他企业应聘请安全技术服务机构或安全工程师提供技术支撑。

(2)强制推行先进适用技术装备。煤矿、井工开采非煤矿山企业要在3年内全部安装监测监控系统、井下人员定位系统、紧急避险系统、压风自救系统、供水施救系统和通信联络系统等技术装备;三等以上在用尾矿库要在2年内安装数字化在线监控系统;危险化学品、烟花爆竹、民用爆炸物品专用运输车辆、承压移动罐车、旅游包车和三类以上的班线客车要在2年内安装卫星定位装置;涉及"15种危险化工工艺"的生产装置要在2010年内实行自动连锁控制,新建企业要实行计算机集中自动控制。对逾期未安装使用并实现达标的,依法暂扣其生产许可证、安全生产许可证、车辆运营证等相关证照,实施停产停业、停止营运。

(3)加强安全生产技术研发应用。企业在年度财务预算内要保证安全生产投入和技术装备升级换代经费,提高机械化、自动化生产水平,对能够采用自动联锁控制的生产工艺和环节要强制实行。重点行业(领域)企业安全生产技术装备、工艺研发等项目,矿山设备检测检验、职业健康检测检查、事故机理分析研究等项目,纳入省年度科技计划、重点研发计划项目。企业安全生产技术研发、安全设备更新费用,可按税收政策规定申请税前扣除。

3. 强化安全监管措施

(1)强化一岗双责制。各级政府、省政府各部门主要负责人对本地区、本行业(领域)的安全生产全面负责,政府和部门领导班子成员对分管工作范围内的安全生产负责,分管安全生产工作负责人负安全生产综合监管职责。各行各业负有政府管理职能的部门和单位对其主管范围内的安全生产负责。设区的市政府主要负责同志每季度至少检查一次安全生产工作,县(市、区)政府主要负责同志每月至少检查一次安全生产工作,并做好检查记录。

(2)完善目标管理考核奖惩制。健全安全生产目标管理考核体系,实行对地区、部门和企业并行的网格式安全生产目标管理考核奖惩制度,增加对较大以上事故控制和安全生产基础管理工作的考核权重,将考核结果作为政府工作目标管理、“一票否决”和领导干部政绩考核的重要内容,对目标管理考核优秀的地区、单位予以表彰和奖励。

(3)细化安全监管职责。安全生产监督管理部门对安全生产进行综合监管,负责督促、指导、推动各地区、各部门依法履行安全监管职责。严格执行《安徽省人民政府安全生产职责规定》(皖政〔2008〕69号),省经济和信息化、公安、国土资源、住房城乡建设、交通运输、农委、水利、商务、工商、质监、教育、旅游等部门负责各相关行业(领域)的安全生产监督管理。上述部门按照职责,负责指导、管理重点行业(领域)境外我省中资企业安全生产工作。

(4)加大安全监管力度。在政府统一领导下,建立安全监管部门牵头负责、有关部门配合的安全生产综合监管工作机制和有关行业主管部门牵头负责、相关部门配合的重点行业(领域)安全生产专项执法监管工作机制。各级负有安全生产监督管理职责的部门须制定年度安全生产监督检查计划和方案,实施对企业执行安全生产法律法规、标准规范和政策措施等情况的监督检查,查处取缔其主管行业(领域)内的非法违法生产经营建设行为。政府有关部门应加强工作配合,并会同司法机关开展联合执法检查,对拒不执行监管监察指令的企业,依法从重处罚。

(5)实行重大隐患治理政府挂牌督办制度。各级政府要对辖区内重大安全生产隐患进行分级挂牌督办,明确隐患治理责任、措施、期限和治理督办单位,并在政府网站和地方主要媒体上进行公告。省政府安委会对跨地区或可能导致特别重大事故的重大安全隐患进行挂牌督办。挂牌隐患治理后要进行验收销号,逾期未完成治理任务的,应责令隐患所在单位停止使用、停产或停业治理。

(6)加强建设项目安全管理。政府各部门负责其主管行业(领域)内建设项目的安全监管,要将未获得土地使用证、建设工程规划许可证、施工许可证等未按照建设工程基本建设程序要求依法办理相应手续的建设工程项目纳入监管范围,落实审批和监管责任。企业新建、改建、扩建工程项目的安全设施,应包括安全监控设施和防瓦斯等有害气体、防尘、防火、防爆、排水等设施,要与主体工程同时设计、同时施工、同时投入生产和使用。安全设施与建设项目主体工程未同时设计的一律不予审批,未同时施工的责令立即停止施工,未同时投入使用的不得颁发安全生产许可证,并追究有关单位负责人的责任。井工开采矿山、危险化学品和民用爆炸物品等高危行业企业建设项目不得转包、分包。实行工程总承包的,总承包单位应自行完成主体工程结构施工;依法分包的,分包单位应具备相应的资质等级。对在项目建设中存在违法分包、转包行为的,要立即依法实施停工停产整顿,同时追究项目业主、承包方等责任。城区地面挖掘实行安全确认制度。

（7）强化属地安全监管。安全监管监察部门、负有安全生产监督管理职责的有关部门和行业管理部门要按照职责分工,对当地企业包括中央、省属企业实行严格的安全生产监督检查和管理,组织对企业的安全生产状况进行安全标准化分级考核评价,评价结果向社会公开。县级以上政府有关部门应每半年向银行业、证券业、保险业、担保业等主管部门通报企业安全标准化分级考核评价结果,作为企业信用评级的重要参考依据。

（8）加强安全监管机构建设。进一步加强市、县安全生产监督管理机构和执法队伍建设,设立乡镇安全监管专门机构,依据监管对象实际状况配备相应的监管人员和装备。设立村、居民委员会安全生产信息员。各级安全监管部门的安全监管基础设施建设和装备配备须在5年内逐步达到国家安全监管总局规定的标准要求。

（9）加强事故调查处理工作。对道路交通一次死亡7人及以上的事故,水上交通、工矿商贸和建筑施工企业一次死亡4人及以上的事故,由省政府负责调查处理。安全生产监管部门负责依法组成事故调查组,对事故调查报告有权出具结论性意见。上级安全监管部门应加强对下级政府事故查处工作的指导监督。

（10）强化社会、舆论宣传和监督。充分发挥工会、共青团和妇联组织的作用,依法维护和落实企业职工对安全生产的参与权与监督权,开展安全生产宣传。制定实施安全生产举报奖励办法,畅通社会监督渠道,鼓励职工、群众监督举报各类安全生产问题和隐患,对群众、舆论举报和反映的安全生产问题,应迅速查实、整改。新闻媒体要加强安全生产社会宣传,营造关爱生命、关注安全的舆论氛围。

4. 建设更加高效的应急救援体系

（1）加快安全生产应急救援基地建设。各级政府应加大安全生产应急管理工作投入,建设区域性、专业性应急救援基地和骨干救援队伍,建设重大危险源远程监测和信息管理系统。增加安全生产专项资金,加强4支省矿山应急救援队伍和4支省危险化学品应急救援队伍建设,建设黄山风景区旅游安全应急救援基地,配备性能可靠、机动性强的装备和设备,保障必要的运行维护费用。建设集应急救援指挥、演练、信息分析处理等为一体的省安全生产应急救援指挥中心。

（2）建立企业安全生产预警机制。企业要建立健全重大危险源、事故隐患安全监控管理制度,定期开展检查、检测和安全评估。建立安全生产预警预报体系,及时主动了解气象、地质灾害等情况,做好应急处置准备。企业要每月进行一次安全生产风险分析,在企业内部发布风险分析报告或预警信息,重点行业(领域)企业要将风险分析报告报当地主管部门备案。

（3）完善企业应急预案。企业要加强综合应急预案、专项应急预案、现场处置方案的编制、评审和备案管理,并与地方政府的应急预案保持衔接,定期开展应急演练,适时修订完善预案。企业要针对可能发生的事故类型,储备必需的应急救援物资和器材。企业生产现场带班人员、班组长和调度人员在发现事故征兆、遇到险情时,要在第一时间下达停产撤人的命令。对应急处置得力、及时避险的有功人员,企业应予以奖励;对因撤离不及时导致人身伤亡事故的,从重追究相关人员的法律责任。

5. 严格行业安全准入

(1)严格贯彻执行安全生产技术标准。各部门要督促企业认真贯彻落实国家行业安全技术标准、专项安全技术作业和岗位安全操作规程,制定有关行业安全生产技术地方性标准和产业升级规范要求,实施高危行业企业从业人员资格标准。

(2)严格安全生产准入前置条件。重点行业(领域)建设项目在立项和竣工投产前应分别进行安全评价,未经安全评价、未通过安全验收的,不得开工建设和生产运营;对已经建设和投入使用的,应立即停止建设、生产和使用,履行安全评价、验收手续。凡不符合安全生产准入条件违规建设,或拒不履行安全评价、验收手续的,由县级以上人民政府或相关主管部门依法实施关闭取缔。实行煤矿、非煤矿山、危险化学品生产企业安全规模、条件限批,提高准入门槛。禁止将高瓦斯和存在煤与瓦斯突出危险倾向的煤矿核准给无瓦斯治理技术和实践经验的单位或个人建设。对降低准入标准造成安全隐患的,追究相关人员和有关负责人的责任。

(3)发挥安全生产专业服务机构的作用。重点行业(领域)企业要定期开展安全生产现状评价和安全标准化等级认定。企业内部安全检查和定期安全条件论证,应邀请安全技术专家或安全技术服务机构参加。鼓励专业技术力量较强的科研院所、大专院校申办安全生产技术咨询等社会化安全服务机构。专业服务机构对所作出的评价和鉴定结论承担法律责任,对违法违规、弄虚作假的,依法从严追究相关人员和机构的法律责任,并降低和取消其相关资质,按规定上限实施经济处罚。

6. 不断完善安全生产政策措施

(1)鼓励和引导安全生产技术、装备的研发和推广应用。省经济和信息化、科技、安全监管等部门制定落实鼓励企业研发、应用安全生产先进技术以及新装备、新工艺、新标准的政策措施,并把安全生产专用设备的研发制造纳入享受高新技术产业、振兴装备制造业的政策支持范畴。

(2)加大安全专项投入。各级政府要将安全生产专项投入纳入年度财政预算,并逐年增加,加大对政府有关部门安全生产、职业健康工作的经费支持。用好安全专项整治、技术改造、重大隐患治理贴息和补助资金,落实配套资金。省级安全生产专项费主要用于安全监管队伍和装备建设、重大隐患治理和职业危害防治、安全生产技术支撑和应急救援基地及队伍建设。

(3)落实企业安全费用提取政策。重点行业(领域)企业要严格按规定提取和使用安全费用,鼓励其他行业企业参照提取、使用安全费用。安全费用由企业按月提取,计入成本,专户存储,专项用于安全生产。安全费用提取不能满足安全生产实际投入需要的部分据实在成本中列支。加强对高危行业企业安全费用提取和使用情况的监督检查,对未按规定提取和使用的,要立即责令纠正,依法予以经济处罚。

(4)积极推行安全生产责任保险。实行安全生产风险抵押金逐步向安全生产责任保险过渡,3年后全面实行安全生产责任保险。省安全监管和省保险监管部门在试点工作基础上,建立规范、完备和理赔高效的安全生产责任保险运行管理机制。安全生产责任保险按规定享受保险类产品的特殊税收优惠政策。

（5）建立保险产品提取事故预防费用制度。安全生产责任保险、工伤保险基金每年应从收缴额中提取一定比例保费用于事故预防，专项专户用于安全生产宣传培训教育、先进技术装备研发推广、安全生产标准化推广、安全生产奖励支出。

（6）严格执行事故死亡职工一次性赔偿标准。从 2011 年 1 月 1 日起，对因生产安全事故造成的职工死亡，按照全国上一年度城镇居民可支配收入的 20 倍计赔。同时，依法足额及时发放工亡职工一次性丧葬补助金、供养亲属抚恤金。

（7）加强道路交通社会救助基金制度建设。建立道路交通事故社会救助基金制度，利用交通事故社会救助基金，对伤者抢救费用超过责任限额的、未参加机动车第三者责任强制保险或肇事后逃逸的，进行部分或者全部抢救费用的垫付。省道路交通事故社会救助基金管理机构有权向交通事故责任人追偿。

（8）加快建立水上搜救奖励和补偿制度。制定社会力量水上搜救奖励和补偿办法，鼓励社会搜救力量参与水上搜救行动。对在搜救行动中避免或者减少水上遇险人员伤亡、避免或者减少水上环境污染或重大财产损失、避免险情造成重大社会影响、在特别恶劣气象条件下坚持开展搜救行动等方面做出突出贡献的社会搜救力量予以奖励和补偿。

（9）加快专业技术和技能人才培养。健全省、市、县三级安全培训教育体系，拓宽培训教育渠道，建立安全生产继续教育制度。实施校企合作办学、对口单招、订单式培养等政策，加快培养重点行业（领域）专业人才和生产一线急需的技能型人才。制定实施安全监管人员定期专业技能培训计划。以企业、社会以及政府资助为筹资方式，建设集安全生产科研、教育和培训为一体的省级黄山安全生产教育培训基地。

（10）建立安全生产工作突出贡献奖励制度。各级政府每年对本辖区内在安全生产和职业危害防治工作中作出突出贡献的企业负责人、安全生产专家、应急救援队伍、政府安全监管人员进行表彰和奖励。

# 第三章　信用评价、小型水利工程施工负责人和 AB 岗及施工企业不良行为等相关规定

## 第一节　信用评价相关规定

### 安徽省水利工程建设施工企业信用评价实施意见（试行）

为规范安徽省水利建设市场秩序,加快推进我省水利行业社会信用体系建设,进一步规范水利工程建设施工企业从业行为,提高施工企业诚信意识,根据《招标投标法》、《合同法》等有关法律、法规和省政府《关于加强全省信用建设的决定》,结合我省水利工程建设市场的实际情况,制定本意见。

凡在我省从事水利工程建设的施工企业信用评价适用本意见。

信用评价应由施工企业自愿申请,并应当遵循公开、公平、公正和诚实信用的原则。

施工企业的信用等级是水利工程招标投标评标和施工管理的重要依据。

一、信用评价的内容、程序和方法

施工企业信用评价分为企业状况和履约信誉两部分。企业状况包括人员素质、技术素质、经营能力和资金能力等指标;履约信誉包括投标行为、合同履行和奖惩记录等指标。

信用评价工作每两年进行一次,按以下程序进行:

(一)施工企业对企业状况和近两年内承担水利工程建设(指安徽境内项目)的履约信誉情况和企业状况进行自评;

(二)项目法人单位对合同履行指标进行复评;

除由流域机构、省水利厅直接组织实施的水利工程外,由各市(含县区)组织实施的,施工企业还应将项目法人复评意见报经市水利(水务)局审核;

(三)施工企业将复评或审核后的评价资料汇总后报送省水利厅;

(四)省水利水电基本建设管理局对全省各水利工程建设施工企业信用评价进行复核,初拟信用等级;

(五)省水利厅审定信用等级,并向社会公示后公布。

二、信用等级

安徽省水利工程建设施工企业信用评价实行分级评定,信用等级分为 AAA、AA、A、BBB、CCC 等五个等级(详见下表)。

| 信用等级 | 信用评分 |
|---|---|
| AAA | 95 分以上（含） |
| AA | 85（含）至 95 分 |
| A | 75（含）至 85 分 |
| BBB | 60（含）至 75 分 |
| CCC | 60 分以下 |

有下列情况之一者,施工企业的信用等级直接确定或降为 CCC 级:

（一）出借、借用资质证书进行投标或承接工程的;

（二）存在围标、串标行为的;

（三）以弄虚作假、行贿或其他违法形式骗取中标资格的;

（四）将承包的工程非法转包的;

（五）因施工企业原因,发生重大质量、安全责任事故或社会公共事件,造成严重社会影响,或瞒报、虚报事故情况的;

（六）施工企业恶意拖欠民工工资,严重侵犯民工权益,造成重大社会影响的;

（七）因《安徽省水利工程施工单位不良记录管理暂行办法》第 5 条规定中的其他行为,当年两次被确定 A 级不良记录的;

（八）因违反法律、法规,受到行政处罚的其他情形。

信用等级为 BBB 级及以上企业有下列情况之一者,每发生一次,信用等级降低一级,直至降到 CCC 级:

（一）发生较大质量与安全事故 1 次或一般质量事故 2 次或以上;

（二）将承包的工程违规分包的;

（三）因施工企业拖欠民工工资、侵犯民工权益,造成不良社会影响的;

（四）在招标投标活动中弄虚作假的;

（五）在我省水利工程建设招投标过程中,对不良行为记录进行瞒报的;

（六）按照《安徽省水利工程施工单位不良记录管理暂行办法》规定,被作为 A 级不良记录公示 1 次,或被作为 B 级不良记录公示 2 次或 2 次以上,且未按要求完成整改的;

（七）企业信用档案及评价所上报资料中的重要信用信息,如主要从业人员、身份识别资料、业绩、施工能力等,经查实,存在弄虚作假的,或以不正当行为影响项目法人单位和有关部门开展信用评价工作的;

（八）其他违反法律、法规的行为被省级及以上主管部门通报或处罚的。

企业资产被冻结的,冻结期间其信用等级不予评定。

三、附则

首次进入安徽省水利工程建设市场的水利施工企业,其信用等级视为 A 级;不参加信用评价的企业,信用等级视为 BBB 级,但依据本意见应该确定为 CCC 级的除外。

企业信用等级的提高实行逐级上升制,不可越级。首次参加信用评价的施工企业,信用等级最高为 AA 级。

施工企业信用评价结果有效期两年。两年内未承担项目的 AAA、AA 级施工企业,原信用等级延长一年,其后按 A 级确定。但原等级为 BBB、CCC 级的按原等级执行。

工程项目法人单位应建立施工企业履约信誉情况的管理制度,进行动态管理,作为信用复评的依据。

企业在申报工作中对涉及商业秘密的、要求不予公开的内容应予说明,仅供信用评价工作使用,有关部门和单位开展信用评价相关工作时,对该部分内容不得对外公开。

# 第二节　信用备案相关规定

### 一、在皖水利工程施工投标和从事水利工程建设的准入条件

凡在安徽省行政区域内从事水利工程建设活动的水利施工企业,应自觉接受各级水行政主管部门的监督管理,并在安徽省水利厅完成企业和相关从业人员信息信用档案备案工作后,方可参加水利工程施工投标和从事水利工程建设等活动。

### 二、备案管理主体

安徽省水利厅负责在皖水利施工企业的备案和管理工作,指导全省水利施工企业的行业监督管理。市、县水行政主管部门负责对本行政区内从事水利工程建设的水利施工企业的日常监督管理。

施工企业信用档案备案受理与审查工作由安徽省水利水电基本建设管理局承担。施工企业可从安徽水利信息网或安徽省水利工程招标信息网相关栏目下载《在皖水利施工企业信用档案备案手册》及备案材料电子文档,按要求收集整理和填报相关材料,向安徽省水利水电基本建设管理局递交申请材料,办理信用档案备案手续,各类电子文档及纸质材料各提供一份;有关备案要素、条件和用途在《在皖水利施工企业信用档案备案手册》中已注明。企业获取备案资格后,应主动接受各级水行政主管部门监管、考核;对存在违法、违规行为的施工企业和从业人员,一经查实,我厅将不予备案或取消其备案资格。

### 三、省外施工企业备案管理

省外进皖水利工程施工企业应设立驻皖机构,备案时应提供该企业成立驻皖机构相关决定或批复文件、驻皖机构主要负责人和技术负责人任命书或聘任书、驻皖机构在皖投标专用账户开户证明及账号、驻皖机构在皖税务登记证、驻皖机构国家质量监督部门颁发的组织机构代码证、驻皖机构营业执照,以及企业注册地省级建设行政主管部门出具的施工企业出省介绍信或诚信证明材料。

### 四、备案的基本条件

(1)按照《安徽省水利建设工程农民工工资支付保障暂行办法》(劳社〔2007〕56 号)要求,施工企业应及时办理农民工工资支付保障手续。省外企业和已在我省承担施工业务、但存在未按要求办理农民工工资支付保障手续情形的省内施工企业,应按《安徽省水

利建设工程农民工工资支付保障暂行办法》第七条第(三)款要求,在我省人力资源和社会劳动保障行政主管部门办理民工工资支付保障手续,备案时提供已办理手续的相关证明,方可备案。

(2)施工企业办理该信用档案备案时,其法定代表人须持中华人民共和国居民身份证,到备案受理单位(安徽省水利水电基本建设管理局)签署《在皖水利施工企业信用档案备案手册》中的承诺书,承诺本企业在我省办理水利建设市场主体信用档案备案、从事水利投标和建设活动所提供的资料、印鉴、证件、业绩等材料真实有效,若有弄虚作假,愿意接受相关处罚。

(3)各水利工程施工企业备案时必须明确若干名法定代表人的委托代理人(外省企业一般2名左右、省内企业一般3名左右),受法定代表人委托,专职在我省参加水利招标投标活动,其他人员(招标文件另有规定的除外)以企业名义参与招标投标活动的,不予认可。

五、《在皖水利施工企业信用档案备案手册》基本内容

1.告知书

2.承诺书

3.申请材料

(1)在皖水利施工企业信用档案备案手册。

(2)以下材料提供原件和复印件,原件审核后退回,其中第(1)、(2)款还应提交图像文件(电子文档格式.jpg,分辨率100~200DPI):

①施工企业营业执照、资质证书、安全生产许可证、组织机构代码证、管理体系认证证书、单位基本账户开户许可证(省外企业提供在皖基本账户开户许可证)。

②人员材料:企业负责人安全生产考核A证(水利)、企业技术负责人的职称证书、注册建造师证书(附安全生产考核B证(水利))、持证上岗人员(质检员、安全员及安全生产考核C证(水利)、施工员、造价人员、财务管理人员)岗位证书、有职称人员职称证书,省外企业提供在皖人员相关证书。上述人员及企业法人代表、驻皖机构负责人、专职投标委托代理人身份证(附图像文件)。

③各类人员及专职投标业务人员均应按要求提供社保证明。

④省外企业还应提交成立驻皖机构相关决定或批复文件、驻皖机构主要负责人和技术负责人任命书或聘任书、驻皖机构在皖登记的税务登记证、驻皖机构营业执照(附图像文件),农民工工资支付保障金办理证明,企业注册地省级建设行政主管部门出具的施工企业出省介绍信或诚信证明。

⑤农民工工资保障手续:省内企业凡2009年1月1日后,在我省承担的工程,必须按《安徽省水利建设工程农民工工资支付保障暂行办法》(劳社〔2007〕56号)要求,办理农民工工资支付保障手续,并提供相关办理凭证。如未办理保障手续,则必须到省人力资源和社会保障厅劳动监察执法局(合肥市长江中路333号)按其指定的专户存入农民工工资支付保障金,提供办理凭证。

4.人力资源信息

（1）企业管理人员基本情况表（省外企业尚需填写驻皖机构人员情况）。

（2）执业人员信息：

①水利专业注册建造师；

②全国建设工程造价员（水利）；

③水利工程安全员；

④水利工程质检员；

⑤财务管理人员；

⑥其他执业人员；

# 第三节　小型水利工程负责人管理规定

一、自 2011 年 9 月 1 日起，取得安徽省水利厅颁发的《安徽省小型水利工程施工负责人考核合格证书》并持有《水利水电工程施工企业项目负责人安全生产考核合格证书》的人员可担任我省小型水利工程施工项目负责人（项目经理）。其执业范围、规模标准见《小型水利工程施工负责人执业范围和规模标准》。

二、省水利厅负责全省小型水利工程施工负责人的考核、认定、管理工作，具体工作委托省水利水电基本建设管理局承担。

三、拟在我省小型水利工程项目中担任项目负责人的水利施工企业人员，由本人申请，经培训考核合格后，颁发《安徽省小型水利工程施工负责人考核合格证书》（以下简称"小型工程负责人考核证书"）。

持有小型工程负责人考核证书的人员（以下简称"持证人员"），须参加安全生产考核。对水利水电施工企业管理人员的安全生产考核、发证及培训按水利部及省水利厅有关规定执行。

持证人员应与工作单位签订聘用合同并办理相关社保手续，并由工作单位按照有关要求在我厅备案后方可在我省从业。

四、申请培训考核人员应同时具备以下条件：

（一）取得水利及相关专业（指工民建、路桥、市政等专业，下同）工程类初级专业技术职务任职资格或具备水利及相关专业工程类中专及以上学历，或高中以上学历、从事水利水电施工现场管理工作 10 年以上；

（二）年龄不超过 57 岁；

（三）从事水利水电工程施工 2 年以上，有一定的专业技术水平、组织协调能力和管理水平。

五、培训内容为：水利工程基础知识、施工技术、项目施工管理实务等。

六、小型工程负责人考核证书有效期为 3 年，期满可申请延期。有效期内应参加继续教育，并经考核合格后方可延期。

七、持证人员有下列情况之一的，省水利厅将不予备案：

（一）脱离工程施工管理及其相关工作岗位连续 2 年(含 2 年)以上的；

（二）同时在 2 个及 2 个以上企业从业的；

（三）国家公务员或依照公务员管理的现职工作人员；

（四）持证人员为事业单位在编人员、未能与其所在单位脱离工资(含福利等)关系的；

（五）所在单位连续一年内未为其缴纳社保的；

（六）参照法律法规及国家执业资格管理制度,其他不予备案的情形。

八、持证人员有下列情况之一的,省水利厅取消其备案资格,并在两年内不予备案：

（一）因持证人员原因,所在企业构成 B 级不良记录；

（二）考核合格证中业主评价意见累计有两次为差的；

（三）其他违反有关规定或严重违约的情形。

九、持证人员可对备案情况进行变更。持证人员变更工作单位的,应及时申请办理变更手续；但持证人负责的工程未办理竣工验收或移交手续前,除下述情形外,不得变更到另一企业；

（一）发包方与持证人受聘企业已解除承包合同的；

（二）发包方同意更换项目负责人的；

（三）因不可抗力等特殊情况必须更换项目负责人的。

十、持证人员有下列情况之一的,省水利厅将注销其证书,并自注销之日起,5 年内不受理其考核申请：

（一）年龄超过 60 周岁的；

（二）以欺骗等不正当手段取得证书的,伪造、涂改、倒卖、出租、出借或以其他形式违规转让证书的；

（三）因持证人员原因,所在企业构成 A 级不良记录或一年内累计两次 B 级不良记录的；

（四）考核合格证中业主评价意见累计有 3 次为差的。

（五）受到水行政主管部门处罚或其他违反有关规定的情形。

十一、全省各级水行政主管部门应加强相关的监督、检查工作,有关单位和个人对依法进行的监督检查应当协助与配合,不得拒绝或者阻挠。

安徽省小型水利工程施工负责人执业范围和规模标准见附表。

附表　安徽省小型水利工程施工负责人执业范围和规模标准

| 序号 | 工程类别 | 项目名称 | 单位 | 规模 小型 | 备注 |
|---|---|---|---|---|---|
| 1 | 水库工程 (蓄水枢纽 工程) |  | 亿 m³ | <0.01 | 总库容(总蓄水容积) |
|  |  | 次要建筑物工程 | 级 | 5 | 建筑物级别 |
|  |  | 临时建筑物工程 | 级 | 5 | 建筑物级别 |
|  |  | 加固工程 | 级 | 4 | 建筑物级别(总库容<0.1 亿 m³) |

| 序号 | 工程类别 | 项目名称 | 单位 | 规模 小型 | 备注 |
|---|---|---|---|---|---|
| 2 | 防洪工程 | | 万亩 | <5 | 保护农田 |
| | | 主要建筑物工程 | 级 | 5 | 建筑物级别 |
| | | 次要建筑物工程 | 级 | 5 | 建筑物级别 |
| | | 临时建筑物工程 | 级 | 5 | 建筑物级别 |
| | | 基础处理工程 | 级 | 5 | 相应建筑物级别 |
| | | 金属结构制作与安装工程 | 级 | 5 | 相应建筑物级别 |
| | | 机电设备安装工程 | 级 | 5 | 相应建筑物级别 |
| | | 加固工程 | 级 | 4 | 相应建筑物级别(保护农田<30万亩) |
| 3 | 治涝工程 | | 万亩 | <15 | 治涝面积 |
| | | 主要建筑物工程 | 级 | 4 | 建筑物级别 |
| | | 次要建筑物工程 | 级 | 4 | 建筑物级别 |
| | | 临时建筑物工程 | 级 | 4 | 建筑物级别 |
| | | 基础处理工程 | 级 | 4 | 相应建筑物级别 |
| | | 金属结构制作与安装工程 | 级 | 4 | 相应建筑物级别 |
| | | 机电设备安装工程 | 级 | 4 | 相应建筑物级别 |
| 4 | 灌溉工程 | | 万亩 | <5 | 灌溉面积 |
| | | 主要建筑物工程 | 级 | 4 | 建筑物级别 |
| | | 次要建筑物工程 | 级 | 4 | 建筑物级别 |
| | | 临时建筑物工程 | 级 | 4 | 建筑物级别 |
| | | 基础处理工程 | 级 | 4 | 相应建筑物级别 |
| | | 金属结构制作与安装工程 | 级 | 4 | 相应建筑物级别 |
| | | 机电设备安装工程 | 级 | 4 | 相应建筑物级别 |
| 5 | 供水工程 | | | 一般 | 供水对象重要性 |
| | | 次要建筑物工程 | 级 | 4 | 建筑物级别 |
| | | 临时建筑物工程 | 级 | 4 | 建筑物级别 |
| | | 基础处理工程 | 级 | 4 | 相应建筑物级别 |
| | | 金属结构制作与安装工程 | 级 | 4 | 相应建筑物级别 |
| | | 机电设备安装工程 | 级 | 4 | 相应建筑物级别 |

| 序号 | 工程类别 | 项目名称 | 单位 | 规模<br>小型 | 备注 |
|---|---|---|---|---|---|
| 6 | 拦河水闸<br>工程 | | m³/s | <100 | 过闸流量 |
| | | 主要建筑物工程 | 级 | 4 | 建筑物级别 |
| | | 次要建筑物工程 | 级 | 4 | 建筑物级别 |
| | | 临时建筑物工程 | 级 | 4 | 建筑物级别 |
| | | 基础处理工程 | 级 | 4 | 相应建筑物级别 |
| | | 金属结构制作与安装工程 | 级 | 4 | 相应建筑物级别 |
| | | 机电设备安装工程 | 级 | 4 | 相应建筑物级别 |
| 7 | 引水枢纽<br>工程 | | m³/s | <10 | 引水流量 |
| | | 主要建筑物工程 | 级 | 4 | 建筑物级别 |
| | | 次要建筑物工程 | 级 | 4 | 建筑物级别 |
| | | 临时建筑物工程 | 级 | 4 | 建筑物级别 |
| | | 基础处理工程 | 级 | 4 | 相应建筑物级别 |
| | | 金属结构制作与安装工程 | 级 | 4 | 相应建筑物级别 |
| | | 机电设备安装工程 | 级 | 4 | 相应建筑物级别 |
| 8 | 泵站工程<br>（提水枢纽<br>工程） | | m³/s | <10 | 装机流量 |
| | | | 万kW | <0.1 | 装机功率 |
| | | 主要建筑物工程 | 级 | 4 | 建筑物级别 |
| | | 次要建筑物工程 | 级 | 4 | 建筑物级别 |
| | | 临时建筑物工程 | 级 | 4 | 建筑物级别 |
| | | 基础处理工程 | 级 | 4 | 相应建筑物级别 |
| | | 金属结构制作与安装工程 | 级 | 4 | 相应建筑物级别 |
| | | 机电设备安装工程 | 级 | 4 | 相应建筑物级别 |
| 9 | 堤防工程<br>（河道整治<br>工程） | 堤基处理及防渗工程 | 级 | 4 | 堤防级别 |
| | | 堤身填筑（含戗台、<br>压渗平台）及护坡工程 | 级 | 4 | 堤防级别 |
| | | 交叉、连接建筑物工程（含<br>金属结构与机电设备安装） | 级 | 4 | 堤防级别 |
| | | 填塘固基工程 | 级 | 4 | 堤防级别 |
| | | 堤顶道路（含坡道）工程 | 级 | 4 | 堤防级别 |
| | | 堤岸防护工程 | 级 | 4 | 堤防级别 |

| 序号 | 工程类别 | 项目名称 | 单位 | 规模<br>小型 | 备注 |
|---|---|---|---|---|---|
| 10 | 灌溉渠道<br>或排水沟 | | m³/s | <20 | 灌溉流量 |
| | | | m³/s | <50 | 排水流量 |
| | | | 级 | 4 | 工程级别 |
| 11 | 灌排<br>建筑物 | | m³/s | <20 | 过水流量 |
| | | 永久建筑物工程 | 级 | 4 | 建筑物级别 |
| | | 临时建筑物工程 | 级 | 4 | 建筑物级别 |
| | | 基础处理工程 | 级 | 4 | 相应建筑物级别 |
| | | 金属结构制作与安装工程 | 级 | 4 | 相应建筑物级别 |
| | | 机电设备安装工程 | 级 | 4 | 相应建筑物级别 |
| 12 | 农村饮水<br>工程 | | 万元 | <500 | 单项合同额 |
| 13 | 河湖整治<br>工程(含<br>疏浚、吹填<br>工程等) | | 万元 | <1 000 | 单项合同额 |
| 14 | 水土保持<br>工程(含防<br>浪林) | | 万元 | <500 | 单项合同额 |
| 15 | 环境保护<br>工程 | | 万元 | <200 | 单项合同额 |

注:(1)上述小型工程单项合同额不得超过1 000万元;

(2)对综合利用的水利水电工程,当各综合利用项目的分等(级)指标对应的规模不同时,应按最高规模确定;

(3)水利水电工程包含的通航、过木(竹)、桥梁、公路、港口和渔业等建筑物,小型水利工程施工负责人执业工程规模标准应参照《注册建造师执业工程规模标准》中相关工程类别确定。

# 第四节　水利建设工程项目经理 AB 岗管理制度

2011年9月1日起,在我省中小型水利建设项目中实行项目经理"AB"岗管理制度。

一、项目经理"AB"岗管理制度是指水利建设项目施工期间,投标文件或合同约定的项目经理A岗人员不在岗位时,委托B岗人员代替A岗人员在施工现场履责的管理制度。

二、项目经理A岗人员应为水利专业注册建造师,具备承担相应项目管理能力,有丰富的项目管理经验和良好的项目管理业绩,经省水利厅认定并予以公示的人员,项目经理A岗人员可在相邻两市范围内同时担任5个以内水利建设项目(标段)的项目经理,但不得作为项目经理 B 岗人员。

三、项目经理 B 岗人员应为取得建造师资格或通过省水利厅组织的小型水利工程施工负责人培训考核及持有水利系统安全生产合格证书人员，B 岗人员受 A 岗人员委托承担项目施工管理职责，不得在其他项目（标段）兼任管理岗位，且不得擅自变更。

四、国家法律法规规定以及施工技术交底、深基坑开挖、重要安全隐患、隐蔽工程施工、重要部位及高大模板混凝土浇筑、工程抢险、大型结构吊装、塔吊等大型设备及脚手架拆装、各类工程验收等重点时段和关键环节（具体在招标文件和施工合同中约定），项目经理 A 岗人员必须在岗履责，不得由项目经理 B 岗人员代替。

五、工程施工作业期间，凡发现一次项目经理 A 岗和 B 岗人员均不在施工现场的，对其所在的施工单位按 B 级不良记录及相关规定处理，A 岗人员两年内不得担任 A 岗项目经理，B 岗人员两年内不得担任项目经理。

# 第五节 施工企业不良行为管理相关规定

## 一、《水利建设市场主体信用信息管理暂行办法》

为解决水利建设领域存在的市场主体信用意识薄弱和信用缺失等突出问题，推进水利建设市场信用体系建设，规范水利建设市场主体行为，加强水利建设市场秩序监管，水利部制定了《水利建设市场主体信用信息管理暂行办法》。

### （一）适用范围
本办法适用于水利建设市场主体信用信息采集、审核、发布、更正和使用的管理。

### （二）水利建设市场主体的定义
水利建设市场主体，是指参与水利工程建设活动的建设、勘察、设计、施工、监理、咨询、供货、招标代理、质量检测、安全评价等企（事）业单位及相关执（从）业人员。

### （三）水利建设市场主体信用信息管理遵循原则
水利建设市场主体信用信息管理遵循依法、公开、公正、准确、及时的原则，维护水利建设市场主体的合法权益，保守国家秘密，保护商业秘密和个人隐私。

### （四）管理的责任主体
水利部、水利部在国家确定的重要江河湖泊设立的流域管理机构（以下简称流域管理机构）和省级人民政府水行政主管部门是水利建设市场主体信用信息管理部门，按照各自的职责分工负责水利建设市场主体信用信息管理工作。

水利部负责组织制定全国水利建设市场主体信用信息制度和标准，建立全国水利建设市场主体信用信息平台，采集和发布全国水利建设市场主体信用信息，指导全国水利建设市场主体信用信息管理工作。

各流域管理机构和各省级人民政府水行政主管部门依照管理权限，分别负责其管辖范围内的水利建设市场主体信用信息管理工作，建立水利建设市场主体信用信息管理平台，采集和发布水利建设市场主体信用信息，同时将信用信息及时报送水利部。

（五）水利建设市场主体信用信息管理内容

水利建设市场主体信用信息包括基本信息、良好行为记录信息和不良行为记录信息。

基本信息是指水利建设市场主体的名称、注册地址、注册资金、资质、业绩、人员、主营业务范围等信息。

良好行为记录信息是指水利建设市场主体在工程建设过程中遵守有关法律、法规和规章，受到县级以上人民政府、水行政主管部门、流域管理机构或相关专业部门、有关社会团体的奖励和表彰，所形成的信用信息。

不良行为记录信息是指水利建设市场主体在工程建设过程中违反有关法律、法规和规章，受到县级以上人民政府、水行政主管部门、流域管理机构或相关专业部门的行政处理，或者未受到行政处理但造成不良影响的行为，所形成的信用信息。

（六）水利建设市场主体信用信息报送程序

各水利建设市场主体自主填写信用信息，按以下程序报送：

（1）中央企业、水利部所属企（事）业单位向水利部报送。

（2）流域管理机构所属企（事）业单位向流域管理机构报送，经流域管理机构审核后报水利部。

（3）其他企（事）业单位向其注册所在地省级人民政府水行政主管部门报送，经省级人民政府水行政主管部门审核后报水利部。

水利建设市场主体报送的信用信息应真实、合法。信用信息的采集、审核、更正，必须以具有法律效力的文书为依据。

（七）实行水利建设市场主体不良行为记录公告制度

建立水利建设市场主体不良行为记录公告制度。对水利建设市场主体在工程建设过程中违反有关法律、法规和规章，受到县级以上人民政府、水行政主管部门、流域管理机构或相关专业部门的行政处理，所形成的不良行为记录进行公告。未受到行政处理的不良信用信息可在公告平台后台保存备查。

水利建设市场主体不良行为记录公告办法及认定标准由水利部另行制定。

（八）水利建设市场主体信用信息更新

水利建设市场主体信用信息实行实时更新。水利建设市场主体基本信息发布时间为长期，良好行为记录信息发布期限为 3 年，不良行为记录信息发布期限不少于 6 个月，法律、法规另有规定的从其规定。

（九）水利建设市场主体公告信息争议的处理

水利建设市场主体对公告信息有异议的，可向信用信息管理部门提出书面更正申请，并提供相关证据。信用信息管理部门应当立即进行核对，对确认发布有误的信息，及时给予更正并告知申请人；对确认无误的信息，应当告知申请人。

行政处理决定经行政复议、行政诉讼以及行政执法监督被依法变更或撤销的，不良行为记录将及时予以变更或撤销，并在信息平台上予以公告。

（十）激励和惩戒

水利部、流域管理机构和省级人民政府水行政主管部门应依据有关法律、法规和规章，按照诚信激励和失信惩戒的原则，逐步建立信用奖惩机制，在市场准入、招标投标、资质(资格)管理、信用评价、工程担保与保险、表彰评优等工作中,利用已公布的水利建设市场主体的信用信息,依法对守信行为给予激励,对失信行为进行惩处。

## 二、《水利建设市场主体不良行为记录公告暂行办法的通知》

### (一)不良行为记录的定义

公告的不良行为记录,是指水利建设市场主体在工程建设过程中违反有关法律、法规和规章,受到县级以上人民政府、水行政主管部门或相关专业部门的行政处理所作的记录。

### (二)不良行为记录公告的管理

水利部、水利部在国家确定的重要江河湖泊设立的流域管理机构(以下简称流域管理机构)和省级人民政府水行政主管部门(以下统称"公告部门")负责水利建设市场主体不良行为记录公告管理。

水利部负责制定全国水利建设市场主体不良行为记录公告管理的相关规定,建立全国水利建设市场主体不良行为记录公告平台,并负责公告平台的日常维护。

各流域管理机构和各省级人民政府水行政主管部门按照规定的职责分工,建立水利建设市场主体不良行为记录公告平台,并负责公告平台的日常维护。

### (三)不良行为记录的公告

公告部门应自不良行为行政处理决定作出之日起 20 个工作日内对外进行记录公告。

流域管理机构和省级人民政府水行政主管部门公告的不良行为行政处理决定应同时抄报水利部。

### (四)对不良行为所作出的以下行政处理决定应给予公告

(1)警告;

(2)通报批评;

(3)罚款;

(4)没收违法所得;

(5)暂停或者取消招标代理资格;

(6)降低资质等级;

(7)吊销资质证书;

(8)责令停业整顿;

(9)吊销营业执照;

(10)取消在一定时期内参加依法必须进行招标的项目的投标资格;

(11)暂停项目执行或追回已拨付资金;

(12)暂停安排国家建设资金;

(13)暂停建设项目的审查批准;

(14)取消担任评标委员会成员的资格;

(15)责令停止执业;

(16)注销注册证书;

(17)吊销执业资格证书;

（18）公告部门或相关部门依法作出的其他行政处理决定。

**（五）不良行为记录公告的基本内容**

被处理水利建设市场主体的名称（或姓名）、违法行为、处理依据、处理决定、处理时间和处理机关等。

公告部门可将不良行为行政处理决定书直接进行公告。

**（六）不良行为记录公告期限**

不良行为记录公告期限为 6 个月。公告期满后，转入后台保存。

依法限制水利建设市场主体资质（资格）等方面的行政处理决定，所认定的限制期限长于 6 个月的，公告期限从其决定。

**（七）争议处理**

被公告的水利建设市场主体认为公告记录与行政处理决定的相关内容不符的，可向公告部门提出书面更正申请，并提供相关证据。

公告部门接到书面申请后，应在 5 个工作日内进行核对。公告的记录与行政处理决定的相关内容不一致的，应当给予更正并告知申请人；公告的记录与行政处理决定的相关内容一致的，应当告知申请人。

行政处理决定在被行政复议或行政诉讼期间，公告部门依法不停止对不良行为记录的公告，但行政处理决定被依法停止执行的除外。

**（八）监督管理**

（1）公告部门应依法加强对不良行为记录被公告的水利建设市场主体的监督管理。

（2）公告的不良行为记录应当作为市场准入、招标投标、资质（资格）管理、信用评价、工程担保与保险、表彰评优等工作的重要参考。

（3）有关公告部门及其工作人员在不良行为记录的提供、收集和公告等工作中有玩忽职守、弄虚作假或者徇私舞弊等行为的，由其所在单位或者上级主管机关予以通报批评，并依纪依法追究直接责任人和有关领导的责任；涉嫌犯罪的，移送司法机关依法追究刑事责任。

**（九）水利建设施工单位不良行为记录认定标准**

水利建设施工单位不良行为记录认定标准见附表。

附表　水利建设施工单位不良行为记录认定标准

| 行为类别 | 行为代码 | 不良行为 | 法律法规和规章依据 | 行政处理 |
|---|---|---|---|---|
| 4.1 资质管理 | 4－1－01 | 超越本单位资质等级承揽工程的 | 《建设工程质量管理条例》第 60 条、《水利工程质量管理规定》第 44 条 | 责令停止违法行为,处工程合同价款 2% 以上 4% 以下的罚款;可以责令停业整顿,降低资质等级;情节严重的,吊销资质证书;有违法所得的,予以没收 |
| | 4－1－02 | 未取得资质证书承揽工程的 | 《建设工程质量管理条例》第 60 条、《水利工程质量管理规定》第 44 条 | 予以取缔,处工程合同价款 2% 以上 4% 以下的罚款;有违法所得的,予以没收 |
| | 4－1－03 | 以欺骗手段取得资质证书承揽工程的 | 《建设工程质量管理条例》第 60 条 | 吊销资质证书,处工程合同价款 2% 以上 4% 以下的罚款;有违法所得的,予以没收 |
| | 4－1－04 | 允许其他单位或者个人以本单位名义承揽工程的 | 《建设工程质量管理条例》第 61 条 | 责令改正,没收违法所得,处工程合同价款 2% 以上 4% 以下的罚款;可以责令停业整顿,降低资质等级;情节严重的,吊销资质证书 |
| 4.2 招标投标 | 4－2－01 | 相互串通投标或者与招标人串通投标的,以向招标人或者评标委员会成员行贿的手段谋取中标的 | 《招标投标法》第 53 条、《工程建设项目施工招标投标办法》第 74 条 | 中标无效,处中标项目金额 5‰ 以上 10‰ 以下的罚款,对单位直接负责的主管人员和其他直接责任人员处单位罚款数额 5% 以上 10% 以下的罚款;有违法所得的,并处没收违法所得;情节严重的,取消其一年至二年内参加依法必须进行招标的项目的投标资格并予以公告,直至由工商行政管理机关吊销营业执照;构成犯罪的,依法追究刑事责任。给他人造成损失的,依法承担赔偿责任 |

| 行为类别 | 行为代码 | 不良行为 | 法律法规和规章依据 | 行政处理 |
|---|---|---|---|---|
| 4.2 招标投标 | 4-2-02 | 投标人以他人名义投标或者以其他方式弄虚作假，骗取中标的 | 《招标投标法》第54条、《工程建设项目施工招标投标办法》第75条 | 中标无效，给招标人造成损失的，依法承担赔偿责任。依法追究刑事责任。行为尚未构成犯罪的，处中标项目金额5‰以上10‰以下的罚款，对单位直接负责的主管人员和其他直接责任人员处单位罚款数额5%以上10%以下的罚款；有违法所得的，并处没收违法所得；情节严重的，取消其一年至三年内参加依法必须进行招标的项目的投标资格并予以公告，直至由工商行政管理机关吊销营业执照 |
| | 4-2-03 | 中标人将中标项目转让给他人的，将中标项目肢解后分别转让给他人的，违反本法规定将中标项目的部分主体、关键性工作分包给他人的，或者分包人再次分包的 | 《招标投标法》第58条 | 转让、分包无效，处转让、分包项目金额5%以上10%以下的罚款；有违法所得的，并处没收违法所得；情节严重的，由工商行政管理机关吊销营业执照 |
| | 4-2-04 | 非因不可抗力原因，中标人不按照与招标人订立的合同履行义务 | 《建设工程质量管理条例》第62条；《招标投标法》第60条 | 责令改正，没收违法所得，对施工单位处工程合同价款0.5%以上1%以下的罚款；可以责令停业整顿，降低资质等级；情节严重的，吊销资质证书；情节严重的，取消其二年至五年内参加依法必须进行招标的项目的投标资格并予以公告，直至由工商行政管理机关吊销营业执照 |

| 行为类别 | 行为代码 | 不良行为 | 法律法规和规章依据 | 行政处理 |
|---|---|---|---|---|
| | 4-3-01 | 在施工中偷工减料的，使用不合格的建筑材料、建筑构配件和设备的，或者有不按照工程设计图纸或者施工技术标准施工的其他行为的 | 《建设工程质量管理条例》第64条 | 责令改正，处工程合同价款2%以上、4%以下的罚款；造成建设工程质量不符合规定的质量标准的，负责返工、修理，并赔偿因此造成的损失；情节严重的，责令停业整顿，降低资质等级或者吊销资质证书 |
| | | | 《水利工程质量管理规定》第44条 | 根据情节轻重，予以通报批评，降低资质等级直至收缴资质证书，经济处理按合同规定办理，触犯法律的，按国家有关法律处理 |
| 4.3 质量安全 | 4-3-02 | 未对建筑材料、建筑构配件、设备和商品混凝土进行检验，或者未对涉及结构安全的试块、试件以及有关材料取样检测的 | 《建设工程质量管理条例》第65条 | 责令改正，处10万元以上20万元以下的罚款；情节严重的，责令停业整顿，降低资质等级或者吊销资质证书；造成损失的，依法承担赔偿责任 |
| | 4-3-03 | 不履行保修义务或者拖延履行保修义务的 | 《建设工程质量管理条例》第66条 | 责令改正，处10万元以上20万元以下的罚款，并对在保修期内因质量缺陷造成的损失承担赔偿责任 |
| | 4-3-04 | 发生重大工程质量事故隐瞒不报、谎报或者拖延延报告期限的 | 《建设工程质量管理条例》第70条 | 对直接负责的主管人员和其他责任人员依法给予行政处分 |

| 行为类别 | 行为代码 | 不良行为 | 法律法规和规章依据 | 行政处理 |
|---|---|---|---|---|
| | 4-3-04 | 发生重大工程质量事故隐瞒不报、谎报或者拖延报告期限的 | 《水利工程质量管理规定》第44条 | 根据情节轻重，予以通报批评，降低资质等级直至收缴资质证书，经济处理按合同规定办理，触犯法律的，按国家有关法律处理 |
| | 4-3-05 | 不接受水利工程质量监督机构监督的 | 《水利工程质量管理规定》第44条 | 根据情节轻重，予以通报批评，降低资质等级直至收缴资质证书，经济处理按合同规定办理，触犯法律的，按国家有关法律处理 |
| | 4-3-06 | 经水利工程质量监督机构核定工程等级为不合格或工程需加固或拆除的 | 《水利工程质量管理规定》第44条 | 根据情节轻重，予以通报批评，降低资质等级直至收缴资质证书，经济处理按合同规定办理，触犯法律的，按国家有关法律处理 |
| 4.3 质量安全 | 4-3-07 | 竣工工程质量不符合国家和水利工程标准及设计行业现行文件要求的 | 《水利工程质量管理规定》第44条 | 根据情节轻重，予以通报批评，降低资质等级直至收缴资质证书，经济处理按合同规定办理，触犯法律的，按国家有关法律处理 |
| | 4-3-08 | 未应向项目法人(建设单位)提交完整的技术档案、试验成果及有关资料的 | 《水利工程质量管理规定》第44条 | 根据情节轻重，予以通报批评，降低资质等级直至收缴资质证书，经济处理按合同规定办理，触犯法律的，按国家有关法律处理 |
| | 4-3-09 | 由于施工单位责任造成质量事故的 | 《水利工程质量事故处理暂行规定》第34条 | 令其立即自筹资金进行事故处理，并处以罚款；造成较大以上质量事故的，处以通报批评、停业整顿，降低资质等级直至吊销资质证书；对主要责任人处以降低资质等级直至取消水利工程施工执业资格，构成犯罪的，移送司法机关依法处理 |

续表

| 行为类别 | 行为代码 | 不良行为 | 法律法规和规章依据 | 行政处理 |
|---|---|---|---|---|
| | 4-3-10 | 不依照本法规定保证安全生产所必需的资金投入，致使生产经营单位不具备安全生产条件的 | 《安全生产法》第80条 | 责令限期改正，提供必需的资金；逾期未改正的，责令停产停业整顿 |
| | 4-3-11 | 未按照规定设立安全生产管理机构或者配备安全生产管理人员的 | 《安全生产法》第82条、《建设工程安全生产管理条例》第62条 | 责令限期改正；逾期未改正的，责令停产停业整顿，可以并处2万元以下的罚款 |
| | 4-3-12 | 主要负责人和安全生产管理人员未按照规定经考核合格的 | 《安全生产法》第82条、《建设工程安全生产管理条例》第62条 | 责令限期改正；逾期未改正的，责令停产停业整顿，可以并处2万元以下的罚款 |
| 4.3 质量安全 | 4-3-13 | 未按照规定对从业人员进行安全生产教育和培训，或者未按照规定如实告知从业人员有关的安全生产事项的 | 《安全生产法》第82条 | 责令限期改正；逾期未改正的，责令停产停业整顿，可以并处2万元以下的罚款 |
| | 4-3-14 | 特种作业人员未按照规定经专门的安全作业培训并取得特种作业操作资格证书，上岗作业的 | 《安全生产法》第82条 | 责令限期改正；逾期未改正的，责令停产停业整顿，可以并处2万元以下的罚款 |

| 行为类别 | 行为代码 | 不良行为 | 法律法规和规章依据 | 行政处理 |
|---|---|---|---|---|
| | 4－3－15 | 未在有较大危险因素的生产经营场所和有关设施、设备上设置明显的安全警示标志的 | 《安全生产法》第83条、《建设工程安全生产管理条例》第62条 | 《建设工程安全生产管理条例》第62条责令限期改正；逾期未改正的，责令停业整顿，可以并处5万元以下的罚款；造成严重后果，构成犯罪的，依照刑法有关规定追究刑事责任 |
| | 4－3－16 | 安全设备的安装、使用、检测、改造和报废不符合国家标准或者行业标准的 | 《安全生产法》第83条 | 责令限期改正；逾期未改正的，责令停产停业整顿，可以并处5万元以下的罚款；造成严重后果，构成犯罪的，依照刑法有关规定追究刑事责任 |
| | 4－3－17 | 未对安全设备进行经常性维护、保养和定期检测的 | 《安全生产法》第83条 | 责令限期改正；逾期未改正的，责令停产停业整顿，可以并处5万元以下的罚款；造成严重后果，构成犯罪的，依照刑法有关规定追究刑事责任 |
| | 4－3－18 | 未为从业人员提供符合国家标准或者行业标准的劳动防护用品的 | 《安全生产法》第83条、《建设工程安全生产管理条例》第62条 | 责令限期改正；逾期未改正的，责令停产停业整顿，可以并处5万元以下的罚款；造成严重后果，构成犯罪的，依照刑法有关规定追究刑事责任 |
| 4.3 质量安全 | 4－3－19 | 特种设备以及危险物品的容器、运输工具，未经取得专业资质的机构检测、检验合格，取得安全使用证或者安全标志，投入使用的 | 《安全生产法》第83条 | 责令限期改正；逾期未改正的，责令停产停业整顿，可以并处5万元以下的罚款；造成严重后果，构成犯罪的，依照刑法有关规定追究刑事责任 |

| 行为类别 | 行为代码 | 不良行为 | 法律法规和规章依据 | 行政处理 |
|---|---|---|---|---|
| | 4-3-20 | 使用国家明令淘汰、禁止使用的危及生产安全的工艺、设备的 | 《安全生产法》第83条、《建设工程安全生产管理条例》第62条 | 责令限期改正;逾期未改正的,责令停止建设或者停产停业整顿,可以并处5万元以下的罚款;造成严重后果,构成犯罪的,依照刑法有关规定追究刑事责任 |
| | 4-3-21 | 生产、经营、储存、使用危险物品,未建立专门安全管理制度,未采取可靠的安全措施或者不接受有关主管部门依法实施的监督管理的 | 《安全生产法》第85条 | 责令限期改正;逾期未改正的,责令停产停业整顿,可以并处2万元以上10万元以下的罚款;造成严重后果,构成犯罪的,依照刑法有关规定追究刑事责任 |
| | 4-3-22 | 对重大危险源未登记建档,或者未进行评估、监控,或者未制定应急预案的 | 《安全生产法》第85条 | 责令限期改正;逾期未改正的,责令停产停业整顿,可以并处2万元以上10万元以下的罚款;造成严重后果,构成犯罪的,依照刑法有关规定追究刑事责任 |
| | 4-3-23 | 进行爆破、吊装等危险作业,未安排专门管理人员进行现场安全管理的 | 《安全生产法》第85条 | 责令限期改正;逾期未改正的,责令停产停业整顿,可以并处2万元以上10万元以下的罚款;造成严重后果,构成犯罪的,依照刑法有关规定追究刑事责任 |
| 4.3质量安全 | 4-3-24 | 生产、经营、储存、使用危险物品的车间、商店、仓库与员工宿舍在同一座建筑物内,或者与员工宿舍的距离不符合安全要求的 | 《安全生产法》第88条 | 责令限期改正;逾期未改正的,责令停产停业整顿,造成严重后果,构成犯罪的,依照刑法有关规定追究刑事责任 |

| 行为类别 | 行为代码 | 不良行为 | 法律法规和规章依据 | 行政处理 |
|---|---|---|---|---|
| | 4－3－25 | 生产经营场所和员工宿舍未设有符合紧急疏散需要、标志明显、保持畅通的出口,或者封闭、堵塞生产经营场所或者员工宿舍出口的 | 《安全生产法》第88条 | 责令限期改正;逾期未改正的,责令停产停业整顿;造成严重后果,构成犯罪的,依照刑法有关规定追究刑事责任 |
| | 4－3－26 | 与从业人员订立协议,免除或者减轻其对从业人员因生产安全事故伤亡依法应承担的责任的 | 《安全生产法》第89条 | 该协议无效;对生产经营单位的主要负责人、个人经营的投资人处2万元以上10万元以下的罚款 |
| 4.3 质量安全 | 4－3－27 | 未按照国家有关规定在施工现场设置消防通道、消防水源、配备消防设施和灭火器材的 | 《建设工程安全生产管理条例》第62条 | 责令限期改正;逾期未改正的,责令停业整顿,依照《中华人民共和国安全生产法》的有关规定处以罚款;造成重大安全事故,构成犯罪的,对直接责任人员,依照刑法有关规定追究刑事责任 |
| | 4－3－28 | 未按照规定在施工起重机械和整体提升脚手架、模板等自升式架设设施验收合格后登记的 | 《建设工程安全生产管理条例》第62条 | 责令限期改正;逾期未改正的,责令停业整顿,依照《中华人民共和国安全生产法》的有关规定处以罚款;造成重大安全事故,构成犯罪的,对直接责任人员,依照刑法有关规定追究刑事责任 |

续表

| 行为类别 | 行为代码 | 不良行为 | 法律法规和规章依据 | 行政处理 |
|---|---|---|---|---|
| | 4-3-29 | 施工单位挪用列入建设工程概算的安全生产作业环境及安全施工措施所需费用的 | 《建设工程安全生产管理条例》第63条 | 责令限期改正,处挪用费用20%以上50%以下的罚款;造成损失的,依法承担赔偿责任 |
| | 4-3-30 | 施工前未对有关安全施工的技术要求作出详细说明的 | 《建设工程安全生产管理条例》第64条 | 责令限期改正,逾期未改正的,责令停业整顿,并处5万元以上10万元以下的罚款;造成重大安全事故,构成犯罪的,对直接责任人员,依照刑法有关规定追究刑事责任 |
| 4.3 质量安全 | 4-3-31 | 未根据不同施工阶段和周围环境及季节、气候的变化,在施工现场采取相应的安全施工措施,或者在城市市区内的建设工程施工现场未实行封闭围挡的 | 《建设工程安全生产管理条例》第64条 | 责令限期改正,逾期未改正的,责令停业整顿,并处5万元以上10万元以下的罚款;造成重大安全事故,构成犯罪的,对直接责任人员,依照刑法有关规定追究刑事责任 |
| | 4-3-32 | 在尚未竣工的建筑物内设置员工集体宿舍的 | 《建设工程安全生产管理条例》第64条 | 责令限期改正,逾期未改正的,责令停业整顿,并处5万元以上10万元以下的罚款;造成重大安全事故,构成犯罪的,对直接责任人员,依照刑法有关规定追究刑事责任 |
| | 4-3-33 | 施工现场临时搭建的建筑物不符合安全使用要求的 | 《建设工程安全生产管理条例》第64条 | 责令限期改正,逾期未改正的,造成重大安全事故责任;造成损失的,对直接责任人员,依法承担赔偿责任 |

| 行为类别 | 行为代码 | 不良行为 | 法律法规和规章依据 | 行政处理 |
|---|---|---|---|---|
| | 4-3-34 | 未对因建设工程施工可能造成损害的毗邻建筑物和地下管线等采取专项防护措施的 | 《建设工程安全生产管理条例》第64条 | 责令限期改正;逾期未改正的,责令停业整顿,并处5万元以上10万元以下的罚款;造成重大安全事故,构成犯罪的,对直接责任人员,依照刑法有关规定追究刑事责任。造成损失的,依法承担赔偿责任 |
| | 4-3-35 | 安全防护用具、机械设备、施工机具及配件在进入施工现场前未经查验或者查验不合格即投入使用的 | 《建设工程安全生产管理条例》第65条 | 责令限期改正;逾期未改正的,责令停业整顿,降低资质等级,直至吊销资质证书,造成重大安全事故,构成犯罪的,对直接责任人员,依照刑法有关规定追究刑事责任;造成损失的,依法承担赔偿责任 |
| 4.3 质量安全 | 4-3-36 | 使用未经验收或者验收不合格的施工起重机械和整体提升脚手架、模板等自升式架设设施的 | 《建设工程安全生产管理条例》第65条 | 责令限期改正;逾期未改正的,责令停业整顿,降低资质等级,直至吊销资质证书,造成重大安全事故,构成犯罪的,对直接责任人员,依照刑法有关规定追究刑事责任;造成损失的,依法承担赔偿责任 |
| | 4-3-37 | 委托不具有相应资质的单位承担施工现场安装、拆卸施工起重机械和整体提升脚手架、模板等自升式架设设施的 | 《建设工程安全生产管理条例》第65条 | 责令限期改正;逾期未改正的,责令停业整顿,降低资质等级,直至吊销资质证书,造成重大安全事故,构成犯罪的,对直接责任人员,依照刑法有关规定追究刑事责任;造成损失的,依法承担赔偿责任 |

续表

| 行为类别 | 行为代码 | 不良行为 | 法律法规和规章依据 | 行政处理 |
|---|---|---|---|---|
| | 4-3-38 | 在施工组织设计中未编制安全技术措施、施工现场临时用电方案或者专项施工方案的 | 《建设工程安全生产管理条例》第65条 | 责令限期改正;逾期未改正的,责令停业整顿,并处10万元以上30万元以下的罚款;情节严重的,降低资质等级,直至吊销资质证书;造成重大安全事故,构成犯罪的,对直接责任人员,依照刑法有关规定追究刑事责任;造成损失的,依法承担赔偿责任 |
| | 4-3-39 | 施工单位取得资质证书后,降低安全生产条件的 | 《建设工程安全生产管理条例》第67条 | 责令限期改正;经整改仍未达到与其资质等级相适应的安全生产条件的,责令停业整顿,降低其资质等级直至吊销资质证书 |
| 4.3 质量安全 | 4-3-40 | 未取得安全生产许可证擅自进行生产的 | 《安全生产许可证条例》第19条 | 责令停止生产,没收违法所得,并处10万元以上50万元以下的罚款;造成重大事故或者其他严重后果,构成犯罪的,依法追究刑事责任 |
| | 4-3-41 | 安全生产许可证有效期满未办理延期手续,继续进行生产的 | 《安全生产许可证条例》第20条 | 责令停止生产,限期补办延期手续,没收违法所得,并处5万元以上10万元以下的罚款;逾期仍不办理延期手续,继续进行生产的,责令停止生产,没收违法所得,处10万元以上50万元以下的罚款,构成犯罪的,依法追究刑事责任 |
| | 4-3-42 | 转让安全生产许可证的 | 《安全生产许可证条例》第21条 | 没收违法所得,处10万元以上50万元以下的罚款;构成犯罪的,依法追究刑事责任;接受转让的,责令停止生产,没收违法所得,并处10万元以上50万元以下的罚款,构成犯罪的,依法追究刑事责任;造成重大事故或者其他严重后果,依法追究刑事责任 |

续表

| 行为类别 | 行为代码 | 不良行为 | 法律法规和规章依据 | 行政处理 |
|---|---|---|---|---|
| 4.3 质量安全 | 4-3-43 | 冒用安全生产许可证或者使用伪造的安全生产许可证的 | 《安全生产许可证条例》第21条 | 责令停止生产,没收违法所得,并处10万元以上50万元以下的罚款;造成重大事故后果或者其他严重后果,构成犯罪的,依法追究刑事责任 |
| 4.4 其他 | 4-4-01 | 克扣或者无故拖欠劳动者工资的 | 《劳动法》第91条 | 由劳动行政部门责令支付劳动者的工资报酬、经济补偿,并可责令支付赔偿金 |

# 第二部分　常见水利工程施工技术

# 第一章　水工建筑物类型组成

## 第一节　水利工程及水工建筑物等级划分

### 一、水利工程等别划分

根据《水利水电工程等级划分及洪水标准》（SL 252—2000）的规定，水利水电工程根据其工程规模、效益以及在国民经济中的重要性，划分为Ⅰ、Ⅱ、Ⅲ、Ⅳ、Ⅴ五等，适用于不同地区、不同条件下建设的防洪、灌溉、发电、供水和治涝等水利水电工程，见表2-1-1。

表2-1-1　水利水电工程分等指标

| 工程等别 | 工程规模 | 水库总库容（×10⁸ m³） | 防洪 | | 治涝 | 灌溉 | 供水 | 发电 |
| | | | 保护城镇及工矿企业的重要性 | 保护农田（×10⁴ 亩） | 治涝面积（×10⁴ 亩） | 灌溉面积（×10⁴ 亩） | 供水对象重要性 | 装机容量（×10⁴ kW） |
|---|---|---|---|---|---|---|---|---|
| Ⅰ | 大（1）型 | ≥10 | 特别重要 | ≥500 | ≥200 | ≥150 | 特别重要 | ≥120 |
| Ⅱ | 大（2）型 | 10~1.0 | 重要 | 500~100 | 200~60 | 150~50 | 重要 | 120~30 |
| Ⅲ | 中型 | 1.0~0.1 | 中等 | 100~30 | 60~15 | 50~5 | 中等 | 30~5 |
| Ⅳ | 小（1）型 | 0.1~0.01 | 一般 | 30~5 | 15~3 | 5~0.5 | 一般 | 5~1 |
| Ⅴ | 小（2）型 | 0.01~0.001 | | <5 | <3 | <0.5 | | <1 |

对于综合利用的水利水电工程，当按各分项利用项目的分等指标确定的等别不同时，其工程等别应按其中的最高等别确定。

### 二、水工建筑物的级别划分

水利水电工程中水工建筑物的级别反映了工程对水工建筑物的技术要求和安全要

求,应根据所属工程的等别及其在工程中的作用和重要性分析确定。

### (一)永久性水工建筑物的级别

水利水电工程的永久性水工建筑物的级别应根据建筑物所在工程的等别以及建筑物的重要性确定为五级,分别为1、2、3、4、5级,见表2-1-2。

表2-1-2　永久性水工建筑物级别

| 工程等别 | 主要建筑物 | 次要建筑物 | 工程等别 | 主要建筑物 | 次要建筑物 |
|---|---|---|---|---|---|
| Ⅰ | 1 | 3 | Ⅳ | 4 | 5 |
| Ⅱ | 2 | 3 | Ⅴ | 5 | 5 |
| Ⅲ | 3 | 4 | | | |

堤防工程的级别应按照《堤防工程设计规范》(GB 50286—98)确定。堤防工程的防洪标准主要由防洪对象的防洪要求而定。堤防工程的级别根据堤防工程的防洪标准确定,如表2-1-3所示。

表2-1-3　堤防工程的级别

| 防洪标准<br>(重现期,年) | ≥100 | <100且≥50 | <50且≥30 | <30且≥20 | <20且≥10 |
|---|---|---|---|---|---|
| 堤防工程的级别 | 1 | 2 | 3 | 4 | 5 |

穿堤水工建筑物的级别按所在堤防工程的级别和与建筑物规模相应的级别中的最高级别确定。

### (二)临时性水工建筑物的级别

临时性水工建筑物的级别按表2-1-4确定。对于同时分属于不同级别的临时性水工建筑物,其级别应按照其中最高级别确定。但对于3级临时性水工建筑物,符合该级别规定的指标不得少于两项。

表2-1-4　临时性水工建筑物级别

| 级别 | 保护对象 | 失事后果 | 使用年限<br>(年) | 临时性水工建筑物规模 | |
|---|---|---|---|---|---|
| | | | | 高度(m) | 库容(×10^8 m³) |
| 3 | 有特殊要求的1级永久性水工建筑物 | 淹没重要城镇、工矿企业、交通干线或推迟总工期及第一台(批)机组发电,造成重大灾害和损失 | >3 | >50 | >1.0 |
| 4 | 1、2级永久性水工建筑物 | 淹没一般城镇、工矿企业、交通干线或影响总工期及第一台(批)机组发电,造成较大经济损失 | 3~1.5 | 50~15 | 1.0~0.1 |
| 5 | 3、4级永久性水工建筑物 | 淹没基坑,但对总工期及第一台(批)机组发电影响不大,经济损失较小 | <1.5 | <15 | <0.1 |

# 第二节　堤防的构造及作用

土质堤防的构造与作用和土石坝类似,其基本剖面是梯形,包括堤顶、马道(戗台)、防渗体、护坡、堤坡排水及堤体排水、地基处理等构造。

堤防的主要作用是有效地防御洪水危害,使洪水沿着预定的区域下泄,保护堤外城镇、工矿企业、交通干线等的安全。

堤顶包括防汛道路、防浪墙等。

护坡一般有:小型砌块护坡,如临淮岗洪水控制工程大堤护坡;草皮护坡,如合肥市南淝河部分河段护坡;浆砌石护坡,如怀洪新河部分堤防护坡;干砌石护坡,如长江铜陵段护坡;现浇混凝土护坡,如长江安庆段护坡。

防渗体一般都为近期加固所形成的,为了提高原筑堤的防渗效果,后期都对堤身进行锥探灌浆、在堤脚或堤身施工塑性混凝土防渗墙等。"九八"大水后,长江堤防不少段都采取了堤背压重防渗,如马鞍山九华江堤等。

地基处理:为提高新筑堤地基的承载力,一些工程对基础进行粉喷桩处理,为提高基础防渗效果,又对基础用塑性混凝土防渗墙进行防渗等。

堤高超过 6 m 的背水坡应设戗台,宽度不宜小于 1.5 m;风浪大的海堤、湖堤临水侧宜设置消浪平谷,其宽度可为波高的 1~2 倍,但不宜小于 3 m。

城市、工矿区等修建土堤受限制的地段,宜采用浆砌石、混凝土或钢筋混凝土结构的防洪墙,它们与重力坝的构造相似。安徽省的芜湖、安庆、马鞍山等城市长江段都修建了混凝土、块石堤防(防浪墙)。

# 第三节　水闸的组成及作用

水闸是一种利用闸门挡水和泄水的低水头水工建筑物,水闸在安徽省水利工程中应用十分广泛用。

## 一、水闸的分类

水闸按其所承担的任务可分为进水闸、节制闸、分洪闸、排水闸、挡潮闸及冲砂闸等六种。

水闸按其闸室结构形式可分为开敞式水闸、胸墙式水闸和涵洞式水闸。

(1)开敞式水闸:闸室上面是露天的,上面没有填土。当引(泄)水流量较大、渠堤不高时,常采用开敞式水闸。

(2)胸墙式水闸:一般用于上游水位变化较大、水闸净宽为低水位过闸流量所控制、在高水位是需用闸门控制流量的水闸。

(3)涵洞式水闸:主要用于穿堤取水或排水、引水流量较小的情况下,闸室后有洞身段,洞身上面填土。根据水利条件的不同,涵洞式水闸可分为有压和无压两种。

## 二、水闸的组成部分及其作用

水闸由闸室、上游连接段和下游连接段三部分组成,如图 2-1-1 所示。

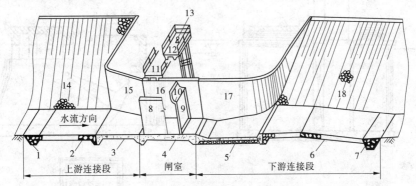

1—上游防冲槽;2—上游护底;3—铺盖 4—底板;5—护坦(消力池);6—海漫;
7—下游防冲槽;8—闸墩;9—闸门;10—胸墙;11—交通桥;12—工作桥;13—启闭机;
14—上游护坡;15—上游翼墙;16—边墩;17—下游翼墙;18—下游护坡

**图 2-1-1　水闸的组成部分**

### (一)闸室

闸室是水闸的主体,起挡水和调节水流的作用。它包括底板、闸墩、岸墙、闸门、工作桥、胸墙、启闭机和交通桥等。按结构形式可分为开敞式和封闭式两种,见图 2-1-2。

#### 1.底板

底板按结构形式可分为平底板、低堰底板和反拱底板,工程中用得最多的是平底板。根据底板与闸墩的连接方式不同,平底板可分为整体式平底板和分离式平底板。

1)整体式平底板

整体式平底板的底板与闸墩连成整体。其作用是将上部结构重量及荷载传给地基,并有防冲及防渗作用。底板厚度必须满足强度和刚度要求,可取为 1/5 ~ 1/7 闸孔净宽,但不宜小于 0.5 ~ 0.7 m。整体式平底板抗震性能较好。中等密实以下的地基或地震区适宜采用整体式平底板。

对于多孔水闸,为适应地基不均匀沉降和减小底板内的温度应力,需要沿水流方向设变形缝(温度沉降缝)将闸室分成若干段,每个闸段一般不超过 20 m。

2)分离式平底板

闸孔中间的底板与闸墩下的底板之间用沉降缝分开,称为分离式平底板。分离式闸墩底板基底压力较大,一般宜建在中等密实以上的地基上。

#### 2.闸墩

闸墩的作用主要是分隔闸孔,支承闸门、胸墙、工作桥及交通桥等上部结构。

闸墩多用 C15 ~ C30 的混凝土浇筑,小型水闸可用浆砌块石砌筑,但门槽部位需用混凝土浇筑。

#### 3.工作桥

工作桥的作用是安装启闭机和供管理人员操作启闭机,为钢筋混凝土简支梁或整体

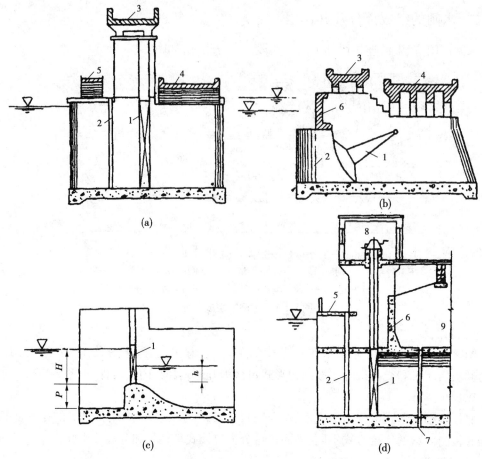

（a）、（c）开敞式；（b）胸墙式；（d）涵洞式

1—闸门；2—检修门槽；3—启闭机梁；4—公路桥；5—检修便桥；6—胸墙；7—沉降缝；8—启闭机

**图 2-1-2　闸室结构形式**

板梁结构。工作桥的高度必须满足闸门能提出门槽检修的要求。

4.胸墙

胸墙的作用是挡水，以减小闸门的高度。跨度在 5 m 以下的胸墙可用板式结构，跨度超过 5 m 的胸墙用板梁式结构。胸墙与闸墩的连接方式有简支和固结两种。

**（二）上游连接段**

上游连接段由铺盖、上游护底、上游护坡及上游翼墙等组成。

1.铺盖

铺盖的作用主要是延长渗径长度以达到防渗目的，其应该具有不透水性，同时兼有防冲功能。常用材料有黏土、混凝土、钢筋混凝土等，以混凝土铺盖最为常见。

混凝土铺盖常用 C15 混凝土浇筑，厚度为 0.2～0.4 m，铺盖与底板接触的一端应适当加厚，并用沉降缝分开，缝内设止水，如图 2-1-3 所示。

2.上游护底与上游护坡

上游护底与上游护坡的作用是防止高速水流对渠（河）底及边坡的冲刷，长度一般为

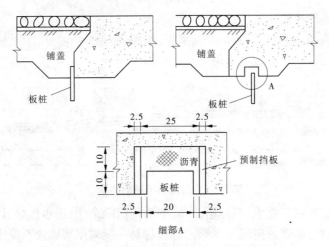

**图 2-1-3　铺盖构造示意图**　（单位：cm）

3～5 倍堰顶水头。材料有干砌石、浆砌石或混凝土等。

3．上游翼墙

上游翼墙的作用是改善水流条件、挡土、防冲、防渗等。其按平面布置形式有圆弧形翼墙、扭曲面翼墙、八字形翼墙和隔墙式翼墙等,其按结构形式有重力式翼墙、悬臂式翼墙、扶壁式翼墙和空箱式翼墙等。

1）重力式翼墙

如图 2-1-4 所示,重力式翼墙依靠自身的重量维持稳定性,材料有浆砌石或混凝土。其适用于地基承载力较高、高度在 5～6 m 以下的情况,在中小型水闸中应用很广。

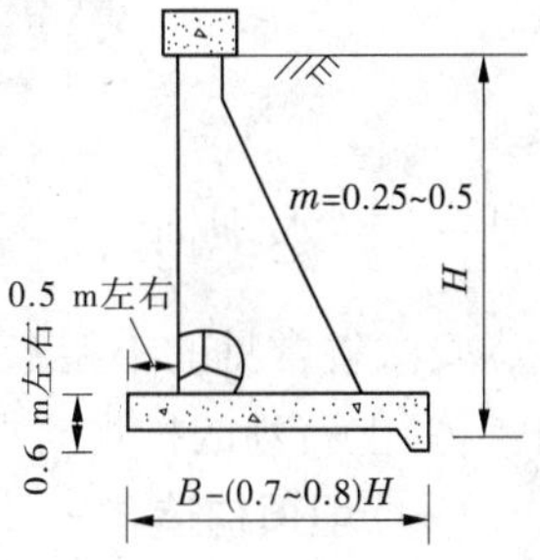

2）悬臂式翼墙

悬臂式翼墙是固结在底板上的悬臂结构,由钢筋混凝土筑成。其适用于高度为 6～9 m、地质条件较好的情况。

3）扶壁式翼墙

**图 2-1-4　重力式翼墙示意图**

扶壁式翼墙是由直墙、底板和扶壁组成的钢筋混凝土结构。其适用于高度在 8～9 m 以上、地质条件较好的情况。

4）空箱式翼墙

空箱式翼墙是扶壁式翼墙的特殊形式,由顶板、底板、前墙、后墙、隔墙与扶壁组成。其适用于高度较高、地质条件较差的情况。

**（三）下游连接段**

下游连接段通常包括护坦、海漫、下游防冲槽(齿墙)以及下游翼墙与下游护坡等。

1．护坦

护坦承受高速水流的冲刷、水流脉动压力和底部扬压力的作用,因此要求护坦应具有足够的重量、强度和抗冲耐磨能力,通常用混凝土筑成,也可采用浆砌块石。为了防止不均匀沉降而产生裂缝,护坦与两侧翼墙底板及闸室底板之间均应设置沉降缝。沉降缝的位置如在闸基防渗范围内,缝中应设止水。

## 2.海漫与下游防冲槽

在消力池后面应设置海漫与下游防冲槽,如图 2-1-5 所示。其作用是继续消除水流余能,调整流速分布,确保下游河床免受有害冲刷。

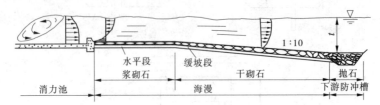

图 2-1-5　海漫与下游防冲槽

海漫构造应满足以下要求:表面粗糙,能够沿程消除余能;透水性好,以利渗流顺利排出;具有一定的柔性,能够适应河床变形。海漫材料一般采用浆砌块石或干砌块石。

在海漫末端与土质河床交接处可能会遭受冲刷,因此在海漫末端设置防冲槽与下游河床相连,以保护海漫末端不受冲刷破坏。

## 3.下游翼墙与下游护坡

下游翼墙与下游护坡和上游翼墙与上游护坡基本相同,下游护坡要做到防冲槽尾部。下游八字形翼墙的总扩散角为 15°~24°。

# 第四节　小型水库的组成及作用

## 一、拦水坝体

安徽省常见的小型水库拦水坝体多为土石坝,其基本剖面是梯形,主要由坝顶构造、防渗体、土石坝的护坝与坝体排水、土石坝的排水设施与反滤层等细部构造组成。

### (一)坝顶构造

某土坝坝顶构造如图 2-1-6 所示。

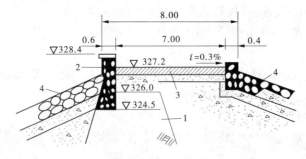

1—心墙;2—防浪墙;3—道路;4—护面

图 2-1-6　某土坝坝顶构造 （单位:m）

### 1.坝顶宽度

坝顶宽度应根据构造、施工、运行和抗震等因素确定。若无特殊要求,高坝可选用 10~15 m,中低坝可选用 5~10 m。同时,坝顶宽度必须充分考虑心墙或斜墙顶部及反滤层、保护层的构造需要。

### 2. 护面

护面的材料可采用碎石、砌石、沥青或混凝土,Ⅳ级以下的坝下游也可以采用草皮护面。如有公路交通要求,还应满足公路路面的有关规定。护面的作用是保护坝顶不受破坏。为了排除雨水,坝顶应做成向一侧或两侧倾斜的横向坡度,坡度宜采用 2% ~ 3%。对于有防浪墙的坝顶,宜采用单向向下游倾斜的横坡。

### 3. 防浪墙

坝顶上游侧常设混凝土或浆砌石修建的不透水的防浪墙,墙基要与坝体防渗体可靠地连接起来,以防高水位时漏水,防浪墙的高度一般为 1.0 ~ 1.2 m。

### (二)防渗体

土坝防渗体主要有心墙、斜墙、铺盖、截水墙等,设置防渗体的作用是:减少通过坝体和坝基的渗流量;降低浸润线,增加下游坝坡的稳定性;降低渗透坡降,防止渗透变形。

对于均质坝来说,整个坝体就是一个大的防渗体,它由透水性较小的黏性土筑成。

心墙一般布置在坝体中部,有时稍偏上游并稍微倾斜;斜墙布置在坝体的上游,以便于和上游铺盖及坝顶的防浪墙相连接。黏性土心墙和斜墙顶部水平厚度一般不小于 3 m,以便于机械化施工。防渗体顶与坝顶之间应设有保护层,厚度不小于该地区的冰冻深度或干燥深度,同时按结构要求不宜小于 1 m。

非土料防渗体有钢筋混凝土、沥青混凝土、木板、钢板、浆砌块石和塑料薄膜等,较常用的是钢筋混凝土和沥青混凝土。

### (三)土石坝的护坡与坝坡排水

#### 1. 护坡

土石坝的护坡形式有草皮护坡、抛石护坡、干砌石护坡、浆砌石护坡、混凝土护坡或钢筋混凝土护坡、沥青混凝土护坡或水泥土护坡等。护坡的作用是防止波浪淘刷、顺坝水流冲刷、冰冻和其他形式的破坏。

#### 2. 坝坡排水

除干砌石或堆石护面外,均必须设坝坡排水。为了防止雨水冲刷下游坝坡,常设纵横向连通的排水沟。与岸坡的结合处,也应设置排水沟以拦截山坡上的雨水。坝面上的纵向排水沟沿马道内侧布置,用浆砌石或混凝土板铺设成矩形或梯形。当坝较长时,则应沿坝轴线方向每隔 50 ~ 100 m 设一横向排水沟,以便排除雨水。

### (四)土石坝的排水设施与反滤层

#### 1. 排水设施

排水设施的形式有贴坡排水、棱体排水、褥垫排水、管式排水和综合式排水。土石坝排水设施的作用是降低坝体浸润线及孔隙水压力,防止坝坡土冻胀破坏。在排水设施与坝体、土基接合处,都应设置反滤层。其中,贴坡排水和棱体排水最为常用。

##### 1)贴坡排水

贴坡排水紧贴下游坝坡的表面设置,是由 1 ~ 2 层堆石或砌石筑成的,如图 2-1-7 所示。贴坡排水顶部应高于坝体浸润线的逸出点,以保证坝体浸润线位于冰冻深度以下。

贴坡排水构造简单、节省材料、便于维修,但不能降低浸润线,且易因冰冻而失效,常用于中小型工程下游无水的均质坝或浸润线较低的中等高度坝。

2）棱体排水

棱体排水是在下游坝脚处用块石堆成棱体，顶部高程应超出下游最高水位，超出高度应大于波浪沿坡面的爬高，并使坝体浸润线距坝坡的距离大于冰冻深度。应避免棱体排水上游坡脚出现锐角，顶宽应根据施工条件及检查观测需要确定，但不得小于 1.0 m，如图 2-1-8 所示。

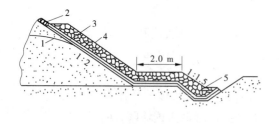

1—浸润线；2—护坡；3—反滤线；4—排水体；5—排水沟

图 2-1-7　贴坡排水

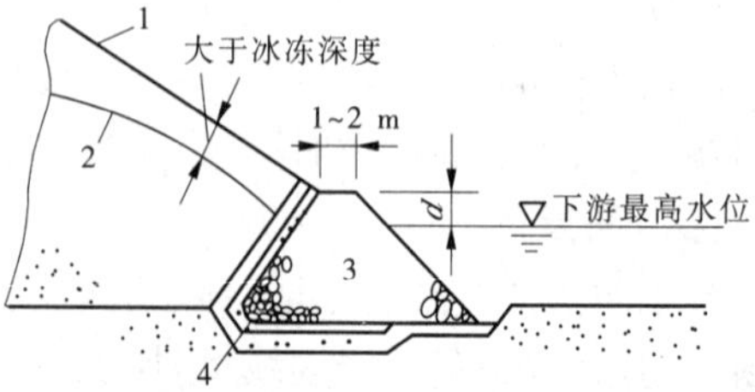

1—下游坝坡；2—浸润线；3—棱体排水；4—反滤层

图 2-1-8　堆石棱体排水

棱体排水可降低浸润线，防止坝坡冻胀和渗透变形，保护下游坝脚不受尾水淘刷，多用于河床部分（有水）的下游坝脚处。

2. 反滤层

为避免因渗透系数和材料级配的突变而引起渗透变形，在防渗体与坝壳、坝壳与排水体之间都要设置 2~3 层粒径不同的砂石料作为反滤层。材料粒径沿渗流方向由小到大排列。

## 二、溢洪道

溢洪道属于泄水建筑物的一种。溢洪道从上游水库到下游河道通常由引水段、控制段、泄水槽、消能设施和尾水渠五个部分组成。

溢洪道按泄洪标准和运用情况，分为正常溢洪道和非常溢洪道。前者用以宣泄设计洪水，后者用于宣泄非常洪水。

溢洪道按其所在位置，分为河床式溢洪道和岸边溢洪道。河床式溢洪道经由坝身溢洪。岸边溢洪道按结构形式可分为正槽溢洪道、侧槽溢洪道、井式溢洪道和虹吸溢洪道。

（1）正槽溢洪道：泄槽与溢流堰正交，过堰水流与泄槽轴线方向一致。

（2）侧槽溢洪道：溢流堰大致沿等高线布置，水流从溢流堰泄入与堰轴线大致平行的侧槽后，流向作近 90° 转弯，再经泄槽或隧洞流向下游。

（3）井式溢洪道：洪水流过环形溢流堰，经竖井和隧洞泄入下游。

（4）虹吸溢洪道：利用虹吸作用泄水，水流出虹吸管后，经泄槽流向下游，可建在岸边，也可建在坝内。

岸边溢洪道通常由进水渠、控制段、泄水段、消能段组成。进水渠起进水与调整水流的作用。控制段常用实用堰或宽顶堰，堰顶可设或不设闸门。泄水段有泄槽和隧洞两种形式。为了保护泄槽免遭冲刷和岩石不被风化，泄槽一般都用混凝土衬砌。消能段多用挑流消能或水跃消能。当下泄水流不能直接归入原河道时，还需另设尾水渠，以便与下游河道妥善衔接。溢洪道的选型和布置应根据坝址地形、地质、枢纽布置及施工条件等，通过技术经济比较后确定。

# 第五节　小型桥梁工程构造及作用

当渠道或河流穿越公路或农村生产道路时，必须要修建桥梁，以衔接原有的道路，便于生产和生活。另外，当修建闸、坝等建筑物时，也常在建筑物顶部修建桥梁以沟通两岸的交通。河、渠道上桥梁的特点是：荷载标准一般低于公路桥梁，渠道宽度一般小于40 m以下，桥长不大。对于通行汽车、拖拉机的桥梁，常建造拱桥，如肥东驷马山干渠上的杨阑桥、合肥南淝河上游的长丰路桥、长江路桥都是拱桥。闸上公路桥为小跨度的板式桥。低于四级公路车辆荷载及行车宽度的习惯上称为农用桥。

## 一、小型桥梁工程分类

### （一）按主要承重结构体系分
小型桥梁按主要承重结构体系分有梁式桥、拱桥、悬索桥、刚架桥、斜张桥和组合体系桥等，其中前三种是桥梁的基本体系。

### （二）按桥梁上部结构的建筑材料分
小型桥梁按桥梁上部结构的建筑材料分有木桥、石桥、混凝土桥、钢筋混凝土桥、预应力混凝土桥（有时混凝土桥、钢筋混凝土桥和预应力混凝土桥统称混凝土桥）、钢桥和结合梁桥等。

木桥易腐蚀多用于临时性桥梁。石料和混凝土抗压强度高而抗拉强度低，主要用于拱桥。钢筋混凝土桥为耐压的混凝土和抗拉、抗压性能均好的钢筋结合而成的桥，主要用于跨度不大的梁式桥和拱桥。预应力混凝土桥是采用高强度钢筋（丝）和高强度等级的混凝土建成的，可达到比钢筋混凝土大得多的跨度，可采用的结构体系也比钢筋混凝土桥广泛得多。钢桥用结构钢制造，现常用于实腹梁桥及大跨度的桁架梁桥、拱桥、斜张桥和悬索桥。其主要优点是施工速度较快，跨越能力大；缺点是用钢量较多，维修费大。结合梁桥也称组合梁桥，是由两种不同建筑材料结合而成的桥，通常是指用钢梁和钢筋混凝土桥面板结合而成的桥，可以节省钢材。

### （三）按用途分
小型桥梁按用途分有公路桥、人行栈桥。

### （四）按跨越障碍分
小型桥梁按跨越障碍分有跨河桥、跨谷桥、跨线桥和高架线路桥等。跨河桥的长度和高度应满足泄洪和通航的要求，在主河槽部分的桥梁称为正桥，跨度较大；其余部分的桥梁称为引桥，其跨度一般由经济条件确定，宜优先选用标准设计（见桥梁标准设计）。

### （五）按桥面位置分
小型桥梁按桥面位置分有上承式桥、中承式桥、下承式桥和双层桥。将桥面布置在主要承重结构之上的称为上承式桥。将桥面布置在主要承重结构下缘附近的称为下承式桥。将桥面布置介于上、下缘之间的称为中承式桥。将桥面布置于上、下缘的称为双层桥。上承式桥具有构造简单、容易养护、制造架设方便、节省墩台圬工数量以及视野开阔等优点,在桥梁设计中常优先选用。中承式桥和下承式桥都具有桥梁建筑高度小的优点,视设计要求而用。

**(六)按制造方法分**

小型混凝土桥按制造方法分有就地灌筑桥和装配式桥两类。后者的构件在工厂(场)中预制,运往工地拼装架设,其优点是:可使桥梁制造工业化、机械化,降低成本,提高速度,而且质量也有保证。也有两者结合的装配、现浇式混凝土桥。钢桥一般都是装配式的。

**(七)按使用期限分**

小型桥梁按使用期限分有临时性桥、永久性桥和半永久性桥。临时性桥的构造简易,仅在有限的短期内使用或在永久性桥未建成以前供维持交通之用。永久性桥为长期使用的桥梁,需按规定的设计洪水频率、桥面宽度和检查维修设备等进行设计。半永久性桥一般是指下部结构按永久性桥设计,而上部结构是临时性的桥梁。

## 二、桥梁的基本特点

梁式桥包括简支板梁桥、悬臂梁桥、连续梁桥。其中,简支板梁桥跨越能力最小,一般一跨为 8~20 m。连续梁桥国内最大跨径在 200 m 以下,国外已达 240 m。

拱桥在竖向荷载作用下,两端支承处产生竖向反力和水平推力,正是水平推力大大减小了跨中弯矩,使跨越能力增大。理论推算,混凝土拱极限跨度在 500 m 左右,钢拱极限跨度可达 1 200 m。也正是由于水平推力,修建拱桥时需要良好的地质条件。

刚架桥有 T 形刚架桥和连续刚构桥。T 形刚架桥的主要缺点是桥面伸缩缝较多,不利于高速行车。连续刚构桥的主要特点是:主梁连续无缝,行车平顺,施工时无体系转换,在我国最大跨径已达 270 m(虎门大桥辅航道桥)。

组合体系桥有梁拱组合体系(如系杆拱、桁架拱、多跨拱梁结构等)和梁刚架组合体系(如 T 形刚构桥等)。

桁梁式桥有坚固的横梁,横梁的每一端都有支撑。最早的桥梁就是根据这种构想建成的,不过它们是横跨在河流两岸之间的树干或石块。现代的桁梁式桥通常是以钢铁或混凝土制成的长型中空桁架为横梁,这使桥梁轻而坚固。利用这种方法建造的桥梁称为箱式梁桥。

悬臂桥的桥身分成长而坚固的数段,类似桁梁式桥,不过每段都在中间有支撑而非在两端有支撑。

拱桥借拱形的桥身向桥两端的地面推压而承受主跨度的应力。现代的拱桥通常采用轻巧、开敞式的结构。

吊桥是建造跨度非常大的桥梁最好的设计。道路或铁路桥面靠钢缆吊在半空,钢缆牢牢地悬挂在桥塔之间。较古老的吊桥有的使用铁链,有的甚至使用绳索而不是用钢缆。

## 三、桥梁的构造

桥梁一般由基础、承台、墩柱、支座、桥面和引道及调治构造物等组成。

(1)基础和承台:使桥台和桥墩中的全部荷载传至地基的底部结构物。

(2)桥墩和桥台:支承桥跨结构并将恒载和车辆等活载传至地基的建筑物。

(3)支座:一座桥梁中在桥跨结构与桥墩或桥台的支承处所设置的传力装置。

(4)桥面:是在线路中断时跨越障碍的主要承载结构。其构造包括行车道板、桥面铺装、人行道、栏杆、变形缝及桥跨结构等,如图 2-1-9 所示。

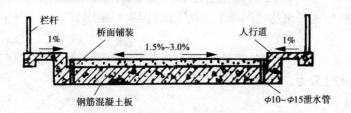

图 2-1-9　桥面构造示意图

(5)引道及调治构造物:原道路与桥梁桥面的连接部分,调治构造物包括桥下护坡、导流堤等。

# 第六节　泵站、渠系建筑物的构造及作用

## 一、小型泵站

### (一)叶片泵的分类

叶片泵按工作原理的不同,可分为离心泵、轴流泵和混流泵三种。

1. 离心泵

离心泵按其基本结构、形式特征分为单级单吸式离心泵、单级双吸式离心泵、多级式离心泵以及自吸式离心泵。

2. 轴流泵

轴流泵按主轴方向分为立式泵、卧式泵和斜式泵,按叶片可调节的角度不同分为固定式轴流泵、半调节式轴流泵和全调节式轴流泵。

3. 混流泵

混流泵按结构形式分为蜗壳式混流泵和导叶式混流泵。

### (二)泵站进出水建筑物

泵站进出水建筑物一般包括引水渠、沉砂及冲砂建筑物、前池、进水池、出水池压力水箱和出水管道。

1. 引水渠

当泵站的泵房远离水源时,应利用引水渠(岸边式泵站可设涵洞)将水源引至前池和进水池。泵站的引水渠分为自动调节引水渠和非自动调节引水渠。

2. 沉砂及冲砂建筑物

当水源(河流)含砂量较大时,除在进水口前设置拦砂设施外,还应增设沉砂池以及

冲砂建筑物,以减少高速含砂水流对水泵和管道的磨损和破坏。

3. 前池

前池是衔接引渠和进水池的水工建筑物。根据水流方向可将前池分为两大类,即正向进水前池和侧向进水前池。

4. 进水池

进水池是水泵(立式轴流泵)或水泵进水管(卧式离心泵、混流泵)直接吸水的水工建筑物,一般布置在前池和泵房之间或泵房的下面(湿室型泵房)。

5. 出水池

出水池是衔接水泵出水管与灌溉(或排水)干渠(或承泄区)的水工建筑物。根据水流出流方向,出水池分为正向出水池和侧向出水池。

6. 压力水箱

压力水箱是一种封闭形式的出水建筑物,箱内水流一般无自由水面,大多用于排水泵站且承泄区水位变幅较大的情况。按水流方向来分,压力水箱有正向出水压力水箱和侧向出水压力水箱两种。

7. 出水管道

水泵房至出水池之间有一段压力管道称为出水管道。出水管道的铺设方式有明式铺设和暗式铺设两种。

**(三)泵房结构形式**

泵房结构形式有移动式泵房和固定式泵房两大类。移动式泵房分为囤船型移动式泵房和缆车型移动式泵房,固定式泵房分为分基型固定式泵房、干室型固定式泵房、湿室型固定式泵房、块基型固定式泵房四种。

## 二、渠系建筑物

在渠道上修建的水工建筑物称为渠系建筑物,它使渠水跨过河流、山谷、堤防、公路等。渠系建筑物主要有渡槽、涵洞、倒虹吸管、跌水与陡坡等。

**(一)渡槽的构造及作用**

按支承结构不同,渡槽可分为梁式渡槽、拱式渡槽和桁架式渡槽等,渡槽由输水的槽身及支承结构、基础和进出口建筑物等部分组成,如图 2-1-10 所示。小型渡槽一般采用简支梁式结构,截面采用矩形。

1. 梁式渡槽

1)槽身结构

梁式渡槽槽身结构一般由槽身和槽墩(排架)组成,主要支承水荷载及结构自重。槽身按断面形状有矩形和 U 形。梁式渡槽分为简支梁式渡槽、双悬臂梁式渡槽、单悬臂梁式渡槽和连续梁式渡槽。简支矩形槽身适应跨度为 8 ~ 15 m,U 形槽身适应跨度为 15 ~ 20 m。

2)渡槽的进出口建筑物

渡槽进出口建筑物与水闸基本相同,由翼墙、护底、铺盖和消能设施组成,把矩形或 U 形槽身和梯形渠道连接起来,起改善水流条件、防冲及挡土的作用。

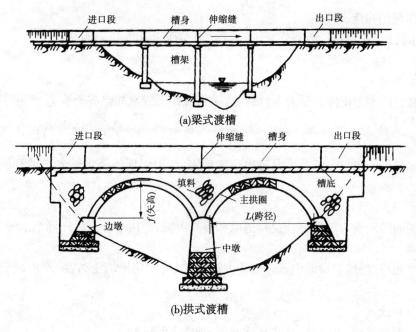

(a)梁式渡槽

(b)拱式渡槽

图 2-1-10　渡槽组成示意图

## 2.拱式渡槽

拱式渡槽的水荷载及结构自重由拱承担,其他和梁式渡槽相同。如图 2-1-11 所示为空腹石拱渡槽示意。

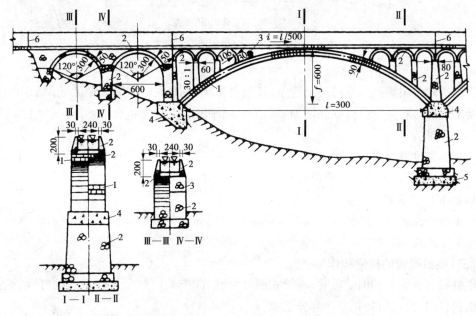

1—浆砌条石;2、3—浆砌块石;4、5—混凝土;6—伸缩缝

图 2-1-11　空腹石拱渡槽

(二)涵洞的构造及作用

根据水流形态的不同,涵洞分有压涵洞、无压涵洞和半有压涵洞。

1.涵洞的洞身断面形式

1)圆形管涵

圆形管涵的水力条件和受力条件较好,多由混凝土或钢筋混凝土建造,适用于有压涵洞或小型无压涵洞。

2)箱形涵洞

箱形涵洞是四边封闭的钢筋混凝土整体结构,适用于现场浇筑的大中型有压涵洞或无压涵洞。

3)盖板涵洞

盖板涵洞的断面为矩形,由底板、边墙和盖板组成,适用于小型无压涵洞。

4)拱涵

拱涵由底板、边墙和拱圈组成。因受力条件较好,多用于填土较高、跨度较大的无压涵洞。

2.洞身构造

洞身构造有基础、沉降缝、截水环或涵衣,如图 2-1-12 所示。

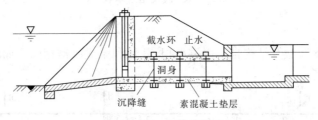

图 2-1-12 洞身构造

1)基础

管涵基础采用浆砌石或混凝土管座,其包角为 90°~135°。拱涵和箱涵基础采用 C15 素混凝土垫层。它可分散荷载并增加涵洞的纵向刚度。

2)沉降缝

沉降缝的设缝间距不大于 10 m,且不小于 2~3 倍洞高,主要是适应地基的不均匀沉降。对于有压涵洞,沉降缝中要设止水,以防止渗水使涵洞四周的填土产生渗透变形。

3)截水环或涵衣

对于有压涵洞要在洞身四周设若干截水环或用黏土包裹形成涵衣,用以防止洞身外围产生集中渗流。

(三)倒虹吸管的构造和作用

倒虹吸管有竖井式倒虹吸管、斜管式倒虹吸管、曲线式倒虹吸管和桥式倒虹吸管等,主要由进口段、出口段和管身三部分组成。

1.进口段

进口段包括进水口、拦污栅、闸门、渐变段及沉砂池等,用来控制水流、拦截杂物和沉积泥沙。

2.出口段

出口段包括出水口、渐变段和消力池等,用于扩散水流和消能防冲。

3.管身

水头较低的管身采用混凝土(水头在4~6 m以内)或钢筋混凝土(水头在30 m左右),水头较高的管身采用铸铁或钢管(水头在30 m以上)。为了防止管道因地基不均匀沉降和温度变化而破坏,管身应设置沉降缝,内设止水。现浇钢筋混凝土管在土基上沉降缝间距为15~20 m,在岩基上沉降缝间距为10~15 m。为了便于检修,在管段上应设置冲砂放水孔兼作进人孔。为了改善路下平洞的受力条件,管顶应埋设在路面以下1.0 m左右。

4.镇墩与支墩

在管身的变坡及转弯处或较长管身的中间应设置镇墩,连接和固定管道镇墩附近的伸缩缝一般设在下游侧。在镇墩中间要设置支墩,以承受水荷载及管道自重的法向分量。

**(四)落差建筑物**

渠道要保持一定的纵坡,以保证输送需要的流量并防止渠道发生冲刷和淤积。当渠道要通过坡度过陡的地段时,为了保持渠道的设计纵坡,避免深挖方或大填方,可将水流的落差集中,并修建建筑物来连接上下游渠道,这种建筑物称为落差建筑物,主要有跌水和陡坡两种。

1.跌水

根据落差的大小,跌水分为单级跌水和多级跌水。单级跌水由进口、跌水墙、侧墙、消力池和出口等部分组成,如图2-1-13所示。

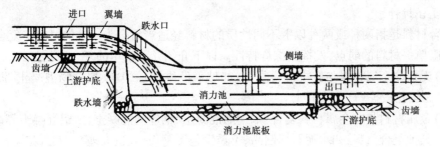

图2-1-13　直落式单级跌水

2.陡坡

当渠道过地形过陡地段时,利用倾斜渠槽连接该段上下游渠道,这种倾斜渠道的坡度比临界坡度大,称为陡坡。陡坡由进口段、陡坡段、消能设施和出口段组成。

# 第二章 建筑材料

## 第一节 建筑材料的类型和特性

### 一、建筑材料的分类

建筑材料的分类方法很多,常按材料的化学成分、来源及功能用途进行分类。

**(一)建筑材料按材料的化学成分分类**

1. 无机材料

(1)金属材料:包括黑色金属(如合金钢、碳钢、铁等)和有色金属(如铝、锌等及其合金)。

(2)非金属材料:如天然石材、烧土制品、玻璃及其制品、水泥、石灰、混凝土、砂浆等。

2. 有机材料

(1)植物材料:如木材、竹材、植物纤维及其制品等。

(2)合成高分子材料:如塑料、涂料、胶粘剂等。

(3)沥青材料:如石油沥青及煤沥青、沥青制品。

3. 复合材料

复合材料是指两种或两种以上不同性质的材料经适当组合为一体的材料。复合材料可以克服单一材料的弱点,发挥其综合特性。以下介绍几种常用的复合材料。

(1)无机非金属材料与有机材料复合:如玻璃纤维增强塑料、聚合物混凝土、沥青混凝土、水泥刨花板等。

(2)金属材料与非金属材料复合:如钢筋混凝土、钢丝网混凝土、塑铝混凝土等。

(3)其他复合材料:如水泥石棉制品、不锈钢包覆钢板、人造大理石、人造花岗岩等。

**(二)建筑材料按其材料来源分类**

(1)天然建筑材料:如常用的土料、砂石料、木材等。

(2)人工材料:如石灰、水泥、金属材料、土工合成材料、高分子聚合物等。

**(三)建筑材料按其功能用途分类**

(1)结构材料:如混凝土、型钢、木材等。

(2)防水材料:如防水砂浆、防水混凝土、紫铜止水片、膨胀水泥防水混凝土等。

(3)胶凝材料:如石膏、石灰、水玻璃、水泥、沥青等。

(4)装饰材料:如天然石材、建筑陶瓷制品、装饰玻璃制品、装饰砂浆、装饰水泥、塑料制品等。

(5)防护材料:如钢材覆面、码头护木等。

(6)隔热保温材料:如石棉板、矿渣棉、泡沫混凝土、泡沫玻璃、纤维板等。

## 二、建筑材料的基本性质

### (一)表观密度和堆积密度

**1. 表观密度**

表观密度是指材料在自然状态下单位体积的质量。

材料在自然状态下的体积是指包含材料内部孔隙在内的表观体积。当材料内部的孔隙内含有的水分不同时,其质量和体积均将有所变化,故测定表观密度时,应注明含水率。在烘干状态下的表观密度,称为干表观密度。

**2. 堆积密度**

堆积密度是指粉状、颗粒状或纤维状材料在堆积状态下单位体积的质量。

材料在堆积状态下的体积不但包括材料的表观体积,而且包括颗粒间的空隙体积。其值的大小与材料颗粒的表观密度、堆积的密实程度、材料的含水状态有关。

### (二)密实度和孔隙率

**1. 密实度**

密实度是指材料体积内被固体物质所充实的程度。其值为材料在绝对密实状态下的体积与在自然状态下的体积的百分比。

**2. 孔隙率**

孔隙率是指材料中孔隙体积所占的百分比。建筑材料的许多工程性质,如强度、吸水性、抗渗性、抗冻性、导热性、吸声性等都与材料的紧密程度有关。

### (三)填充率与空隙率

**1. 填充率**

填充率是指粉状或颗粒状材料在某堆积体积内被其颗粒填充的程度。

**2. 空隙率**

空隙率是指粉状或颗粒状材料在某堆积体积内颗粒之间的空隙体积所占的比例。

### (四)与水有关的性质

**1. 亲水性与憎水性**

材料与水接触时,根据其是否能被水润湿,分为亲水性材料和憎水性材料两大类。亲水性材料包括砖、混凝土等,憎水性材料如沥青等。

**2. 吸水性**

材料在水中吸收水分的性质称为吸水性。吸水性的大小用吸水率表示。吸水率有质量吸水率和体积吸水率之分。质量吸水率是指材料吸入水的质量与材料干燥质量的百分比,体积吸水率是指材料吸水饱和时吸收水分的体积占干燥材料自然体积的比值。

**3. 吸湿性**

材料在潮湿的空气中吸收空气中水分的性质称为吸湿性。吸湿性的大小用含水率表示。材料含水后,可使材料的质量增加,强度降低,绝热性能下降,抗冻性能变差,有时还会发生明显的体积膨胀。

**4. 耐水性**

材料长期在饱和水作用下不破坏,其强度也不显著降低的性质称为耐水性。但材料含水会减弱其内部的结合力,因此其强度都会有不同程度的降低。

5. 抗渗性

材料抵抗压力水渗透的性质称为抗渗性(或称不透水性),用渗透系数 $K$ 表示,$K$ 值越大,表示其抗渗性能越差。对于混凝土和砂浆材料,其抗渗性常用抗渗等级 W 表示,如材料的抗渗等级为 W4、W10,分别表示试件抵抗静水水压力的能力为 0.4 MPa 和 1 MPa。

6. 抗冻性

材料在饱和水的作用下,能经受多次冻融循环的作用而不破坏,强度不显著降低,且其质量也不显著减小的性质称为抗冻性。抗冻性用抗冻等级 F 表示,如 F25、F50 分别表示材料抵抗 25 次、50 次冻融循环,而强度损失未超过规定值。抗冻性常是评价材料耐久性的重要指标。

**(五)材料的耐久性**

在使用过程中,材料受各种内外因素或腐蚀介质的作用而不破坏,保持其原有性能的性质,称为材料的耐久性。材料的耐久性是一项综合性质,一般包括抗渗性、抗冻性、耐化学腐蚀性、耐磨性和抗老化性等。

# 第二节　混凝土的分类和质量要求

## 一、混凝土的分类

(1)按所用胶凝材料的不同可分为石膏混凝土、水泥混凝土、沥青混凝土及树脂混凝土等。

(2)按所用骨料的不同可分为矿渣混凝土、碎石混凝土及卵石混凝土等。

(3)按表观密度的大小可分为重混凝土(干表观密度大于 2 800 kg/m³)、普通混凝土(干表观密度为 2 000 ~ 2 800 kg/m³)及轻混凝土(干表观密度小于 2 000 kg/m³)。重混凝土可用做防辐射材料;普通混凝土广泛应用于各种建筑工程中;轻混凝土分为轻骨料混凝土、多孔混凝土及大孔混凝土,常用做保温隔热材料。

(4)按使用功能的不同可分为结构混凝土、水工混凝土、道路混凝土及特种混凝土等。

(5)按施工方法不同可分为普通浇筑混凝土、离心成型混凝土、喷射混凝土及泵送混凝土等。

(6)按配筋情况不同可分为素混凝土、钢筋混凝土、纤维混凝土、钢丝混凝土及预应力混凝土等。

## 二、混凝土的主要质量要求

### (一)和易性

和易性是指混凝土拌和物在一定施工条件下,便于操作并能获得质量均匀而密实的混凝土的性能。和易性良好的混凝土在施工操作过程中应具有流动性好、不易产生分层离析或泌水现象等性能。和易性是一项综合性指标,包括流动性、黏聚性及保水性三个方面的含义。

流动性是指新拌混凝土在自重或机械振捣力的作用下，能产生流动并均匀密实地充满模板的性能。

黏聚性是指混凝土拌和物中各种组成材料之间有较好的黏聚力，在运输和浇筑过程中，不致产生分层离析现象，使混凝土保持整体均匀的性能。黏聚性差的拌和物中水泥浆或砂浆与石子易分离，混凝土硬化后会出现蜂窝、麻面、空洞等不密实现象。

保水性是指混凝土拌和物保持水分，不易产生泌水的性能。

1. 和易性的指标及测定方法

一般常用坍落度定量地表示拌和物流动性的大小。根据经验，通过对试验或现场的观察，定性地判断或评定混凝土拌和物的黏聚性及保水性。将混凝土拌和物按规定的方法装入标准截头圆锥筒内，将筒垂直提起后，拌和物在自身重量作用下会产生坍落现象，坍落的高度（以 mm 计）称为坍落度。坍落度越大，表明流动性越大。按坍落度大小，将混凝土拌和物分为低塑性混凝土（坍落度为 10～40 mm）、塑性混凝土（坍落度为 50～90 mm）、流动性混凝土（坍落度为 100～150 mm）和大流动性混凝土（坍落度≥160 mm）。

在测定坍落度的同时，应检查混凝土的黏聚性及保水性。黏聚性的检查方法是用捣棒在已坍落的拌和物锥体一侧轻打，若轻打时锥体渐渐下沉，表示黏聚性良好；若轻打时锥体突然倒塌、部分崩裂或发生石子离析现象，则表示黏聚性不好。保水性以混凝土拌和物中稀浆析出的程度评定，提起坍落度筒后，如有较多稀浆从底部析出，拌和物锥体因失浆而骨料外露，则表示拌和物的保水性不好，若提起坍落筒后，无稀浆析出或仅有少量稀浆在底部析出，混凝土锥体含浆饱满，则表示混凝土拌和物的保水性良好。

对于干硬性混凝土拌和物（坍落度小于 10 mm），采用维勃稠度（VB）作为其和易性指标。

2. 影响混凝土拌和物和易性的因素

影响拌和物和易性的因素很多，主要有水泥浆含量、含砂率、水泥浆稀稠、原材料的种类以及外加剂等。

1）水泥浆含量的影响

在混凝土的水灰比保持不变的情况下，单位体积混凝土内水泥浆含量越多，拌和物的流动性越大；但若水泥浆含量过多，骨料不能将水泥浆很好地保持在拌和物内，混凝土拌和物将会出现流浆、泌水现象，使拌和物的黏聚性及保水性变差。因此，混凝土内水泥浆的含量以使混凝土拌和物达到要求的流动性为准，不应任意加大。

2）含砂率的影响

混凝土含砂率（简称砂率）是指砂的用量占砂、石总量（按质量计）的百分数。混凝土中的砂浆应包裹石子颗粒并填满石子空隙。砂率过小，砂浆量不足，不能在石子周围形成足够的砂浆润滑层，将降低拌和物的流动性，严重影响混凝土拌和物的黏聚性及保水性，使石子分离、水泥浆流失，甚至出现溃散现象；砂率过大，石子含量相对过少，骨料的空隙及总表面积都较大，在水灰比及水泥用量一定的条件下，混凝土拌和物显得干稠，流动性显著降低，在保持混凝土流动性不变的条件下，会使混凝土的水泥浆用量显著增大。因此，混凝土含砂率应合理。合理砂率是在水灰比及水泥用量一定的条件下，使混凝土拌和物保持良好的黏聚性和保水性并获得最大流动性的含砂率。即在水灰比一定的条件下，当混凝土拌和物达到要求的流动性，而且具有良好的黏聚性及保水性时，水泥用量最省的含砂率，即最佳砂率。

3）水泥浆稀稠的影响

在水泥品种一定的条件下，水泥浆的稀稠取决于水灰比的大小。当水灰比较小时，水泥浆较稠，拌和物的黏聚性较好，泌水较少，但流动性较小；相反，当水灰比较大时，拌和物流动性较大，但黏聚性较差，泌水较多。普通混凝土的常用水灰比一般为 0.40~0.75。

4）其他因素的影响

除上述影响因素外，拌和物和易性还受水泥品种、掺合料品种及掺量、骨料种类、粒形及级配、混凝土外加剂以及混凝土搅拌工艺和环境温度等条件的影响。

**（二）强度**

混凝土的强度包括抗压强度、抗拉强度、抗弯强度和抗剪强度等。

1. 混凝土抗压强度

1）混凝土的立方体抗压强度

按照《普通混凝土力学性能试验方法标准》（GB/T 50081—2002），制作边长为 150 mm 的立方体试件，在标准养护（温度（20±2）℃、相对湿度 95% 以上）条件下，养护至 28 d 龄期，用标准试验方法测得的极限抗压强度，称为混凝土标准立方体抗压强度，以 $f_{cu}$ 表示。按《混凝土结构设计规程》（GB 50010—2002）的规定，在立方体极限抗压强度总体分布中，具有 95% 强度保证率的立方体试件抗压强度，称为混凝土立方体抗压强度标准值（以 MPa 计），以 $f_{cu,k}$ 表示。

混凝土强度等级按混凝土立方体抗压强度标准值划分为 C15、C20、C25、C30、C35、C40、C45、C50、C55、C60、C65、C70、C75、C80 等 14 个等级。例如，强度等级为 C25 的混凝土，是指 25 MPa $\leqslant f_{cu,k}$ < 30 MPa 的混凝土。预应力混凝土结构的混凝土强度等级不小于 C30。

测定混凝土立方体试件抗压强度，也可以按粗骨料最大粒径的尺寸选用不同的试件尺寸。但在计算其抗压强度时，应乘以换算系数。选用边长为 100 mm 的立方体试件，换算系数为 0.95；边长为 200 mm 的立方体试件，换算系数为 1.05。

2）混凝土棱柱体抗压强度

按棱柱体抗压强度的标准试验方法，制成边长为 150 mm × 150 mm × 300 mm 的标准试件，在标准条件下养护 28 d，测其抗压强度，即为棱柱体的抗压强度，以 $f_{ck}$ 表示，通过试验分析，$f_{ck} \approx 0.67 f_{cu,k}$。

2. 混凝土的抗拉强度

混凝土在直接受拉时，很小的变形就会开裂，它在断裂前没有残余变形，是一种脆性破坏。混凝土的抗拉强度一般为抗压强度的 1/10~1/20。我国采用立方体的劈裂抗拉试验来测定混凝土的抗拉强度，称为劈裂抗拉强度。抗拉强度对于开裂现象有重要意义，在结构设计中抗拉强度是确定混凝土抗裂度的重要指标。对于某些工程（如混凝土路面、水槽、拱坝），在对混凝土提出抗压强度要求的同时，还应提出抗拉强度要求。

（三）混凝土的变形

混凝土在硬化后和使用过程中，受各种因素的影响而产生的变形主要有化学收缩、干湿变形、温度变形及荷载作用下的变形等。这些变形是使混凝土产生裂缝的重要原因之一，直接影响混凝土的强度和耐久性。

（四）混凝土的耐久性

硬化后的混凝土除具有设计要求的强度外，还应具有与所处环境相适应的耐久性，混凝土的耐久性是指混凝土抵抗环境条件的长期作用，并保持其稳定良好的使用性能和外观完整性，从而维持混凝土结构安全、正常使用的能力。

混凝土的耐久性是一个综合性概念，包括抗渗、抗冻、抗侵蚀、抗碳化、抗磨性、抗碱—骨料反应等性能。

1.混凝土的抗渗性

抗渗性是指混凝土抵抗压力水、油等液体渗透的性能。混凝土的抗渗性主要与其密实性及内部孔隙的大小和构造有关。

混凝土的抗渗性用抗渗等级（W）表示，即以 28 d 龄期的标准试件，，按标准试验方法进行试验所能承受的最大水压力（MPa）来确定。混凝土的抗渗等级可划分为 W2、W4、W6、W8、W10、W12 等 6 个等级，相应表示混凝土抗渗试验时一组 6 个试件中 4 个试件未出现渗水时的最大水压力分别为 0.2 MPa、0.4 MPa、0.6 MPa、0.8 MPa、1.0 MPa、1.2 MPa。

提高混凝土抗渗性能的措施有：提高混凝土的密实度，改善孔隙构造，减少渗水通道；减小水灰比；掺加引气剂；选用适当品种的水泥；注意振捣密实、养护充分等。

2.混凝土的抗冻性

混凝土的抗冻性是指混凝土在含水饱和状态下能经受多次冻融循环而不破坏，同时，强度不严重降低的性能。混凝土的抗冻性以抗冻等级（F）表示。抗冻等级按 28 d 龄期的试件用快冻试验方法测定，分为 F50、F100、F150、F200、F300、F400 等 6 个等级，相应表示混凝土抗冻性试验能经受 50 次、100 次、150 次、200 次、300 次、400 次的冻融循环。

影响混凝土抗冻性能的因素主要有水泥品种、强度等级、水灰比、骨料的品质等。提高混凝土抗冻性能最主要的措施是：提高混凝土密实度；减小水灰比；掺加外加剂；严格控制施工质量，注意捣实，加强养护等。

3.提高混凝土耐久性的主要措施

（1）严格控制水灰比。水灰比的大小是影响混凝土密实性的主要因素，为保证混凝土的耐久性，必须严格控制水灰比。

（2）混凝土所用材料的品质应符合有关规范的要求。

（3）合理选择骨料级配。可使混凝土在保证和易性要求的条件下，减少水泥用量，并有较好的密实性。这样，不仅有利于混凝土耐久性的提高而且也较经济。

（4）掺用减水剂及引气剂。可减少混凝土用水量及水泥用量，改善混凝土孔隙构造。这是提高混凝土抗冻性及抗渗性的有力措施。

（5）保证混凝土的施工质量。在混凝土施工中，应做到搅拌透彻、浇筑均匀、振捣密实、加强养护，以保证混凝土的耐久性。

# 第三节　胶凝材料

能够通过自身的物理化学作用,从浆体(液态和半固态)变成坚硬的固体,并能把散粒材料(如砂、石)或块状材料(如砖和石块)胶结成为整体材料的物质称为胶凝材料。

胶凝材料根据其化学组成可分为有机胶凝材料和无机胶凝材料。无机胶凝材料按硬化条件差异又分为气硬性胶凝材料和水硬性胶凝材料。气硬性胶凝材料只能在空气中硬化并保持或发展强度,适用于干燥环境,如石灰、水玻璃等;水硬性胶凝材料不仅能在空气中硬化,而且能更好地在潮湿环境或水中硬化、保持并继续发展其强度,如水泥。沥青属于有机胶凝材料。

## 一、石灰

### (一)石灰的原料及生产

石灰是工程中常用的胶凝材料之一,其原料——石灰石的主要成分是碳酸钙($CaCO_3$),石灰石经高温煅烧分解产生以 $CaO$ 为主要成分(少量 $MgO$)的生石灰。

### (二)石灰的熟化

石灰的熟化又称消解,是指生石灰与水($H_2O$)发生反应,生成 $Ca(OH)_2$ 的过程。生石灰的熟化过程伴随着剧烈的放热与体积膨胀现象(1.5~3.5倍)。

### (三)石灰的特点

(1)可塑性好。生石灰消解为石灰浆时,其颗粒极微细,呈胶体状态,比表面积大,表面吸附了一层较厚的水膜,因而保水性能好,同时水膜层也降低了颗粒间的摩擦力,可塑性增强。

(2)强度低。石灰硬化缓慢、强度较低,通常1:3的石灰砂浆,其28 d 抗压强度只有0.2~0.5 MPa。

(3)耐水性差。在石灰硬化体中存在着大量尚未碳化的 $Ca(OH)_2$,而 $Ca(OH)_2$ 易溶于水,所以石灰的耐水性较差。因此,石灰不宜用于潮湿环境中。

(4)体积收缩大。石灰在硬化过程中蒸发掉大量的水分,引起体积显著收缩,易产生裂纹。

因此,石灰一般不宜单独使用,通常掺入一定量的骨料(砂)或纤维材料(纸筋、麻刀等)或水泥以提高抗拉强度,抵抗收缩引起的开裂。

## 二、水玻璃

水玻璃是一种碱金属硅酸盐水溶液,俗称"泡花碱"。根据碱金属氧化物的不同,分为硅酸钠水玻璃和硅酸钾水玻璃等。常用的是硅酸钠($Na_2O \cdot nSiO_2$)水玻璃的水溶液,硅酸钠中氧化硅与氧化钠的分子比 $n$ 称为水玻璃模数。

### (一)水玻璃的性质

水玻璃通常为青灰色或黄灰色黏稠液体,具有较强的黏结力,其模数越大,黏结力越强。同一模数的水玻璃溶液,浓度越大,密度越大,黏度越大,黏结力越强。

水玻璃硬化时析出的硅酸凝胶,可堵塞材料的毛细孔隙,具有一定的防渗作用;能抵抗多数无机酸和有机酸的腐蚀,具有很强的耐酸腐蚀性,还有着良好的耐热性,在高温下不分解、强度不降低甚至有所增加。

### (二)水玻璃的用途

#### 1.作为灌浆材料

水玻璃作为灌浆材料时,常用于加固地基,水玻璃和氯化钙溶液交替灌入地基中,两种溶液发生化学反应,析出硅酸胶体,起到胶结和填充土壤空隙的作用,增加了土的密实度和强度。

#### 2.作为涂料

天然石材、混凝土硅酸盐制品等表面涂上一层水玻璃,可提高其防水性和抗风化性;用水玻璃涂刷钢筋混凝土中的钢筋,可起到一定的阻锈作用。

#### 3.作为防水剂

水玻璃还可以与多种矾配制成防水剂,用于防水砂浆和防水混凝土。

#### 4.作为耐酸材料

水玻璃与促硬剂、耐酸粉、耐酸骨料配合可制得耐酸砂浆和耐酸混凝土,对于硫酸、盐酸、硝酸等无机酸具有较好的耐腐蚀能力,常用于防腐工程。

#### 5.作为耐热材料

利用水玻璃的耐热性可配制耐热砂浆和耐热混凝土。

#### 6.作为黏合剂

液体水玻璃、粒化高炉矿渣、砂和氟硅酸钠按一定的比例配合可制得水玻璃矿渣砂浆,用于块材裂缝的修补、轻型内墙的黏结等。

## 三、水泥

凡磨细成粉末状,加入适量水后能成为塑性浆体,既能在空气中硬化,又能在水中硬化,并能将砂、石等材料牢固地胶结成整体材料的水硬性胶凝材料,通称为水泥。

水泥种类很多,按主要的水硬性物质不同可分为硅酸盐水泥、铝酸盐水泥、硫铝酸盐水泥、铁铝酸盐水泥等系列,按用途和性能又可分为通用水泥、专用水泥、特性水泥三大类。下面主要介绍通用水泥、专用水泥和特性水泥。

### (一)通用水泥

通用水泥是指大量用于一般土木建筑工程的水泥,包括硅酸盐水泥、普通水泥、矿渣水泥、火山灰水泥、粉煤灰水泥和复合水泥。使用最多的为硅酸盐类水泥,如硅酸盐水泥、普通硅酸盐水泥、矿渣硅酸盐水泥、火山灰质硅酸盐水泥、粉煤灰硅酸盐水泥等。

### (二)专用水泥

专用水泥是指有专门用途的水泥。下面介绍水利工程中常用的大坝水泥和低热微膨胀水泥。

大坝水泥包括中热水泥和低热水泥。以适当成分的硅酸盐水泥熟料,加入适量石膏,磨细制成的具有中等水化热的水硬性胶凝材料,称为中热硅酸盐水泥,简称中热水泥;以适当成分的硅酸盐水泥熟料,加入适量矿渣、石膏,磨细制成的具有低等水化热的水硬性胶凝材料,称为低热硅酸盐水泥,简称低热水泥。低热水泥、中热水泥适用于大坝工程及大型构筑物等大体积混凝土工程。

低热微膨胀水泥是指以粒化高炉矿渣为主要成分,加入适量硅酸盐水泥熟料和石膏,磨细制成的具有低水化热和微膨胀性能的水硬性胶凝材料。低热微膨胀水泥由于水化热低,并且具有微膨胀的性能,对防止大体积混凝土的干缩开裂有重要作用。其适用于要求低热和补偿收缩的混凝土、大体积混凝土、要求抗渗和抗硫酸盐侵蚀的工程。

### (三)特性水泥

特性水泥是指其某种性能比较突出的一类水泥,如快硬硅酸盐水泥、快凝快硬硅酸盐水泥、抗硫酸盐硅酸盐水泥、白色硅酸盐水泥、铝酸盐水泥、膨胀硫酸盐水泥等。

1. 快硬硅酸盐水泥

快硬硅酸盐水泥是指以硅酸盐水泥熟料和适量石膏磨细制成以 3 d 抗压强度表示强度等级的水硬性胶凝材料,简称快硬水泥。快硬水泥初凝不得早于 45 min,终凝不得迟于 10 h。

2. 快凝快硬硅酸盐水泥

快凝快硬硅酸盐水泥是指以硅酸三钙、氟铝酸钙为主的熟料,加入适量的硬石膏、粒化高炉矿渣、无水硫酸钠,经过磨细制成的凝结快、强度增长快的水硬性胶凝材料,简称双快水泥。双快水泥初凝不得早于 10 min,终凝不得迟于 60 min。其主要用于紧急抢修工程,以及冬季施工、堵漏等工程。施工时不得与其他水泥混合使用。

3. 抗硫酸盐硅酸盐水泥

抗硫酸盐硅酸盐水泥是指以硅酸钙为主的特定矿物组成的熟料,加入适量石膏,磨细制成的具有一定抗硫酸盐侵蚀性能的水硬性胶凝材料。抗硫酸盐水泥适用于受硫酸盐侵蚀的海港、水利、地下隧涵等工程。

4. 白色硅酸盐水泥

白色硅酸盐水泥是指以白色硅酸盐水泥熟料加入适量石膏磨细制成的水硬性胶凝材料。

5. 铝酸盐水泥

铝酸盐水泥是以铝酸钙为主要成分的各种水泥的总称,主要品种有高铝水泥、低钙铝酸盐水泥、铝酸盐自应力水泥等。其中,工程中常用的高铝水泥具有早期强度递增快、强度高、水化热高等特点,主要用于紧急抢修和有早强要求的特殊工程,适用于冬季施工。其主要缺点是后期强度倒缩,在使用 3~5 年后高铝水泥混凝土的强度只有早期强度的一半左右,抗冻性、抗渗性和耐蚀等性能亦随之降低。高铝水泥不宜用于结构工程,使用温度不宜超过 30 ℃,不得与其他水泥混合使用。

# 第四节　混凝土用骨料

骨料是指在混凝土中起填充和骨架作用,粒径在 0.16 mm 以上的矿物质颗粒材料,也称集料。骨料按粒径分细骨料和粗骨料两类。

骨料在混凝土中所起的作用是:

（1）骨料占混凝土总体积的70%~80%，在混凝土中形成坚强的骨架，可减小混凝土的收缩。

（2）改变混凝土的性能。通过选用适当的骨料品种或骨料级配，可以配制出具有特殊功能的混凝土，如轻骨料混凝土、防辐射混凝土、耐热混凝土和防水混凝土等。

（3）良好的砂石级配还可节约混凝土中的水泥用量。

## 一、细骨料

### （一）细骨料的分类

（1）细骨料按粒径不同有粗砂、中砂、细砂和特细砂之分，它们的细度模数分别为3.7~3.1、3.0~2.3、2.2~1.6和1.5~0.7。

（2）细骨料按材质可分为河砂、山砂、海砂、人工破碎砂（石屑）和废渣砂等。

（3）细骨料按产源可分为天然砂、人工砂。天然砂是由自然风化、水流搬运和分选、堆积形成的、粒径小于4.75 mm的岩石颗粒，但不包括软质岩、风化岩石的颗粒。天然砂包括河砂、湖砂、山砂和淡化海砂。人工砂是经除土处理的机制砂、混合砂的统称。

### （二）细骨料的质量标准

细骨料是指粒径为0.16~5.0 mm的颗粒。细骨料应满足以下要求：

（1）颗粒级配。按筛分结果分为Ⅰ、Ⅱ、Ⅲ三区（即粗砂区、中砂区、细砂区），其分区标准如表2-2-1所示。

表2-2-1　砂的颗粒级配分区

| 筛孔尺寸（mm） | 累计筛余（%） | | |
|---|---|---|---|
| | Ⅰ区 | Ⅱ区 | Ⅲ区 |
| 10 | 0 | 0 | 0 |
| 5 | 10~0 | 10~0 | 10~0 |
| 2.5 | 35~5 | 25~0 | 15~0 |
| 1.25 | 63~35 | 50~10 | 25~0 |
| 0.63 | 85~71 | 70~41 | 40~16 |
| 0.315 | 95~80 | 92~70 | 85~55 |
| 0.16 | 100~90 | 100~90 | 100~90 |
| 细度模数 | 3.7~2.8 | 3.2~2.1 | 2.4~1.6 |

（2）含泥量及泥块含量如表2-2-2所示。

（3）用$Na_2SO_4$溶液法检验的坚固性指标，其值为5次循环后的质量损失，在寒冷地区处于潮湿状态下的混凝土不大于8%，其他条件下使用的混凝土不大于10%。

（4）云母含量不大于2%。

（5）轻物质含量不大于1%。

（6）硫化物及硫酸盐含量（以$SO_3$计）不大于1%。

表 2-2-2　细骨料(砂料)的品质要求

| 项目 | | 指标 | | 说明 |
| --- | --- | --- | --- | --- |
| | | 天然砂 | 人工砂 | |
| 石粉含量(%) | | — | 6~18 | 碾压混凝土为 10%~22% |
| 含泥量 | ≥$R_{90}$300 和有抗冻要求的 | ≤3 | — | |
| | <$R_{90}$300 | ≤5 | — | |
| 泥块含量 | | 不允许 | 不允许 | |
| 坚固性 | 有抗冻要求的混凝土 | ≤8 | ≤8 | |
| | 无抗冻要求的混凝土 | ≤10 | ≤10 | |
| 表观密度(kg/m³) | | ≥2 500 | ≥2 500 | |
| 硫化物及硫酸盐含量(%) | | ≤1 | ≤1 | 折算成 $SO_3$ 按质量计 |
| 有机质含量 | | 浅于标准色 | | |
| 云母含量(%) | | ≤2 | ≤2 | |
| 轻物质含量(%) | | ≤1 | — | |

(7)有机物含量,按比色法试验,不深于标准色。

《水工混凝土施工规范》(SDJ 207—82)、《水闸施工规范》(SL 27—91)及《水工混凝土施工规范》(DL/T 5144—2001)对细骨料(人工砂、天然砂)的品质要求:

(1)细骨料应质地坚硬、清洁、级配良好;人工砂的细度模数宜为 2.4~2.8,天然砂的细度模数宜为 2.2~3.0。使用山砂、粗砂,应采取相应的试验论证。

(2)细骨料在开采过程中应定期或按一定开采的数量进行碱活性检验,有潜在危害时期的,应采取相应措施,并经专门试验论证。

(3)细骨料的含水率应保持稳定,人工砂饱和面干的含水率不宜超过 6%,必要时应采取加速脱水措施。

## 二、粗骨料

### (一)粗骨料的分类

粗骨料分卵石、碎石、碎卵石、高炉重矿渣、碎砖、二次骨料(混凝土破碎物)及各种具有特殊功能的天然岩石(如安山岩、石英岩)或人工煅烧物(如耐火砖块、耐火黏土熟料)等。按表观密度,骨料分普通骨料、轻骨料和重骨料(如重晶石)。

### (二)粗骨料的质量标准

粗骨料是指粒径大于 5 mm 的石块颗粒。粗骨料应满足以下要求:

(1)颗粒级配。按公称粒级分级,其中连续粒级有 5~10 mm、5~16 mm、5~20 mm、5~25 mm、5~31.5 mm、5~40 mm 等粒级,单粒级有 10~20 mm、16~31.5 mm、20~40 mm、31.5~63 mm、40~80 mm 等粒级。每一粒级的上限称为最大粒径。在每一粒级范围内,各筛累计筛余量均有不同要求。

（2）针片状颗粒含量应不大于 15% ~ 25% 。

（3）含泥量不大于 1% ~ 2% ，泥块含量不大于 0.5% ~ 0.7% 。

（4）颗粒强度按压碎指标计。根据不同的岩石品种和混凝土强度等级，其压碎指标限值也不同，一般为 10% ~ 30% 。

（5）用 $Na_2SO_4$ 溶液循环 5 次，在寒冷地区处于潮湿状态下的混凝土质量损失不大于 8% ，其他条件下使用的混凝土不大于 12% 。

（6）有机物、硫化物及硫酸盐含量的限制与砂相同。

《普通混凝土用碎石或卵石质量标准及检验方法》（JGJ 53—92）对粗骨料的压碎值要求如表 2-2-3 所示。

表 2-2-3　粗骨料的压碎值标准

| 骨料类别 | | 不同混凝土强度等级的压碎值指标值（%） | |
|---|---|---|---|
| | | C55 ~ C40 | ≤C35 |
| 碎石 | 水成岩 | ≤10 | ≤16 |
| | 变质岩或深成的火成岩 | ≤12 | ≤20 |
| | 火成岩 | ≤13 | ≤30 |
| 卵石 | | ≤12 | ≤16 |

《水工混凝土施工规范》（SDJ 207—82）中规定的粗骨料的质量技术要求见表 2-2-4。

表 2-2-4　粗骨料的质量技术指标

| 检测项目 | | 指标 | 说明 |
|---|---|---|---|
| 含泥量 | $D_{20}$、$D_{40}$ 粒径级 | <1 | |
| | $D_{80}$、$D_{150}$（$D_{120}$）粒径级 | <0.5 | |
| 泥块含量 | | 不允许 | |
| 坚固性 | 有抗冻要求 | <5 | |
| | 无抗冻要求 | <12 | |
| 硫化物及硫酸盐含量（%） | | <0.5 | 折算成 $SO_3$ 按质量计 |
| 有机质含量 | | 浅于标准色 | 如深于标准色，应进行混凝土强度对比试验，抗压强度比不应低于 0.95 |
| 表观密度（kg/m³） | | ≥2 550 | |
| 吸水率（%） | | <2.5 | |
| 针片状颗粒含量（%） | | <15 | 经试验论证，可以放宽至 25% |

## 三、骨料的选用

混凝土细骨料一般选用洁净河砂，以选用中粗砂为宜。

粗骨料应根据当地资源和材料供应条件,结合工程技术要求,酌情选用卵石、碎石或碎卵石。粗骨料的最大粒径根据结构尺寸、钢筋净距和施工方法、机具等条件选定。在各方面条件允许的情况下,结构混凝土宜选用级配良好、粒径较大的石子。

骨料对混凝土的各项性能,包括和易性、强度、耐久性等,均有很大影响,也直接关系到水泥的用量和混凝土的成本。若骨料颗粒级配不良,会影响拌和物的和易性,导致施工质量低劣,混凝土强度降低,造成水泥浪费;骨料含泥会影响混凝土的流动性、强度和抗冻性;骨料坚固性不足,也会使混凝土抗冻性降低。

活性骨料与水泥中的碱发生碱—骨料反应,会产生膨胀,导致混凝土开裂,甚至崩解。因此,对处于水中、土中、露天、室内潮湿条件下混凝土所用的骨料,应进行碱活性检验。

建筑施工现场宜选用当地骨料,冶金建筑施工应重视利用冶金渣,以缩短运距,降低运费,开拓资源,治害利废。

# 第五节　混凝土用外加剂的分类和应用

## 一、外加剂的分类

混凝土用外加剂种类繁多,按其主要功能分为以下四类:

(1)改善混凝土拌和物流动性能的外加剂,包括各种减水剂、引气剂和泵送剂等。

(2)调节混凝土凝结时间、硬化性能的外加剂,包括缓凝剂、早强剂和泵送剂等。

(3)改善混凝土耐久性的外加剂,包括引气剂、防水剂和阻锈剂等。

(4)改善混凝土其他性能的外加剂,包括引气剂、膨胀剂、防冻剂、着色剂等。

## 二、工程中常用的外加剂

目前在工程中常用的外加剂主要有减水剂、早强剂、引气剂、缓凝剂和防冻剂等。

### (一)减水剂

减水剂是在混凝土坍落度基本相同的条件下,能显著减少混凝土拌和水量的外加剂。在混凝土中加入减水剂后,根据使用目的的不同,一般可取得以下效果:在用水量及水灰比不变的情况下,混凝土坍落度可增大 100~200 mm,且不影响混凝土的强度,增加流动性;在保持流动性及水泥用量不变的情况下,可减少拌和水量 10%~15%,从而降低了水灰比,使混凝土强度提高 15%~20%,特别是早期强度提高更为显著;在保持流动性及水灰比不变的情况下,可以在减少拌和水量的同时,相应减少水泥用量,即在保持混凝土强度不变时,可节约水泥用量 10%~15%;掺入减水剂能显著改善混凝土的孔隙结构,使混凝土的密实度提高,透水性可降低 40%~80%,从而可提高抗渗、抗冻、抗化学腐蚀及抗锈蚀等能力,改善混凝土的耐久性。此外,掺用减水剂后,还可以改善混凝土拌和物的泌水、离析现象,延缓混凝土拌和物的凝结时间,减慢水泥水化放热速度,并可配制特种混凝土。

### (二)早强剂

早强剂是指能加速混凝土早期强度发展的外加剂。早强剂可促进水泥的水化和硬化进程,加快施工进度,提高模板周转率,特别适用于冬季施工或紧急抢修工程。目前,广泛使用的混凝土早强剂有三类,即氯化物(如 $CaCl_2$、$NaCl$ 等)、硫酸盐系(如 $Na_2SO_4$ 等)和三乙醇胺系,但使用更多的是以它们为基材的复合早强剂。其中,氯化物对钢筋有锈蚀作用,常与阻锈剂共同使用。

### (三)引气剂

引气剂是指在搅拌混凝土过程中能引入大量均匀分布、稳定而封闭的微小气泡的外加剂。引气剂能使混凝土的某些性能得到明显的改善或改变:改善混凝土拌和物的和易性,显著提高混凝土的抗渗性、抗冻性,但混凝土强度略有降低。引气剂可用于抗渗混凝土、抗冻混凝土、抗硫酸盐侵蚀混凝土、泌水严重的混凝土、轻混凝土以及对饰面有要求的混凝土等,但引气剂不宜用于蒸养混凝土及预应力钢筋混凝土。引气剂的掺用量通常为水泥质量的 0.005% ~ 0.015%(以引气剂的干物质计算)。

### (四)缓凝剂

缓凝剂是指能延缓混凝土凝结时间,并对混凝土后期强度发展无不利影响的外加剂。缓凝剂主要有四类:糖类(如糖蜜)、木质素磺酸盐类(如木钙、木钠)、羟基羧酸及其盐类(如柠檬酸、石酸)、无机盐类(如无锌盐、硼酸盐等)。常用的缓凝剂是木钙和糖蜜,其中糖蜜的缓凝效果最好,糖蜜缓凝剂是制糖下脚料经石灰处理而成的,糖蜜的适宜掺量为 0.1% ~ 0.3%,混凝土凝结时间可延长 2 ~ 4 h,掺量过大会使混凝土长期不硬,强度严重下降。

缓凝剂具有缓凝、减水和降低水化热等的作用,对钢筋也无锈蚀作用。缓凝剂主要适用于大体积混凝土、炎热气候下施工的混凝土,以及需长时间停放或长距离运输的混凝土。缓凝剂不宜用在日最低气温 5 ℃ 以下施工的混凝土,也不宜单独用于有早强要求的混凝土及蒸养混凝土。

### (五)防冻剂

防冻剂是指在规定温度下,能显著降低混凝土的冰点,使混凝土液相不冻结或仅部分冻结,以保证水泥的水化作用,并在一定的时间内获得预期强度的外加剂。常用的防冻剂有氯盐类(氯化钙、氯化钠)、氯盐阻锈类(以氯盐与亚硝酸钠阻锈剂复合而成)、无氯盐类(以硝酸盐、亚硝酸盐、碳酸盐、乙酸钠或尿素复合而成)。

氯盐类防冻剂适用于无筋混凝土,氯盐阻锈类防冻剂适用于钢筋混凝土,无氯盐类防冻剂用于钢筋混凝土工程和预应力钢筋混凝土工程。硝酸盐、亚硝酸盐、碳酸盐易引起钢筋的腐蚀,故不适用于预应力钢筋混凝土以及与镀锌钢材或与铝铁相接触部位的钢筋混凝土结构。

防冻剂用于负温条件下施工的混凝土。目前,国产防冻剂品种适用于 0 ~ −15 ℃ 的气温,当在更低气温下施工时,应增加其他混凝土冬季施工的措施,如暖棚法、原料(砂、石、水)预热法等。

### (六)速凝剂

速凝剂是指能使混凝土迅速凝结硬化的外加剂。速凝剂主要有无机盐类和有机物类。我国常用的速凝剂是无机盐类,主要型号有红星 I 型、7 II 型、728 型、8604 型等。

红星 I 型速凝剂是由铝氧熟料(主要成分为铝酸钠)、碳酸钠、生石灰按质量比 1:1:0.5 的比例配制而成的一种粉状物,适宜掺量为水泥质量的 2.5% ~ 4.0%。7 II 型速凝剂是铝氧熟料与无水石膏按质量比 3:1 配合粉磨而成的,适宜掺量为水泥质量的 3% ~ 5%。

速凝剂掺入混凝土后,能使混凝土在 5 min 内初凝,10 min 内终凝,1 h 就可产生强度,1 d 强度提高 2~3 倍,但后期强度会下降,28 d 强度一般为不掺速凝剂时的 80%~90%。速凝剂主要用于矿山井巷、铁路隧道、引水涵洞、地下工程等。

**(七)膨胀剂**

膨胀剂是使混凝土产生一定体积膨胀的外加剂,如硫铝酸钙类、氧化钙类、氧化镁类等。掺入适量的膨胀剂可提高混凝土的抗渗性和抗裂性,而对混凝土的力学性能不会带来大的改变。

## 三、外加剂的选择和使用

在混凝土中掺入外加剂,可明显改善混凝土的技术性能,取得显著的技术经济效果。若选择和使用不当,会造成事故。因此,在选择和使用外加剂时,应注意以下几点。

**(一)外加剂品种选择**

外加剂品种、品牌很多,效果各异,特别是对于不同品种的水泥效果不同。使用外加剂时,应根据工程需要和现场的材料条件,参考有关资料并通过试验确定。

水工混凝土常用的外加剂有高效减水剂、引气剂、普通减水剂、早强减水剂、缓凝减水剂、引气减水剂、缓凝高效减水剂、缓凝剂和高温缓凝剂等。这些外加剂的品质指标详见表 2-2-5。

表 2-2-5 掺外加剂混凝土性能要求

| 检验项目 | | 引气剂 | 普通减水剂 | 早强减水剂 | 缓凝减水剂 | 引气减水剂 | 高效减水剂 | 缓凝剂 | 缓凝高效减水剂 | 高温减水剂 |
|---|---|---|---|---|---|---|---|---|---|---|
| 减水率 | | ≥6 | ≥8 | ≥8 | ≥8 | ≥12 | ≥15 | — | ≥15 | ≥6 |
| 含气量(%) | | 4.50~5.5 | ≤2.5 | ≤2.5 | ≤3.0 | 4.50~5.5 | <3.0 | <2.5 | <3.0 | <2.5 |
| 泌水率比 | | ≤70 | ≤95 | ≤95 | ≤100 | ≤70 | ≤95 | ≤100 | ≤100 | ≤95 |
| 凝结时间差(min) | 初凝 | −90~+120 | 0~+90 | ≤+30 | +90~+120 | −60~+120 | −60~+90 | +210~+480 | +120~+240 | +300~+480 |
| | 终凝 | −90~+120 | 0~+90 | ≤0 | +90~+120 | −60~+120 | −60~+90 | +210~+720 | +120~+240 | ≤+720 |
| 抗压强度比(%) | 3d | ≥90 | ≥115 | ≥130 | ≥90 | ≥115 | ≥130 | ≥90 | ≥125 | — |
| | 7d | ≥90 | ≥115 | ≥115 | ≥90 | ≥110 | — | ≥90 | ≥125 | ≥90 |
| | 28d | ≥85 | ≥110 | ≥105 | ≥85 | ≥105 | ≥120 | ≥105 | ≥120 | ≥100 |
| 28d 收缩率比(%) | | <125 | <125 | <125 | <125 | <125 | <125 | <125 | <125 | <125 |
| 抗冻等级 | | ≥F200 | ≥F50 | ≥F50 | ≥F50 | ≥F200 | ≥F50 | — | ≥F50 | |
| 对钢筋锈蚀作用 | | 应说明对钢筋无锈蚀作用 | | | | | | | | |

注:凝结时间差"−"表示凝结时间提前,"+"号表示凝结时间延缓。

## (二)外加剂掺量确定

混凝土外加剂均有适宜掺量,掺量过小,往往达不到预期效果;掺量过大,则会影响混凝土质量,甚至造成质量事故。因此,应通过试验试配确定最佳掺量。

## (三)外加剂掺加方法

外加剂掺量很少,必须保证其均匀度,一般不能直接加入混凝土搅拌机内;对于可溶于水的外加剂,应先配成一定浓度的水溶液,随水加入搅拌机;对于不溶于水的外加剂,应与适量水泥或砂混合均匀后加入搅拌机内。另外,外加剂的掺入时间、方式对其效果的发挥也有很大影响,如为保证减水剂的减水效果,减水剂有同掺法、后掺法和分次掺入法。

# 第六节 钢筋的分类和要求

## 一、钢筋的分类

### (一)钢筋按化学成分分类

钢筋按化学成分不同可分为碳素结构钢和普通低合金钢。

1. 碳素结构钢

根据含碳量的不同,碳素结构钢又可分为低碳钢(含碳量小于0.25%,如Ⅰ级钢)、中碳钢(含碳量0.25%~0.60%)和高碳钢(含碳量0.60%~1.40%,如碳素钢丝、钢绞线等)。随着含碳量的增加,钢材的强度提高,塑性降低。

2. 普通低合金钢(合金元素总含量小于5%)

普通低合金钢除含有碳素结构钢中的各种元素外,还加入少量的合金元素,如锰、硅、钒、钛等,使钢筋强度显著提高,塑性与可焊性能也可得到改善,如Ⅱ级、Ⅲ级和Ⅳ级钢筋都是普通低合金钢。

### (二)钢筋按生产加工工艺分类

钢筋按生产加工工艺可分为热轧钢筋、热处理钢筋、冷拉钢筋和钢丝(直径不大于5mm)。热轧钢筋由冶金厂直接热轧制成,按强度不同分为Ⅰ级、Ⅱ级、Ⅲ级和Ⅳ级,随着级别增高,钢筋的强度提高,塑性降低。热处理钢筋是由强度大致相当于Ⅳ级的某些特定钢号的钢筋经淬火和回火处理后制成的,钢筋强度能得到较大幅度的提高,但其塑性降低并不多。冷拉钢筋由热轧钢筋经冷加工而成,其屈服强度高于相应等级的热轧钢筋,但塑性降低。钢丝包括光面钢丝、刻痕钢丝、冷拔低碳钢丝和钢绞线等。

### (三)钢筋按其外形分类

钢筋按其外形可分为变形钢筋和光面钢筋。变形钢筋有螺纹钢筋、人字纹钢筋和月牙纹钢筋,其中月牙纹钢筋最常用。通常,变形钢筋直径不小于10mm,光面钢筋的直径不小于6mm。

### (四)钢筋按力学性能分类

钢筋按力学性能可分为有物理屈服点的钢筋和无物理屈服点的钢筋。前者包括热轧钢筋和冷拉热轧钢筋,后者包括钢丝和热处理钢筋。

## 二、钢筋的主要力学性能

### (一)钢筋的应力—应变曲线

有物理屈服点的钢筋的典型应力—应变曲线如图 2-2-1(a)所示。无物理屈服点的钢筋的应力—应变曲线如图 2-2-1(b)所示。这类钢筋的抗拉强度一般都很高,但变形很小,也没有明显的屈服点,通常取相应于残余应变 $\varepsilon = 0.2\%$ 时的应力作为名义屈服点,即条件屈服强度或条件流限,其值约相当于 0.8 倍的抗拉强度。

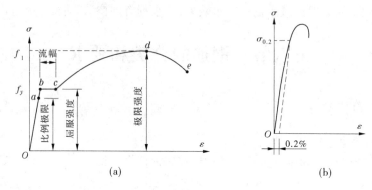

图 2-2-1　钢筋的应力—应变曲线

### (二)钢筋的强度和变形指标

有物理屈服点的钢筋的屈服强度是钢筋强度的设计依据。另外,钢筋的屈强比(屈服强度与极限抗拉强度之比)表示结构可靠性的潜力,抗震结构要求钢筋屈强比不大于0.8,因而钢筋的极限强度是检验钢筋质量的另一个强度指标。无物理屈服点的钢筋由于其条件屈服点不容易测定,因此这类钢筋的质量检验以极限强度作为主要强度指标。

反映钢筋塑性性能的基本指标是伸长率和冷弯性能。伸长率 $\delta_5$ 或 $\delta_{10}$ 是钢筋试件拉断后的伸长值与原长的比值,它反映了钢筋拉断前的变形能力。伸长率大的钢筋(如有物理屈服点的钢筋)在拉断前有足够的预兆,属于延性破坏。伸长率小的钢筋(如无物理屈服点的钢筋)塑性差,拉断前变形小,破坏突然,属于脆性破坏。

钢筋的冷弯性能是钢筋在常温下承受弯曲变形的能力,在达到规定的冷弯角度时钢筋应不出现裂纹或断裂。因此,冷弯性能可间接地反映钢筋的塑性性能和内在质量。

屈服强度、极限强度、伸长率和冷弯性能是有物理屈服点钢筋进行质量检验的四项主要指标,而对无物理屈服点的钢筋则只测定后三项。

## 三、混凝土结构用钢材

### (一)热轧钢筋

热轧钢筋按表面形状分为热轧光圆钢筋和热轧带肋钢筋。

钢筋混凝土用热轧钢筋有 HPB235、HRB335、HRB400、HRB500 四个牌号。牌号中,HPB 代表热轧光圆钢筋,HRB 代表热轧带肋钢筋,牌号中的数字表示热轧钢筋的屈服强度。其中,热轧光圆钢筋由碳素结构钢轧制而成,表面光圆;热轧带肋钢筋由低合金钢轧制而成,外表带肋。

光圆钢筋的强度较低,但塑性及焊接性好,便于冷加工,广泛用做普通钢筋混凝土;HRB335、HRB400带肋钢筋的强度较高,塑性及焊接性也较好,广泛用做大中型钢筋混凝土结构的受力钢筋;HRB500带肋钢筋强度高,但塑性与焊接性较差,适宜用做预应力钢筋。

### (二)冷拉热轧钢筋

为了提高强度以节约钢筋,工程中常按施工规程对热轧钢筋进行冷拉。

冷拉Ⅰ级钢筋适用于非预应力受拉钢筋,冷拉Ⅱ级、Ⅲ级、Ⅳ级钢筋强度较高,可用做预应力混凝土结构的预应力筋。由于冷拉钢筋的塑性、韧性较差,易发生脆断,因此冷拉钢筋不宜用于负温度、受冲击或重复荷载作用的结构。

### (三)冷轧带肋钢筋

冷轧带肋钢筋是以普通低碳钢或低合金钢热轧圆盘条为母材,经冷拉或冷拔减径后,在其表面轧成具有三面或两面月牙形横肋的冷轧带肋钢筋。冷轧带肋钢筋代号为LL,按抗拉强度分为三级:LL550、LL650、LL800。其中数值表示钢筋应达到的最小抗拉强度值。冷轧带肋钢筋强度与冷拔低碳钢丝强度接近,但塑性比冷拔低碳钢丝要好,因其表面带肋,与混凝土的黏结能力比冷拔低碳钢丝强,可广泛用于中小型预应力混凝土结构和普通钢筋混凝土结构构件,也可用于焊接钢筋网。

### (四)冷轧扭钢筋

冷轧扭钢筋由低碳钢热轧圆盘条经专用钢筋冷轧扭机调直、冷轧并冷扭一次成型,具有规定截面形状和螺距的连续螺旋状钢筋。按其截面形状不同分为Ⅰ型(矩形截面)和Ⅱ型(菱形截面)两种类型。代号为LZN。冷轧扭钢筋可适用于钢筋混凝土构件。冷轧扭钢筋与混凝土的握裹力与其螺距大小有直接关系。螺距越小,握裹力越大,但加工难度也越大,因此应选择适宜的螺距。冷轧扭钢筋在拉伸时无明显屈服台阶,为安全起见,其抗拉设计强度采用 $0.8\delta_b$。

### (五)热处理钢筋

热处理钢筋是用热轧螺纹钢筋经淬火和回火处理而成的,代号为RB150。按螺纹外形可分为有纵肋和无纵肋两种。根据国标规定,热处理钢筋有 $40Si_2Mn$、$48Si_2Mn$ 和 $45Si_2Cr$ 三个牌号。热处理钢筋目前主要用于预应力混凝土轨枕,用以代替高强度钢丝,配筋根数减少,制作方便,锚固性能好,建立预应力稳定;也用于预应力混凝土板、梁和吊车梁,使用效果良好。热处理钢筋系成盘供应,开盘后能自然伸直,不需调直、焊接,故施工简单,并可节约钢材。

### (六)预应力混凝土用钢丝和钢绞线

预应力混凝土用钢绞线按捻制结构分为三类:用两根钢丝捻制的钢绞线(表示为1×2)、用三根钢丝捻制的钢绞线(表示为1×3)、用七根钢丝捻制的钢绞线(表示为1×7)。按应力松弛能力分为Ⅰ级松弛和Ⅱ级松弛两种。

预应力混凝土用钢丝按交货状态分为冷拉钢丝(代号为RCD)及消除应力钢丝(代号为S)两种,按外形分为光面钢丝、刻痕钢丝、螺旋钢丝三种,按松弛能力分为Ⅰ级松弛和Ⅱ级松弛两级。用SI表示消除应力刻痕钢丝、用SH表示消除应力螺旋肋钢丝。

## 四、钢筋试验的要求

每批钢筋、每个品种、每60 t取样一组。钢筋的现场检验指标主要为力学性能、拉伸试验及冷弯试验,对预应力钢筋还应进行反复弯曲及松弛试验等。

当用焊接连接时,还要进行钢筋的焊接试验。

# 第七节　土工材料及止水材料

## 一、土工材料

我国《土工合成材料应用技术规范》(GB 50290—98)把土工合成材料分为土工织物、土工膜、土工复合材料和土工特种材料四大类。

### (一)土工织物

土工织物又称土工布,是由聚合物纤维制成的透水性土工合成材料。按制造方法不同,土工织物可分为织造型(有纺)土工织物与非织造型(无纺)土工织物两大类。

### (二)土工膜

土工膜是透水性极低的土工合成材料。按制作方法不同,土工膜可分为现场制作土工膜和工厂预制土工膜两大类;按原材料不同,土工膜可分为聚合物土工膜和沥青土工膜两大类,聚合物土工膜在工厂制造,而沥青土工膜则大多在现场制造,为满足不同强度和变形需要,又有加筋和不加筋之分。

### (三)土工复合材料

土工复合材料是为满足工程特定需要把两种或两种以上的土工合成材料组合在一起的制品。

(1)复合土工膜:是将土工膜和土工织物复合在一起的产品,在水利工程中应用广泛。

(2)塑料排水带:是由不同凹凸截面形状形成连续排水槽的带状塑料心材,外包非织造土工织物(滤膜)构成的排水材料。其在码头、水闸等软基加固工程中被广泛应用。

(3)软式排水管:又称为渗水软管,是由支撑骨架和管壁包裹材料两部分构成的,如图2-2-2所示。支撑骨架由高强钢丝圈构成,高强钢丝由钢线经磷酸防锈处理,外包一层PVC材料,使其与空气、水隔绝,避免氧化生锈。管壁包裹材料有三层:内层为透水层,由高强度尼龙纱作为经纱,特殊材料为纬纱制成;中层为非织造土工织物过滤层;外层为与内层材料相同的覆盖层,具有反滤、透水、保护作用。在支撑骨架和管壁外裹材料间及外裹各层之间都采用了强力黏结剂黏合牢固,以确保软式排水管的复合整体性。软式排水管可用于各种排水工程中。

### (四)土工特种材料

土工特种材料是为工程特定需要而生产的产品,常见的有以下几种。

#### 1.土工格栅

土工格栅是在聚丙烯或高密度聚乙烯板材上先冲孔,然后进行拉伸而成的带长方形

图 2-2-2　软式排水管构造示意

孔的板材。按拉伸方向不同,土工格栅可分为单向拉伸(孔近矩形)土工格栅和双向拉伸(孔近方形)土工格栅两种,如图 2-2-3 所示。土工格栅埋在土内,与周围土之间不仅有摩擦作用,而且由于土石料嵌入其开孔中,还有较高的啮合力,它与土的摩擦系数高达0.8 ~ 1.0。土工格栅强度高、延伸率低,是加筋的好材料。

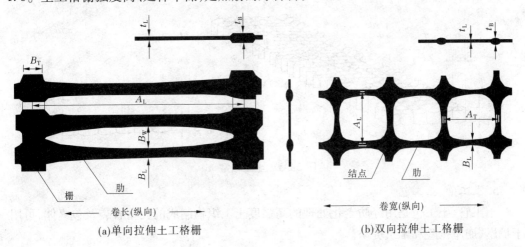

(a)单向拉伸土工格栅　　　　　　(b)双向拉伸土工格栅

图 2-2-3　土工格栅

2. 土工网

土工网是由聚合物经挤塑成网或由粗股条编织或由合成树脂压制成的具有较大孔眼和一定刚度的平面网状结构材料,如图 2-2-4 所示。一般土工网的抗拉强度都较低,延伸率较高,常用于坡面防护、植草、软基加固垫层和用于制造复合排水材料。

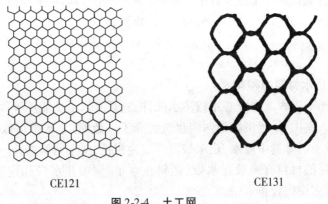

CE121　　　　　　　　　　　　CE131

图 2-2-4　土工网

**3.土工模袋**

土工模袋是由上、下两层土工织物制成的大面积连续袋状材料,袋内充填混凝土或水泥砂浆,凝固后形成整体混凝土板,适用于护坡。模袋上下两层之间用一定长度的尼龙绳拉接,用以控制填充时的厚度。按加工工艺不同,模袋可分为工厂生产的机织模袋和手工缝制的简易模袋。

**4.土工格室**

土工格室是由强化的高密度聚乙烯宽带,每隔一定间距以强力焊接而形成的网状格室结构,闭合和张开时的形状如图2-2-5所示。土工格室张开后,可填土料,由于土工格室对土的侧向位移的限制,可大大提高土体的刚度和强度。土工格室可用于处理软弱地基,增大其承载力,沙漠地带可用于固沙,也可用于护坡等。

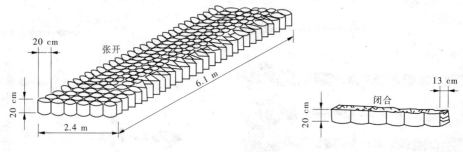

图2-2-5 土工格室

**5.土工管、土工包**

土工管、土工包是用经防老化处理的高强度土工织物制成的大型管袋及包裹体,可用于护岸、崩岸抢险和堆筑堤防。

**6.土工合成材料黏土垫层**

土工合成材料黏土垫层是由两层或多层土工织物或土工膜中间夹一层膨润土粉末(或其他低渗透性材料)以针刺(缝合或黏结)而成的一种复合材料。其优点是体积小、质量轻、柔性好、密封性良好、抗剪强度较高、施工简便、适应不均匀沉降,比压实黏土垫层更优越,可代替一般的黏土密封层,用于水利或土木工程中的防渗或密封设计。

上述土工合成材料在土建工程中应用时,不同的部位应使用不同的材料,其功能主要可归纳为六类,即反滤、排水、隔离、防渗、防护和加筋。

## 二、止水材料

### (一)常用止水材料的种类

止水带是地下工程沉降缝必用的防水配件,它具有以下功能:①可以阻止大部分地下水沿沉降缝进入室内;②当沉降缝两侧建筑沉降不一致时,止水带可以变形,继续起阻水作用;③一旦发生沉降缝中渗水,止水带可以成为衬托,便于堵漏修补。

制作止水带的材料有橡胶止水带、塑料止水带、铜板止水带和橡胶加钢边止水带4种。目前,我国多用橡胶止水带。

止水带的形状有多种,如图2-2-6所示。

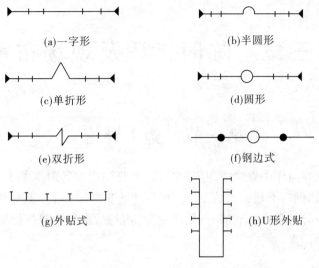

(a)一字形　　　　　　　　(b)半圆形

(c)单折形　　　　　　　　(d)圆形

(e)双折形　　　　　　　　(f)钢边式

(g)外贴式　　　　　　　　(h)U形外贴

图 2-2-6　止水带

**(二)变形缝中出现渗漏的原因**

变形缝中虽然使用止水带止水,但由于施工等原因经常在变形缝处发生渗漏,主要原因如下:

(1)混凝土和止水带不能紧密黏结,水可以缓慢地沿结合缝处渗入。

(2)变形缝两侧建筑发生沉降,沉降差使止水带受拉,埋入混凝土中的止水带受拉变薄,与混凝土之间出现大缝,加大了渗水通道,特别是一字形止水带和圆形止水带,更易出现上述现象,而单折形止水带、双折形止水带和半圆形止水带,防拉伸作用较好。

(3)一条变形缝常有几处止水带搭接,搭接方式基本是叠搭,不能封闭,即成为渗水隐患。

(4)施工止水带时,变形缝一边先施工,止水带埋入状态较好,再施工另一边混凝土时,止水带下方混凝土不密实,甚至有空隙,止水带没有被紧密地嵌固,使止水作用大减。

(5)装卸式止水带用于室内,覆盖在变形缝上,使用螺栓固定。它的优点是易安装,拆卸方便,但止水功能不如中埋式止水带和外贴式止水带好。室内止水犹如室内防水,地下水已渗入变形缝中,再行堵截,即便止水带处不见水,其他地方也会出现渗水。因此,装卸式止水带不能替代中埋式止水带和外贴式止水带。

(6)使用中埋式止水带时,应尽量靠近外防水层。外贴式止水带对于变形缝的防水比中埋式止水带好,止水于缝外,可以与外防水层结合共同发挥防水作用。

(7)重要的工程埋深于地下水位下十多米,沉降缝宽达 15 cm,应使用两种止水带,如中埋式止水带和外贴式止水带相结合,中埋式止水带和装卸式止水带相结合。

**(三)止水材料的连接**

止水铜片连接一般是采用焊接方法进行;橡胶及塑料止水带一般采用熔接工艺;当条件许可时,也可采用冷接工艺。

**(四)试验要求**

一般止水材料要进行拉伸强度、撕裂强度、伸长率、硬度等检验。取样时每批、每品种均要求进行取样。

# 第三章 临时工程及现场布置

## 第一节 施工导流

施工导流是指在河床中修筑围堰围护基坑,并将河道中各时期的上游来水量按预定的方式导向下游,以创造干地施工的条件。施工导流贯穿于整个工程施工的全过程,是水利水电工程总体设计的重要组成部分,是选定枢纽布置、永久性建筑物形式、施工程序和施工总进度的重要因素。

### 一、导流方案

为了解决好施工导流问题,必须作好施工导流设计。施工导流设计的任务是分析研究当地的自然条件、工程特性和其他行业对水资源的需求来选择导流方案,划分导流时段,选定导流标准和导流设计流量,确定导流建筑物的形式、布置、构造和尺寸,拟定导流建筑物修建、拆除、封堵的施工方法,拟定河道截流、拦洪度汛和基坑排水的技术措施,通过技术经济比较,选择一个最经济合理的导流方案。

### 二、导流标准

导流标准就是选定导流设计流量的标准。导流设计流量是选择导流方案、确定导流建筑物的主要依据。

施工期可能遇到的洪水是一个随机事件。如果标准太低,不能保证工程施工安全;反之,则使导流工程设计规模过大,不仅增加导流费用,而且可能因其规模太大以致无法按期完成,造成工程施工的被动局面。因此,导流标准的确定应结合风险度分析,使所选标准经济合理。

导流标准是根据导流建筑物的保护对象、失事后果、使用年限和工程规模等指标,划分导流建筑物的级别(3~5级),再根据导流建筑物的级别和类型,并结合风险度分析,确定相应的洪水标准。洪水标准的确定还应考虑上游梯级水库的影响和调蓄作用。导流标准还包括坝体施工期临时度汛洪水标准和导流泄水建筑物封堵后坝体度汛洪水标准。

### 三、导流时段

导流时段就是按照导流的各个施工阶段划分的延续时间。

导流时段的划分实际上就是解决主体建筑物在整个施工过程中各个时段的水流控制问题,也就是确定工程施工顺序、施工期间不同时段宣泄不同的导流流量的方式,以及与之相适应的导流建筑物的高程和尺寸。因此,导流时段的确定与河流的水文特征、主体建筑物的布置与形式、导流方案、施工进度有关。

土坝、堆石坝、支墩坝一般不允许过水,因此当施工期较长,而洪水来临前又不能完建时,导流时段就要以全年为标准,其导流设计流量就应按导流标准选择相应洪水重现期的年最大流量。如安排的施工进度能够保证在洪水来临前使坝身起拦洪作用,其导流时段应为洪水来临前的施工时段,导流设计流量则为该时段内按导流标准选择相应洪水重现期的最大流量。

## 四、导流方法

施工导流的基本方法可分为分段围堰法导流和全段围堰法导流两类。

### (一)分段围堰法导流

分段围堰法导流也称分期导流,即分期束窄河床修建围堰,保护主体建筑物干地施工。工程实践中,两段两期导流采用得最多,如图2-3-1所示。

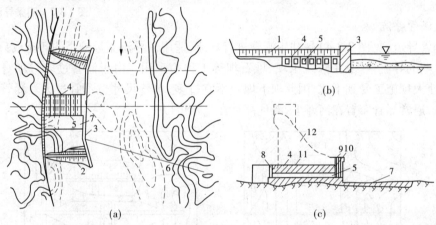

1——期上游横向围堰;2——期下游横向围堰;3——、二期纵向围堰;4—预留缺口;
5—导流底孔;6—二期上下游围堰轴线;7—护坦;8—封堵闸门槽;9—工作闸门槽;
10—事故闸门槽;11—已浇筑的混凝土坝体;12—未浇筑的混凝土坝体

**图2-3-1 分段围堰法导流**

根据不同时期泄水道的特点,分期导流方式中包括束窄河床导流和通过已建或在建的永久性建筑物导流。

1.束窄河床导流

束窄河床导流是通过束窄后的河床泄流,通常用于分期导流的前期阶段,特别是一期导流。

2.通过已完建或在建的永久建筑物导流

通过建筑物导流的主要方式包括设置在混凝土坝体中的底孔导流、混凝土坝体上预留缺口导流、梳齿孔导流,平原河道上的低水头河床式径流电站可采用厂房导流,个别高、中水头坝后式厂房也有通过厂房导流的。这种方式多用于分期导流的后期阶段。

### (二)全段围堰法导流

全段围堰法导流是指在河床内距主体工程轴线(如大坝、水闸等)上下游一定的距离,修筑拦河堰体,一次性截断河道,使河道中的水流经河床外修建的临时泄水道或永久泄水建筑物下泄,故又称河床外导流。全段围堰法导流一般适用于枯水期流量不大、河道狭窄的河流,按其导流泄水建筑物的类型可分为明渠导流、隧洞导流、涵管导流等。在实际工程中,也采用明渠隧洞等组合方式导流。

1. 明渠导流

明渠导流(见图2-3-2)是在河岸或河滩上开挖渠道,在基坑的上下游修建横向围堰,河道的水流经渠道下泄。这种施工导流方法一般适用于岸坡平缓或有一岸具有较宽的台地、垭口或古河道的地形。

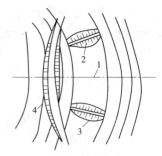

2. 隧洞导流

隧洞导流(见图2-3-3)是在河岸边开挖隧洞,在基坑的上下游修筑围堰,施工期间河道的水流由隧洞下泄。这种导流方法适用于河谷狭窄、两岸地形陡峻、山岩坚实的山区河流。

1—水工建筑物轴线;2—上游围堰;
3—下游围堰;4—导流明渠
**图2-3-2 明渠导流**

3. 涵管导流

涵管导流(见图2-3-4)是利用涵管进行导流,适用于导流流量较小的河流或只用来担负枯水期的导流,一般在修筑土坝、堆石坝等工程中采用。由于涵管过多对坝身结构不利,且使大坝施工受到干扰,因此坝下埋管不宜过多,单管尺寸也不宜过大。涵管应在干地施工,通常涵管布置在河滩上,滩地高程在枯水位以上。

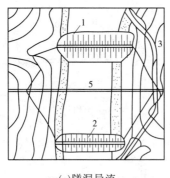
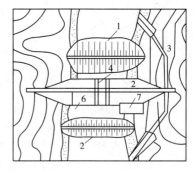

(a)隧洞导流  (b)隧洞导流并配合底孔宣泄汛期洪水

1—上游围堰;2—下游围堰;3—导流隧洞;4—底孔;5—坝轴线;6—溢流坝段;7—水电站厂房
**图2-3-3 隧洞导流示意图**

## 五、围堰的类型及施工要求

围堰是保证所施工的水工建筑物干地施工的必要挡水建筑物,一般属于临时性工程,但也可与主体工程结合而成为永久工程的一部分。

### (一)围堰的类型

围堰按材料分为土石围堰、混凝土围堰、草土围堰、钢板桩格形围堰、木笼围堰、竹笼围堰等。按围堰与水流方向的相对位置分为横向围堰、纵向围堰。按导流期间基坑淹没条件分为过水围堰、不过水围堰。过水围堰除需要满足一般围堰的基本要求外,还要满足堰顶过水的要求。

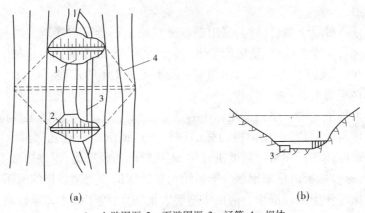

(a)                                    (b)

1—上游围堰;2—下游围堰;3—涵管;4—坝体

**图 2-3-4    涵洞导流示意图**

1. 土石围堰

土围堰适合水深在 1.5 m 以内、水流速度在 0.5 m/s 以内,且河床土质渗水性较小的地方。在土围堰坡面有被冲刷的危险时,土围堰的外坡可用草皮、草袋、柴排等作为防护设施。

筑堰的顺序应该是由河流的上游开始修筑,到水流的下游合龙。

土石围堰(见图 2-3-5)由土石填筑而成,多用做上下游横向围堰。它能充分利用当地材料,对基础适应性强,施工工艺简单。土石围堰可做成过水围堰,允许汛期围堰过水,但需做好溢流面、堰址下游基础和两岸接头的防冲保护工作。土石围堰的防渗结构形式有土质心墙和斜墙、混凝土心墙和斜墙、钢板桩心墙及其他防渗墙结构。

2. 土袋围堰

土袋围堰(见图 2-3-6)是将土袋堆码在水中形成的围堰。土袋围堰适用于河流水深在 3 m 以内、水流速度在 1.5 m/s 以内的河流,且在土质渗水性较小的河床上修筑。

在修筑土袋围堰是应该注意:土袋上下层之间应该相互错缝并堆码整齐;有必要时,可用潜水工配合进行施工,并整理坡脚。

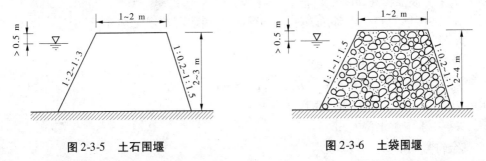

图 2-3-5    土石围堰              图 2-3-6    土袋围堰

3. 混凝土围堰

混凝土围堰是用常态混凝土或碾压混凝土建筑而成的。混凝土围堰宜建在岩石地基上,混凝土围堰的特点是挡水水头高,底宽小,抗冲能力大,堰顶可溢流,尤其是在分段围堰法导流施工中,用混凝土浇筑的纵向围堰可以两面挡水,而且可与永久建筑物相结合作为坝体或闸室体的一部分。采用碾压混凝土围堰不仅施工简便,工期短,而且造价低。

### 4.草土围堰

草土围堰是一种草土混合结构,多用捆草法修建。草土围堰能就地取材,结构简单,施工方便,造价低,防渗性能好,适应能力强,便于拆除,施工速度快。这种围堰一般适用于水深不大于 6 m,流速小于 3 m/s,使用期一般不超过 2 年的工程。

### 5.钢板桩格形围堰

钢板桩格形围堰是由一系列彼此相连的格体形成外壳,然后填以土料构成。格体是一种土和钢板桩组合结构,由横向拉力强的钢板桩连锁围成一定几何形状的封闭系统。钢板桩格形围堰修建和拆除可以高度机械化,钢板桩的回收率高,围堰边坡垂直、断面小、占地少、安全可靠。钢板桩格形围堰一般适用于有较深的砂土覆盖层的河床,尤其适用于束窄度大的河床段作为纵向围堰。但由于需要大量钢材,施工技术要求较高,因而目前应用并不广泛。

### (二)选择围堰类型的基本要求

选择围堰类型时,必须根据当时当地具体条件,在满足下述基本要求的原则下,通过技术经济比较加以选定:

(1)具有足够的稳定性、防渗性、抗冲性和一定的强度。

(2)可就地取材,造价低,构造简单,修建、拆除和维护方便。

(3)围堰布置应力求使水流平顺,不发生严重的局部冲刷。

(4)围堰接头和岸坡连接要安全可靠,不致因集中渗漏等破坏作用而引起围堰失事。

(5)在必要时,应设置抵抗冰凌、船筏冲击破坏的设施。

### (三)围堰堰顶高程的确定

围堰堰顶高程的确定取决于导流设计流量及围堰的工作条件。下游围堰的堰顶高程由下式确定

$$H_d = h_d + h_a + \delta \tag{2-3-1}$$

式中　$H_d$——下游围堰的堰顶高程,m;

　　　$h_d$——下游水位高程,m,可以直接由原河流水位流量关系曲线中找出;

　　　$h_a$——波浪爬高,m;

　　　$\delta$——围堰的安全超高,m,一般对于不过水围堰可按规定选择,对于过水围堰可不予考虑。

上游围堰的堰顶高程由下式确定

$$H_u = h_d + z + h_a + \delta \tag{2-3-2}$$

式中　$H_u$——上游围堰的堰顶高程,m;

　　　$z$——上下游水位差,m。

其余符号同前。

纵向围堰堰顶高程应与束窄河段宣泄导流设计流量时的水面曲线相适应。因此,纵向围堰的顶面往往做成阶梯状或倾斜状,其上游部分与上游围堰同高,其下游部分与下游围堰同高。

### (四)围堰的拆除

围堰是临时建筑物,导流任务完成后,应按设计要求拆除,以免影响永久建筑物的施

工及运转。

土石围堰相对来说断面较大,拆除工作一般是在运行期限的最后一个汛期过后,随上游水位的下降,逐层拆除围堰的背水坡和水上部分。土石围堰的拆除一般可用挖土机或爆破开挖等方法。

钢板桩格形围堰的拆除,首先要用抓斗或吸石器将填料清除,然后用拔桩机起拔钢板桩。混凝土围堰的拆除一般只能用爆破法炸除,但应注意,必须使主体建筑物或其他设施不受爆破危害。

# 第二节　汛期施工险情判断与抢险技术

施工期间,尤其是汛期来临时,围堰以及基坑在高水头作用下发生的险情主要有漏洞、管涌和漫溢等。

## 一、漏洞

### (一)漏洞产生的原因
漏洞产生的原因是多方面的,一般来说有:①围堰堰身填土质量不好,有架空结构,在高水位作用下,土块间部分细料流失;②堰身中夹有砂层等,在高水位作用下,砂粒流失。

发生在堰脚附近的漏洞,很容易与一些基础的管涌险情相混淆,这样是很危险的。

### (二)漏洞险情的判别
漏洞险情的特征是漏洞贯穿堰身,使水流通过孔洞直接流向围堰背水侧,如图 2-3-7 所示。漏洞的出口一般发生在背水坡或堰脚附近。

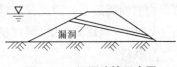

图 2-3-7　涵洞险情示意图

漏洞险情进水口的探测方法如下:

(1)水面观察。漏洞形成初期,进水口水面有时难以看到旋涡,可以在水面上撒一些漂浮物(如纸屑、碎草或泡沫塑料碎屑),若发现这些漂浮物在水面打旋或集中在一处,即表明此处水下有进水口。

(2)潜水探漏。漏洞进水口若水深流急,水面看不到旋涡,则需要潜水探摸。

(3)投放颜料观察水色。

### (三)漏洞险情的抢护方法
1. 塞堵法

塞堵漏洞进口是最有效、最常用的方法。一般可用软性材料塞堵,如针刺无纺布、棉被、棉絮、草包、编织袋包、网包、棉衣及草把等,也可用预先准备的一些软楔(见图 2F312014—2)、草捆塞堵。在有效控制漏洞险情的发展后,还需用黏性土封堵闭气,或用大块土工膜、篷布盖堵,然后再压土袋或土枕,直到完全断流。

2. 盖堵法

1)复合土工膜排体或篷布盖堵

当洞口较多且较为集中,逐个堵塞费时且易扩展成大洞时,可采用大面积复合土工膜排体(见图 2-3-8)或篷布盖堵,可沿临水坡肩部位从上往下顺坡铺盖洞口,或从船上铺放,盖堵离堤肩较远处的漏洞进口,然后抛压土袋或土枕,并抛填黏土,形成前戗截渗,如图 2-3-9 所示。

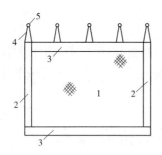
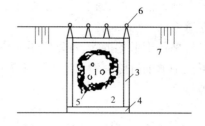

1—复合土工膜;2—纵向土袋筒;
3—横向土袋筒;4—筋绳;5—木桩

图 2-3-8　复合土工膜排体

1—多个漏洞进口;2—复合土工膜排体;3—纵向土袋枕;
4—横向土袋枕;5—正在填压的土袋;6—木桩;7—临水堤坡

图 2-3-9　复合土工膜排体盖堵漏洞进口

2)就地取材盖堵

当洞口附近流速较小、土质松软或洞口周围已有许多裂缝时,可就地取材用草帘、苇箔等重叠数层作为软帘,也可临时用柳枝、秸料、芦苇等编扎软帘。软帘下沉时紧贴边坡,然后用长杆顶推,顺堤坡下滚,把洞口盖堵严密,再盖压土袋,抛填黏土,达到封堵闭气的目的。

采用盖堵法抢护漏洞进口,需防止盖堵初始时,由于洞内断流,外部水压力增大,洞口覆盖物的四周进水。因此,洞口覆盖后必须立即封严四周,同时迅速用充足的黏土料封堵闭气,否则一旦堵漏失败,洞口扩大,将会增加再堵的困难。

3.戗堤法

当堤坝临水坡漏洞口多而小,且范围又较大时,在黏土料备料充足的情况下,可采用抛黏土填筑前戗或临水筑子堤的办法进行抢堵。

## 二、管涌

### (一)抢护原则

抢护管涌险情的原则是制止涌水带砂,而留有渗水出路。这样,既可使砂层不再被破坏,又可以降低附近渗水压力,使险情得以控制和稳定。

### (二)抢护方法

1.反滤围井

在管涌口处用编织袋或麻袋装土抢筑围井,井内同步铺填反滤料,从而制止涌水带砂,以防险情进一步扩大,当管涌口很小时,也可用无底水桶或汽油桶做围井。这种方法适用于发生在地面的单个管涌或管涌数目虽多但比较集中的情况。

围井内必须用透水料铺填,切忌用不透水材料。根据所用反滤料的不同,反滤围井可分为以下几种形式。

1)砂石反滤围井

砂石反滤围井是抢护管涌险情的最常见形式之一。选用不同级配的反滤料可用于不同土层的管涌抢险。管涌险情基本稳定后，在围井的适当高度插入排水管(塑料管、钢管和竹管)，使围井水位适当降低，以免围井周围再次发生管涌或井壁倒塌。同时，必须持续不断地观察围井及周围情况的变化，及时调整排水口高度，如图2-3-10所示。

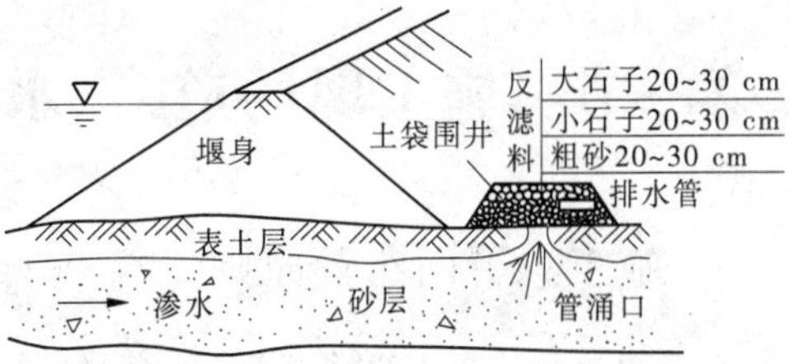

图 2-3-10　砂石反滤围井示意图

2)土工织物反滤围井

首先对管涌口附近进行清理平整，清除尖锐杂物。管涌口用粗料(碎石、砾石)充填，以削减涌水压力。铺土工织物前，先铺一层粗砂，粗砂层厚30~50 cm。然后选择合适的土工织物铺上。若管涌带出的土为粉砂时，一定要慎重选用土工织物(针刺型)；若为较粗的砂，一般的土工织物均可选用。最后要注意的是，土工织物铺设一定要形成封闭的反滤层，土工织物周围应嵌入土中，土工织物之间用线缝合。然后在土工织物上面用块石等强透水材料压盖，加压顺序为先四周后中间，最终使中间高四周低，最后在管涌区四周用土袋修筑围井。围井修筑方法和井内水位控制与砂石反滤围井相同。

3)梢料反滤围井

梢料反滤围井用梢料代替砂石反滤料做围井，适用于砂石料缺少的地方。下层选用麦秸、稻草铺设20~30 cm厚。上层铺粗梢料，如柳枝、芦苇等，铺设30~40 cm厚。梢料填好后，为防止梢料上浮，梢料上面压块石等透水材料。围井修筑方法及井内水位控制与砂石反滤围井相同。

2.反滤层压盖

在堰内出现大面积管涌或管涌群时，如果料源充足，可采用反滤层压盖的方法，如图2-3-11所示，以降低涌水流速，制止地基泥沙流失，稳定险情。反滤层压盖必须用透水性好的砂石、土工织物、梢料等材料，切忌使用不透水材料。

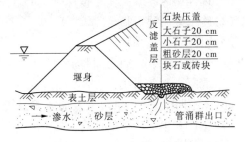

图 2-3-11　砂石反滤层盖示意图

三、漫溢

实际洪水位超过现有堰顶高程，或风浪翻过堰顶，洪水漫进基坑内即为漫溢。通常，土石围堰不允许堰身过水。因此，在汛期应采取紧急措施防止漫溢的发生。

根据上游水情和预报，对可能发生的漫溢险情，其抢护的有效措施是：抓紧洪水到来之前的宝贵时间，在堰顶上加筑子堤。堰顶高要超出预测推算的最高洪水位，做到子堤不过水，但从堰身稳定考虑，子堤也不宜过高。各种子堤的外脚一般都应距大堤外肩0.5~1.0 m。抢筑各种子堤前应彻底清除表面杂物，将表层刨毛，以利新老土层结合，并在堰轴线开挖一条结合槽，深20 cm左右，底宽30 cm左右。

# 第三节 施工现场道路、水、电、通信及临时设施的要求

## 一、施工总平面布置原则

施工总平面布置应遵循因地制宜、经济合理、使用便捷、利于生产、便于管理的原则，分片布置，相对集中，布置在发包方规划的场地内，并严格执行有关安全、消防、卫生、环保等相关规定。

临时设施布置原则是：靠近现场的场地主要布置生产设施，远离工作现场的场地主要布置生活区及办公区。

临时设施及加工厂尽量靠近生产区，布置尽可能紧凑、合理、方便使用，按照有利生产、方便生活、易于管理的原则进行，同时，尽量避免工程施工的干扰和影响。

施工场地及营地均按照有关规范要求配置足够的环保设施及消防设施。

水、电、施工临时道路、施工照明等规划做到统一化、标准化、规范化，充分体现文明施工与管理要求。

临时设施尽可能布置于废弃的荒地，以少占用田地，降低建设临时设施的费用。

## 二、施工总布置的主要内容

施工现场总布置一般应包括以下内容：一切地上和地下已有建筑物和房屋，一切地上和地下拟建的建筑物和房屋，一切为施工服务的临时性建筑物和施工设施。主要包括：

(1)选择场区内外交通运输系统，如公路、铁路、车站、码头、渡口、桥梁位置；

(2)施工导流建筑物；

(3)料场及加工系统；

(4)各种仓库、堆场和弃料场；

(5)混凝土制备系统；

(6)水、供电、压气、供热以及通风等系统的位置及布置干管、干线；

(7)生产和生活所需的厂房、房屋等；

(8)环境保护、安全、防火设施等。

## 三、施工临时道路布置

### (一)场内道路设计

工程场内道路以满足工程施工需要为原则设计。场内临时道路的设计要在满足施工要求的前提下充分结合地形条件布置，要结合永久性道路进行布设，尽量减少修建临时性交通道路的工程量，降低工程成本。

场内交通主要是进场道路、至各工作面道路等，修建的临时道路宽3～7 m。

### (二)场内道路的结构

场内道路的设计标准根据不同的用途和使用期长短确定。如满足场内主要交通要求的道路标准要高一些，仅用于沟通各施工点的交通便道标准可以低一点。场内主要临时

道路结构如图 2-3-12 所示。

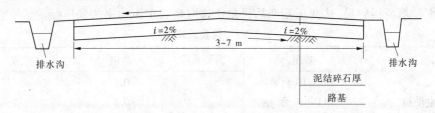

图 2-3-12　主要临时道路结构示意图

## 三、施工临时供电

除使用系统电源外,同时配备柴油发电机组,作为施工备用电源。备用电源主要是保证系统停电后,工程能正常施工。

一般施工临时用电分照明用电及动力用电,应经过设计后进行布设,现场应设置总配电房。

按照规范要求临时用电还要编制专项方案。

### (一)工地总用电量计算

施工现场用电分为动力用电和照明用电两类,在计算用电量时,应考虑以下几点:

(1)全工地使用的电力机械设备、工具和照明的用电功率;

(2)施工总进度计划中,施工高峰期同时用电数量;

(3)各种电力机械情况。

总用电量可按下式计算

$$P = 1.05 \sim 1.10\left(K_1 \sum P_1 / \cos\phi + K_2 \sum P_2 + K_3 \sum P_3 + K_4 \sum P_4\right) \quad (2\text{-}3\text{-}3)$$

式中　$P$——供电设备总需要容量,kVA;

$\quad\quad P_1$——电动机额定功率,kW;

$\quad\quad P_2$——电焊机额定功率,kVA;

$\quad\quad P_3$——室内照明容量,kW;

$\quad\quad P_4$——室外照明容量,kW;

$\quad\quad \cos\phi$——电动机的平均功率因数(施工现场最高为 0.75 ~ 0.78,一般为 0.65 ~ 0.75);

$\quad\quad K_1$、$K_2$、$K_3$、$K_4$——需要系数,可参考表 2-3-1 选用。

单班施工时,最大用电负荷量以动力用电量为准,不考虑照明用电。

### (二)确定变压器

变压器功率可以由下式计算

$$P = K\left(\sum P_{\max} / \cos\phi\right) \quad (2\text{-}3\text{-}4)$$

式中　$P$——变压器输出功率,kVA;

$\quad\quad K$——功率损失系数,取 1.05;

$\quad\quad \sum P_{\max}$——各施工区最大计算负荷,kW;

$\cos\phi$——功率因数。

根据计算所得容量,从变压器产品目录中选取略大于该功率的变压器。

表 2-3-1 需要系数值

| 用电名称 | 数量 | 需要系数 | 数值 | 说明 |
|---|---|---|---|---|
| 电动机 | 3 ~ 10 台<br>11 ~ 30 台<br>30 台以上 | $K_1$ | 0.7<br>0.6<br>0.5 | 当施工中需要用电热时,应将其用电量计算进去。为使计算接近实际,式中各项用电根据不同性质计算 |
| 加工厂动力设备 | | | 0.5 | |
| 电焊机 | 3 ~ 10 台<br>10 台以上 | $K_2$ | 0.6<br>0.5 | |
| 室内照明 | | $K_3$ | 0.8 | |
| 室外照明 | | $K_4$ | 1.0 | |

**(三)确定配电导线截面面积**

配电导线要有足够的机械强度,耐受电流通过所产生的温升并且使得电压损失在允许范围内。

(1)按照机械强度确定:导线要有足够的抗拉强度,在不同敷设条件下导线按照机械强度确定最小截面。

(2)按允许电流选择:导线必须能承受负荷电流长时间通过所引起的温升。

(3)按允许电压降确定:导线上的电压降必须在一定范围内,配电导线截面可用下式确定

$$S = \sum P \cdot L/C \cdot \varepsilon \qquad (2-3-5)$$

式中  $S$——导线截面面积,$mm^2$;

$L$——送电路距离,m;

$P$——负荷电功率或线路输送电功率,kW;

$C$——系数,视导线材料、送电电压及配电方式而定;

$\varepsilon$——允许相对电压降,照明电路中容许电压降不应超过 2.5% ~ 5%。

所选导线截面应同时满足以上三个要求。

**(四)选择电源**

一般尽量使用电力系统的永久性电源,这样不仅节约成本,而且电源稳定可靠。没有永久性电源时,也可以从附近高压电网申请临时架设配电变压器。

## 四、施工临时供水

**(一)工地供水类型**

工地供水类型包括生产用水、生活用水和消防用水三种。

**(二)确定用水量**

生产用水包括施工用水、施工机械用水,生活用水包括施工现场生活用水、生活区用水。

（1）工程施工用水量按下式计算

$$q_1 = k_1 \sum \frac{Q_1 \cdot N_1}{T_1 \cdot b} \times \frac{k_2}{8 \times 3\,600} \tag{2-3-6}$$

式中　$q_1$——施工工程用水量，L/s；

　　　$k_1$——未预见的施工用水系数（1.05～1.15）；

　　　$Q_1$——年（季）度工程量（以实物计量单位表示）；

　　　$N_1$——施工用水定额，见表2-3-2；

　　　$T_1$——年（季）度有效工作日，d；

　　　$b$——每天工作班，次；

　　　$k_2$——用水不均衡系数，见表2-3-3。

表 2-3-2　施工用水定额（$N_1$）参考值

| 序号 | 用水对象 | 单位 | 耗水量 $N_1$（L） | 说明 |
|------|----------|------|-----------------|------|
| 1 | 浇筑混凝土全部用水 | m³ | 1 700～2 400 | |
| 2 | 搅拌普通混凝土 | m³ | 250 | |
| 3 | 混凝土养护（自然养护） | m³ | 200～400 | |
| 4 | 搅拌机清洗 | 台班 | 600 | |
| 5 | 人工冲洗石子（机械） | m³ | 1 000（600） | |
| 6 | 洗砂 | m³ | 1 000 | |
| 7 | 砌石工程全部用水 | m³ | 50～80 | |
| 8 | 搅拌砂浆 | m³ | 300 | |

表 2-3-3　施工用水不均衡系数

| 不均衡系数 | 用水名称 | 系数 |
|------------|----------|------|
| $k_2$ | 施工工程用水<br>生产企业用水 | 1.5<br>1.25 |
| $k_3$ | 施工机械、运输机械<br>动力设备 | 2.00<br>1.05～1.10 |
| $k_4$ | 施工现场生活用水 | 1.30～1.50 |
| $k_5$ | 居民区生活用水 | 2.00～2.50 |

（2）施工机械用水量按下式计算

$$q_2 = k_1 \sum Q_2 \cdot N_2 \cdot \frac{k_3}{8 \times 3\,600} \tag{2-3-7}$$

式中　$k_1$——未预计施工用水系数（1.05～1.15）；

　　　$Q_2$——同种机械台数，台；

　　　$N_2$——施工机械用水定额。

(3)施工现场生活用水量按下式计算

$$q_3 = \frac{n \cdot N_3 k_4}{b \times 8 \times 3\,600} \tag{2-3-8}$$

式中　$n$——施工现场高峰期生活人数;

　　　$N_3$——施工现场生活用水定额,视当地气候、工程而定,见表2-3-4;

　　　$b$——每天工作班次。

表 2-3-4　生活用水量($N_4$、$N_3$)参考定额

| 序号 | 用水对象 | 单位 | 耗水量 $N_4$ |
|---|---|---|---|
| 1 | 工地全部生活用水 | L/(人·d) | 100~120 |
| 2 | 生活用水(盥洗生活饮用) | L/(人·d) | 25~30 |
| 3 | 食堂 | L/(人·d) | 15~20 |
| 4 | 浴室(淋浴) | L/(人·次) | 50 |
| 5 | 淋浴带大池子 | L/(人·次) | 30~50 |
| 6 | 洗衣 | L/人 | 30~35 |

(4)生活区生活用水按下式计算

$$q_4 = \frac{n \cdot N_4 k_5}{24 \times 3\,600} \tag{2-3-9}$$

式中　$n$——生活区居民人数;

　　　$N_4$——生活区昼夜全部用水定额,见表2-3-4。

(5)消防用水量($q_5$)。消防用水量参考值如表2-3-5所示。

表 2-3-5　消防用水量参考值

| 序号 | 用水名称 | 火灾同时发生次数 | 单位 | 用水量 |
|---|---|---|---|---|
| 1 | 居民区消防用水:5 000 人以内<br>　　　　　　　　10 000 人以内<br>　　　　　　　　25 000 人以内 | 1 次<br>2 次<br>3 次 | L/s<br>L/s<br>L/s | 10<br>10~15<br>15~20 |
| 2 | 施工现场消防用水:<br>施工现场在 25 hm² 以内<br>每增加 25 hm² 递增 | 1 次 | L/s | 5~10<br>5 |

(6)总用水量取值方法如下:

①当($q_1 + q_2 + q_3 + q_4$)≤$q_5$ 时,取 $Q = q_5 + 0.5(q_1 + q_2 + q_3 + q_4)$。

②当($q_1 + q_2 + q_3 + q_4$)>$q_5$ 时,取 $Q = q_1 + q_2 + q_3 + q_4$。

③当工地面积小于 5 hm²,并且($q_1 + q_2 + q_3 + q_4$)<$q_5$ 时,取 $Q = q_5$。

最后计算总用水量还应另外增加 10% 的水管渗漏损失。

**(三)选择水源**

一般施工用水是采取就近的原则,施工期间供水可直接取用库水、河水、渠水及自来

水。在水源地设抽水泵站,设置储水池,铺设供水干管引至各用水点。对于现场水源较少的项目也可以利用地下水,但是要经过相关部门的审批。

## 五、施工照明

在各工作区域及拌和场宜布置 3.5 kW 节能探照灯,局部施工点照明采用 1 kW 碘钨灯,当为潮湿区域时照明应采用 24 V 低压照明设备,场内临时施工道路按 50 m 间距布置路灯。室内照明负荷估算如表 2-3-6 所示,施工场地的照明用电如表 2-3-7 所示。

表 2-3-6　室内照明负荷估算

| 地点 | 单位功率(W/m$^2$) | 地点 | 单位功率(W/m$^2$) |
|---|---|---|---|
| 拌和楼、汽车保养站 | 5 | 棚仓 | 2 |
| 混凝土预制场 | 6 | 仓库 | 5 |
| 压气、水泵站 | 7 | 办公室、试验室 | 10 |
| 钢筋、木材加工厂 | 8 | 宿舍、招待所 | 4~6 |
| 发电厂、变电厂 | 10 | 医院、托儿所、学校 | 6~9 |
| 金属结构加工厂 | 10 | 食堂、俱乐部 | 5 |
| 机械修配厂 | 7~10 | | |

表 2-3-7　施工场地的照明用电表

| 项目 | 所需容量 | 项目 | 所需容量 |
|---|---|---|---|
| 人工开挖土石方 | 0.8~1.0 W/m$^2$ | 设备、材料堆场 | 1.0~2.0 W/m$^2$ |
| 机械开挖土石方 | 1.0~2.0 W/m$^2$ | 主要行人道及车行道 | 3 kW/km |
| 人工浇筑混凝土 | 0.5~1.0 W/m$^2$ | 警卫 | 1.5 kW/km |
| 机械浇筑混凝土 | 1.0~1.5 W/m$^2$ | 廊道、仓库 | 3 W/m$^2$ |
| 金属结构装卸、铆焊工程 | 2.0~3.0 W/m$^2$ | 防汛抢险场地 | 13 W/m$^2$ |
| 钻探工程 | 1.0~2.0 W/m$^2$ | 其他行人道及铁路线 | 2 kW/km |

## 六、办公、福利设施和施工通信

### (一)办公、福利设施

(1)办公、福利设施的类型:行政管理和生产用房(办公室、会议室、值班室、仓库及维修车间)、居住生活用房(宿舍、招待所、医务室、浴室、食堂等)、文化生活用房(广播室、阅览室、电视室、体育用房等)。

(2)办公及福利用房的居住面积按下式计算

$$S = N \cdot P \qquad\qquad (2\text{-}3\text{-}10)$$

式中　$S$——建筑面积,$m^2$；

　　　$N$——人数；

　　　$P$——建筑面积指标,见表2-3-8。

表2-3-8　行政、生活福利临时建筑面积参考指标

| 序号 | 临时房屋名称 | 指标使用方法 | 参考指标(m²/人) |
|---|---|---|---|
| 1 | 办公室 | 按使用人数 | 3 ~ 4 |
| 2 | 单层通铺 | 按高峰年平均人数 | 2.5 ~ 3.0 |
| 3 | 双层房 | 扣除不在工地住人数 | 2.0 ~ 2.5 |
| 4 | 开水房 | 按高峰年平均人数 | 5 ~ 20 |
| 5 | 食堂 | 按高峰年平均人数 | 0.5 ~ 0.8 |
| 6 | 浴室 | 按高峰年平均人数 | 0.07 ~ 0.1 |
| 7 | 厕所 | 按工地平均人数 | 0.02 ~ 0.07 |
| 8 | 会议室 | 按高峰年平均人数 | 0.1 |

**(二)施工通信**

为满足工程施工需要,办公室须接入互联网,设固定电话、电脑、打印机、复印机、传真机、移动电话等,还应配备施工管理用车,以保证施工期与建设、监理和设计单位的密切联系。

## 七、混凝土拌和场

市区应采用商品混凝土,对于可以自拌混凝土的地区,还应满足下列要求:

(1)混凝土的拌和采用强制混凝土搅拌机,并要设置防雨、防晒设施。

(2)混凝土拌和料场采用20 cm厚块石基层、10 cm厚碎石垫层、8 cm厚C20混凝土地坪,黄砂、小石采用浆砌石隔墙分隔。

在拌和机附近设袋装水泥库,水泥库做10 cm水泥地坪,高于室外地面30 cm,库房外设排水沟。有条件的地方还应设散装水泥罐。

## 八、消防及防雷系统

在油库、配电房等处设消防砂池,在各生产厂区和生活区均设置消防水池以及配备必须的消防器材。

对于跨雷雨季节施工的项目,在空旷或有高大建筑物地区要考虑雷电的影响,采取必要的防雷接地措施。

## 九、施工现场临时设施

**(一)临时加工厂**

1.临时加工厂类型

由于施工现场一些材料容易损坏,如钢材容易锈蚀、木材容易变形、止水材料容易老

化,所以施工现场应设置足够数量的厂房或工棚。另外,根据需要,工地上还要设置钢筋混凝土预制构件加工厂、金属结构构件加工厂、机械修理厂等。

2. 临时加工厂结构

临时加工厂结构一般根据使用时间确定,使用时间较短者,宜采用简易结构,如一般油毡、花雨布或草屋面的竹木结构;使用时间较长者,宜采用石棉瓦、玻璃钢瓦等屋面的砖木结构、砖石结构或拆装式活动房屋。

3. 工地加工厂面积的确定

加工厂的面积主要取决于设备尺寸、工艺过程、设计和安全防火等要求,通常可参照有关经验指标等资料确定。

对于钢筋混凝土预制构件厂、锯木加工车间、细木加工车间、钢筋加工车间(棚)等,其建筑面积可按下式计算

$$F = \frac{KQ}{TS\alpha} \tag{2-3-11}$$

式中　$F$——所需建筑面积,$m^2$;

　　　$K$——不均衡系数,取 $1.3 \sim 1.5$;

　　　$Q$——加工总量;

　　　$T$——加工总时间,月;

　　　$S$——每平米场地月平均加工量定额;

　　　$\alpha$——场地或建筑面积利用系数,取 $0.6 \sim 0.7$。

采用各种临时加工厂所需面积参考指标如表 2-3-9 所示。现场作业棚所需面积参考指标如表 2-3-10 所示。

表 2-3-9　各种临时加工厂所需面积参考指标

| 序号 | 加工厂名称 | 年产量 | | 单位产量所需建筑面积 | 占地总面积 | 说明 |
|---|---|---|---|---|---|---|
| | | 单位 | 数量 | | | |
| 1 | 混凝土搅拌站 | $m^3$ | 3 200<br>4 800 | 0.022 $m^2/m^3$<br>0.021 $m^2/m^3$ | 按砂石堆场考虑 | 400 L 搅拌机 2 台<br>400 L 搅拌机 3 台 |
| 2 | 钢筋加工厂 | t | 200<br>500<br>1 000 | 0.35 $m^2/t$<br>0.25 $m^2/t$<br>0.20 $m^2/t$ | 280 ~ 356<br>380 ~ 750<br>400 ~ 800 | 加工、成型、焊接 |
| 3 | 综合木工加工厂 | $m^3$ | 200<br>500<br>1 000 | 0.30 $m^2/m^3$<br>0.25 $m^2/m^3$<br>0.20 $m^2/m^3$ | 100<br>200<br>300 | 加工模板、门窗、地板、屋架等 |
| 4 | 临时性混凝土预制场 | $m^3$ | 1 000<br>2 000<br>3 000 | 0.25 $m^2/m^3$<br>0.20 $m^2/m^3$<br>0.15 $m^2/m^3$ | 1 000<br>2 000<br>3 000 | 生产预制板、小型砌块等 |

表 2-3-10  现场作业棚所需面积参考指标

| 序号 | 名称 | 所需面积 | | 说明 |
|---|---|---|---|---|
| | | 单位 | 数量 | |
| 1 | 木工作业棚 | m²/人 | 2 | 占地为建筑面积的 2~3 倍 |
| 2 | 电锯房 | m² | 80 | 86~92 cm 圆锯一台 |
| 3 | 电锯房 | m² | 40 | 小圆锯一台 |
| 4 | 钢筋作业棚 | m²/人 | 3 | 占地为建筑面积的 3~4 倍 |
| 5 | 搅拌棚 | m²/台 | 10~18 | |
| 6 | 烘炉房 | m² | 30~40 | |
| 7 | 电工房 | m² | 20~40 | |
| 8 | 焊工房 | m² | 15 | |
| 9 | 发电机房 | m²/kW | 0.2~0.3 | |
| 10 | 水泵房 | m²/台 | 3~8 | |

具体工棚或厂房数量应根据现场一次性使用及必须存储量来确定。

**(二)现场试验室**

为了方便取样,项目部在施工现场应设立现场试验室;为了方便初期混凝土养护,现场还应设置标养间;现场试验室要进行砂石含水量试验及混凝土施工配合比调整;混凝土拌和物称量误差检测;混凝土拌和物塌落度等检测。

**(三)工地仓库**

1.类型和结构

水利工地施工所用仓库有转运仓库(车站、码头或车辆只能到达的地方)、现场仓库、加工厂仓库(储存原材料和半成品、构件的仓库)。

仓库结构:露天仓库、库棚。

2.确定工地物资储备量

工地物资储备量一方面要确保工程施工顺利进行,另一方面要避免材料的大量积压,对于经常或连续使用的材料(如水泥、钢材、块石、砂石等),可按照储备期计算:

$$P = T_e \frac{Q_i R_i}{T} \qquad (2\text{-}3\text{-}12)$$

式中  $P$——材料储备量,t 或 m³;

$T_e$——储备天数,d,见表 2-3-11;

$Q_i$——材料、半成品的总需量;

$T$——有关项目的施工工作日;

$R_i$——材料使用不均衡系数,见表 2-3-11。

表 2-3-11　计算仓库面积的有关系数

| 序号 | 材料及半成品 | 单位 | 储备天数 $T_e(d)$ | 不均衡系数 $R_i$ | 每平方米储存定额 $q$ | 有效利用系数 $k$ | 仓库类别 | 说明 |
|---|---|---|---|---|---|---|---|---|
| 1 | 水泥 | t | 30~60 | 1.3~1.5 | 1.5~1.9 | 0.65 | 封闭式 | 堆高 10~12 袋 |
| 2 | 砂子(人工堆放) | m³ | 15~30 | 1.4 | 1.5 | 0.7 | 露天 | 堆高 1~1.5 m |
| 3 | 砂子(机械堆放) | m³ | 15~30 | 1.4 | 2.5~3 | 0.8 | 露天 | 堆高 2.5~3 m |
| 4 | 石子(人工堆放) | m³ | 15~30 | 1.5 | 1.5 | 0.7 | 露天 | 堆高 1~1.5 m |
| 5 | 石子(机械堆放) | m³ | 15~30 | 1.5 | 2.5~3 | 0.8 | 露天 | 堆高 2.5~3 m |
| 6 | 块石 | m³ | 15~30 | 1.5 | 10 | 0.7 | 露天 | 堆高 1 m |
| 7 | 钢筋(直筋) | t | 30~60 | 1.4 | 2.5 | 0.6 | 露天 | 80% 堆高 0.5 m |
| 8 | 钢筋(盘筋) | t | 30~60 | 1.4 | 0.9 | 0.6 | 封闭式 | 20% 堆高 1 m |
| 9 | 木模板 | m² | 10~15 | 1.4 | 4~6 | 0.7 | 露天 | |

3. 确定仓库面积

$$F = \frac{P}{qK}$$

式中　$F$——仓库总面积,$m^2$;

$P$——仓库材料储存量;

$q$——每平方米仓库面积能存放的材料、半成品和制品的数量;

$K$——仓库面积有效利用系数(考虑人行道和车行道所占用面积),见表 2-3-12。

表 2-3-12　按系数计算仓库面积

| 序号 | 名称 | 计算基础 | 单位 | 系数 $K$ |
|---|---|---|---|---|
| 1 | 仓库(综合) | 按全员(工地) | m²/人 | 0.7~0.8 |
| 2 | 水泥库 | 按当年水泥用量的 40%~50% | m²/t | 0.7 |
| 3 | 其他仓库 | 按当年的工作量 | m²/万元 | 2~3 |
| 4 | 土建工具库 | 按高峰年(季)平均人数 | m²/人 | 0.1~0.2 |

# 十、案例

　　××水库除险加固工程位于安徽省××县××镇境内,长江流域水阳江水系××河支流无量溪河上游,是一座以防洪、灌溉为主,兼有养殖的小(1)型水库,控制流域面积 2.82 $km^2$,总库容 179 万 $m^3$,主要由大坝、溢洪道、放水涵及灌渠等建筑物组成。

　　主要工程项目及工程内容介绍如下。

## (一)大坝工程

(1)坝体采用多头小直径深层搅拌防渗墙、坝基和坝肩进行帷幕灌浆的防渗。

（2）在原坝顶及进库道路基础上做 4 m 宽 C25 混凝土面层,路长计 606.40 m。

（3）迎水坡拆除原干砌块石护坡,用 10 cm 厚 C20 混凝土预制块护坡,下铺 10 cm 厚砂卵石垫层。

（4）清除背水坡植被并进行整修,在坝脚新建排水棱体,并种植马尼拉草皮护坡,在大坝背水坡两侧、坡脚及马道设置排水沟。

**（二）溢洪道工程**

设计溢洪道由 4 m 长堰前段、5 m 长控制段、44 m 长泄槽段、12 m 长消力池段和 10 m 长下游渠道段组成。

**（三）虹吸管工程**

在大坝左侧原放水涵附近设置长 85 m 由进水池、管身段、出水段等三部分组成的虹吸管。

**（四）其他**

封堵原坝下混凝土涵管,增设大坝观测设施。施工现场布置如图 2-3-13 所示。

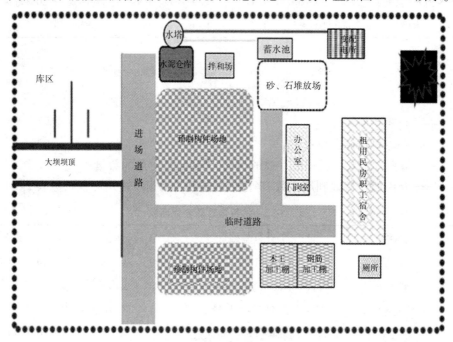

注:1. 生活、办公用房为租用附近民房。

2. 临时用水利用库区水,采用水泵抽水。

3. 木工工棚、职工宿舍等设施场所,辅以必要的消防灭火器,以确保安全。

图 2-3-13 安徽省××县××水库除险加固工程施工平面布置图

**问题:**（1）试写出该项目使用的主要机械设备。

（2）指出施工现场布置存在的问题。

（3）施工现场三通一平指的是什么?

[答]（1）多头小直径深层搅拌桩机施工防渗墙、潜孔钻机及灌浆泵施工帷幕灌浆、混凝土拌和机、挖掘机、压路机施工道路、钢筋加工机械、木工机械、混凝土运输机械、土方运

输机械等。

（2）①现场临时用电线路不完整，去工棚及施工现场没有线路；至用水点用水线路没有；临时道路没有到达拌和场，混凝土运输没有说明，施工现场的临时交通没有说明。

②办公区和生活区、生产区没有分开，所有的临时设施没有标明数量、尺寸。

③砂石堆场应远离办公和生活区，木工房及钢筋房应在施工现场附近。

（3）路通、水通、电通、场地平整。

# 第四节　工程度汛及相关管理要求

## 一、度汛基本情况

### （一）基本情况

工程规模、建设内容、投资及度汛要求等基本情况在方案中予以描述。

### （二）形象进度

工程建设安全度汛所达到的形象进度，完成的主要工程量及投资；汛前目标（安徽省汛期一般是 4 月 30 日至 9 月 1 日）的完成情况。

### （三）防汛安全影响

要明确和了解工程本身及施工区域存在的度汛安全隐患，形成隐患的原因；工程上、下游的基本情况，工程失事后可能造成的影响等情况。

一般工程度汛包括工程本身安全及上下游河道安全。

## 二、度汛组织体系

### （一）指挥机构

1. 指挥机构成员单位及其职责

明确防汛指挥机构的设置地点，由哪些职能部门组成，各职能部门在防汛指挥机构中的职责是什么。防汛指挥机构成员单位主要指区、县（市、自治县）防洪办、水行政主管部门及其他相关部门、工程防洪涉及的乡镇人民政府、街道等。

2. 指挥机构人员组成及其职责

明确指挥机构的正、副指挥长及其他成员，以及其在原单位担任的职务（或职称）、联络方式，指挥机构成员的职责。指挥机构第一责任人为防汛指挥长。

### （二）抢险机构

（1）明确抢险机构的组建方式，现场办公地点，机构内各单位的职责是什么。防汛抢险机构主要由各级地方政府、水行政主管部门、公安、消防、卫生、民政、救灾、乡镇等相关部门和工程参建各方组成。

（2）抢险机构人员组成及其职责。

明确抢险机构的第一责任人和现场责任人、技术责任人及其他组成人员，以及其所在单位担任的职务（或职称）、联络方式，抢险机构成员的职责。抢险机构第一责任人为项目法定代表人，现场责任人为业主总经理，技术责任人为业主技术负责人，其他组成人员包括施工单位项目经理、总监理工程师、设计代表、检测单位现场负责人等。

（3）值班制度。

明确防汛值班室及值班专用电话，必须执行24小时值班制，明确值班人员的职责，及时掌握和传递雨情、汛情、灾情等。

（4）抢险队伍。

抢险队伍由工程抢险队伍和地方预备抢险队伍组成。工程抢险队伍原则上由项目法人、施工单位、设计单位、监理单位及检测单位的现场人员组成，以施工班组为主；地方预备抢险队伍原则上由部队、民兵、群众组织、社会团体等组成。组成人数原则上由防汛指挥机构和抢险机构确定。

### 三、度汛应急措施

**（一）技术措施**

度汛应急技术措施主要包括度汛洪水标准、挡泄超标洪水方式及工程技术措施、洪水预警预报系统、洪水监测、洪水调度、洪灾分析等。技术措施主要由施工单位提出、报设计单位认定、监理单位审批、业主组织实施。

**（二）物资储备**

抢险物资储备应符合《防汛物资储备定额编制规程》（SL 298—2004）和《防汛储备物资验收标准》（SL 297—2004）的有关规定，储备足够的防汛抢险物资。防汛指挥机构要明确救灾专用设备、器械、物资、药品等的调用程序。

**（三）紧急救援**

制定切实可行的紧急救援预案，一旦发生洪灾，能迅速启动救援系统，确保施工区内外工作人员及下游人民群众的生命财产安全。紧急救援工作必须服从防汛指挥机构的统一指挥。防汛指挥机构要明确抢险队伍的调度程序；明确群众疏散撤离的范围、路线、紧急避难场所、撤离方式和程序，明确救灾物资的来源、数量、发放方式，明确撤离群众的生活、卫生、消防等安抚工作。

**（四）资金保障**

根据洪灾预测情况，地方财政、民政、项目业主、施工企业应准备足够的防洪救灾资金，提供必须的救灾资金保障。

# 第五节　降排水工程

### 一、降排水施工方法及使用条件

**（一）明排水**

明排水适用于以下条件：

（1）不易产生流砂、流土、潜蚀、管涌、淘空、塌陷等现象的黏性土、砂土、碎石土地层。

（2）基坑或涵洞地下水位超出基础底板或洞底标高不大于2.0 m。

**（二）井点降水**

井点降水适用于以下条件：

（1）黏土、粉质黏土、粉土地层。

（2）基坑（槽）边坡不稳定，易产生流土、流砂、管涌等现象的场地。

（3）地下水位埋藏深度小于6.0 m时，宜用单级真空井点；地下水埋藏深度大于6.0 m时，场地条件有限宜用喷射点井、接力点井；场地条件允许宜用多级点井。

（4）基坑场地有限或在涵洞、水下降水的工程，根据需要可采用水平、倾斜井点降水方法。

**（三）管井降水**

管井降水适用于以下条件：

（1）第四系含水层厚度大于5.0 m。

（2）基岩裂隙含水层和岩溶含水层，厚度可小于5.0 m。

（3）含水层渗透系数宜为1.0～150 m/d。

**（四）大口井降水**

大口井降水适用于以下条件：

（1）第四系地下水层渗透性强、补给丰富的碎石土。

（2）地下水位埋深在15.0 m以内，且厚度大于3.0 m的含水层。当大口井施工条件允许时，地下水水位埋藏深度可大于15.0 m。

（3）布设管井受场地限制，机械化施工有困难。

**（五）引渗井降水**

引渗井降水适用于以下条件：

（1）当含水层的下层水位低于上层水位，上层含水层的重力水可通过钻孔导入渗流到下部含水层后，其混合水位满足降水要求时，可采用引渗自降。

（2）当通过井（孔）抽水，使上层含水层的水通过井（孔）引导渗入到下层含水层，使其水位满足降水要求时，可采用引渗抽降。

（3）当采用引渗井降水时，应预防产生有害水质污染下部含水层。

**（六）辐射井降水**

辐射井降水适用于以下条件：

（1）降水范围较大或地面施工困难。

（2）黏性土、砂土、砾砂地层。

（3）降水深度4～20 m。

**（七）潜埋井降水**

潜埋井降水适用条件与明排水相同。

二、施工排水

基坑排水按时间及性质一般分为：基坑开挖前的初期排水，包括基坑积水、围堰渗水和降水的排除；基坑开挖及建筑物施工过程中的经常性排水，包括围堰和基坑渗水、降水、基岩冲洗及混凝土养护用废水的排除等。

施工排水一般以明排为主。

## 三、人工降低地下水位

### （一）管井法降低地下水位

在基坑周围布置一系列管井,管井中放入水泵的吸水管,地下水在重力作用下流入井中,被水泵抽走。

深井水泵一般适用深度大于 20 m。

### （二）井点降低地下水位

它把井管和水泵的吸水管合二为一,简化了井的构造,便于施工。

轻型井点是由井管、积水总管、普通离心式水泵、真空泵和积水箱等设备组成的一个排水系统。

# 第四章　水利工程主体工程施工

## 第一节　土石方(含水下部分)施工

### 一、土方开挖技术

土的种类繁多,其分类方法也很多。广义的土包含岩石和一般意义的土。按土的基本物质组成分类有岩石、碎石土、砂土、黏性土和人工填土。其中,岩石按照坚固程度可分为硬质岩石、软质岩石,按照风化程度可分为微风化岩石、中风化岩石、强风化岩石、全风化岩石、残积土。碎石土又有漂石、块石、卵石、碎石、圆砾、角砾之分。砂土可分为砾砂、粗砂、中砂、细砂和粉砂,按照其密实程度又有密实砂土、中密砂土、稍密砂土和松散砂土。黏性土也可分为黏土和粉质黏土两类,并根据其状态分为坚硬黏性土、硬塑黏性土、可塑黏性土、软塑黏性土和流塑黏性土。

#### (一)土的工程分类

水利水电工程施工中常用土的工程分类,依开挖方法、开挖难易程度等分为4类。

开挖方法上,用铁锹或略加脚踩开挖的土为Ⅰ类,用铁锹且需用脚踩开挖的土为Ⅱ类,用镐、三齿耙开挖或用锹需用力加脚踩开挖的土为Ⅲ类,用镐、三齿耙等开挖的土为Ⅳ类,如表2-4-1所示。

表2-4-1　土的工程分类

| 土的等级 | 土的名称 | 自然湿密度(kg/m³) | 外观及其组成特性 | 开挖工具 |
|---|---|---|---|---|
| Ⅰ | 砂土、种植土 | 1 650~1 750 | 疏松、黏着力差或易进水,略有黏性 | 用铁锹或略加脚踩开挖 |
| Ⅱ | 壤土、淤泥、含根种植土 | 1 750~1 850 | 开挖时能成块,并易打碎 | 用铁锹且需用脚踩开挖 |
| Ⅲ | 黏土、干燥黄土、干淤泥、含少量碎石的黏土 | 1 800~1 950 | 黏土、看不见砂粒,或干硬 | 用镐、三齿耙开挖或用锹需用力加脚踩开挖 |
| Ⅳ | 坚硬黏土、砾质黏土、含卵石黏土 | 1 900~2 100 | 结构坚硬,分裂后成块状,或含黏粒,砾石较多 | 用镐、三齿耙等开挖 |

#### (二)开挖方式

开挖方式包括自上而下开挖、上下结合开挖、先河槽后岸坡开挖和分期分段开挖等。

#### (三)开挖方法

土方开挖的方法主要有机械开挖、人工开挖等。

1.机械开挖

机械开挖施工常用的机械有挖掘机、推土机、铲运机和装载机等。

1)挖掘机

(1)单斗挖掘机。单斗挖掘机由工作装置、行驶装置和动力装置组成。其按工作装置不同有正铲、反铲、索铲和抓铲等,按行驶装置不同有履带式、轮胎式两种,按动力装置不同有内燃机拖动、电力拖动和复合拖动等。按操纵方式不同,单斗挖掘机可分为机械式(钢索)和液压操纵两种。

①正铲挖掘机。正铲挖掘机是土方开挖中常用的一种机械。它具有稳定性好、挖掘力大、生产效率高等优点,适用于Ⅰ~Ⅳ类土及爆破石渣的挖掘。

正铲挖掘机的挖土特点是:向前向上,强制切土,主要挖掘停机面以上的掌子。按其与运输工具相对停留位置的不同,有侧向开挖和正向开挖两种方式(见图2-4-1),采用侧向开挖时,挖掘机回转角度小,生产效率高。

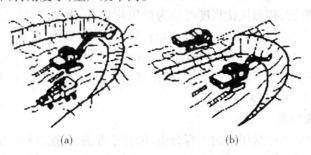

(a)                    (b)

**图2-4-1  正铲挖掘机作业方式**

②反铲挖掘机。反铲挖掘机是正铲挖掘机的一种换用装置,一般斗容量较正铲挖掘机小,工作循环时间比正铲挖掘机长8%~30%。其稳定性及挖掘力均比正铲挖掘机小,适用于Ⅰ~Ⅲ类土。反铲挖掘机挖土特点是:向后向下,强制切土。主要挖掘停机面以下的掌子,多用于开挖深度不大的基槽和水下石渣。其开挖方式分沟端开挖和沟侧开挖两种,见图2-4-2。

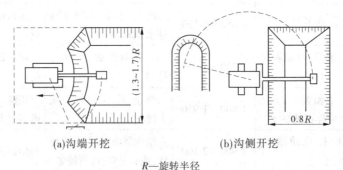

(a)沟端开挖                    (b)沟侧开挖

R—旋转半径

**图2-4-2  反铲挖掘机作业方式**

③索铲挖掘机。索铲挖掘机适用于开挖停机面以下的掌子,其斗容量较大,多用于开挖深度较大的基槽、沟渠和水下土石。

④抓铲挖掘机。抓铲挖掘机可以挖掘停机面以上及以下的掌子。水利水电工程中常

用于开挖土质比较松软（Ⅰ～Ⅱ类土）施工面狭窄而深的集水井、深井及挖掘深水中的物料，其挖掘深度可达30 m以上。

（2）多斗挖掘机。多斗挖掘机是一种连续工作的挖掘机械，从构造上可以分为链斗式和四轮式两种。

2）推土机

推土机是一种在拖拉机上安装有推土工作装置（推土铲）的常用的土方工程机械。它可以独立完成推土、运土及卸土三种作业。在水利水电工程中，主要用于平整场地、开挖基坑、推平填方及压实、堆积土石料及回填沟槽等作业，宜用于100 m以内运距、Ⅰ～Ⅲ类土的挖运，但挖深不宜大于1.5～2.0 m，填高不宜大于2～3 m。

（1）推土机按行走装置不同有履带式和轮胎式两类，履带式在工程中应用更为广泛。按传动方式不同有机械式、液力机械式和液压式三种，新型的大功率推土机多采用后两种方式。

（2）推土机按推土铲安装方式不同可分为固定式、回转式两种。固定式推土铲仅能升降，而回转式推土铲不仅能升降，还可以在三个方向调整一定的角度。固定式推土机结构简单，使用广泛。

推土机开行方式基本上是穿梭式。为了提高推土机的生产效率，应力求减少推土器两侧的散失土料，一般可采用槽形开挖、分段铲土、集中推运、多机并列推土及下坡推土等方法。

3）铲运机

铲运机是一种能综合完成铲土、装土、运土、卸土并能控制填土厚度等工序的土方工程机械。其斗容量从几立方米到几十立方米，适用于Ⅰ～Ⅲ级土，经济运距为100～500 m的铲运作业。水利工程中多用于平整场地、开采土料、修筑渠道和路基等。当对坚土进行铲运遇到困难时，应先用松土器对土壤耙松后再铲运，土中含有大块石或树根，以及沼泽地区均不宜使用铲运机。

铲运机按操纵方式分为液压式铲运机和机械式铲运机，按牵引方式可分为拖式铲运机和自行式铲运机，按卸土方式可分为强制式铲运机、半强制式铲运机和自由式铲运机。

4）装载机

装载机是装载松散物料的工程机械。它不仅可以对堆积的松散物料进行装、运、卸作业和短距离的运土，也可对岩石、硬土进行轻度挖掘和推土作业，还可以进行清理、刮平场地及起重、牵引等作业。配备相应的工作装置后又可完成松土，进行圆木、管状物料的挟持和装卸工作。装载机工作效率高，用途广泛。

装载机按行走装置分为轮式装载机和履带式装载机。我国轮式装载机发展很快，应用广泛。按卸载方式可分为前卸式装载机、后卸式装载机、侧卸式装载机和回转式装载机，前卸式装载机结构简单，应用最广。按额定载重量可分为小型装载机（<1 t）、轻型装载机（1～3 t）、中型装载机（4～8 t）、重型装载机（>10 t）。

2. 人工开挖

在不具备采用机械开挖的条件下或在机械设备不足的情况下，一般采用人工开挖。

处于河床或地下水位以下的建筑物基础开挖，应特别注意做好排水工作。在安排施工程序时,应先挖出排水沟,然后再分层下挖。临近设计高程时,应留出0.2~0.3 m的保护层暂不开挖,待上部结构施工时,再予以挖除。

对于呈线状布置的工程(如溢洪道、渠道)宜采用分段施工的平行流水作业组织方式进行开挖。分段的长度可按一个工作小组在一个工作班内能完成的挖方量来考虑。

当开挖坚实黏性土和冻土时,采用爆破松土与人工、推土机、装载机等开挖方式配合,可显著提高开挖效率。

**(四)土方开挖的一般技术要求**

(1)合理布置开挖工作面和出土路线。确定开挖分层、分段,以便充分发挥人力、设备的生产能力,使开挖效率达到最优。

(2)合理选择和布置出土地点和弃土地点。做好挖填方平衡,使得开挖出来的土方尽量用来作为填方土料。

(3)开挖边坡,要防止塌滑,保证开挖安全。

(4)地下水位以下土方的开挖,应根据施工方法的要求,切实做好排水工作。

**(五)渠道开挖**

渠道开挖的施工方法有人工开挖、机械开挖等。选择开挖方法取决于技术条件、土壤种类、渠道纵横断面尺寸、地下水位等因素。渠道开挖的土方多堆在渠道两侧用做渠堤。

**1. 人工开挖**

在干地上开挖渠道应自中心向外分层下挖,边坡处可按边坡比挖成台阶状,待挖至设计深度时,再进行削坡。必须弃土时,做到近挖远倒、远挖近倒、先平后高。受地下水影响的渠道应设排水沟,开挖方式有一次到底法和分层下挖法,如图2-4-3所示。

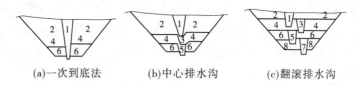

(a)一次到底法　　(b)中心排水沟　　(c)翻滚排水沟

2、4、6、8—开挖顺序;1、3、5、7—排水沟次序

**图2-4-3　人工开挖排水法**

**2. 机械开挖**

机械开挖主要有推土机开挖和铲运机开挖。

1)推土机开挖

采用推土机开挖渠道,其开挖深度不宜超过1.5~2.0 m,填筑堤顶高度不宜超过2~3 m,其坡度不宜陡于1:2。施工中,推土机还可平整渠底,清除植土层,修整边坡,压实渠堤等。

2)铲运机开挖

半挖半填渠道或全挖方渠道就近弃土时,采用铲运机开挖最为有利。需要在纵向调配土方渠道,如运距不远也可用铲运机开挖。铲运机开挖渠道的开行方式有环形开行和"8"字形开行,如图2-4-4所示。当渠道开挖宽度大于铲土长度,而填土或弃土宽度又大于卸土长度时,可采用横向环形开行;反之,则采用纵向环形开行。铲土和填土位置可逐渐错动,以完成所需断面。当工作前线较长、填挖高差较大时,则应采用"8"字形开行。

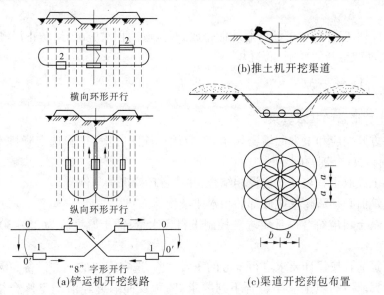

横向环形开行

纵向环形开行

"8"字形开行

(a)铲运机开挖线路

(b)推土机开挖渠道

(c)渠道开挖药包布置

1—铲土;2—填土;0—0—填方轴线;0′—0′—挖方轴线

**图 2-4-4 机械开挖渠道**

当遇到岩石渠段时,施工作业可采用钻孔爆破配合挖掘机、装载机及自卸汽车进行。

## 二、水下土方开挖

水下土方开挖可以采用液压抓斗式挖泥船、冲塘机或斗轮式挖泥船、绞吸式挖泥船进行作业。绞吸式挖泥船当流速小于 0.5 m/s 时,宜采用顺流开挖;当流速不小于 0.5 m/s 时,宜采用逆流开挖。抓斗式挖泥船宜采用顺流开挖。

挖泥船遇到下列情况时,应按规定分层或分条开挖。泥层厚度超过挖泥船一次最大挖泥厚度时,应分层开挖,上层宜厚,下层宜薄。水面以上的土体高度不宜大于 4 m,否则应采取措施,降低其高度,以求安全。当挖槽断面土方量较大,又确有需要提前发挥工程效益时,可分层或分条开挖,即先挖子槽使河道先通后畅,以保证设计挖深,减少停工时间和防止船舶搁浅。当设计挖槽宽度大于挖泥船的最大挖宽时,应分条开挖。绞吸式挖泥船分条开挖时,为保持一个相对稳定的排泥距离,宜从距排泥区远的一侧开始,依次由远到近分条开挖,条与条之间应重叠一个宽度,以免形成欠挖土埂。

绞吸式挖泥船一次切削厚度:对于比较坚硬的黏性土,应按绞刀切削能力通过试验确定;对于砂性土,宜取绞刀头直径的 1.2 ~ 1.5 倍;当土质比较松软时,可取绞刀直径的 2 倍。绞吸式挖泥船在停产和施工期非换桩操作瞬间,严禁将两根定位极同时插入河床水下土方开挖时,应在附近设置水尺,每天及时测读,并定期核定水尺精度。根据水位、土质、船舶的吃水深度及航道淤积等情况,及时调整泥斗下放深度。

水下土方开挖时,应及时组织测量人员对河底标高进行测量,根据测量结果对不足的地方需要补挖。

卸泥及吹填在经监理工程师及建设单位批准的卸泥区进行,每个卸泥区的吹填应按由近及远的顺序进行,即由河岸侧逐步向堆泥区外边缘吹填,使吹填后的水流向卸泥区外侧排放。

吹填的积水应待泥沙沉淀好后才能排放,对排放的积水应疏导,防止浸漫农田和对航道、河沟、池塘产生新的冲刷和淤积。

### 三、土方填筑工程

**(一)土方填筑的基本要求**

(1)土方开挖应和土方回填密切结合,应优化施工方案,正确选定降排水措施,并进行挖填平衡计算,合理调配。

(2)弃土或取土宜与其他建设相结合,并注意环境保护与恢复。

(3)填筑前必须清除基坑底部的积水或杂物等。

(4)填筑土料应符合设计要求。控制土料含水量;铺土厚度宜为 25~30 cm,并密实至规定值。

(5)填筑前宜按设计要求进行土方的压实试验,选定有关的土方设备和碾压参数。

(6)岸翼墙后的填土应当符合下列要求:墙背及伸缩缝经清理整修合格后,方可回填,填土应当均衡上升;靠近岸边、翼墙、岸坡的回填土宜用人工或小型机具夯压密实,铺土厚度宜适当减薄;分段处应留有坡度,错缝搭接,并注意密实。

(7)墙后填土和筑堤应考虑预加沉降量。

**(二)填筑土方的作业方法**

1. 推土机推填土

土方的填筑必须由下而上分层铺筑,一般每层虚铺厚度不宜大于 30 cm,大坡度推填土,不得居高临下、不分层次、一次堆填。运距在 100 m 以内的平土或移挖作填宜采用推土机,尤其是当运距在 30~60 m 时,推土机最为有效。

2. 铲运机铺填土

铲运机是一种能综合完成挖土、运土、卸土的土方机械,对行驶道路要求低。其斗容量为 3~12 m³,对不同的土,其铲土厚度为 3~15 cm,卸土厚度为 20 cm 左右。

铲运机铺土,铺填土区段长度不宜小于 20 m,宽度不宜小于 8 m,每次铺土厚度不大于 30~50 cm(视所有压实机械而定),每层铺土后,利用空车返回时将地面刮平。

铲运机的开车路线由于挖填区的分布不同,如何选择合理的开行路线,对于提高铲运机的生产率影响很大。铲运机的开行路线有以下几种:

(1)环形路线。每一循环只完成一次铲土与卸土。当挖填交替而挖填之间的距离又较短时,则可采用大环形路线。其优点是一个循环能完成多次铲土和卸土,从而减少铲运机的转弯次数,提高工作效率。

(2)8 字形路线。这种开行路线的铲土与卸土轮流在两个工作面上进行,机械上坡时斜向开行,受地形坡度限制小。每一个循环能完成两次,与环形路线相比,可缩短运行时间,提高了生产效率。

为了提高铲运机的生产率,除了规划合理的开行路线外,还可根据不同的施工条件采用下列方法:

（1）下坡铲土。这样,可以利用铲运机的重力来增大牵引力,提高生产率。

（2）跨铲法。就是预留土埂,间隔铲土方法。这样可使铲运机在挖两边土槽时减少向外撒土量,挖土埂时增加了两个自由面,阻力减小,铲土容易。土埂高度应不大于300 mm,宽度以不大于拖拉机两履带间净距为宜。

（3）助铲法。在地势平坦、土质较坚硬时,可采用推土机助铲,以缩短铲土时间。

3. 挖土机挖土、自卸车运填土

当场地为丘陵地带,挖土高度一般在3 m以上,运输距离超过1 km,且工程量大而集中时,可采用挖土机挖土,配合自卸汽车运土,并在卸土区配备推土机平整土堆,使其每层的铺土厚度不大于30～50 cm(视所用压实机械的要求而定),由于汽车不能在虚土上行驶,因而推平工作需要分区域和卸土、压实交叉进行。

**（三）土方的压实**

在有压实度要求的土方工程中,压实之后,要对回填土的质量进行检验,目前一般采用的方法是取样测定干密度,求出密实度。为使回填土在压实后达到最大密实度,应使回填土的含水率控制在一定的范围内,并尽量使其接近于最佳含水量。太干的土要适当加以湿润,太湿的土不得用于回填。

**（四）压实机械**

1. 常用压实机械种类

1）光碾压路机

光碾压路机是常用的压实机械之一,光碾压路机以平滑的圆筒滚子作为车轮,因装置形式不同有单滚式压路机、双滚轮式压路机及三滚轮式压路机,以及加振动之后的振动压路机。

2）羊足碾

羊足碾一般用于压实中等深度的粉质黏土、粉砂土、黄土等。对流散干砂、干硬土块和石块等效果不佳,不宜使用。

3）蛙式打夯机

蛙式打夯机是土建最常用的小型夯实机械,有冲击和振动之分,多用于夯打灰土及素填土。由于打夯机轻便灵活,可适用于各种零星分散、边角局部地区的夯实工作。

2. 压实机械操作要点

1）光碾压实

一般填土厚度不宜超过25～30 cm,碾压方向应当从填土区域的两侧逐渐压向中心,每次碾压应有15～20 cm的重叠,应低速前进。

2）羊足碾压

一般填土厚度不宜大于50 cm,碾压方向应从填土区域的两侧逐渐压向中心,每次碾压应有15～20 cm的重叠,应低速前进。

3）蛙式打夯机夯实

一般填土厚度不宜大于30 cm,打夯之前对填土应初步平整,打夯机依次夯打,不留间隙。

### (五)堤防的填筑

**1. 土料选择**

(1)开工前,应根据设计要求的土质、天然含水量、运距、开采条件等因素选择取料区。

淤泥土、杂质土、冻土块、膨胀土、分散性黏土等特殊土料一般不宜用于筑堤身。

(2)土料的开采应根据料场具体情况、施工条件等因素选定并应符合下列要求:

①料场建设。料场周围布置截水沟,并做好料场排水设施,遇雨时,坑口坡道宜用防水编织布覆盖保护。

②土料开采方式。土料的天然含水量接近施工控制下限值时,宜采用立面开挖;若含水量偏大,宜采用平面开挖。

当层状土料有须剔除的不合格料层时,宜用平面开挖;当层状土料允许掺混时,宜用立面开挖。冬季施工采料宜用立面开挖。取土坑壁应稳定,立面开挖时,严禁掏底施工。

**2. 堤基施工**

1)堤基清理要求

堤基基面清理范围包括堤身、铺盖、压载的基面,其边界应在设计基面边线外。

堤基表层不合格土、杂物等必须清除,堤基范围内的坑、槽、沟等应按堤身填筑要求进行回填处理。

堤基开挖时,清除的弃土、杂物、废渣等均应运到指定的场地堆放。

基面清理平整后应及时报验,基面验收后应抓紧施工。若不能立即施工,应作好基面保护。复工前应再检验,必要时须重新清理。

2)填筑作业的要求

(1)当地面起伏不平时,应按水平分层由低处开始逐层填筑,不得顺坡铺填,堤防横断面上的地面坡度陡于1:5时,应将地面坡度削至缓于1:5。

(2)分段作业面的最小长度不应小于100 m,人工施工时段长可适当减短。

(3)作业面应分层统一铺土、统一碾压,并配备人员或平土机具参与整平作业,严禁出现界沟。

(4)在软土堤基上筑堤时,如堤身两侧设有压载平台,两者应按设计断面同步分层填筑,严禁先筑堤身后压载。

(5)相邻施工段的作业面宜均衡上升,若段与段之间不可避免地出现高差,应以斜坡面相接。

(6)已铺土料表面在压实前被晒干时,应洒水湿润。

(7)用光面碾碾压实黏性土填筑层时,在新层铺料前,应对压光层面作刨毛处理。填筑层检验合格后因故未继续施工,因搁置较久或经过雨淋干湿交替使表面产生疏松层时,复工前应进行复压处理。

(8)若发现局部"弹簧土"、层间光面、层间中空、松土层或剪切破坏等质量问题,应及时进行处理,并经检验合格后,方准铺填新土。

(9)施工过程中应保证观测设备的埋设安装和测量工作的正常进行,并保护观测设备和测量标志完好。

（10）在软土地基上筑堤，或用较高含水量土料填筑堤身时，应严格控制施工速度，必要时应在地基、坡面设置沉降和位移观测点，根据观测资料分析结果，指导安全施工。

（11）对占压堤身断面的上堤临时坡道作补缺口处理，应将已板结老土刨松，与新铺土料统一按填筑要求分层压实。

（12）堤身全断面填筑完毕后，应作整坡压实及削坡处理，并对堤防两侧护堤地面的坑洼进行铺填平整。

3）铺料作业的要求

（1）应按设计要求将土料铺至规定部位，严禁将砂（砾）料或其他透水料与黏性土料混杂，上堤土料中的杂质应予以清除。

（2）土料或砾质土可采用进占法或后退法卸料，砂砾料宜用后退法卸料，砂砾料或砾质土卸料时如发生颗粒分离现象，应将其拌和均匀。

（3）铺料厚度和土块直径的限制尺寸宜通过碾压试验确定，在缺乏试验资料时，可参照表2-4-2的规定取值。

（4）铺料至堤边时，应在设计边线外侧各超填一定余量，人工铺料宜为10 cm，机械铺料宜为30 cm。

表2-4-2　铺料厚度和土块直径限制尺寸

| 压实功能类型 | 压实机具种类 | 铺料厚度（cm） | 土块限制直径（cm） |
|---|---|---|---|
| 轻型 | 人工夯、机械夯 | 15～20 | ≤5 |
| | 5～10 t | 20～25 | ≤10 |
| 中型 | 12～15 t平碾、斗容2.5 m³铲运机、5～8 t振动碾 | 25～30 | ≤10 |
| 重型 | 斗容大于7 m³铲运机、10～16 t振动碾、加载气胎碾 | 30～50 | ≤15 |

4）压实作业的要求

（1）施工前应先做碾压试验，验证碾压质量能否达到设计干密度值。

（2）分段填筑，各段应设立标志，以防漏压、欠压和过压，上下层的分段接缝位置应错开。

（3）碾压施工应符合下列规定：

①碾压机械行走方向应平行于堤轴线。

②分段、分片碾压，相邻作业面的搭接碾压宽度，平行堤轴线方向不应小于0.5 m，垂直堤轴线方向不应小于3 m。

③拖拉机带碾碌或振动碾压实作业宜采用进退错距法，碾迹搭压宽度应大于10 cm，铲运机兼作压实机械时，宜采用轮迹排压法，轮迹应搭压轮宽的1/3。

④机械碾压时应控制行车速度，以不超过下列规定为宜：平碾为2 km/h，振动碾为2 km/h，铲运机为2挡。

⑤机械碾压不到的部位，应辅以夯具夯实，夯实时应采用连环套打法，夯迹双向套压，行压行1/3，分段、分片夯实时，夯迹搭压宽度应不小于1/3夯径。

⑥砂砾料压实时，洒水量宜为填筑方量的20%～40%；中细砂压实的洒水量，宜按最

优含水量控制;压实施工宜用履带式拖拉机带平碾、振动碾或气胎碾。

5)土方填筑质量的控制

施工质量检查和控制是土坝(堤)质量和安全的重要保证,它贯穿于整个施工的各个环节和施工全过程。其施工质量的控制主要包括料场的质量检查和控制、坝(堤)面的质量检查和控制。

(1)料场的质量检查和控制。

①对土料场应检查所取土料的土质情况、土块大小、杂质含量和含水量等。其中,含水量的检查和控制尤为重要。

②若土料的含水量偏高,一方面应改善料场的排水条件和采取防雨措施,另一方面需将含水量偏高的土料进行翻晒处理,或采用轮换掌子面的办法,使土料含水量降低到规定范围再开挖。

③当含水量偏低时,对于黏性土料应考虑在料场加水。料场加水的有效方法是采用分块筑畦埂,灌水浸渍,轮换取土。地形高差也可采用喷灌机喷洒。无论采用哪种加水方式,均应进行现场试验。对非黏性土料可用洒水车在坝堤面喷洒加水,避免运输时从料场至坝(堤)上的水量损失。

④当土料含水量不均匀时,应考虑堆筑"土牛"(即大土堆),使含水量均匀后再外运。

(2)坝堤面的质量检查和控制。

①在坝(堤)面作业中,应对铺土厚度、土块大小、含水量、压实后的干密度等进行检查,并提出质量控制措施。对于黏性土,含水量的检查是关键,可用含水量测定仪测定。干密度的测定,黏性土一般可用体积为 $200 \sim 500 \text{ cm}^3$ 环刀测定;砂可用体积为 $500 \text{ cm}^3$ 的环刀测定;砾质土、砂砾料、反滤料用灌水法、灌砂法测定。

②根据地形、地质、坝料特征等因素,在施工特征部位和防渗体中,选定一些固定取样断面,沿坝(堤)5~10 m取代表性试样(总数不少于30个)进行室内物理力学性能试验,作为核对设计及工程管理的依据。此外,还须对坝(堤)面、坝(堤)基、削坡、坝肩结合部、与刚性建筑物连接处以及各种土料的过渡带进行检查。对土层层间结合处是否出现光面和剪力破坏应引起足够重视,认真检查,对施工中发现的问题,如上坝(堤)土料的土质、含水量不符合要求,漏压或碾压遍数不够,超压或碾压遍数过多,铺土厚度不均匀及坑洼部位等,应进行重点检查,不合格的应立即返工。

③对于反滤层、过渡层、坝壳等非黏性土的填筑,主要应控制压实参数。对反滤层铺筑的厚度、是否混有杂物、填料的质量及颗粒级配等应全面检查。通过颗粒分析,查明反滤层的层间系数和每层的颗粒不均匀系数是否符合设计要求。若不符合,应重新筛选、重新铺填。

④土坝的堆石棱体与堆石体的质量大体相同。主要检查上坝石料的质量、风化程度、石块的重量、尺寸、形状、堆筑过程有无架空现象,对于堆石的级配、孔隙率的大小,检查其是否符合设计的要求。对施工过程中坝体的沉降进行定期观测。

**(六)土料吹填筑堤**

1.吹填土的基本特性

土质是决定吹填工程质量与生产效率的关键因素之一,因此应对土区地质资料仔细研究分析,了解土壤类别、结构及物理力学指标,并通过试生产了解其吹填特征、固结特性与渗透特性等,以此作为设备选型、制定施工方案和编制施工进度的依据。

吹填土有几项施工特征(其中包括土的松散系数、土的固结沉降率、土的流失量等),都是关系工程施工质量与工程效益的重要参数。

吹填工程可用于造地工程、施工建筑物边侧吹填及堤防工程吹填。

土料吹填筑堤的方法有多种,最常用的有挖泥船和水力冲挖机组两种施工方法。挖泥船又有绞吸式、斗轮式两种形式。水下挖土采用绞吸式、斗轮式挖泥船;水上挖土采用水力冲挖机组,并均采用管道以压力输泥吹填筑堤。不同土质对吹填筑堤的适用性差异较大,应按以下原则区别选用:

(1)无黏性土、少黏性土适用于吹填筑堤,且对老堤背水侧培厚更为适宜。

(2)流塑—软塑态的中塑性有机黏土不应用于筑堤。

(3)软塑—可塑态黏粒含量高的壤土和黏土,不宜用于筑堤,但可用于充填堤身两侧池塘、洼地,加固堤基。

(4)可塑—硬塑态的重粉质壤土和粉质黏土,适用于绞吸式、斗轮式挖泥船以黏土团块方式吹填筑堤。

2.吹填区筑围堰的要求

(1)每次筑堰高度不宜超过 1.2 m(黏土团块吹填时筑堰高度可为 2 m)。

(2)应注意清基,并确保围堰填筑质量。

(3)根据不同土质,围堰断面可采用下列尺寸:黏性土,顶宽 1～2 m,内坡 1∶1.5,外坡 1∶2.0;砂性土,顶宽 2 m,内坡 1∶1.5～1∶2,外坡 1∶2～1∶2.5。

(4)筑堰土料可就近取土或在吹填面上取用,但取土坑边缘距堰脚不应小于 3 m。

(5)在浅水域或有潮汐的江河滩地,可采用水力冲挖机组等设备,向透水的编织布长管袋中充填土(砂)料垒筑围堰,并需及时对围堰表面作防护。

3.排泥管线路布置的要求

(1)排泥管线路应平顺,避免死弯。

(2)水、陆排泥管的连接,应采用柔性接头。

4.吹填措施选择的原则

(1)吹填用于堤身两侧池塘洼地的充填时,排泥管出泥口可相对固定。

(2)吹填用于堤身两侧填筑加固平台时,出泥口应适时向前延伸或增加出泥支管,不宜相对固定;每次吹填层厚不宜超过 1.0 m,并应分段间歇施工,分层吹填。

(3)吹填用于筑新堤时,应符合下列要求:

①先在两堤脚处各做一道纵向围堰,然后根据分仓长度要求做多道横向分隔封闭围堰,构成分仓吹填区分层吹填。

②排泥管道居中布放,采用端进法吹填直至吹填仓末端。

③每次吹填层厚一般宜为 0.3～0.5 m(黏土团块吹填允许达到 1.8 m)。

④每仓吹填完成后应间歇一定时间,待吹填土初步排水固结后才允许继续施工,必要时需辅设内部排水设施。

⑤当吹填接近堤顶、吹填面变窄不便施工时,可改用碾压法填筑至堤顶。

5. 吹填施工管理的注意事项

（1）加强管道、围堰巡查以掌握管道工作状态和吹填进度。

（2）统筹安排水上、陆上施工，适时调度吹填区分仓轮流作业，提高机船施工效率；

（3）检查吹填筑堤时的开挖土质、泥浆浓度及吹填有效土方利用率等常规项目；

（4）检测吹填土性能、泥沙沿程沉积颗粒大小分布、干密度和强度与吹填土固结时间的关系。

（5）吹填筑堤时，水下料场开挖的疏浚土分级按《疏浚工程施工技术规范》（SL 17—901）中的疏浚土分级表执行。

## 四、爆破工程

### （一）爆破的基本概念

爆破在土石方施工中应用很广，如场地平整和地下工程中石方的开挖、基坑挖土中岩石的炸除、施工现场障碍物的清除等都需要采用爆破。此外，在改建工程中，对于清除旧的结构或构筑物也都要用到爆破。

1. 爆破作用的基本概念

1）爆炸

炸药爆炸属于化学反应。从广义的角度来说，能量在瞬间释放的现象都可称为爆炸。

2）爆破

爆破是利用炸药的爆炸能量使炸药周围的介质发生变形并进行破坏。

2. 无限均匀介质中的爆破的基本概念

1）压缩圈（粉碎圈）

压缩圈是与球形药包直接接触的介质。

2）抛掷圈

抛掷圈是紧贴着压缩圈外面的介质。

3）破坏圈（松动圈）

破坏圈位于抛掷圈外。

3. 有限均匀介质中的爆破的基本概念

1）自由面

半无限介质的爆破是指药包埋设深度不大，爆破作用受到临空面的影响的爆破。在水利工程建设中的爆破多属于这种爆破。在半无限介质的爆破中，临空面起到反射拉应力和聚能的作用。

2）爆破漏斗的概念

当爆破在有临空面的半无限介质表面附近进行时，若药包的爆破作用具有使部分破碎介质具有抛向临空面的能量时，往往形成一个倒立圆锥形的爆破坑，形如漏斗，称为爆破漏斗。

爆破漏斗的形状多种多样，随着岩土性质，炸药的品种、性能及药包大小及药包埋置深度的不同而变化。

3）爆破漏斗的几何参数

（1）药包中心 $O$。

（2）最小抵抗线 $W$：药包中心到临空面（自由面）的最短距离，即最小抵抗线长度 $W$。

（3）爆破漏斗底部半径 $r$：指漏斗底圆半径，是自由面中心到漏斗中心到漏斗边缘的连线。

（4）爆破作用半径 $R$：药包中心至爆破漏斗底面边缘的距离。

（5）抛掷距离 $L$。

（6）自由面：又称为临空面，是指爆破介质与空气或水的接触面。同等条件下，临空面越多，炸药用量越小，爆破效果越好。

4）爆破作用指数与爆破漏斗分类

不同的爆破效果形成不同的爆破漏斗。漏斗的大小可用爆破指数表示，其值为：$n = r/W$，最能反映爆破漏斗的几何特征。

（1）当 $n = 1$，即 $r = W$ 时，漏斗的张开角度等于90°，称为标准抛掷爆破。

（2）当 $n > 1$，即 $r > W$ 时，漏斗张开角度 $>90°$，称为加强抛掷爆破。

（3）当 $0.75 \leqslant n < 1$ 时，漏斗的张开角度 $<90°$，称为减弱抛掷爆破。

（4）当 $0.33 < n \leqslant 0.75$ 时，无岩块抛出，称为松动爆破，在自由面上可看见明显的外部破坏（松动隆起），形成堆满的漏斗，无岩块抛掷，漏斗半径范围内可见岩石破碎后的鼓胀现象。

## （二）爆破用炸药

### 1. 炸药的主要性能指标

1）炸药的主要性能

炸药的主要性能有物理化学安定性、敏感性、稳定性等。

2）炸药的爆炸性能

（1）威力：分别用爆力和猛度表示。

（2）殉爆距离：炸药药包的爆炸引起相邻药包起爆的最大距离。

（3）爆速：爆速是炸药爆炸时，冲击波自始至终在单位时间内的传播速度。

（4）爆热与爆温：炸药爆炸分解时所产生的热量叫爆热。一般炸药的爆热为 $600 \sim 1\ 500\ kcal/kg$。爆炸产物所产生的最高温度叫爆温，通常可达到 $1\ 500 \sim 4\ 500\ ℃$。

（5）氧平衡。

①零氧平衡。炸药在爆炸分解时的氧化情况。如炸药本身的含氧量恰好等于其中可燃物完全氧化时的需要量，炸药爆炸后，生成二氧化碳和水，并放出大量的热，这种情况就叫做零氧平衡。

②负氧平衡。如含氧量不足，可燃物不能完全氧化，则产生有毒的一氧化碳，这种情况称负氧平衡。

③正氧平衡：如含氧量过多，将放出的氮氧化成为有毒的二氧化氮，这种情况称正氧平衡。

无论是正氧平衡还是负氧平衡，都会带来两大害处：一是使炸药中的某些元素得不到充分利用，导致热能量减少，炸药威力降低，影响爆破效果；二是生成有毒气体。

2.常用炸药的种类

炸药是一种相对稳定的化合物或混合物。根据使用的性质不同可分为起爆炸药和工程炸药(主炸药)两类。

1)起爆炸药的分类

起爆炸药是用以制造起爆材料的炸药。其主要特点是敏感性高;爆速增加快,易由燃烧转为爆轰;安定性好,特别是化学安定性好;有很好的松散性和压缩性。

(1)雷汞 $Hg(CNO)_2$:50 ℃分解,160 ℃爆炸,对清晰度敏感。

(2)氮化铅 $Pb(N_3)_2$。

(3)二硝基重氮酚 $C_6H_2O_5N_4$:安定性好,起爆能力强,相对安全,价格便宜。

2)常用工程炸药

(1)三硝基甲苯(TNT 梯恩梯炸药)。

(2)胶质炸药。

(3)铵梯炸药。

(4)铵油炸药。

(5)浆状炸药。

(6)乳化炸药。

### (三)钻孔与起爆

1.钻孔机具

(1)风钻。

(2)回转式钻机。

(3)冲击式钻机。

(4)潜孔钻机。

2.起爆方法及起爆器材

炸药的基本起爆方法有四种:火花起爆、电力起爆、导爆管起爆和联合起爆。不同的起爆方法,要求不同的起爆材料,常用的起爆材料有导火索、火雷管、电雷管、导爆索、导爆管等。

1)起爆方法

(1)火花起爆。火花起爆是用导火索和火雷管引爆炸药。

(2)电力起爆(电雷管起爆法)。电力起爆是电源通过电线输送电能激发雷管,继而起爆炸药的方法。

网路连接方式有串联法、并联法、混联法。

电力起爆安全可靠,可远距离操作,能引爆数量较大的药包群。

(3)导爆索起爆。导爆索起爆安全可靠,费用较高,主要用于深孔爆破和控制爆破。

(4)导爆管起爆。导爆管起爆是一种非电起爆方法。

2)起爆器材

(1)雷管。雷管是用来起爆炸药或导爆索的。按起爆方式一般常用的有火雷管、电雷管。

(2)导火线。导火索、导电线、导爆索、导爆管。

**(四)爆破基本方法**

施工过程包括布孔、钻孔、清孔、装药、捣实、堵气、引爆等几道工序。爆破方法取决于工程规模、开挖强度和施工条件。

1.常用爆破方法

1)光面爆破

在开挖限界的周边,适当排列一定间隔的炮孔,在有侧向临空面的情况下,用控制抵抗线和药量的方法进行爆破,使之形成一个光滑平整的边坡。

2)预裂爆破

在开挖限界处按适当间隔排列炮孔,在没有侧向临空面和最小抵抗线的情况下,用控制药量的方法,预先炸出一条裂缝,使拟爆体与山体分开,作为隔震减震带,起到保护和减弱开挖限界以外山体或建筑物的地震破坏作用。

3)微差爆破

两相邻药包或前后排药包以毫秒的时间间隔(一般为 15～75 ms)依次起爆,称为微差爆破,亦称毫秒爆破。多发一次爆破最好采用毫秒雷管。当装药量相等时,其优点是:可减震 1/3～2/3;前发药包为后发药包开创了临空面,从而加强了岩石的破碎效果;降低多排孔一次爆破的堆积高度,有利于挖掘机作业;由于逐发或逐排依次爆破,减小了岩石夹制力,可节省炸药 20%,并可增大孔距,提高每米钻孔的炸落方量。炮孔排列和起爆顺序根据断面形状和岩性而定。多排孔微差爆破是浅孔、深孔爆破发展的方向。

4)定向爆破

利用爆破能将大量土石方按照指定的方向,搬移到一定的位置并堆积成路堤的一种爆破施工方法,称为定向爆破。它减少了挖、装、运、夯等工序,生产效率高。在公路工程中用于以借为填或移挖作填地段,特别是在深挖高填相间、工程量大的鸡爪形地区,采用定向爆破,一次可形成百米以至数百米路基。

5)抛掷爆破

为使爆破设计断面内的岩体大量抛掷(抛坍)出路基,减少爆破后的清方工作量,保证路基的稳定性,可根据地形和路基断面形式,采用抛掷爆破、定向爆破、松动爆破方法。抛掷爆破有三种形式:平坦地形的抛掷爆破(亦称扬弃爆破)。自然地面坡角 $\alpha<15°$,路基设计断面为路堑,石质大多是软石时,为使石方大量扬弃到路基两侧,通常采用稳定的加强抛掷爆破。斜坡地形路堑的抛掷爆破。自然地面坡角 $\alpha$ 在 15°～30°,岩石也较松软时,可采用抛掷爆破。斜坡地形半路堑的抛坍爆破,自然地面坡角较大,地形地质条件均较复杂,临空面大时,宜采用这种爆破方法。在陡坡地段,岩石只要充分破碎,就可以利用岩石本身的自重坍滑出路基,提高爆破效果。

2.综合爆破施工技术

综合爆破是根据石方的集中程度,地质、地形条件,公路路基断面的形状,结合各种爆破方法的最佳使用特性,因地制宜、综合配套使用的一种比较先进的爆破方法。一般包括小炮和洞室炮两大类。小炮主要包括钢钎炮、深孔爆破等钻孔爆破;洞室炮主要包括药壶炮和猫洞炮,随药包性质、断面形状和微地形的变化而不同。用药量 1 t 以上为大炮,1 t 以下为中小炮。

钢钎炮通常是指炮眼直径和深度分别小于 70 mm 和 5 m 的爆破方法。

（1）特点：炮眼浅，用药少，每次爆破的方数不多，并全靠人工清除；不利于爆破能量的利用。由于眼浅，以致响声大而炸下的石方不多，所以工效较低。

（2）优点：比较灵活，在地形艰险及爆破量较小地段（如打水沟、开挖便道和基坑等），在综合爆破中是一种改造地形，为其他炮型服务的辅助炮型，因而又是一种不可缺少的炮型。

深孔爆破是孔径大于 75 mm、深度在 5 m 以上、采用延长药包的一种爆破方法。

（1）特点：炮孔需用大型的潜孔凿岩机或穿孔机钻孔，如用挖运机械清方可以实现石方施工全面机械化，是大量石方（万方以上）快速施工的发展方向之一。

（2）优点：劳动生产率高，一次爆落的方量多，施工进度快，爆破时比较安全。

药壶炮是指在深 2.5~3.0 m 以上的炮眼底部用小量炸药经一次或多次烘膛，使眼底成葫芦形，将炸药集中装入药壶中进行爆破。

（1）特点：主要用于露天爆破，其使用条件是：岩石不含水分，阶梯高度（$h$）小于 10~20 m，自然地面坡度在 70°左右。如果自然地面坡度较缓，一般先用钢钎炮切脚，炸出台阶后再使用。经验证明，药壶炮最好用于Ⅶ~Ⅸ级岩石，中心挖深 4~6 m，阶梯高度在 7 m 以下。

（2）优点：装药量可根据药壶体积而定，一般为 10~60 kg，最多可超过 100 kg。每次可炸岩石数十方至数百方，是小炮中最省工、省药的一种方法。

猫洞炮是指炮洞直径为 0.2~0.5 m，洞穴成水平或略有倾斜（台眼），深度小于 5 m，用集中药锯炮洞中进行爆炸的一种方法。

（1）特点：充分利用岩体本身的崩塌作用，能用较浅的炮眼爆破较高的岩体，一般爆破可炸松 15~150 m³。其最佳使用条件是：岩石等级一般为Ⅸ以下，最好是Ⅴ~Ⅶ级；阶梯高度最小应大于眼深的 2 倍，自然地面坡度不小于 50°，最好在 70°左右。由于炮眼直径较大，爆能利用率甚差，故炮眼深度应大于 1.5~2.0 m，不能放孤炮。猫洞炮工效一般可达 4~10 m³，单位耗药量在 0.13~0.3 kg/m³ 之间。

（2）优点：在有裂缝的软石、坚石中，阶梯高度大于 4 m，药壶炮药壶不易形成时，采用这种爆破方法，可以获得好的爆破效果。

**（五）爆破安全控制**

1. 安全控制距离

爆破安全距离是指起爆装药时人员或其他保护对象与爆炸源之间必须保持的最小距离。确定爆破安全距离的目的是限制爆破有害效应对周围环境的影响，确保人员和建（构）筑物及其他保护对象的安全。爆破有害效应包括爆破地震、冲击波、个别飞石、毒气和爆破噪声等。各种有害效应随传播距离而衰减的规律不同，相应的爆破安全距离也不同，因此应分别计算每种有害效应的安全距离，然后取其中的最大值作为确定警戒范围。

2. 炮孔处理

瞎炮又称为盲炮，是指预期发生爆炸的炸药未发生爆炸的现象。炸药、雷管或其他火工品不能被引爆的现象称为拒爆。

瞎炮不仅达不到预期的爆破效果，造成人力、物力、财力的浪费，而且会直接影响现场施工人员的人身安全,故对瞎炮必须查明并进行处理。

**(六)岩基开挖工程施工**

1. 岩基开挖

(1)开挖前,施工单位必须提出开挖施工计划和技术措施。

(2)开挖应自上而下进行。某些部位如需上、下同时开挖,应采取有效的安全技术措施,并经主管部门同意。未经安全技术论证和主管部门批准,严禁采用自下而上的开挖方式。

(3)设计边坡轮廓面开挖,应采用预裂爆破或光面爆破方法。高度较大的永久和半永久边坡,应分台阶开挖。

(4)基础岩石开挖应主要采用分层的梯段爆破方法。

(5)紧邻水平建基面,应采用预留岩体保护层并对其进行分层爆破的开挖方法,若采用其他开挖方法,必须通过试验证明可行,并经主管部门批准。

(6)设计边坡开挖前,必须做好开挖线外的危石清理、削坡、加固和排水等工作。

(7)处于不良地质地段的设计边坡,当其对边坡稳定有不利影响时,在开挖过程中,建设、勘测、设计、施工单位必须共同协商,提出相应解决办法。

(8)已开挖的设计边坡必须在及时检查处理与验收,并按设计要求加固后,才可进行其下相邻部位的开挖。

(9)在坑、槽部位和有特殊要求的部位,以及在水下开挖,应另行确定相应的开挖方法。

(10)基础面的开挖偏差应符合下述规定。

对节理裂隙不发育、较发育、发育和坚硬、中等坚硬的岩体:水平建基面高程的开挖偏差,不应超过 ±20 cm。设计边坡轮廓面的开挖偏差,在一次钻孔深度条件下开挖时,不应大于其开挖高度的 ±2% ;在分台阶开挖时,其最下部一个台阶坡脚位置的偏差以及整体边坡的平均坡度均应符合设计要求。

对节理裂隙极发育和软弱的岩体,不良地质地段的岩体,以及对以上所述情况,其开挖偏差均应符合设计要求。

2. 钻孔爆破

1)一般规定

钻孔施工不宜采用直径大于 150 mm 的钻头造孔。

钻孔孔径按造孔的钻头直径($d$)可分为:

(1)大孔径,110 mm $< d \leqslant$ 150 mm;

(2)中孔径,50 mm $< d \leqslant$ 110 mm;

(3)小孔径,$d \leqslant$ 50 mm。

紧邻设计建筑基面、设计边坡、建筑物或防护目标,不应采用大孔径爆破方法。

2)爆破试验和爆破监测

(1)钻孔爆破施工前或施工中,应按有关要求进行爆破试验。爆破试验宜成立由有关人员组成的试验组。爆破试验前,应编制试验大纲(计划)。

(2)爆破试验应选择下述内容进行:①爆破材料性能试验;②爆破参数试验;③爆破

破坏范围试验;④爆破地震效应试验。

(3)爆破破坏范围试验的观测方法:①在表面应采用宏观调查和地质描述方法;②在隐蔽部位应采用弹性波纵波波速观测方法。

采用上述观测方法判断爆破破坏的标准,可执行有关的规定。

(4)钻孔爆破施工中,对建筑物或防护目标的安全有要求时,应进行爆破监测。

3)爆破设计与施工

(1)钻孔质量应符合下述要求:①钻孔孔位应根据爆破设计确定。②钻孔开孔位置与爆破设计孔位的偏差不宜大于钻头直径的尺寸,实际孔位应有记录。③钻孔角度和孔深,应符合爆破设计的规定。④已造好的钻孔,孔内岩粉应予以清除,孔口必须盖严。钻孔经检查合格才可装药。

(2)炮孔的装药和堵塞、爆破网络的联结以及起爆,必须由爆破负责人统一指挥,由爆破员按爆破设计规定进行。

(3)爆破后,应及时调查爆破效果,并根据爆破效果和爆破监测结果,及时调整爆破参数。

4)预裂爆破和光面爆破

(1)预裂爆破和光面爆破的效果,除其开挖偏差应符合有关的规定外,还应符合下述要求:

①在开挖轮廓面上,残留炮孔痕迹应均匀分布。残留炮孔痕迹保存率:对节理裂隙不发育的岩体,应达到80%以上;对节理裂隙较发育和发育的岩体,应达到80%~50%;对节理裂隙极发育的岩体,应达到50%~10%。

②相邻两炮孔间岩面的不平整度,不应大于15 cm。炮孔壁不应有明显的爆破裂隙。

(2)对主要水工建筑物的设计建基面进行预裂爆破时,预裂范围应超出梯段爆破区,其超出尺寸及预裂缝的宽度,应由爆破设计确定。

(3)预裂炮孔和梯段炮孔若在同一爆破网络中起爆,预裂炮孔先于相邻梯段炮孔起爆的时间不得小于75~100 ms。

5)梯段爆破

(1)梯段爆破的效果应符合下述要求:

爆破石渣的块度和爆堆应能适合挖掘机械作业。爆破石渣如需利用,其块度或级配还应符合有关要求。

(2)紧邻设计边坡的一排梯段炮孔,其孔距、排距和每孔装药量,应较其他梯段炮孔的小。

(3)若采用预留岩体保护层开挖方法,其上部的梯段炮孔不得穿入保护层。

(4)梯段爆破的最大一段起爆药量,不得大于500 kg;邻近设计建基面和设计边坡时,不得大于300 kg。

在建筑物或防护目标附近进行爆破,最大一段起爆药量应由爆破设计规定。

6)紧邻水平建基面的爆破

(1)紧邻水平建基面爆破效果,应控制其开挖偏差,不应使水平建基面岩体产生大量爆破裂隙,以及使节理裂隙面、层面等弱面明显恶化,并损害岩体的完整性。

（2）紧邻水平建基面的岩体保护层厚度应由爆破试验确定,若无条件进行试验,才可采用工程类比法确定。

（3）对岩体保护层进行分层爆破,必须遵守下述规定。

第一层:炮孔不得穿入距水平建基面1.5 m的范围,炮孔装药直径不应大于40 mm,应采用梯段爆破方法。

第二层:对节理裂隙不发育、较发育、发育和坚硬的岩体,炮孔不得穿入距水平建基面0.5 m的范围;对节理裂隙极发育和软弱的岩体,炮孔不得穿入距水平建基面0.7 m的范围。炮孔与水平建基面的夹角不应大于60°,炮孔装药直径不应大于32 mm。应采用单孔起爆方法。

第三层:对节理裂隙不发育、较发育、发育和坚硬、中等坚硬的岩体,炮孔不得穿过水平建基面;对节理裂隙极发育和软弱的岩体,炮孔不得穿入距水平建基面0.2 m的范围,剩余0.2 m厚的岩体应进行撬挖。炮孔角度、装药直径和起爆方法,均同第二层的规定。

（4）必须在通过试验证明可行并经主管部门批准后,才可在紧邻水平建基面采用有或无岩体保护层的一次爆破法。

保护层的一次爆破法应符合下述原则:①应采用梯段爆破方法;②炮孔不得穿过水平建基面;③炮孔底应设置用柔性材料充填或由空气充填的垫层段。

无保护层的一次爆破法应符合下述原则:①水平建基面开挖应采用预裂爆破方法;②基础岩石开挖,应采用梯段爆破方法;③梯段炮孔底与水平预裂面应有一定距离。

7)特殊部位附近的爆破

（1）如需在新浇筑大体积混凝土附近进行爆破,必须遵守下述规定:

①新浇筑大体积混凝土基础面上的质点振动速度不得大于安全值。安全质点振动速度应由爆破试验确定,若难以获得试验成果,可执行相关规定。

②钻孔爆破施工中,可按相关经验公式进行预报和控制。

③若装药量控制到爆破的最低需用量,新浇筑大体积混凝土基础面的质点振动速度仍大于安全值,应采取有效减震措施,或暂停爆破作业。

（2）如需在新灌浆区、新预应力锚固区、新喷锚（或喷浆）支护区等部位附近进行爆破,必须通过试验证明可行,并经主管部门批准。

# 第二节  地基及基础工程施工

## 一、地基开挖与清理

### （一）土基开挖与清理

（1）建筑物范围内必须清除地基、岸坡上的草皮、树根、含有植物的表土、蛮石、垃圾及其他废料,并将清理后的地基表面土层压实。

（2）建筑物断面范围内的低强度、高压缩性软土及地震时易液化的土层应清除或处理。

（3）开挖的岸坡应大致平顺,不应呈台阶状、反坡或突然变坡,岸坡上缓下陡时,变坡角应小于20°,岸坡不宜陡于1:1.5。

(4)应留有0.2～0.3 m的保护层,待填土前进行人工开挖。

**(二)岩基开挖与清理**

(1)坝断面范围内的岩石坝基与岸坡应清除表面松动石块、凹处积土和突出的岩石。

(2)对失水时很快风化变质的软岩石(如页岩、泥岩等),开挖时应预留保护层,待开始回填时,随挖除随回填,或在开挖后采用喷砂浆或混凝土保护。

(3)岩石岸坡一般不陡于1:0.5,若陡于此坡度应有专门论证,并采取必要措施。

## 二、软基处理

### (一)软基处理的基本方法

**1.灌浆**

1)灌浆的分类

(1)固结灌浆。

固结灌浆是通过面状布孔灌浆,以改善岩基的力学性能,减少基础的变形和不均匀沉陷,改善工作条件,减少基础开挖深度的一种方法。其具有灌浆面积较大、深度较浅、压力较小的特点。

(2)帷幕灌浆。

帷幕灌浆是在基础内,平行于建筑物的轴线,钻一排或几排孔,用压力灌浆法将浆液灌入到岩石的裂隙中去,形成一道防渗帷幕,截断基础渗流,降低基础扬压力的一种方法。其具有灌浆深度较深、压力较大的特点。

(3)接触灌浆。

接触灌浆是在建筑物和岩石接触面之间进行的灌浆,以加强二者间的结合程度和基础的整体性,提高抗滑稳定,同时也增进岩石固结与防渗性能的一种方法。

(4)化学灌浆。

化学灌浆是一种以高分子有机化合物为主体材料的灌浆方法。这种浆材呈溶液状态,能灌入0.10 mm以下的微细裂缝,浆液经过一定时间起化学作用,可将裂缝黏合起来或形成凝胶,起到堵水防渗以及补强的作用。

(5)高压喷射灌浆。

高压喷射灌浆是采用钻孔,将装上特制合金喷嘴的注浆管下到预定位置,然后用高压泵将浆液通过喷嘴喷射出来,冲击破坏土体,使土粒在喷射流束的冲击力、离心力和重力等综合作用下,与浆液搅拌混合。待浆液凝固以后,在土内就形成一定形状的固结体。

2)灌浆技术

(1)灌浆材料。

灌浆材料可分为两大类:一类是用固体颗粒的灌浆材料(如水泥、黏土或膨润土、砂等)制成的浆液,另一类是用化学灌浆材料(如硅酸盐、环氧树脂、聚氨酯、丙凝等)制成的浆液。水利水电工程中大量常用的浆液主要有水泥浆、水泥黏土浆、黏土浆、水泥黏土砂浆等。

(2)灌浆方式。

①按浆液的灌注流动方式分类。

按浆液的灌注流动方式不同,灌浆方式分为纯压式和循环式,如图2-4-5所示。

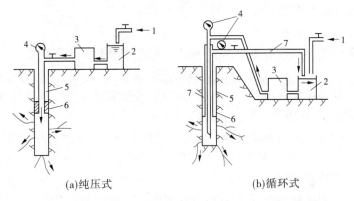

(a)纯压式　　　　　　　　　　　(b)循环式

1—水;2—拌浆筒;3—灌浆筒;4—压力表;5—灌浆管;6—灌浆塞;7—回浆管

图2-4-5　浆液灌注方法

纯压式是一次把浆液压入钻孔中,扩散到地基缝隙中,在灌注过程中,浆液单向从灌浆机向钻孔流动的一种灌浆方式。

循环式是灌浆时浆液进入钻孔,一部分被压入地基缝隙中,另一部分由回浆管路返回拌浆筒中的一种灌浆方式。

②按灌浆孔中灌浆程序分类。

按灌浆孔中灌浆程序不同,灌浆方式分为一次灌浆和分段灌浆。

一次灌浆是将孔一次钻完,全孔段一次灌浆。在灌浆深度不大,孔内岩性基本不变,裂隙不大而岩层又比较坚固等情况下可采用该方法。

分段灌浆是将灌浆孔划分为几段,采用自下而上或自上而下的方式进行灌浆。其适用于灌浆孔深度较大,孔内岩性有一定变化而裂隙又大的情况。此外,裂隙大且吸浆量大,灌浆泵不易达到冲洗和灌浆所需的压力等情况下也可采用该方法。

3)灌浆工艺与技术要求

(1)固结工艺。

①施工程序。固结灌浆施工程序依次是钻孔、压水试验、灌浆(分序施工)封孔和质量检查等。

②钻孔的布置。钻孔的布置有规则布孔和随机布孔两种。规则布孔形式有正方形布孔和梅花形布孔,随机布孔形式为梅花形布孔。

③压水试验。灌浆前进行简易压水试验,采用单点法,试验孔数一般不宜少于总孔数的5%。

④灌浆(分序施工)。灌浆分序施工,应严格把握变浆标准及灌浆结束标准。

⑤封孔。封孔采用置换和压力灌浆封孔法,先将孔内余浆置换成浓浆,再将灌浆塞塞在孔口,进行压力灌浆封孔。

⑥质量检查。灌浆施工中应进行压水试验检查、测试孔检查及对灌浆孔、检查孔的封孔质量抽样检查,以保证灌浆施工质量。基础固结灌浆完成后,应进行灌浆质量和固结效

果的检查。不符合要求的,可通过加密钻孔,进行补充灌浆,以达到要求。

(2)主要技术要求。

①固结灌浆孔应按分序加密,浆液应按先稀后浓的原则进行。

②固结灌浆压力一般控制为0.3~0.5 MPa。

③帷幕灌浆的主要参数有防渗标准、深度、厚度、灌浆孔排数和灌浆压力等。

④浆液浓度的控制。在灌浆过程中,必须根据吸浆量的变化情况适时调整浆液的浓度。开始时用最稀一级浆液,在灌入一定的浆量后若吸浆量没有明显减少,即改为用浓一级的浆液进行灌注,如此下去,逐级变浓,直到结束。

⑤灌浆压力的控制。灌浆尽可能采用比较高的压力,但应控制在合理范围内。灌浆压力的大小与孔深、岩层性质和灌浆段上有无压重等因素有关,应通过试验来确定,并在灌浆施工中进一步检验和调整。

⑥回填封孔。回填材料多用水泥浆或水泥砂浆。回填封孔有机械回填法和人工回填法。

4)化学灌浆

(1)化学浆液的特性。化学浆液具有黏度低、抗渗性强、稳定性和耐久性好、低毒性等特点。

(2)化学浆液的类别。化学浆液主要有水玻璃类、丙烯酰胺类、丙烯酸盐类、聚氨酯类、环氧类、甲基丙烯酸酯类等几种类型。

(3)化学灌浆施工。

①化学灌浆的工序依次是:钻孔及压水试验,钻孔及裂缝处理(包括排渣及裂缝干燥处理),埋设注浆嘴和回浆嘴以及封闭、注水和灌浆。

②化学灌浆方法。其按浆液的混合方式分单液法灌浆和双液法灌浆两种。单液法灌浆是在灌浆前,将浆液的各组成分先混合均匀,一次配成,经过气压或泵压压到孔段内。这种方法的浆液配比比较准确,施工较简单,但余浆不久就会聚合,不能再行使用。双液法灌浆是将预先已配制的两种浆液分盛在各自的容器内不相混合,然后用气压或泵压按规定比例送浆,使两液在孔口附近的混合器中混合后送到孔段内。两液混合后即起化学作用,聚合时间一到,浆液即固化成聚合体。这种方法适应性强。

③化学灌浆压送浆液的方式。化学灌浆压送浆液的方式有两种:一是气压法(即用压缩空气压送浆液),二是泵压法(即用灌浆泵压送浆液)。由于化学材料配制成的浆液中不存在固体颗粒灌浆材料那样的沉淀问题,故化学灌浆都采用纯压式灌浆。

2.防渗墙

防渗墙是使用专用机具钻凿圆孔或直接开挖槽孔,孔内浇筑混凝土、回填黏土或其他防渗材料等或安装预制混凝土构件形成连续的地下墙体,也可用板桩、灌注桩、旋喷桩或定喷桩等各类桩体连续形成防渗墙。较浅的透水地基用黏土截水槽,下游设反滤层;较深的透水地基用槽孔形和桩柱体防渗墙,槽孔形防渗墙由一段段槽孔套接而成,桩柱体防渗墙由一个个桩柱套接而成。

3.置换法

置换法是将建筑物基础底面以下一定范围内的软弱土层挖去,换填无侵蚀性及低压缩性的散粒材料,从而加速软土固结、提高地基承载力的一种方法。

4.排水法

排水法是采取相应措施(如砂垫层、排水井、塑料多孔排水板)使软基表层或内部形成水平或垂直排水通道,然后在土壤自重或外荷压载作用下,加速土壤中水分的排除,使土壤固结的一种方法。

5.挤实法

挤实法是将某些填料(如砂、碎石或生石灰等)用冲击、振动或两者兼而有之的方法压入土中,形成一个个的柱体,将原土层挤实,从而增加地基强度的一种方法。

6.桩基础

1)端承桩

端承桩是穿过软弱层支承在岩石或坚实的土层上,采用混凝土材料,有预制桩打入和现浇灌注两种方法。

2)摩擦桩

摩擦桩是依靠桩身表面与周围土体的摩擦力来承担上部荷载,采用混凝土材料,有预制桩打入和现浇灌注两种方法。

3)振冲砂(或碎石)桩

振冲砂(或碎石)桩是先用振捣棒在软弱地基中造孔,在孔内回填砂砾料,然后用振冲器振冲密实,形成复合地基。

4)高速旋喷桩

高速旋喷桩是将水泥与含水量较大的软弱地基土体充分混合搅拌,硬化后形成复合地基。

另外,地基处理还有强夯法、沉井基础等。

**(二)不同地基处理的适用方法**

(1)岩基处理的适用方法有灌浆、局部开挖回填等。

(2)砂砾石地基处理的适用方法有开挖、防渗墙、帷幕灌浆、设水平铺盖等。

(3)软土地基处理的适用方法有开挖、桩基础、置换法、排水法、挤实法等。

**(三)常见地基加固施工方法**

1.换填垫层法

1)适用范围

换填垫层法适用于浅层软弱地基及不均匀地基的处理。

2)施工方法

(1)垫层施工应根据不同的换填材料选择施工机械。粉质黏土、灰土宜采用平碾、振动碾或羊足碾,中小型工程也可采用蛙式夯、柴油夯。砂石等宜采用振动碾。粉煤灰宜采用平碾、振动碾、平板振动器、蛙式夯。矿渣宜采用平板振动器或平碾,也可采用振动碾。

(2)垫层的分层铺填厚度可取 200 ~ 300 mm。

(3)粉质黏土和灰土垫层土料的施工含水量宜控制在最优含水量 ±2% 的范围内,粉煤灰垫层的施工含水量宜控制在最优含水量的 ±4% 范围内。最优含水量可通过击实试验确定,也可按当地经验取用。

（4）基坑开挖时应避免坑底土层受扰动，可保留约 200 mm 厚的土层暂不挖去，待铺填垫层前再挖至设计标高。严禁扰动垫层下的软弱土层，防止其被践踏、受冻或受水浸泡。

（5）换填垫层施工应注意基坑排水，除采用水撼法施工砂垫层外，不得在浸水条件下施工，必要时应采取降低地下水位的措施。

（6）铺设土工合成材料时，下铺地基土层顶面应平整，防止土工合成材料被刺穿、顶破。铺设时应把土工合成材料张拉平直、绷紧，严禁有褶皱；端头应固定或回折锚固；切忌暴晒或裸露；连接宜用搭接法、缝接法和胶结法，并均应保证主要受力方向的联结强度不低于所采用材料的抗拉强度。

**2. 砂石桩法**

1）适用范围

砂石桩法适用于挤密松散砂土、粉土、黏性土、素填土、杂填土等地基。对饱和黏土地基上对变形控制要求不严的工程也可采用砂石桩置换处理。砂石桩法也可用于处理可液化地基。

2）施工方法

（1）砂石桩施工可采用振动沉管、锤击沉管或冲击成孔等成桩法。当用于消除粉细砂及粉土液化时，宜用振动沉管成桩法。

（2）施工前应进行成桩工艺和成桩挤密试验。

（3）振动沉管成桩法施工应根据沉管和挤密情况，控制填砂石量、提升高度和速度、挤压次数和时间、电机的工作电流等。

（4）施工中应选用能顺利出料和有效挤压桩孔内砂石料的桩尖结构。

（5）锤击沉管成桩法施工可采用单管法或双管法。

（6）砂石桩的施工顺序：对砂土地基宜从外围或两侧向中间进行，对黏性土地基宜从中间向外围或隔排施工；在既有建（构）筑物邻近施工时，应背离建（构）筑物方向进行。

（7）施工时桩位水平偏差不应大于 0.3 倍套管外径，套管垂直度偏差不应大于 1%。

（8）砂石桩施工后，应将基底标高下的松散层挖除或夯压密实，随后铺设并压实砂石垫层。

**3. 水泥粉煤灰碎石桩法**

1）适用范围

水泥粉煤灰碎石桩（CFG 桩）法适用于处理黏性土、粉土、砂土和已自重固结的素填土等地基。对淤泥质土应按地区经验或通过现场试验确定其适用性。

2）施工方法

水泥粉煤灰碎石桩的施工应根据现场条件选用下列施工工艺：①长螺旋钻孔灌注成桩适用于地下水位以上的黏性土、粉土、素填土、中等密实以上的砂土；②长螺旋钻孔、管内泵压混合料灌注成桩适用于黏性土、粉土、砂土，以及对噪声或泥浆污染要求严格的场地；③振动沉管灌注成桩适用于粉土、黏性土及素填土地基。

长螺旋钻孔、管内泵压混合料灌注成桩施工和振动沉管灌注成桩施工除应执行国家现行有关规定外，还应符合下列要求：

（1）施工前应按设计要求由试验室进行配合比试验,施工时按配合比配制混合料。长螺旋钻孔、管内泵压混合料成桩施工的坍落度宜为 160~200 mm,振动沉管灌注成桩施工的坍落度宜为 30~50 mm,振动沉管灌注成桩后桩顶浮浆厚度不宜超过 200 mm。

（2）长螺旋钻孔、管内泵压混合料成桩施工在钻至设计深度后,应准确掌握提拔钻杆时间,混合料泵送量应与拔管速度相配合,遇到饱和砂土或饱和粉土层,不得停泵待料;沉管灌注成桩施工拔管速度应按匀速控制,拔管速度应控制为 1.2~1.5 m/min,如遇淤泥或淤泥质土,拔管速度应适当放慢。

（3）施工桩顶标高宜高出设计桩顶标高不少于 0.5 m。

（4）成桩过程中,抽样做混合料试块,每台机械一天应做一组(3块)试块(边长为 150 mm 的立方体),标准养护,测定其立方体抗压强度。

冬季施工时混合料入孔温度不得低于 5 ℃,对桩头和桩间土应采取保温措施。

清土和截桩时,不得造成桩顶标高以下桩身断裂和扰动桩间土。

褥垫层铺设宜采用静力压实法,当基础底面下桩间土的含水量较小时,也可采用动力夯实法,夯填度(夯实后的褥垫层厚度与虚铺厚度的比值)不得大于 0.9。

4. 水泥土搅拌法

1) 适用范围

水泥土搅拌法分为深层搅拌法(简称湿法)和粉体喷搅法(简称干法)。水泥土搅拌法适用于处理正常固结的淤泥与淤泥质土、粉土、饱和黄土、素填土、黏性土以及无流动地下水的饱和松散砂土等地基。当地基土的天然含水量小于 30%(黄土含水量小于 25%)大于 70% 或地下水的 pH 值小于 4 时不宜采用干法。冬季施工时,应注意负温对处理效果的影响。

2) 施工方法

（1）水泥土搅拌法施工现场事先应予以平整,必须清除地上和地下的障碍物。

（2）水泥土搅拌桩施工前应根据设计进行工艺性试桩,数量不得少于 2 根。当桩周为成层土时,应对相对软弱土层增加搅拌次数或增加水泥掺量。

（3）搅拌头翼片的枚数、宽度、与搅拌轴的垂直夹角、搅拌头的回转数、提升速度应相互匹配,以确保加固深度范围内土体的任何一点均能经过 20 次以上的搅拌。

（4）竖向承载搅拌桩施工时,停浆(灰)面应高于桩顶设计标高 300~500 mm。在开挖基坑时,应将搅拌桩顶端施工质量较差的桩段用人工挖除。

（5）施工中应保持搅拌桩机底盘的水平和导向架的竖直,搅拌桩的垂直偏差不得超过 1%,桩位的偏差不得大于 50 mm,成桩直径和桩长不得小于设计值。

（6）水泥土搅拌法施工步骤由于湿法和干法的施工设备不同而略有差异。其主要步骤应为:①搅拌机械就位、调平;②预搅下沉至设计加固深度;③边喷浆(粉)、边搅拌提升直至预定的停浆(灰)面;④重复搅拌下沉至设计加固深度;⑤根据设计要求,喷浆(粉)或仅搅拌提升直至预定的停浆(灰)面;⑥关闭搅拌机械。

在预(复)搅下沉时,也可采用喷浆(粉)的施工工艺,但必须确保全桩长上下至少再重复搅拌一次。

湿法施工时,还应注意以下方面:

（1）施工前应确定灰浆泵输浆量、灰浆经输浆管到达搅拌机喷浆口的时间和起吊设备提升速度等施工参数，并根据设计要求通过工艺性成桩试验确定施工工艺。

（2）所使用的水泥都应过筛，制备好的浆液不得离析，泵送必须连续。拌制水泥浆液的罐数、水泥和外掺剂用量以及泵送浆液的时间等应有专人记录，喷浆量及搅拌深度必须采用经国家计量部门认证的监测仪器进行自动记录。

（3）搅拌机喷浆提升的速度和次数必须符合施工工艺的要求，并应有专人记录。

（4）当水泥浆液到达出浆口后，应喷浆搅拌 30 s，在水泥浆与桩端土充分搅拌后，再开始提升搅拌头。

（5）搅拌机预搅下沉时不宜冲水，当遇到硬土层下沉太慢时，方可适量冲水，但应考虑冲水对桩身强度的影响。

（6）施工时如因故停浆，应将搅拌头下沉至停浆点以下 0.5 m 处，待恢复供浆时再喷浆搅拌提升。若停机超过 3 h，宜先拆卸输浆管路，并妥加清洗。

（7）壁状加固时，相邻桩的施工时间间隔不宜超过 24 h。如间隔时间太长，与相邻桩无法搭接时，应采取局部补桩或注浆等补强措施。

干法施工时还应注意以下方面：

（1）喷粉施工前应仔细检查搅拌机械、供粉泵、送气（粉）管路、接头和阀门的密封性、可靠性。送气（粉）管路的长度不宜大于 60 m。

（2）水泥土搅拌法（干法）喷粉施工机械必须配置经国家计量部门确认的具有能瞬时检测并记录出粉量的粉体计量装置及搅拌深度自动记录仪。

（3）搅拌头每旋转一周，其提升高度不得超过 16 mm。

（4）搅拌头的直径应定期复核检查，其磨耗量不得大于 10 mm。

（5）当搅拌头到达设计桩底以上 1.5 m 时，应立即开启喷粉机提前进行喷粉作业。当搅拌头提升至地面下 500 mm 时，喷粉机应停止喷粉。

（6）成桩过程中因故停止喷粉，应将搅拌头下沉至停灰面以下 1 m 处，待恢复喷粉时再喷粉搅拌提升。

（7）需在地基土天然含水量小于 30% 的土层中喷粉成桩时，应采用地面注水搅拌工艺。

**5. 石灰桩法**

1）适用范围

石灰桩法适用于处理饱和黏性土、淤泥、淤泥质土、素填土和杂填土等地基；用于地下水位以上的土层时，宜增加掺合料的含水量并减少生石灰用量，或采取土层浸水等措施。

2）施工方法

（1）石灰材料应选用新鲜生石灰块，有效氧化钙含量不宜低于 70%，粒径不应大于 70 mm，含粉量（即消石灰）不宜超过 15%。

（2）掺合料应保持适当的含水量，使用粉煤灰或炉渣时含水量宜控制在 30% 左右。无经验时宜进行成桩工艺试验，确定密实度的施工控制指标。

（3）石灰桩施工可采用洛阳铲或机械成孔。机械成孔分为沉管和螺旋钻成孔。成桩时可采用人工夯实、机械夯实、沉管反插、螺旋反压等工艺。填料时必须分段压（夯）实，人工夯实时每段填料厚度不应大于 400 mm。管外投料或人工成孔填料时应采取措施减小地下水渗入孔内的速度,成孔后填料前应排除孔底积水。

(4)施工顺序宜由外围或两侧向中间进行,在软土中宜间隔成桩。

(5)施工前应做好场地排水设施,防止场地积水。

(6)进入场地的生石灰应有防水、防雨、防风、防火措施,宜做到随用随进。

(7)桩位偏差不宜大于 $0.5d$( $d$ 为桩径)。

(8)应建立完善的施工质量和施工安全管理制度,根据不同的施工工艺制定相应的技术保证措施,及时作好施工记录,监督成桩质量,进行施工阶段的质量检测等。

(9)石灰桩施工时应采取防止冲孔伤人的有效措施,确保施工人员的安全。

## 三、防渗加固技术

水工建筑物防渗处理的基本原则是"上截下排",即在上游迎水面阻截渗水,下游背水面设排水和导渗,使渗水及时排出。堤防的防渗处理与土石坝基本相同。

### (一)上游截渗法

1.黏土斜墙法

黏土斜墙法是直接在上游坡面和坝端岸坡修建贴坡黏土斜墙,或维修原有黏土斜墙。这种方法主要适用于均质土坝坝体因施工质量问题造成严重渗漏,斜墙坝斜墙被水顶穿,坝端岸坡岩石节理发育、裂隙较多,或岸坡存在溶洞,产生绕坝渗流等情况。

2.抛土和放淤法

抛土和放淤法用于黏土铺盖、黏土斜墙等局部破坏的抢护和加固,或当岸坡较平坦时堵截绕坝渗漏和接触渗漏。当水库不能放空时,可用船只装运黏土至漏水部位,从上向下均匀倒入水中,抛土形成一个防渗层封堵渗漏部位,也可在坝顶用输泥管沿坝坡放淤或输送泥浆淤积一层防渗层。

3.灌浆法

当均质土坝或心墙坝施工质量不好,坝体坝基渗漏严重时,可采用灌浆法处理。从坝顶钻孔,分段灌浆,形成一道灌浆帷幕,阻断渗漏通道。这种方法不用放空水库,可根据实际情况选用黏土、水泥、化学材料等浆液灌浆防渗。

4.防渗墙法

混凝土防渗墙法适用于坝体、坝基、绕坝和接触渗漏处理。这种方法比灌浆法更可靠。三峡、小浪底工程的上、下游围堰就采用了防渗墙。

5.截水墙(槽)法

根据截水墙的材料,可将其分为黏土截水墙、混凝土截水墙、砂浆板桩截水槽以及泥浆截水槽等方法。这类方法适用于土坝坝身质量较好,坝基渗漏严重,岸坡有覆盖层、风化层或砂卵石层透水严重的情况。

### (二)下游排水导渗法

1.导渗沟法

在坝背水坡及其坡脚处开挖导渗沟,排走背水坡表面土体中的渗水。根据反滤沟内所填反滤料的不同,反滤导渗沟可分为两种:在导渗沟内铺设土工织物,其上回填一般的透水材料,称为土工织物导渗沟;在导渗沟内填砂石料,称为砂石导渗沟。

2.贴坡排水法

当坝身透水性较强,在高水位下浸泡时间长久,导致背水坡面渗流,逸出点以下土体软化,开挖反滤导渗沟难以成型时,可在背水坡做贴坡反滤导渗。在抢护前,先将渗水边坡的杂草、杂物及松软的表土清除干净;然后按要求铺设反滤料后表面覆盖压坡体,顶部应高出渗流的逸出点。根据使用反滤料的不同,贴坡反滤导渗可以分为两种:土工织物反滤层、砂石反滤层。

3.排渗沟法

对于因坝基渗漏造成坝后长期积水,使坝基湿软,承载力下降,坝体浸润线抬高;或由于坝基面有不太厚的弱透水层,坝后产生渗透破坏,而水库又不能降低水位或放空,在上游无法进行防渗处理时,则可在下游坝基设置排渗沟,及时排渗,以减少渗流危害。排渗沟分为明沟和暗沟两种。

# 第三节　结构拆除工程施工

一、施工准备

(1)全面了解拆除工程的图纸和资料,进行施工现场勘察,编制施工组织设计或安全专项施工方案。

(2)制定安全事故应急救援预案。

(3)对拆除施工人员进行安全技术交底。

(4)为拆除作业的人员办理意外伤害保险,为拆除作业人员准备齐全安全防护用品。

(5)拆除工程施工区域应设置硬质封闭围挡及醒目警示标志,围挡高度不应低于1.8 m,非施工人员不得进入施工区。

(6)做好影响拆除工程安全施工的各种管线的切断、迁移工作。当建筑外侧有架空线路或电缆线路时,应与有关部门取得联系,采取防护措施,确认安全后方可施工。

(7)当拆除工程对周围相邻建筑安全可能产生危险时,必须采取相应的保护措施,对建筑内的人员进行撤离安置。

(8)在拆除作业前,施工单位应检查建筑内各类管线情况,确认全部切断后方可施工。

(9)在拆除工程作业中,发现不明物体,应停止施工,采取相应的应急措施,保护现场,及时向有关部门报告。

(10)项目经理必须对拆除工程的安全生产负全面领导责任。项目经理部应安有关规定设专职安全员,检查落实各项安全技术措施。

(11)根据拆除工程施工现场作业环境,应制定相应的消防安全措施。施工现场应设置消防车通道,保证充足的消防水源,配备足够的灭火器材。

## 二、施工方案及措施

(1)设置施工安全生产牌。

(2)设置文明施工牌,做好房屋拆除工程施工现场的围护。在房屋拆除工程施工现场醒目位置设置施工标志牌、安全警示标志牌,采取可靠防护措施,实行封闭施工。

(3)严格按国家强制性标准、施工组织设计或拆除方案实施拆除施工作业。拆除前,应先切断电源,并关闭天然气。人工拆除通常应按自上而下、对称顺序进行,不得数层同时拆除,不得垂直交叉作业。作业面的孔洞应封闭。当拆除一部分时,应先采取加固措施,防止另一部分倒塌。拆除工程施工作业人员必须正确穿戴安全帽等劳动保护用品,高处作业应系好安全带,不得冒险作业。

(4)在拆除施工作业过程中,如发现不明电线(缆)、管道等应停止施工,采取必要的应急措施,经处理后方可施工。如发现有害气体外溢、淹埋或人员伤亡事故,必须及时向有关部门报告。

(5)进行拆除作业时,楼板上严禁人员聚集或堆放材料,作业人员应站在稳定的结构或脚手架上操作,被拆除的构件应有安全的放置场所。

(6)拆除时对拆除物应采取有效的下落控制措施。

(7)拆除管道时,必须在查清残留物的性质,并采取相应措施确保安全后,方可进行施工。

(8)制定安全技术管理制度,建立安全技术档案。

(9)清运渣土的车辆应封闭或覆盖,出入现场时应有专人指挥。清运渣土的作业时间应遵守工程所在地的有关规定。

(10)拆除工程施工时,应有防止扬尘和降低噪声的措施。

(11)拆除工程完工后,应及时将渣土清运出场。

# 第四节　砌筑工程

砌石工程在小型水利工程中应用较为普遍,常用于建筑物的护坡、护底、桥拱、涵间墩培以及渠道、河岸防冲的衬砌等部位。

## 一、浆砌石

### (一)原材料

#### 1.砂浆

砌体工程所用水泥砂浆的强度等级应达到设计要求,满足砂浆流动性、保水性、耐久性及黏结力、抗压强度和外观质量要求。各种强度等级的砂浆配合比依据试验室提供的资料为准。

砂浆必须具有适当的流动性和良好的和易性,以保证砌体灰缝充分填满和压实。砂浆的稠度用标准圆锥体在垂直方向沉入砂浆的深度表示,一般为 4 ~ 7 cm。零星工程可用直接观察法检查,即用手捏成小团,以指缝不出浆、松手后不松散为适度。

砂浆配合比由项目部试验室委外确定,并经监理认可后下发各队执行。

每个工班砌石,应做1组(3件为1组)评定砂浆或小石子混凝土强度的试件。当水泥品种、强度等级或配合比等有变动时,均应另做试件1组,以此作为衡量砂浆施工质量的依据。

2.石材

(1)石料必须质地坚硬,石质均匀一致,不易风化且未风化、无裂纹,抗压强度、耐久性、抗冻性等经试验鉴定满足要求,有石材试验报告单。要求抗压极限强度:用于主体工程的不小于30 MPa,用于附属工程的不小于25 MPa。石料表面如有泥污、水锈或苔藓,应清除洗刷干净后方准使用。

(2)一般应由爆破法或楔劈法开采石块,中部厚度不小于15 cm,卵形和薄片者不得使用,用做镶面的片石,应选择表面较平整及尺寸较大者,且边缘厚度不得小于15 cm。砌筑前应稍加修整,并将影响灰缝的尖、凸棱角敲掉。

(3)风化石、裂纹石、有软弱夹层的石块应剔除,不得使用。

(4)石块在砌筑前应浇水湿润。

**(二)施工方法**

1.浆砌片石

1)砌筑方法

浆砌各种石料的一般顺序均为:先砌角石,再砌面石,最后砌腹石。浆砌片石时,角石应选择比较方正、大小适宜的石块,否则应稍加清凿。角石砌好后即可将线移挂到角石上,再砌面石(即定位行列),面石应留一运送填腹石料的缺口,砌完腹石后再封砌缺口。腹石宜采用往运送石料方向倒退着砌筑的方法,先远处后近处,腹石应与面石一样按规定层次和灰缝砌筑整齐,砂浆饱满。

挤浆法应分层砌筑,每分层的高度宜为70~120 cm(3~4层片石)。分层与分层间的砌缝应大致找平,即每隔3~4层片石找平一次。分层内的每层石块,不必铺找平砂浆,而可以按石料高低不分形状,逐块或逐段铺浆。砂浆的流动性宜为5~7 cm。

砌时,每一块片石均应先铺砂浆,再安放石块,经左右揉动几下,再用手锤轻击,将下面砂浆挤压密实。在已砌好片石侧面继续安砌时,除坐浆外,还应在相邻石块侧面铺抹砂浆,再砌片石,并向下面及抹浆的侧面用手挤压,用锤轻击,将下面和侧面的砂浆挤实。挤出的砂浆可刮起再用。分层内各层石块的砌缝应尽可能错开,但不要求全部错开。分层与分层间的砌缝必须错开,且错缝距离要求不小于8 cm。

2)浆砌片石要领

(1)浆砌片石时,应利用片石的自然形状相互交错地衔接在一起。因此,除最下一层石块大面朝下外,上面的石块不一定必须大面朝下,做到犬牙交错、搭接紧密,同时在砌下面石块时,即应考虑上层石块如何接砌。

(2)石料的供应和砌石配合很密切,在砌角石、面石时应供应比较方正的石块,砌腹石时可供应不规则但形状、尺寸适宜的石块。

(3)使用片石时应有计划。角石、面石应首先选用以备用。砌体下层应选用较大的石块,向上逐渐用较小尺寸石块。

(4)一天中完成的砌体高度不宜超过 1.2 m,天冷、砂浆强度增长很慢时,当天完成的砌体高度还应减少。

3)浆砌镶面片石的步骤

(1)目测、选石、试砌。根据接砌部位情况,估计所需石块形状、大小,然后选石,不垫砂浆进行试砌。

(2)用大锤打除大棱角。根据试砌情况找出石块中碍事的大棱角,用大锤打掉。

(3)用手锤打除小棱角。

(4)用凿子凿除突出部分(底面放不平或影响上部接砌的部分)。

(5)铺浆砌石。铺好砂浆,将石块翻回。

(6)正位。用小撬棍将石块拨正,使两边灰缝合适。如石块较小,用手锤轻轻敲击,如石块较大,用手左右揉正几下,使灰缝挤实。

4)沉降缝和伸缩缝的砌法

为了保证接缝的作用,采用跳段砌筑的方法,使相邻两段砌石高度错开,并在接缝处作为一个外露面,挂线砌筑,达到又直、又平。沉降缝的填塞材料一般可用预制的麻筋沥青板,贴置在接缝处已砌墙段的端面;也可在砌筑后再填塞防水材料,但均须填满、挤紧,以满足防水要求。为保证沉降或伸缩缝宽度和不被杂物堵塞,采用一块长度比砌体最厚处长 10~15 cm、宽 30~50 cm、厚度与缝宽相间的木板(简称为沉降缝控制板),随砌体自下而上移动,每移动一层,马上用黏土将沉降缝填实,再继续上层砌筑。

5)质量标准及规范要求

(1)浆砌片石应采用挤浆法分段砌筑,每段砌筑高度不得大于 120 cm,段与段之间的砌缝应大致砌成水平。段内各砌块的灰缝应互相错开,灰缝应饱满,并捣插密实。

(2)砌筑每层片石时,应自外圈定位行列开始。定位行列的石块宜选用表面较平整及尺寸较大者,并稍加修整。定位行列的灰缝应全部用砂浆充满,不得镶嵌碎石或小石子混凝土。定位行列与腹石之间,应互相交错连成一体。

(3)定位行列砌完后,先向圈内底部铺一层适当厚度的砂浆,再砌筑腹石,砂浆厚度应使石块挤压,安砌时能紧密连接,灰缝饱满,砌筑腹石应符合下列规定:①石块间砌缝应互相交错,咬搭密实,不得使石块无砂浆直接接触。严禁先干填石料而后铺砂浆的做法。②石块应大小搭配,石块较大者以大面为底,较宽的灰缝应用小石块挤塞,挤浆时可用小锤稍稍敲打石块,将灰缝挤紧。③砌石中不得有任何孔隙。

(4)浆砌片石的砌缝应符合下列规定:①砌体定位行列表面灰缝宽不得超过 4 cm。在砌体表面的任何地点,与三块相邻石块相切的内切圆的直径不得大于 7 cm,两层间错缝不得小于 8 cm。②填腹部分的灰缝亦宜减小,在较宽的灰缝中可用小片石或碎石塞填。③砌筑片石时,砌缝宽度不得小于 26~30 mm,预留砌缝深度不得小于 30~35 mm,不宜用砂浆填满外露砌缝,避免勾凹缝时重新凿除,费工、费时、费料。④勾缝时,浆砌要嵌满压实,其面不宜超出片石表面,仅把砌缝抹平抹满为宜,片石上不要有多余的砂浆。⑤勾缝尺寸:砌片石时,在凹缝槽宽取 10~15 mm,深度以 8~10 mm 为宜。⑥勾缝工具可用 Φ(10~12)的圆钢加工制成。⑦砌片石的勾缝宽窄要均匀圆顺,砂浆凹槽内表面光滑,无毛糙、起砂现象。如出现砂浆干裂,则要在初凝前进行补压,并加强洒水养生。

2. 浆砌块石

1)用做镶面的块石

(1)石料的修凿。石料应大致修凿方正、上下面大致平行并有较平的一面。石料厚度为 20~30 cm(不小于 20 cm),宽度为厚度的 1~1.5 倍,长度为厚度的 1.5~3 倍。修凿时外露面及经过修整的部位应达到无明显凹凸,凹入深度不超过 20 mm。所有垂直于外露面的镶面石表面应至少修凿不少于 7 cm 长。

(2)石块的排列要求。①分层:可不按每块石料厚度分层,但每隔 70~120 cm 必须找平一次作为一水平层。②垂直缝的错缝:各水平层间垂直缝应错开,错开距离不应小于 8 cm。各砌块间的垂直缝也应尽可能错开 8 cm。③丁石、顺石的排列:砌镶面石时,为使镶面石和填腹石紧密联结,须采用丁石和顺石相间排列的方法,最好是一丁一顺排列,也可两顺一丁排列。④灰缝:灰缝宽度最大 2 cm,不应有干缝和瞎缝。缝宽的量法应以缝两侧砌体的表平面为准(不包括凹入部分)。

2)用做填腹的块石

填腹块石水平灰缝的宽度不大于 3 cm,垂直灰缝的宽度不大于 4 cm,灰缝须错开。应在砂浆中填塞小石块,以节省灰浆。

3)块石的砌法

安砌块石的步骤和方法基本与浆砌片石相同,即每层先砌角石,再砌面石,最后填腹。在接砌前应先坐浆,并将石块打湿。镶面石的垂直缝应将砂浆分层填入,用灰刀捣实,不可用稀浆灌注。填腹亦应采用挤浆法,先铺浆,再将石块放入挤紧,垂直缝中应挤入1/3~1/2 的砂浆,不满部分再分层插入灰浆。对较大的垂直灰缝可尽量填塞小石块。但水平灰缝不可用小石块支垫或找平。

4)浆砌块石注意事项

(1)砌筑块石可不按同一厚度分层,但每砌成 70~120 cm 的高度后应找平一次。段内和两段相接处的竖向错缝均不得小于 8 cm,垂直错缝不小于 8 cm。

(2)用块石填腹时,水平灰缝宽度不得大于 3 cm,竖向灰缝不得大于 4 cm,填腹石的灰缝应彼此错开。

砌筑镶面石宜采用一顺一丁或两顺一丁的砌法,灰缝宽度不得大于 2 cm。

3. 浆砌粗料石

浆砌粗料石常用于表面要求整齐美观的镶面,以及要求形状比较规则、强度比较高的砌体。安砌时,在分层、错缝、灰缝等方面都要求比较严格。因此,对形状比较复杂的工程、应先作出配料设计图,注明每块石块的尺寸。形状比较简单时,也须根据砌体高度、尺寸、错缝等情况先行放样,配好后再砌。

1)配料原则和砌筑方法

(1)灰缝。砌筑时按每块石料厚度分层,层与层间灰缝须成直线,块与块间竖缝必须和层与层间的灰缝垂直。粗料石镶面砌筑的灰缝宽度为 15~20 mm(一般),深度取 20~25 mm,不宜用砂浆填满外露砌缝,避免勾凹缝时重新凿除,费工、费时、费料。

(2)按砌体高度配好砌石层数,砌筑时依石块厚薄次序,将厚的砌在下层,薄的砌在上层,石块厚度多采用 20 cm、24 cm、30 cm、32 cm(不小于 20 cm)数种,也可采用其他尺寸,但 32 cm 的石块一般需用起重设备安装。

(3)每一行列中必须一丁一顺的排列。丁石、顺石的规格有如下要求:①丁石长度应比相邻同层顺石宽度至少大 15 cm,修凿面每 10 cm 长须有路 4~5 条,侧面修凿面应与外露面垂直(修凿进深不少于 10 cm),正面凹陷深度不应超过 1.5 cm。②粗料石应修整到大致为六面体,其厚度不小于 20 cm,宽度不小于 1~1.5 倍厚度,长度不小于 1.5~4 倍厚度。

(4)错缝。一般错缝不少于 10 cm,但丁石的上层或下层不能有垂直缝。如有困难,只允许在丁石的上面或下面只有一面有一个垂直缝。

(5)形状突然变化的地方(如转角)不得有灰缝。

2)砌筑要求

(1)镶面粗料石应符合下列规定:①镶面石应列成水平行列,行列中各邻接石块间的灰缝应竖直。②镶面行列每列的高度应固定不变,但可以向上逐列递减。③每一行列均应以一丁一顺交替的方法砌筑。④两邻接行列中垂直缝的错开不得小于 10 cm。在丁石的上层或下层,均不得有垂直灰缝。如错缝确有困难,可在丁石的顶面或底面有一侧的错缝稍小,但也不得小于 4 cm。

(2)镶面石砌筑灰缝宽度应为 1.5~2 cm。

3)粗料石砌体的砌筑顺序与要求

粗料石砌体的砌筑顺序与要求应符合下列规定:

(1)每层镶面石应事先按规定的灰缝宽度及错缝位置等放样配好。在砌筑镶面石处,先铺一层比砌缝稍厚的砂浆,顺序安砌料石,随即填塞垂直灰缝并捣实。

(2)每层镶面石均应从砌体的转角部分开始安砌,并应首先安砌角石。

(3)每层镶面石砌成后再砌腹石,腹石应与镶面石大致同高,如用混凝土填腹,可先砌筑数层镶面石,然后灌注混凝土。镶面石层数视填腹混凝土的侧压力而定,一般以不超过 3 层为宜。

4)砌石勾缝

砌石表面的勾缝,除设计有要求者外,应在砌筑时留出 2 cm 深的空隙,随即用水泥砂浆将缝勾完。否则应待砌体砂浆凝固后,将空缝清洗干净再勾缝。砌体表面勾缝一般采用平缝。勾缝所用的砂浆强度等级与砌体所用的砂浆强度等级一致。应随砌随用灰刀将灰缝刮平。砌筑粗料石,缝宽取 15~20 mm,缝深取 20~25 mm,凹缝压槽宽与砌缝一致,深度为 8~10 mm。

5)砌石养护

(1)砌体应及时覆盖并经常洒水保持湿润,养护期不得小于 7 d。

(2)砌体在砂浆未达 100% 设计强度以前,不得承受全部设计荷载。

6)其他

(1)在常温下施工时,料石在砌筑前应洒水湿润,如有泥污,应冲刷干净。砌筑时不得在新砌体上抛掷石块或凿打,并避免碰撞。砂浆初凝后,如发现已砌好的石块松动,应立即拆除重砌。砌筑工作中断后,如继续砌筑应将已砌好的砌体表面清扫干净,并洒水湿润,然后再行砌筑。

（2）对于高大的后仰砌筑物，为平衡其自重偏心，应随砌体同时夯填土方。

（3）使用有层理的石料砌筑各种工程时，必须使层理与受力方向相垂直。

（4）隧道端、边墙表面均应砌筑平整。

**（三）砌石工程注意事项及安全要求**

1.脚手架

（1）砌体高度超过 1.2 m 时，应搭设脚手架，砌体高度超过 4 m 时，应采用里脚手架，必须加搭安全网；如采用外脚手架，必须加设护栏和挡脚板。

（2）脚手架上堆料不应超过脚手架的荷载能力，一块脚手板上的操作人员不应超过 2 人。

（3）不应在不稳固的工具或其他物体在脚手架上垫高操作。

（4）不应在未经加固的情况下，在一层脚手架上叠加脚手架。

（5）运输材料的坡道须钉装牢固，并应加钉防滑条及扶手、栏杆。

2.机械运输和吊装

（1）用于垂直运输的起重设备，滑车、绳索、刹车等必须满足负荷要求、牢固无损、吊运时不应超载，并须经常检查，发现问题及时处理。

（2）石料运输车辆前后距离，在平道上不宜小于 2 m，坡道上不宜小于 10 m。

3.施工操作

（1）开始前必须检查脚手架等操作环境是否符合安全要求，道路是否畅通，机具是否完好，符合要求后才能开始施工。

（2）砌基础时，应检查和经常注意基坑壁土质变化，有无崩裂征兆。堆放石料应离坑边适当距离。当深基坑装设挡板及支撑时，操作人员应设梯上下，施工和运料时不得碰撞、踩踏支撑。

（3）在上下交叉作业时，必须设置安全隔板，操作人员必须佩戴安全帽。

（4）用锤打石时，应先检查铁锤是否牢固，打锤时应按石纹走向落锤，锤口要平，落锤要准。同时，要注意附近情况，以防伤人。

（5）不得在墙顶或脚手架上修改石料，以免震动墙体，影响质量或石块掉下伤人。

（6）凿石时，应防止碎块伤人。

## 二、干砌石

**（一）干砌石挡墙施工**

（1）墙体砌筑时宜分皮卧砌，块石大面应朝下，上下层交叉错缝互相压叠，内外搭砌咬紧，保证砌体密实，外坡面平整、顺直、美观。

（2）墙体砌筑时应避免通缝，不准外塞石，不准摇大面；严禁采用内外层砌筑中间乱石填心，面层砌筑内部乱石堆填的错误砌筑方法。

**（二）干砌石护坡施工**

（1）砌石应垫稳填实，与周边砌石靠紧，严禁架空。

（2）严禁出现通缝、叠砌和浮塞；不得在外露面用块石砌筑，而中间以小石填心；不得在砌筑层面以小块石、片石找平；堤顶应以大石块或混凝土预制块压顶。

（3）承受大风浪冲击的堤段，宜用粗料石丁扣砌筑。

# 第五节　混凝土(预制)工程

## 一、模板制作与安装

模板的主要作用是对新浇筑混凝土起成型和支承作用,同时还具有保护和改善混凝土表面质量的作用。

### (一)模板的基本类型

(1)按制作材料不同,模板可分为木模板、钢模板、混凝土和钢筋混凝土预制模板。

(2)按其形状不同,模板可分为平面模板和曲面模板。

(3)按受力条件不同,模板可分为承重模板和侧面模板。侧面模板按其支承受力方式不同,又分为简支模板、悬臂模板和半悬臂模板。

(4)按架立和工作特征不同,模板可分为固定式、拆移式、移动式和滑动式。固定式模板多用于起伏的基础部位或特殊的异形结构如蜗壳或扭曲面,因其大小不等、形状各异,故难以重复使用。拆移式、移动式和滑动式模板可重复或连续在形状一致或变化不大的结构上使用,有利于实现标准化和系列化。

### (二)对模板的要求

(1)模板的形式应与结构特点和施工方法相适应;

(2)具有足够的强度、刚度和稳定性;

(3)保证浇筑后的结构物形状、尺寸和相互位置符合图纸规定,各项误差在允许范围内;

(4)模板表面光洁平整、接缝严密;

(5)制作简单、装拆方便、经济耐用,尽量做到系列化、标准化。

### (三)模板的安装

模板安装必须按设计图纸测量放样,对于重要结构应多设控制点,以利检查校正。模板安装好后,要进行质量检查;检查合格后,才能进行下一道工序。应经常保持足够的固定设施,以防模板倾覆。支架必须支承在稳固的地基或已经凝固的混凝土上,并有足够的支承面积,以防止滑动。支架的立柱必须在两个互相垂直的方向上用撑拉杆固定,以确保稳定。对于大体积混凝土浇筑块,成型后的偏差不应超过木模安装允许偏差的50% ～ 100%,取值大小视结构物的重要性而定。

脚手架不宜与模板及支架连接;如果必须连接,应采取措施,确保模板及支架的稳定性,防止模板变形。

墩、墙模板采用对拉杆件固定时,拆模后,应将拉杆两端伸进保护层厚度的部分截除,并用与结构同质量的水泥砂浆填实抹平。

### (四)模板的拆除

1.拆模时间

拆模的早晚直接影响混凝土的质量和模板使用的周转率。拆模时间应根据设计要求、气温和混凝土强度增长情况而定。

（1）施工规范规定，非承重侧面模板，混凝土强度应达到3.5 MPa以上，其表面和棱角不因拆模而损坏时方可拆除。一般需2~7 d，夏天需2~4 d，冬天需5~7 d。混凝土表面质量要求高的部位，拆模时间宜晚一些。

（2）钢筋混凝土结构的承重模板，要求达到下列规定值（按混凝土设计强度等级的百分率计算）时才能拆模：

①悬臂板、梁：跨度≤2 m，70%；跨度>2 m，100%。

②其他梁、板、拱：跨度≤2 m，50%；跨度2~8 m，70%；跨度>8 m，100%。

③桥梁、胸墙等重要部位的承重支架，除混凝土强度应达到以上规定外，龄期不得少于7 d。

④有温控防裂要求的部位，拆除期限应专门确定。

2. 拆模的程序和方法

在同一浇筑仓的模板，按"先装的后拆，后装的先拆"的原则，按次序、有步骤地进行，不能乱撬。拆模时，应尽量减少对模板的损坏，以提高模板的周转次数。要注意防止大片模板坠落，高处拆组合钢模板时，应使用绳索逐块下放。模板、连接件、支撑件应及时清理，分类堆存。

## 二、模板支撑及脚手架

### （一）模板的支撑

模板的支撑必须经过计算确定，并应符合下列要求：

（1）当钢筋混凝土梁、板跨度大于4 m时，模板应起拱；当设计无具体要求时，起拱高度宜为跨度的1/1 000~3/1 000。

（2）支架的材料，如钢、木、钢、竹或不同直径的钢管之间均不得混用。

（3）安装支架时，必须采用防倾倒的临时固定设施，工人在操作过程中必须有可靠的防坠落等的安全设施。

（4）结构逐层施工时，下层楼板应能够承受上层的施工荷载。否则，应加设支撑支顶；支顶时，立柱或立杆的位置应放线定位，上、下层的立柱或立杆应在同一垂直线上，并设垫板。

### （二）脚手架

一般项目常用的脚手架是扣件式脚手架。

扣件式脚手架是由立杆，纵向、横向水平杆用扣件连接组成的钢构架。为使扣件式脚手架在使用期间满足安全可靠和使用要求，脚手架既要有足够承载能力，又要具有良好的刚度（使用期间，脚手架的整体或局部不应产生影响正常施工的变形或晃动），故其组成应满足以下要求：

（1）必须设置纵向、横向水平杆和立杆，三杆交会处用直角扣件相互连接、并应尽量紧靠，此三杆紧靠的扣接点称为扣件式脚手架的主节点。

（2）扣件螺栓拧紧扭力矩应为40~65 N·m，以保证脚手架的节点具有必要的刚性和承受荷载的能力。

（3）在脚手架和建筑物之间，必须按设计计算要求设置足够数量、分布均匀的连墙件,此连墙件应能起到约束脚手架在横向(垂直于建筑物墙面方向)产生变形,以防止脚手架横向失稳或倾覆,并可靠地传递风荷载。

(4)脚手架立杆基础必须坚实,并具有足够承载能力,以防止不均匀或过大的沉降。

(5)应设置纵向剪刀撑和横向斜撑,以使脚手架具有足够的纵向和横向整体刚度。

(6)脚手架应根据施工荷载经设计确定,施工常规负荷量不得超过 3.0 kPa。脚手架搭成后,须经施工及使用单位技术、质检、安全部门按设计和规范检查验收合格,方准投入使用。

施工脚手架应按照国家颁布的有关安全技术规范及规定进行设计施工。未经主管部门(原审批)批准,严禁随意修改和变动其结构。

在脚手架醒目的位置应挂警示牌,应注明脚手架通过验收时间、使用期限、一次允许在脚手架上的作业人数、最大承受荷载等。

(7)高度超过 25 m 和特殊部位使用的脚手架,必须专门设计并报业主(监理)审核、批准,并进行技术交底后,方可搭设和使用。

(8)脚手架基础牢固,禁止将脚手架固定在不牢固的建筑物或其他不稳定的物件之上,在楼面或其他建筑物上搭设脚手架时,均应验算承重部位的结构强度。

### 三、钢筋制作与安装

#### (一)钢筋检验

运入加工现场的钢筋,必须具有出厂质量证明书或试验报告单,每捆(盘)钢筋均应挂上标牌,标牌上应注有厂标、钢号、产品批号、规格、尺寸等项目,在运输和储存时不得损坏和遗失这些标牌。

到货钢筋应分批验收检查每批钢筋的外观质量,查看锈蚀程度及有无裂缝、结疤、麻坑、气泡、砸碰伤痕等,并应测量钢筋的直径。

到货钢筋应分批进行检验。检验时以 60 t 同一炉(批)号、同一规格尺寸的钢筋为一批。随机选取 2 根经外部质量检查和直径测量合格的钢筋,各截取一个抗拉试件和一个冷弯试件进行检验,不得在同一根钢筋上取两个或两个以上同用途的试件。钢筋取样时,钢筋端部要先截去 500 mm 再取试样。在拉力检验项目中,包括屈服点、抗拉强度和伸长率三个指标。如有一个指标不符合规定,即认为拉力检验项目不合格。冷弯试件弯曲后,不得有裂纹、剥落或断裂。

对钢号不明的钢筋,需经检验合格后方可使用。检验时抽取的试件不得少于 6 组。

#### (二)钢筋配料

钢筋加工前,应根据设计图纸按不同构件编制配料单,然后进行备料加工。为了使工作方便和不漏配钢筋,配料应该有顺序地进行。

施工中缺少设计图中要求的钢筋品种或规格时,可按下述原则进行代换:

(1)等强度代换。当构件设计是按强度控制时,可按强度相等的原则代换。

(2)当构件按最小配筋率配筋时,可按钢筋的面积相等的原则进行代换。

(3)当钢筋受裂缝开展宽度或挠度控制时,代换后还应进行裂缝或挠度验算。

钢筋代换时,必须充分了解设计意图和代换材料的性能,并严格遵守水工钢筋混凝土设计规范的各项规定。重要结构中的代换,应征得设计单位的同意。

**(三)钢筋加工**

钢筋的加工包括调直、去锈、切断、弯曲和连接等工序。

**1. 钢筋调直、去锈**

调直直径 12 mm 以下的钢筋,主要采用卷扬机拉直或用调直机调直。用冷拉法调直钢筋,其矫直冷拉率不得大于 1%(Ⅰ级钢筋不得大于 2%)。对于直径大于 30 mm 的钢筋,可用弯筋机进行调直。

对于不需要调直的钢筋表面的鳞锈,应用风砂枪或除锈机,也可手工锤敲去锈或用钢丝刷清除,以免影响钢筋与混凝土的黏结。对于一般浮锈可不必清除。

**2. 钢筋切断、弯曲**

切断钢筋可用钢筋切断机完成。对于直径 22~40 mm 的钢筋,一般采用单根切断;对于直径在 22 mm 以下的钢筋,则可一次切断数根。对于直径大于 40 mm 的钢筋要用砂轮锯、氧气切割或电弧切割。

一般弯筋工作在钢筋弯曲机上进行。水利工程中的大弧度环形钢筋的弯制可用弧形样板制作。样板弯曲直径应比环形钢筋弯曲直径小 20%~40%,使弯制的钢筋回弹后正好符合要求。样板弯曲直径可由试验确定。

**3. 钢筋连接**

钢筋连接常用的方法有焊接连接、机械连接和绑扎连接。

1)钢筋焊接连接

钢筋的焊接质量与钢材的可焊性、焊接工艺有关。常用的焊接方法有闪光对焊、电弧焊、气压焊、电渣压力焊和电阻点焊等。轴心受拉、小偏心受压或钢筋直径大于 25 mm 的钢筋接头均应焊接,需要焊接的钢筋应作焊接工艺试验。

2)钢筋机械连接

钢筋机械连接是通过连接件的机械咬合作用或钢筋端面的承压作用,将一根钢筋中的受力传递至另一根钢筋的连接方法。其在确保钢筋接头质量、改善施工环境、提高工作效率、保证工程进度方面具有明显优势。钢筋接头机械连接的种类很多,如钢筋套筒挤压连接、直螺纹套筒连接、精轧大螺旋钢筋套筒连接、热熔剂充填套筒连接、平面承压对接等。

3)钢筋接头的分布要求

钢筋接头应分散布置。配置在同一截面内的下述受力钢筋,其接头的截面面积占受力钢筋总截面面积的百分率,应符合相关规定:

(1)焊接接头,在受弯构件的受拉区,不宜超过 50%,在受压区不受限制。

(2)绑扎接头,在受弯构件的受拉区,不宜超过 25%,在受压区不宜超过 50%。

(3)机械连接接头,其接头分布应按设计规定执行,当设计没有要求时,在受拉区不宜超过 50%;在受压区或装配式构件中钢筋受力较小的部位,A 级接头不受限制。

(4)焊接与绑扎接头距离钢筋弯头起点不得小于 10$d$($d$ 为钢筋直径),也不应位于最大弯矩处。

(5)若两根相邻的钢筋接头中距在 500 mm 以内或两绑扎接头的中距在绑扎搭接长

度以内,均作为同一截面处理。

**(四)钢筋安装**

钢筋的安装可采用散装和整装两种方式。

1. 散装

散装是将加工成型的单根钢筋运到工作面,按设计图纸绑扎或焊接成型。

2. 整装

整装是将加工成型的钢筋,在焊接车间用点焊焊接交叉结点,用对焊接长,形成钢筋网和钢筋骨架。整装件由运输机械成批运至现场,用起重机具吊运入仓就位,按图拼合成型。

3. 钢筋保护层

钢筋安装时,应严格控制保护层厚度。钢筋下面或钢筋与模板间应设置数量足够、强度高于构件设计强度、质量合格的混凝土或砂浆垫块;侧面使用的垫块应埋设铁丝,并与钢筋扎紧;所有垫块互相错开,分散布置。

在双层或多层钢筋之间,应用短钢筋支撑或采取其他有效措施,以保证钢筋位置的准确。

绑扎钢筋的铁丝和垫块上的铁丝均应按倒,不得深入混凝土保护层内。

## 四、混凝土拌和与运输

**(一)拌和方式**

混凝土拌和必须按照试验部门签发并经审核的混凝土配料单进行配料,严禁擅自更改。混凝土组成材料的配料量均以质量计。称量的允许偏差不应超过表 2-4-3 的规定。

表 2-4-3　混凝土材料称量的允许偏差

| 材料名称 | 称量的允许偏差(%) |
|---|---|
| 水泥、掺合料、水、冰、外加剂溶液 | ±1 |
| 骨料 | ±2 |

(1)一次投料法(常用方法),将砂、石、水、水泥同时加入搅拌筒中进行搅拌。

(2)二次投料法可分为预拌水泥砂浆法及预拌水泥净浆法。与一次投料法相比,混凝土强度可提高 15%,也可节约水泥 15%~20%。

(3)水泥裹砂法:①砂子先经砂处理机,使表面含水率保持在 2% 左右;②向拌和机加入砂和石子,加入一部分拌和水;③加入水泥,开始拌和,在砂石表面裹上一层水泥浆膜,其水灰比控制为 0.15~0.35;④最后加入剩余的拌和水和高效减水剂,直至拌和成均匀混凝土。

与一次投料法相比,混凝土强度可提高 20%~30%,且不易产生离析现象,泌水少,工作性好。

**(二)拌和设备生产能力的确定**

拌和设备生产能力主要取决于设备容量、台数与生产率等因素。

（1）每台拌和机的小时生产率可用每台拌和机每小时平均拌和次数与拌和机出料容量的乘积来计算确定。

（2）拌和设备的小时生产能力可按混凝土月高峰强度计算确定。

（3）确定混凝土拌和设备容量和台数，还应满足如下要求：①能满足同时拌制不同强度等级的混凝土；②拌和机的容量与骨料最大粒径相适应；③考虑拌和、加水和掺合料以及生产干硬性或低坍落度混凝土对生产能力的影响；④拌和机的容量与运载重量和装料容器的大小相匹配；⑤适应施工进度，有利于分批安装，分批投产，分批拆除转移。

**（三）混凝土的运输设备**

使用的运输设备，应使混凝土在运输过程中不致发生分离、漏浆、严重泌水、过多温度回升和坍落度损失。混凝土在运输过程中，应尽量缩短运输时间和转运次数。掺普通减水剂的混凝土运输时间不宜超过表2-4-4的规定。因故停歇过久，混凝土已初凝或已失去塑性时，应作废料处理。严禁在运输途中和卸料时加水。

表2-4-4　混凝土运输时间规定

| 运输时平均气温（℃） | 混凝土运输时间（min） |
| --- | --- |
| 20～30 | ≤45 |
| 10～20 | ≤60 |
| 5～10 | ≤90 |

**（四）混凝土的运输方案**

混凝土的运输必须保证混凝土不发生离析，不漏浆，不初凝，有规定的坍落度，并且在运抵仓面后混凝土还能有足够的有效浇筑时间。所以，运输中运输时间应尽量短，运输工具行驶平稳，应防晒、防雨、防风、防冻，转运次数要少，自落高度要小，落差大时，要设置溜槽、溜管等缓降装置。小型建筑物的混凝土运输浇筑，主要有混凝土泵运输方案、斗车或小型汽车运输方案以及人力运输浇筑方案。

1. 混凝土泵运输方案

采用混凝土泵运输方案分为拖泵和汽泵两种施工方案。拖泵施工一般要架设施工栈桥，配合施工的人员较多。

2. 小型汽车运输方案

当混凝土量较少时，可以通过架设施工栈桥，用小型汽车运输并配合溜槽等进行混凝土施工。

3. 人力运输浇筑方案

当受场地限制，混凝土量较少时，可以采用人力配合斗车运输浇筑方案。

4. 选择混凝土运输浇筑方案的原则

（1）运输效率高，成本低，转运次数少，不易分离，质量容易保证。

（2）起重设备能够控制整个建筑物的浇筑部位。

（3）主要设备型号要少，性能良好，配套设备能使主要设备的生产能力充分发挥。

（4）在保证工程质量的前提下能满足高峰浇筑强度的要求。

(5)除满足混凝土浇筑要求外,还能最大限度地承担模板、钢筋、金属结构及仓面小型机具的吊运工作。

(6)在工作范围内能连续工作,设备利用率高,不压浇筑块,或不因压块而延误浇筑工期。

### 五、混凝土浇筑与养护

混凝土浇筑的施工过程包括:浇筑前的准备作业,浇筑时入仓铺料、平仓与振捣和浇筑后的养护。

**(一)浇筑前的准备作业**

混凝土浇筑前的准备作业包括以下几个方面:

(1)基础面的处理。对于砂砾地基,应清除杂物,整平建基面,再浇 10～20 cm 低强度等级混凝土做垫层,以防漏浆;对于土基,应先铺碎石,盖上湿砂,压实后,再浇混凝土;对于岩基,爆破后用人工清除表面松软岩石、棱角和反坡,并用高压水枪冲洗,若粘有油污和杂物,可用金属刷刷洗,直至洁净。

(2)施工缝处理。施工缝是指浇筑块间临时的水平结合缝和垂直结合缝,也是新老混凝土的结合面。在新混凝土浇筑之前,必须采用高压水枪或风砂枪将老混凝土表面含游离石灰的水泥膜(乳皮)清除,并使表层石子半露,形成有利于层间结合的麻面。对纵缝表面可不凿毛,但应冲洗干净,以利灌浆。采用高压水冲毛,视气温高低,可在浇筑后5～20 h 进行;风砂枪打毛时,一般应在浇筑后 1～2 d 进行。施工缝凿毛后,应冲洗干净,使其表面无渣、无尘,才能浇筑混凝土。

(3)模板、钢筋及预埋件安设。

(4)开仓前全面检查。仓面准备就绪,风、水、电及照明布置妥当后,才允许开仓浇筑。一经开仓则应连续浇筑,避免因中断而出现冷缝。

**(二)浇筑时入仓铺料**

(1)混凝土入仓铺料多用平浇法。

(2)层间间歇超过混凝土初凝时间,会出现冷缝,使层间的抗渗、抗剪和抗拉能力明显降低。

(3)分块尺寸和铺层厚度受混凝土运输浇筑能力的限制,若分块尺寸和铺层厚度已定,要使层间不出现冷缝,应采取措施增大运输浇筑能力。若设备能力难以增加,则应考虑改变浇筑方法,将平浇法改变为斜层浇筑或台阶浇筑,以避免出现冷缝。为避免砂浆流失、骨料分离,此时宜采用低坍落度混凝土。

**(三)浇筑时平仓与振捣**

卸入仓内成堆的混凝土料,按规定要求均匀铺平称为平仓。平仓可用插入式振捣器插入料堆顶部振动,使混凝土液化后自行摊平,也可用平仓振捣机进行平仓振捣。

振捣是保证混凝土密实的关键。为了避免漏振,应使振点均匀排列,有序进行振捣,并使振捣器插入下层混凝土约 5 cm,以利上层结合。

**(四)混凝土养护**

养护是保证混凝土强度增长,不发生开裂的必要措施。通常采用洒水养护或安管喷雾。养护时间与浇筑结构特征和水泥发热特性有关。正常养护一般为 2 ~ 3 周,有时更长。对于已经拆模的混凝土表面,应用草垫等覆盖。

## 六、混凝土分缝与止水

为了适应地基的不均匀沉降和伸缩变形,在水闸、涵洞等水工结构设计中均设置温度缝与沉降缝,并常用沉降缝取代温度缝的作用。缝有铅直和水平两种,缝宽一般为 1.0 ~ 2.5 cm。缝中填料及止水设施在施工中应按设计要求确保质量。

**(一)填料的施工**

沉降缝的填充材料常用的有沥青油毛毡、沥青杉木板及泡沫板等多种。其安装方法有先装法和后装法两种。

1. 先装法

先装法是将填充材料用铁钉固定在模板内侧后,再浇筑混凝土,这样拆模后填充材料即可贴在混凝土上,然后立沉降缝的另一侧模板和浇筑混凝土,具体过程见图 2-4-6。如果沉降缝两侧的结构需要同时浇灌,则沉降缝的填充材料在安装时要竖立平直,浇筑时沉降缝两侧流态混凝土的上升高度要一致。

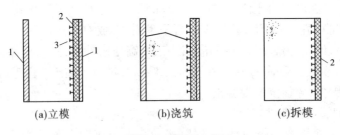

(a)立模  (b)浇筑  (c)拆模

1—模板;2—填料;3—铁钉

**图 2-4-6　先装法施工**

2. 后装法

后装法是先在缝的一侧立模浇混凝土,并在模板内侧预先钉好安装填充材料的长铁钉数排,并使铁钉的 1/3 留在混凝土外面,然后安装填料、敲弯钉尖,使填料固定在混凝土面上,再立另一侧模板和浇混凝土,具体过程见图 2-4-7。

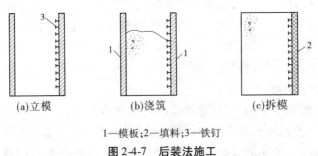

(a)立模  (b)浇筑  (c)拆模

1—模板;2—填料;3—铁钉

**图 2-4-7　后装法施工**

**(二)止水的施工**

凡是位于防渗范围内的缝,都有止水设施,止水包括水平止水和垂直止水。

## 1. 水平止水

水平止水形式如图 2-4-8 所示。水平止水大都采用塑料（或橡胶）止水带,其安装与填料的安装方法一样,具体见图 2-4-9。

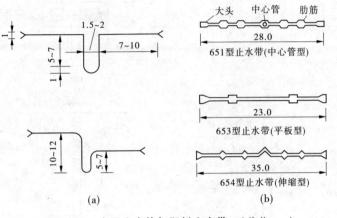

图 2-4-8　水平止水片与塑料止水带　（单位:cm）

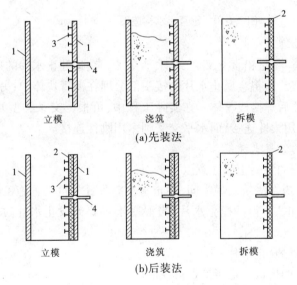

1—模板;2—止水带;3—嵌钉;4—止水带

图 2-4-9　止水带安装示意图

## 2. 垂直止水

常用的垂直止水构造如 2-4-10 所示。

止水部分的金属片,重要部分用紫铜片,一般部分用铝片、镀锌铁皮或镀铜铁皮等。

对于需灌注沥青的结构形式(见图 2-4-10(a)、(b)、(c)),可按照沥青井的形状预制混凝土槽板,每节长度可为 0.3~0.5 m,与流态混凝土的接触面应凿毛,以利结合。安装时需涂抹水泥砂浆,随缝的上升分段接高。沥青井的沥青可一次灌注,也可分段灌注。止水片接头要进行焊接。

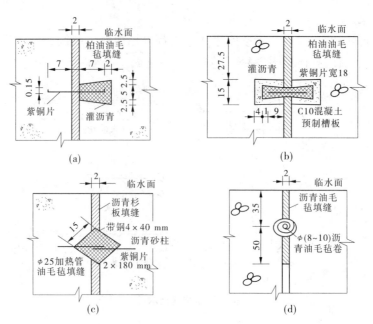

图 2-4-10　垂直止水构造图　（单位：cm）

### 3. 接缝交叉的处理

止水交叉有两类：一是铅直交叉，二是水平交叉。交叉处止水片的连接方式也可分为两种：一种是柔性连接，即将金属止水片的接头部分埋在沥青块体中；另一种是刚性连接，即将金属止水片剪裁后焊接成整体。在实际工程中，可根据交叉类型及施工条件决定连接方式，铅直交叉常用柔性连接，而水平交叉则多用刚性连接。

### 4. 止水缝部位的混凝土浇筑

浇筑止水缝部位的混凝土应注意以下事项：

（1）水平止水片应在浇筑层的中间，在止水片高程处不得设置施工缝。

（2）浇筑混凝土时，不得冲撞止水片，当混凝土将要淹没止水片时，应再次清除其表面污垢。

（3）振捣器不得触及止水片。

（4）嵌固止水片的模板应适当推迟拆模时间。

## 七、预制混凝土构件

小型水利工程常见的预制构件有预制桥面板、钢筋混凝土闸门、启闭机梁、小型砌块等。施工过程中应符合下列要求。

（1）预制场地应平整坚实，排水良好。

（2）浇筑预制构件，应符合下列要求：

①同一型号的预制构件有条件时，应用整体定型模板浇筑；浇筑前，应检查预埋件的数量和位置；

②每个构件应一次浇筑完成，不得间断，并宜用机械振捣，有条件时应采用附着式振动器振捣；

③构件的外露表面应平整、光滑,无蜂窝、麻面。

④重叠法制作构件时,其下层构件混凝土强度达到5 MPa后方可浇筑上层构件,底层与地膜、每层之间应采取隔离措施;

⑤构件浇筑完毕后,应标注型号、混凝土强度等级、制作日期和上下面。无吊环的构件应标明吊点位置。

(3)构件移动及堆放应符合下列要求:

①移动时的强度如设计无要求,不应低于设计强度等级的70%。

②构件的移运方法和支撑位置,应符合构件的受力情况,防止损伤。

③按照吊装顺序,以刚度较大的方向堆放稳定;各层垫木的位置应在同一垂直线上。

## 八、混凝土修补技术

混凝土工程普遍存在的质量问题主要有混凝土表层损坏、混凝土裂缝、结构渗漏等,不少都直接影响工程的使用,所以要进行必要的修补和维修。

### (一)混凝土表层损坏

1.混凝土表层损坏的原因

(1)施工质量缺陷:混凝土表面有蜂窝、麻面、骨料外露、接缝不平等。

(2)混凝土表面碳化、气蚀破坏、水流冲刷、撞击等。

(3)冻胀、侵蚀性水的化学侵蚀。

2.混凝土表层损坏的危害

混凝土表层损坏造成的危害有表层混凝土强度降低、局部剥蚀、钢筋锈蚀等。如任其发展,势必向内部深入,缩短建筑物的使用年限甚至直接导致建筑物失稳和破坏。

3.混凝土表层损坏的加固

在混凝土表层损坏的加固之前,不论采用什么方法均应先凿除已损坏的混凝土,并对修补面进行凿毛和清洗,然后再进行修补加固。

凿除的方法主要包括人工凿除、人工结合风镐凿除、小型爆破为主结合人工凿除、机械切割凿除等。在清除表面混凝土时,既要保证不破坏下层完好混凝土、钢筋、管道及观测设备等埋件,又要保证破坏区域附近的机械设备和建筑物的安全。

混凝土表层加固有以下几种常用方法。

1)水泥砂浆修补法

对凿毛、清洗过的湿润表面,用铁抹子将拌制好的砂浆抹到修补部位,反复压光、养护。当修补深度较大时,可掺适量砾料,以增强砂浆强度和减少砂浆干缩。砂浆强度不得低于原混凝土强度,以相同为宜。

2)预缩砂浆修补法

修补处于高流速区的表层缺陷,为保证强度和平整度,减少砂浆干缩,可采用预缩砂浆修补法。预缩砂浆是经拌和好之后再归堆放置30~90 min才使用的干硬性砂浆。预缩砂浆配置时,水灰比为0.3~0.34,灰砂比为1:2~1:2.5,并掺入水泥重量1‰的加气剂,以提高砂浆的流动性。修补时,对凿毛、清洗过的湿润表面,先涂一层水泥浆,然后再填入预缩砂浆,分层以木锤捣实,直至表面出现浆液。每次铺料层厚4~5 cm,捣实后为

2~3 m,层与层之间用硬刷刷毛,最后一层表面必须用铁抹子反复压实抹光,并与原混凝土接头平顺密实。施工完成 4~8 h 内进行养护。

3)喷浆修补法

喷浆修补法有湿料法和干料法两种。湿料法是将水泥、砂、水按一定比例拌和后,利用高压空气喷射至修补部位;干料法是把水泥和砂的混合物,通过压缩空气的作用,在喷头中与水混合喷射。工程中一般多用干料法。

喷浆修补法按其结构特点,又可分为刚性网喷浆、柔性网喷浆、无筋素喷浆三种。刚性网喷浆是指喷浆层有承受结构中全部或部分应力的金属网;柔性网喷浆是指金属网只起加固连接作用,不承担结构应力;无筋素喷浆多用于浅层缺陷的修补。

当喷浆层较厚时,应分层喷射,每次喷射的厚度应根据喷射条件而定:仰喷为 20~30 mm,侧喷为 30~40 mm,俯喷为 50~60 mm。层间间歇时间为 2~3 h。每次喷射前先洒水,已凝固的应刷毛,保证层间结合牢固。

喷浆修补工效快、强度大、密实性好、耐久性高,但由于水泥用量多、层薄、不均匀等因素,喷浆层易产生裂缝,影响使用寿命,因此使用上受到了一定限制。

4)喷混凝土修补法

喷混凝土与普通混凝土相比,具有密实性大、快速、高效、不用模板以及把运输、浇筑、振捣结合在一起的优点,因此得到广泛应用。

喷混凝土的工作原理、施工方法、养护要求与喷浆基本相同。一次喷射层厚一般不宜超过最大骨料粒径(一般不大于 25 mm)的 1.5 倍。为防止混凝土因自重而脱落,可掺用适量速凝剂。

5)钢纤维喷射混凝土修补法

钢纤维混凝土是用一定量乱向分布的钢纤维增强的以水泥为黏结料的混凝土,属于一种新型的复合材料,其抗裂性特强,韧性很大,抗冲击与耐疲劳强度高,抗拉与抗弯强度高。

搅拌是保证钢纤维在混凝土中均匀分布的重要环节。由于钢纤维混凝土在拌制过程中容易结团而影响混凝土性能,故在拌制过程中要采取合理的投料顺序以及正确的拌制方法。在施工中采用以下投料顺序:砂、石、钢纤维、水泥、外加剂、水。采用强制式搅拌机拌和。先加砂、石、钢纤维干拌,钢纤维逐渐撒散加入,再加入胶凝材料和外加剂干拌,最后加水湿拌。加料时不允许直接将钢纤维加到胶凝材料中,以防结团。

6)压浆混凝土修补法

压浆混凝土是将有一定级配的洁净骨料预先埋入模板内,并埋入灌浆管,然后通过灌浆管用泵把水泥砂浆压入粗骨料的间隙中,通过胶结而形成密实的混凝土。压浆混凝土与普通混凝土相比,具有收缩率小、拌和工作量小、可用于水下加固等优点。同时,对于钢筋稠密、埋件复杂不易振捣或埋件底部难以密实的部位,也能满足质量要求。

7)环氧材料修补法

环氧树脂是含有环氧基的树脂的总称。它具有强度高,黏结力大,收缩性小,抗冲、耐磨、抗渗和化学稳定性好的特点。对金属和非金属有很强的黏合力,俗称万能胶,但它有毒、易燃且价格高。用于混凝土表面修补的有环氧基液、环氧石英膏、环氧砂浆和环氧混凝土等。

**（二）混凝土裂缝**

1.混凝土裂缝的类型

按产生原因不同,混凝土裂缝有以下五类:沉降缝、干缩缝、温度缝、应力缝和施工缝（以竖向为主）。

2.裂缝处理的目的和一般要求

1）裂缝处理的目的

混凝土坝裂缝处理的目的主要是恢复其整体性,保持混凝土的强度、耐久性和抗渗性。

2）裂缝处理的一般要求

（1）一般裂缝宜在低水头或地下水位较低时修补,而且要在适宜于修补材料凝固的温度或干燥条件下进行。

（2）水下裂缝如果必须在水下修补,应选用相应的材料和方法。

（3）对受气温影响的裂缝,宜在低温季节裂缝开度较大的情况下修补;对不受气温影响的裂缝,宜在裂缝已经稳定的情况下选择适当的方法修补。

**（三）裂缝修补的方法**

（1）龟裂缝或开度小于0.5 mm的裂缝,可在表面涂抹环氧砂浆或表面贴条状砂浆,有些缝可以表面凿槽嵌补或喷浆处理。

（2）渗漏裂缝可视情节轻重在渗水出口处进行表面凿槽嵌补水泥砂浆或环氧材料,有些需要进行钻孔灌浆处理。

（3）沉降缝和温度缝的处理,可用环氧砂浆贴橡皮等柔性材料修补,也可用钻孔灌浆或表面凿槽嵌补沥青砂浆或者环氧砂浆等方法。

（4）施工（冷）缝一般采用钻孔灌浆处理,也可采用喷浆或表面凿槽嵌补。

# 第六节　装饰工程

装饰工程是指建筑施工中包括抹灰、油漆、刷浆、玻璃、裱糊、饰面、罩面板和花饰等工艺的工程,装饰工程主要分为门窗工程、吊顶工程、隔墙工程、抹灰工程、饰面板（砖）工程、楼地面工程、涂料工程、刷浆工程、裱糊工程。它是建筑施工的最后一个施工过程,其具体内容包括内外墙面和顶棚抹灰、内外墙饰面和镶面、楼地面的饰面、房屋立面花饰的安装、门窗等木制品和金属品的油漆刷浆等。

## 一、装饰工程的作用

### （一）满足使用功能的要求

任何空间的最终目的都是用来完成一定的功能。装饰工程的作用是根据功能的要求对现有的建筑空间进行适当的调整,以便建筑空间能更好地为功能服务。

### （二）满足人们对审美的要求

人们除对空间有功能要求外,还对空间的美有要求,这种要求随着社会的发展而迅速提升。这就要求装饰工程完成以后,不但要完成使用功能的要求,还要满足使用者的审美要求。

### (三)保护建筑结构

装饰工程不但不能破坏原有的建筑结构,而且要对建筑过程中没有进行很好保护的部位进行补充和保护处理。自然因素的影响,如水泥制品会因大气的作用变得疏松,钢材会因氧化而锈蚀,竹木会受微生物的侵蚀而腐朽。人为因素的影响,如在使用过程中由于碰撞、磨损以及水、火、酸、碱的作用也会使建筑结构受到破坏。装饰工程采用现代装饰材料及科学合理的施工工艺,对建筑结构进行有效的包覆施工,使其免受风吹雨打、湿气侵袭、有害介质的腐蚀以及机械作用的伤害等,从而起到保护建筑结构、增强耐久性、延长建筑物使用寿命的作用。

## 二、门窗工程

### (一)一般规定

(1)门窗安装前应根据门窗图纸,检查门窗的品种、规格、开启方向及组合杆、附件,合格后方可安装,并按设计要求检查洞口尺寸,如与设计不符应予以纠正。

(2)安装门窗必须采用预留洞口尺寸的方法,严禁采用边安装边砌筑的方法。门窗固定采用焊接、膨胀螺栓或射钉等方法,但砖墙严禁用射钉固定。

(3)门窗用的零配件质量均应符合现行国家标准、行业标准的规定,并按设计要求选用,不得使用不合格产品。

(4)铝合金门窗选用的零附件及固定件,除不锈钢外,均应经防腐处理。

### (二)钢门窗安装

(1)钢门框上预埋件及位置一般可按下列要求设置:当窗高或宽为 600 mm、900 mm、1 200 mm 时,左右或上下各设 2 个;当窗高或宽为 1 500 mm、1 800 mm、2 100 mm 时,左右或上下各设 3 个。

(2)钢门窗安装时,应先把钢门窗在洞口内摆正,用木楔临时固定,横平竖直;门窗地脚与预埋件宜采用焊接固定,如不采用焊接,应在安装地脚后,用水泥砂浆或细石混凝土将洞口缝隙填实。

(3)水泥砂浆凝固前,不得取出定位木楔或在钢门窗上安装五金零件,应待水泥凝固后取出木楔并用水泥砂浆抹缝。

(4)双层钢窗的安装间距必须符合设计要求。

(5)钢门窗零附件安装前,应检查钢门窗开启是否灵活,关闭后是否严密,零附件安装宜在墙面装饰后进行,安装时应按生产厂方的说明进行,密封应在门窗涂料干燥后进行,按型号进行安装和压实。

### (三)铝合金门窗安装

(1)铝合金门窗框固定的铁件,除四角离边角 150 mm 设一点外,一般间距不大于 400～500 mm,铁件可采用膨胀螺栓、射钉(砖)或焊于墙上预埋件等固定方法,锚固铁件用厚度不小于 1.5 mm 的镀锌铁片。

(2)铝合金门窗装入洞口应横平竖直,外框与洞口应弹性连接牢固,不得将门窗框直接埋入墙体,安装时应检查对角线长度。

(3)横向及竖向组合时应采取套插、搭接形成曲面组合,搭接长度为 10 mm,并用密封胶密封。

(4)安装密封条时应留有伸缩余量,一般比门窗的装配边长 20～30 mm,在转角处应斜面断开,并用胶粘剂粘贴牢固,以免产生收缩缝。

(5)若门窗为明螺丝连接,应用与门窗颜色相同的密封材料将其掩埋密封。搭接长度为 10 mm,并用密封膏密封。

(6)安装后的门窗必须有可靠的刚性,必要时可加固件,并应作防腐处理。

(7)铝合金门窗外面应包保护膜,以免砂浆、混凝土腐蚀铝合金外框。

(8)铝合金门窗外框与墙体的缝隙填塞应按设计要求处理,若设计无要求,应采用矿棉条或石棉,分层填塞,缝隙外表留 5～8 mm 深的槽口,用以填塞密封材料。

(9)铝合金外框与墙体连接处,窗扇橡皮条都应用防水胶打满,以防渗水。

(10)铝合金附件应开启灵活、安装牢固。

**(四)木门窗的制作质量**

木门窗的制作质量应符合下列要求:

(1)表面净光或磨砂,并不得有刨痕、毛刺和锤印。

(2)框、扇的线型应符合设计要求,割角、拼缝应严密平整。

(3)小料和短料胶合门窗及胶合板或纤维板门窗不允许脱胶,胶合板不允许创透表层单板的戗槎。

**(五)木门窗框或成套门窗安装**

(1)门窗框安装前应校正规方,钉好斜拉条(不得少于 2 根);无下坎的门框应钉水平拉条,防止在运输和安装过程中变形。

(2)门窗框应按设计要求的水平标高和平面位置在砌墙的过程中进行安装。

(3)在砖石墙上安装门窗框(或成套门窗)时,应用钉子固定于砌在墙内的木砖上,每边的固定点不应少于 2 处,其间距不应大于 1.2 m。

(4)当需要先砌墙时,宜在预留门窗洞口的同时,留出门窗框走头的缺口,在门窗框就位后,封砌缺口。

(5)门窗框与墙体(混凝土)的缝隙应用砂浆或细石混凝土填塞,寒冷地区在缝隙处应填塞保温材料。

**(六)门窗小五金安装**

门窗小五金安装应符合下列要求:

(1)小五金应安装整齐,位置适宜,固定可靠。

(2)合页距门窗上、下端宜在立梃高度的110,并避开上下冒头,安装后应开启灵活。

(3)小五金均应用螺丝固定,不得用钉子代替,应先用锤子打入13 深度,然后拧入,严禁打入全部深度,采用硬木时,应先钻一定深度的孔,孔径为木螺丝直径的0.9 倍。

(4)不宜在冒头与立梃的结合处安装门锁。

(5)门窗拉手位于门窗高度中点以下,窗拉手距地面以 1.5～1.6 m 为宜,门拉手距地面以 0.9～1.05 m 为宜。

### 三、吊顶工程

木部分适用于以轻钢龙骨、铝合金龙骨以及要龙骨为骨架的各类石膏板、矿棉(岩棉)吸声板、玻璃纤维板、胶合板、钙板、塑胶板、加压水泥板以及各种金属饰面板等吊顶工程。

**(一)施工准备**

1. 材料

(1)各种材料级别、规格以及零配件应符合设计要求。

(2)各种材料应有产品质检合格书和有关技术资料,配套齐备。

(3)所有用料运输进场不得随意乱扔、乱撞,防止踏踩,堆放平正,防止材料变形、损坏、污染、缺损。

2. 作业条件

(1)首先应熟识图纸、所用材料、施工工具、工程量、劳动力情况、工期等。

(2)该建筑物原始资料应齐全。

(3)所有现场配制的黏结剂,其配合比应先由有关部门进行试配,试验合格后才能使用。

(4)吊顶施工前,应在上一工序完成后进行。

(5)对原有孔洞应填补完整,无裂漏现象。

(6)原有的(埋)吊杆(件)应符合设计要求。

(7)对上一工序安装的管线应进行工艺质量验收,所预留出口、风口高度应符合吊顶设计标高。

**(二)操作工艺**

1. 龙骨安装

(1)根据吊顶的设计标高要求,在四周墙上弹线,弹线应清楚,其水平允许偏差为±5 mm。

(2)根据设计要求定出吊杆的吊点坐标位置。

(3)主龙骨端部吊点离墙边不应大于300 mm。

(4)主龙骨安装完成应整体校正其位置和标高,并应在跨中按规定起拱,起拱高度应不小于房间短向跨度的1/200。

(5)各种金属龙骨如需接驳,应使用同型号的接驳配件,如产品确无配件,应作适当处理。

(6)如主龙骨在安装时与设备、预留孔洞或其他吊件、灯组、工艺吊件有矛盾,应通知设计人员协调处理吊点构造或增设吊杆。

(7)主龙骨与吊杆应尽量在同一平面的垂直位置。如发现偏离应作适当调整。使用柔性吊杆作为主吊杆的,应作足够的刚性支撑,以免在安装罩面板时吊顶整体变形。

(8)主龙骨安装应留有副(次)龙骨及罩面板的安装尺寸。

(9)如设计无明确要求,主龙骨应设在平行于吊顶的短跨边。

(10)安装金属次龙骨,应使用同型号产品的配件,并应卡接牢固。

（11）如为木骨架,在安装时注意所选用材料规格及材质应符合设计,并应按现行《木结构工程施工及验收规范》（GBJ 206—83）的有关规定执行。

2. 罩面板施工

罩面板分钉挂式、搁置式和扣挂式。

通常情况下,当采用木板、胶合板、纤维板、石膏板和加压水泥板做吊顶的罩面板时,多用悬挂式。当用钙塑板、岩棉板、矿棉板、超细玻璃棉板、刨花板、木丝板时,多用搁置式。当用金属装饰板时,用扣件式。

（1）钉挂式罩面板通常情况下表面还有饰面层,所以安装时除表面外,板块之间应留缝隙,并应将板材边角去一小角,以利填缝时挂腻子。

（2）用石膏板、加压水泥板作吊顶罩面板,所选自攻螺丝应先进行防锈处理,螺丝间距在 200 mm 内为适宜,钉头沉入 0.5 ~ 1 mm 内为好。钉头沉入过多,会造成因挤压过紧而出现脱挂。

（3）一般胶合板、木板目前安装多使用经处理的气压射钉,如使用一般圆钉作钉挂,应将钉头打扁处理,在沉头后再用油漆作防锈处理。

（4）搁置式罩面板应搁置在合金铝⊥形龙骨或其他龙骨之上,一般都为轻质材料加工,除安装时注意保持龙骨的平直外,安装后不要有外力重压。

搁置式罩板,如超细玻棉板等,有孔洞时,应在骨面作适当的贴填加固,任何外物不能直接加在超细玻璃棉、岩棉、矿棉之类的罩面之上。

采用搁置法安装时,应留有板材料安装缝,每边缝隙不宜大于 1 mm。

（5）扣挂式金属罩面板通常都已涂了饰面层,并有表层保护膜,加工比较整齐,安装容易,只要注意产品保护、平整、统一,就容易达标。

扣挂式罩面板还有一种暗骨做法,暗骨罩面板在安装时特别要保护好其边角,其整体平整完全决定于骨架质量。此类产品通常表面再不作装饰,所以施工时应十分注意表面保护。

**（三）施工注意事项**

1. 避免工程质量通病

（1）各种外露的铁件,必须作防锈处理;各种预埋木砖,必须作防腐处理;木骨架、木质罩面板必须作防火涂层处理,其防火涂料应为地方消防部门认可的合格产品,并保存好产品证书以备案。

（2）吊顶内的一切空调、消防、用电电信设备以及人行走道必须自行独立架设。

（3）如果原建筑物有裂漏情况,必须经修补合格后方可进行吊顶安装。

（4）所有焊接部分必须焊缝饱满,吊扣、挂件必须拧夹牢固。

（5）控制吊顶不平,施工中应拉通线检查,做到标高位置正确、大面平整。

2. 主要安全技术措施

（1）所有龙骨不能作为施工或其他重物悬吊支点。

（2）对旧建筑物作吊顶安装时不要直接将吊杆打在空心板、墙上,如必要应作特殊处理。

（3）吊顶（天花）高度离楼地面超过 3.7 m 时应搭设固定脚手架。

（4）现场一切用电不得乱拉乱架,所有电动工具均需外套橡皮胶线。工具暂不使用时应拔掉电源插座。

　　3. 产品保护

（1）骨架、罩面板及其他吊顶材料在进场、存放、使用过程中应严格管理,保证不变形、不受潮、不生锈。

（2）施工部位已安装的门窗、地面、墙面、窗台等应注意保护,防止损坏。

（3）已装好的轻骨架上不得上人踩踏,其他工种的吊挂件不得吊于轻骨架上。

（4）一切结构未经设计审核,不能乱拉乱凿。

（5）罩面板安装后,应采取措施,防止损坏、污染。

## 四、抹灰工程

### （一）一般规定

（1）抹灰工程的等级应符合设计要求。

（2）抹灰工程所用的材料、砂浆配比应按设计要求选用。

（3）抹灰砂浆的配合比和稠度等应经检查合格后,方可使用,掺有水泥或石膏拌制的砂浆,应控制在初凝前用完。

（4）砂浆中掺用外加剂时,其掺入量应通过试验确定。

（5）木结构与砖结构、混凝土结构等不同材质的相接处基体表面抹灰,应先铺钉金属网,并绷紧牢固,金属网与各相关基体的搭接宽度不应小于 100 mm。

（6）室内墙面、柱面和门洞的阳角,宜用 1:2 水泥砂浆做护角,其高度不应低于 2 m,每侧宽度不应小于 50 mm。

（7）外墙抹灰工程施工前,应安装好门窗、阳台栏杆和预埋铁件等,并将墙上的施工孔堵塞密实。

（8）外墙窗台、窗楣、雨篷、阳台、压顶和突出腰线等,上面应做流水坡度,下面应做滴水线或滴水槽,滴水槽的深度和宽度均不应小于 10 mm,并整齐一致。

（9）水泥砂浆的抹灰层应在湿润的条件下养护。

（10）大面积的石膏抹面应事先经试验室试验后,得出既保证质量又便于操作的稠度及凝结时间才能施工。

（11）一般抹灰按质量要求分为普通、中级和高级三级。

主要工序如下:普通抹灰—分层赶平、修整,表面压光。中级抹灰—阳角找方,设置标筋,分层赶平、修整、表面压光。高级抹灰—阴阳角找方,设置标筋,分层赶平、修整、表面压光。

（12）厨厕、浴室、顶面等凡有泛水需要的地台抹灰应做成倾向出水口的泛水坡度,蹲式厕台应向大便器倾斜。凡大便器的粪管口,厨浴厕的地面污水管口如未装地漏一定要遮盖或临时堵塞。

（13）凡面层灰浆要压光的,最后一次"过硬匙",应在灰浆初凝后"收身"（即经过灰匙压磨而灰浆表层不会变成糊状）应及时进行。

（14）在外墙完成抹灰工序后应拆除外平桥板或将平桥部位的墙面加以遮护,防止雨水溅射使污垢散播在外墙面上。

（15）金属网抹灰砂浆中掺用水泥时，其掺量应经试验确定。

（16）罩面石膏灰应掺入缓凝剂，其掺量应通过试验确定，宜控制在 15～20 min 内凝结。涂抹应分两遍连续进行，第一遍应涂抹在干燥的中层上。罩面石膏不得抹在水泥砂浆层上。

（17）水泥砂浆不得涂抹在石灰砂浆层上。

（18）抹灰用砂宜用中砂，使用前应过筛，不宜采用特细砂。

（19）抹灰用石灰膏选用块状生石灰淋制，淋制时必须用孔径不大于 3 mm×3 mm 的筛过滤，并储存在沉淀池中。熟化时间：常温下一般不少于 15 d；用于罩面时，不应少于 30 d。使用时，石灰膏内不得含有未熟化的颗粒和其他杂质。在沉淀池中的石灰膏应加以保护，防止其干燥、冻结和污染。

（20）石灰膏也可用磨细生石灰粉代替，其细度应通过 4 900 孔/cm$^2$ 筛。用于罩面时，熟化时间不应少于 3 d。

（21）抹灰用黏土应选用洁净、不含杂质的亚黏土，并加水浸透。

（22）抹灰用纸筋可用白纸筋或草纸筋，充分打烂碾磨成糊状，要求洁净细腻，并经石灰浆浸泡处理。纸筋未打烂前不许掺入石灰膏，以免罩面层留有纸粒。

（23）高级装饰工程施工前，应预先做样板，并经有关单位认可后，方可继续进行施工。其他等级的装饰工程是否需做样板，应根据设计要求或由项目部视工程实际情况而定。

**（二）抹纸筋灰或石灰砂浆**

1. 施工准备

1）材料

（1）水泥：采用 32.5 级及以上的普通硅酸盐水泥或矿渣硅酸盐水泥。

（2）中砂：使用前应过筛。

（3）石灰膏或磨细生石灰粉。

（4）纸筋。

（5）黏土。

2）作业条件

（1）抹灰部位的主体结构均已检查合格，门窗框及需要预埋的管道已安装完毕，并检查合格。

（2）抹灰用的脚手架应先搭好，架子离开墙面 200～250 mm。

（3）将混凝土墙等表面凸出部分凿平。对蜂窝、麻面、露筋、疏松部分等凿到实处，用 1:2.5 水泥砂浆分层补平。把外露钢筋头和铅丝头等清除。

（4）对于砖墙，应在抹灰前 1 d 浇水湿透，对于加气混凝土砌块墙面，因其吸水速度较慢，应提前 2 d 进行浇水，每天宜浇水 2 遍以上。

2. 工艺流程

抹纸筋灰或石灰砂浆的工艺流程为：基层处理→套方、吊直、做灰饼及冲筋→做护角→抹底层灰和中层灰→抹罩面层灰。

3.操作工艺

1）基层处理

清除墙面的灰尘、污垢、碱膜、砂浆块等附着物，并洒水润湿。对于用钢模板施工过于光滑的混凝土墙面，可采用墙面凿毛或用喷、扫的方法将1:1的水泥砂浆分散均匀地喷射到墙面上，待结硬后才进行底层抹灰作业，以增强底层灰与墙体的附着力。

2）套方、吊直、做灰饼

抹底层灰前必须先找好规矩，即四角规方，横线找平，立线吊直，弹出基准线和墙裙、踢脚板线。属于中级和高级抹灰时，可先用托线板检查墙面平整、垂直程度，并在控制阳角方正的情况下大致确定抹灰厚度后（最薄处一般不小于7 mm），挂线做灰饼（灰饼厚度应不包括底层）。对于高级抹灰，应先将房间规方，一般可先在地面上弹出十字线作为基准线，并结合墙面平整、垂直程度大致确定墙面抹灰厚度，并吊线做灰饼，做灰饼时应先在左右墙角上各做一个标准饼，然后用线锤吊垂直线做墙下角两个标准饼（高低位置一般在踢脚线上口），再在墙角左右两个标准饼面之间通线，每隔1.2~1.5 m及在门窗口阳角等处上下各补做若干个灰饼。

3）墙面冲筋

待灰饼结硬后，使用与抹灰层相同的砂浆，在上下灰饼之间做宽30~50 mm的灰浆带，并以上下灰饼为准用压尺推平。冲筋完成后应待其稍干后才能进行墙面底层抹灰作业。

4）做护角

根据砂浆墩和门框边离墙面的空隙，用方尺规方后，分别在阳角两边吊直和固定好靠尺板，抹出水泥砂浆护角，并用阴角抹子推出小圆角，最后利用靠尺板在阳角两边50 mm以外位置，以40°斜角将多余砂浆切除、清净。

5）抹底层灰和中层灰

在墙体湿润的情况下抹底层灰，对混凝土墙体表面宜先刷水泥浆一遍，随刷随抹底层灰。底层灰宜用1:1:6水泥混合砂浆（或按设计要求），厚度宜为5~7 mm，待底层灰稍干后，再以同样砂浆抹中层灰，厚度宜为7~9 mm。若中层灰过厚，则应分遍涂抹，然后以冲筋为准，用压尺刮平找直，用木磨板磨平。中层灰抹完磨平后，应全面检查其垂直度、平整度，以及阴阳角是否方正、顺直，发现问题要及时修补（或返工）处理，对于后做踢脚线的上口及管道背后位置等应及时清理干净。

6）抹罩面层

（1）面层抹纸筋灰。待中层灰达到七成干后（即用手按不软但有指印时），即可抹纸筋灰罩面层（如间隔时间过长，中层灰过干，应扫水湿润）。纸筋灰罩面层厚度不得大于2 mm，抹灰时要压实抹平。待灰浆稍干"收身"（即经过铁抹子磨压而灰浆层不会变成糊状）时，要及时压实压光，并可视灰浆干湿程度用铁抹子蘸水抹压、溜光，使面层更为细腻光滑。窗洞口阳角、墙面阴角等部位要分别用阴阳角抹子推顺溜光。纸筋灰罩面层要黏结牢固，不得有匙痕、气泡、纸粒和接缝不平等现象，与墙边或梁边相交的阴角应成一条直线。

（2）面层抹石灰砂浆。等中层有七成干后，用1:3石灰砂浆抹罩面层，厚度为4~5

mm,分两遍压实磨光,先用铁抹子抹上砂浆,然后用刮尺刮平,待灰浆"收身"后再淋稀石灰水,并用磨板打磨起浆后,用灰匙赶平压光至表面平整光滑。

### (三)墙面抹水泥砂浆

**1. 施工准备**

1)材料

(1)水泥:32.5 级及以上的普通硅酸盐水泥或矿渣硅酸盐水泥。

(2)中砂:应过筛。

2)作业条件

与室内墙面抹纸筋灰或石灰砂浆时基本相同。

**2. 工艺流程**

墙面抹水泥砂浆基层处理→套方、吊直、做灰饼及冲筋→抹底层和中层砂浆→抹面层水泥砂浆并压光。

**3. 操作工艺**

基层处理及套方、吊直、做灰饼、墙面冲筋、抹底层灰和中层灰等工序的做法与墙面抹纸筋灰浆时基本相同,但底层灰和中层灰用 1:2.5 水泥砂浆或水泥混合砂浆涂抹,并用木抹子搓平带毛面,在砂浆凝固之前,表面用扫帚扫毛或用钢抹子每隔一定距离交叉画出斜线。

抹面层水泥砂浆:中层砂浆抹好后第二天,用 1:2.5 水泥砂浆或按设计要求的水泥混合砂浆抹面层,厚度为 5～8 mm。操作时先将墙面湿润,然后用砂浆薄刮一道,使其与中层灰粘牢,接着抹第二遍,达到要求的厚度,用压尺刮平、找直,待其"收身"后,用铁抹子压实、压光并养护。

### (四)现浇混凝土楼板顶棚(天花)抹纸筋灰

**1. 施工准备**

1)材料

与墙面抹纸筋灰相同。

2)作业条件

(1)在墙面和梁侧面弹上标高基准墨线,连续梁底应设通长墨线。

(2)根据室内高度和抹灰现场的具体情况,提前搭好操作用的脚手架,脚手架板面距顶板底高度适中(一般为 1.8 m 左右)。

(3)将混凝土顶板底表面凸出部分凿平,对蜂窝、麻面、露筋、漏振等处应凿到实处,用 1:2 水泥砂浆分层抹平,把外露钢筋头和铅丝头等清除掉。

(4)抹灰前 1 d 浇水湿润基体。

**2. 工艺流程**

现浇混凝土楼板顶棚(天花)抹纸筋灰工艺流程为:基层处理→弹水平基准线→润湿基层→刷水泥浆→抹底层砂浆→抹纸筋灰面层。

**3. 操作工艺**

1)基层处理

对采用钢模板施工的板底凿毛,并用钢丝刷满刷一遍,再浇水湿润。

2)弹水平基准线

根据墙柱上弹出的标高基准墨线,用粉线在顶板下 100 mm 的四周墙面上弹出一条水平线,作为顶板抹灰的水平控制线。对于面积较大的楼盖顶或质量要求较高的顶棚,宜通线设置灰饼。

3)抹底灰

在顶板混凝土湿润的情况下,先刷素水泥浆一道,随刷随打底,打底采用 1:1:6 水泥混合砂浆。对顶板凹度较大的部位,先大致找平并压实,待其干燥后,再抹大面底层灰,其厚度每遍不宜超过 8 mm。操作时需用力抹压,然后用压尺刮抹顺平,再用木磨板磨平,要求平整稍毛,不必光滑,但不得过于粗糙,不许有凹陷深痕。

4)抹罩面灰

待底灰六七成干时,即可抹面层纸筋灰。如停歇时间长,底层过分干燥则应用水润湿。涂抹时先分两遍抹平,压实,其厚度不应大于 2 mm。

待面层稍干,"收身"时(即经过铁抹子压磨灰浆表层不会变为糊状时)要及时压光,不得有匙痕、气泡、接缝不平等现象。天花板与墙边或梁边相交的阴角应成一条水平直线,梁端与墙面及梁边相交处应成垂直线。

**(五)一般抹灰施工注意事项**

1.避免工程质量通病

(1)门窗洞口、墙面、踢脚板、墙裙上等抹灰空鼓、裂缝,其主要原因有如下几点:

①门窗框两边塞灰不严,墙体预埋木砖间距过大或木砖松动,经门窗开关振动,在门窗框周边处产生空鼓、裂缝。应重视门窗框塞缝工作,设专人负责堵塞实。

②基层清理不干净或处理不当,墙面浇水不透,抹灰后,砂浆中的水分很快被基层(或底灰)吸收。应认真清理和提前浇水。

③基底偏差较大,一次抹灰过厚,干缩率较大。应分层抹平,每遍厚度宜为 7~9 mm。

④配制砂浆和原材料质量不好或使用不当,应根据不同基层配制所需要的砂浆,同时要加强对原材料的使用管理工作。

(2)抹灰面层起泡,有抹纹、开花(爆灰仔),其主要原因有如下几点:

①抹完面层灰后,灰浆还未收水就压光,因而出现起泡现象。在基层为混凝土时较为常见。

②底灰过分干燥,又没有浇透水,抹面层灰后,水分很快被底层吸去,因而来不及压光,故残留抹纹。

③淋制石灰膏时,对过大灰颗粒及杂质没有过滤好,灰膏熟化时间短。抹灰后,继续吸收水分熟化,体积膨胀,造成抹灰面出现开花(爆灰仔)现象。

(3)抹灰表面不平,阴阳角不垂直、不方正,主要是因为抹灰前吊垂直、套方以及打砂浆墩、冲筋不认真,或冲筋后间隔时间过短或过长,造成冲筋被损坏,表面不平;冲筋与抹灰层收缩不同。

(4)门窗洞口、墙面、踢脚板、墙裙等面灰接槎明显或颜色不一致,主要是操作时随意留施工缝造成的。留施工缝应尽量在分格条、阴角处或门窗框边位置。

(5)踢脚板、水泥墙裙和窗台板上口出墙厚度不一致,上口毛刺和口角不方等,主要原因是操作不细,墙面抹灰时下部接近踢脚板等处不平整,凹凸偏差大,或踢脚板等施工时没有拉线找直,抹完后又不反尺把上口赶平、压光。

(6)管道后抹灰不平。主要是因为工作不认真、不细致,没有分层找平、压光。

(7)钢板网顶棚抹灰空鼓、开裂。主要原因有如下几点:

①混合砂浆内掺水泥比例大,养护不好,收缩率大。

②钢板网顶棚大小龙骨间距过大,钢板网弹性大,抹灰后发生挠曲变形使各抹灰层之间产生剪力导致空鼓、开裂。

③顶棚吊筋材料含水率过大,干燥后收缩变形,以及接头不紧密,起拱不准。

④顶棚平整度不符合要求,部分位置抹灰层过厚,容易造成开裂,或是对面积较大的房间没有采用吊挂麻丝束的做法。

2. 主要安全技术措施

(1)室内抹灰时使用的木凳、金属脚手架等架设应平稳牢固,脚手板跨度不得大于2 m,架上堆放材料不得过于集中,在同一跨度的脚手板内不应超过2人同时作业。

(2)不准在门窗、洗脸池等器物上搭设脚手板。阳台部位粉刷,外侧没有脚手架时,必须挂设安全网。

(3)使用砂浆搅拌机搅拌砂浆,往搅拌筒内投料时,拌叶转动时不得用脚踩或用铁铲、木棒等工具拨刮筒口的砂浆或材料。

(4)机械喷灰喷涂应戴防护用品,压力表、安全阀应灵敏可靠,输浆管各部接口应拧紧卡牢。管路摆放应顺直,避免折弯。

(5)输浆应严格按照规定压力进行,超压和管道堵塞应卸压检修。

3. 产品保护

(1)推小车或搬运物料时,要注意不要碰撞墙角、门框等。压尺和铁铲等工具不要靠在刚完成的墙面抹灰层上。

(2)拆除脚手架时要注意慢拆轻放,不要撞坏门窗和墙面。

(3)要保护好墙上已安装的门窗及其他配件、窗帘钩(罩)电线槽盒等室内设施,要及时清理砂浆污染。

(4)抹灰层凝结硬化前应防止水冲、撞击、振动和挤压。

(5)要保护好地漏、粪管等处不被堵塞。


# 五、饰面板(砖)工程

本部分适用于基体为砖砌或混凝土浇筑的墙柱面施工。

## (一)墙柱面贴釉面砖

1. 施工准备

1)材料

(1)水泥:采用32.5级及以上的普通硅酸盐水泥或矿渣硅酸盐水泥及白水泥(擦缝用)。

(2)矿物颜料:与釉面砖色泽协调,与白水泥拌和擦缝用。

(3)中砂。

（4）石灰膏:使用时石灰膏内不应含有未熟化的颗粒及杂质(如使用石灰粉要提前一周浸泡透)。

（5）釉面砖:品种、规格、花色按设计规定,并应有产品合格证。釉面砖的吸水率不得大于10%。砖表面平整方正,厚度一致,不得有缺楞、掉角和断裂等缺陷。如遇规格复杂,色差悬殊,应逐块量度挑选,分类存放使用。

2）作业条件

（1）顶棚、墙柱面粉刷抹灰施工完毕。

（2）墙柱面暗装管线、电盒及门、窗框安装完毕,并经检验合格。

（3）墙柱面必须坚实、清洁(无油污、浮浆、残灰等),影响面砖铺贴凸出墙柱面部分应凿平,过于凹陷墙柱面应用1:3水泥砂浆分层抹压找平(先浇水湿润后再抹灰)。

（4）安装好的窗台板及门窗框与墙柱之间的缝隙用1:3水泥砂浆堵灌密实;铝门窗框边隙的嵌塞材料应由设计确定,铺贴面砖前应先粘贴好保护膜。

（5）大面积施工前,应先做样板墙或样板间,并经有关部门检查符合要求。

2. 工艺流程

墙柱面贴釉面砖工艺流程为:基层处理→吊直、贴灰饼、冲筋→润湿基层→抹底(中)层砂浆→预排、弹线→贴面砖(已浸水)→处理砖缝→擦洗表面。

3. 操作工艺

1）选砖

面砖一般按1 mm差距分类选出若干个规格,选好后根据墙柱面积、房间大小分批分类,计划用料。选砖要求方正、平整,楞角完好,同一规格的面砖应力求颜色均匀。

2）基层处理和抹底子灰

（1）对光滑表面基层,应先打毛,并用钢丝刷满刷一遍,再浇水湿润。

（2）对表面很光滑的基层应进行毛化处理,即将表面尘土、污垢清理干净。浇水湿润,用1:1水泥细砂浆,喷洒或用毛刷(横扫)将砂浆甩到光滑基面上。甩点要均匀,终凝后再浇水养护,直至水泥砂浆疙瘩有较高的强度,用手掰不动。

（3）砖墙面基层:提前1 d浇水湿透。

（4）抹底子灰。

①吊垂直,找规矩,贴灰饼,冲筋。吊垂直、找规矩时,应与墙面的窗台、腰线、阳角立边等部位面砖贴面排列方法对称性以及室内地台块料铺贴方正综合考虑,力求整体完美。

②将基层浇水湿润(混凝土基层面还应用水灰比为0.5内掺107胶的素水泥均匀涂刷),分层分遍用1:2.5水泥砂浆底灰(亦可1:0.5:4水泥石灰砂浆)抹灰,第一层宜为5 mm厚,用铁抹子均匀抹压密实;等第一层干至七八成后即可抹第二层,厚度为8~10 mm,直至与冲筋大至相平,用压尺刮平,再用木抹子搓毛压实,划成麻面。

3）预排砖块、弹线

（1）预排砖块应按照设计色样要求,一个房间内,一整幅墙柱面贴同一分类规格面砖;在同一墙面,最后只能留一行(排)非整块面砖,非整块面砖应排在靠近地面或不显眼的阴角等位置;砖块排列一般自阳角开始至阴角停止(收口)和自顶棚开始至楼地面停止(收口);如水池、镜框凸出柱面,必须以其中心往两边对称排列;墙裙、浴缸、水池等上口和阴阳角处应使用相应配件砖块;女儿墙顶、窗顶、窗台及各种腰线部位,顶面砖应压盖立面砖,以免渗水,引起空鼓;如遇设计没有滴水线的外墙各种腰线部位,顶面砖应压盖立面砖,正面砖最下一排宜下突 3 mm 左右,线底部面砖应往内翘起约 5 mm,以利滴水。

(2)弹好图案变异分界线及垂直于水平控制线。垂直控制线一般以 1 m 设度为宜,水平控制线按 5～10 排砖间距一度为宜;砖块从顶棚底往地面排列至最后一排整砖,应弹置一度控制线;墙裙、踢脚线顶亦应弹置高度控制线。

4)贴面砖

(1)预先将釉面砖泡水浸透凉干(一般宜隔天泡水凉干备用)。

(2)在每一分段或分块内的面砖均应自下向上铺贴。从最下一排砖的下皮位置用钉子装好靠尺板(室内靠尺板装在地面向上第一排整砖的下皮位置上,室外靠尺板装在当天计划完成的分段或分块内最下一排砖的下皮位置控制线上),以此承托第一排面砖。

(3)浇水将底子灰面湿润,先贴好第一排(最下一排),砖块下皮要紧靠装好的靠尺板,砖面要求垂直平正,并应用木杠(压尺)校平砖面及砖上皮。

(4)以第一排贴好的砖面为基准,贴上基准点(可使用碎块面砖),并用线坠校正,以控制砖面出墙面尺寸和垂直度。

(5)铺贴应从最低一皮开始,并按基准点挂线,逐排由下向上铺贴。面砖背面应满涂水泥膏(厚度一般控制在 2～3 mm 内),贴上墙面后用铁抹子木把手敲击,使面砖粘牢,同时用压尺校平砖面及上皮。每铺完一排应重新检查每块面砖,发现空鼓,应及时掀起加浆,重新贴好。

(6)铺贴完毕,等粘贴水泥初凝后,用清水将砖面洗干净,用白水泥浆(彩色面砖应按设计要求用矿物颜料调色)将缝填平,然后用棉纱将表面擦拭干净至不残留余灰迹。

4.施工注意事项

1)避免工程质量通病

(1)空鼓。基层清理不够干净;抹底子灰时,基层未湿润;面砖未经浸泡或底子灰面未湿润;面砖背抹水泥不均匀或量不足;砂浆配合比不准,稠度控制不好,砂浆中含砂量过大,以及粘贴砂浆不饱满,面砖勾缝不严均可引起空鼓。

(2)墙面脏。主要是因为铺贴完成后,没有及时将墙面清理干净,贴砖用水泥膏贴着砖面,以及擦缝时没有将多余白水泥浆彻底清干净。此时,可用棉纱稀盐酸加 20% 水刷洗,然后用清水冲净即可。

2)主要安全技术措施

(1)使用脚手架时,应先检查是否牢靠。护身栏、挡脚板、平桥板是否齐全可靠,发现问题应及时修整好,才能在上面操作;脚手架上放置料具要注意分散并放平稳,不许超过规定荷载,严禁随意向下抛掷杂物。

(2)使用手提电动锯机,应接好地线及防漏电保护开关,使用前应先试运转,检查合格后,才能操作。

(3)在潮湿环境施工时,应使用 36 V 低压行灯照明。

(4)使用钢井架作垂直运输时,应联系好上落信号,吊笼平台稳定后才能进行装卸作业。

3）产品保护

（1）门窗框上沾着的砂浆要及时清理干净。

（2）拆架子时避免碰撞墙柱面的粉刷饰面。

（3）对沾污的墙柱面要及时清理干净。

（4）搭铺平桥板时严禁直接压在门窗框上，应在窗台适当位置垫放木枋（板），将平桥板架离门窗框。

（5）搬运料具时要注意不要碰撞已完成的设备、管线、埋件、门窗框及已完成粉刷饰面的墙柱面。

**（二）墙柱面贴天然或人造石**

1. 施工准备

1）材料

（1）水泥：32.5 级及其以上强度等级的普通硅酸盐水泥或矿渣硅酸盐水泥。

（2）矿物颜料：颜色与饰面板协调（与白水泥配合拌和擦缝用）。

（3）中、粗砂。

（4）石板：规格、品种、颜色、花样按设计规定。

2）作业条件

（1）顶棚、墙柱面粉刷抹灰施工完毕。

（2）墙柱面暗装管线、开关盒及门窗框安装完毕，并经检验合格。

（3）墙柱面必须坚实、清洁（无油污、浮浆、残灰等），影响贴面板镶贴凸出墙柱面的部位应剔平。

（4）安装好的窗台板及门窗与墙柱之间缝隙用 1:2.5 水泥砂浆堵灌密实（铝门窗边嵌缝材料应由设计确定），铝门窗应事先粘贴好保护膜。

2. 工艺流程

墙柱面贴天然或人造石的工艺流程为：基层处理→湿润基底→试拼→弹控制线→钻孔、绑扎钢筋→安装饰面板材→灌浆、嵌缝→打蜡擦光。

3. 操作工艺

1）选料预排

（1）石板块应按设计图纸要求，使尺寸规格相同、颜色基本一致，并分类放好备用。

（2）同一房间墙柱面应使用同一分类的板块，并在镶贴现场按设计规格、配花、颜色纹理进行预排编号，以备正式镶贴时按编号取用。对有缺陷（如缺楞、掉角、暗裂纹等）的板块应挑出留作裁截或镶贴在不显眼处用。

2）基层处理

（1）将基层面的残灰、尘土、污垢清理干净。

（2）光滑混凝土面必须要进行打毛处理。

（3）基层应在镶贴前 1 d 浇水湿透。

3）弹线找规矩

（1）按照设计图纸要求，弹出花色、品种、规格分界线。

（2）弹出水平和垂直控制墨线。石板料的控制线在水平方向宜每排设置一度，垂直方向宜每块板宽设置一度。

4)石板镶贴

(1)边长小于400 mm的薄型小规格石板镶贴,可参照本节"墙柱面贴釉面砖"的方法施工。

(2)边长大于400 mm石板镶贴,按以下要求进行。

①按照水平控制线安装通长拉结钢筋,具体做法:在每隔400 mm左右在基层上打进一根直径为6 mm的钢钉或膨胀螺丝(伸入基层不少于50 mm,并要牢靠),用直径不小于4 mm的水平直钢筋与钢钉头(膨胀螺丝)焊接牢固。

②在镶贴石板块的上、下、左、右皮口,沿厚度中央钻孔,孔距不大于500 mm,并且每边钻孔不少于2个,孔口离开左、右板边50~80 mm,孔径不可小于3 mm,孔深应大于30 mm,并在板的镶贴面边上开一通槽,槽深以能埋没锚固销为准。

插入锚固销(上、左、右口孔用⌐形,下口孔用⌐形),锚固销应用不锈钢丝、铜丝制作,铜丝或不锈钢丝直径宜为1~2 mm,并用水泥膏将锚固销锚固于孔内,水泥膏凝固后,浇水养护2~3 d备用。

③装好最下一排石板下口的靠尺板,以作为承托第一排石板块的依托。

④将石板块背面的尘土用毛刷蘸水擦干净,按照预排编号挂线,吊线安装好第一排石板(石板块应由下往上逐排安装);石板块上、下、左、右皮口的板应与基层上拉结钢筋勾牢固,石板就位核对后,应用木楔、卡具支撑稳定;每排石板校核后应立即灌浆,待灌浆终凝后,才能进行第二排石板安装,依照上面顺序逐排安装完成。阳角接口宜做45°角接缝,或做海棠角接缝(见图10-2)。

⑤灌浆用1∶2水泥砂浆(稠度为80~120 mm)。灌浆前先浇水湿润石板块及基层。灌浆时,应用竹片边灌边捣插,使砂浆充满缝隙。灌浆应根据石板缝高度分层进行。第一层灌浆高度为150 mm,并不得大于1/3石板高度。待砂浆初凝后,才能继续灌注,以后灌注高度应控制在200~300 mm,各层灌注均与第一层灌注方法相同。灌浆的施工缝应比板块上口低50 mm,并应将上口残留浆液清干净,以利于上排板块接缝。对于浅色石板块(如白色大理石等),灌浆应用白水泥石屑浆灌缝,以防透底。灌浆终凝后应浇水保养。

(3)石板块安装灌浆完成后(灌浆凝结后),及时将残余浆痕清除干净,用白水泥调制色浆(根据石板颜色调制),将缝子擦满并用棉纱将石板面擦拭干净。

4.施工注意事项

1)避免工程质量通病

(1)空鼓。基层清洁不干净;灌浆前没有将石块及基层浇水湿润;灌浆时没有用竹片捣插或捣插不好;灌浆用砂浆稠度不适当,灌浆不饱满、不密实等。

(2)墙面脏。灌浆后,没有及时将溢出浆液清理干净及嵌缝后没有将石板面擦拭干净。

(3)颜色差异、图案颠倒及天然石板纹理不顺。主要是预排编号不符要求,镶贴时石板方向倒置。

2)主要安全技术措施

(1)挂上石板校核后应及时用卡具支撑稳牢,并应及时灌浆,以免卡具被人碰撞松脱,使石板掉下伤人。

(2)使用脚手架时,应先检查是否牢靠。护身栏、挡脚板、平桥板是否齐全可靠,发现问题应及时修整好,才能在上面操作;脚手架上放置料具要注意分散放平稳,不准超过规定荷载,严禁随意从高空向下抛杂物。

(3)搬运石板块要轻拿稳放,以防挤手砸脚。

(4)使用钢井架作垂直运输时,要联系好上落信号,吊笼平台稳定后,才能进行装卸作业。

(5)使用电动锯机时,要接好地线及防漏电保护开关,经试运转合格才能使用。

(6)在黑暗处作业和夜班施工时,应使用36 V行灯照明。

(7)上下传递石板要配合协调,拿稳,以免坠落伤人。

3)产品保护

(1)门窗框上沾着的砂浆要及时清理干净。

(2)拆架子时避免碰撞墙柱面的饰面。

(3)对沾污的墙柱面要及时清理干净。

(4)搭铺平桥严禁直接压在门窗框上,应在适当位置垫木枋(板),将平桥板架离门窗框。

(5)搬运料具时要注意避免碰撞已完成的设备、管线、埋件及门窗框和已完成的墙柱饰面。

(6)容易被碰撞的阳角、立边要用木板护角(护2 m高)。

(三)干挂饰面板

1.施工准备

1)材料

(1)饰面板材(包括花岗石、大理石)的表面应平整、尺寸准确、边缘整齐、楞角不得损坏。施工前应按型号、规格和颜色进行选配和分类;饰面板材不得有裂纹、翘曲、隐伤、风化等缺陷,具体的品种、规格应符合设计的要求。

(2)如选用大理石板材做饰面板,施工前宜对大理石作罩面涂层和背面玻璃纤维布增强处理。

(3)金属挂件(包括不锈钢角码、连接板、锚固销、膨胀螺栓等)的材质、规格应符合设计的要求。

(4)环氧树脂、橡胶条、硅胶等各种用料应符合设计要求和有关的质量规定。

2)作业条件

(1)施工现场的水、电源已满足施工的需要。作业面上的基层的外形尺寸已经复核,多余的混凝土屑已经凿除,务必使基层的误差保证可调节的范围之内,作业面的环境已清理完毕。

(2)作业面操作位置的临时设施(棚架或临时操作平台、脚手架等)已满足操作要求和符合安全的规定。

(3)各种机具设备(如冲击钻、切割机、钻孔机、扳手、测力扳手、磨角机、电焊机、打胶机等)已齐备和完好。

2.工艺流程

干挂饰面板的工艺流程为:基层处理→吊直弹线→板材钻孔→挂件安装→板材连

接→饰面板材安装→封缝→清场。

3. 操作工艺

1）放线

从所安装饰面部位的两端由上至下吊出垂直线,投点在地面上或固定点上。找垂直时,一般板背与基层面的空隙(即架空)以 50~70 mm 为宜。按吊出的垂线,连接两点作为起始层挂装板材的基准,在基层立面上按扳材的大小和缝隙的宽度弹出横平竖直的分格墨线。

2）板格钻孔

按设计要求在板端面需钻孔的位置,预先划线,集中钻孔,孔径一般为 $\phi 5$ mm,孔深宜 30 mm,孔的纵向要端面垂直一致。

3）挂件安装

按放出的墨线和设计以挂件的规格、数量的要求安装挂件,同时必须以测力扳手检测膨胀螺栓和连接螺母的旋紧力度,使之达到设计质量的要求。

4）板材连接

在板材端面的孔内灌入适量的环氧树脂混合料并插入锚固针;环氧树脂混合料的配合比要保证有适当的凝固时间,应视具体而定,一般以 4~8 h 为宜,避免过早凝固而出现脆裂,过慢凝固而产生松动。

5）板材安装

一般由主要的立面或主要的观赏面开始,由下而上依次按一个方向顺序安装,尽量避免交叉作业,以减少偏差,并注意板材色泽的一致性。每层(皮)安装完成,应作一次外形误差的调校,并以测力扳手对挂件螺栓旋紧力进行抽检复验。

6）封缝

每一施工段安装后经检查无误,可清扫拼接缝,填胶条,然后用打胶机进行硅胶涂封,一般硅胶只封平接缝表面或比板面凹少许即可。雨天或板材受潮时不宜涂硅胶。

7）清场

每次操作结束要清理操作现场,安装完工不允许留下杂物,以防硬物跌落破损饰面板材。

4. 施工注意事项

1）避免工程质量通病

施工时应避免出现工程质量通病如接缝不平直、色泽不匀。

(1)现象:局部块料干挂后,块料与块料之间的接缝不平直,色泽深浅不匀,影响装饰效果。

(2)出现这些质量通病的原因是:

①基层处理不好,超出了挂件可调节的范围,或旋紧螺栓时,注意不够,在角码与连接板旋紧时产生滑动位移。

②块料端面钻孔位置不准确,插入锚固销时引起两块料平面的错位。

③安装前后要对块材严格挑选分色。

(3)应注意以下预防措施:

①安装前应对基层作外形尺寸的复核,偏差较大的要事先剔凿或修补。

②旋紧挂件要力度合适,注意避免角码与连接板在旋紧时产生滑动,或因旋紧力不够引起松动。

③块料端面钻孔要严格要求,当块料厚薄有差异时,应以块料的外装饰面作为钻孔的基准面。

④每完成一层(皮)干挂工作,应作几何尺寸和外观的复核,及时调校后方可继续上一层(皮)的作业。

⑤块料安装前应挑选分色,对差异太大的不宜采用。

2)主要安全技术

饰面块材的外形、规格、大小必须适合当地的最大风压及抗震要求,并注意排除有开裂、隐伤的块材。

金属挂件所采用的构造方式、数量要同块材外形规格的大小及其重量相适应。

所有块材、挂件及其零件均应按常规方法进行材质定量检验。

应配备专职检测人员及专用测力扳手,随时检测挂件安装的操作质量,务必排除结构基层上有松动的螺栓和紧固螺母的旋紧力未达到设计要求的情况,其抽检数量按 1/3 进行。一切用电设备必须遵守《施工现场临时用电安全技术规范》(JGJ 46—2005)。

现场棚架、平台或脚手架必须安全牢固,棚架上下不许堆放与干挂施工无关的物品,棚面上只准堆放单层石材;当需要上下交叉作业时,应互相错开,禁止上下同一工作面操作,并应戴好安全帽。

室内外运输道路应平整,石材放在手推车上运输时应垫以松软材料,两侧宜有人扶持,以免碰花、碰损和砸脚伤人。

块材钻孔、切割应在固定的机架上进行,并应用经专业岗位培训的人员操作,操作时应戴防护眼镜。

安装工人进场时,应进行岗位培训并对其作安全、技术交底方能上岗操作。

3)产品保护

(1)门窗框上沾着的污物要及时清理干净。

(2)拆架子时避免碰撞墙柱面的饰面。

(3)对玷污的墙柱面要及时清理干净。

(4)搭铺平桥严禁直接压在门窗框上,应在适当位置垫木枋(板),将平桥架离门窗框。

(5)搬运料具时要注意避免碰撞已完成的设备、管线、埋件及门窗框和已完成饰面的墙面。

## 六、涂料工程

### (一)一般规定

(1)涂料工程使用的腻子应坚实牢固,不得粉化、起皮和裂纹。腻子干燥后,应打磨平整、光滑,并清理干净。要按基层、底涂料和面涂料的性能配套使用。

(2)室外、厨房、浴室及厕所等需要使用涂料的部位和木(楼)地板表面需使用涂料时,应使用具有耐水性能的腻子。

(3)涂料的工作黏度或稠度必须加以控制,使其在涂料施涂时不流坠、不显刷纹,施涂过程中涂料不得任意稀释。

(4)双组分或多组分涂料在施涂前,应按产品说明的配合比,根据使用情况分批混合,并在规定的时间内用完。所有涂料在施涂前和施涂过程中,均须充分搅拌。

(5)施涂溶剂型涂料时,后一遍涂料必须在前一遍涂料干燥后进行,施涂水性和乳液涂料时,后一遍涂料必须在前一遍涂料表面干燥后进行。每一遍涂料应施涂均匀,各层必须结合牢固。

(6)建筑物中的细木制品、金属物件和制品,如为工厂制作组装,其涂料(除最后一遍外)宜在生产制作工厂内施涂,最后一遍涂料宜在安装后施涂,如为现场制作组装,组装前的施涂方法与工厂同。

(7)采用机械喷涂料时,应将不喷涂的部位遮盖,以防玷污。

(8)防锈涂料和第一遍银粉涂料应在设备管道安装就位前施涂,最后一遍银粉涂料,应在刷浆工程完工后施涂。

(9)外墙涂料工程分段进行时,应以分格缝、墙的阴角处或水落管等为分界线。

(10)外墙涂料工程,同一墙面应用同批号的涂料,每遍涂料不宜施涂太厚,涂层应均匀,颜色一致。

(11)在强烈日光直接照射下和在潮湿的金属表面上,不得进行施涂涂料。

(12)涂料施工工具使用完毕后,应及时清洗或浸泡在相应的溶剂中。

**(二)混凝土及抹灰表面施涂乳胶漆**

本部分适用于室内混凝土、水泥砂浆、石灰砂浆及纸筋灰等表面涂刷聚醋酸乙烯乳胶漆工程。

1. 施工准备

1)材料

(1)涂料:聚醋酸乙烯乳胶漆。

(2)调腻子用料:滑石粉或福粉、石膏粉、羧甲基纤维素、聚醋酸乙烯乳液、107胶。

(3)颜料:各色有机或无机颜料。

2)作业条件

(1)墙、柱表面应基本干燥,基层含水率不大于8%。

(2)过墙管道、洞口等处应提前抹灰找平。

(3)门窗安装完毕,地面施工完毕。

(4)环境温度保持在5℃以上。

(5)做好样板间并经鉴定合格。

2. 操作工艺

根据涂料工程施工及验收规范,混凝土及抹灰内墙、顶棚表面薄涂料工程按质量要求分为普通、中级和高级三级。主要工序如表2-4-5所示。

(1)清理墙、柱表面:首先将墙、柱表面起皮及松动处理干净,将灰渣铲干净,然后将墙、柱表面扫净。

表 2-4-5　混凝土及抹灰内墙柱、顶棚表面薄涂料工程的主要工序表

| 工序名称 | 水性薄涂料 | | 乳液薄涂料 | | | 溶剂型薄涂料 | | | 无机薄涂料 | |
|---|---|---|---|---|---|---|---|---|---|---|
| | 普通 | 中级 | 普通 | 中级 | 高级 | 普通 | 中级 | 高级 | 普通 | 中级 |
| 清扫 | + | + | + | + | + | + | + | + | + | + |
| 填补缝隙、局部刮腻子 | + | + | + | + | + | + | + | + | + | + |
| 磨平 | + | + | + | + | + | + | + | + | + | + |
| 第一遍满刮腻子 | + | + | + | + | + | + | + | + | + | + |
| 磨平 | + | + | + | + | + | + | + | + | + | + |
| 第二遍满刮腻子 | | + | | + | + | | + | + | | + |
| 磨平 | | + | | + | + | | + | + | | + |
| 干性油打底 | | | | | | + | + | + | | |
| 第一遍涂料 | + | + | + | + | + | + | + | + | + | + |
| 复补腻子 | | + | | + | + | | | + | | + |
| 磨平(光) | | + | | + | + | | | + | | + |
| 第二遍涂料 | + | + | + | + | + | + | + | + | + | + |
| 磨平(光) | | | | | + | | | + | | |
| 第三遍涂料 | | | | | + | | + | + | | + |
| 磨平(光) | | | | | | | | + | | |
| 第四遍涂料 | | | | | | | | + | | |

注:1. 表中"＋"号表示应进行的工序。

2. 机械喷涂可不受施涂遍数的限制,以达到质量要求为准。

3. 高级内墙、顶棚薄涂料工程,必要时可增加刮腻子的遍数及 1~2 遍涂料。

4. 石膏板内墙、顶棚表面薄涂料工程的主要工序,除板缝处理外,其他工序同本表。

5. 湿度较高或局部遇明水的房间,应用耐水性的腻子和涂料。

(2)修补墙、柱表面:修补前,先涂刷一遍用 3 倍水稀释的 107 胶水。然后,用水石膏将墙、柱表的孔洞、缝隙补平,干燥后用砂纸将凸出处磨掉,将浮尘扫净。

(3)刮腻子:遍数可由墙面平整度决定,一般为两遍,腻子以纤维素溶液、福粉为主,加少量 107 胶,光油和石膏粉拌和而成。第一遍用抹灰钢光匙横向满刮,一刮板紧接着一刮板,接头不得留槎,每刮一刮板最后收头要干净平顺。干燥后磨砂纸,将浮腻子及斑迹磨平、磨光,再将墙、柱表面清扫干净。第二遍用抹灰钢光匙竖向满刮,所用材料及方向同第一遍腻子,干燥后用砂纸磨平并扫干净。

(4)刷第一遍乳胶漆:乳胶漆在使用前要先用箩斗过滤。涂刷顺序是先刷顶板后刷墙、柱面,刷墙、柱面时先上后下。乳胶漆用排笔涂刷。使用新排笔时,将活动的排笔毛拔掉。乳胶漆使用前应搅拌均匀,适当加水稀释,防止头遍漆刷不开,由于乳胶漆膜干燥较快,因此应连续迅速操作。涂刷时,从一头开始,逐渐向另一头推进,要上下顺刷,互相衔接,后一排笔紧接前一排笔,避免出现干燥后接头,待第一遍乳胶漆干燥后,复补腻子,腻子干燥后,用砂纸磨光,清扫干净。

（5）刷第二遍乳胶漆：第二遍乳胶漆操作同第一遍，使用前要充分搅拌，如不很稠，不宜加水或少加水，以防露底。

以上是混凝土及抹灰表面涂刷中级乳胶漆的做法。施涂普通级乳胶漆或高级乳胶漆时，要相应减少或增加工序，见混凝土及抹灰内墙柱、顶棚表面薄涂料工程的主要工序表，其余做法与施涂中级乳胶漆时基本相同。

3. 施工注意事项

1）避免工程质量通病

（1）透底：产生原因是涂层薄，因此刷乳胶漆时除应注意不漏刷外，还应保持乳胶漆的稠度，不可随意加水过多。有时，磨砂时磨穿腻子也会出现透底。

（2）接槎明显：涂时要上下顺刷，后一排笔紧接前一排笔，若间隔时间较长，就容易看出接头，因此大面积涂刷时，应配足人员，互相衔。

（3）刷纹明显：乳胶漆稠度要适中，排笔蘸漆量要适当，多理多顺，防止刷纹过大。

（4）刷分色线时，施工前认真画好粉线，用力均匀，起落要轻，排笔蘸漆量要适当，从上至下或从左至右刷。

（5）涂刷带颜色的乳胶漆时，配料要合适，保证独立面每遍用同一批涂料，并且一次用完，保持颜色一致。

2）产品保护

（1）墙柱表面的乳胶漆未干前，室内不得清扫地面，以免尘土玷污墙柱面，干燥后也不得往墙柱面泼水，以免玷污。

（2）墙柱面涂刷乳胶漆完成后，要妥善保护，不得碰撞。

（3）涂刷墙柱面时，不得玷污地面、门窗、玻璃等已完的工程。

## 七、刷浆工程

喷浆一般用手压式喷浆机或电动喷浆机。喷浆的操作工艺、质量标准和施工注意事项除参照刷浆的有关规定外，还应按照以下各点要求进行操作。

（1）喷浆一定要在建筑物门窗等物件的最后一道面漆涂刷之前进行，以免门窗、装饰等涂刷后弄污。

（2）喷浆用的石灰浆，要用 80 目箩斗过两遍才可使用。

（3）喷浆前要计划好喷浆头移动方向和先后次序，防止乱喷而造成厚处流淌、薄处露底。

（4）平顶板喷浆时，要沿前进方向慢慢移动浆头，使浆面受浆均匀。一间房间可先把墙与平顶结合处喷好，并使平顶四周至少喷出 20～30 cm 宽的边条，再由里向外边喷边向门口方向后退，喷完后即退出房门。

（5）有时工作开始时，会发生机械吸不上浆的情况，原因是钢球被吸入，把阀门堵住，这时，只要用锤轻轻敲击钢球处，使钢球受震活动，即可吸浆。

（6）每次下班后要清洗喷浆工具，清洗喷浆机和皮管的方法是：吸入清水，将灰浆挤出，直到喷出的都是清水。

（7）喷浆时要注意风向，尽量避免灰浆飞到门窗上和自己身上。

（8）喷浆前要在手上、脸上抹上凡士林或护肤油脂，以防石灰浆灼伤皮肤，最好能戴上风镜。

（9）有时，喷浆者因故暂停喷浆，而压浆者不知道，仍在用力压浆，这样皮管受压易产生脱节，甚至爆开，造成事故。因此，压浆者必须注意，如果压浆时觉得很费力，应稍停一会，待压减少时再推压浆。

# 第七节　道路工程

道路工程施工一般包括路基、基层、面层及附属构筑物等的施工。

## 一、路基工程施工

一般常见的路基为土方路基。

（1）路基施工前，应将现状地面上的积水排除、疏干，将树根坑、井穴、坟坑等进行技术处理，并将地面整平。

（2）路基范围内遇有软土地层或土质不良、边坡易被雨水冲刷的地段，当设计未作处理规定时，应办理变更设计，并据以制定专项施工方案。

（3）人机配合土方作业，必须设专人指挥。机械作业时，配合作业人员严禁处于机械作业和走行范围内。配合人员处于机械走行范围内作业时，机械必须停止作业。

（4）路基填、挖接近完成时，应恢复道路中线、路基边线，进行整形，并碾压成活。压实度应符合相关规范的有关现定。

（5）当遇有翻浆时，必须采取处理措施。当采用石灰土处理翻浆时，土壤宜就地取材。

（6）路堑、边坡开挖方法应根据地势、环境状况、路堑尺寸及土壤种类确定。

（7）路堑边坡的坡度应符合设计规定，当地质情况与原设计不符或地层中夹有易塌方土壤时，应及时办理设计变更。

（8）土方开挖应根据地面坡度、开挖断面、纵向长度及出土方向等因素结合土方调配，选用安全、经济的开挖方案。

（9）填方施工应符合下列规定：

①填方前应将地面积水、积雪（冰）和冻土层、生活垃圾等清除干净。

②填方材料的强度（CBR）值应符合设计要求。不应使用淤泥、沼泽土、泥炭土、冻土、有机土以及含生活垃圾的土做路基填料。对液限大于50%、塑性指数大于26、可溶盐含量大于5%、700 ℃有机质烧失量大于8%的土，未经技术处理不得用做路基填料。

③路基填方高度应按设计标高增加预沉量值。预沉量应根据工程性质、填方高度、填料种类、压实系数和地基情况与建设单位、监理工程师、设计单位共同商定确认。

④不同性质的土应分类、分层填筑，不得混填，填土中大于10 cm 的土块应打碎或剔除。

⑤路基填筑中宜做成双向横坡，一般土质填筑横坡宜为2%～3%，透水性小的土类填筑横坡宜为4%。

⑥透水性较大的土壤边坡不宜被透水性较小的土壤所覆盖。

⑦受潮湿及冻融影响较小的土壤应填在路基的上部。

⑧在路基宽度内,每层虚铺厚度应视压实机具的功能确定。人工夯实虚铺厚度应小于20 cm。

⑨路基填土中断时,应对已填路基表面土层压实并进行维护。

⑩原地面横向坡度在1∶10~1∶5时,应先翻松表土再进行填土;原地面横向坡度陡于1∶5时,应做成台阶形,每级台阶宽度不得小于1 m,台阶顶面应向内倾斜;在沙土地段可不做台阶,但应翻松表层土。

## 二、道路基层施工

高填土路基与软土路基,应在沉降值符合设计规定且沉降稳定后,方可施工道路基层。

基层材料的摊铺宽度应为设计宽度两侧加施工必要附加宽度。

基层施工中严禁用贴薄层法整平修补表面。

### (一)石灰稳定土类基层

1.原材料

1)土

土应符合下列要求:

(1)宜采用塑性指数10~15的粉质黏土、黏土。

(2)土中的有机物含量宜小于10%。

(3)使用旧路的级配砾石、砂石或杂填土等时应先进行试验。级配砾石、砂石等材料的最大粒径不宜超过分层厚度的60%,且不应大于10 cm。土中欲掺入碎砖等粒料时,粒料掺入含量应经试验确定。

2)石灰

石灰应符合下列要求:

(1)宜用1~3级的新石灰。

(2)磨细生石灰,可不经消解直接使用;块灰应在使用前2~3 d完成消解,未能消解的生石灰块应筛除,消解石灰的粒径不得大于10 mm。

(3)对储存较久或经过雨期的消解石灰应先经过试验,根据活性氧化物的含量决定能否使用和使用方法。

2.石灰土

在城镇人口密集区,应使用厂拌石灰土,不得使用路拌石灰土。

采用人工搅拌石灰土应符合下列规定:

(1)所用土应预先打碎、过筛(20 mm方孔),集中堆放,集中拌和。

(2)应按需要量将土和石灰按配合比要求,进行掺配。掺配时土应保持适宜的含水量,掺配后过筛(20 mm方孔),至颜色均匀一致。

(3)作业人员应佩戴劳动保护用品,现场应采取防扬尘措施。

石灰土摊铺应符合下列规定:

（1）路床应湿润。

（2）压实系数应经试验确定。现场人工摊铺时，压实系数宜为 1.65～1.70。

石灰土碾压应符合下列规定：

（1）铺好的石灰土应当天碾压成活。

（2）碾压时的含水量宜在最优含水量的允许偏差范围内。

（3）初压时，碾速宜为 20～30 m/min，灰土初步稳定后，碾速宜为 30～40 m/min。

（4）人工摊铺时，宜先用 6～8 t 压路机碾压，灰土初步稳定，找补整形后，方可用重型压路机碾压。

纵、横接缝均应设直槎，接缝应符合下列规定：

（1）纵向接缝宜设在路中线处。接缝应做成阶梯形，梯级宽不应小于 1/2 层厚。

（2）横向接缝应尽量减少。

石灰土养护应符合下列规定：

（1）石灰土成活后应立即洒水（或覆盖）养护，保持湿润，直至上层结构施工。

（2）石灰土碾压成活后可采取喷洒沥青透层油养护，并宜在其含水量为 10% 左右时进行。

（3）石灰土养护期间应封闭交通。

**（二）级配砂砾及级配砾石基层**

级配砂砾及级配砾石应符合下列要求：

（1）天然砂砾应质地坚硬，含泥量不应大于砂质量（粒径小于 5 mm）的 10%，砾石颗粒中细长及扁平颗粒的含量不应超过 20%。

（2）级配砾石做次干路及其以下道路底基层时，级配中最大粒径宜小于 53 mm，做基层时最大粒径不应大于 37.5 mm。

（3）级配砂砾及级配砾石的颗粒范围和技术指标宜符合设计及规范的规定。

摊铺应符合下列规定：

（1）压实系数应通过试验段确定。每层摊铺虚厚不宜超 30 cm。

（2）砂砾应摊铺均匀一致，发生粗细骨料集中或离析现象时，应及时翻拌均匀。

（3）摊铺长度至少为一个碾压段，即 30～50 m。

碾压成活应符合下列规定：

（1）碾压前应洒水，洒水量应使全部砂砾湿润，且不导致其层下翻浆。

（2）碾压过程中应保持砂砾湿润。

（3）碾压时应自路边向路中倒轴碾压。采用 12 t 以上压路机进行，初始碾速宜为 25～30 m/min；砂砾初步稳定后，碾速宜控制在 30～40 m/min。碾压至轮迹不应大于 5 mm，砂石表面应平整、坚实，无松散和粗细骨料集中等现象。

（4）上层铺筑前，不得开放交通。

**（三）级配碎石及级配碎砾石基层**

级配碎石及级配碎砾石材料应符合下列规定：

（1）轧制碎石的材料可为各种类型的岩石（软质岩石除外）砾石。轧制碎石的砾石粒径应为碎石最大粒径的 3 倍以上，碎石中不应有黏土块、植物根叶、腐殖质等有害物质。

(2)碎石中针、片状颗粒的总含量不应超过20%。

(3)级配碎石及级配碎砾石颗粒范围和技术指标宜符合设计及规范的规定。

摊铺应符合下列规定：

(1)宜采用机械摊铺符合级配要求的厂拌级配碎石或级配碎砾石。

(2)压实系数应通过试验段确定,人工摊铺宜为1.40～1.50,机械摊铺宜为1.25～1.35。

(3)摊铺碎石每层应按虚厚一次铺齐,颗粒分布应均匀,厚度一致,不得多次找补。

(4)已摊平的碎石,碾压前应断绝交通,保持摊铺层清洁。

碾压应符合下列规定：

(1)碾压前和碾压中应适量洒水。

(2)碾压中对有过碾现象的部位,应进行换填处理。

成活应符合下列规定：

(1)碎石压实后及成活中应适量洒水。

(2)视压实碎石的缝隙情况撒布嵌缝料。

(3)宜采用12 t以上的压路机碾压成活,碾压至缝隙嵌挤应密实,稳定坚实,表面平整,轮迹小于5 mm。

(4)未铺装上层前,对已成活的碎石基层应保持养护,不得开放交通。

## 三、道路面层施工

### (一)热拌沥青混合料面层

沥青混合料面层骨料的最大粒径应与分层压实层厚度相匹配。密级配沥青混合料,每层的压实厚度不宜小于骨料公称最大粒径的2.5～3倍;对SMA(沥青玛琋脂碎石混合料)和OGFC(大孔隙开级配排水式沥青磨耗层)等嵌挤型混合料不宜小于公称最大粒径的2～2.5倍。

各层沥青混合料应满足所在层位的功能性要求,便于施工,不得离析。各层应连续施工并联结成一体。

热拌沥青混合料铺筑前,应复查基层和附属构筑物质量,确认符合要求,并对施工机具设备进行检查,确认处于良好状态。

沥青混合料搅拌及施工温度应根据沥青标号及黏度、气候条件、铺装层的厚度、下卧层温度确定。

普通沥青混合料搅拌及压实温度宜满足在135～175 ℃条件下测定的黏度—温度曲线。

热拌沥青混合料宜由有资质的沥青混合料集中搅拌站供应。

热拌沥青混合料的运输应符合下列规定：

(1)热拌沥青混合料宜采用与摊铺机匹配的自卸汽车运输。

(2)运料车装料时,应防止粗细骨料离析。

(3)运料车应具有保温、防雨、防混合料遗撒与沥青滴漏等功能。

(4)沥青混合料运输车辆的总运输能力应比搅拌能力或摊铺能力有所富余。

(5)沥青混合料运至摊铺地点,应对搅拌质量与温度进行检查,合格后方可使用。

热拌沥青混合料的摊铺应符合下列规定：

(1)热拌沥青混合料应采用机械摊铺,摊铺温度应符合规范的规定。

(2)摊铺机应具有自动或半自动方式调节摊铺厚度及找平的装置、可加热的振动熨平板或初步振动压实装置、摊铺宽度可调整等功能,且受料斗斗容应能保证更换运料车时连续摊铺。

(3)采用自动调平摊铺机摊铺最下层沥青混合料时,应使用钢丝或路缘石、平石控制高程与摊铺厚度,以上各层可用导梁引导高程控制,或采用声纳平衡梁控制方式。经摊铺机初步压实的摊铺层应符合平整度、横坡的要求。

(4)沥青混合料的最低摊铺温度应根据气温、下卧层表面温度、摊铺层厚度与沥青混合料种类经试验确定。

(5)沥青混合料的松铺系数应根据混合料类型、施工机械和施工工艺等应通过试验段确定,试验段长不宜小于 100 m。

(6)摊铺沥青混合料应均匀、连续不间断,不得随意变换摊铺速度或中途停顿。摊铺速度宜为 2~6 m/min。摊铺时螺旋送料器应不停顿地转动,两侧应保持有不少于送料器高度 2/3 的混合料,并保证在摊铺机全宽断面上不发生离析。熨平板按所需厚度固定后不得随意调整。

(7)摊铺层发生缺陷应找补,并停机检查,排除故障。

(8)路面狭窄部分、平曲线半径过小的匝道小规模工程可采用人工摊铺。

热拌沥青混合料的压实应符合下列规定：

(1)应选择合理的压路机组合方式及碾压步骤,以达到最佳碾压结果。沥青混合料压实宜采用钢筒式静态压路机与轮胎压路机或振动压路机组合的方式压实。

(2)压实应按初压、复压、终压(包括成型)三个阶段进行。压路机应以慢而均匀的速度碾压,压路机的碾压速度宜符合规范的规定。

(3)初压应符合下列要求：

①初压温度应符合规范的有关规定,以能稳定混合料,且不产生推移、发裂为度。

②碾压应从外侧向中心碾压,碾速稳定均匀。

③初压应采用轻型钢筒式压路机碾压 1~2 遍,初压后应检查平整度、路拱,必要时应修整。

(4)复压应紧跟初压连续进行,并应符合下列要求：

①复压应连续进行,碾压段长度宜为 60~80 m。当采用不同型号的压路机组合碾压时,每一台压路机均应做全幅碾压。

②密级配沥青混凝土宜优先采用重型的轮胎压路机进行碾压,碾压到要求的压实度。

③对大粒径沥青稳定碎石类的基层,宜优先采用振动压路机复压。厚度小于 30 mm的沥青层不宜采用振动压路机碾压。相邻碾压带重叠宽度宜为 10~20 cm。振动压路机折返时应先停止振动。

④采用三轮钢筒式压路机时,总质量不宜小于 12 t。

⑤大型压路机难以碾压的部位,宜采用小型压实工具进行压实。

(5)终压温度应符合有关规定,终压宜选用双轮钢筒式压路机,碾压至无明显轮迹。

接缝应符合下列规定：

(1)沥青混合料面层的施工接缝应紧密、平顺。

(2)上、下层的纵向热接缝应错开15 cm,冷接缝应错开30～40 cm。相邻两幅及上、下层的横向接缝均应错开1 m以上。

(3)表面层接缝应采用直茬,以下各层可采用斜接茬,层较厚时也可做成阶梯形接茬。

(4)对冷接茬施作前,应在茬面涂少量沥青并预热。

热拌沥青混合料路面应待摊铺层自然降温至表面温度低于50 ℃后,方可开放交通。

沥青混合料面层完成后应加强保护,控制交通,不得在面层上堆土或拌制砂浆。

**(二)水泥混凝土面层**

**1.施工准备**

施工前,应按设计规定划分混凝土板块,板块划分应从路口开始,必须避免出现锐角。曲线段分块,应使横向分块线与该点法线方向一致。直线段分块线应与面层胀缩缝结合,分块距离宜均匀。分块线距检查井盖的边缘宜大于1 m。

混凝土摊铺前,应完成下列准备工作：

(1)混凝土施工配合比已获监理工程师批准,搅拌站经试运转,确认合格。

(2)模板支设完毕,检验合格。

(3)混凝土摊铺、养护、成型等机具试运行合格,专用器材已准备就绪。

(4)运输与现场浇筑通道已修筑,且符合要求。

**2.混凝土搅拌与运铺**

现场自行设立搅拌站应符合下列规定：

(1)搅拌站应具备供水、供电、排水、运输道路和分仓堆放砂石料及搭建水泥仓的条件。

(2)搅拌站管理、生产和运输能力应满足浇筑作业需要。

混凝土搅拌应符合下列规定：

(1)混凝土的搅拌时间应按配合比要求与施工对其工作性要求经试拌确定最佳搅拌时间。每盘最长总搅拌时间宜为80～120 s。

(2)外加剂宜稀释成溶液,均匀加入进行搅拌。

(3)混凝土应搅拌均匀,出仓温度应符合施工要求。

施工中应根据运距、混凝土搅拌能力、摊铺能力确定运输车辆的数量与配置。

**3.混凝土铺筑**

混凝土铺筑前应检查下列项目：

(1)基层或砂垫层表面、模板位置、高程等符合设计要求。模板支撑接缝严密、模内洁净、隔离剂涂刷均匀。

(2)钢筋、预埋胀缝板的位置正确,传力杆等安装符合要求。

(3)混凝土搅拌、运输与摊铺设备状况良好。

铺筑作业应符合下列要求：

(1)卸料应均匀,布料应与摊铺速度相适应。

(2)设有接缝拉杆的混凝土面层,应在面层施工中及时安设拉杆。

（3）在一个作业单元长度内，应采用前进振动、后退静滚方式作业，最佳滚压遍数应经过试铺确定。

人工小型机具施工水泥混凝土路面层应符合下列规定：

（1）混凝土松铺系数宜控制在 1.10~1.25。

（2）摊铺厚度达到混凝土板厚的 2/3 时，应拔出模内钢钎，并填实钎洞。

（3）混凝土面层分两次摊铺时，上层混凝土的摊铺应在下层混凝土初凝前完成，且下层厚度宜为总厚的 3/5。

（4）混凝土摊铺应与钢筋网、传力杆及边缘角隅钢筋的安放

（5）每块混凝土板应一次连续浇筑完毕。

（6）混凝土使用插入式振捣器振捣时，不应过振，且振动时间不少于 30 s，移动间距不宜大于 50 cm。使用平板振捣器振捣应重叠 10~20 cm，振捣器行进速度应均匀一致。

成活应符合下列要求：

（1）现场应采取防风、防晒等措施，抹面拉毛等应在跳板上进行，抹面时严禁在板面上洒水、撒水泥粉。

（2）采用机械抹面时，真空吸水完成后即可进行。先用带有浮动圆盘的重型抹面机粗抹，再用带有振动圆盘的轻型抹面机或人工细抹一遍。

（3）混凝土抹面不宜少于 4 次，先找平抹平，待混凝土表面无泌水时再抹面，并依据水泥品种与气温控制抹面间隔时间。

混凝土面层应拉毛、压痕或刻痕，其平均纹理深度应为 1~2 mm。

横缝施工应符合下列规定：

（1）胀缝间距应符合设计规定，缝宽宜为 20 mm。在与结构物衔接处、道路交叉和填挖土方变化处，应设胀缝。

（2）胀缝上部的预留填缝空隙宜用提缝板留置。提缝板应直顺，与胀缝板密合、垂直于面层。

（3）缩缝应垂直板面，宽度宜为 4~6 mm。切缝深度：设传力杆时，不应小于面层厚的 1/3，且不得小于 70 mm；不设传力杆时，不应小于面层厚的 1/4，且不应小于 60 mm。

（4）用机器切缝时，宜在水泥混凝土强度达到设计强度的 25%~30% 时进行。

当施工现场的气温高于 30 ℃、搅拌物温度为 30~35 ℃、空气相对湿度小于80% 时，混凝土中宜掺缓凝剂、保塑剂或缓凝减水剂等。切缝应视混凝土强度的增长情况，比常温施工下适度提前。铺筑现场宜设遮阳棚。

当混凝土面层施工采取人工抹面，遇有 5 级以上风时，应停止施工。

**4.面层养护与填缝**

（1）水泥混凝土面层成活后，应及时养护。可选用保湿法和塑料薄膜覆盖等方法养护。气温较高时，养护不宜少于 14 d；气温低时，养护期不宜少于 21 d。

（2）昼夜温差大的地区，应采取保温、保湿的养护措施。

（3）养护期间应封闭交通，不应堆放重物；养护终结，应及时清除面层养护材料。

（4）混凝土板在达到设计强度的 40% 以后，方可允许行人通行。

（5）填缝应符合下列规定：

①混凝土板养护期满后应及时填缝,缝内遗留的砂石、灰浆等杂物,应剔除干净。

②应按设计要求选择填缝料,并根据填料品种制定工艺技术措施。

③灌注填缝料必须在缝槽干燥状态下进行,填缝料应与混凝土缝壁黏附紧密,不渗水。

④填缝料的充满度应根据施工季节而定,常温施工应与路面平,冬期施工,宜略低于板面。

(6)在面层混凝土弯拉强度达到设计强度且填缝完成前,不得开放交通。

# 第八节　机电安装及金属结构工程

## 一、机电安装工程

### (一)水利水电工程机电设备的种类

小型水利水电工程中机电设备主要有各种水闸和船闸的启闭机、泵站、涵洞等水泵及其动力设备等。

### (二)机电设备安装的基本要求

这里主要介绍水闸的启闭机、水泵的安装。

1.闸门启闭机安装的基本要求

1)基本工序组成

在建筑物上安装起重机(即启闭机),基本工序组成为:向安装地点运送机械零部件,机械的组装和校正,检查整机,调试并交付运行。

机械安装前应验收基础,同时要检查安装机架部位混凝土表面的高程,地脚螺栓孔和电路、绳索孔的位置,链式机械平衡重块竖井的位置和大小。标示有基础的设计位置和实际位置的检测图应记录在基础验收报告中。

2)固定式启闭机安装的基本要求

(1)启闭机机座下的混凝土层浇筑厚度不应小于50 mm。

(2)机架下面承受荷载的部位必须敷设安装垫板。垫板调整好后,相互焊牢并焊到机架上。机架下面的安装垫板数量没有限制,但机架和电动机、制动器、减速器、轴承以及其他零部件之间的衬垫在一个部位不能多于2个。

(3)地脚螺栓的端部应露出螺母的2~5个螺扣。

(4)地脚螺栓和机架经有关机构对其安装和校正检验合格后,方可进行二期混凝土浇筑。机械及其构件(减速器、轴承座等)的检验应在其零件不进灰尘和不受水分侵扰的条件下进行。

(5)在悬挂驱动闸门的钢丝绳、链条、连杆之前,启闭机利用电动机在空载行程下磨合,每个回转方向不少于60 min,并要观察减速器、轴承和制动器的工作。

(6)启闭机的运行机构连接到闸门上后,提升闸门,调整吊链长度或者调整闸门拉杆的固定位置,位于门槽中的闸门不应在水平方向移动。

(7)安装完的启闭机,在试验前要检查启闭机在混凝土上或其他基础上的安装与固定的质量,以及启闭机械润滑、终点行程开关和制动器的调整情况。对启闭机做计算荷载和运行荷载试验。在启闭机的技术说明书或记录卡上填写其装配和预期修理的日期,指出修理特点,更换发现有缺陷的零件,并记下消除缺陷的情况。

2. 水泵安装的基本要求

1)卧式机组的安装

卧式机组分为有底座和无底座两种,小型机组的水泵和电动机一般多采用直接传动,其底座是共用的。

(1)有底座机组安装。先将底座放于浇筑好的基础上,套上地脚螺栓和螺帽,调整位置,使底座的纵横中心位置和浇筑基础时所定的纵横中心线一致。当由于地脚螺栓的限制,不能调整好位置时,其误差不能超过±5 mm。然后调水平,拧紧地脚螺母。机座安好后,再将水泵安装在机座上,安装动力机(电动机)。当采用直接传动时,在动力机固定之前,应先进行同心度量测和调整,再进行轴向间隙量测和调整,两者反复进行直到满足规定要求。最后固定动力机。

(2)无底座的大型水泵安装。先将水泵吊到基础上,与基础上的地脚螺栓对正并穿入泵体地脚螺栓使水泵就位。然后在水泵底脚的四角各垫一块楔形垫片,进行水泵的中心线校正、水平校正及标高校正。反复校正后,再用水泥砂浆从缝口填塞进基础与泵体底脚间的空隙内。灌浆时,为使水泥砂浆不流出,四周应用木板挡住,并保证内部不得存有空隙。待砂浆凝固后,拧紧地脚螺母。动力机的安装与水泵安装基本相同,即先将动力机吊到基础上就位,再采用与水泵相同的调整方法反复进行同心度和轴向间隙的量测与调整,最后进行灌浆固定。

无底座直接传动的卧式机组安装流程是吊水泵、中心线校正、水平校正、标高校正、拧紧地脚螺栓、水泵安装、动力机安装、验收。其他类型的卧式机组安装可参考使用。

2)立式机组的安装

立式机组的安装与卧式机组有所不同,其水泵是安装在专设的水泵梁上,动力机安装在水泵上方的电机梁上。中小型立式轴流泵机组安装流程是安装前准备、泵体就位、电机座就位、水平校正、同心校正、固定地脚螺栓、泵轴和叶轮安装、传动轴安装、电动机吊装、验收。

水平校正以电机座的轴承座平面为校准面,泵体以出水弯管上橡胶轴承座平面为校准面。一般是将方形水平仪放在校准面上,按水平要求调整机座下的垫片,直至水平。同心校正是校正电机座上传动轴孔与水泵弯管上泵轴孔的同心度,施工中通常称为找正或找平校正。

测量与调整传动轴、泵轴摆度,目的是使机组轴线各部位的最大摆度在规定的允许范围内。当测算出的摆度值不满足要求时,通常是采用刮磨推力盘底面的方法进行调整。

## 二、金属结构工程

### (一)金属结构的类型

水利水电工程中的金属结构的类型主要有闸门、闸门预埋件、拦污栅、压力钢管等。

## (二)金属结构安装的基本要求

### 1.平板闸门的安装

水工钢闸门的形式主要有平板闸门、弧形闸门及人字门三种。闸门安装方案要根据闸门的形式和施工条件来确定。平板闸门包括直升式和升卧式。

平板闸门的门叶由承重结构(包括面板、梁系、竖向连接系或隔板、门背(纵向)连接系和支撑边梁)等、行走支撑、止水装置和吊耳等组成。

安装前,检查闸门和支撑导引部件的几何尺寸,消除出现的损伤,清理闸门的泥土和锈迹,润滑支撑导向部件,建立记录。闸门的检查应在水平台架上进行。

平板闸门安装的顺序是:闸门放到门底坎,按照预埋件调配止水和支承导向部件,安装闸门拉杆,在门槽内试验闸门的提升和关闭,将闸门处于试验水头并投入试运行。

安装行走部件时,应使其所有滚轮(或滑块)都同时紧贴主轨;闸门压向主轨时,止水与预埋件之间应保持 3~5 mm 的富裕度。

### 2.闸门预埋件的安装

闸门预埋件有如下两种安装方法:预留二期混凝土块的安装方法和不设二期混凝土块的安装方法。

#### 1)预留二期混凝土块的安装方法

在建筑物大体积混凝土中,在安装闸门工作轨道、支承铰和预埋件的位置预留二期混凝土块,暂不浇筑混凝土,用于下一步在此处装配预埋件。在一期混凝土中,为固定预埋件,常将它的钢筋外露。二期混凝土块的尺寸应保证预埋件装配、调整和固定等施工正常进行,同时还要保证能完成焊接施工和二期混凝土的浇筑。

闸门导轨安装前,要对基础螺栓进行校正,安装过程中必须随时用垂球进行校正,使其铅直无误。导轨就位后即可立模浇筑二期混凝土。

闸门底槛设在闸底板上,在施工初期浇筑底板时,若铁件不能完成,亦可在闸底板上留槽浇二期混凝土,如图 2-4-11 所示。

浇筑二期混凝土时,应采用较细骨料混凝土,并细心捣固,不要振动已装好的金属构件。门槽较高时,不要直接从高处下料,可以分段安装和浇筑。二期混凝土拆模后,应对埋件进行复测,并作好记录,同

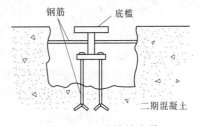

图 2-4-11 底槛的安装

时检查混疑土表面尺寸,清除遗留的杂物、钢筋头,以免影响闸门启闭。

#### 2)不设二期混凝土块的安装方法

不设二期混凝土块的安装方法是在已完成的建筑物上安装预埋件,预埋件被牢固地固定在设计位置,同时装有闸墩钢筋,并且一次完成全部混凝土的浇筑。为了使不设二期混凝土块的安装方法的预埋件整体刚度较好,要预先加固门槽结构件,使之具有一定的空间刚度。不设二期混凝土块安装预埋件的另一种方法是将该预埋件临时固定预装在闸门上。当闸门在设计位置装配和定位后,把预埋件固定在闸门上并浇筑混凝土。一般弧形和扇形闸门曲线形预埋件采用不设二期混凝土块的安装方法。当采用其他安装方法效果较差时,也可采用这种方法。

# 第三部分 水利工程项目管理

## 第一章 水利工程施工管理

### 第一节 施工管理组织机构

施工管理组织机构的建立与健全是施工管理成功的关键,没有一个完整的和完善的组织机构,项目工程的施工质量、进度、安全、成本就难以保证。

#### 一、项目部组织机构

项目管理组织的建立应遵循下列原则:

(1)组织结构科学合理。

(2)有明确的管理目标和责任制度。

(3)组织成员具备相应的职业资格。

(4)保持相对稳定,并根据实际需要进行调整。

项目经理部是组织设置的项目管理机构,承担项目管理任务和实现目标的全部责任。项目经理部由项目经理领导,接受组织职能部门的指导、监督、检查、服务和考核,并负责对项目资源进行合理的使用和动态管理。

##### (一)项目部领导

项目部领导由下列人员组成:项目经理(现场负责人),分管工程(安全、质量、进度)、人员资源、财务、材料设备等副经理,项目总工(或技术负责人),人员不一定要多,但是责任要分配到人。

项目经理应由法人代表任命,并根据法定代表人授权的范围、期限和内容,履行管理职责,并对项目全过程、全面管理。

项目现场负责人应由项目经理授权,并根据项目经理授权的范围、期限和内容,代为履行部分管理职责,并对项目经理授权的工作负责(满足 AB 岗制度要求)。

项目经理应履行下列职责:

(1)项目管理目标责任书(施工组织设计或质量计划)规定的职责。

（2）主持编制项目管理实施计划，并对项目目标进行系统管理。

（3）对资源（资金、人员、设备等）进行目标管理。

（4）建立各种专业管理体系并组织实施。

（5）进行授权范围内的利益分配。

（6）收集工程资料，准备工程结算资料，参与工程竣工验收。

（7）接受审计，处理项目经理部解体的善后工作。

（8）协助组织进行项目检查、鉴定和评奖申报工作。

项目经理具有下列权限：

（1）参与项目招标、投标和合同签订。

（2）参与项目部组建、主持项目部工作。

（3）决定授权范围内资金的使用，制订内部计酬办法。

（4）参与选择并使用具有相应资质的分包人，参与选择物资供应单位。

（5）在授权范围内协调与项目有关的内、外部关系。

**（二）管理部门**

管理部门有工程科（含安全、质量、成本、施工等）、财务器材科（含财务、材料、设备等）、人资办公科（含保卫、人力资源、办公室、后勤等）等部门。这些部门及负责人要落实到位。

**（三）施工队（班组）**

施工队（班组）各种专业施工队、混凝土、木工、钢筋、起重、机械、电工、架子工等班组及负责人。

## 二、项目部安全（质量）管理机构

（1）安全（质量）第一责任人：项目经理。

（2）安全（质量）领导小组：组长（项目经理）、副组长（分管安全（质量）副经理）、成员（项目总工、各部门负责人、各班组班组长）。

（3）专职安全（质量）管理机构（工程科）：负责人、专业安全员。

（4）安全（质量）员：各班组兼职安全员、特殊工种。

工程施工时所有标书中的人员在没有更换的情况下要到岗，到岗人员包括：项目经理、技术负责人、施工员、质检员、安全员等五大员；对于实行 AB 岗的项目，B 岗人员要常驻工地，A 岗人员要在约定的阶段到岗履责。

# 第二节　水利工程施工前管理

施工前管理是水利工程管理的重要形式和内容，水利工程施工前项目经理要参与的管理主要包括下列内容。

## 一、投标文件的编制和工程成本的合理预测

在投标阶段，项目负责人要参与投标文件的编制：

（1）根据现场情况确定投入项目施工的人员、选用的施工方法、项目所用设备的确定、该项目所能达到的进度、质量、安全目标等，为编制技术标做好准备。

（2）根据所选择的施工方法、选用的材料、设备等，要对项目成本进行预测，为编制投标报价做好准备。

## 二、承包合同的洽谈和签订合理周密的施工合同

项目中标后，项目负责人要参与项目施工合同的洽谈，了解合同条件，特别是度汛工期、特殊地质条件及与招标文件不一致的地方是否可以接受。

对于属于内部承包的项目，还要测算项目施工成本，对内部承包合同条款要进行研究，确保合同能顺利履约。

# 第三节　工程施工中的管理

## 一、开工前的管理工作

施工前准备工作的基本任务是为拟建工程的施工建立必要的技术条件和物资条件，统筹安排施工力量和施工现场。施工准备工作是施工企业搞好目标管理，推进技术经济承包的重要依据。因此，认真做好施工准备工作，对发挥企业优势、合理供应资源、加快施工速度、提高工程质量、降低工程成本、增加企业效益等具有重要的意义。

（1）组织精干的项目管理班子，这是项目经理管好项目的基本条件，也是项目成功的组织保证；要配备好项目安全、质量、施工、财务、材料、设备、技术等管理人员。

（2）制订项目阶段性目标和项目总体控制计划。项目总目标包括：成本目标、质量目标、安全目标、环保目标、进度目标、技术进步目标等。

目标一经确定，项目经理的职责之一就是将总目标分解，划分出主要工作内容和工作量，确定项目阶段性目标的实现标志，如形象进度控制点等。

（3）认真做好图纸会审。在图纸会审时，对于结构复杂、施工难度高的项目，要从方便施工、有利于加快工程进度、确保质量和降低资源消耗且增加工程效益几方面考虑，并提出修改意见。

（4）优化施工组织设计。施工方案的优化是工程成本有效管理的主要途径，编制时应在技术标的基础上，做好优化细化工作。

（5）督促相关人员做好技术准备（图纸会审、技术交底、施工方案制订）、材料准备（材料试验、采购合同签订）、设备准备、人员班组准备等工作。

（6）施工单位应于工程开工前，提交一份满足工程需要的、完整的现场试验室设置计划，报监理机构和业主单位审批，其内容包括现场实验室资质、试验设备及检定情况、试验项目、试验机构设置和人员配备等情况。

（7）建立健全各项规章制度。工地各项规章制度是否建立健全，直接影响其各项施工活动的顺利进行，其内容包括：工程质量检查与验收制度、工程技术档案管理制度、建筑材料的检查验收报验制度、岗位责任制度、技术交底制度、安全操作制度、机具保养制

度等。

(8)搞好三通一平及临时设施布设。三通一平：路通、水通、电通和场地平整。临时设施布置：按照施工总平面布置图布设生产、办公、生活、储物等临时用房,设置混凝土拌和场、砂石料场、排水系统等。

## 二、施工过程中的管理工作

### (一)成本管理工作

#### 1.搞好劳务成本管理工作

劳务成本管理工作主要包括签证工作和严格劳务费用审核。项目经理应主动督促管理人员将发生变化的工程项目和单价上报监理工程师和业主,及时办理签证手续,以便于工程项目成本调整。劳务费结算是项目成本管理的又一关键环节,在已签订的劳务合同基础上,严格审核劳务分包工程量及零工结账单,从一线施工、材料部门到核算部门层层把关,防止超结多结现象,减少项目不合理的开支。

#### 2.加强材料成本管理

首先要在保证质量的前提下,坚持从"廉"采购;第二,必须根据施工程序及工程进度,周密安排分阶段的材料计划,用好用活流动资金,在确保作业连续性的同时降低存储成本;第三,加强现场管理,合理堆放,减少搬运和损耗;第四,严格执行材料消耗定额,对周转材料及大宗材料,如模板、架杆、方木、水泥、钢材、砂石料等要限额领料;第五,对各种材料坚持余料回收,废物利用。

### (二)项目进度管理

项目进度管理目标应按项目实施过程、专业、阶段或实施周期进行分解;要制订和审核周、月、季度、阶段性、年及工程总季度计划,并在过程中进行跟踪检查。对存在的问题分析原因并纠正偏差。要确保合同目标的实现。

项目进度管理要结合资金计划、人员计划、材料计划、设备计划进行综合管理。

### (三)安全、质量管理

按照国家相关法律法规及制度要求进行安全、质量管理,要组织安全、质量检查,配备安全、质量管理所需资源,及时消除安全、质量事故隐患。

### (四)资源管理

要根据工程进度要求,配足所需的设备、人员、资金、材料等。

资源管理包括人力资源管理、材料管理、设备管理、技术管理和资金管理等。

# 第四节　工程施工后的管理

## 一、竣工验收资料的准备和加强竣工结算管理

合同条款对工程竣工验收有十分明确的界定,以完工交付验收截止日期作为衡量工期履约与违约的基本原则。因此,要做好工程验收资料的收集、整理、汇总,以确保完工交付竣工资料的完整性、可靠性。在竣工结算阶段,项目部有关施工、材料部门必须积极配

合预算部门,将有关资料汇总、递交至预算部门,预算部门将中标预算、目标成本、材料实耗量、人工费发生额进行分析、比较,查寻结算的漏项,以确保结算的正确性、完整性。同时,可根据已签证的施工工艺(方法),争取合理的签证或变更项目价格,以弥补原有定额偏低的缺陷。

## 二、加强资料管理和加强应收账款的管理

施工中保存好各种与合同有关的资料,如施工日记、来往文件、气象资料、会议纪要、备忘录、工程声像资料等;对于业主变更设计图纸、增减工作量的,在补充合同中争取获得补偿。工程竣工以后,要及时进行结算,以明确债权债务关系。项目部要落实专人与业主加强联系,力争尽快回收资金。对一些不能在短期内偿清债务的甲方,通过协商签订还款计划,明确还款时间,明确违约责任,以增强对债务单位的约束力。对一些收回资金可能性较小的应收账款,可采取卜利清收等办法,以减轻成本损失。

## 三、项目回访保修

应根据合同和国家有关规定编制回访保修计划,回访保修计划包括:

(1)主管回访保修的部门。

(2)执行回访保修工作的单位。

(3)回访时间和主要内容、方式。

回访可以采取电话询问、登门座谈、例行回访等方式,并根据需要及时采取改进措施。

# 第二章　水利工程合同管理

## 第一节　工程施工合同范本

### 一、概述

合同管理是项目管理的核心,完备的合同体系是合同管理的基础。对于工程项目而言,项目目标大、履行时间长、涉及主体多,依靠合同来规范和确定彼此的权利义务关系就显得尤为重要。任何一个建设项目的实施,都是通过签订一系列的承包合同来实现的。通过对承包内容、范围、价款、工期和质量标准等合同条款的制订和履行,业主和承包商可以在合同环境下调控建设项目的运行状态。通过对合同管理目标责任的分解,可以规范项目管理机构的内部职能,紧密围绕合同条款开展项目管理工作。因此,无论是对承包商、分承包商的管理,还是对项目业主本身及项目监理工程师的管理,合同始终是工程项目管理的核心。合同管理是工程承包项目管理最重要的一环,它涉及工程技术、经济造价、法律法规、风险预测等多方面知识和技能。

工程项目合同管理的基本原则是:①符合法律规则原则;②平等原则;③自愿原则;④诚实信用原则;⑤等价有偿原则。

为了规范施工招标资格预审文件、招标文件编制活动,提高资格预审文件、招标文件编制质量,促进招标投标活动的公开、公平和公正,国家发展和改革委员会、财政部、建设部、铁道部、交通部、信息产业部、水利部、民用航空总局、广播电影电视总局联合编制了《标准施工招标资格预审文件》和《标准施工招标文件》,自 2008 年 5 月 1 日起施行。

国务院有关行业主管部门可根据《标准施工招标文件》并结合本行业施工招标特点和管理需要,编制行业标准施工招标文件。行业标准施工招标文件重点对专用合同条款、工程量清单、图纸、技术标准和要求作出具体规定。

行业标准施工招标文件中的专用合同条款可对《标准施工招标文件》中的通用合同条款进行补充、细化,除通用合同条款明确专用合同条款可作出不同约定外,补充和细化的内容不得与通用合同条款强制性规定相抵触,否则抵触内容无效。

### 二、工程施工合同示范文本

#### (一)建设工程施工合同文件的组成

建设部和国家行政管理局 1999 年 12 月印发的《建设工程施工合同(示范文本)》(GF—1999—0201)(简称《合同示范文本》),是各类公用建筑、民用住宅、工业厂房、交通设施及线路工程施工和设备安装的合同范本。由协议书、通用条款、专用条款三部分组成,并附有三个附件。

**1. 协议书**

合同协议书是建设工程施工合同的总纲性法律文件,经过双方当事人签字盖章后合同即成立。标准的协议书文字量不大,需要结合承包工程特点填写。其主要内容包括:工程概况、工程承包范围、合同工期、质量标准、合同价款、合同生效时间,以及对双方当事人均具有约束力的合同文件。

建设工程施工合同文件包括:施工合同协议书,中标通知书,投标书及其附件,施工合同专用条款,施工合同通用条款,标准、规范及有关技术文件,图纸,工程量清单,工程报价单或预算书。

在合同履行过程中,双方有关工程的洽商、变更等书面协议或文件也构成对双方有约束力的合同文件,将其视为协议书的组成部分。

**2. 通用条款**

通用条款是在全面总结国内工程实施中的成功经验和失败教训的基础上,参考 FIDIC 编写的《土木工程施工合同条件》相关内容的规定,编制的规范发包人和承包人双方权利和义务的标准化合同条款。通用条款的内容包括:词语定义及合同文件;双方一般权利和义务,施工组织设计和工期,质量与检验,安全施工,合同价款与支付,材料设备供应,工程变更,竣工验收与结算,违约、索赔和争议,其他。

《建设工程价款结算暂行办法》(财建〔2004〕369 号)第二十八条规定:凡《合同示范文本》内容与本价款结算办法不一致之处,以本价款结算办法为准。

**3. 专用条款**

考虑到具体实施的建设工程的内容各不相同,工期、造价也随之变动,承包人、发包人各自的能力、施工现场和外部环境条件也各异,通用条款不能完全适用于各个具体工程。为反映发包工程的具体特点和要求,配置以专用条款对通用条款进行必要的修改或补充,使通用条款和专用条款成为当事人双方统一意愿的体现。专用条款只为合同当事人提供合同内容的编制指南,具体内容需要当事人根据发包工程的实际情况进行细化。

**4. 附件**

《合同示范文本》为使用者提供了"承包方承揽工程项目一览表"、"发包方供应材料设备一览表"和"房屋建筑工程质量保修书"三个标准后表格形式的附件,如果所发包的工程项目为包工包料承包,则可以不使用"发包方供应材料设备一览表"。

**(二)《水利水电土建工程施工合同条件(示范文本)》(GF—2000—0208)的主要内容**

大中型水利水电工程使用水利部、国家电力公司、国家工商行政管理局联合印发的《水利水电工程施工合同和招标文件示范文本》(GF—2000—0208)。

小型水利水电工程的合同签订应参照以上示范文本执行。

《水利水电土建工程施工合同条件(示范文本)》(GF—2000—0208)分为通用合同条款和专用合同条款两部分。其中,通用合同条款部分应全文引用,不得删改;专用合同条款部分则应按其条款编号和内容,根据工程实际情况进行修改和补充。

根据《水利水电土建工程施工合同条件(示范文本)》(GF—2000—0208),合同文件指组成合同的各项文件,包括:协议书(包括补充协议)、中标通知书、投标报价书、专用合同条款、通用合同条款、技术条款、图纸、已标价的工程量清单、经合同双方确认进入合同的其他文件。上述次序也是解释合同的优先顺序。

1. 合同文件(或称合同)

合同文件(或称合同)指由发包人与承包人签订的为完成本合同规定的各项工作所列入本合同条件的全部文件和图纸,以及其他在协议书中明确列入的文件和图纸。

2. 技术条款

技术条款是指本合同的技术条款和由监理人作出或批准的对技术条款修改或补充的文件。技术条款是合同的重要组成部分,其内容是说明合同标的物应达到的质量标准及其施工技术要求,也是合同支付的实物依据和计量方法。此名词在以往国内的招标和合同文件中常称为技术规范,为了与行业标准中的技术规范相区别,在合同文件中称技术条款。

3. 图纸和施工图纸

图纸是指列入合同的招标图纸和发包人按合同规定向承包人提供的所有图纸(包括配套说明和有关资料),以及列入合同的投标图纸和由承包人提交并经监理人批准的所有图纸(包括配套说明和有关资料)。

施工图纸是指由发包人提供或由承包人提交并经监理人批准的直接用于施工的图纸(包括配套说明和有关资料)。

4. 投标文件

投标文件是投标报价书、已标价的工程量清单(指由投标人已填写价格的工程量清单)以及由投标人按招标文件要求向发包人提供的其他文件的总称。投标报价书、工程量清单及其他投标文件的内容和格式规定在招标文件的有关章节内作介绍。

5. 中标通知书

中标通知书是指发包人正式向中标人授标的通知书。中标人确定后,发包人应发中标通知书给中标人,表明发包人已接受其投标并通知该中标人在规定的期限内派代表前来签订合同。若在签订合同前尚有遗留问题需要洽谈,可在发中标通知书前先发中标意向书,邀请对方就遗留问题进行合同谈判。一般来说,意向书仅表达发包人接受投标的意愿,但尚有一些问题需进一步洽谈,并不说明该投标人已中标。

6. 通用合同条款

通用合同条款的编制依据是《中华人民共和国合同法》,其编制体系参照了国际通用的 FIDIC 施工合同条件,吸收了现行水利水电工程建设项目中有关质量、安全、进度、变更、索赔、计量支付、风险管理等方面的规定。通用合同条款的内容包括:词语含义、合同文件、双方的一般义务和责任、履约担保、监理人和总监理工程师、联络、图纸、转让和分包、承包人的人员及其管理、材料和设备、交通运输、工程进度、工程质量、文明施工、计量与支付、变更、违约和索赔、争议的解决、风险和保险、完工与保修及其他等方面。每一方面中双方的责任和义务从合同责任划分角度进行了界定。

为了贯彻《中华人民共和国安全生产法》、《建设工程质量管理条例》和《建设工程安全生产管理条例》,进一步加强质量和安全管理的力度,水利部陆续出台了《水利建设工程安全生产管理规定》、《水利建设工程施工分包管理规定》,制定了水利建设工程重大质量和安全事故应急预案,从制度上防患和解决水利系统拖欠农民工工资的问题。因此,使用《水利水电土建工程施工合同条件(示范文本)》(GF—2000—0208)时应在维持合同条件基本架构的基础上对相应的内容进行更新。

7.专用合同条款

专用合同条款是补充和修改通用合同条款中条款号相同的条款或当需要时增加的条款。通用合同条款与专用合同条款应对照阅读,一旦出现矛盾或不一致,则以专用合同条款为准,通用合同条款中未补充和修改的部分仍有效。如对于约定监理人和总监理工程师的权利,工期延误违约金额,提交资金流估算表,工程变更的范围和内容,工程风险中双方各自承担的范围,工程预付款、保留金的额度及扣除方式。

# 第二节　工程施工合同的变更

## 一、施工合同变更

合同变更是指合同成立以后和履行完毕以前由双方当事人依法对合同的内容所进行的修改,合同价款、工程内容、工程数量、质量要求和标准、实施程序等的一切改变都属于合同变更。

### (一)工程变更的原因

(1)业主新的变更指令,对建筑的新要求。如业主有新的意图,业主修改项目计划、削减项目预算等。

(2)由于设计人员、监理人员、承包商事先没有很好地理解业主的意图,或设计的错误导致图纸修改。

(3)工程环境的变化,预定的工程条件不准确,要求实施方案或实施计划变更。

(4)由于产生了新技术和新知识,有必要改变原设计、原实施方案或实施计划,或由于业主指令及业主责任的原因造成承包商施工方案的改变。

(5)政府部门对工程新的要求,如国家计划变化、环境保护的要求、城市规划变动等。

(6)由于合同实施出现问题,必须调整合同目标或修改合同条款。

### (二)变更的范围和内容

根据国家发展和改革委员会等九部委联合编制的《标准施工招标文件》中的通用合同条款的规定,除专用合同条款另有约定外,在履行合同中发生以下情形之一,应按照《标准施工招标文件》规定进行变更。

(1)取消合同中任何一项工作,但被取消的工作不能转由发包人或其他人实施。

(2)改变合同中任何一项工作的质量或其他特性。

(3)改变合同工程的基线、标高、位置或尺寸。

(4)改变合同中任何一项工作的施工时间或改变已批准的施工工艺或顺序。

(5)为完成工程需要追加的额外工作。

在履行合同过程中,承包人可以对发包人提供的图纸、技术要求以及其他方面提出合理化的建议。

## (三)变更权

根据九部委联合编制的《标准施工招标文件》中通用合同条款的规定,在履行合同过程中,经发包人同意,监理人可按合同约定的变更程序向承包人作出变更指示,承包人应遵照执行。没有监理人的变更指示,承包人不得擅自变更。

## (四)变更程序

根据九部委联合编制的《标准施工招标文件》中通用合同条款的规定,变更的程序如下。

### 1.变更的提出

(1)在合同履行过程中,可能发生《标准施工招标文件》中通用合同条款第15.1款约定情形的(即上述变更的范围和内容中的(1)~(5)),监理人可向承包人发出变更意向书。变更意向书应说明变更的具体内容和发包人对变更的时间要求,并附必要的图纸和相关资料。变更意向书应要求承包人提交包括拟实施变更工作的计划、措施和竣工时间等内容的实施方案。发包人同意承包人根据变更意向书要求提交的变更实施方案的,由监理人按合同约定的程序发出变更指示。

(2)在合同履行过程中,已经发生通用合同条款第15.1款约定情形的,监理人应按照合同约定的程序向承包人发出变更指示。

(3)承包人收到监理人按合同约定发出的图纸和文件,经检查认为其中存在第15.1款约定情形的,可向监理人提出书面变更建议。变更建议应阐明要求变更的依据,并附必要的图纸和说明。监理人收到承包人书面建议后应与发包人共同研究,确认存在变更的,应在收到承包人书面建议后的14 d内作出变更指示。经研究后不同意变更的,应由监理人书面答复承包人。

(4)若承包人收到监理人的变更意向书后认为难以实施此项变更,应立即通知监理人,说明原因并附详细依据。监理人与承发包人协商后确定撤销、改变或不改变原变更意向书。

### 2.变更指示

根据九部委联合编制的《标准施工招标文件》中通用合同条款的规定,变更指示只能由监理人发出。变更指示应说明变更的目的、范围、变更内容,以及变更的工程量及其进度和技术要求,并附有关图纸和文件。承包人收到变更指示后,应按变更指示进行变更工作。

## (五)承包人的合理化建议

根据九部委联合编制的《标准施工招标文件》中通用合同条款的规定,在履行合同过程中,承包人对发包人提供的图纸、技术要求以及其他方面提出的合理化建议,均应以书面形式提交监理人。合理化建议书的内容应包括建议工作的详细说明、进度计划和效益以及与其他工作的协调等,并附必要的设计文件。监理人应与发包人协商是否采纳建议,建议被采纳并构成变更的,应按合同约定的程序向承包人发出变更指示。

承包人提出的合理化建议降低了合同价格、缩短了工期或者提高了工程经济效益的,发包人可按国家有关规定在专用合同条款中约定给予奖励。

**（六）变更估价**

根据九部委联合编制的《标准施工招标文件》中通用的合同条款的规定：

（1）除专用合同条款对期限另有约定外，承包人应在收到变更指示或变更意向书后的 14 d 内，向监理人提交变更报价书，报价内容应根据合同约定的估价原则，详细开列变更工作的价格组成及其依据，并附必要的施工方法说明和有关图纸。

（2）变更工作影响工期的，承包人应提出调整工期的具体细节，监理人认为有必要时，可要求承包人提交要求提前或延长工期的施工进度计划及相应的施工措施等详细资料。

（3）除专用合同条款对期限另有约定外，监理人收到承包人报价书后的 14 d 内，根据合同约定的估价原则，按照《标准施工招标文件》中通用条款第 3.5 款（总监理工程师与合同当事人进行商定或确定）商定或确定变更价格。

**（七）变更的估价原则**

除专用合同条款另有约定外，因变更引起的价格调整按照下列约定处理：

（1）已报价工程量清单中有适用于变更工作的子目的，采用该子目的单价。

（2）已标价工程量清单中无适用于变更工作的子目，但有类似子目的，可在合理范围内参照类似子目的单价，由监理人按《标准施工招标文件》中通用条款第 3.5 款商定或确定变更工作的单价。

（3）已标价工程量清单中无适用或类似子目的单价，可按照成本加利润的原则，由监理人按《标准施工招标文件》中通用条款第 3.5 款商定的或确定变更工作的单价。

**（八）计日工**

根据九部委联合编制的《标准施工招标文件》中通用合同条款的规定：

（1）发包人认为有必要时，由监理人通知承包人以计日工方式实施变更的零星工作。其价款按列入已标价工程量清单中的计日工计价子目及其单价进行计算。

（2）采用计日工计价的任何一项变更工作，应从暂列金额中支付，承包人应在该项变更的实施过程中，每天提交以下报表和有关凭证报送监理人审批：①工作名称、内容和数量；②投入该工作所有人员的姓名、工种、级别和耗用工时；③投入该工作的材料类别和数量；④投入该工作的施工设备型号、台数和耗用台时；⑤监理人要求提交的其他资料和凭证。

（3）计日工由承包人汇总后，按合同约定列入进度付款申请单，由监理人复核并经发包人同意后列入进度付款。

# 第三节　项目部常用合同的种类、要求

## 一、项目部常用合同的种类

项目部常用合同有建设工程承包合同、专业分包合同、劳务分包合同、物资设备采购、租赁合同等。

## 二、施工承包合同的主要内容

《标准施工招标文件》中通用合同条款的主要内容如下。

### (一)词语定义与解释

在《建设工程施工合同(示范文本)》(GF—1999—0201)的词语定义与解释中,对工程师有专门的定义,明确为工程监理单位委派的总监理工程师或发包人指定的履行合同的代表。其具体身份和职权由发包人和承包人在专用条款中约定。工程师可以根据需要委派代表,行使合同中约定的部分权力和职责。

《标准施工招标文件》的通用合同条款中,取消了工程师的概念,明确了监理人是指在专用合同条款中指明的,受发包人委托对合同履行实施管理的法人或其他组织。总监理工程师(总监)是指由监理人委派常驻施工场地对合同履行实施管理的全权负责人。

### (二)发包人的责任与义务

#### 1.发包人的责任

(1)除专用合同条款另有约定外,发包人应根据合同工程的施工需要,负责办理取得出入施工场地的专用和临时道路的通行权,以及取得为工程建设所需修建场外设施的权利,并承担有关费用。承包人应协助发包人办理上述手续。

(2)发包人应在专用合同条款约定的期限内,通过监理人向承包人提供测量基准点、基准线和水准点及其书面资料。

发包人应对其提供的测量基准点、基准线和水准点及其书面资料的真实性、准确性和完整性负责。发包人提供上述基准资料错误导致承包人测量放线工作的返工或造成工程损失的,发包人应当承担由此增加的费用和(或)工期延误,并向承包人支付合理的利润。

(3)发包人应按合同约定履行施工安全职责,授权监理人按合同约定的安全工作内容监督、检查承包人安全工作的实施,组织承包人和有关单位进行安全检查。

发包人应对其现场机构雇佣的全部人员的工伤事故承担责任,但由于承包人原因造成发包人人员工伤的,应由承包人承担责任。

发包人应负责赔偿以下情况造成的第三者人身伤亡和财产损失:①工程或工程的任何部分对土地的占用所造成的第三者财产损失;②由于发包人原因在施工场地及其毗邻地带造成的第三者人身伤亡和财产损失。

(4)除合同另有约定外,发包人应与当地公安部门协商,在现场建立治安管理机构或联防组织,统一管理施工场地的治安保卫事项,履行合同工程的治安保卫职责。

发包人和承包人除应协助现场治安管理机构或联防组织维护施工场地的社会治安外,还应做好包括生活区在内的各自管辖区的治安保卫工作。

除合同另有约定外,发包人和承包人应在工程开工后,共同编制施工场地治安管理计划,并制定应对突发治安事件的紧急预案。在工程施工过程中,发生暴乱、爆炸等恐怖事件,以及群殴、械斗等群体性突发治安事件时,发包人和承包人应立即向当地政府报告。发包人和承包人应积极协助当地有关部门采取措施平息事态,防止事态扩大,尽量减少财产损失和避免人员伤亡。

(5)工程施工过程中发生事故的,承包人应立即通知监理人,监理人应立即通知发包人。发包人和承包人应立即组织人员和设备进行紧急抢救和抢修,减少人员伤亡和财产损失,防止事故扩大,并保护事故现场。需要移动现场物品时,应作出标记和书面记录,妥善保管有关证据。发包人和承包人应按国家有关规定,及时如实地向有关部门报告事故发生的情况,以及正在采取的紧急措施等。

(6)发包人应将其持有的现场地质勘探资料、水文气象资料提供给承包人,并对其准确性负责。但承包人应对其阅读上述有关资料后所作出的解释和推断负责。

**2. 发包人义务**

1)发出开工通知

发包人应委托监理人按合同约定向承包人发出开工通知。

2)提供施工场地

发包人应按专用合同条款约定向承包人提供施工场地,以及施工场地内地下管线和地下设施等有关资料,并保证资料的真实、准确、完整。

3)协助承包人办理证件和批件

发包人应协助承包人办理法律规定的有关施工证件和批件。

4)组织设计交底

发包人应根据合同进度计划,组织设计单位向承包人进行设计交底。

5)支付合同价款

发包人应按合同约定向承包人及时支付合同价款。

6)组织竣工验收

发包人应按合同约定及时组织竣工验收。

7)其他义务

发包人应履行合同约定的其他义务。

**3. 发包人违约的情形**

在履行合同过程中发生的下列情形,属发包人违约:

(1)发包人未能按合同约定支付预付款或合同价款,或拖延、拒绝批准付款申请和支付凭证,导致付款延误的。

(2)属于发包人原因造成停工的。

(3)监理人无正当理由没有在约定期限内发出复工指示,导致承包人无法复工的。

(4)发包人无法继续履行或明确表示不履行或实质上已停止履行合同的。

(5)发包人不履行合同约定的其他义务的。

**(三)承包人的责任与义务**

**1. 承包人的一般义务**

1)遵守法律

承包人在履行合同过程中应遵守法律,并保证发包人免于承担因承包人违反法律而引起的任何责任。

2)依法纳税

承包人应按有关法律规定纳税,应缴纳的税金包括在合同价格内。

3）完成各项承包工作

承包人应按合同约定以及监理人的指示,实施完成全部工程,并修补工程中的任何缺陷。除专用合同条款另有约定外,承包人应提供为完成合同工作所需的劳务、材料、施工设备、工程设备和其他物品,并按合同约定负责临时设施的设计、建造、运行、维护、管理和拆除。

4）对施工作业和施工方法的完备性负责

承包人应按合同约定的工作内容和施工进度要求,编制施工组织设计和施工措施计划,并对所有施工作业和施工方法的完备性及安全可靠性负责。

5）保证工程施工和人员的安全

承包人应按合同约定采取施工安全措施,确保工程及其人员、材料、设备和设施的安全,防止因工程施工造成的人身伤害和财产损失。

6）负责施工场地及其周边环境与生态的保护工作

承包人应按照合同约定负责施工场地及其周边环境与生态的保护工作。

7）避免施工对公众与他人的利益造成损害

承包人在进行合同约定的各项工作时,不得侵害发包人与他人使用公用道路、水源、市政管网等公共设施的权利,避免对邻近的公共设施产生干扰。承包人占用或使用他人的施工场地,影响他人作业或生活的,应承担相应责任。

8）为他人提供方便

承包人应按监理人的指示为他人在施工场地或附近实施与工程有关的其他各项工作提供可能的条件。除合同另有约定外,提供有关条件的内容和可能发生的费用应由监理人按合同规定的办法与双方商定或确定。

9）工程的维护和照管

工程接收证书颁发前,承包人应负责照管和维护工程。工程接收证书颁发时尚有部分未竣工工程的,承包人还应负责该未竣工工程的照管和维护工作,直至竣工后移交给发包人。

10）其他义务

承包人应履行合同约定的其他义务。

2. 承包人的其他责任与义务

（1）承包人不得将工程主体、关键性工作分包给第三人。除专用合同条款另有约定外,未经发包人同意,承包人不得将工程的其他部分或工作分包给第三人。承包人应与分包人就分包工程向发包人承担连带责任。

（2）承包人应在接到开工通知后 28 d 内,向监理人提交承包人在施工场地的管理机构以及人员安排的报告,其内容应包括管理机构的设置、各主要岗位的技术和管理人员名单及其资格,以及各工种技术工人的安排状况。承包人应向监理人提交施工场地人员变动情况的报告。

（3）承包人应对施工场地和周围环境进行察勘,并收集有关地质、水文、气象、交通、风俗习惯以及其他与完成合同工作有关的当地资料。在全部合同工作中,应视为承包人已充分估计了应承担的责任和风险。

### (四)进度控制的主要条款内容

**1. 进度计划**

1)合同进度计划

承包人应按专用合同条款约定的内容和期限编制详细的施工进度计划和施工方案说明,报送监理人。监理人应在专用合同条款约定的期限内批复或提出修改意见,否则该进度计划视为已得到批准。经监理人批准的施工进度计划称合同进度计划,是控制合同工程进度的依据。承包人还应根据合同进度计划,编制更为详细的分阶段或分项进度计划,报监理人审批。

2)合同进度计划的修订

不论何种原因造成工程的实际进度与合同进度计划不符时,承包人可以在专用合同条款约定的期限内向监理人提交修订合同进度计划的申请报告,并附有关措施和相关资料,报监理人审批;监理人也可以直接向承包人作出修订合同进度计划的指示,承包人应按该指示修订合同进度计划,报监理人审批。监理人应在专用合同条款约定的期限内批复。监理人在批复前应获得发包人同意。

**2. 开工日期与工期**

监理人应在开工日期7 d前向承包人发出开工通知。监理人在发出开工通知前应获得发包人同意。工期自监理人发出的开工通知中载明的开工日期起计算。

**3. 工期调整**

1)发包人的工期延误

在履行合同过程中,由于发包人的下列原因造成工期延误的,承包人有权要求发包人延长工期和(或)增加费用,并支付合理利润。需要修订合同进度计划的,按照合同规定的办法办理。

(1)增加合同工作内容。

(2)改变合同中任何一项工作的质量要求或其他特性。

(3)发包人迟延提供材料、工程设备或变更交货地点。

(4)因发包人原因导致的暂停施工。

(5)提供图纸延误。

(6)未按合同约定及时支付预付款、进度款。

(7)发包人造成工期延误的其他原因。

2)异常恶劣的气候条件

由于出现专用合同条款规定的异常恶劣气候的条件导致工期延误的,承包人有权要求发包人延长工期。

3)承包人的工期延误

由于承包人原因,未能按合同进度计划完成工作,或监理人认为承包人施工进度不能满足合同工期要求的,承包人应采取措施加快进度,并承担加快进度所增加的费用。由于承包人原因造成工期延误的,承包人应支付逾期竣工违约金,不免除承包人完成工程及修补缺陷的义务。

4）工期提前

发包人要求承包人提前竣工，或承包人提出提前竣工的建议能够给发包人带来效益的，应由监理人与承包人共同协商采取加快工程进度的措施和修订合同进度计划。发包人应承担承包人由此增加的费用，并向承包人支付专用合同条款约定的相应奖金。

4. 暂停施工

1）承包人暂停施工的责任

因下列暂停施工增加的费用和（或）工期延误由承包人承担：

(1)承包人违约引起的暂停施工。

(2)属于承包人原因为工程合理施工和安全保障所必需的暂停施工。

(3)承包人擅自暂停施工。

(4)由承包人其他原因引起的暂停施工。

(5)专用合同条款约定由承包人承担的其他暂停施工。

2）发包人暂停施工的责任

由发包人原因引起的暂停施工造成工期延误的，承包人有权要求发包人延长工期和（或）增加费用，并支付合理的利润。

3）监理人暂停施工指示

(1)监理人认为有必要时，可向承包人作出暂停施工的指示，承包人应按监理人指示暂停施工。不论由于何种原因引起的暂停施工，暂停施工期间承包人应负责妥善保护工程并提供安全保障。

(2)属于发包人的原因发生暂停施工的紧急情况，且监理人未及时下达暂停施工指示的，承包人可先暂停施工，并及时向监理人提出暂停施工的书面请求。监理人应在接到书面请求后的 24 h 内予以答复，逾期未答复的，视为同意承包人的暂停施工请求。

4）暂停施工后的复工

(1)暂停施工后，监理人应与发包人和承包人协商，采取有效措施积极消除暂停施工的影响。当工程具备复工条件时，监理人应立即向承包人发出复工通知。承包人收到复工通知后，应在监理人指定的期限内复工。

(2)承包人无故拖延和拒绝复工的，由此增加的费用和工期延误由承包人承担；属发包人原因无法按时复工的，承包人有权要求发包人延长工期和（或）增加费用，并支付合理的利润。

5）暂停施工持续 56 d 以上

(1)监理人发出暂停施工指示后 56 d 内未向承包人发出复工通知，除该项停工属于《标准施工招标文件》中通用条款第 12.1 款（即承包人暂停施工的责任）的情况外，承包人可向监理人提交书面通知，要求监理人在收到书面通知后 28 d 内准许已暂停施工的工程或其中一部分工程继续施工。若监理人逾期不予批准，则承包人可以通知监理人，将工程受影响的部分视为按《标准施工招标文件》中通用条款第 15.1 (1) 项的可取消工作。若暂停施工影响到整个工程，可视为发包人违约，应按《标准施工招标文件》中通用条款第 22.2 款的规定（即发包人违约）办理。

(2)由于承包人责任引起的暂停施工，若承包人在收到监理人暂停施工指示后 56 d

内不认真采取有效的复工措施,造成工期延误,可视为承包人违约,应按《标准施工招标文件》中通用条款第22.1款的规定(即承包人违约)办理。

**(五)费用控制的主要条款内容**

**1. 预付款**

预付款用于承包人为合同工程施工购置材料、工程设备、施工设备、修建临时设施以及组织施工队伍进场等。预付款的额度和预付办法在专用合同条款中约定。预付款必须专用于合同工程。

除专用合同条款另有约定外,承包人应在收到预付款的同时向发包人提交预付款保函,预付款保函的担保金额应与预付款金额相同。保函的担保金额可根据预付款扣回的金额相应递减。

**2. 工程进度付款**

1)付款周期

付款周期同计量周期。

2)进度付款申请单

承包人应在每个付款周期末,按监理人批准的格式和专用合同条款约定的份数,向监理人提交进度付款申请单,并附相应的支持性证明文件。

3)进度付款证书和支付时间

(1)监理人在收到承包人进度付款申请单以及相应的支持性证明文件后的14 d内完成核查,提出发包人到期应支付给承包人的金额以及相应的支持性材料,经发包人审查同意后,由监理人向承包人出具经发包人签认的进度付款证书。监理人有权扣发承包人未能按照合同要求履行任何工作或义务的相应金额。

(2)发包人应在监理人收到进度付款申请单后的28 d内,将进度应付款支付给承包人。发包人不按期支付的,按专用合同条款的约定支付逾期付款违约金。

(3)监理人出具进度付款证书,不应视为监理人已同意、批准或接受了承包人完成的该部分工作。

(4)进度付款涉及政府投资资金的,按照国库集中支付等国家相关规定和专用合同条款的约定办理。

4)工程进度付款的修正

在对以往历次已签发的进度付款证书进行汇总和复核中发现错、漏或重复的,监理人有权予以修正,承包人也有权提出修正申请。经双方复核同意的修正,应在本次进度付款中支付或扣除。

**3. 质量保证金**

监理人应从第一个付款周期开始,在发包人的进度付款中,按专用合同条款的约定扣留质量保证金,直至扣留的质量保证金总额达到专用合同条款约定的金额或比例。质量保证金的计算额度不包括预付款的支付、扣回以及价格调整的金额。

在合同约定的缺陷责任期满时,承包人向发包人申请到期应返还承包人剩余的质量保证金金额,发包人应在14 d内会同承包人按照合同约定的内容核实承包人是否完成缺陷责任。若无异议,发包人应当在核实后将剩余保证金返还承包人。

在合同约定的缺陷责任期满时,承包人没有完成缺陷责任的,发包人有权扣留与未履行责任剩余工作所需金额相应的质量保证金余额,并有权要求延长缺陷责任期,直至完成剩余工作。

4. 竣工结算

1)竣工付款申请单

(1)工程接收证书颁发后,承包人应按专用合同条款约定的份数和期限向监理人提交竣工付款申请单,并提供相关证明材料。

(2)监理人对竣工付款申请单有异议的,有权要求承包人进行修正和提供补充资料。经监理人和承包人协商后,由承包人向监理人提交修正后的竣工付款申请单。

2)竣工付款证书及支付时间

(1)监理人在收到承包人提交的竣工付款申请单后的14 d内完成核查,提出发包人到期应支付给承包人的价款送发包人审核并抄送承包人。发包人应在收到后14 d内审核完毕,由监理人向承包人出具经发包人签认的竣工付款证书。监理人未在约定时间内核查又未提出具体意见的,视为承包人提交的竣工付款申请已经监理人核查同意;发包人未在约定时间内审核又未提出具体意见的,监理人提出发包人到期应支付给承包人的价款视为已经发包人同意。

(2)发包人应在监理人出具竣工付款证书后的14 d内,将应支付款支付给承包人。发包人不按期支付的,按合同约定,将逾期付款违约金支付给承包人。

(3)承包人对发包人签认的竣工付款证书有异议的,发包人可出具竣工付款申请单中承包人已同意部分的临时付款证书。存在争议的部分,按《标准施工招标文件》中通用条款第24款的约定办理。

5. 最终结清

1)最终结清申请单

(1)缺陷责任期终止证书签发后,承包人可按专用合同条款约定的份数和期限向监理人提交最终结清申请单,并提供相关证明材料。

(2)发包人对最终结清申请单内容有异议的,有权要求承包人进行修正和提供补充资料,由承包人向监理人提交修正后的最终结清申请单。

2)最终结清证书和支付时间

(1)监理人收到承包人提交的最终结清申请单后的14 d内,提出发包人应支付给承包人的价款送发包人审核并抄送承包人。发包人应在收到后14 d内审核完毕,由监理人向承包人出具经发包人签认的最终结清证书。监理人未在约定时间内核查又未提出具体意见的,视为承包人提交的最终结清申请已经监理人核查同意;发包人未在约定时间内审核又未提出具体意见的,监理人提出应支付给承包人的价款视为已经发包人同意。

(2)发包人应在监理人出具最终结清证书后的14 d内,将应支付款支付给承包人。发包人不按期支付的,按合同约定,将逾期付款违约金支付给承包人。

(3)承包人对发包人签认的最终结清证书有异议的,按《标准施工招标文件》中通用条款第24款的约定办理。

6. 竣工清场

除合同另有约定外,工程接收证书颁发后,承包人应按以下要求对施工场地进行清理,直至监理人检验合格。竣工清场费用由承包人承担。

(1)施工场地内残留的垃圾已全部清除出场。

(2)临时工程已拆除,场地已按合同要求进行清理、平整或复原。

(3)按合同约定应撤离的承包人设备和剩余的材料,包括废弃的施工设备和材料,已按计划撤离施工场地。

(4)工程建筑物周边及其附近道路、河道的施工堆积物,已按监理人指示全部清理。

(5)监理人指示的其他场地清理工作已全部完成。

承包人未按监理人的要求恢复临时占地,或者场地清理未达到合同约定的,发包人有权委托其他人恢复或清理,所发生的金额从拟支付给承包人的款项中扣除。

7. 施工队伍的撤离

工程接收证书颁发后的 56 d 内,除经监理人同意需在缺陷责任期内继续工作和使用的人员、施工设备和临时工程外,其余的人员、施工设备和临时工程均应撤离施工场地或拆除。除合同另有约定外,缺陷责任期满时,承包人的人员和施工设备应全部撤离施工场地。

**(六)缺陷责任与保修责任**

1. 缺陷责任期的起算时间

缺陷责任期自实际竣工日期起计算。在全部工程竣工验收前,已经发包人提前验收的单位工程,其缺陷责任期的起算日期相应提前。

2. 缺陷责任

(1)承包人应在缺陷责任期内对已交付使用的工程承担缺陷责任。

(2)缺陷责任期内,发包人对已接收使用的工程负责日常维护工作。发包人在使用过程中,发现已接收的工程存在新的缺陷或已修复的缺陷部位或部件又遭损坏的,承包人应负责修复,直至检验合格。

(3)监理人和承包人应共同查清缺陷和(或)损坏的原因。经查明属承包人原因造成的,应由承包人承担修复和查验的费用。经查验属发包人原因造成的,发包人应承担修复和查验的费用,并支付承包人合理的利润。

(4)承包人不能在合理时间内修复缺陷的,发包人可自行修复或委托其他人修复,所需费用和利润的承担,根据缺陷和(或)损坏原因处理。

3. 缺陷责任期的延长

属于承包人原因造成某项缺陷或损坏使某项工程或工程设备不能按原定目标使用而需要再次检查、检验和修复的,发包人有权要求承包人相应延长缺陷责任期,但缺陷责任期最长不超过 2 年。

4. 进一步试验和试运行

任何一项缺陷或损坏修复后,经检查证明其影响了工程或工程设备的使用性能,承包人应重新进行合同约定的试验和试运行,试验和试运行的全部费用应由责任方承担。

5. 缺陷责任期终止证书

在缺陷责任期,包括根据合同规定延长的期限终止后 14 d 内,由监理人向承包人出具经发包人签认的缺陷责任期终止证书,并退还剩余的质量保证金。

6. 保修责任

合同当事人根据有关法律规定,在专用合同条款中约定工程质量保修范围、期限和责任。保修期自实际竣工日期起计算。在全部工程竣工验收前,已经发包人提前验收的单位工程,其保修期的起算日期相应提前。

## 三、施工专业分包合同

针对各类工程中普遍存在专业工程分包的实际情况,为了规范管理,减少或避免纠纷,建设部和国家工商行政管理总局于 2003 年发布了《建设工程施工专业分包合同(示范文本)》(GF—2003—0213)。

总包单位应将工程分包给具有专业资质的施工队伍进行施工,分包前应征得发包方的同意,主体工程不得分包。

《建设工程施工专业分包合同(示范文本)》(GF—2003—0213)的主要内容如下。

**(一)工程承包人(总承包单位)的主要责任和义务**

(1)分包人对总包合同的了解:承包人应提供总包合同(有关承包工程的价格内容除外)供分包人查阅。

(2)项目经理应按分包合同的约定,及时向分包人提供所需的指令、批准、图纸并履行其他约定的义务,否则分包人应在约定时间后 24 h 内将具体要求、需要的理由及延误的后果通知承包人,项目经理在收到通知后 48 h 内不予答复的,应承担因延误造成的损失。

(3)承包人的工作如下:

①向分包人提供与分包工程相关的各种证件、批件和各种相关资料,向分包人提供具备施工条件的施工场地;

②组织分包人参加发包人组织的图纸会审,向分包人进行设计图纸交底;

③提供本合同专用条款中约定的设备和设施,并承担因此发生的费用;

④随时为分包人提供确保分包工程的施工所要求的施工场地和通道等,满足施工运输的需要,保证施工期间的畅通;

⑤负责整个施工场地的管理工作,协调分包人与同一施工场地的其他分包人之间的交叉配合,确保分包人按照经批准的施工组织设计进行施工。

**(二)专业工程分包人的主要责任和义务**

1. 分包人对有关分包工程的责任

除本合同条款另有约定外,分包人应履行并承担总包合同中与分包工程有关的承包人的所有义务与责任,同时应避免因分包人自身行为或疏漏造成承包人违反总包合同中约定的承包人义务的情况发生。

2. 分包人与发包人的关系

分包人须服从承包人转发的发包人或工程师与分包工程有关的指令。未经承包人允许,分包人不得以任何理由与发包人或工程师发生直接工作联系,分包人不得直接致函发包人或工程师,也不得直接接受发包人或工程师的指令。若分包人与发包人或工程师发生直接工作联系,将被视为违约,并承担违约责任。

3. 承包人指令

就分包工程范围内的有关工作,承包人随时可以向分包人发出指令,分包人应执行承包人根据分包合同所发出的所有指令。分包人拒不执行指令,承包人可委托其他施工单位完成该指令事项,发生的费用从应付给分包人的相应款项中扣除。

4. 分包人的工作

(1)按照分包合同的约定,对分包工程进行设计(分包合同有约定时)、施工、竣工和保修。

(2)按照合同约定的时间,完成规定的设计内容,报承包人确认后在分包工程中使用。承包人承担由此发生的费用。

(3)在合同约定的时间内,向承包人提供年、季、月度工程进度计划及相应进度统计报表。

(4)在合同约定的时间内,向承包人提交详细的施工组织设计,承包人应在专用条款约定的时间内批准,分包人方可执行。

(5)遵守政府有关主管部门对施工场地交通、施工噪声以及环境保护和安全文明生产等的管理规定,按规定办理有关手续,并以书面形式通知承包人,承包人承担由此发生的费用,因分包人责任造成的罚款除外。

(6)分包人应允许承包人、发包人、监理人及其三方中任何一方授权的人员在工作时间内,合理进入分包工程施工场地或材料存放的地点,以及施工场地以外与分包合同有关的分包人的任何工作或准备的地点,分包人应提供方便。

(7)已竣工工程未交付承包人之前,分包人应负责已完分包工程的成品保护工作,保护期间发生损坏,分包人自费予以修复;承包人要求分包人采取特殊措施保护的工程部位和相应的追加合同价款,双方在合同专用条款内约定。

**(三)合同价款及支付**

(1)分包工程合同价款可以采用以下三种中的一种(应与总包合同约定的方式一致):

①固定价格在约定的风险范围内合同价款不再调整;

②可调价格合同价款可根据双方的约定而调整,应在专用条款内约定合同价款调整方法;

③成本加酬金合同价款包括成本和酬金两部分,双方在合同专用条款内约定成本构成和酬金的计算方法。

(2)分包合同价款与总包合同相应部分价款无任何连带关系。

(3)合同价款的支付应遵守以下规定:

①实行工程预付款的,双方应在合同专用条款内约定承包人向分包人预付工程款的时间和数额,开工后按约定的时间和比例逐次扣回;

②承包人应按专用条款约定的时间和方式,向分包人支付工程款(进度款),按约定

时间承包人应扣回的预付款与工程款(进度款)同期结算;

③分包合同约定的工程变更调整的合同价款、合同价款的调整、索赔的价款或费用以及其他约定的追加合同价款,应与工程进度款同期调整支付;

④承包人超过约定的支付时间不支付工程款(预付款、进度款),分包人可向承包人发出要求付款的通知,承包人不按分包合同约定支付工程款(预付款、进度款),导致施工无法进行,分包人可停止施工,由承包人承担违约责任;

⑤承包人应在收到分包工程竣工结算报告及结算资料后 28 d 内支付工程竣工结算价款,无正当理由不按时支付的,从第 29 d 起按分包人同期向银行贷款利率支付拖欠工程价款的利息,并承担违约责任。

## 四、施工劳务分包合同

针对各类工程中普遍存在劳务分包情况,为了规范管理,减少或避免纠纷,建设部和国家工商行政管理总局于 2003 年发布了《建设工程施工劳务分包合同(示范文本)》(GF—2003—0214),其主要内容如下。

劳务作业分包是指施工承包单位或者专业分包单位(均可作为劳务作业的发包人)将其承包工程中的劳务作业发包给有资质的劳务分包单位(即劳务作业承包人)完成的活动。

### (一)工程承包人的主要义务

对劳务分包合同条款中规定的工程承包人的主要义务归纳如下。

(1)组建与工程相适应的项目管理班子,全面履行总(分)包合同,组织实施施工管理的各项工作,对工程的工期和质量向发包人负责。

(2)完成劳务分包人施工前期的下列工作:

①向劳务分包人交付具备本合同项下劳务作业开工条件的施工场地;

②满足劳务作业所需的能源供应、通信及施工道路畅通;

③向劳务分包人提供相应的工程资料;

④向劳务分包人提供生产、生活临时设施。

(3)负责编制施工组织设计,统一制订各项管理目标,组织编制年、季、月施工计划、物资需用量计划表,实施对工程质量、工期、安全生产、文明施工、计量检测、试验化验的控制、监督、检查和验收。

(4)负责工程测量定位、沉降观测、技术交底,组织图纸会审,统一安排技术档案资料的收集整理及交工验收。

(5)按时提供图纸,及时交付材料、设备,所提供的施工机械设备、周转材料、安全设施保证施工需要。

(6)按合同约定,向劳务分包人支付劳动报酬。

(7)负责与发包人、监理、设计及有关部门联系,协调现场工作关系。

### (二)劳务分包人的主要义务

对劳务分包合同条款中规定的劳务分包人的主要义务归纳如下:

(1)对劳务分包范围内的工程质量向工程承包人负责,组织具有相应资格证书的熟练工人投入工作;未经工程承包人授权或允许,不得擅自与发包人及有关部门建立工作联系;自觉遵守法律法规及有关规章制度。

(2)严格按照设计图纸、施工验收规范、有关技术要求及施工组织设计精心组织施工,确保工程质量达到约定的标准。

科学安排作业计划,投入足够的人力、物力,保证工期。

加强安全教育,认真执行安全技术规范,严格遵守安全制度,落实安全措施,确保施工安全。

加强现场管理,严格执行建设主管部门及环保、消防、环卫等有关部门对施工现场的管理规定,做到文明施工。

承担由于自身原因造成的质量修改、返工、工期拖延、安全事故,现场脏乱导致的损失及各种罚款。

(3)自觉接受工程承包人及有关部门的管理、监督和检查;接受工程承包人随时检查其设备、材料的保管、使用情况,及其操作人员的有效证件、持证上岗情况;与现场其他单位协调配合,照顾全局。

(4)劳务分包人须服从工程承包人转发的发包人及工程师的指令。

(5)除合同另有约定外,劳务分包人应对其作业内容的实施、完工负责,劳务分包人应承担并履行总(分)包合同约定的、与劳务作业有关的所有义务及工作程序。

(三)保险

(1)劳务分包人施工开始前,工程承包人应获得发包人为施工场地内的自有人员及第三人人员生命财产办理的保险,且不需劳务分包人支付保险费用。

(2)运至施工场地用于劳务施工的材料和待安装设备,由工程承包人办理或获得保险,且不需劳务分包人支付保险费用。

(3)工程承包人必须为租赁或提供给劳务分包人使用的施工机械设备办理保险,并支付保险费用。

(4)劳务分包人必须为从事危险作业的职工办理意外伤害保险,并为施工场地内自有人员生命财产和施工机械设备办理保险,支付保险费用。

(5)事故发生时,劳务分包人和工程承包人有责任采取必要的措施,防止或减少损失。

(四)劳务报酬

(1)劳务报酬可以采用以下方式中的任何一种:

①固定劳务报酬(含管理费);

②约定不同工种劳务的计时单价(含管理费),按确认的工时计算;

③约定不同工作成果的计件单价(含管理费),按确认的工程量计算。

(2)劳务报酬,可以采用固定价格或变动价格。采用固定价格,则除合同约定或法律政策变化导致劳务价格变化外,均为一次包死,不再调整。

(3)在合同中可以约定,出现下列情况时,固定劳务报酬或单价可以调整:

①以本合同约定价格为基准,市场人工价格的变化幅度超过一定百分比时,按变化前后价格的差额予以调整;

②后续法律及政策变化,导致劳务价格变化的,按变化前后价格的差额予以调整;

③双方约定的其他情形。

### (五)工时及工程量的确认

(1)采用固定劳务报酬方式的,施工过程中不计算工时和工程量。

(2)采用按确定的工时计算劳务报酬的,由劳务分包人每日将提供劳务人数报工程承包人,由工程承包人确认。

(3)采用按确认的工程量计算劳务报酬的,由劳务分包人按月(或旬、日)将完成的工程量报工程承包人,由工程承包人确认。对劳务分包人未经工程承包人认可、超出设计图纸范围和因劳务分包人原因造成返工的工程量,工程承包人不予计量。

### (六)劳务报酬最终支付

(1)全部工作完成,经工程承包人认可后 14 d 内,劳务分包人向工程承包人递交完整的结算资料,双方按照本合同约定的计价方式,进行劳务报酬的最终支付。

(2)工程承包人收到劳务分包人递交的结算资料后 14 d 内进行核实,给予确认或者提出修改意见。工程承包人确认结算资料后 14 d 内向劳务分包人支付劳务报酬尾款。

(3)劳务分包人和工程承包人对劳务报酬结算价款发生争议时,按合同约定处理。

## 五、物资采购合同

工程建设过程中的物资包括建筑材料(含构配件)和设备等。材料和设备的供应一般需要经过订货、生产(加工)、运输、储存、使用(安装)等各个环节,经历一个非常复杂的过程。

物资采购合同分建筑材料采购合同和设备采购合同,其合同当事人为供货方和采购方。供货方一般为物资供应单位或建筑材料和设备的生产厂家,采购方为建设单位(业主)、项目总承包单位或施工承包单位。供货方应对其生产或供应的产品质量负责,而采购方则应根据合同的规定进行验收。

### (一)建筑材料采购合同的主要内容

1. 标的

主要包括购销物资的名称(注明牌号、商标)、品种、型号、规格、等级、花色、技术标准或质量要求等。合同中标的物应按照行业主管部门颁布的产品规定正确填写,不能用习惯名称或自行命名,以免产生差错。订购特定产品,最好还要注明其用途,以免产生不必要的纠纷。

标的物的质量要求应该符合国家或者行业现行有关质量标准和设计要求,应该符合以产品采用标准、说明、实物样品等方式表明的质量状况。

约定质量标准的一般原则是:

(1)按颁布的国家标准执行;

(2)没有国家标准而有部颁标准的则按照部颁标准执行;

(3)没有国家标准和部颁标准为依据时,可按照企业标准执行;

(4)没有上述标准或虽有上述标准但采购方有特殊要求时,按照双方在合同中约定的技术条件、样品或补充的技术要求执行。

合同内必须写明执行的质量标准代号、编号和标准名称,明确各类材料的技术要求、试验项目、试验方法、试验频率等。采购成套产品时,合同内也需要规定附件的质量要求。

2. 数量

合同中应该明确所采用的计量方法,并明确计量单位。凡国家、行业或地方规定有计量标准的产品,合同中应按照统一标准注明计量单位,没有规定的,可由当事人协商执行,不可以用含混不清的计量单位。应当注意的是,若建筑材料或产品有计量换算问题,则应该按照标准计量单位确定订购数量。

供货方发货时所采用的计量单位与计量方法应该与合同一致,并在发货明细表或质量证明书中注明,以便采购方检验。运输中转单位也应该按照供货方发货时所采用的计量方法进行验收和发货。

订购数量必须在合同中注明,尤其是一次订购分期供货的合同,还应明确每次进货的时间、地点和数量。

建筑材料在运输过程中容易造成自然损耗,如挥发、飞散、干燥、风化、潮解、破碎、漏损等,在装卸操作或检验环节中换装、拆包检查等也都会造成物资数量的减少,这些都属于途中自然减量。但是,有些情况不能作为自然减量,如非人力所能抗拒的自然灾害所造成的非常损失,由于工作失职和管理不善造成的失误。因此,对于某些建筑材料,还应在合同中写明交货数量的正负尾数差、合理磅差和运输途中的自然损耗的规定及计算方法。

3. 包装

包装主要包括包装的标准、包装物的供应和回收。

包装标准是指产品包装的类型、规格、容量以及标记等。产品或者其包装标识应该符合要求,如包括产品名称、生产厂家、厂址、质量检验合格证明等。

包装物一般应由建筑材料的供货方负责供应,并且一般不得另外向采购方收取包装费。如果采购方对包装提出特殊要求,则双方应在合同中商定,超过原标准费用部分由采购方负责;反之,若议定的包装标准低于有关规定标准,也应相应降低产品价格。

包装物的回收办法可以采用如下两种形式之一:

(1)押金回收:适用于专用的包装物,如电缆卷筒、集装箱、大中型木箱等。

(2)折价回收:适用于可以再次利用的包装器材,如油漆桶、麻袋、玻璃瓶等。

4. 交付及运输方式

交付方式可以是采购方到约定地点提货或供货方负责将货物送达指定地点两大类。如果是由供货方负责将货物送达指定地点,则要确定运输方式,可以选择铁路、公路、水路、航空、管道运输及海上运输等,一般由采购方在签订合同时提出要求,供货方代办发运,运费由采购方负担。

5. 验收

合同中应该明确货物的验收依据和验收方式。

验收依据包括以下几种:

(1)采购合同。

(2)供货方提供的发货单、计量单、装箱单及其他有关凭证。

(3)合同约定的质量标准和要求。

（4）产品合格证、检验单。

（5）图纸、样品和其他技术证明文件。

（6）双方当事人封存的样品。

验收方式有驻厂验收、提运验收、接运验收和入库验收等。

（1）驻厂验收：在制造时期，由采购方派人在供应的生产厂家进行材质检验。

（2）提运验收：对加工订制、市场采购和自提自运的物资，由提货人在提取产品时检验。

（3）接运验收：由接运人员对到达的物资进行检查，发现问题当场作出记录。

（4）入库验收：是广泛采用的正式的验收方法，由仓库管理人员负责数量和外观检验。

6. 交货期限

应明确具体的交货时间。如果分批交货，要注明各个批次的交货时间。

交货日期的确定可以按照下列几种方式：

（1）供货方负责送货的，以采购方收货戳记的日期为准。

（2）采购方提货的，以供货方按合同规定通知的提货日期为准。

（3）凡委托运输部门或单位运输、送货或代运的产品，一般以供货方发运产品时承运单位签发的日期为准，不是以向承运单位提出申请的日期为准。

7. 价格

（1）有国家定价的材料，应按国家定价执行。

（2）按规定应由国家定价的但国家尚无定价的材料，其价格应报请物价主管部门予以批准。

（3）不属于国家定价的产品，可由供需双方协商确定价格。

8. 结算

合同中应明确结算的时间、方式和手续：首先应明确是单付款还是验货付款。结算方式可以是现金支付和转账结算。现金支付适用于成交货物数量少且金额小的合同；转账结算适用于同城市或同地区内的结算，也适用于异地之间的结算。

9. 违约责任

当事人任何一方不能正确履行合同义务时，都可以以违约金的形式承担违约赔偿责任。双方应通过协商确定违约金的比例，并在合同条款内明确。

（1）供货方的违约行为可能包括不能按期供货、不能供货、供应的货物有质量缺陷或数量不足等。如有违约，应依照法律和合同规定承担相应的法律责任。

供货方不能按期交货分为逾期交货和提前交货。发生逾期交货情况，要按照合同约定，依据逾期交货部分货款总价计算违约金。对于约定由采购方自提货物的，若发生采购方的其他损失，其实际开支的费用也应由供货方承担。比如，采购方应按期派车到指定地点接收货物，而供货方不能交付时，派车损失应由供货方承担。对于提前发货的情况，如果属于采购方自提货物，采购方接到提前提货通知后，可以根据自己的实际情况拒绝提前提货。对于供货方提前发运或交付的货物，采购方仍可按合同规定的时间付款，而且对多交货部分和不符合合同规定的产品，在代为保管期内实际支出的保管费、保养费由供货方承担。

供货方不能全部或部分交货,应按合同约定的违约金比例乘以不能交货部分货款来计算违约金。如果违约金不足以偿付采购方的实际损失,采购方还可以另外提出补偿要求。

供货方交付的货物品种、型号、规格、质量不符合合同约定的,如果采购方同意使用,应当按质论价;采购方不同意使用时,由供货方负责包换或包修。

(2)采购方的违约行为可能包括不按合同要求接受货物、逾期付款或拒绝付款等,应依照法律和合同规定承担相应的法律责任。

合同签订以后,采购方要求中途退货,应向供货方支付按退货部分货款总额计算的违约金,并要承担由此给供货方造成的损失。采购方不能按期提货,除支付违约金以,还应承担逾期提货给供货方造成的代为保管期内实际支出的保管费、保养费等。

采购方逾期付款,应该按照合同约定支付逾期付款利息。

**(二)设备采购合同的主要内容**

成套设备供应合同的一般条款可参照建筑材料供应合同的一般条款,包括产品(设备)的名称、品种、型号、规格、等级、技术标准或技术性能指标,数量和计量单位,包装标准及包装物的供应与回收、交货单位、交货方式、运输方式,交货地点、提货单位、交(提)货期限,验收方式,产品价格,结算方式,违约责任等。此外,还需要注意以下几个方面。

1. 设备价格与支付

设备采购合同通常采用固定总价合同,在合同交货期内价格不进行调整。应该明确合同价格所包括的设备名称、套数,以及是否包括附件、配件、工具和损耗品的费用,是否包括调试、保修服务的费用等。合同价内应该包括设备的税费、运杂费、保险费等与合同有关的其他费用。

合同价款的支付一般分三次:

(1)设备制造前,采购方支付设备价格的10%作为预付款。

(2)供货方按照交货顺序在裁定的时间内将货物送达交货地点,采购方支付该批设备价的80%。

(3)剩余的10%作为设备保证金,待保证期满,采购方签发最终验收证书后支付。

2. 设备数量

明确设备名称、套数、随主机的辅机、附件、易损耗备用品、配件和安装修理工具等,应于合同中列出详细清单。

3. 技术标准

应注明设备系统的主要技术性能,以及各种设备的主要技术标准和技术性能。

4. 现场服务

合同可以约定设备安装工作由供货方负责还是采购方负责。如果由采购方负责,可以要求供货方提供必要的技术服务、现场服务等内容,可能包括:供货方派必要的技术人员到现场向安装施工人员进行技术交底;指导安装和调试,处理设备的质量问题,参加试车和验收试验等。在合同中明确服务内容,对现场技术人员在现场的工作条件、生活待遇及费用等作出明确规定。

5. 验收和保修

成套设备安装后一般应进行试车调试,双方应该共同参加启动试车的检验工作。试验合格后双方在验收文件上签字,正式移交采购方进行生产运行。若运行检验不合格,属于设备质量原因,由供货方负责修理、更换并承担全部费用;如果属于工程施工质量问题,由安装单位负责拆除后纠正缺陷。

合同中还应明确成套设备的验收办法以及是否保修、保修期限、费用分担等。

# 第三章 水利工程进度管理

## 第一节 工程进度计划的分类、编制要求

### 一、施工方进度计划的分类

水利工程项目施工进度计划(见图3-3-1),属工程项目管理的范畴。它以每个建设工程项目的施工为系统,依据项目的施工生产计划的总体安排和履行施工合同的要求,以及施工的条件(包括设计资料提供的条件、施工现场的条件、施工的组织条件、施工的技术条件和资源(主要指人力、物力和财力)条件等)和资源利用的可能性,合理安排一个项目施工的进度,如:

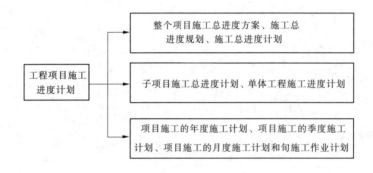

图 3-3-1 与施工进度有关的计划

(1)整个项目施工总进度方案、施工总进度规划、施工总进度计划(这些进度计划的名称尚不统一,应视项目的特点、条件和需要而定,大型建设工程项目进度计划的层次就多一些,而小型项目只需编制施工总进度计划)。

(2)子项目施工进度计划、单体工程施工进度计划。

(3)项目施工的年度施工计划、项目施工的季度施工计划、项目施工的月度施工计划和旬施工作业计划等。

水利工程项目施工进度计划若从计划的功能区分,可分为控制性施工进度计划、指导性施工进度计划和实施性施工进度计划。按其具体组织施工的进度计划是实施性施工进度计划,它必须非常具体。控制性施工进度计划和指导性施工进度计划的界限并不十分清晰,前者更宏观一些。大型和特大型建设工程项目需要编制控制性施工进度计划、指导性施工进度计划和实施性施工进度计划,而小型建设工程项目仅编制两个层次的计划即可。

## 二、工程进度计划编制的依据、步骤及内容

### (一)工程进度计划编制的依据

(1)工程设计图纸。

(2)各种有关水文、地质、气象、经济资料。

(3)合同工期或指定工期、规定的开工竣工日期、里程碑事件或阶段工期。

(4)主要工程的施工方案。

(5)各类工程及施工定额数据。

(6)劳动力、材料、机械供应情况。

### (二)工程进度计划编制的步骤及内容

1. 计算工程量来源

根据批准的过程项目一览表,按单位过程分别计算其主要实务工程量,工程量只需粗略的计算即可。

工程量计算可按初步设计(或扩大初步设计)图纸和有关定额手册或资料进行。

2. 确定各单位工程的施工期限

各单位工程的施工期限应根据合同工期确定,同时要考虑建筑类型、结构特征、施工方法、施工管理水平、施工机械化程度及施工现场条件等因素。

3. 确定各单位工程的开、竣工时间和相互搭接关系

确定各单位工程的开、竣工时间和相互搭接关系主要应考虑以下几点:

(1)同一时期施工的项目不宜过多,以避免人力、物力过于分散。

(2)尽量做到均衡施工,以使劳动力、施工机械和主要材料的供应在整个工期范围内达到均衡。

(3)尽量提前建设可供工程施工使用的永久性工程,以节省临时工程费用。

(4)急需和关键的工程先施工,以保证工程项目如期交工。对于某些技术复杂、施工工期较长、施工困难较多的工程,亦应安排提前施工,以保证整个工程项目按期交付使用。

(5)施工顺序必须与主要生产系统投入生产的先后次序相吻合,同时要安排好配套工程的施工时间,以保证建成的工程能迅速投入生产或交付使用。

(6)应注意季节对施工顺序的影响,使施工季节不导致工期拖延,不影响工程质量。

(7)安排一部分附属工程或零星项目作为后备项目,用以调整主要项目的施工进度。

(8)注意主要工种和主要施工机械能连续施工。

4. 编制初步施工总进度计划

编制初步施工总进度计划应安排全工地性的流水作业。全工地性的流水作业安排应以工程量大、工期长的单位工程为主导,组织若干条流水线,并以此带动其他工程。施工总进度计划既可以用横道图表示,也可以用网络图表示。

5. 编制正式施工总进度计划

初步施工总进度计划完成后,要对其进行检查。主要是检查总工期是否符合要求,资源使用是否均衡且其供应是否能得到保证。

# 第二节 施工进度计划的编制方法

## 一、横道图进度计划的编制方法

横道图是一种最简单且运用最广的传统计划方法,尽管有许多新的计划技术,横道图在建设领域中的应用还是非常普遍。通常,横道图的表头为工作及其简要说明,工作量、工作持续时间、项目进展表示在时间表格上,如图 3-3-2 所示。按照所表示工作的详细程度,时间单位可以为小时、天、周、月等。通常,这些时间单位用日历表示,此时可表示非工作时间,如停工时间、公众假日、假期等。根据此横道图使用者的要求,工作可按照时间先后、责任、项目对象、同类资源等进行排序。横道图的另一种可能的形式是将工作简要说明直接放在横道上,这样,一行上可容纳多项工作,这一般运用在重复性的任务上。横道图也可将最重要的逻辑关系标注在内,如果将所有逻辑关系均标注在图上,则横道图简洁性的最大优点将丧失。

| 序号 | 工作名称 | 持续时间(d) | 进度(d) | | | | | | | | | | |
|---|---|---|---|---|---|---|---|---|---|---|---|---|---|
| | | | 5 | 10 | 15 | 20 | 25 | 30 | 35 | 40 | 45 | 50 | 55 |
| 1 | 施工准备 | 5 | | | | | | | | | | | |
| 2 | 桥梁预制 | 30 | | | | | | | | | | | |
| 3 | 土方开挖 | 4 | | | | | | | | | | | |
| 4 | 东桥台基础 | 10 | | | | | | | | | | | |
| 5 | 东桥台 | 8 | | | | | | | | | | | |
| 6 | 东桥台背填土 | 5 | | | | | | | | | | | |
| 7 | 西桥台基础 | 15 | | | | | | | | | | | |
| 8 | 西桥台 | 8 | | | | | | | | | | | |
| 9 | 西桥台背填土 | 5 | | | | | | | | | | | |
| 10 | 桥梁吊装 | 5 | | | | | | | | | | | |
| 11 | 桥面施工 | 7 | | | | | | | | | | | |
| 12 | 连接道路施工 | 10 | | | | | | | | | | | |

**图 3-3-2 某桥施工进度计划横道图**

横道图用于小型项目或大型项目子项目上,或用于计算资源需要量、概要预示进度,也可用于其他计划技术的表示结果。

小型项目负责人应该能看懂横道图计划表,能根据需要对其进行调整。

横道图计划表中的进度线(横道)与时间坐标相对应,这种表达方式较直观,易看懂计划编制的意图。但是,横道图进度计划法也存在一些问题,如:

(1)工序(工作)之间的逻辑关系可以设法表达,但不易表达清楚。

(2)适用于手工编制计划。

(3)没有通过严谨的进度计划时间参数计算,不能确定计划的关键工作、关键路线与时差。

(4)计划调整只能用手工方式进行,其工作量较大。

(5)难以适应大的进度计划系统。

## 二、工程进度网络计划的类型和应用

我国《工程网络计划技术规程》(JGJ/T 121—99)推荐常用的工程网络计划类型包括：①双代号网络计划，②单代号网络计划，③双代号时标网络计划，④单代号搭接网络计划。

**(一)双代号网络计划的基本概念**

双代号网络图是以箭线及其两端节点的编号表示工作的网络图，如图3-3-3所示。

1. 箭线(工作)

工作是泛指一项需要消耗人力、物力和时间的具体活动过程，也称工序、活动、作业。双代号网络图中，每一条箭线表示一项工作。箭线的箭尾节点$i$表示该工作的开始，箭线的箭头节点$j$表示该工作的完成。工作名称标注在箭线的上方，完成该项工作所需要的持续时间标注在箭线的下方，如图3-3-4所示。由于一项工作需用一条箭线和其箭尾及箭头处两个圆圈中的号码来表示，故称为双代号表示法。

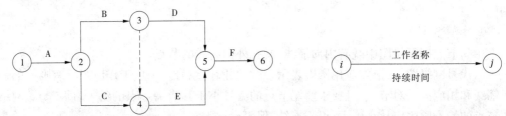

图3-3-3　双代号网络图　　　　图3-3-4　双代号网络图工作的表示方法

在双代号网络图中任意一条实箭线都要占用时间(有时只占时间，不消耗资源，如混凝土养护)。在建筑工程中，一条箭线表示项目中的一个施工过程，它可以是一道工序、一个分项工程、一个分部工程或一个单位工程，其粗细程度、大小范围的划分根据计划任务的需要来确定。

在双代号网络图中，为了正确地表达图中工作之间的逻辑关系，往往需要应用虚箭线。虚箭线是实际工作中并不存在的一项虚设工作，故它们既不占用时间，也不消耗资源，一般起着工作之间的联系、区分和断路三个作用：

联系作用是指应用虚箭线正确表达工作之间相互依存的关系。区分作用是指双代号网络图中每一项工作都必须用一条箭线和两个代号表示，若两项工作的代号相同时，应使用虚工作加以区分，如图3-3-5所示。断路作用是用虚箭线断掉多余联系，即在网络图中把无联系的工作连接上时，应加上虚工作将其断开。

在无时间坐标限制的网络图中，箭线的长度原则上可以任意画，其占用的时间以下方标注的时间参数为准。箭线可以为直线、折线或斜线，但其行进方向均应从左向右。在有时间坐标限制的网络图中，箭线的长度必须根据完成该工作所需持续时间的大小按比例绘制。

在双代号网络图中，通常将被研究的工作用$i$—$j$工作表示。紧排在本工作之前的工作称为紧前工作；紧排在本工作之后的工作称为紧后工作；与之平行的工作称为平行工作。

2. 节点(又称结点、事件)

节点是网络图中箭线之间的连接点。在时间上节点表示指向某节点的工作全部完成

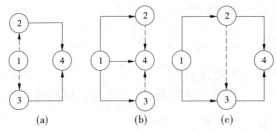

图 3-3-5　虚箭线的作用

后该节点后面的工作才能开始的瞬间,它反映前后工作的交接点。网络图中有起点节点、终点节点和中间节点三个类型的节点。

1)起点节点

起点节点即网络图的第一个节点,它只有外向箭线,一般表示一项任务或一个项目的开始。

2)终点节点

终点节点即网络图的最后一个节点,它只有内向箭线,一般表示一项任务或一个项目的完成。

3)中间节点

中间节点即网络图中既有内向箭线,又有外向箭线的节点。

双代号网络图中,节点应用圆圈表示,并在圆圈内编号。一项工作应当只有唯一的一条箭线和相应的一对节点,且要求箭尾节点的编号小于其箭头节点的编号,即 $i<j$。网络图节点的编号顺序应从小到大,可不连续,但不允许重复。

3.线路

网络图中从起始节点开始,沿箭头方向顺序通过一系列箭线与节点,最后达到终点节点的通路称为线路。在一个网络图中可能有很多条线路,线路中各项工作持续时间之和就是该线路的长度,即线路所需要的时间。一般网络图有多条线路,可依次用该线路上的节点代号来记述,如网络图 3-3-3 中的线路有 1—2—3—5—6、1—2—4—5—6、1—2—3~4—5—6。在各条线路中,有一条或几条线路的总时间最长,称为关键路线,一般用双线或粗线标注。其他线路长度均小于关键线路,称为非关键线路。

4.逻辑关系

网络图中工作之间相互制约或相互依赖的关系称为逻辑关系,它包括工艺关系和组织关系,在网络中均应表现为工作之间的先后顺序。

1)工艺关系

生产性工作之间由工艺过程决定的、非生产性工作之间由工作程序决定的先后顺序叫工艺关系。

2)组织关系

工作之间由于组织安排需要或资源(人力、材料、机械设备和资金等)调配需要而规定的先后顺序关系称为组织关系。

网络图必须正确地表达整个工程或任务的工艺流程和各工作开展的先后顺序及它们之间相互依赖、相互制约的逻辑关系。因此,绘制网络图时必须遵循一定的基本规则和要求。

## (二)双代号网络计划的绘图规则

(1)双代号网络图必须正确表达已定的逻辑关系。网络图中常见的各种工作逻辑关系的表达方法如表3-3-1所示。

表3-3-1 网络图中常见的各种工作逻辑关系的表示方法

| 序号 | 工作之间的逻辑关系 | 网络图中的表示方法 |
|---|---|---|
| 1 | A 完成后进行 B 和 C | |
| 2 | A、B 均完成后进行 C | |
| 3 | A、B 均完成后同时进行 C 和 D | |
| 4 | A 完成后进行 C<br>A、B 均完成后进行 D | |
| 5 | A、B 均完成后进行 D<br>A、B、C 均完成后进行 E<br>D、E 均完成后进行 F | |
| 6 | A、B 均完成后进行 C<br>B、D 均完成后进行 E | |
| 7 | A、B、C 均完成后进行 D<br>B、C 均完成后进行 E | |
| 8 | A 完成后进行 C<br>A、B 均完成后进行 D<br>B 完成后进行 E | |
| 9 | A、B 两项工程分成三个施工段,<br>分段流水施工:<br>$A_1$ 完成后进行 $A_2$、$B_1$<br>$A_2$ 完成后进行 $A_3$、$B_2$<br>$A_2$、$B_1$ 完成后进行 $B_2$<br>$B_1$、$B_2$ 完成后进行 $B_3$ | 有两种表示方法 |

(2)双代号网络图中,严禁出现循环回路。所谓循环回路,是指从网络图中的某一个节点出发,顺着箭线方向又回到了原来出发点的线路。

(3)双代号网络图中,在节点之间严禁出现带双向箭头或无箭头的连线。

(4)双代号网络图中,严禁出现没有箭头节点或没有箭尾节点的箭线。

(5)当双代号网络图的某些节点有多条外向箭线或多条内向箭线时,为使图形简洁,可使用母线法绘制(但应满足一项工作用一条箭线和相应的一对节点表示),如图 3-3-6 所示。

(6)绘制网络图时,箭线不宜交叉。当交叉不可避免时,可用过桥法或指向法表示,如图 3-3-7 所示。

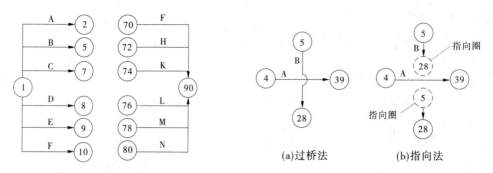

图 3-3-6　母线法绘图　　　　图 3-3-7　箭线交叉的表示方法

(7)双代号网络图中应只有一个起点节点和一个终点节点(多目标网络计划除外),而其他所有节点均应是中间节点。

(8)双代号网络图应条理清楚,布局合理。例如,网络图中的工作箭线不宜画成任意方向或曲线形状,尽可能用水平线或斜线;关键线路、关键工作安排在图面中心位置,其他工作分散在两边;避免倒回箭头等。

### (三)双代号网络计划时间参数的计算

双代号网络计划时间参数计算的目的在于通过计算各项工作的时间参数,确定网络计划的关键工作、关键线路和计算工期,为网络计划的优化、调整和执行提供明确的时间参数。双代号网络计划时间参数的计算方法很多,一般常用的有按工作计算法(见图 3-3-8)和按节点计算法进行计算。以下只讨论按工作计算法在图上进行计算的方法。

1. 时间参数的概念及其符号

1)工作持续时间($D_{i-j}$)

工作持续时间是一项工作从开始到完成的时间。

$$\begin{array}{c|c|c} ES_{i-j} & LS_{i-j} & TF_{i-j} \\ \hline EF_{i-j} & LF_{i-j} & FF_{i-j} \end{array}$$

2)工期($T$)

工期泛指完成任务所需要的时间,一般有以下三种:

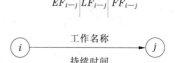

图 3-3-8　按工作计算法的标注内容

(1)计算工期。根据网络计划时间参数计算出来的工期,用 $T_c$ 表示。

(2)要求工期。任务委托人所要求的工期,用 $T_r$ 表示。

(3)计划工期。根据要求工期和计算工期所确定的作为实施目标的工期,用 $T_p$ 表示。

网络计划的计划工期 $T_p$ 应按下列情况分别确定:当已规定了要求工期 $T_r$ 时,$T_p \leqslant T_r$;当未规定要求工期时,可令计划工期等于计算工期,$T_p = T_c$。

**2. 网络计划中工作的时间参数**

最早开始时间($ES_{i-j}$),是指在各紧前工作全部完成后,工作 $i$—$j$ 有可能开始的最早时刻。

最早完成时间($EF_{i-j}$),是指在各紧前工作全部完成后,工作 $i$—$j$ 有可能完成的最早时刻。

最迟开始时间($LS_{i-j}$),是指在不影响整个任务按期完成的前提下,工作 $i$—$j$ 必须开始的最迟时刻。

最迟完成时间($LF_{i-j}$),是指在不影响整个任务按期完成的前提下,工作 $i$—$j$ 必须完成的最迟时刻。

总时差($TF_{i-j}$),是指在不影响总工期的前提下,工作 $i$—$j$ 可以利用的机动时间。

自由时差($FF_{i-j}$),是指在不影响其紧后工作最早开始的前提下,工作 $i$—$j$ 可以利用的机动时间。

按工作计算法计算网络计划中各时间参数,其计算结果应标注在箭线之上,如图 3-3-8 所示。

**3. 双代号网络计划时间参数的计算**

按工作计算法在网络图上计算 6 个工作时间参数,必须在清楚计算顺序、计算步骤的基础上,列出必要的公式,以加深对时间参数计算的理解。时间参数的计算步骤如下。

1)最早开始时间和最早完成时间的计算

最早开始时间参数受到紧前工作的约束,故其计算顺序应从起点节点开始,顺着箭线方向依次逐项计算。

以网络计划的起点节点为开始节点的工作最早开始时间为零。如网络计划起点节点的编号为 1,则

$$ES_{i-j} = 0 \quad (i = 1) \tag{3-3-1}$$

最早完成时间等于最早开始时间加上其持续时间,即

$$EF_{i-j} = ES_{i-j} + D_{i-j} \tag{3-3-2}$$

最早开始时间等于各紧前工作的最早完成时间 $EF_{i-j}$ 的最大值。

$$ES_{i-j} = \max\{EF_{h-i}\} \quad \text{或} \quad ES_{i-j} = \max\{ES_{h-i} + D_{h-i}\} \tag{3-3-3}$$

2)确定计算工期 $T_c$

计算工期等于以网络计划的终点节点为箭头节点的各个工作的最早完成时间的最大值。当网络计划终点节点的编号为 $n$ 时,计算工期为

$$T_c = \max\{EF_{i-n}\} \tag{3-3-4}$$

当无要求工期的限制时,取计划工期等于计算工期,即取 $T_p = T_c$。

3)最迟开始时间和最迟完成时间的计算

最迟开始时间参数受到紧后工作的约束,故其计算顺序应从终点节点起,逆着箭线方向依次逐项计算。

以网络计划的终点节点($j = n$)为箭头节点工作的最迟完成时间等于计划工期,即

$$LF_{i-n} = T_p \tag{3-3-5}$$

最迟开始时间等于最迟完成时间减去其持续时间,即

$$LS_{i-j} = LF_{i-j} - D_{i-j} \tag{3-3-6}$$

最迟完成时间等于各紧后工作的最迟开始时间 $LS_{j-k}$ 的最小值,即

$$LF_{i-j} = \min\{LS_{j-k}\} \quad 或 \quad LF_{i-j} = \min\{LF_{j-k} - D_{j-k}\} \tag{3-3-7}$$

4)计算工作总时差

总时差等于其最迟开始时间减去最早开始时间,或等于最迟完成时间减去最早完成时间,即

$$TF_{i-j} = LS_{i-j} - ES_{i-j} \quad 或 \quad TF_{i-j} = LF_{i-j} - EF_{i-j} \tag{3-3-8}$$

5)计算工作自由时差

当工作 $i-j$ 有紧后工作 $j-k$ 时,其自由时差应为

$$FF_{i-j} = ES_{j-k} - EF_{i-j} \quad 或 \quad FF_{i-j} = ES_{j-k} - EF_{i-j} - D_{i-j} \tag{3-3-9}$$

以网络计划的终点节点 $(j=n)$ 为箭头节点的工作,其自由时差 $FF_{i-n}$ 应按网络计划的计划工期 $T_p$ 确定,即

$$FF_{i-n} = T_p - EF_{i-n} \tag{3-3-10}$$

4. 关键工作和关键线路的确定

1)关键工作

网络计划中总时差最小的工作是关键工作。

2)关键线路

自始至终全部由关键工作组成的线路为关键线路,或线路上总的工作持续时间最长的线路为关键线路。网络图上的关键线路可用双线或粗线标注。

【例 3-3-1】 已知网络计划的资料如表 3-3-2 所示,试绘制双代号网络图。若计划工期等于计算工期,试计算各项工作的 6 个时间参数,确定关键线路,并标注在网络图上。

表 3-3-2　某网络计划工作逻辑关系及持续时间

| 工作 | 紧前工作 | 紧后工作 | 持续时间 |
| --- | --- | --- | --- |
| $A_1$ | — | $A_2$、$B_1$ | 2 |
| $A_2$ | $A_1$ | $A_3$、$B_2$ | 2 |
| $A_3$ | $A_2$ | $B_3$ | 2 |
| $B_1$ | $A_1$ | $B_2$、$C_1$ | 3 |
| $B_2$ | $A_2$、$B_1$ | $B_3$、$C_2$ | 3 |
| $B_3$ | $A_3$、$B_2$ | $D$、$C_3$ | 3 |
| $C_1$ | $B_1$ | $C_2$ | 2 |
| $C_2$ | $B_2$、$C_1$ | $C_3$ | 4 |
| $C_3$ | $B_3$、$C_2$ | $E$、$F$ | 2 |
| $D$ | $B_3$ | $G$ | 2 |
| $E$ | $C_3$ | $G$ | 1 |
| $F$ | $C_3$ | $I$ | 2 |
| $G$ | $D$、$E$ | $H$ | 4 |
| $H$ | $G$ | — | 3 |
| $I$ | $F$、$G$ | — | 3 |

**解:** 1. 根据表 3-3-2 中网络计划的有关资料,按照网络图的绘图规则,绘制双代号网络图如图 3-3-9 所示。

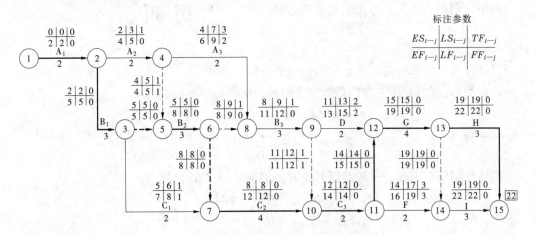

图 3-3-9　双代号网络图计算实例

2. 计算各项工作的时间参数,并将计算结果标注在箭线上方相应的位置。

(1)计算各项工作的最早开始时间和最早完成时间。

从起点节点(1 节点)开始顺着箭线方向依次逐项计算到终点节点(15 节点)。

①以网络计划起点节点为开始节点的各工作的最早开始时间为零。

工作 1—2 的最早开始时间 $ES_{1-2}$ 从网络计划的起点节点开始,顺着箭线方向依次逐项计算,因未规定其最早开始时间 $ES_{1-2}$,故按式(3-3-1)确定

$$ES_{1-2} = 0$$

②计算各项工作的最早开始和最早完成时间。

工作的最早开始时间 $ES_{i-j}$ 按式(3-3-1)和式(3-3-3)计算,如

$$ES_{2-3} = ES_{4-5} + D_{1-2} = 0 + 2 = 2$$
$$ES_{2-4} = ES_{1-2} + D_{1-2} = 0 + 2 = 2$$
$$ES_{3-5} = ES_{2-3} + D_{2-3} = 2 + 3 = 5$$
$$ES_{4-5} = ES_{2-3} + D_{2-4} = 2 + 2 = 4$$

$$ES_{5-6} = \max\{ES_{3-5} + D_{3-5}, ES_{4-5} + D_{4-5}\} = \max\{5 + 0, 4 + 0\} = \max\{5, 4\} = 5$$

工作的最早完成时间就是本工作的最早开始时间 $ES_{i-j}$ 与本工作的持续时间 $D_{i-j}$ 之和,按式(3-3-2)计算,如

$$EF_{2-3} = ES_{2-3} + D_{2-3} = 2 + 3 = 5$$
$$EF_{2-4} = ES_{2-4} + D_{2-4} = 2 + 2 = 4$$
$$EF_{3-5} = ES_{3-5} + D_{3-5} = 5 + 0 = 5$$

(2)确定计算工期 $T_c$ 及计划工期 $T_p$。

已知计划工期等于计算工期,即网络计划的计算工期取以终节点 15 为箭头节点的工作 13—15 和工作 14—15 的最早完成时间的最大值,按式(3-3-4)计算

$$T_c = \max\{EF_{13-15}, EF_{14-15}\} = \max\{22, 22\} = 22$$

(3)计算各项工作的最迟开始时间和最迟完成时间。

从终点节点(10节点)开始逆着箭线方向依次逐项计算到起点节点(1节点)。

①以网络计划终点节点为箭头节点工作的最迟完成时间等于计划工期。

网络计划结束工作 $i$—$j$ 的最迟完成时间按式(3-3-5)计算,如

$$LF_{13-15} = T_p = 22$$
$$LF_{14-15} = T_p = 22$$

②计算各项工作的最迟开始和最迟完成时间。

以此类推,算出其他工作的最迟完成时间,如

$$LF_{13-14} = \min\{LF_{14-15} - D_{14-15}\} = 22 - 3 = 19$$
$$LF_{12-13} = \min\{LF_{13-14} - D_{13-15}, LF_{13-14} - D_{13-14}\} = \min\{22 - 3, 19 - 0\} = 19$$
$$LF_{11-12} = \min\{LF_{12-13} - D_{12-13}\} = 19 - 4 = 15$$

网络计划所有工作 $i$—$j$ 的最迟开始时间均按式(3-3-6)计算,如

$$LS_{14-15} = LF_{14-15} - D_{14-15} = 22 - 3 = 19$$
$$LS_{13-15} = LF_{13-15} - D_{13-15} = 22 - 3 = 19$$
$$LS_{12-13} = LF_{12-13} - D_{12-13} = 19 - 4 = 15$$

(4)计算各项工作的总时差。

可以用工作的最迟开始时间减去最早开始时间或用工作的最迟完成时间减去最早完成时间。

$$TF_{1-2} = LS_{1-2} - ES_{1-2} = 0 - 0 = 0$$
$$TF_{2-3} = LS_{2-3} - ES_{2-3} = 2 - 2 = 0$$
$$TF_{5-6} = LS_{5-6} - ES_{5-6} = 5 - 5 = 0$$

(5)计算各项工作的自由时差。

网络中工作 $i$—$j$ 的自由时差等于紧后工作的最早开始时间减去本工作的最早完成时间,可按式(3-3-9)计算,如

$$FF_{1-2} = ES_{2-3} - EF_{1-2} = 2 - 2 = 0$$
$$FF_{2-3} = ES_{3-5} - EF_{2-3} = 5 - 5 = 0$$
$$FF_{5-6} = ES_{6-8} - EF_{5-6} = 8 - 8 = 0$$

网络计划中的结束工作 $i$—$j$ 的自由时差按式(3-3-10)计算

$$FF_{13-15} = T_p - EF_{13-15} = 22 - 22 = 0$$
$$FF_{14-15} = T_p - EF_{14-15} = 22 - 22 = 0$$

将以上计算结果标注在图3-3-9中的相应位置。

3.确定关键工作及关键线路。

在图3-3-9中,最小的总时差是0,所以凡是总时差为0的工作均为关键工作。该例中的关键工作是 $A_1$—$B_1$—$B_2$—$C_2$—$C_3$—$E$—$G$—$H$。

在图3-3-9中,自始至终全由关键工作组成的关键线路用粗箭线进行标注。

## 三、进度计划的调整、资源配备要求

施工进度计划的调整依据进度计划检查结果。调整的内容包括:施工内容、工程量、起止时间、持续时间、工作关系、资源供应等。调整施工进度计划采用的原理、方法与施工

进度计划的优化相同,包括:单纯调整工期、资源有限—工期最短调整、工期规定—资源均衡调整、工期—成本调整。

单纯调整(压缩)工期时只能利用关键线路上的工作,并且要注意三点:一是该工作要有充足的资源供应,二是该工作增加的费用应相对较少,三是不影响工程的质量、安全和环境。

在进行工期—成本调整时,要选择好调整对象。调整的原则是调整的对象必须是关键工作,该工作有压缩的潜力,与其他可压缩对象相比其赶工费是最低的。

调整工作进度计划的步骤如下:分析进度计划检查结果,确定调整的对象和目标;选择适当的调整方法;编制调整方案;对调整方案进行评价和决策;调整;确定调整后付诸实施的新施工进度计划。

一个工程的施工过程组织是指对工程系统内所有生产要素进行合理的安排,以最佳的方式将各种生产要素结合起来,使其形成一个协调的系统,从而达到作业时间省、物资资源耗费低、产品和服务质量优的目标。

合理组织施工过程,应考虑以下基本要求。

**(一)施工过程的连续性**

在施工过程中各阶段、各施工区的人流、物流始终处于不停的运动状态之中,避免不必要的停顿和等待现象,且使流程尽可能短。

**(二)施工过程的协调性**

要求在施工过程中基本施工过程和辅助施工过程之间、各道工序之间以及各种机械设备之间在生产能力上要保持适当数量和质量要求的协调(比例)关系。

**(三)施工过程的均衡性**

在过程施工的各个阶段,力求保持相同的工作节奏,避免忙闲不均、前松后紧、突击加班等不正常现象。

**(四)施工过程的平行性**

这是指各项施工活动在时间上实行平行交叉作业,尽可能加快速度,缩短工期。

**(五)施工过程的适应性**

在工程施工过程中对由于各项内部和外部因素影响引起的变动情况具有较强的应变能力。这种适应性要求建立信息迅速反馈机制,注意施工全过程的控制和监督,及时进行调整。

# 第三节　进度管理及工期索赔

## 一、工程合同进度管理

工程合同的进度控制条款可以分为施工准备阶段、施工阶段和竣工验收阶段这三个阶段的进度控制。其作业在于促使合同当事人在合同规定的工期内完成施工任务,使发包人按时做好准备工作,承包人按照施工进度计划组织施工。

### (一)施工准备阶段的进度控制

施工准备阶段的许多工作都对施工的开始和进度有直接的影响,包括双方对合同工期的约定、承包方提供进度计划、提供设计图纸、材料设备的采购、延期开工的处理等。

**1.合同双方约定合同工期**

合同工期是指工程从开工起到完成工程施工合同专用条款双方约定的全部内容,达到竣工验收标准所经历的时间。合同工期是工程合同的重要内容之一,《建设工程施工合同(示范文本)》(GF—1999—0201)要求双方在协议书中对合同工期作出明确的约定。约定的内容包括开工日期、竣工日期和合同工期总日历天数。合同当事人应当在开工日期前做好一切开工的准备工作,承包人则应按约定的开工日期开工。

**2.承包人提交进度计划**

承包人应当在专用条款约定的日期,将施工组织设计和工程进度计划提交工程师。主体工程中采用分阶段进行施工的工程,承包人则应按照发包人提供图纸及有关资料的时间,分阶段编制进度计划,分部向工程师提交。

承包人提交进度计划后,工程师应当予以确认或者提出修改意见,时限由双方在专用条款中约定。如果工程师预期不确认也不提出书面意见,则视为已经同意。工程师对进度计划予以确认的主要目的是给工程师对进度进行控制提供依据。

**3.开工、延期开工**

在开工前,合同双方还应当做好其他各项准备工作。保证工程项目能够按照协议书约定的开工日期开始施工。

若承包人不能按时开工,至少应该在协议书约定的开工日期前 7 d,以书面形式向工程师提出延期开工的要求和理由。工程师接到延期开工申请后的 48 h 内以书面形式答复承包人。工程师在接到延期申请后的 48 h 内不答复,视为同意承包人的要求,工期相应顺延。如果工程师不同意延期要求,工期不予顺延。

因发包人的原因不能按照协议书约定的开工日期开始施工,工程师以书面形式通知承包人后,可推迟开工日期。承包人对延期开工的日期没有否决权,但发包人应当赔偿承包人因此造成的损失,相应顺延工期。

### (二)施工阶段的进度控制

工程开工后,合同履行即进入施工阶段,直至工程竣工。这一阶段的进度控制任务是控制施工任务在协议书规定的合同工期内完成。

**1.监督进度计划的执行**

开工后,承包人按照工程师确认的进度计划组织施工,接受工程师对进度的检查、监督。工程实际进度与进度计划不符时,承包人应当按照工程师的要求提出改进措施,经工程师确认后执行。如果采用改进措施后,经过一段时间工程实际进展赶上了进度计划,则仍可按进度计划执行。如果采用改进措施一段时间后,工程进度仍明显与进度计划不符,则工程师可以要求承包人修改原进度计划,并经工程师确认。但是,这种确认并不是工程师对工程延期的批准,而仅仅是要求承包人在合理的状态下施工。如果按修改后的进度计划不能按期完工,仍应承担相应的违约责任。

## 2. 暂停施工

在施工过程中,有些情况会导致暂停施工。暂停施工的原因很多,归纳起来主要有以下三个方面:

(1)工程师要求的暂停施工。工程师在确有必要时,应当以书面形式要求承包人暂停施工,并在提出暂停施工要求后48 h内提出书面处理意见。承包人应当按照工程师的要求停止施工,并妥善保护已完工工程。承包人实施工程师作出的处理意见后,可提出书面复工要求,工程师应在48 h内给予答复。工程师未能在规定时间内提出处理意见,或收到承包人复工要求后48 h内未予答复,承包人可以自行复工。

如果停工责任在发包人,由发包人承担所发生的追加合同价款,相应顺延工期;如果承包责任在承包方,由承包人承担所发生的费用,工期不予顺延。因为工程师不及时作出答复,导致承包人无法复工的,由发包人承担违约责任。

(2)发包人违约,承包人主动暂停施工。当发包人出现某些违约情况时,承包人可以暂停施工。若发包人不按合同规定及时向承包方支付工程预付款,或发包人不按合同规定及时向承包人支付工程进度款,且双方未达成延期付款协议,承包人均可暂停施工。发包人应当承担相应的违约责任。

(3)意外情况导致暂停施工。在施工过程中出现如不可抗力事件、发现有价值文物等,视实际情况决定是否暂停施工。在这些情况下,工期是否给予顺延应视风险责任由哪方承担来确定。

## 3. 设计变更

在施工过程中若必须对设计进行变更,则应严格按照国家的规定和合同约定的程序进行。施工中发包人如果需要对原工程设计进行变更,至少应该变更前14 d以书面形式向承包人发出变更通知。变更超过原设计标准或者批准的原设计规模时,须经原规划管理部门和其他有关部门审查审批,并由原设计单位提供变更的相应的图纸和说明。承包方应当严格按照图纸施工,不得对原工程设计进行变更。

## 4. 工期延误

承包人应当按照合同约定完成工程施工,如果由于其自身的原因造成工期延误,应当承担违约责任。但因以下原因造成工期延误的,经工程师确认,工期相应顺延:

(1)发包人不能按专用条款的约定提供开工条件。

(2)发包人不能按照约定日期支付工程预付款、进度款,致使施工不能正常进行。

(3)工程师未按合同约定提供所需指令、批准、图纸等,致使施工不能正常进行。

(4)设计变更和工程量增加。

(5)一周内非承包人原因停水、停电、停气造成停工累计超过8 h。

(6)不可抗力。

(7)专用条款中约定或工程师同意工期顺延的其他情况。

以上情况工期顺延是因为发包人违约或者是应当由发包人承担的风险造成的。

承包人在工期可以顺延的情况发生后14 d内,应将延误的内容和因此发生的追加合同价款向工程师提出书面报告。工程师在收到报告后14 d内予以确认,逾期不予确认也不提出修改意见的,则视为同意工期顺延。经工程师确认的顺延的工期应纳入合同工期,作为合同工期的一部分。如果承包人不同意工程师的确认结果,则按合同规定的争议解决方式处理。

### (三)竣工验收阶段的进度控制

竣工验收是承包人完成工程施工的最后阶段,也是发包人对工程进行全面检查的阶段。在竣工验收阶段,进度控制的目的在于督促承包商完成工程扫尾工作,协调竣工验收中各方的关系,参加竣工验收。

*1. 按期竣工*

工程应当按期竣工,即承包人按照协议书约定的竣工日期,或者工程师同意顺延的工期竣工。工程如果不能按时竣工,承包人应当承担违约责任。

*2. 提前竣工*

在施工中,发包人如果要求提前竣工,发包人应当与承包人进行协商,协商一致后应签订提前竣工协议,作为合同文件的一部分。提前竣工协议应包括以下方面的内容:①提前的时间;②承包人采取的赶工措施;③发包人为赶工提供的条件;④赶工措施的经济支出和承担;⑤提前竣工的收益分享。

*3. 拖期竣工*

因承包商原因不能按照协议书约定的竣工日期或工程师同意顺延的工期竣工的,承包商应承担违约责任。

*4. 竣工验收程序*

当工程按合同要求全部完成后,工程具备了竣工验收条件,承包人按国家工程竣工验收的有关规定,向发包人提供完整的竣工资料和竣工验收报告,并按专用条款要求的日期和份数向发包人提交竣工图。

发包人在收到竣工验收报告后28 d内组织有关部门验收,并在验收后14 d内给予认可或者提出修改意见。竣工日期为承包方送交竣工验收报告的日期。需修改后才能达到验收要求的,竣工日期为承包人修改后提请发包人验收的日期。

发包人收到承包方送交的竣工验收报告后28 d内不组织验收,或者在验收后14 d内不提出修改意见的,视为工程已被验收合格。若发包人收到承包人送交的竣工验收报告28 d内不组织验收,从第29 d起承担工程保管及一切意外责任。

## 二、有关工期索赔

建设工程索赔通常是指在工程合同履行过程中,合同当事人一方因对方不履行或未能正确履行合同或者由于其他非自身因素而受到经济损失或权利损害,通过合同规定的程序向对方提出经济或时间补偿要求的行为也即费用索赔和工期索赔行为。索赔是一种正当的权利要求,它是合同当事人之间一项正常的而且普遍存在的合同管理业务,是一种以法律和合同为依据的合情合理的行为。

工期索赔就是承包商向业主要求延长施工的时间,使原定的工程竣工日期顺延一段合理的时间。

在工程施工中,常常会发生一些未能预见的干扰事件使施工不能顺利进行,使预定的施工不能顺利进行,使预定的施工计划受到干扰,造成工期延长,这样,对合同双方都会造成损失。

施工单位提出工期索赔的目的通常有两个：

（1）免去或推卸自己对已产生的工期延长的合同责任，使自己不支付或尽可能不支付工期延长的罚款。

（2）进行因工期延长而造成的费用损失的索赔。

对已经产生的工期延长。建设单位一般采用两种解决办法：

（1）不采取加速措施，工程仍按原方案和计划实施，但将合同期顺延。

（2）施工单位采取加速措施，以全部或部分弥补已经损失的工期。

如果工期延缓责任不是由施工单位造成，而建设单位已认可施工单位工期索赔，则施工单位还可以提出因采取加速措施而增加的费用索赔。

工期索赔一般采用分析法进行计算，其主要依据合同规定的总工期计划、进度计划，以及双方共同认可的对工期修改文件、调整计划和受干扰后实际工程进度记录，如施工日记、工程进度表等。施工单位应在每个月月底以及在干扰事件发生时，分析对比上述资料，以发现工期拖延及拖延原因，提出有说服力的索赔要求。

在建设工程施工承包合同执行过程中，业主可以向承包商提出索赔要求，承包商也可以向业主提出索赔要求，即合同的双方都可以向对方提出索赔要求。当一方向另一方提出索赔要求，被索赔方应采取适当的反驳、应对和防范措施，这称为反索赔。

**（一）掌握施工合同索赔的依据和证据**

1. 索赔的依据

索赔的依据主要有合同文件、法律法规、工程建设惯例。

2. 索赔的证据

索赔的证据是当事人用来支持其索赔成立或与索赔有关的证明文件和资料。索赔的证据作为索赔文件的组成部分，在很大程度上关系到索赔的成功与否。证据不全、不足或没有证据，索赔是很难获得成功的。

在工程项目实施过程中，会产生大量的工程信息和资料，这些信息和资料是开展索赔的重要证据。因此，在施工过程中应该自始至终做好资料积累工作，建立完善的资料记录和科学管理制度，认真系统地积累和管理合同、质量、进度以及财务收支等方面的资料。

常见的索赔证据主要有以下几方面：

（1）各种合同文件，包括施工合同协议书及其附件、中标通知书、投标书、标准和技术规范、图纸、工程量清单、工程报价单或者预算书、有关技术资料和要求、施工过程中的补充协议等。

（2）经过发包人或者工程师批准的承包人的施工进度计划、施工方案、施工组织设计和现场实施情况记录。

（3）施工日记和现场记录，包括有关设计交底、设计变更、施工变更指令，工程材料和机械设备的采购、验收与使用等方面的凭证及材料供应清单、合格证书，工程现场水、电、道路等开通、封闭的记录，停水、停电等各种干扰事件的时间和影响记录等。

（4）工程有关照片和录像等。

（5）备忘录，对工程师或业主的口头指示和电话应随时用书面记录，并给予书面确认。

（6）发包人或者工程师签认的签证。

（7）工程各种往来函件、通知、答复等。

（8）工程各项会议纪要。

（9）发包人或者工程师发布的各种书面指令和确认书，以及承包人的要求、请求、通知书等。

（10）气象报告和资料，如有关温度、风力、雨雪的资料。

（11）投标前发包人提供的参考资料和现场资料。

（12）各种验收报告和技术鉴定等。

（13）工程核算资料、财务报告、财务凭证等。

（14）其他，如官方发布的物价指数、汇率、规定等。

3. 索赔证据的基本要求

索赔证据应该具有真实性、及时性、全面性、关联性、有效性。

**（二）索赔成立的条件**

1. 构成施工项目索赔条件的事件

索赔事件又称为干扰事件，是指那些使实际情况与合同规定不符，最终引起工期和费用变化的各类事件。在工程实施过程中，要不断地跟踪、监督索赔事件，就可以不断地发现索赔机会。通常，承包商可以提起索赔的事件如下：

（1）发包人违反合同给承包人造成时间、费用的损失。

（2）因工程变更（含设计变更、发包人提出的工程变更，监理工程师提出的工程变更，以及承包人提出并经监理工程师批准的变更）造成的时间、费用损失。

（3）由于监理工程师对合同文件的歧义解释、技术资料不确切，或由于不可抗力导致施工条件的改变，造成了时间、费用的增加。

（4）发包人提出提前完成项目或缩短工期而造成承包人的费用增加。

（5）发包人延误支付期限造成承包人的损失。

（6）合同规定以外的项目进行检验，且检验合格，或非承包人的原因导致项目缺陷的修复所发生的损失或费用。

（7）非承包人的原因导致工程暂时停工。

（8）物价上涨、法规变化及其他。

2. 索赔成立的前提条件

索赔的成立，应该同时具备以下三个前提条件：

（1）与合同对照，事件已造成了承包人工程项目成本的额外支出，或直接工期损失。

（2）造成费用增加或工期损失的原因，按合同约定不属于承包人的行为责任或风险责任。

（3）承包人按合同规定的程序和时间提交索赔意向通知和索赔报告。

以上三个条件必须同时具备，缺一不可。

**（三）掌握施工合同索赔的程序**

如前所述，工程施工中承包人向发包人索赔、发包人向承包人索赔以及分包人向承包人索赔的情况都有可能发生，以下主要说明承包人向发包人索赔的一般程序，以及反索赔的主要内容。

1. 索赔意向通知和索赔通知

在工程实施过程中发生索赔事件以后，或者承包人发现索赔机会，首先要提出索赔意向，即在合同规定时间内将索赔意向用书面形式及时通知发包人或者监理人，向对方表明索赔愿望、要求或者声明保留索赔权利，这是索赔工作程序的第一步。例如，FIDIC 合同条件和我国《建设工程施工合同（示范文本）》（GF—1999—0201）都规定，承包人必须在发出索赔意向通知后的 28 d 内或经过工程师（监理人）同意的其他合理时间内向工程师（监理人）提交一份详细的索赔文件和有关资料。如果干扰事件对工程的影响持续时间长，承包人则应按工程师（监理人）要求的合理间隔（一般为 28 d），提交中间索赔报告，并在干扰事件影响结束后的 28 d 提交一份最终索赔报告，否则将失去该事件请求补偿的索赔权利。

索赔意向通知要简明扼要地说明以下四个方面的内容：

（1）索赔事件发生的时间、地点和简单事实情况描述。

（2）索赔事件的发展动态。

（3）索赔的依据和理由。

（4）索赔事件对工程成本和工期产生的不利影响。

一般索赔意向通知仅仅表明索赔的意向，应该尽量简明扼要，涉及索赔内容，但不涉及索赔金额。

根据九部委联合编制的《标准施工招标文件》中的通用合同条款，关于承包人索赔的提出，规定如下。

根据合同约定，承包人认为有权得到追加付款和（或）延长工期的，应按以下程序向发包人提出索赔：

（1）承包人应在知道或应当知道索赔事件发生后 28 d 内，向监理人递交索赔意向通知书，并说明发生索赔事件的事由。承包人未在前述 28 d 内发出索赔意向通知书的，丧失要求追加付款和（或）延长工期的权利。

（2）承包人应在发出索赔意向通知书后 28 d 内，向监理人正式递交索赔通知书。索赔通知书应详细说明索赔理由以及要求追加的付款金额和（或）延长的工期，并附必要的记录和证明材料。

（3）索赔事件具有连续影响的，承包人应按合理时间间隔继续递交延续索赔通知，说明连续影响的实际情况和记录，列出累计的追加付款金额和（或）工期延长天数。

（4）在索赔事件影响结束后的 28 d 内，承包人应向监理人递交最终索赔通知书，说明最终要求索赔的追加付款金额和延长的工期，并附必要的记录和证明材料。

根据九部委联合编制的《标准施工招标文件》中的通用合同条款，发生发包人的索赔事件后，监理人应及时书面通知承包人，详细说明发包人有权得到的索赔金额和（或）延长缺陷责任期的细节及依据。发包人提出索赔的期限和要求与承包人提出索赔的期限和要求相同，延长缺陷责任期的通知应在缺陷责任期届满前发出。

**2. 索赔资料的准备**

在索赔资料准备阶段,主要有以下几方面的工作:

(1)跟踪和调查干扰事件,掌握事件产生的详细经过。

(2)分析干扰事件产生的原因,划清各方责任,确定索赔根据。

(3)损失或损害调查分析与计算,确定工期索赔和费用索赔值。

(4)收集证据,获得充分而有效的各种证据。

(5)起草索赔文件(索赔报告)。

**3. 索赔文件的主要内容**

1)总述部分

总述部分包括概要论述索赔事项发生的日期和过程、承包人为该索赔事项付出的努力和附加开支、承包人的具体索赔要求。

2)论证部分

论证部分是索赔报告的关键部分,其目的是说明自己有索赔权,是索赔能否成立的关键。

3)索赔款项(或工期)计算部分

如果说索赔报告论证部分的任务是解决索赔权能否成立,则款项计算是为解决能得多少款项。前者定性,后者定量。

4)证据部分

要注意引用的每个证据的效力或可信程度,对重要的证据资料最好附以文字说明,或附以确认件。

**4. 编写索赔文件(索赔报告)应注意的问题**

(1)责任分析应清楚、准确。应该强调:引起索赔的事件不是承包商的责任,事件具有不可预见性,事发以后尽管采取了有效措施也无法制止,索赔事件导致承包商工期拖延、费用增加的严重性,索赔事件与索赔额之间的直接因果关系等。

(2)索赔额的计算依据要准确,计算结果要准确。要用合同规定或法规规定的公认合理的计算方法,并进行适当的分析。

(3)提供充分有效的证据材料。

**5. 索赔文件的提交**

提出索赔的一方应该在合同规定的时限内向对方提交正式的书面索赔文件。例如,FIDIC 合同条件和我国《建设工程施工合同(示范文本)》(GF—1999—0201)都规定,承包人必须在发出索赔意向通知后的 28 d 内或经过工程师(监理人)同意的其他合理时间内向工程师(监理人)提交一份详细的索赔文件和有关资料。如果干扰事件对工程的影响持续时间长,承包人则应按工程师(监理人)要求的合理间隔(一般为 28 d)提交中间索赔报告,并在干扰事件影响结束后的 28 d 内提交一份最终索赔报告,否则将失去该事件请求补偿的索赔权利。

**6. 索赔文件的审核**

对于承包人向发包人的索赔请求,索赔文件应该交由工程师(监理人)审核。工程师(监理人)根据发包人的委托或授权,对承包人的索赔要求进行审核和质疑,其审核和质疑主要围绕以下几个方面：

（1）索赔事件是属于业主、监理工程师的责任，还是第三方的责任。

（2）事实和合同的依据是否充分。

（3）承包商是否采取了适当的措施避免或减少损失。

（4）是否需要补充证据。

（5）索赔计算是否正确、合理。

根据九部委联合编制的《标准施工招标文件》中的通用合同条款，对承包人提出索赔的处理程序如下：

（1）监理人收到承包人提交的索赔通知书后，应及时审查索赔通知书的内容、查验承包人的记录和证明材料，必要时监理人可要求承包人提交全部原始记录副本。

（2）监理人应按《标准施工招标文件》中的通用合同条款第3.5款商定或确定追加的付款和（或）延长的工期，并在收到上述索赔通知书或有关索赔的进一步证明材料后的42 d内将索赔处理结果答复承包人。

（3）承包人接受索赔处理结果的，发包人应在作出索赔处理结果答复后28 d内完成赔付。承包人不接受索赔处理结果的，按合同约定的争议解决办法办理。

**（四）承包人提出索赔的期限**

根据九部委联合编制的《标准施工招标文件》中的通用合同条款，承包人提出索赔的期限如下：

（1）承包人按合同约定接受了竣工付款证书后，应被认为已无权再提出在合同工程接收证书颁发前所发生的任何索赔。

（2）承包人按合同约定提交的最终结清申请单中，只限于提出工程接收证书颁发后发生的索赔。提出索赔的期限自接受最终结清证书时终止。

**（五）反索赔的基本内容**

反索赔的工作内容包括两个方面：一是防止对方提出索赔，二是反击或反驳对方的索赔要求。

要成功地防止对方提出索赔，应采取积极防御的策略。首先，自己严格履行合同规定的各项义务，防止自己违约，并通过加强合同管理，使对方找不到索赔的理由和根据，使自己处于不能被索赔的地位。其次，如果在工程实施过程中发生了干扰事件，则应立即着手研究和分析合同依据，收集证据，为提出索赔和反索赔做好两手准备。

如果对方提出了索赔要求或索赔报告，则自己一方应采取各种措施来反击或反驳对方的索赔要求。常用的措施有：

（1）抓住对方的失误，直接向对方提出索赔，对抗或平衡对方的索赔要求，以求在最终解决索赔时互相让步或者互不支付。

（2）针对对方的索赔报告，进行仔细、认真研究和分析，找出理由和证据，证明对方索赔要求或索赔报告不符合实际情况和合同规定，没有合同依据或事实证据，索赔值计算不合理或不准确等问题，反击对方的不合理索赔要求，不负或减轻自己的责任，使自己不受或少受损失。

### (六)对索赔报告的反击或反驳要点

对对方索赔报告的反击或反驳,一般可以从以下几个方面进行:

(1)索赔要求或报告的时限性。审查对方是否在干扰事件发生后的索赔时限内及时提出索赔要求或报告。

(2)索赔事件的真实性。

(3)干扰事件的原因、责任分析。如果干扰事件确实存在,则要通过对事件的调查分析,确定原因和责任。如果事件责任属于索赔者自己,则索赔不能成立;如果合同双方都有责任,则应按各自的责任大小分担损失。

(4)索赔理由分析。分析对方的索赔要求是否与合同条款或有关法规一致,所受损失是否属于非对方负责的原因造成。

(5)索赔证据分析。分析对方所提供的证据是否真实、有效、合法,是否能证明索赔要求成立。证据不足、不全、不当、没有法律证明效力或没有证据,索赔不能成立。

(6)索赔值审核。如果经过上述的各种分析、评价,仍不能从根本上否定对方的索赔要求,则必须对索赔报告中的索赔值进行认真细致的审核,审核的重点是索赔值的计算方法是否合情合理,各种取费是否合理适度,有无重复计算,计算结果是否准确等。

# 第四章　水利工程造价管理

## 第一节　水利工程分类

水利工程按工程性质划分为两大类,具体划分如下:

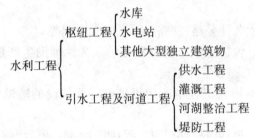

## 第二节　工程部分项目组成

### 一、第一部分　建筑工程

**(一)枢纽工程**

枢纽工程指水利枢纽建筑物(含引水工程中的水源工程)和其他大型独立建筑物。包括挡水工程、泄洪工程、引水工程、发电厂工程、升压变电站工程、航运工程、鱼道工程、交通工程、房屋建筑工程和其他建筑工程。其中,挡水工程等前七项为主体建筑工程。

(1)挡水工程。包括挡水的各类坝(闸)工程。

(2)泄洪工程。包括溢洪道、泄洪洞、冲砂孔(洞)、放空洞等工程。

(3)引水工程。包括发电引水明渠、进水口、隧洞、调压井、高压管道等工程。

(4)发电厂工程。包括地面、地下各类发电厂工程。

(5)升压变电站工程。包括升压变电站、开关站等工程。

(6)航运工程。包括上下游引航道、船闸、升船机等工程。

(7)鱼道工程。根据枢纽建筑物布置情况,可独立列项。与拦河坝相结合的,也可作为拦河坝工程的组成部分。

(8)交通工程。包括上坝、进厂、对外等场内外永久公路、桥涵、铁路、码头等交通工程。

(9)房屋建筑工程。包括为生产运行服务的永久性辅助生产建筑、仓库、办公、生活及文化福利等房屋建筑和室外工程。

(10)其他建筑工程。包括内外部观测工程;动力线路(厂坝区),照明线路,通信线路,厂坝区及生活区供水、供热、排水等公用设施工程;厂坝区环境建设工程,水情自动测报工程及其他。

**(二)引水工程及河道工程**

引水工程及河道工程指供水、灌溉、河湖整治、堤防修建与加固工程。包括供水、灌溉渠(管)道、河湖整治与堤防工程,建筑物工程(水源工程除外),交通工程、房屋建筑工程、供电设施工程和其他建筑工程。

(1)供水、灌溉渠(管)道、河湖整治与堤防工程。包括渠(管)道工程、清淤疏浚工程、堤防修建与加固工程等。

(2)建筑物工程。包括泵站、水闸、隧洞、渡槽、倒虹吸、跌水、小水电站、排水沟(涵)、调蓄水库工程等。

(3)交通工程。指永久性公路、铁路、桥梁、码头工程等。

(4)房屋建筑工程。包括为生产运行服务的永久性辅助生产建筑、仓库、办公、生活及文化福利等房屋建筑工程和室外工程。

(5)供电设施工程。指为工程生产运行供电需要架设的输电线路及变配电设施工程。

(6)其他建筑工程。包括内外部观测工程;照明线路,通信线路,厂坝(闸、泵站)区及生活区供水、供热、排水等公用设施工程;工程沿线或建筑物周围环境建设工程;水情自动测报工程及其他。

## 二、第二部分　机电设备及安装工程

**(一)枢纽工程**

枢纽工程指构成枢纽工程固定资产的全部机电设备及安装工程。本部分由发电设备及安装工程、升压变电设备及安装工程和公用设备及安装工程三项组成。

(1)发电设备及安装工程。包括水轮机、发电机、主阀、起重机、水力机械辅助设备、电气设备等设备及安装工程。

(2)升压变电设备及安装工程。包括主变压器、高压电气设备、一次拉线等设备及安装工程。

(3)公用设备及安装工程。包括通信设备,通风采暖设备,机修设备,计算机监控系统,管理自动化系统,全厂接地及保护网,电梯,坝区馈电设备,厂坝区及生活区供水、排水、供热设备,水文、泥沙监测设备,水情自动测报系统设备,外部观测设备,消防设备,交通设备等设备及安装工程。

**(二)引水工程及河道工程**

引水工程及河道工程指构成该工程固定资产的全部机电设备及安装工程。本部分一般由泵站设备及安装工程、小水电站设备及安装工程、供变电工程和公用设备及安装工程四项组成。

(1)泵站设备及安装工程。包括水泵、电动机、主阀、起重设备、水力机械辅助设备、电气设备等设备及安装工程。

(2)小水电站设备及安装工程。其组成内容可参照枢纽工程的发电设备及安装工程和升压变电设备及安装工程。

(3)供变电工程。包括供电、变配电设备及安装工程。

(4)公用设备及安装工程。包括通信设备,通风采暖设备,机修设备,计算机监控系统,管理自动化系统,全厂接地及保护网,坝(闸、泵站)区馈电设备,厂坝(闸、泵站)区供水、排水、供热设备,水文、泥沙监测设备,水情自动测报系统设备,外部观测设备,消防设备,交通设备等设备及安装工程。

### 三、第三部分  金属结构设备及安装工程

金属结构设备及安装工程指构成枢纽工程和其他水利工程固定资产的全部金属结构设备及安装工程。其包括闸门、启闭机、拦污栅、升船机等设备及安装工程,压力钢管制作及安装工程和其他金属结构设备及安装工程。

金属结构设备及安装工程项目要与建筑工程项目相对应。

### 四、第四部分  施工临时工程

施工临时工程指为辅助主体工程施工所必须修建的生产和生活用临时性工程。本部分组成内容如下:

(1)导流工程。包括导流明渠、导流洞、施工围堰、蓄水期下游断流补偿设施、金属结构设备及安装工程等。

(2)施工交通工程。包括施工现场内外为工程建设服务的临时交通工程,如公路、铁路、桥梁、施工支洞、码头、转运站等。

(3)施工场外供电工程。包括从现有电网向施工现场供电的高压输电线路(枢纽工程:35 kV 及以上等级;引水工程及河道工程:10 kV 及以上等级)和施工变(配)电设施(场内除外)工程。

(4)施工房屋建筑工程。指工程在建设过程中建造的临时房屋,包括施工仓库、办公及生活、文化福利建筑及所需的配套设施工程。

(5)其他施工临时工程。指除施工导流、施工交通、施工场外供电、施工房屋建筑、缆机平台以外的施工临时工程,主要包括施工供水(大型泵房及干管)、砂石料系统、混凝土拌和浇筑系统、大型机械安装拆卸、防汛、防冰、施工排水、施工通信、施工临时支护设施(含隧洞临时钢支撑)等工程。

### 五、第五部分  独立费用

本部分由建设管理费、生产准备费、科研勘测设计费、建设及施工场地征用费和其他等五项组成。

(1)建设管理费。包括项目建设管理费、工程建设监理费和联合试运转费。

(2)生产准备费。包括生产及管理单位提前进厂费、生产职工培训费、管理用具购置费、备品备件购置费、工器具及生产家具购置费。

(3)科研勘测设计费。包括工程科学研究试验费和工程勘测设计费。

(4)建设及施工场地征用费。包括永久和临时征地所发生的费用。

（5）其他。包括定额编制管理费、工程质量监督费、工程保险费、其他税费。

# 第三节　水利工程费用项目构成

## 一、费用组成

水利工程费用组成内容如下：

$$
\text{建设项目费用}
\begin{cases}
\text{工程费}
\begin{cases}
\text{建筑及安装工程费}\\
\text{设备费}
\end{cases}\\
\text{独立费用}\\
\text{预备费}\\
\text{建设期融资利息}
\end{cases}
$$

### （一）建筑及安装工程费

建筑及安装工程费由直接工程费、间接费、企业利润和税金组成。其中，直接工程费包括直接费、其他直接费、现场经费，间接费包括企业管理费、财务费用、其他费用；税金包括营业税、城市维护建设税、教育费附加。

### （二）设备费

设备费由设备原价、运杂费、运输保险费、采购及保管费组成。

### （三）独立费用

独立费用由建设管理费、生产准备费、科研勘测设计费、建设及施工场地征用费和其他组成。其中，建设管理费包括项目建设管理费、工程建设监理费、联合试运转费，生产准备费包括生产及管理单位提前进厂费、生产职工培训费、管理用具购置费、备品备件购置费、工器具及生产家具购置费，科研勘测设计费包括工程科学研究试验费、工程勘测设计费；其他包括定额编制管理费、工程质量监督费、工程保险费、其他税费。

### （四）预备费

预备费由基本预备费和价差预备费组成。

## 二、建筑及安装工程费

建筑及安装工程费由直接工程费、间接费、企业利润和税金组成。

### （一）直接工程费

直接工程费指建筑安装工程施工过程中直接消耗在工程项目上的活劳动和物化劳动。由直接费、其他直接费和现场经费组成。

直接费包括人工费、材料费、施工机械使用费。

其他直接费包括冬雨季施工增加费、夜间施工增加费、特殊地区施工增加费和其他。

现场经费包括临时设施费和现场管理费。

1. 直接费

1）人工费

人工费指直接从事建筑安装工程施工的生产工人开支的各项费用，内容包括：

（1）基本工资。由岗位工资和年功工资以及年应工作天数内非作业天数的工资组成。

①岗位工资。指按照职工所在岗位各项劳动要素测评结果确定的工资。

②年功工资。指按照职工工作年限确定的工资，随工作年限增加而逐年累加。

③生产工人年应工作天数以内非作业天数的工资。包括职工开会学习、培训期间的工资，调动工作、探亲、休假期间的工资，因气候影响的停工工资，女工哺乳期间的工资，病假在6个月以内的工资及产、婚、丧假期的工资。

（2）辅助工资。指在基本工资之外，以其他形式支付给职工的工资性收入，包括根据国家有关规定属于工资性质的各种津贴，主要包括地区津贴、施工津贴、夜餐津贴、节日加班津贴等。

（3）工资附加费。指按照国家规定提取的职工福利基金、工会经费、养老保险费、医疗保险费、工伤保险费、职工失业保险基金和住房公积金。

2）材料费

材料费指用于建筑安装工程项目上的消耗性材料、装置性材料和周转性材料的摊销费，包括定额工作内容规定应计入的未计价材料和计价材料。

材料预算价格一般包括材料原价、包装费、运杂费、运输保险费和采购及保管费五项。

（1）材料原价。指材料指定交货地点的价格。

（2）包装费。指材料在运输和保管过程中的包装费和包装材料的折旧摊销费。

（3）运杂费。指材料从指定交货地点至工地仓库或相当于工地仓库（材料堆放场）所发生的全部费用，包括运输费、装卸费、调车费及其他杂费。

（4）运输保险费。指材料在运输途中的保险费。

（5）采购及保管费。指材料在采购、供应和保管过程中所发生的各项费用。主要包括材料的采购、供应和保管部门工作人员的基本工资、辅助工资、工资附加费、教育经费、办公费、差旅交通费及工具用具使用费；仓库、转运站等设施的检修费、固定资产折旧费、技术安全措施费和材料检验费；材料在运输、保管过程中发生的损耗等。

3）施工机械使用费

施工机械使用费指消耗在建筑安装工程项目上的机械磨损、维修和动力燃料费用等，包括折旧费、修理及替换设备费、安装拆卸费、机上人工费和动力燃料费等。

（1）折旧费。指施工机械在规定使用年限内回收原值的台时折旧摊销费。

（2）修理及替换设备费。修理费指施工机械使用过程中，为了使机械保持正常功能而进行修理所需的摊销费和机械正常运转及日常保养所需的润滑油料、擦拭用品的费用，以及保管机械所需的费用。替换设备费指施工机械正常运转时所耗用的替换设备及随机使用的工具附具等摊销费。

（3）安装拆卸费。指施工机械进出工地的安装、拆卸、试运转和场内转移及辅助设施的摊销费。部分大型施工机械的安装拆卸费不在其施工机械使用费中计列，包含在其他施工临时工程中。

（4）机上人工费。指施工机械使用时机上操作人员人工费用。

（5）动力燃料费。指施工机械正常运转时所耗用的风、水、电、油和煤等费用。

2. 其他直接费

1）冬雨季施工增加费

冬雨季施工增加费指在冬雨季施工期间为保证工程质量和安全生产所需增加的费用，包括增加施工工序，增设防雨、保温、排水等设施增耗的动力、燃料、材料以及因人工、机械效率降低而增加的费用。

2）夜间施工增加费

夜间施工增加费指施工场地和公用施工道路的照明费用。

3）特殊地区施工增加费

特殊地区施工增加费指在高海拔和原始森林等特殊地区施工而增加的费用。

4）其他

其他包括施工工具用具使用费、检验试验费、工程定位复测费、工程点交费、竣工场地清理费、工程项目及设备仪表移交生产前的维护观察费等。其中，施工工具用具使用费指施工生产所需，但不属于固定资产的生产工具，检验、试验用具等的购置、摊销和维护费。检验试验费指对建筑材料、构件和建筑安装物进行一般鉴定、检查所发生的费用，包括自设实验室所耗用的材料和化学药品费用，以及技术革新和研究试验费，不包括新结构、新材料的试验费和建设单位要求对具有出厂合格证明的材料进行试验、对构件进行破坏性试验，以及其他特殊要求检验试验的费用。

3. 现场经费

1）临时设施费

临时设施费指施工企业为进行建筑安装工程施工所必需的但又未被划入施工临时工程的临时建筑物、构筑物和各种临时设施的建设、维修、拆除、摊销等费用。如供风、供水（支线）、供电（场内）、夜间照明、供热系统及通信支线，土石料场，简易砂石料加工系统，小型混凝土拌和浇筑系统，木工、钢筋、机修等辅助加工厂，混凝土预制构件厂，场内施工排水，场地平整、道路养护及其他小型临时设施。

2）现场管理费

（1）现场管理人员的基本工资、辅助工资、工资附加费和劳动保护费。

（2）办公费。指现场办公用具、印刷、邮电、书报、会议、水、电、烧水和集体取暖（包括现场临时宿舍取暖）用燃料等费用。

（3）差旅交通费。指现场职工因公出差期间的差旅费、误餐补助费，职工探亲路费，劳动力招募费，职工离退休、退职一次性路费，工伤人员就医路费，工地转移费以及现场职工使用的交通工具、运行费、养路费及牌照费。

（4）固定资产使用费。指现场管理使用的属于固定资产的设备、仪器等的折旧、大修理、维修费或租赁费等。

（5）工具用具使用费。指现场管理使用的不属于固定资产的工具、器具、家具、交通工具和检验、试验、测绘、消防用具等的购置、维修费和摊销费。

（6）保险费。指施工管理用财产、车辆保险费，高空、井下、洞内、水下、水上作业等特殊工种安全保险费等。

（7）其他费用。

### (二)间接费

间接费指施工企业为建筑安装工程施工而进行组织与经营管理所发生的各项费用。它构成产品的成本,由企业管理费、财务费用和其他费用组成。

1. 企业管理费

企业管理费指施工企业为组织施工生产经营活动所发生的费用。其内容包括:

(1)管理人员基本工资、辅助工资、工资附加费和劳动保护费。

(2)差旅交通费。指施工企业管理人员因公出差、工作调动的差旅费、误餐补助费,职工探亲路费,劳动力招募费,离退休职工一次性路费及交通工具油料、燃料、牌照、养路费等。

(3)办公费。指企业办公用具、印刷、邮电、书报、会议、水电、燃煤(气)等费用。

(4)固定资产折旧、修理费。指企业属于固定资产的房屋、设备、仪器等折旧及维修等费用。

(5)工具用具使用费。指企业管理使用不属于固定资产的工具、用具、家具、交通工具、检验、试验、消防等的摊销费及维修费用。

(6)职工教育经费。指企业为职工学习先进技术和提高文化水平按职工工资总额计提的费用。

(7)劳动保护费。指企业按照国家有关部门规定标准发放给职工的劳动保护用品的购置费、修理费、保健费、防暑降温费、高空作业及进洞津贴、技术安全措施费以及洗澡用水、饮用水的燃料费等。

(8)保险费。指企业财产保险、管理用车辆等保险费用。

(9)税金。指企业按规定交纳的房产税、管理用车辆使用税、印花税等。

(10)其他。包括技术转让费、设计收费标准中未包括的应由施工企业承担的部分施工辅助工程设计费、投标报价费、工程图纸资料费及工程摄影费、技术开发费、业务招待费、绿化费、公证费、法律顾问费、审计费、咨询费等。

2. 财务费用

财务费用指施工企业为筹集资金而发生的各项费用,包括企业经营期间发生的短期融资利息净支出、汇兑净损失、金融机构手续费,企业筹集资金发生的其他财务费用,以及投标和承包工程发生的保函手续费等。

3. 其他费用

其他费用指企业定额测定费及施工企业进退场补贴费。

### (三)企业利润

企业利润指按规定应计入建筑、安装工程费用中的利润。

### (四)税金

税金指国家对施工企业承担建筑、安装工程作业收入所征收的营业税、城市维护建设税和教育费附加。

## 三、设备费

设备费包括设备原价、运杂费、运输保险费和采购及保管费。

**（一）设备原价**

（1）国产设备,其原价指出厂价。

（2）进口设备,以到岸价和进口征收的税金、手续费、商检费及港口费等各项费用之和为原价。

（3）大型机组分瓣运至工地后的拼装费用,应包括在设备原价内。

**（二）运杂费**

运杂费指设备由厂家运至工地安装现场所发生的一切运杂费用,包括运输费、调车费、装卸费、包装绑扎费、大型变压器充氮费及可能发生的其他杂费。

**（三）运输保险费**

运输保险费指设备在运输过程中的保险费用。

**（四）采购及保管费**

采购及保管费指建设单位和施工企业在负责设备的采购、保管过程中发生的各项费用。主要包括:

（1）采购保管部门工作人员的基本工资、辅助工资、工资附加费、劳动保护费、教育经费、办公费、差旅交通费、工具用具使用费等。

（2）仓库、转运站等设施的运行费、维修费、固定资产折旧费、技术安全措施费和设备的检验、试验费等。

## 四、独立费用

独立费用由建设管理费、生产准备费、科研勘测设计费、建设及施工场地征用费和其他等五项组成。

**（一）建设管理费**

建设管理费指建设单位在工程项目筹建和建设期间进行管理工作所需的费用。包括项目建设管理费、工程建设监理费和联合试运转费。

1. 项目建设管理费

项目建设管理费包括建设单位开办费和建设单位经常费。

（1）建设单位开办费。指新组建的工程建设单位,为开展工作所必须购置的办公及生活设施、交通工具等,以及其他用于开办工作的费用。

（2）建设单位经常费。包括建设单位人员经常费和工程管理经常费。

建设单位人员经常费。指建设单位从批准组建之日至完成该工程建设管理任务之日,需开支的经常费用。其主要包括工作人员的基本工资、辅助工资、工资附加费、劳动保护费、教育经费、办公费、差旅交通费、会议费、交通车辆使用费、技术图书资料费、固定资产折旧费、零星固定资产购置费、低值易耗品摊销费、工具用具使用费、修理费、水电费、采暖费等。

工程管理经常费。指建设单位从筹建到竣工期间所发生的各种管理费用。其包括该工程建设过程中用于资金筹措、召开董事（股东）会议、视察工程建设所发生的会议和差旅等费用;建设单位为解决工程建设涉及的技术、经济、法律等问题需要进行咨询所发生的费用;建设单位进行项目管理所发生的土地使用税、房产税、合同公证费、审计费、招标业务费等;施工期所需的水情、水文、泥沙、气象监测费和报汛费;工程验收费和由主管部门主持对工程设计进行审查、对安全进行鉴定等费用;在工程建设过程中,必须派驻工地的公安、消防部门的补贴费以及其他属于工程管理性质开支的费用。

2. 工程建设监理费

工程建设监理费指在工程建设过程中聘任监理单位,对工程的质量、进度、安全和投资进行监理所发生的全部费用。其包括监理单位为保证监理工作正常开展而必须购置的交通工具、办公及生活设备、检验试验设备以及监理人员的基本工资、辅助工资、工资附加费、劳动保护费、教育经费、办公费、差旅交通费、会议费、技术图书资料费、固定资产折旧费、零星固定资产购置费、低值易耗品摊销费、工具用具使用费、修理费、水电费、采暖费等。

3. 联合试运转费

联合试运转费指水利工程的发电机组、水泵等安装完毕,在竣工验收前,进行整套设备带负荷联合试运转期间所需的各项费用。其主要包括联合试运转期间所消耗燃料、动力、材料及机构使用费,工具用具购置费,施工单位参加联合试运转人员的工资等。

**(二)生产准备费**

生产准备费指水利建设项目的生产、管理单位为准备正常的生产运行或管理发生的费用。其包括生产及管理单位提前进厂费、生产职工培训费、管理用具购置费、备品备件购置费和工器具及生产家具购置费。

1. 生产及管理单位提前进厂费

生产及管理单位提前进厂费指在工程完工之前,生产、管理单位有一部分工人、技术人员和管理人员提前进厂进行生产筹备工作所需的各项费用。其内容包括提前进厂人员的基本工资、辅助工资、工资附加费、劳动保护费、教育经费、办公费、差旅交通费、会议费、技术图书资料费、零星固定资产购置费、低值易耗品摊销费、工具用具使用费、修理费、水电费、采暖费等,以及其他属于生产筹备建设期间应开支的费用。

2. 生产职工培训费

生产职工培训费指工程在竣工验收之前,生产及管理单位为保证生产、管理工作能顺利进行,需对工人、技术人员和管理人员进行培训所发生的费用。内容包括基本工资、辅助工资、工资附加费、劳动保护费、差旅交通费、实习费,以及其他属于职工培训应开支的费用。

3. 管理用具购置费

管理用具购置费指为保证新建项目的正常生产和管理所必须购置的办公和生活用具等费用。其内容包括办公室、会议室、资料档案室、阅览室、文娱室、医务室等公用设施需要配置的家具器具。

4. 备品备件购置费

备品备件购置费指工程在投产运行初期,由于易损件损耗和可能发生的事故,而必须准备的备品备件和专用材料的购置费,不包括设备价格中配备的备品备件。

5. 工器具及生产家具购置费

工器具及生产家具购置费指按设计规定,为保证初期生产正常运行所必须购置的不属于固定资产标准的生产工具、器具、仪表、生产家具等的购置费,不包括设备价格中已包括的专用工具。

### (三)科研勘测设计费

科研勘测设计费指为工程建设所需的科研、勘测和设计等费用,包括工程科学研究试验费和工程勘测设计费。

1. 工程科学研究试验费

工程科学研究试验费指在工程建设过程中,为解决工程技术问题,而进行必要的科学研究试验所需的费用。

2. 工程勘测设计费

工程勘测设计费指工程从项目建设书开始至以后各设计阶段发生的勘测费、设计费。

### (四)建设及施工场地征用费

建设及施工场地征用费指根据设计确定的永久、临时工程征地和管理单位用地所发生的征地补偿费用应缴纳的耕地占用税等,主要包括征用场地上的林木、作物的赔偿,建筑物迁建及居民迁移费等。

### (五)其他

1. 定额编制管理费

定额编制管理费指为水利工程定额的测定、编制、管理等所需的费用。该项费用交由定额管理机构安排使用。

2. 工程质量监督费

工程质量监督费指为保证工程质量而进行的检测、监督、检查工作等费用。

3. 工程保险费

工程保险费指工程建设期间,为使工程能在遭受水灾、火灾等自然灾害和意外事故造成损失后得到经济补偿,而对建设安装工程保险所发生的保险费用。

4. 其他税费

其他税费指按国家规定应缴纳的与工程建设有关的税费。

## 五、预备费及建设期融资利息

### (一)预备费

1. 基本预备费

基本预备费主要指为解决在工程施工过程中,经上级批准的设计变更和国家政策性变动的投资及为解决意外事故而采取的措施所增加的工程项目和费用。

2. 价差预备费

价差预备费主要指为解决在工程项目建设过程中,因人工工资、材料和设备价格上涨以及费用标准调整而增加的投资。

### (二)建设期融资利息

建设期融资利息指根据国家财政金融政策规定,工程在建设期内需偿还并应计入工程投资的融资利息。

# 第四节　施工成本控制及施工成本分析方法

## 一、施工成本控制的依据

### （一）工程承包合同

施工成本控制要以工程承包合同为依据，围绕降低工程成本这个目标，从预算收入和实际成本两方面，努力挖掘增收节支潜力，以求获得最大的经济效益。

### （二）施工成本计划

施工成本计划是根据施工项目的具体情况制订的施工成本控制方案，既包括预定的具体成本控制目标，又包括实现控制目标的措施和规划，是施工成本控制的指导文件。

### （三）进度报告

进度报告提供了每一时刻工程实际完成量，工程施工成本实际支付情况等重要信息。施工成本控制工作正是通过实际情况与施工成本计划相比较，找出二者之间的差别，分析偏差产生的原因，从而采取措施改进以后的工作。此外，进度报告还有助于管理者及时发现工程实施中存在的问题，并在事态还未造成重大损失之前采取有效措施，尽量避免损失。

### （四）工程变更

在项目的实施过程中，由于各方面的原因，工程变更是很难避免的。工程变更一般包括设计变更、进度计划变更、施工条件变更、技术规范与标准变更、施工次序变更、工程数量变更等。一旦出现变更，工程量、工期、成本都必将发生变化，从而使得施工成本控制工作变得更加复杂和困难。因此，施工成本管理人员就应当通过对变更要求当中各类数据的计算、分析，随时掌握变更情况，包括已发生工程量、将要发生工程量、工期是否拖延、支付情况等重要信息，判断变更以及变更可能带来的索赔额度等。

除上述几种施工成本控制工作的主要依据外，有关施工组织设计、分包合同等也都是施工成本控制的依据。

## 二、施工成本控制的步骤

在确定了施工成本计划之后，必须定期地进行施工成本计划值与实际值的比较，当实际值偏离计划值时，分析产生偏差的原因，采取适当的纠偏措施，以确保施工成本控制目标的实现。其步骤如下。

### （一）比较

按照某种确定的方式将施工成本计划值与实际值逐项进行比较，以发现施工成本是否已超支。

### （二）分析

在比较的基础上，对比较的结果进行分析，以确定偏差的严重性及偏差产生的原因。这一步是施工成本控制工作的核心，其主要目的在于找出产生偏差的原因，从而采取有针对性的措施，减少或避免相同原因的再次发生或减少由此造成的损失。

### (三) 预测

按照完成情况估计完成项目所需的总费用。

### (四) 纠偏

当工程项目的实际施工成本出现了偏差,应当根据工程的具体情况、偏差分析和预测的结果,采取适当的措施,以期达到使施工成本偏差尽可能小的目的。纠偏是施工成本控制中最具实质性的一步。只有通过纠偏,才能最终达到有效控制施工成本的目的。

对偏差原因进行分析的目的是有针对性地采取纠偏措施,从而实现成本的动态控制和主动控制。纠偏首先要确定纠偏的主要对象,偏差原因有些是无法避免和控制的,如客观原因,充其量只能对其中少数原因做到防患于未然,力求减少该原因所产生的经济损失。在确定了纠偏的主要对象之后,就需要采取有针对性的纠偏措施。纠偏可采用组织措施、经济措施、技术措施和合同措施等。

### (五) 检查

对工程的进展进行跟踪和检查,及时了解工程进展状况以及纠偏措施的执行情况和效果,为今后的工作积累经验。

## 三、施工成本控制的方法

施工阶段是控制建设工程项目成本发生的主要阶段,它通过确定成本目标并按计划成本进行施工资源配置,对施工现场发生的各种成本费用进行有效控制,其具体的控制方法如下。

### (一) 人工费的控制

人工费的控制实行"量价分离"的方法,将作业用工及零星用工按定额工日的一定比例综合确定用工数量与单价,通过劳务合同进行控制。

### (二) 材料费的控制

材料费的控制同样按照"量价分离"原则,控制材料用量和材料价格。

1. 材料用量的控制

在保证符合设计要求和质量标准的前提下,合理使用材料,通过定额管理、计量管理等手段有效控制材料物资的消耗,具体方法如下:

(1)定额控制。对于有消耗定额的材料,以消耗定额为依据,实行限额发料制度。在规定限额内分期分批领用,超过限额领用的材料,必须先查明原因,经过一定审批手续方可领料。

(2)指标控制。对于没有消耗定额的材料,则实行计划管理和按指标控制的办法。根据以往项目的实际耗用情况,结合具体施工项目的内容和要求,制订领用材料指标,据以控制发料。超过指标的材料,必须经过一定的审批手续方可领用。

(3)计量控制。准确做好材料物资的收发计量检查和投料计量检查。

(4)包干控制。在材料使用过程中,对部分小型及零星材料(如钢钉、钢丝等)根据工程量计算出所需材料量,将其折算成费用,由作业者包干控制。

2. 材料价格的控制

材料价格主要由材料采购部门控制。由于材料价格是由买价、运杂费、运输中的合理损耗等所组成的,因此主要是通过掌握市场信息,应用招标和询价等方式控制材料、设备的采购价格。

施工项目的材料物资包括构成工程实体的主要材料和结构件,以及有助于工程实体形成的周转使用材料和低值易耗品。从价值角度看,材料物资的价值占建筑安装工程造价的60%~70%,其重要程度自然是不言而喻。由于材料物资的供应渠道和管理方式各不相同,所以控制的内容和所采取的控制方法也有所不同。

### (三)施工机械使用费的控制

合理选择施工机械设备,合理使用施工机械设备对成本控制具有十分重要的意义,尤其是高层建筑施工,据某些工程实例统计,高层建筑地面以上部分的总费用中,垂直运输机械费用占6%~10%。由于不同的起重运输机械各有不同的用途和特点,因此在选择起重运输机械时,首先应根据工程特点和施工条件确定采取何种不同起重运输机械的组合方式。在确定采用何种组合方式时,首先应满足施工需要,同时要考虑到费用的高低和综合经济效益。

施工机械使用费主要由台班数量和台班单价两方面决定,为有效控制施工机械使用费支出,主要从以下几个方面进行控制:

(1)合理安排施工生产,加强设备租赁计划管理,减少因安排不当引起的设备闲置。

(2)加强机械设备的调度工作,尽量避免窝工,提高现场设备利用率。

(3)加强现场设备的维修保养,避免因不正当使用造成机械设备的停置。

(4)做好机上人员与辅助生产人员的协调与配合,提高施工机械台班产量。

### (四)施工分包费用的控制

分包工程价格高低必然对项目经理部的施工项目成本产生一定的影响。因此,施工项目成本控制的重要工作之一是对分包价格的控制。项目经理部应在确定施工方案的初期就要确定需要分包的工程范围。决定分包范围的因素主要是施工项目的专业性和项目规模。对分包费用的控制,主要是要做好分包工程的询价、订立平等互利的分包合同、建立稳定的分包关系网络、加强施工验收和分包结算等工作。

## 四、施工成本分析的方法

### (一)施工成本分析的依据

施工成本分析就是一方面根据会计核算、业务核算和统计核算提供的资料,对施工成本的形成过程和影响成本升降的因素进行分析,以寻求进一步降低成本的途径;另一方面通过成本分析,可从账簿、报表反映的成本现象看清成本的实质,从而增强项目成本的透明度和可控性,为加强成本控制,实现项目成本目标创造条件。

1. 会计核算

会计核算主要是价值核算。会计是对一定单位的经济业务进行计量、记录、分析和检查,作出预测,参与决策,实行监督,旨在实现最优经济效益的一种管理活动。它通过设置账户、复式记账、填制和审核凭证、登记账簿、成本计算、财产清查和编制会计报表等一系列有组织有系统的方法来记录企业的一切生产经营活动,然后据以提出一些用货币来反映的有关各种综合性经济指标的数据。资产、负债、所有者权益、营业收入、成本、利润等会计六要素指标,主要是通过会计来核算。由于会计记录具有连续性、系统性、综合性等特点,所以它是施工成本分析的重要依据。

2.业务核算

业务核算是各业务部门根据业务工作的需要而建立的核算制度,它包括原始记录和计算登记表,如单位工程及分部分项工程进度登记,质量登记,工效、定额计算登记,物资消耗定额记录,测试记录等。业务核算的范围比会计、统计核算要广,会计和统计核算一般是对已经发生的经济活动进行核算,而业务核算不但可以对已经发生的经济活动进行核算,而且还可以对尚未发生或正在发生的经济活动进行核算,看是否可以做,是否有经济效果。它的特点是,对个别的经济业务进行单项核算。例如,各种技术措施、新工艺等项目,可以核算已经完成的项目是否达到原定的目的,取得预期的效果,也可以对准备采取措施的项目进行核算和审查,看是否有效果,值不值得采纳,随时都可以进行。业务核算的目的在于迅速取得资料,在经济活动中及时采取措施进行调整。

3.统计核算

统计核算是利用会计核算资料和业务核算资料,把企业生产经营活动客观现状的大量数据,按统计方法加以系统整理,表明其规律性。它的计量尺度比会计宽,可以用货币计算,也可以用实物或劳动量计量。它通过全面调查和抽样调查等特有的方法,不仅能提供绝对数指标,还能提供相对数和平均数指标,可以计算当前的实际水平,确定变动速度,可以预测发展的趋势。

**(二)施工成本的核算方法**

1.成本分析的基本方法

施工成本分析的基本方法包括比较法、因素分析法、差额计算法、比率法等。

1)比较法

比较法又称指标对比分析法,就是通过技术经济指标的对比,检查目标的完成情况,分析产生差异的原因,进而挖掘内部潜力的方法。这种方法,具有通俗易懂、简单易行、便于掌握的特点,因而得到了广泛的应用,但在应用时必须注意各技术经济指标的可比性。比较法的应用,通常有下列形式。

(1)将实际指标与目标指标对比。以此检查目标完成情况,分析影响目标完成的积极因素和消极因素,以便及时采取措施,保证成本目标的实现。在进行实际指标与目标指标对比时,还应注意目标本身有无问题。如果目标本身出现问题,则应调整目标,重新正确评价实际工作的成绩。

(2)本期实际指标与上期实际指标对比。通过本期实际指标与上期实际指标对比,可以看出各项技术经济指标的变动情况,反映施工管理水平的提高程度。

(3)与本行业平均水平、先进水平对比。通过这种对比,可以反映本项目的技术管理和经济管理水平与行业的平均水平和先进水平的差距,进而采取措施赶超先进水平。

2)因素分析法

因素分析法又称连环置换法。这种方法可用来分析各种因素对成本的影响程度。在进行分析时,首先要假定众多因素中的一个因素发生了变化,而其他因素则不变,然后逐个替换,分别比较其计算结果,以确定各个因素的变化对成本的影响程度。因素分析法的

计算步骤如下:

(1)确定分析对象,并计算出实际与目标数的差异。

(2)确定该指标是由哪几个因素组成的,并按其相互关系进行排序(排序规则是先实物量,后价值量;先绝对值,后相对值)。

(3)以目标数为基础,将各因素的目标数相乘,作为分析替代的基数。

(4)将各个因素的实际数按照上面的排列顺序进行替换计算,并将替换后的实际数保留下来。

(5)将每次替换计算所得的结果,与前一次的计算结果相比较,两者的差异即为该因素对成本的影响程度。

(6)各个因素的影响程度之和,应与分析对象的总差异相等。

【例3-4-1】 商品混凝土目标成本为443 040元,实际成本为473 697元,比目标成本增加30 657元,资料如表3-4-1所示。

表3-4-1　商品混凝土目标成本与实际成本对比

| 项目 | 单位 | 目标 | 实际 | 差额 |
|------|------|------|------|------|
| 产量 | $m^3$ | 600 | 630 | +30 |
| 单价 | 元 | 710 | 730 | +20 |
| 损耗量 | % | 4 | 3 | -1 |
| 成本 | 元 | 443 040 | 473 697 | +30 657 |

分析成本的原因如下:

(1)分析对象是商品混凝土的成本,实际成本与目标成本的差额为30 657元。该指标是由产量、单价、损耗率三个因素组成的,排序见表3-4-1。

(2)以目标数443 040元($600 \times 710 \times 1.04$)为分析替代的基础,有

第一次替代产量因素,以630替代600,则

$$630 \times 710 \times 1.04 = 465\ 192(元)$$

第二次替代单价因素,以730替代710,并保留上次替代后的值,则

$$630 \times 730 \times 1.04 = 478\ 296(元)$$

第三次替代损耗率因素,以1.03替代1.04,并保留上两次替代后的值,则

$$630 \times 730 \times 1.03 = 473\ 697(元)$$

(3)计算差额。

第一次替代与目标数的差额 = 465 192 - 443 040 = 22 152(元);

第二次替代与第一次替代的差额 = 478 296 - 465 192 = 13 104(元);

第三次替代与第二次替代的差额 = 473 697 - 478 296 = -4 599(元)。

(4)产量增加使成本增加了22 152元,单价提高使成本增加了13 104元,而损耗率下降使成本减少了4 599元。

(5)各因素的影响程度之和 = 22 152 + 13 104 - 4 599 = 30 657(元),和实际成本与目标成本的总差额相等。

为了使用方便,企业也可以通过运用因素分析表来求出各因素变动对实际成本的影响程度,其具体形式见表3-4-2。

表3-4-2    商品混凝土成本变动因素分析

| 顺序 | 连环替代计算 | 差异(元) | 因素分析 |
|---|---|---|---|
| 目标数 | $600 \times 710 \times 1.04$ | | |
| 第一次替代 | $630 \times 710 \times 1.04$ | 22 152 | 由于产量增加30 m³,成本增加22 152元 |
| 第二次替代 | $630 \times 730 \times 1.04$ | 13 104 | 由于单价提高20元,成本增加13 104元 |
| 第三次替代 | $630 \times 730 \times 1.03$ | -4 599 | 由于耗损率下降1%,成本减少4 599元 |
| 合计 | $22\ 152 + 13\ 104 - 4\ 599$ | 30 657 | |

3)差额计算法

差额计算法是因素分析法的一种简化形式,它利用各个因素的目标值与实际值的差额来计算其对成本的影响程度。

4)比率法

比率法是指用两个以上的指标的比例进行分析的方法。它的基本特点是:先把对比分析的数值变成相对数,再观察其相互之间的关系。常用的比率法有以下几种。

(1)相关比率法。

由于项目经济活动的各个方面是相互联系,相互依存,又相互影响的,因而可以将两个性质不同而又相关的指标加以对比,求出比率,并以此来考察经营成果的好坏。例如,产值和工资是两个不同的概念,但它们的关系又是投入与产出的关系。在一般情况下,都希望以最少的工资支出完成最大的产值。因此,用产值工资率指标来考核人工费的支出水平,就很能说明问题。

(2)构成比率法。

构成比率法又称比重分析法或结构对比分析法。通过构成比率,可以考察成本总量的构成情况及各成本项目占成本总量的比重,同时也可看出量、本、利的比例关系(即预算成本、实际成本和降低成本的比例关系),从而为寻求降低成本的途径指明方向。

(3)动态比率法。

动态比率法就是将同类指标不同时期的数值进行对比,求出比率,以分析该项指标的发展方向和发展速度。动态比率的计算,通常采用基期指数和环比指数两种方法。

2.综合成本的分析方法

所谓综合成本,是指涉及多种生产要素,并受多种因素影响的成本费用,如分部分项工程成本,月(季)度成本、年度成本等。由于这些成本都是随着项目施工的进展而逐步形成的,与生产经营有着密切的关系,因此做好上述成本的分析工作,无疑将促进项目的生产经营管理,提高项目的经济效益。

1)分部分项工程成本分析

分部分项工程成本分析是施工项目成本分析的基础。分部分项工程成本分析的对象为已完成分部分项工程。分析的方法是:进行预算成本、目标成本和实际成本的"三算"

对比,分别计算实际偏差和目标偏差,分析偏差产生的原因,为今后的分部分项工程成本寻求节约途径。

分部分项工程成本分析的资料来源是:预算成本来自投标报价成本,目标成本来自施工预算,实际成本来自施工任务单的实际工程量、实耗人工和限额领料单的实耗材料。

由于施工项目包括很多分部分项工程,不可能也没有必要对每一个分部分项工程都进行成本分析,特别是一些工程量小、成本费用微不足道的零星工程。但是,对于那些主要分部分项工程则必须进行成本分析,而且要做到从开工到竣工进行系统的成本分析。这是一项很有意义的工作,因为通过主要分部分项工程成本的系统分析,可以基本上了解项目成本形成的全过程,为竣工成本分析和今后的项目成本管理提供一份宝贵的参考资料。

分部分项工程成本分析表的格式见表3-4-3。

表3-4-3　分部分项工程成本分析

| 工料名称 | 规格 | 单位 | 单价 | 预算成本 | | 计划成本 | | 实际成本 | | 实际与预算比较 | | 实际与计划比较 | |
|---|---|---|---|---|---|---|---|---|---|---|---|---|---|
| | | | | 数量 | 金额 | 数量 | 金额 | 数量 | 金额 | 数量 | 金额 | 数量 | 金额 |
| | | | | | | | | | | | | | |
| | | | | | | | | | | | | | |
| | | | | | | | | | | | | | |
| 合计 | | | | | | | | | | | | | |
| 实际与预算比较(%)<br>(预算 = 100) | | | | | | | | | | | | | |
| 实际与计划比较(%)<br>(计划 = 100) | | | | | | | | | | | | | |
| 节超原因说明 | | | | | | | | | | | | | |

编制单位:　　　　成本员:　　　　填表日期:

2)月(季)度成本分析

月(季)度成本分析是施工项目定期的、经常性的中间成本分析。对于具有一次性特点的施工项目来说,有着特别重要的意义。因为通过月(季)度成本分析,可以及时发现问题,以便按照成本目标指定的方向进行监督和控制,保证项目成本目标的实现。

月(季)度成本分析的依据是当月(季)的成本报表。分析的方法通常有以下几种:

(1)通过实际成本与预算成本的对比,分析当月(季)的成本降低水平;通过累计实际成本与累计预算成本的对比,分析累计的成本降低水平,预测实现项目成本目标的前景。

(2)通过实际成本与目标成本的对比,分析目标成本的落实情况,以及目标管理中的问题和不足,进而采取措施,加强成本管理,保证成本目标的落实。

(3)通过对各成本项目的成本分析,可以了解成本总量的构成比例和成本管理的薄弱环节。例如,在成本分析中,发现人工费、机械费和间接费等项目大幅度超支,就应该对这些费用的收支配比关系认真研究,并采取对应的增收节支措施,防止今后再超支。如果是属于规定的"政策性"亏损,则应从控制支出着手,把超支额压缩到最低限度。

(4)通过主要技术经济指标的实际与目标对比,分析产量、工期、质量、"三材"(木材、钢材、水泥)节约率、机械利用率等对成本的影响。

(5)通过对技术组织措施执行效果的分析,寻求更加有效的节约途径。

(6)分析其他有利条件和不利条件对成本的影响。

3)年度成本分析

企业成本要求一年结算一次,不得将本年成本转入下一年度。而项目成本则以项目的寿命周期为结算期,要求从开工到竣工到保修期结束连续计算,最后结算出成本总量及其盈亏。由于项目的施工周期一般较长,除进行月(季)度成本核算和分析外,还要进行年度成本的核算和分析。这不仅是为了满足企业汇编年度成本报表的需要,同时是项目成本管理的需要,因为通过年度成本的综合分析,可以总结一年来成本管理的成绩和不足,为今后的成本管理提供经验和教训,从而可对项目成本进行更有效的管理。

年度成本分析的依据是年度成本报表。年度成本分析的内容,除月(季)度成本分析的 6 个方面外,重点是针对下一年度的施工进展情况规划切实可行的成本管理措施,以保证施工项目成本目标的实现。

4)竣工成本的综合分析

凡是有几个单位工程而且是单独进行成本核算(即成本核算对象)的施工项目,其竣工成本分析应以各单位工程竣工成本分析资料为基础,再加上项目经理部的经营效益(如资金调度、对外分包等所产生的效益)进行综合分析。如果施工项目只有一个成本核算对象(单位工程),就以该成本核算对象的竣工成本资料作为成本分析的依据。

单位工程竣工成本分析,应包括以下 3 个方面的内容:①竣工成本分析;②主要资源节超对比分析;③主要技术节约措施及经济效果分析。

通过以上分析,可以全面了解单位工程的成本构成和降低成本的来源,对今后同类工程的成本管理很有参考价值。

# 第五节　工程变更价款的确定、索赔费用的组成、建筑安装工程费用结算

## 一、工程变更价款的确定方法

由于建设工程项目周期长、涉及的关系复杂、受自然条件和客观因素的影响大,导致项目的实际施工情况与招标投标时的情况不一致,出现工程变更。工程变更包括工程量变更、工程项目变更(如发包人提出增加或者删减原项目内容)、进度计划变更、施工条件变更等。如果按照变更的起因划分,变更的种类有很多,如发包人的变更指令(包括发包

人对工程有了新的要求、发包人修改项目计划、发包人削减预算、发包人对项目进度有了新的要求等);由于设计错误,必须对设计图纸作修改;工程环境变化;由于产生了新的技术和知识,有必要改变原设计、实施方案或实施计划;法律法规或者政府对建设工程项目有了新的要求等。由于工程变更所引起的工程量的变化、工程延误等,都有可能使项目成本超出原来的预算成本,需要重新调整合同价款。

(一)《建设工程施工合同(示范文本)》(GF—1999—0201)约定的工程变更价款的确定方法

(1)合同中已有适用于变更工程的价格,按合同已有的价格变更合同价款。

(2)合同中只有类似于变更工程的价格,可以参照类似价格变更合同价款。

(3)合同中没有适用或类似于变更工程的价格,由承包人或发包人提出适当的变更价格,经对方确认后执行。

若双方不能达成一致意见,双方可提请工程所在地工程造价管理机构进行咨询或按合同约定的争议或纠纷解决程序办理。因此,在变更后合同价款的确定上,首先应当考虑使用合同中已有的(能够适用或者能够参照适用的),其原因在于在合同中已经订立的价格(一般是通过招标投标)是较为公平合理的,因此应当尽量采用。

采用合同中工程量清单的单价或价格有以下几种情况:一是直接套用,即从工程量清单上直接拿来使用;二是间接套用,即依据工程量清单,通过换算后采用;三是部分套用,即依据工程量清单,取其价格中的某一部分使用。

【例3-4-2】 某合同钻孔桩的工程情况是,直径为1.0 m的共计长1 501 m;直径为1.2 m的共计长8 178 m;直径为1.3 m的共计长2 017 m。原合同规定选择直径为1.0 m的钻孔桩做静载破坏试验。显然,如果选择直径为1.2 m的钻孔桩做静载破坏试验对工程更具有代表性和指导意义,因此监理工程师决定变更,但在原工程量清单中仅有直径为1.0 m的静载破坏试验的价格,没有直接或其他可套用的价格以供参考。经过认真分析,监理工程师认为,钻孔桩做静载破坏试验的费用主要由两部分构成:一部分为试验费用,另一部分为桩本身的费用,而试验方法及设备并未因试验桩直径的改变而发生变化,因此可认为试验费用没有增减,费用的增减主要是由钻孔桩直径变化而引起的桩本身的费用的变化。直径为1.2 m的普通钻孔桩的单价在工程量清单中可以找到,且地理位置和施工条件相近,因此采用直径为1.2 m的钻孔桩做静载破坏试验的费用为:直径为1.0 m静载破坏试验费 + 直径为1.2 m的钻孔桩的清单价格。

【例3-4-3】 某合同路堤土方工程完成后,发现原设计在排水方面考虑不周,为此发包人同意在适当位置增设排水管涵。在工程量清单上有100多道类似管涵,但承包人不同意直接从中选择适合的作为参考依据。理由是变更设计提出时间较晚,其土方已经完成并准备开始路面施工,新增工程不但打乱了其进度计划,而且二次开挖土方难度较大,特别是重新开挖用石灰土处理过的路堤,与开挖天然表土不能等同。监理工程师认为承包人的意见可以接受,不宜直接套用清单中的管涵价格。经与承包人协商,决定采用工程量清单上的几何尺寸、地理位置等条件相近的管涵价格作为新增工程的基本单价,但对其中的土方开挖一项在原报价基础上按某个系数予以适当提高,提高的费用叠加在基本单价上,构成新增工程价格。

## （二）FIDIC 施工合同条件下工程变更价款的确定方法

### 1. 工程变更价款确定的一般原则

承包人按照工程师的变更指令实施变更工作后，往往会涉及对变更工程价款的确定问题。变更工程的价格或费率，往往是双方协商时的焦点。计算变更工程应采用的费率或价格可分为以下 3 种情况：

（1）变更工作在工程量表中有同种工作内容的单价，应以该费率计算变更工程费用。

（2）工程量表中虽然列有同类工作的单价或价格，但对具体变更工作而言已不适用，则应在原单价和价格的基础上制定合理的新单价或价格。

（3）变更工作的内容在工程量表中没有同类工作的费率和价格，应按照与合同单价水平相一致的原则，确定新的费率或价格。

### 2. 工程变更采用新费率或价格的情况

FIDIC 施工合同条件（1999 年第一版）约定：在以下情况下宜对有关工作内容采用新的费率或价格。

1）第一种情况

（1）如果此项工作实际测量的工程量比工程量表或其他报表中规定的工程量的变动大于 10%。

（2）工程量的变化与该项工作规定的费率的乘积超过了中标的合同金额的 0.01%。

（3）此工程量的变化直接造成该项工作单位成本的变动超过 1%。

（4）此项工作不是合同中规定的"固定费率项目"。

2）第二种情况

（1）此工作是根据变更与调整的指示进行的。

（2）合同没有规定此项工作的费率或价格。

（3）由于该项工作与合同中的任何工作没有类似的性质或不在类似的条件下进行，故没有一个规定的费率或价格适用。

每种新的费率或价格应考虑以上描述的有关事项对合同中相关费率或价格加以合理调整后得出。如果没有相关的费率或价格可供推算新的费率或价格，应根据实施该工作的合理成本和合理利润，并考虑其他相关事项后得出。

## （三）建设工程工程量清单计价规范规定的工程变更价款的确定方法

关于工程价款的调整，《建设工程工程量清单计价规范》（GB 50500—2008）有如下规定：

（1）在发、承包双方履行合同的过程中，当国家的法律、法规、规章及政策发生变化时，国家建设主管部门或其他授权的工程造价管理机构据此发布工程造价调整文件，工程价款应当进行调整。

（2）若因施工中出现施工图纸（含设计变更）与工程量清单项目特征描述不一致，发、承包双方应按新的项目特征，即实际施工的项目特征重新确定相应工程量清单项目的综合单价。

（3）若因分部分项工程量清单漏项或非承包人原因引起的工程变更，造成增加新的工程量清单项目，其对应的综合单价按下列方法确定：

①合同中已有适用的综合单价,按合同中已有的综合单价确定;

②合同中有类似的综合单价,参照类似的综合单价确定;

③合同中没有适用或类似的综合单价,由承包人提出综合单价,经发包人确认后执行。

(4)若因分部分项工程量清单漏项或非承包人原因的工程变更,需要增加新的分部分项工程量清单项目,引起措施项目发生变化,造成施工组织设计或施工方案变更,则:

①原措施费中已有的措施项目,按原有措施费的组价方法调整;

②原措施费中没有的措施项目,由承包人根据措施项目变更情况,提出适当的措施费变更,经发包人确认后调整。

(5)在合同履行过程中,若因非承包人原因引起的工程量增减与招标文件中提供的工程量有偏差,该偏差对工程量清单项目的综合单价产生影响,则是否调整综合单价以及如何调整应在合同中约定;若合同未作约定,按以下原则办理:

①当工程量清单项目工程量的变化幅度在10%以内时,其综合单价不作调整,执行原有的综合单价;

②当工程量清单项目工程量的变化幅度在10%以外,且其影响分部分项工程费超过0.1%时,其综合单价及对应的措施费均应予以调整。调整的方法是由承包人对增加的工程量或减少后剩余的工程量提出新的综合单价和措施项目费,经发包人确认后调整。

【例3-4-4】 某独立土方工程,招标文件中估计工程量为 $100$ 万 $m^3$,合同中约定:土方工程单价为 $5$ 元/$m^3$,当实际工程量超过估计工程量的 $20\%$ 时调整单价,单价调为 $4$ 元/$m^3$。工程结束时实际完成土方工程量为 $130$ 万 $m^3$,则土方工程款为多少万元?

解:合同约定范围内($20\%$ 以内)的工程款为
$$100 \times (1 + 20\%) \times 5 = 120 \times 5 = 600(万元)$$

超过 $20\%$ 之后部分工程量的工程款为
$$(130 - 120) \times 4 = 40(万元)$$

则土方工程款合计 $= 600 + 40 = 640(万元)$

## 二、索赔费用的组成

### (一)索赔费用的组成

索赔费用的主要组成部分同工程款的计价内容相似。按我国现行规定《建筑安装工程费用项目组成》(建标[2003]206号),建安工程合同价包括直接费、间接费、利润和税金。我国的这种规定与国际上通行的做法还不完全一致。

从原则上说,承包商有索赔权利的工程成本增加,都是可以索赔的费用。但是,对于不同原因引起的索赔,承包商可索赔的具体费用内容是不完全一样的,哪些内容可索赔,要按照各项费用的特点、条件进行分析论证。

(1)人工费包括施工人员的基本工资、工资性质的津贴、加班费、奖金以及法定的安全福利等费用。对于索赔费用中的人工费部分而言,人工费是指完成合同之外的工作所花费的人工费用;由于非承包商责任的工效降低所增加的人工费用;超过法定工作时间加班劳动的费用;法定人工费增长以及非承包商责任工程延期导致的人员窝工费和工资上涨费等。

(2)材料费的索赔包括:由于索赔事项材料实际用量超过计划用量而增加的材料;由于可索赔费用的组成客观原因材料价格大幅度上涨;由于非承包商责任工程延期导致的材料价格上涨和超期储存费用。材料费中应包括运输费、仓储费,以及合理的损耗费用。

如果由于承包商管理不善,造成材料损坏失效,则不能列入索赔计价。承包商应该建立健全物资管理制度,记录建筑材料的进货日期和价格,建立领料耗用制度,以便索赔时能准确地分离出索赔事项所引起的材料额外耗用量。为了证明材料单价的上涨,承包商应提供可靠的订货单、采购单,或官方公布的材料价格调整指数。

(3)施工机械使用费的索赔包括:由于完成额外工作增加的机械使用费;非承包商责任工效降低增加的机械使用费;由于业主或监理工程师原因导致机械停工的窝工费。窝工费的计算,如系租赁设备,一般按实际租金和调进调出费的分摊计算;如系承包商自有设备,一般按台班折旧费计算,而不能按台班费计算,因台班费中包括了设备使用费。

(4)分包费用索赔指的是分包商的索赔费,一般也包括人工、材料、机械使用费的索赔。分包商的索赔应如数列入总承包商的索赔款总额以内。

(5)现场管理费索赔款中的现场管理费是指承包商完成额外工程、索赔事项工作以及工期延长期间的现场管理费,包括管理人员工资、办公、通信、交通费等。

(6)利息在索赔款额的计算中,经常包括利息。利息的索赔通常发生于下列情况:拖期付款的利息和错误扣款的利息。至于具体利率应是多少,在实践中可采用不同的标准,主要有下列几种规定:

①按当时的银行贷款利率;

②按当时的银行透支利率;

③按合同双方协议的利率;

④按中央银行贴现率加三个百分点。

(7)总部(企业)管理费索赔款中的总部管理费主要指的是工程延期期间所增加的管理费。其包括总部职工工资、办公大楼、办公用品、财务管理、通信设施以及总部领导人员赴工地检查指导工作等开支。这项索赔款的计算,目前没有统一的方法。在国际工程施工索赔中总部管理费的计算有以下几种:

①按照投标书中总部管理费的比例(3%~8%)计算。

总部管理费 = 合同中总部管理费比率(%) × (直接费索赔款额 + 现场管理费索赔款额等)

$$(3-4-1)$$

②按照公司总部统一规定的管理费比率计算。

总部管理费 = 公司管理费比率(%) × (直接费索赔款额 + 现场管理费索赔款额等)

$$(3-4-2)$$

③以工程延期的总天数为基础,计算总部管理费的索赔额。

对某一工程提取的管理费 = 同期内公司的总管理费 × 该工程的合同额/同期内公司的总合同额

$$(3-4-3)$$

该工程的每日管理费 = 该工程向总部上缴的管理费/合同实施天数　　　　(3-4-4)

索赔的总部管理费 = 该工程的每日管理费 × 工程延期的天数　　　　(3-4-5)

(8)一般来说,由于工程范围的变更、文件有缺陷或技术性错误、业主未能提供现场等引起的索赔,承包商可以列入利润。但对于工程暂停的索赔,由于利润通常是包括在每项实施工程内容的价格之内的,而延长工期并未影响削减某些项目的实施,也未导致利润减少,所以一般监理工程师很难同意在工程暂停的费用索赔中加进利润损失。

索赔利润的款额计算通常与原报价单中的利润百分率保持一致。

**(二)索赔费用的计算方法**

索赔费用的计算方法有实际费用法、总费用法和修正的总费用法。

1. 实际费用法

实际费用法是计算工程索赔时最常用的一种方法。这种方法的计算原则是以承包商为某项索赔工作所支付的实际开支为根据,向业主要求费用补偿。

用实际费用法计算时,在直接费的额外费用部分的基础上,再加上应得的间接费和利润,即是承包商应得的索赔金额。由于实际费用法所依据的是实际发生的成本记录或单据,所以在施工过程中,系统而准确地积累记录资料是非常重要的。

2. 总费用法

总费用法就是当发生多次索赔事件以后,重新计算该工程的实际总费用,实际总费用减去投标报价时的估算总费用,即为索赔金额,为

索赔金额 = 实际总费用 − 投标报价估算总费用　　　　(3-4-6)

不少人对采用该方法计算索赔费用持批评态度,因为实际发生的总费用中可能包括了承包商的原因,如施工组织不善而增加的费用;同时投标报价估算的总费用也可能为了中标而过低。所以,这种方法只有在难以采用实际费用法时才应用。

3. 修正的总费用法

修正的总费用法是对总费用法的改进,即在总费用计算的原则上,去掉一些不合理的因素,使其更合理。修正的内容如下:

(1)将计算索赔款的时段局限于受到外界影响的时间,而不是整个施工期。

(2)只计算受影响时段内的某项工作所受影响的损失,而不是计算该时段内所有施工工作所受的损失。

(3)与该项工作无关的费用不列入总费用中。

(4)对投标报价费用重新进行核算。按受影响时段内该项工作的实际单价进行核算,乘以实际完成的该项工作的工程量,得出调整后的报价费用。

按修正后的总费用计算索赔金额的公式如下

索赔金额 = 某项工作调整后的实际总费用 − 该项工作的报价费用　　　　(3-4-7)

修正的总费用法与总费用法相比,有了实质性的改进,它的准确程度已接近于实际费用法。

【例 3-4-5】 某高速公路项目由于业主高架桥修改设计,监理工程师下令承包商工程暂停一个月。试分析在这种情况下,承包商可索赔哪些费用?

**解:**可索赔如下费用:

(1)人工费。对于不可辞退的工人,索赔人工窝工费,应按人工工日成本计算;对于可以辞退的工人,可索赔人工上涨费。

(2)材料费。可索赔超期储存费用或材料价格上涨费。

(3)施工机械使用费。可索赔机械窝工费或机械台班上涨费。自有机械窝工费一般按台班折旧费索赔;租赁机械一般按实际租金和调进调出的分摊费计算。

(4)分包费用。是指由于工程暂停分包商向总包索赔的费用。总包向业主索赔应包括分包商向总包索赔的费用。

(5)现场管理费。由于全面停工,可索赔增加的工地管理费。可按日计算,也可按直接成本的百分比计算。

(6)保险费。可索赔延期一个月的保险费,按保险公司保险费率计算。

(7)保函手续费。可索赔延期一个月的保函手续费,按银行规定的保函手续费率计算。

(8)利息。可索赔延期一个月增加的利息支出,按合同约定的利率计算。

(9)总部管理费。由于全面停工,可索赔延期增加的总部管理费,可按总部规定的百分比计算。如果工程只是部分停工,监理工程师可能不同意总部管理费的索赔。

## 三、建筑安装工程费用的结算方法

### (一)建筑安装工程费用的主要结算方式

建筑安装工程费用的结算可以根据不同情况采取多种方式。

(1)按月结算。即先预付部分工程款,在施工过程中按月结算工程进度款,竣工后进行竣工结算。

(2)竣工后一次结算。建设项目或单项工程全部建筑安装工程建设期在 12 个月以内,或者工程承包合同价值在 100 万元以下的,可以实行工程价款每月月中预支,竣工后一次结算。

(3)分段结算。即当年开工,当年不能竣工的单项工程或单位工程按照工程形象进度,划分不同阶段进行结算。分段结算可以按月预支工程款。

(4)结算双方约定的其他结算方式。实行竣工后一次结算和分段结算的工程,当年结算的工程款应与分年度的工作量一致,年终不另清算。

### (二)建筑安装工程费用的按月结算方式

1. 工程预付款

工程预付款是建设工程施工合同订立后由发包人按照合同约定,在正式开工前预先支付给承包人的工程款。它是施工准备和所需要材料、结构件等流动资金的主要来源,国内习惯上又称为预付备料款。工程预付款的具体事宜由发、承包双方根据建设行政主管部门的规定,结合工程款、建设工期和包工包料情况在合同中约定。在《建设工程施工合同(示范文本)》(GF—1999—0201)中,对有关工程预付款作了如下约定:实行工程预付款的,双方应当在专用条款内约定发包人向承包人预付工程款的时间和数额,开工后按约定的时间和比例逐次扣回。预付时间应不迟于约定的开工日期前 7 d。发包人不按约定预付,承包人在约定预付时间 7 d 后向发包人发出要求预付的通知,发包人收到通知后仍不能按要求预付,承包人可在发出通知后 7 d 停止施工,发包人应从约定应付之日起向承包人支付应付款的贷款利息,并承担违约责任。

工程预付款额度,各地区、各部门的规定不完全相同,主要是保证施工所需材料和构件的正常储备。一般是根据施工工期、建安工作量、主要材料和构件费用占建安工作量的比例以及材料储备周期等因素经测算来确定的。发包人根据工程的特点、工期长短、市场行情、供求规律等因素,招标时在合同条件中约定工程预付款的百分比。

2. 工程预付款的扣回

发包人支付给承包人的工程预付款的性质是预支。随着工程进度的推进,拨付的工程进度款数额不断增加,工程所需主要材料、构件的用量逐渐减少,原已支付的预付款应以抵扣的方式予以陆续扣回,扣款的方法有以下几种:

(1)发包人和承包人通过洽商用合同的形式予以确定,可采用等比率或等额扣款的方式,也可针对工程实际情况具体处理,如有些工程工期较短、造价较低,就无须分期扣还;有些工期较长,如跨年度工程,其预付款的占用时间很长,根据需要可以少扣或不扣。

(2)从未施工工程尚需的主要材料及构件的价值相当于工程预付款数额时扣起,从每次中间结算工程价款中,按材料及构件比重扣抵工程价款,至竣工之前全部扣清。因此,确定起扣点是工程预付款起扣的关键。确定工程预付款起扣点的依据是未完施工工程所需主要材料和构件的费用,等于工程预付款的数额。

工程预付款起扣点可按下式计算

$$T = P - M/N \tag{3-4-8}$$

式中 $T$——起扣点,即工程预付款开始扣回的累计完成工程金额;

$P$——承包工程合同总额;

$M$——工程预付款数额;

$N$——主要材料,构件所占比重。

3. 工程进度款

1)工程进度款的计算

工程进度款的计算主要涉及两个方面:一是工程量的计量(参见《建设工程工程量清单计价规范》(GB 50500—2008),二是单价的计算方法。

单价的计算方法主要根据由发包人和承包人事先约定的工程价格的计价方法确定。

(1)采用可调工料单价法计算工程进度款。

当采用可调工料单价法计算工程进度款时,在确定已完工程量后,可按以下步骤计算工程进度款:

①根据已完工程量的项目名称、分项编号、单价得出合价;

②将本月所完全部项目合价相加,得出直接工程费小计;

③按规定计算措施费、间接费、利润;

④按规定计算主材差价或差价系数;

⑤按规定计算税金；

⑥累计本月应收工程进度款。

（2）采用全费用综合单价法计算工程进度款。

采用全费用综合单价法计算工程进度款比用可调工料单价法更方便、简单，工程量得到确认后，只要将工程量与综合单价相乘得出合价，再累加即可完成本月工程进度款的计算工作。

2）工程进度款的支付

《建设工程施工合同（示范文本）》（GF—1999—0201）关于工程款的支付也作出了相应的约定：在确认计量结果后 14 d 内，发包人应向承包人支付工程款（进度款）。发包人超过约定的支付时间不支付工程款（进度款），承包人可向发包人发出要求付款的通知，发包人接到承包人通知后仍不能按要求付款，可与承包人协商签订延期付款协议，经承包人同意后可延期支付。协议应明确延期支付的时间和从计量结果确认后第 15 天起计算应付款的贷款利息。发包人不按合同约定支付工程款（进度款），双方又未达成延期付款协议，导致施工无法进行，承包人可停止施工，由发包人承担违约责任。

4.竣工结算

工程竣工验收报告经发包人认可后 28 d 内，承包人向发包人递交竣工结算报告及完整的结算资料，双方按照协议书约定的合同价款及专用条款约定的合同价款调整内容，进行工程竣工结算。专业监理工程师审核承包人报送的竣工结算报表，总监理工程师审定竣工结算报表，与发包人、承包人协商一致后，签发竣工结算文件和最终的工程款支付证书。

发包人收到承包人递交的竣工结算报告结算资料后 28 d 内进行核实，给予确认或者提出修改意见。发包人确认竣工结算报告后通知经办银行向承包人支付竣工结算价款。承包人收到竣工结算价款后 14 d 内将竣工工程交付发包人。

发包人收到竣工结算报告及结算资料后 28 d 内无正当理由不支付工程竣工结算价款，从第 29 d 起按承包人同期向银行贷款利率支付拖欠工程价款的利息，并承担违约责任。

发包人收到竣工结算报告及结算资料后 28 d 内不支付工程竣工结算价款，承包人可以催告发包人支付结算价款。发包人在收到竣工结算报告及结算资料后 56 d 内仍不支付的，承包人可以与发包人协议将该工程折价，也可以由承包人申请人民法院将该工程依法拍卖，承包人就该工程折价或者拍卖的价款优先受偿。

工程竣工验收报告经发包人认可后 28 d 内，承包人未能向发包人递交竣工结算报告及完整的结算资料，造成工程竣工结算不能正常进行或工程竣工结算价款不能及时支付，发包人要求交付工程的，承包人应当交付；发包人不要求交付工程的，承包人承担保管责任。

**（三）建筑安装工程费用的动态结算**

建筑安装工程费用的动态结算就是要把各种动态因素渗透到结算过程中，使结算大体上能反映实际的消耗费用。

# 第六节　工程量清单计价、工程费用计算

## 一、工程量清单计价

### (一)总则

(1)为规范水利工程工程量清单计价行为,统一水利工程工程量清单的编制和计价方法,根据《中华人民共和国招标投标法》、建设部和国家质量监督检验检疫总局联合发布了《水利工程工程量清单计价规范》(GB 50501—2007)(简称本规范)。

(2)本规范适用于水利枢纽、水力发电、引(调)水、供水、灌溉、河湖整治、堤防等新建、扩建、改建、加固工程的招标投标工程量清单编制和计价活动。

(3)全部使用国有资金投资或以国有资金投资为主的水利工程应执行本规范。

(4)水利工程工程量清单计价活动应遵循客观、公正、公平的原则。

(5)水利工程工程量清单计价活动除应遵循本规范外,还应符合国家有关法律、法规及标准、规范的规定。

(6)本规范的附录 A、附录 B 应作为编制水利工程工程量清单的依据,与正文具有同等效力。附录 A 为水利建筑工程工程量清单项目及计算规则,适用于水利建筑工程。附录 B 为水利安装工程工程量清单项目及计算规则,适用于水利安装工程。

### (二)术语

1. 工程量清单

表现招标工程的建筑工程项目、安装工程项目、措施项目、其他项目的名称和相应数量的明细清单为工程量清单。

2. 项目编码

采用十二位阿拉伯数字表示(由左至右计位)。一至九位为统一编码,其中,一、二位为水利工程顺序码,三、四位为专业工程顺序码,五、六位为分类工程顺序码,七、八、九位为分项工程顺序码,十至十二位为清单项目名称顺序码(见表3-4-4)。

3. 工程单价

工程单价指完成工程量清单中一个质量合格的规定计量单位项目所需的直接费(包括人工费、材料费、机械使用费和季节、夜间、高原、风沙等原因增加的直接费)、施工管理费、企业利润和税金,并考虑风险因素。

4. 措施项目

措施项目指为完成工程项目施工,发生于该工程施工前和施工过程中招标人不要求列示工程量的施工措施项目。

5. 其他项目

其他项目指为完成工程项目施工,发生于该工程施工过程中招标人要求计列的费用项目。

6. 零星工作项目(或称计日工,下同)

零星工作项目指完成招标人提出的零星工作项目所需的人工、材料、机械单价。

表 3-4-4  土方开挖工程(编码 500101)

| 项目编码 | 项目名称 | 项目主要特征 | 计量单位 | 工程量计算规则 | 主要工作内容 | 一般适用范围 |
|---|---|---|---|---|---|---|
| 500101001××× | 场地平整 | 1.土类分级<br>2.土量平衡<br>3.运距 | m² | 按招标设计图示场地平整面积计量 | 1.测量放线标点<br>2.清除植被及废弃物处理<br>3.推挖填压找平<br>4.弃土(取土)装、运、卸 | 挖(填)平均厚度在 0.5 m 以内 |
| 500101002××× | 一般土方开挖 | 1.土类分级<br>2.开挖厚度<br>3.运距 | m³ | 按招标设计图示轮廓尺寸计算的有效自然方体积计量 | 1.测量放线标点<br>2.处理渗水、积水<br>3.支撑挡土板<br>4.挖装运卸<br>5.弃土场平整 | 除渠道、沟、槽、坑土方开挖以外的一般性土方明挖 |
| 500101003××× | 渠道土方开挖 | 1.土类分级<br>2.断面形式及尺寸<br>3.运距 | | | | 底宽>3 m、长度>3 倍宽度的土方明挖 |
| 500101004××× | 沟、槽土方开挖 | | | | | 底宽≤3 m、长度>3 倍宽度的土方明挖 |
| 500101005××× | 坑土方开挖 | | | | | 底宽≤3 m、长度≤3 倍宽度、深度≤上口短边或直径的土方明挖 |

7.预留金(或称暂定金额,下同)

预留金指招标人为暂定项目和可能发生的合同变更而预留的金额。

8.企业定额

施工企业根据本企业的施工技术、生产效率和管理水平制定的,供本企业使用的,生产一个质量合格的规定计量单位项目所需的人工、材料和机械台时(班)消耗量。

**(三)工程量清单编制**

1.一般规定

(1)工程量清单应由具有编制招标文件能力的招标人,或受其委托具有相应资质的中介机构进行编制。

(2)工程量清单应作为招标文件的组成部分。

(3)工程量清单应由分类分项工程量清单、措施项目清单、其他项目清单和零星工作项目清单组成。

2.分类分项工程量清单

(1)分类分项工程量清单应包括序号、项目编码、项目名称、计量单位、工程数量、主要技术条款编码和备注。

(2)分类分项工程量清单应根据本规范附录 A 和附录 B 规定的项目编码、项目名称、项目主要特征、计量单位、工程量计算规则、主要工作内容和一般适用范围进行编制。

(3)分类分项工程量清单的项目编码,一至九位应按本规范附录 A 和附录 B 的规定设置;十至十二位应根据招标工程的工程量清单项目名称由编制人设置,水利建筑工程工程量清单项目自 001 起顺序编码。

(4)分类分项工程量清单的项目名称应按下列规定确定:

①项目名称应按附录 A 和附录 B 的项目名称及项目主要特征并结合招标工程的实际确定。

②编制工程量清单,出现附录 A、附录 B 中未包括的项目时,编制人可作补充。

(5)分类分项工程量清单的计量单位应按本规范附录 A 和附录 B 中规定的计量单位确定。

(6)工程数量应按下列规定进行计算:

①工程数量应按附录 A 和附录 B 中规定的工程量计算规则和相关条款说明计算。

②工程数量的有效位数应遵守下列规定:

以"立方米"、"平方米"、"米"、"公斤"、"个"、"项"、"根"、"块"、"台"、"组"、"面"、"只"、"相"、"站"、"孔"、"束"为单位的,应取整数;以"吨"、"公里"为单位的,应保留小数点后 2 位数字,第 3 位数字 4 舍 5 入。

3.措施项目清单

(1)措施项目清单应根据招标工程的具体情况,参照表 3-4-5 中项目列项。

(2)编制措施项目清单,出现表 3-4-5 未列项目时,根据招标工程的规模、涵盖的内容等具体情况,编制人可作补充。

4.其他项目清单

其他项目清单,暂列预留金一项,根据招标工程具体情况,编制人可作补充。

5.零星工作项目清单

零星工作项目清单,编制人应根据招标工程具体情况,对工程实施过程中可能发生的变更或新增加的零星项目,列出人工(按工种)、材料(按名称和型号规格)、机械(按名称和型号规格)的计量单位,并随工程量清单发至投标人。

表 3-4-5 措施项目一览表

| 序号 | 项目名称 |
|------|----------|
| 1 | 环境保护 |
| 2 | 文明施工 |
| 3 | 安全防护措施 |
| 4 | 小型临时工程 |
| 5 | 施工企业进退场费 |
| 6 | 大型施工设备安拆费 |
| | …… |

**(四)工程量清单计价**

(1)实行工程量清单计价招标投标的水利工程,其招标标底、投标报价的编制,合同价款的确定与调整,以及工程价款的结算,均应按本规范执行。

(2)工程量清单计价应包括按招标文件规定完成工程量清单所列项目的全部费用,包括分类分项工程费、措施项目费和其他项目费。

(3)分类分项工程量清单计价应采用工程单价计价。

(4)分类分项工程量清单的工程单价,应根据本规范规定的工程单价组成内容,按招标设计文件、图纸、附录 A 和附录 B 中的"主要工作内容"确定,除另有规定外,对有效工程量以外的超挖、超填工程量,施工附加量,加工、运输损耗量等,所消耗的人工、材料和机械费用,均应摊入相应有效工程量的工程单价之内。

(5)措施项目清单的金额,应根据招标文件的要求以及工程的施工方案,以每一项措施项目为单位,按项计价。

(6)其他项目清单由招标人按估算金额确定。

(7)零星工作项目清单的单价由投标人确定。

(8)按照招标文件的规定,根据招标项目涵盖的内容,投标人一般应编制以下基础单价,作为编制分类分项工程单价的依据:

①人工费单价;

②主要材料预算价格;

③电、风、水单价;

④砂石料单价;

⑤块石、料石单价;

⑥混凝土配合比材料费;

⑦施工机械台时(班)费。

(9)招标工程如设标底,标底应根据招标文件中的工程量清单和有关要求,施工现场情况,合理的施工方案,工程单价组成内容,社会平均生产力水平,按市场价格进行编制。

(10)投标报价应根据招标文件中的工程量清单和有关要求,施工现场情况,以及拟定的施工方案,依据企业定额,按市场价格进行编制。

(11)工程量清单的合同结算工程量,除另有约定外,应按本规范及合同文件约定的有效工程量进行计算。合同履行过程中需要变更工程单价时,按本规范和合同约定的变更处理程序办理。

**(五)工程量清单及其计价格式**

1. 工程量清单格式

(1)工程量清单应采用统一格式;

(2)工程量清单格式应由下列内容组成;

①封面;

②总说明;

③分类分项工程量清单;

④措施项目清单;

⑤其他项目清单;

⑥零星工作项目清单;

⑦其他辅助表格:招标人供应材料价格表、招标人提供施工设备表、招标人提供施工设施表。

（3）工程量清单格式的填写应符合下列规定：

①工程量清单应由招标人编制；

②工程量清单中的任何内容不得随意删除或涂改；

③工程量清单中所有要求盖章、签字的地方，必须由规定的单位和人员盖章、签字（其中法定代表人也可由其授权委托的代理人签字、盖章）。

（4）总说明填写：

① 招标工程概况；

②工程招标范围；

③招标人供应的材料、施工设备、施工设施简要说明；

④其他需要说明的问题。

（5）分类分项工程量清单填写：

项目编码，按本规范规定填写，水利建筑工程工程量清单项目中，以×××表示的十至十二位由编制人自001起顺序编码；水利安装工程工程量清单项目中，十至十二位由编制人自000起顺序编码。

项目名称，根据招标项目规模和范围，附录A和附录B的项目名称，参照行业有关规定，并结合工程实际情况设置。

计量单位的选用和工程量的计算应符合本规范附录A和附录B的规定。

主要技术条款编码，按招标文件中相应技术条款的编码填写。

（6）措施项目清单填写。按招标文件确定的措施项目名称填写。凡能列出工程数量的措施项目，均应列入分类分项工程量清单。

（7）其他项目清单填写。按招标文件确定的其他项目名称、金额填写。

（8）零星工作项目清单填写：

名称及型号规格，人工按工种，材料按名称和型号规格，机械按名称和型号规格，分别填写。

计量单位，人工以工日或工时，材料以吨、立方米等，机械以台时或台班，分别填写。

（9）招标人供应材料价格表填写。按表中材料名称、型号规格、计量单位和供应价填写，并在供应条件和备注栏内说明材料供应的边界条件。

（10）招标人提供施工设备表填写。按表中设备名称、型号规格、设备状况、设备所在地点、计量单位、数量和折旧费填写，并在备注栏内说明对投标人使用施工设备的要求。

（11）招标人提供施工设施表填写。按表中项目名称、计量单位和数量填写，并在备注栏内说明对投标人使用施工设施的要求。

2．工程量清单计价格式

（1）工程量清单计价应采用统一格式，填写工程量清单报价表。

（2）工程量清单报价表应由下列内容组成：

①封面；

②投标总价；

③工程项目总价表；

④分类分项工程量清单计价表；

⑤措施项目清单计价表；

⑥其他项目清单计价表；

⑦零星工作项目计价表；

⑧工程单价汇总表；

⑨工程单价费(税)率汇总表；

⑩投标人生产电、风、水、砂石基础单价汇总表；

⑪投标人生产混凝土配合比材料费表；

⑫招标人供应材料价格汇总表；

⑬投标人自行采购主要材料预算价格汇总表；

⑭招标人提供施工机械台时(班)费汇总表；

⑮投标人自备施工机械台时(班)费汇总表；

⑯总价项目分类分项工程分解表(表式同分类分项工程量清单计价表)；

⑰工程单价计算表。

(3)工程量清单报价表的填写应符合下列规定：

①工程量清单报价表的内容应由投标人填写。

②投标人不得随意增加、删除或涂改招标人提供的工程量清单中的任何内容。

③工程量清单报价表中所有要求盖章、签字的地方，必须由规定的单位和人员盖章、签字(其中法定代表人也可由其授权委托的代理人签字、盖章)。

④投标金额(价格)均应以_____人民币表示。

⑤投标总价应按工程项目总价表合计金额填写。

⑥工程项目总价表填写。表中一、二级项目名称按招标人提供的招标项目工程量清单中的相应名称填写，并按分类分项工程量清单计价表中相应项目合计金额填写。

⑦分类分项工程量清单计价表填写。表中的序号、项目编码、项目名称、计量单位、工程数量、主要技术条款编码，按招标人提供的分类分项工程量清单中的相应内容填写。表中列明的所有需要填写的单价和合价，投标人均应填写；未填写的单价和合价，视为此项费用已包含在工程量清单的其他单价和合价中。

⑧措施项目清单计价表填写。表中的序号、项目名称，按招标人提供的措施项目清单中的相应内容填写，并填写相应措施项目的金额和合计金额。

⑨其他项目清单计价表填写。表中的序号、项目名称、金额，按招标人提供的其他项目清单中的相应内容填写。

⑩零星工作项目计价表填写。表中的序号、人工、材料、机械的名称、型号规格以及计量单位，按招标人提供的零星工作项目清单中的相应内容填写，并填写相应项目单价。

⑪辅助表格填写。

工程单价汇总表，按工程单价计算表中的相应内容、价格(费率)填写。

工程单价费(税)率汇总表，按工程单价计算表中的相应费(税)率填写。

投标人生产电、风、水、砂石基础单价汇总表，按基础单价分析计算成果的相应内容、价格填写,并附相应基础单价的分析计算书。

投标人生产混凝土配合比材料费表,按表中工程部位、混凝土和水泥强度等级、级配、水灰比、坍落度、相应材料用量和单价填写,填写的单价必须与工程单价计算表中采用的相应混凝土材料单价一致。

招标人供应材料价格汇总表,按招标人供应的材料名称、型号规格、计量单位和供应价填写,并填写经分析计算后的相应材料预算价格,填写的预算价格必须与工程单价计算表中采用的相应材料预算价格一致。

投标人自行采购主要材料预算价格汇总表,按表中的序号、材料名称、型号规格、计量单位和预算价填写,填写的预算价必须与工程单价计算表中采用的相应材料预算价格一致。

招标人提供施工机械台时(班)费汇总表,按招标人提供的机械名称、型号规格和招标人收取的台时(班)折旧费填写;投标人填写的台时(班)费用合计金额必须与工程单价计算表中相应的施工机械台时(班)费单价一致。

投标人自备施工机械台时(班)费汇总表,按表中的序号、机械名称、型号规格、一类费用和二类费用填写,填写的台时(班)费合计金额必须与工程单价计算表中相应的施工机械台时(班)费单价一致。

工程单价计算表,按表中的施工方法、序号、名称、型号规格、计量单位、数量、单价、合价填写,填写的人工、材料和机械等基础价格,必须与基础材料单价汇总表、主要材料预算价格汇总表及施工机械台时(班)费汇总表中的单价相一致,填写的施工管理费、企业利润和税金等费(税)率必须与工程单价费(税)率汇总表中的费(税)率相一致。凡投标金额小于投标总报价万分之五及以下的工程项目,投标人可不编报工程单价计算表。

(4)总价项目一般不再分设分类分项工程项目,若招标人要求投标人填写总价项目分类分项工程分解表,其表式同分类分项工程量清单计价表。

(5)工程量清单计价格式应随招标文件发至投标人。

**(六)基础单价编制**

1. 人工预算单价

1)基本工资

基本工资(元/工日) = 基本工资标准(元/月) × 地区工资系数 × 12(月) ÷ 年应工作天数 251(d) × 1.068

2)辅助工资

地区津贴(元/工日) = 津贴标准(元/月) × 12(月) ÷ 年应工作天数 × 1.068

施工津贴(元/工日) = 津贴标准(元/d) × 365(d) × 95% ÷ 年应工作天数 × 1.068

夜餐津贴(元/工日) = (中班津贴标准 + 夜班津贴标准) ÷ 2 × 20%

节日加班津贴(元/工日) = 基本工资(元/工日) × 3 × 10 ÷ 年应工作天数 × 35%

3)工资附加费

职工福利基金(元/工日) = [基本工资(元/工日) + 辅助工资(元/工日)] × 费率标准 14%

工会经费(元/工日) = [基本工资(元/工日) + 辅助工资(元/工日)] × 费率标准 2%

养老保险费(元/工日)=[基本工资(元/工日)+辅助工资(元/工日)]×费率标准18%

医疗保险费(元/工日)=[基本工资(元/工日)+辅助工资(元/工日)]×费率标准4%

工伤保险费(元/工日)=[基本工资(元/工日)+辅助工资(元/工日)]×费率标准1.5%

职工失业保险费基金(元/工日)=[基本工资(元/工日)+辅助工资(元/工日)]×费率标准2%

住房公积金(元/工日)=[基本工资(元/工日)+辅助工资(元/工日)]×费率标准5%

人工工日预算单价(元/工日)=基本工资+辅助工资+工资附加费

人工工时预算单价(元/工时)=人工工日预算单价(元/工日)÷日工作时间(8工时/工日)

2. 材料预算价格

材料预算价格=(材料原价+包装费+运杂费)×(1+采购及保管费率3%)+运输保险费

公路及水路运输,按工程所在省、自治区、直辖市交通部门现行规定计算其运杂费。

3. 电、水、风单价

电、水、风单价略。

4. 施工机械使用费

施工机械使用费应根据《水利工程施工机械台时费定额》及有关规定计算。对于定额缺项的施工机械,可补充编制台时费定额。

5. 砂石料单价

水利工程砂石料由承包商自行采备时,砂石料单价应根据料源情况、开采条件和工艺流程计算,并计入直接工程费、间接费、企业利润及税金。

砂、碎石(砾石)、块石、料石等预算价格控制在 70 元/m³ 左右,超过部分计取税金后列入相应部分之后。

**(七)建筑、安装工程单价**

1. 建筑工程单价

1)直接工程费

人工费=定额劳动量(工时)×人工预算单价(元/工时)

材料费=定额材料用量×材料预算单价

机械使用费=定额机械使用量(台时)×施工机械台时费(元/台时)

其他直接费=直接费×其他直接费率之和

现场经费=直接费×现场经费费率之和

2)间接费

间接费=直接工程费×间接费率

3）企业利润

企业利润 =（直接工程费 + 间接费）× 企业利润率

4）税金

税金 =（直接工程费 + 间接费 + 企业利润）× 税率

5）建筑工程单价

建筑工程单价 = 直接工程费 + 间接费 + 企业利润 + 税金

2. 安装工程单价

1）直接工程费

人工费 = 定额劳动量（工时）× 人工预算单价（元／工时）

材料费 = 定额材料用量 × 材料预算单价

机械使用费 = 定额机械使用量（台时）× 施工机械台时费（元／台时）

其他直接费 = 直接费 × 其他直接费率之和

现场经费 = 人工费 × 现场经费费率之和

2）间接费

间接费 = 人工费 × 间接费率

3）企业利润

企业利润 =（直接工程费 + 间接费）× 企业利润率

4）未计价装置性材料费

未计价装置性材料费 = 未计价装置性材料用量 × 材料预算价

5）税金

税金 =（直接工程费 + 间接费 + 企业利润 + 未计价装置性料费）× 税率

6）安装单价

安装工程单价 = 直接工程费 + 间接费 + 企业利润 + 未计价装置性材料费 + 税金

## 二、水利工程投标报价编制程序

### （一）研究招标文件

（1）熟悉招标文件的要求。了解工程特征、自然条件；熟悉施工图纸复算工程量、工程技术标准要求；工期与质量要求；商务方面要求，尤其注意对报价的要求；其他特别要求。

（2）勘察现场环境。通过对施工现场及周围环境的考察，获取编制报价所需要的资料。如：交通状况、水电供应情况、施工场地情况等。调查生产要素市场的价格，设备采购或租赁渠道，分包人和协作加工状况，当地劳动力市场状况，税收规定等。

（3）认真提交答疑问题。投标人既要慎重对待提交问题，也要慎重对待补充通知，其目的是保证编制的投标文件内容具有较好的响应性。

（4）熟悉施工方案。施工方案是编制报价的基础，投标报价中主体工程的单价、临时工程的总价离不开施工方案。

### （二）分析计算单价

（1）基础单价计算：是计算工程单价的依据，包括人工预算单价，材料预算价格，电、水、风价格,砂石料单价和施工机械台时费等。

（2）建筑、安装工程单价分析计算:在基础单价的基础上,根据清单项目要求及施工方案施工方法,按照现行的定额和费用标准编制。

（3）措施项目费用计算:措施项目根据工程规模、工期和工程现场状况等采用费率计算,或根据施工方案设计计算工程量后,分析项目单价汇总计算。

（三）汇总投标报价

（1）填报工程量清单:按照招标工程量清单填入单价并汇总计算。

（2）审核、编写说明,签字盖章,装订成册。

# 第五章　水利工程建设技术管理

## 第一节　施工组织设计的编制、审批、论证

施工组织设计管理是项目施工管理的重要手段,是提高工程施工质量、保证施工安全的重要基础性工作,是抓好成本管理的有效途径之一,我们要抓好施工组织设计管理工作,编制出体现项目综合管理水平的施工组织设计。施工组织设计管理是项目施工管理的重要手段,是提高工程施工质量、保证施工安全的重要基础性工作,是抓好成本管理的有效途径之一。

### 一、有关施工组织设计的标准、规范及规定

(1)《水利水电工程施工组织设计规范》(SL 303—2004)。

(2)《建筑施工组织设计规范》(GB/T 50502—2009)。

(3)《建筑工程施工质量验收统一标准》(GB 50300—2001)"附录 A 施工现场质量管理检查记录"中对施工组织设计、施工方案及审批作了要求。

(4)关于施工组织设计的编制、审批、论证,《建筑施工组织设计规范》(GB/T 50502—2009)第3.0.5规定:

①施工组织设计应由项目负责人主持编制,可根据需要分阶段编制和审批。

②施工组织总设计应由总承包单位技术负责人审批;单位工程施工组织设计应由施工单位技术负责人或技术负责人授权的技术人员审批;施工方案应由项目技术负责人审批;重点、难点分部(分项)工程和专项工程施工方案应由施工单位技术部门组织相关专家评审,施工单位技术负责人批准。

③由专业承包单位施工的分部(分项)工程或专项工程的施工方案,应由专业承包单位技术负责人或技术负责人授权的技术人员审批;有总承包单位时,应由总承包单位项目技术负责人核准备案。

### 二、施工组织设计编制的内容

在工程投标和施工阶段,编制的施工组织设计主要内容为:

(1)编制依据;

(2)工程概况;

(3)施工部署(进度、质量、安全、环境和成本等目标,项目管理组织机构,重点和难点简要分析);

(4)施工进度计划;

(5)主要施工方法;

（6）资源配置计划（人、财、机）；

（7）施工现场平面布置（临时设施及总平面布置图）；

（8）主要施工管理措施（质量、安全、环境、成本和季节性施工）。

### 三、施工组织设计的编制依据

（1）与工程建设有关的法律、法规、规章和文件；

（2）国家现行有关标准和技术经济指标；

（3）工程所在地区行政主管部门的批准文件，建设单位对施工的要求；

（4）工程施工合同或招标文件；

（5）工程设计文件；

（6）工程所在地区和河流的现场条件，工程地质及水文地质、气象等自然条件；

（7）与工程有关的生产物资及水、电等资源供应情况；

（8）企业的生产能力、机具设备状态、技术水平等。

### 四、施工组织设计的编制程序

（1）分析原始资料及工地临时供水、供电等施工条件。

（2）确定施工场地和道路、堆场、加工场、仓库及其他临时设施可能的布置情况。

（3）考虑自然条件对施工可能带来的影响和必须采取的技术措施。

（4）确定施工技术措施的各项参数。

（5）确定材料、机械设备供应和运输方式。

（6）根据水文及现场条件初步拟定施工导流方案。

（7）研究主体工程施工方案，确定施工顺序，初步编制整个工程的进度计划。

（8）优化和确定施工方案，修正进度计划。

（9）根据修正进度计划确定材料、劳动力、机械设备需要量及供应计划。

（10）确定施工现场的总平面布置。

# 第二节　专项方案的编制、审批、论证

### 一、需要编制专项方案的工程范围及编制要求

#### （一）《建设工程安全生产管理条例》中的有关规定

《建设工程安全生产管理条例》第二十六条规定：施工单位应当在施工组织设计中编制安全技术措施和施工现场临时用电方案，对下列达到一定规模的危险性较大的分部分项工程编制专项施工方案，并附具安全验算结果，经施工单位技术负责人、总监理工程师签字后实施。由专职安全生产管理人员进行现场监督：

（1）基坑支护与降水工程；

（2）土方开挖工程；

（3）模板工程；

（4）起重吊装工程；

（5）脚手架工程；

（6）拆除、爆破工程；

（7）国务院建设行政主管部门或者其他有关部门规定的其他危险性较大的工程。

对前款所列工程中涉及深基坑、地下暗挖工程、高大模板工程的专项施工方案，施工单位还应当组织专家进行论证、审查。

**（二）《危险性较大的分部分项工程安全管理办法》（建质〔2009〕87 号）中的有关规定**

《危险性较大的分部分项工程安全管理办法》第三条规定："本办法所称危险性较大的分部分项工程是指建筑工程在施工过程中存在的、可能导致作业人员群死群伤或造成重大不良社会影响的分部分项工程。危险性较大的分部分项工程范围见附件一。

"危险性较大的分部分项工程安全专项施工方案（以下简称'专项方案'），是指施工单位在编制施工组织（总）设计的基础上，针对危险性较大的分部分项工程单独编制的安全技术措施文件。"

第五条规定："施工单位应当在危险性较大的分部分项工程施工前编制专项方案；对于超过一定规模的危险性较大的分部分项工程，施工单位应当组织专家对专项方案进行论证。超过一定规模的危险性较大的分部分项工程范围见附件二。"

第六条规定："建筑工程实行施工总承包的，专项方案应当由施工总承包单位组织编制。其中，起重机械安装拆卸工程、深基坑工程、附着式升降脚手架等专业工程实行分包的，其专项方案可由专业承包单位组织编制。"

## 二、专项方案的编制内容

（1）工程概况：危险性较大的分部分项工程概况、施工平面布置、施工要求和技术保证条件。

（2）编制依据：相关法律、法规、规范性文件、标准、规范及图纸（国标图集）、施工组织设计等。

（3）施工计划：包括施工进度计划、材料与设备计划。

（4）施工工艺技术：技术参数、工艺流程、施工方法、检查验收等。

（5）施工安全保证措施：组织保障、技术措施、应急预案、监测监控等。

（6）劳动力计划：专职安全生产管理人员、特种作业人员等。

（7）计算书及相关图纸。

## 三、专项方案的审批、论证

《危险性较大的分部分项工程安全管理办法》（建质〔2009〕87 号）中的有关规定如下：

第八条：专项方案应当由施工单位技术部门组织本单位施工技术、安全、质量等部门的专业技术人员进行审核。经审核合格的，由施工单位技术负责人签字。实行施工总承包的，专项方案应当由总承包单位技术负责人及相关专业承包单位技术负责人签字。

不需专家论证的专项方案，经施工单位审核合格后报监理单位，由项目总监理工程师审核签字。

第九条:超过一定规模的危险性较大的分部分项工程专项方案应当由施工单位组织召开专家论证会。实行施工总承包的,由施工总承包单位组织召开专家论证会。

# 第三节　图纸会审、技术交底

## 一、图纸会审

图纸会审是指工程各参建单位(建设、监理、施工、设备供应等)在收到设计单位施工图纸后,对图纸全面细致的熟悉、审查,查出图纸中存在的问题及不合理情况,并提交设计单位处理的一项重要活动。

图纸审查的重点内容如下:

(1)施工图设计与设备以及特殊材料的技术要求是否一致。

(2)设计与施工主要技术方案是否相适应。

(3)图纸表达深度能否满足施工需要。

(4)构件加工要求和划分是否符合施工能力。

(5)各专业之间的设计是否协调。

(6)设计采用的新工艺、新材料、新技术、新设备在施工技术、机具和物资供应上有无困难。

(7)施工图之间和总分图之间、总分尺寸之间有无矛盾。

(8)能否满足生产运行对安全经济的要求和检修作业的合理需要。

(9)设备布置及构件尺寸能否满足其运输及吊装要求。

(10)设计能否满足设备和系统的启动调试要求。

(11)材料表中给出的数量和材质以及尺寸与图面表示是否相符。

(12)图纸审查应在单位工程开工前完成。

## 二、技术交底

### (一)设计技术交底

为了使参与工程建设的各方了解工程设计的主导思想和要求、采用的设计规范,对主要建筑材料、构配件和设备的要求,所采用的新技术、新工艺、新材料、新设备的要求,以及施工中应特别注意的事项,掌握工程关键部分的技术要求,保证工程质量,设计单位必须依据国家设计技术管理的有关规定,对提交的施工图纸进行系统的设计技术交底。同时,也为了减少图纸中的差错、遗漏、矛盾,将图纸中的质量隐患与问题消灭在施工之前,使设计施工图纸更符合施工现场的具体要求,避免返工浪费。

### (二)施工技术交底

施工技术交底是在某一单位工程开工前,或一个分项工程施工前,由主管技术领导(技术负责人)向参与施工的人员进行的技术性交待,其目的是使施工人员对工程特点、技术质量要求、施工方法与措施和安全等方面有一个较详细的了解,做到心中有数,以便于科学地组织施工,保证施工顺利进行,避免技术质量等事故的发生。各项技术交底记录也是工程技术档案资料中不可缺少的部分。

**(三)施工技术交底的主要内容**

(1)设计技术交底中有关内容;

(2)施工范围、工程量、工作量和施工进度要求;

(3)施工图纸的解说;

(4)施工方案措施;

(5)操作工艺和保证质量安全的措施;

(6)工艺质量标准和评定办法;

(7)技术检验和检查验收要求;

(8)增产节约指标和措施;

(9)技术记录内容和要求;

(10)其他施工注意事项。

《建设工程安全生产管理条例》第二十七条规定:建设工程施工前,施工单位负责项目管理的技术人员应当对有关安全施工的技术要求向施工作业班组、作业人员作出详细说明,并由双方签字确认。

# 第四节 主要工序施工方法及新技术、新材料、新工艺种类

## 一、主要工序施工方法

水利工程的主要工序有:施工导流、土石方开挖、地基与基础处理、土石坝和堤防填筑、混凝土与钢筋混凝土施工、机电设备与金属结构安装。其施工方法已分别在第二部分第三章和第四章里作了详细介绍。

## 二、新技术、新材料、新工艺种类

为了提高生产力,降低成本,减轻工人的操作强度,提高施工质量,应大力推广和采用新技术、新材料、新工艺。

住房和城乡建设部 2010 年 10 项新技术中与中小型水利工程有关的技术如下。

**(一)地基基础技术**

1.土工合成材料应用技术

1)主要技术内容

土工合成材料是一种新型的岩土工程材料,大致分为土工织物、土工膜、特种土工合成材料和复合型土工合成材料四大类。特种土工合成材料又包括土工垫、土工网、土工格栅、土工格室、土工膜袋和土工泡沫塑料等。复合型土工合成材料则是由上述有关材料复合而成的。土工合成材料具有过滤、排水、隔离、加筋、防渗和防护等六大功能及作用。目前国内已经广泛应用于建筑或土木工程的各个领域,并且已成功地研究、开发出了成套的应用技术,大致包括:

(1)土工织物滤层应用技术。

(2)土工合成材料加筋垫层应用技术。

(3)土工合成材料加筋挡土墙、陡坡及码头岸壁应用技术。

(4)土工织物软体排应用技术。

(5)土工织物充填袋应用技术。

(6)模袋混凝土应用技术。

(7)塑料排水板应用技术。

(8)土工膜防渗墙和防渗铺盖应用技术。

(9)软式透水管和土工合成材料排水盲沟应用技术。

(10)土工织物治理路基和路面病害应用技术。

(11)土工合成材料三维网垫边坡防护应用技术等。

(12)土工膜密封防漏应用技术(软基加固、垃圾场、水库、液体库等)。

2)技术指标

符合现行国家标准《土工合成材料应用技术规范》(GB 50290)及相关标准要求。土工合成材料应用在各类工程不仅能很好地解决传统材料和传统工艺难于解决的技术问题,而且均取得了显著的经济效益,工程造价大多可降低15%以上。

3)适用范围

土工合成材料应用技术的适用范围十分广泛。可在所有涉及岩土工程领域的各种建筑工程或土木工程中应用。

**2. 非开挖埋管技术**

1)主要技术内容

顶管法是直接在松软土层或富水松软地层中敷设中、小型管道的一种施工方法。施工时无须挖槽,可避免为疏干和固结土体而采用降低地下水位等辅助措施,从而大大加快施工进度。短距离、小管径类地下管线工程施工,广泛采用顶管法。近几十年,中继接力顶进技术的出现使顶管法已发展成为可长距离顶进的施工方法。顶管法施工包括的主要设备有顶进设备、顶管机头、中继环、工程管及吸泥设备;设计的主要内容是顶力计算;施工技术主要包括顶管工作坑的开挖、穿墙管及穿墙技术、顶进与纠偏技术、陀螺仪激光导向技术、局部气压与冲泥技术及触变泥浆减阻技术。

2)技术指标

顶管法的技术指标应符合《给水排水管道工程施工及验收规范》(GB 50268)、《顶进施工法用钢筋混凝土排水管》(JC/T 640)的规定。

3)适用范围

顶管法适用于直接在松软土层或富水松软地层中敷设中、小型管道。如取水泵房引水管等。

**(二)混凝土技术**

**1. 纤维混凝土**

纤维混凝土是指掺加短钢纤维或合成纤维作为增强材料的混凝土,钢纤维的掺入能显著提高混凝土的抗拉强度、抗弯强度、抗疲劳特性及耐久性;合成纤维的掺入可提高混凝土的韧性,特别是可以阻断混凝土内部毛细管通道,因而减少混凝土暴露面的水分蒸发,大大减少混凝土塑性裂缝和干缩裂缝。

1)主要技术内容

a.原材料

(1)水泥:钢纤维混凝土应采用普通硅酸盐水泥和硅酸盐水泥;合成纤维混凝土优先采用普通硅酸盐水泥和硅酸盐水泥,根据工程需要,选择其他品种水泥。

(2)骨料:钢纤维混凝土不得使用海砂,粗骨料最大粒径不宜大于钢纤维长度的2/3;喷射钢纤维混凝土的骨料最大粒径不宜大于 10 mm。

(3)纤维:纤维的长度、长径比、表面性状、截面性能和力学性能等应符合国家有关标准的规定,并根据工程特点和制备混凝土的性能选择不同的纤维。

b.配合比

纤维混凝土的配合比设计应注意以下几点:

(1)钢纤维混凝土中的纤维体积率不宜小于 0.35%,当采用抗拉强度不低于 1 000 MPa的高强异形钢纤维时,钢纤维体积率不宜小于0.25%;各类工程钢纤维混凝土的钢纤维体积率选择范围应参照国家标准及有关标准。控制混凝土早期收缩裂缝的合成纤维体积率宜为 0.06% ~0.12%。

(2)纤维混凝土的最大胶凝材料用量不宜超过550 kg/m³;喷射钢纤维混凝土的胶凝材料用量不宜小于 380 kg/m³。

c.混凝土制备

纤维混凝土的搅拌应采用强制式搅拌机;宜先将纤维与水泥、矿物掺合料和粗细骨料投入搅拌机干拌 60 ~90 s,而后再加水和外加剂搅拌 120 ~180 s,纤维体积率较高或强度等级不低于 C50 的纤维混凝土宜取搅拌时间范围上限。当混凝土中钢纤维体积率超过1.5%或合成纤维体积率超过 0.2%时,宜延长搅拌时间。

2)主要技术指标

(1)纤维要选择合适的掺量,合成纤维会使混凝土强度降低,在同时满足抗裂性能和力学性能的前提下确定掺量,一般体积率不超过 0.12%。

(2)钢纤维或合成纤维掺量过多时,都会使坍落度损失增加,选择合适的掺量和调整配合比,使纤维的掺入对混凝土工作性能不产生负面的影响。

(3)纤维混凝土的轴心抗压强度、受压和受拉弹性模量、剪变模量、泊松比、线膨胀系数以及合成纤维轴心抗拉强度标准值和设计值可按《混凝土结构设计规范》GB 50010 的规定采用。纤维体积率大于 0.15%的合成纤维混凝土的上述指标应经试验确定。

3)适用范围

适用于对抗裂、抗渗、抗冲击和耐磨有较高要求的工程。

2.清水混凝土模板技术

清水混凝土模板是按照清水混凝土技术要求进行设计加工,满足清水混凝土质量要求和表面装饰效果的模板。

1)主要技术内容

a.清水混凝土模板特点

(1)清水混凝土工程是直接利用混凝土成型后的自然质感作为饰面效果的混凝土工程,分为普通清水混凝土、饰面清水混凝土和装饰清水混凝土。清水混凝土表面质量的最终效果取决于清水混凝土模板的设计、加工、安装和节点细部处理。

(2)模板表面的特征:平整度、光洁度、拼缝、孔眼、线条、装饰图案及各种污染物均拓印到混凝土表面上。因此,根据清水混凝土的饰面要求和质量要求,清水混凝土模板更重视模板选型、模板分块、面板分割、对拉螺栓的排列和模板表面平整度。

b.清水混凝土模板设计

(1)模板设计前应对清水混凝土工程进行全面深化设计,妥善解决好对饰面效果产生影响的关键问题,如明缝、蝉缝、对拉螺栓孔眼、施工缝的处理和后浇带的处理等。

(2)模板体系选择:选取能够满足清水混凝土外观质量要求的模板体系,具有足够的强度、刚度和稳定性;模板体系要求拼缝严密、规格尺寸准确、便于组装和拆除,能确保周转使用次数要求。

(3)模板分块原则:在起重荷载允许的范围内,根据蝉缝、明缝分布设计分块,同时兼顾分块的定型化、整体化、模数化、通用化。

(4)面板分割原则:应按照模板蝉缝和明缝位置分割,必须保证蝉缝和明缝水平交圈、竖向垂直。

(5)对拉螺栓孔眼排布:应达到规律性和对称性的装饰效果,同时还应满足受力要求。

(6)节点处理:根据工程设计要求和工程特点合理设计模板节点。

c.清水混凝土模板施工特点

模板安装时遵循先内侧、后外侧,先横墙、后纵墙,先角模、后墙模的原则。吊装时注意对面板保护,保证明缝、禅缝的垂直度及交圈。模板配件紧固要用力均匀,保证相邻模板配件受力大小一致,避免模板产生不均匀变形。

2)技术指标

(1)饰面清水混凝土模板表面平整度:2 mm;

(2)普通清水混凝土模板表面平整度:3 mm;

(3)饰面清水混凝土相邻面板拼缝高低差:≤0.5 mm;

(4)相邻面板拼缝间隙:≤0.8 mm;

(5)饰面清水混凝土模板安装截面尺寸:±3 mm;

(6)饰面清水混凝土模板安装垂直度(层高不大于5 m):3 mm。

3)适用范围

水闸闸墩、水闸排架柱、箱涵内墙、泵站外露面、桥梁桥墩等外露面、筒仓、高耸构筑物等。

3.植生混凝土

1)主要技术内容

植生混凝土是以多孔混凝土为基本构架,内部是一定比例的连通孔隙,为混凝土表面的绿色植物提供根部生长、吸取养分的空间,是一种植物能直接在其中生长的生态友好型混凝土。基本构造由多孔混凝土、保水填充材料、表面土等组成。主要技术内容可分为多空混凝土的制备技术、内部碱环境的改造技术及植物生长基质的配制技术、植生喷灌系统、植生混凝土的施工技术等。

2）技术指标

（1）护堤植生混凝土。

主要材料组成：碎石或碎卵石、普通硅酸盐水泥、矿物掺合料（硅粉、粉煤灰、矿粉）、水、高效减水剂。

护堤植生混凝土主要是利用模具制成的包含有大孔的混凝土模块拼接而成，模块含有的大孔供植物生长；或是采用大骨料制成的大孔混凝土，形成的大孔供植物生长；强度范围在 10 MPa 以上；混凝土密度 1 800 ~ 2 100 kg/m³；混凝土空隙率不小于 15%，必要时可达 30%。

（2）屋面植生混凝土材料组成：轻质骨料、普通硅酸盐水泥、硅粉或粉煤灰、水、植物种植基。主要是利用多孔的轻骨料混凝土作为保水和根系生长基材，表面敷以植物生长腐殖质材料；混凝土强度 5 ~ 15 MPa；屋顶植生混凝土密度 700 ~ 1 100 kg/m³；屋顶植生混凝土空隙率 18% ~ 25%。

（3）墙面植生混凝土材料组成：天然矿物废渣（单一粒径 5 ~ 8 mm）普通硅酸盐水泥、矿物掺合料、水、高效减水剂。主要是利用混凝土内部形成庞大的毛细管网络，作为为植物提供水分和养分的基材；混凝土强度 5 ~ 15 MPa；墙面植生混凝土密度 1 000 ~ 1 400 kg/m³；混凝土空隙率 15% ~ 22%。

3）适用范围

适用于屋顶绿化，市政工程坡面结构以及河流两岸护坡等表面的绿化与保护。

**（三）基坑施工封闭降水技术**

1. 主要技术内容

基坑施工封闭降水技术是指采用基坑侧壁帷幕或基坑侧壁帷幕 + 基坑底封底的截水措施，阻截基坑侧壁及基坑底面的地下水流入基坑，同时采用降水措施抽取或引渗基坑开挖范围内的现存地下水的降水方法。

在我国南方沿海地区宜采用地下连续墙或护坡桩 + 搅拌桩止水帷幕的地下水封闭措施。北方内陆地区宜采用护坡桩 + 旋喷桩止水帷幕的地下水封闭措施。河流阶地地区宜采用双排或三排搅拌桩对基坑进行封闭同时兼做支护的地下水封闭措施。

2. 技术指标

（1）封闭深度：宜采用悬挂式竖向截水和水平封底相结合，在没有水平封底措施的情况下要求侧壁帷幕（连续墙、搅拌桩、旋喷桩等）插入基坑下卧不透水土层一定深度，深度情况应满足下式计算：

$$L = 0.2h_w - 0.5b$$

式中　$L$——帷幕插入不透水层的深度；

　　　$h_w$——作用水头；

　　　$b$——帷幕厚度。

（2）截水帷幕厚度：满足抗渗要求，渗透系数宜小于 $1.0 \times 10^{-6}$ cm/s。

（3）基坑内井深度：可采用疏干井和降水井，若采用降水井，井深度不宜超过截水帷幕深度;若采用疏干井,井深应插入下层强透水层。

(4)结构安全性:截水帷幕必须在有安全的基坑支护措施下配合使用(如注浆法),或者帷幕本身经计算能同时满足基坑支护的要求(如地下连续墙)。

3. 适用范围

本技术适用于有地下水存在的所有非岩石地层的基坑工程。

# 第五节　水利工程试验管理

施工单位对本工程的原材料及中间产品的检测试验工作由施工单位的工地试验室自行完成,监理机构对原材料及中间产品进行的抽样检测委托有相应资质的试验室完成,按照规范要求数量的 10% ~20% 独立抽检。

## 一、基本要求

(1)凡用于永久工程的原材料(业主供应的除外),承建单位应在采购前将拟选生产厂家和产品的有关资料报送监理机构,经审批后方可采购。

(2)承建单位对原材料应严格按规范、标准和合同要求,按检测内容和检测频率及时取样送交实验室检测,并将检测结果进行整理分析,试验结果以月报形式报送监理审核。

## 二、工程原材料进场验收质量控制

(1)建立进场原材料质量报批和监理认证制度。

(2)承建单位应按进场材料报验单填报,并附上厂家质量证明、出厂检验单和试验室抽检试验报告(水泥按 3 d 强度报批)报送监理,经监理认证并核定该批材料的审批号后返回一份,承建单位在收件后方准出库,并要求在发料凭证上注明审批号,以便监理验收及质量跟踪。

## 三、原材料试验要求

### (一)水泥

(1)运到工地的每批水泥都应附出厂检验合格证,承建单位按每 400 t 同品种、同标号的水泥为一批进行抽检(不足也为一批),样品重量不应少于 14 kg ,并分为二等份,一份用于自行试验,另一份密封保存 3 个月。

(2)水泥检测内容应包括强度、凝结时间、安定性、水化热(中、低热水泥),必要时应增做比重、细度、含碱量、三氧化硫、氧化镁等项目的检测。

(3)监理工程师有权要求承建单位进行指定取样、增加取样数,或自行取样复检。

### (二)粉煤灰

(1)每批粉煤灰都应附有出厂检验合格证,承建单位应按同品种的粉煤灰每 200 t 为一批(不足 200 t 也作为一批)进行取样检验,样品重 10 ~15 kg,分成二等份:一份用于自行试验;另一份需密封保存半年。

(2)粉煤灰检测内容包括细度、烧失量、需水量比,含水量、三氧化硫,必要时应增做比重、容重、含碱量等项目检测。

（3）监理工程师有权要求承建单位进行指定取样、增加取样数，或自行取样复检。

**（三）外加剂**

（1）承建单位在使用外加剂前必须将每一种外加剂的名称、来源、样品及提供鉴定外加剂品质的其他资料，以及参量试验成果报告提交监理，征得同意后方可实施。

（2）运到工地的外加剂都应附有检验合格证和出厂检验单，承建单位应按减水剂每 5 t 为一取样单位，引气剂每 0.20 t 为一取样单位，取样、检验。样品同样分为二等份，一份用于自行试验，另一份密封保存半年。

（3）外加剂检测内容包括固形物含量、溶液 pH 值、减水率、缓凝时间、强度比、泌水率、密度（液态外加剂），必要时增做氯离子含量、泡沫性能、表面张力、溶解性、还原糖分（木钙减水剂）、硫酸钠含量（早强剂）。

（4）监理工程师有权要求承建单位进行指定取样、增加取样数，或自行取样复检。

**（四）粗细骨料**

（1）用于工程的砂石料，承建单位必须出具由承建单位试验室出具的检验合格证。细骨料以 400 $m^3$ 或 600 t 为一个取样报批单位，检测项目包括颗粒级配、细度模数、人工砂石粉含量、含水率。细骨料全指标检测每月进行 1~2 次。

（2）粗骨料以 2 000 t（碎石）为一个取样报批单位，检测项目包括颗粒级配、超逊径和针、片状颗粒含量。粗骨料全指标检测每月进行 1~2 次。

（3）监理工程师有权要求承建单位进行指定取样、增加取样数，或自行取样复检。

**（五）施工用水**

混凝土拌和及养护用水应符合水质标准要求，并每季度检测一次，在水源改变或对水质有怀疑时，应随时进行检验。

**（六）钢筋和钢绞线**

（1）热轧钢筋验收检测内容包括外观检查、屈服点、极限抗拉强度、伸长率、冷弯试验等检测，并以同一牌号、同一炉（批）号、同一截面尺寸的钢筋为一批，每批质量不大于 60 t，不足者也作为取样单位。

（2）对钢号不明的钢筋进行试验，其抽样数量不得少于 6 组。

（3）预应力混凝土用钢绞线的必检项目为外观检查、破坏强度、伸长率、松弛试验、弹性模量。每批以同一牌号、同一规格、同一生产工艺，质量不大于 60 t 为一取样单位，不足者也视作一取样单位。每批中选取 3 盘进行外观检查与力学性能检验。

## 四、混凝土配合比的设计试验

（1）各种类型结构物的混凝土配合比必须通过试验选定，其试验方法应按《水工混凝土试验规程》有关规定执行。混凝土配合比至少应具有 3 d、7 d、14 d、28 d 或可能更长龄期的试验或推算资料。

（2）混凝土配合比试验前 28 d，承建单位应将各种配合比试验的配料及其拌和、制模和养护等配合比试验计划一式 4 份报送监理机构。

（3）在混凝土配合比试验前至少 72 h 承建单位应书面通知监理工程师，以使得在材料取样、试验、试验室配料与混凝土拌和、取样、制模、养护及所有龄期测试时监理工程师可以赶到现场。

（4）承建单位必须使用现场原材料进行混凝土配合比设计与试验，确定混凝土单位用水量、砂率、外加剂用量。试验所使用的原材料，应事先得到监理工程师的审核认可。

（5）经试验确定的施工配合比，其各项性能指标必须满足设计要求。混凝土施工配合比及试验成果报告，应在混凝土浇筑前 28 d 前报监理工程师审批，未经审批的配合比不得使用。

（6）施工过程中，承建单位需改变监理批准的混凝土配合比，必须重新得到监理机构的批准。

# 第六章　水利工程质量管理

## 第一节　水利工程项目部项目质量管理内容

### 一、施工单位质量管理规定

根据《水利工程质量管理规定》(水利部令第 7 号,1997 年 12 月 21 日实行),施工单位必须按其资质等级及业务范围承揽工程施工任务,接受水利工程质量监督机构对其资质和质量保证体系的监督检查。

施工单位质量管理的主要内容是:

(1)施工单位必须依据国家、水利行业有关工程建设法规、技术规程、技术标准的规定以及设计文件和施工合同的要求进行施工,并对其施工的工程质量负责。

(2)施工单位不得将其承接的水利建设项目的主体工程进行转包。对工程的分包,分包单位必须具备相应资质等级,并对其分包工程的施工质量向总包单位负责,总包单位对全部工程质量向项目法人(建设单位)负责。工程分包必须经过项目法人(建设单位)的认可。

(3)施工单位要推行全面质量管理,建立健全质量保证体系,制定和完善岗位质量规范、质量责任及考核办法,落实质量责任制。在施工过程中要加强质量检验工作,认真执行"三检制",切实做好工程质量的全过程控制。

(4)工程发生质量事故,施工单位必须按照有关规定向监理单位、项目法人(建设单位)及有关部门报告,并保护好现场,接受工程质量事故调查,认真进行事故处理。

(5)竣工工程质量必须符合国家和水利行业现行的工程标准及设计文件要求,并应向项目法人(建设单位)提交完整的技术档案、试验成果及有关资料。

### 二、施工单位项目质量管理内容

#### (一)施工准备阶段,进行质量策划

(1)根据工程质量管理需求确定项目经理部的机构设置和人员配备,确定其职责、权限、利益和应承担的风险。项目经理部的机构设置应与工程规模、结构复杂程度、专业特点、人员素质相适应,并根据项目管理需要决定是否设立专业职能部门。

(2)项目经理部应明确专人负责设计文件的接收,确保设计文件的有效性,参加图纸会审和设计交底。

(3)项目管理质量策划(质量计划)的主要包括以下:

①质量目标和要求;

②质量管理组织和职责;

③施工管理依据的文件;

④人员、技术、施工机具等资源的需求和配置;

⑤场地、道路、水电、消防、临时设施规划;

⑥影响施工质量的因素分析及其控制措施;

⑦进度控制措施;

⑧施工质量检查、验收及其控制措施;

⑨突发事件的应急措施;

⑩对违规事件的报告和处理;

⑪与工程建设各方的沟通方式;

⑫施工管理应形成的记录;

⑬质量管理和技术措施等。

(4)根据项目质量管理策划的结果进行施工准备,包括技术经济资料,施工现场准备,通信、交通、消防和办公、生活基础设施准备,人员、机具、材料、设备等施工生产要素准备,特殊季节(高温季节、冬、雨期)施工准备等。

(5)根据准备工作情况,具备开工条件时,正式向项目法人(监理单位)进行相关报审、报验,提出开工申请,经审批后正式开工。

**(二)施工过程质量控制**

(1)施工过程质量控制的关键是准确选择质量控制点并实施有效控制,即对需要重点控制的质量特性、关键部位、薄弱环节,以及施工主导因素等采取特殊的管理措施和方法,实施强化管理,使工序处于良好控制状态,保证达到规定的质量要求。

①正确使用施工图纸、设计文件,验收标准及适用的施工工艺标准、作业指导书;

②调配符合规定的操作人员;

③按规定配备、使用建筑材料、构配件和设备、施工机具、检测设备;

④按规定施工并及时检查、监测;

⑤根据现场管理有关规定对施工作业环境进行控制;

⑥根据有关要求采用新材料、新工艺、新技术、新设备(四新应用),并进行相应的策划和控制;

⑦合理安排施工进度;

⑧采取半成品、成品保护措施并监督实施;

⑨对不稳定和能力不足的施工过程、突发事件实施监控;

⑩对分包方的施工过程实施监控。

(2)根据需要,事先对施工过程进行确认。需要确认的过程往往是其结果不能由后续的检验试验进行验证的过程。常见的需确认的过程有:大体积混凝土浇筑、结构焊接、地下防水等。确认的目的是为了确保并证实这些过程具备实现所策划的结果的能力。

(3)可通过任务单、施工日志、施工记录、隐蔽工程验收记录、各种检验试验记录等表明施工工序所处的阶段或检查、验收的情况,使施工过程具有可追溯性。

(4)建立并实施沟通程序,规定沟通的信息内容、责任者、信息交流渠道和沟通方式,并应特别关注电子手段的沟通方式的控制需求,并对信息进行汇总、分析,明确需要改进的地方并采取改进措施。

(5)建立施工过程中的质量管理记录,施工记录应符合相关规定的要求,主要包括记录的收集、整理、归档等。基本的施工记录有:

①施工日志和专项施工记录;

②交底记录;

③上岗培训和岗位资格证明;

④施工机具和检验、测量及试验设备的管理记录;

⑤图纸的接收和发放、设计变更的管理记录;

⑥监督检查和整改、复查记录;

⑦质量管理相关文件;

⑧工程项目质量管理策划结果中规定的其他记录。

**(三)施工结束后的质量控制**

(1)工程移交和移交期间的防护是工程项目的收尾工作,决定了项目质量管理的最终效果。应根据合同或事先的约定策划进行工程移交和移交期间的成品保护。

(2)工程办理具体交接的同时,施工单位应向项目法人递交工程质量保修书,保修书的内容应符合合同约定的内容。

# 第二节　水利工程项目划分、水利工程施工质量检验

## 一、水利工程项目划分的原则

为加强水利水电工程建设质量管理,保证工程施工质量,统一施工质量检验与评定方法,使施工质量检验与评定工作标准化、规范化,水利部组织有关单位对《水利水电工程施工质量评定规程(试行)》(SL 176—1996)进行修订,修订后更名为《水利水电工程施工质量检验与评定规程》(SL 176—2007),自 2007 年 10 月 14 日实施。本规程共 5 章,11 节,81 条和 7 个附录。有关项目名称和项目划分原则规定如下。

**(一)项目名称和划分原则**

(1)水利水电工程质量检验与评定应进行项目划分。项目按级划分为单位工程、分部工程、单元(工序)工程等三级。

(2)工程中永久性房屋(管理设施用房)、专用公路、专用铁路等工程项目,可按相关行业标准划分和确定项目名称。

(3)水利水电工程项目划分应结合工程结构特点、施工部署及施工合同要求进行,划分结果应有利于保证施工质量以及施工质量管理。

**(二)单位工程项目的划分原则**

(1)枢纽工程,一般以每座独立的建筑物为一个单位工程。当工程规模大时,可将一个建筑物中具有独立施工条件的一部分划分为一个单位工程。

(2)堤防工程,按招标标段或工程结构划分单位工程。规模较大的交叉联结建筑物及管理设施以每座独立的建筑物为一个单位工程。

(3)引水(渠道)工程,按招标标段或工程结构划分单位工程。大、中型引水(渠道)建筑物以每座独立的建筑物为一个单位工程。

(4)除险加固工程,按招标标段或加固内容,并结合工程量划分单位工程。

**(三)分部工程项目的划分原则**

(1)枢纽工程,土建部分按设计的主要组成部分划分;金属结构及启闭机安装工程和机电设备安装工程按组合功能划分。

(2)堤防工程,按长度或功能划分。

(3)引水(渠道)工程中的河(渠)道按施工部署或长度划分。大、中型建筑物按工程结构主要组成部分划分。

(4)除险加固工程,按加固内容或部位划分。

(5)同一单位工程中,各个分部工程的工程量(或投资)不宜相差太大,每个单位工程中的分部工程数目,不宜少于5个。

**(四)单元工程项目的划分原则**

(1)按《水利水电基本建设工程单元工程质量等级评定标准(试行)》(SDJ 249.1~6—88,SL 38—92 及 SL 239—1999)(以下简称《单元工程评定标准》)规定进行划分。

(2)河(渠)道开挖、填筑及衬砌单元工程划分界限宜设在变形缝或结构缝处,长度一般不大于100 m。同一分部工程中各单元工程的工程量(或投资)不宜相差太大。

(3)《单元工程评定标准》中未涉及的单元工程可依据工程结构、施工部署或质量考核要求,按层、块、段进行划分。

**(五)项目划分程序**

(1)由项目法人组织监理、设计及施工等单位进行工程项目划分,并确定主要单位工程、主要分部工程、重要隐蔽单元工程和关键部位单元工程。项目法人在主体工程开工前应将项目划分表及说明书面报相应工程质量监督机构确认。

(2)工程质量监督机构收到项目划分书面报告后,应在14个工作日内对项目划分进行确认并将确认结果书面通知项目法人。

(3)工程实施过程中,需对单位工程、主要分部工程、重要隐蔽单元工程和关键部位单元工程的项目划分进行调整时,项目法人应重新报送工程质量监督机构确认。

项目经理或小型项目负责人应掌握项目划分的程序,了解单位工程 、分部工程的划分情况;在施工过程中要及时掌握其质量等级及质量情况。

**(六)质量术语**

(1)水利水电工程质量。工程满足国家和水利行业相关标准及合同约定要求的程度,在安全、功能、适用、外观及环境保护等方面的特性总和。

(2)质量检验。通过检查、量测、试验等方法,对工程质量特性进行的符合性评价。

(3)质量评定。将质量检验结果与国家和行业技术标准以及合同约定的质量标准所进行的比较活动。

(4)单位工程。具有独立发挥作用或独立施工条件的建筑物。

(5)分部工程。在一个建筑物内能组合发挥一种功能的建筑安装工程,是组成单位工程的部分。对单位工程安全、功能或效益起决定性作用的分部工程称为主要分部工程。

(6)单元工程。在分部工程中由几个工序(或工种)施工完成的最小综合体,是日常质量考核的基本单位。

(7)关键部位单元工程。对工程安全、效益或功能有显著影响的单元工程。

(8)重要隐蔽单元工程。主要建筑物的地基开挖、地下洞室开挖、地基防渗、加固处理和排水等隐蔽工程中,对工程安全或功能有严重影响的单元工程。

(9)主要建筑物及主要单位工程。主要建筑物,指其失事后将造成下游灾害或严重影响工程效益的建筑物,如堤坝、泄洪建筑物、输水建筑物、电站厂房及泵站等。属于主要建筑物的单位工程称为主要单位工程。

(10)中间产品。工程施工中使用的砂石骨料、石料、混凝土拌和物、砂浆拌和物、混凝土预制构件等土建类工程的成品及半成品。

(11)见证取样。在监理单位或项目法人监督下,由施工单位有关人员现场取样,并送到具有相应资质等级的工程质量检测单位所进行的检测。

(12)外观质量。通过检查和必要的量测所反映的工程外表质量。

(13)质量事故。在水利水电工程建设过程中,由于建设管理、监理、勘测、设计、咨询、施工、材料、设备等原因造成工程质量不符合国家和行业相关标准以及合同约定的质量标准,影响工程使用寿命和对工程安全运行造成隐患和危害的事件。

(14)质量缺陷。对工程质量有影响,但小于一般质量事故的质量问题。

二、水利工程施工质量检验要求

(一)基本规定

(1)承担工程检测业务的检测单位应具有水行政主管部门颁发的资质证书。其设备和人员的配备应与所承担的任务相适应,有健全的管理制度。

(2)工程施工质量检验中使用的计量器具、试验仪器仪表及设备应定期进行检定,并具备有效的检定证书。国家规定需强制检定的计量器具应经县级以上计量行政部门认定的计量检定机构或其授权设置的计量检定机构进行检定。

(3)检测人员应熟悉检测业务,了解被检测对象性质和所用仪器设备性能,经考核合格后,持证上岗。参与中间产品及混凝土(砂浆)试件质量资料复核的人员应具有工程师以上工程系列技术职称,并从事过相关试验工作。

(4)工程质量检验项目和数量应符合《单元工程评定标准》规定。

(5)工程质量检验方法,应符合《单元工程评定标准》和国家及行业现行技术标准的有关规定。

(6)工程质量检验数据应真实可靠,检验记录及签证应完整齐全。

(7)工程项目中如遇《单元工程评定标准》中尚未涉及的项目质量评定标准时,其质量标准及评定表格,由项目法人组织监理、设计及施工单位按水利部有关规定进行编制和报批。

(8)工程中永久性房屋、专用公路、专用铁路等项目的施工质量检验与评定可按相应行业标准执行。

(9)项目法人、监理、设计、施工和工程质量监督等单位根据工程建设需要,可委托具有相应资质等级的水利工程质量检测单位进行工程质量检测。施工单位自检性质的委托检测项目及数量,应按《单元工程评定标准》及施工合同约定执行。对已建工程质量有重大分歧时,应由项目法人委托第三方具有相应资质等级的质量检测单位进行检测,检测数量视需要确定,检测费用由责任方承担。

(10)堤防工程竣工验收前,项目法人应委托具有相应资质等级的质量检测单位进行抽样检测,工程质量抽检项目和数量由工程质量监督机构确定。

(11)对涉及工程结构安全的试块、试件及有关材料,应实行见证取样。见证取样资料由施工单位制备,记录应真实齐全,参与见证取样人员应在相关文件上签字。

(12)工程中出现检验不合格的项目时,应按以下规定进行处理:

①原材料、中间产品一次抽样检验不合格时,应及时对同一取样批次另取两倍数量进行检验,如仍不合格,则该批次原材料或中间产品应定为不合格,不得使用。

②单元(工序)工程质量不合格时,应按合同要求进行处理或返工重作,并经重新检验且合格后方可进行后续工程施工。

③混凝土(砂浆)试件抽样检验不合格时,应委托具有相应资质等级的质量检测单位对相应工程部位进行检验。如仍不合格,应由项目法人组织有关单位进行研究,并提出处理意见。

④工程完工后的质量抽检不合格,或其他检验不合格的工程,应按有关规定进行处理,合格后才能进行验收或后续工程施工。

**(二)质量检验职责范围**

(1)项目部应依据工程设计要求、施工技术标准和合同约定,结合《单元工程评定标准》的规定确定检验项目及数量并进行自检,自检过程应有书面记录,同时结合自检情况如实填写质量评定表,评定表格式可按安徽省地方标准《安徽省水利工程施工质量评定标准》(DB 34/371—2003)执行。

(2)监理单位应根据《单元工程评定标准》和抽样检测结果复核工程质量。其平行检测和跟踪检测的数量按《水利工程建设项目施工监理规范》(SL 288—2003)或合同约定执行。

(3)项目法人应对施工单位自检和监理单位抽检过程进行督促检查,对报工程质量监督机构核备、核定的工程质量等级进行认定。

(4)工程质量监督机构应对项目法人、监理、勘测、设计、施工单位以及工程其他参建单位的质量行为和工程实物质量进行监督检查。检查结果应按有关规定及时公布,并书面通知有关单位。

(5)临时工程质量检验及评定标准,应由项目法人组织监理、设计及施工等单位根据工程特点,参照《单元工程评定标准》和其他相关标准确定,并报相应的工程质量监督机构核备。

**(三)质量检验内容**

(1)质量检验包括施工准备检查,原材料与中间产品质量检验,水工金属结构、启闭机及机电产品质量检查,单元(工序)工程质量检验,质量事故检查和质量缺陷备案,工程外观质量检验等。

（2）主体工程开工前，施工单位应组织人员进行施工准备检查，并经项目法人或监理单位确认合格且履行相关手续后，才能进行主体工程施工。

（3）项目部应按《单元工程评定标准》及有关技术标准对水泥、钢材等原材料与中间产品质量进行检验，并报监理单位复核。不合格产品，不得使用。

（4）水工金属结构、启闭机及机电产品进场后，有关单位应按有关合同进行交货检查和验收。安装前，施工单位应检查产品是否有出厂合格证、设备安装说明书及有关技术文件，对在运输和存放过程中发生的变形、受潮、损坏等问题应作好记录，并进行妥善处理。无出厂合格证或不符合质量标准的产品不得用于工程中。

（5）项目部应按《单元工程评定标准》检验工序及单元工程质量，作好书面记录，在自检合格后，填写《水利水电工程施工质量评定表》报监理单位复核。监理单位根据抽检资料核定单元（工序）工程质量等级。发现不合格单元（工序）工程，应要求项目部及时进行处理，合格后才能进行后续工程施工。对施工中的质量缺陷应书面记录备案，进行必要的统计分析，并在相应单元（工序）工程质量评定表"评定意见"栏内注明。

（6）项目部应及时将原材料、中间产品及单元（工序）工程质量检验结果报监理单位复核。并应按月将施工质量情况报送监理单位，由监理单位汇总分析后报项目法人和工程质量监督机构。

（7）单位工程完工后，项目法人应组织监理、设计、施工及工程运行管理等单位组成工程外观质量评定组，现场进行工程外观质量检验评定，并将评定结论报工程质量监督机构核定。参加工程外观质量评定的人员应具有工程师以上技术职称或相应执业资格。评定组人数应不少于5人，大型工程不宜少于7人。

# 第三节　水利工程施工质量评定的基本要求

《水利水电工程施工质量检验与评定规程》（SL 176—2007）规定水利工程质量等级分为"合格"和"优良"两级。合格标准是工程验收标准，优良等级是为工程项目质量创优而设置的。水利工程施工质量等级评定的主要依据有：

（1）国家及相关行业技术标准；

（2）《单元工程评定标准》；

（3）经批准的设计文件、施工图纸、金属结构设计图样与技术条件、设计修改通知书、厂家提供的设备安装说明书及有关技术文件；

（4）工程承发包合同中约定的技术标准；

（5）工程施工期及试运行期的试验和观测分析成果。

## 一、合格标准

### （一）单元工程施工质量合格标准

单元（工序）工程施工质量合格标准应按照《单元工程评定标准》或合同约定的合格标准执行。

当达不到合格标准时，应及时处理。处理后的质量等级应按下列规定重新确定：

（1）全部返工重作的，可重新评定质量等级。

（2）经加固补强并经设计和监理单位鉴定能达到设计要求时，其质量评为合格。

（3）处理后的工程部分质量指标仍达不到设计要求时，经设计复核，项目法人及监理单位确认能满足安全和使用功能要求，可不再进行处理；或经加固补强后，改变了外形尺寸或造成工程永久性缺陷的，经项目法人、监理及设计单位确认能基本满足设计要求，其质量可定为合格，但应按规定进行质量缺陷备案。

**（二）分部工程施工质量合格标准**

（1）所含单元工程的质量全部合格。质量事故及质量缺陷已按要求处理，并经检验合格；

（2）原材料、中间产品及混凝土（砂浆）试件质量全部合格，金属结构及启闭机制造质量合格，机电产品质量合格。

**（三）单位工程施工质量合格标准**

（1）所含分部工程质量全部合格；

（2）质量事故已按要求进行处理；

（3）工程外观质量得分率达到70%以上；

（4）单位工程施工质量检验与评定资料基本齐全；

（5）工程施工期及试运行期，单位工程观测资料分析结果符合国家和行业技术标准以及合同约定的标准要求。

**（四）工程项目施工质量合格标准**

（1）单位工程质量全部合格；

（2）工程施工期及试运行期，各单位工程观测资料分析结果均符合国家和行业技术标准以及合同约定的标准要求。

## 二、优良标准

**（一）单元工程施工质量优良标准**

单元工程施工质量优良标准应按照《单元工程评定标准》以及合同约定的优良标准执行。全部返工重作的单元工程，经检验达到优良标准时，可评为优良等级。

**（二）分部工程施工质量优良标准**

（1）所含单元工程质量全部合格，其中70%以上达到优良等级，重要隐蔽单元工程和关键部位单元工程质量优良率达90%以上，且未发生过质量事故；

（2）中间产品质量全部合格，混凝土（砂浆）试件质量达到优良等级（当试件组数小于30时，试件质量合格），原材料质量、金属结构及启闭机制造质量合格，机电产品质量合格。

**（三）单位工程施工质量优良标准**

（1）所含分部工程质量全部合格，其中70%以上达到优良等级，主要分部工程质量全部优良，且施工中未发生过较大质量事故；

（2）质量事故已按要求进行处理；

（3）外观质量得分率达到85%以上；

（4）单位工程施工质量检验与评定资料齐全；

（5）工程施工期及试运行期，单位工程观测资料分析结果符合国家和行业技术标准以及合同约定的标准要求。

**（四）工程项目施工质量优良标准**

（1）单位工程质量全部合格，其中70%以上单位工程质量达到优良等级，且主要单位工程质量全部优良。

（2）工程施工期及试运行期，各单位工程观测资料分析结果均符合国家和行业技术标准以及合同约定的标准要求。

## 三、质量评定工作的组织与管理

（1）单元（工序）工程质量在项目部自评合格后，应报监理单位复核，由监理工程师核定质量等级并签证认可。

（2）重要隐蔽单元工程及关键部位单元工程质量经项目部自评合格、监理单位抽检后，由项目法人（或委托监理）、监理、设计、施工、工程运行管理（施工阶段已经有时）等单位组成联合小组，共同检查核定其质量等级并填写签证表，报工程质量监督机构核备。

（3）分部工程质量，在项目部自评合格后，由监理单位复核，项目法人认定。分部工程验收的质量结论由项目法人报工程质量监督机构核备。大型枢纽工程主要建筑物的分部工程验收的质量结论由项目法人报工程质量监督机构核定。

（4）单位工程质量，在项目部自评合格后，由监理单位复核，项目法人认定。单位工程验收的质量结论由项目法人报工程质量监督机构核定。

（5）工程项目质量，在单位工程质量评定合格后，由监理单位进行统计并评定工程项目质量等级，经项目法人认定后，报工程质量监督机构核定。

（6）阶段验收前，工程质量监督机构应提交工程质量评价意见。

（7）工程质量监督机构应按有关规定在工程竣工验收前提交工程质量监督报告，工程质量监督报告应有工程质量是否合格的明确结论。

## 四、水利水电工程单元工程质量等级评定标准

根据《水利水电工程施工质量检验与评定规程》（SL 176—2007），《水利水电基本建设工程单元工程质量等级评定标准》是单元工程质量等级标准，现行《水利水电基本建设工程单元工程质量等级评定标准》主要有以下几个方面：

（1）《水工建筑工程》（SDJ 249.1—88）；

（2）《金属结构及启闭机械安装工程》（SDJ 249.2—88）；

（3）《水轮发电机组安装工程》（SDJ 249.3—88）；

（4）《水力机械辅助设备安装工程》（SDJ 249.4—88）；

（5）《发电电气设备安装工程》（SDJ 249.5—88）；

（6）《升压变电电气设备安装工程》（SDJ 249.6—88）；

（7）《碾压式土石坝和浆砌石坝工程》（SL 38—92）；

（8）《堤防施工质量评定与验收规程（试行）》（SL 239—1999）。

其他相关项目参照建筑工程、交通工程等质量标准执行。如：

(1)《建筑工程施工质量验收统一标准》(GB 50300—2001)；

(2)《砌体工程施工质量验收规范》(GB 50203—2002：

(3)《混凝土结构工程施工质量验收规范》(GB 50204—2002)；

(4)《屋面工程质量验收规范》(GB 50207—2002)；

(5)《建筑地面工程施工质量验收规范》(GB 50209—2002)；

(6)《建筑装饰装修工程施工质量验收规范》(GB 50210—2001)；

(7)《公路工程质量检验评定标准 土建工程》(JTGF 80/1—2004)；

(8)《公路工程质量检验评定标准 机电工程》(JTGF 80/2—2004)等。

# 第四节　水利工程质量事故及处理要求

为了加强水利工程质量管理,规范水利工程质量事故处理行为,根据《中华人民共和国建筑法》和《中华人民共和国行政处罚法》,水利部于1999年3月4日发布实施了《水利工程质量事故处理暂行规定》(水利部令第9号)。凡在中华人民共和国境内进行各类水利工程的质量事故处理时,必须遵守本规定。

水利工程质量事故是指在水利工程建设过程中,由于建设管理、监理、勘测、设计、咨询、施工、材料、设备等原因造成工程质量不符合规程、规范和合同规定的质量标准,影响工程使用寿命和对工程安全运行造成隐患和危害的事件。

## 一、质量事故分类

根据《水利工程质量事故处理暂行规定》,工程质量事故按直接经济损失的大小,检查、处理事故对工期的影响时间长短和对工程正常使用的影响,分为一般质量事故、较大质量事故、重大质量事故、特大质量事故。

(1)一般质量事故指对工程造成一定经济损失,经处理后不影响正常使用并不影响使用寿命的事故。

(2)较大质量事故指对工程造成较大经济损失或延误较短工期,经处理后不影响正常使用但对工程使用寿命有一定影响的事故。

(3)重大质量事故指对工程造成重大经济损失或较长时间延误工期,经处理后不影响正常使用但对工程使用寿命有较大影响的事故。

(4)特大质量事故指对工程造成特大经济损失或长时间延误工期,经处理仍对正常使用和工程使用寿命有较大影响的事故。

水利工程质量事故分类标准见表3-6-1。

## 二、事故报告内容

根据《水利工程质量事故处理暂行规定》(水利部令第9号),事故发生后,事故单位要严格保护现场,采取有效措施抢救人员和财产,防止事故扩大。因抢救人员、疏导交通等原因需移动现场物件时,应作出标志、绘制现场简图并作出书面记录,妥善保管现场重要痕迹、物证,并进行拍照或录像。

发生质量事故后,项目法人必须将事故的简要情况向项目主管部门报告。项目主管部门接事故报告后,按照管理权限向上级水行政主管部门报告。

一般质量事故向项目主管部门报告。

较大质量事故逐级向省级水行政主管部门或流域机构报告。

重大质量事故逐级向省级水行政主管部门或流域机构报告并抄报水利部。

特大质量事故逐级向水利部和有关部门报告。

发生(发现)较大质量事故、重大质量事故、特大质量事故,事故单位要在 48 h 内向有关单位提出书面报告。突发性事故,事故单位要在 4 h 内电话向上述单位报告。

表 3-6-1　水利工程质量事故分类标准

| 事故类别 | | 特大质量事故 | 重大质量事故 | 较大质量事故 | 一般质量事故 |
|---|---|---|---|---|---|
| 事故处理所需的物质、器材和设备、人工等直接损失费用(万元) | 大体积混凝土,金结制作和机电安装 | >3 000 | >500,≤3 000 | >100,≤500 | >20,≤100 |
| | 土石方工程,混凝土薄壁工程 | >1 000 | >100,≤1 000 | >30,≤100 | >10,≤30 |
| 事故处理所需合理工期(月) | | >6 | >3,≤6 | >1,≤3 | ≤1 |
| 事故处理后对工程功能和寿命影响 | | 影响工程正常使用,需限制条件使用 | 不影响正常使用,但对工程寿命有较大影响 | 不影响正常使用,但对工程寿命有一定影响 | 不影响正常使用和工程寿命 |

注:1. 直接经济损失费用为必需条件,其余两项主要适用于大中型工程。

2. 小于一般质量事故的质量问题称为质量缺陷。

3. 在《水利工程建设重大质量与安全事故应急预案》(水建管〔2006〕202 号)中,关于水利工程质量与安全事故的分级是针对事故应急响应行动进行的分级。

事故报告应当包括以下内容:

(1)工程名称、建设规模、建设地点、工期,项目法人、主管部门及负责人电话;

(2)事故发生的时间、地点、工程部位以及相应的参建单位名称;

(3)事故发生的简要经过、伤亡人数和直接经济损失的初步估计;

(4)事故发生原因初步分析;

(5)事故发生后采取的措施及事故控制情况;

(6)事故报告单位、负责人以及联络方式。

有关单位接到事故报告后,必须采取有效措施,防止事故扩大,并立即按照管理权限向上级部门报告或组织事故调查。

## 三、质量事故处理要求

根据《水利工程质量事故处理暂行规定》(水利部令第 9 号),因质量事故造成人员伤亡的,还应遵从国家和水利部伤亡事故处理的有关规定。其中质量事故处理的基本要求包括以下内容。

**(一)质量事故处理原则**

发生质量事故,必须坚持"事故原因不查清楚不放过、主要事故责任者和职工未受教育不放过、补救和防范措施不落实不放过"的原则(简称"三不放过"原则),认真调查事故原因,研究处理措施,查明事故责任,做好事故处理工作。

**(二)事故处理**

发生质量事故后,必须针对事故原因提出工程处理方案,经有关单位审定后实施。

(1)一般质量事故,由项目法人负责组织有关单位制定处理方案并实施,报上级主管部门备案。

(2)较大质量事故,由项目法人负责组织有关单位制定处理方案,经上级主管部门审定后实施,报省级水行政主管部门或流域管理机构备案。

(3)重大质量事故,由项目法人负责组织有关单位提出处理方案,征得事故调查组意见后,报省级水行政主管部门或流域管理机构审定后实施。

(4)特大质量事故,由项目法人负责组织有关单位提出处理方案,征得事故调查组意见后,报省级水行政主管部门或流域管理机构审定后实施,并报水利部备案。

**(三)事故处理中设计变更的管理**

事故处理需要进行设计变更的,需原设计单位或有资质的单位提出设计变更方案。需要进行重大设计变更的,必须经原设计审批部门审定后实施。

事故部位处理完毕后,必须按照管理权限经过质量评定与验收后,方可投入使用或进入下一阶段施工。

**(四)事故处理后的质量评定**

工程质量事故处理后,应由项目法人委托具有相应资质等级的工程质量检测单位检测后,按照处理方案确定的质量标准,重新进行工程质量评定。

**(五)质量缺陷的处理**

《水利工程质量事故处理暂行规定》(水利部令第9号)规定,小于一般质量事故的质量问题称为质量缺陷。所谓质量缺陷,是指小于一般质量事故的质量问题,在施工过程中,因特殊原因,使得工程个别部位或局部达不到规范和设计要求(但不影响使用),且未能及时进行处理的工程质量问题(质量评定仍定为合格)。根据水利部《关于贯彻落实"国务院批转国家计委、财政部、水利部、建设部关于加强公益性水利工程建设管理若干意见的通知"的实施意见》(水建管〔2001〕74号),水利工程实行水利工程施工质量缺陷备案及检查处理制度。

(1)对因特殊原因,使得工程个别部位或局部达不到规范和设计要求(不影响使用),且未能及时进行处理的工程质量缺陷问题(质量评定仍为合格),必须以工程质量缺陷备案形式进行记录备案。

(2)质量缺陷备案的内容包括:质量缺陷产生的部位、原因,对质量缺陷是否处理和如何处理以及对建筑物使用的影响等。内容必须真实、全面、完整,参建单位(人员)必须在质量缺陷备案表上签字,有不同意见应明确记载。

(3)质量缺陷备案资料必须按竣工验收的标准制备,作为工程竣工验收备查资料存档。质量缺陷备案表由监理单位组织填写。

(4)工程项目竣工验收时,项目法人必须向验收委员会汇报并提交历次质量缺陷的备案资料。

# 第五节　水利工程质量监督、水利工程建设档案

## 一、水利工程质量监督

《建设工程质量管理条例》(国务院令第 279 号)规定,国家实行建设工程质量监督管理制度。国务院建设行政主管部门对全国的建设工程质量实施统一监督管理。铁路、交通、水利等有关部门按照国务院规定的职责分工,负责对全国的有关专业建设工程质量的监督管理。

县级以上地方人民政府建设行政主管部门对本行政区域内的建设工程质量实施监督管理。县级以上地方人民政府交通、水利等有关部门在各自的职责范围内,负责对本行政区域内的专业建设工程质量的监督管理。

根据《水利工程质量管理规定》(水利部令第 7 号)的有关规定,水利工程质量实行项目法人(建设单位)负责、监理单位控制、施工单位保证和政府监督相结合的质量管理体制。

水利工程质量由项目法人(建设单位)负全面责任,监理、施工、设计单位按照合同及有关规定对各自承担的工作负责。质量监督机构履行政府部门监督职能,不代替项目法人(建设单位)、监理、设计、施工单位的质量管理工作。水利工程建设各方均有责任和权利向有关部门和质量监督机构反映工程质量问题。

为了加强水行政主管部门对水利工程质量的监督管理,保证工程质量,确保工程安全,发挥投资效益,水利部于 1997 年 8 月 25 日发布《水利工程质量监督管理规定》(水建〔1997〕339 号),该规定共分为总则、机构与人员、机构职责、质量监督、质量检测、工程质量监督费、奖惩、附则等 8 章计 38 条。与之配套使用的文件包括《水利工程质量检测管理规定》(水利部令第 36 号,2009 年 1 月 1 日施行)。根据《水利工程质量监督管理规定》(水建〔1997〕339 号),在我国境内新建、扩建、改建、加固各类水利水电工程和城镇供水、滩涂围垦等工程(以下简称水利工程)及其技术改造,包括配套与附属工程,均必须由水利工程质量监督机构负责质量监督。工程建设、监理、设计和施工单位在工程建设阶段,必须接受质量监督机构的监督。

### (一)工程质量监督的依据

根据《水利工程质量监督管理规定》,水行政主管部门主管质量监督工作。水利工程质量监督机构是水行政主管部门对工程质量进行监督管理的专职机构,对水利工程质量进行强制性的监督管理。

工程质量监督的依据是:

(1)国家有关的法律、法规;

（2）水利水电行业有关技术规程、规范，质量标准；

（3）经批准的设计文件等。

**（二）工程质量监督的主要内容**

根据《水利工程质量监督管理规定》，水利工程建设项目质量监督方式以抽查为主。大型水利工程应设置项目站，中小型水利工程可根据需要建立质量监督项目站（组），或进行巡回监督。从工程开工前办理质量监督手续始，到工程竣工验收委员会同意工程交付使用止，为水利工程建设项目的质量监督期（含合同质量保修期）。各级质量监督机构的质量监督人员由专职质量监督员和兼职质量监督员组成。其中，兼职质量监督员为工程技术人员，凡从事该工程监理、设计、施工、设备制造的人员不得担任该工程的兼职质量监督员。

工程质量监督的主要内容为：

（1）对监理、设计、施工和有关产品制作单位的资质及其派驻现场的项目负责人的资质进行复核。

（2）对由项目法人（建设单位）、监理单位的质量检查体系和施工单位的质量保证体系以及设计单位现场服务等实施监督检查。

（3）对工程项目的单位工程、分部工程、单元工程的划分进行监督检查和认定。

（4）监督检查技术规程、规范和质量标准的执行情况。

（5）检查项目部和建设、监理单位对工程质量检验和质量评定情况，并检查工程实物质量。

（6）在工程竣工验收前，对工程质量进行等级核定，编制工程质量评定报告，并向工程竣工验收委员会提出工程质量等级的建议。（SL 176—2007 中 5.3.7 条规定：工程质量监督机构应按有关规定在工程竣工验收前提交工程质量监督报告，工程质量监督报告应有工程质量是否合格的明确结论。）

**（三）工程质量监督机构的质量监督权限**

根据《水利工程质量监督管理规定》，工程质量监督机构的质量监督权限如下：

（1）对监理、设计、施工等单位的资质等级、经营范围进行核查，发现越级承包工程等不符合规定要求的，责成项目法人（建设单位）限期改正，并向水行政主管部门报告。

（2）质量监督人员需持"水利工程质量监督员证"进入施工现场执行质量监督。对工程有关部位进行检查，调阅建设、监理单位和项目部的检测试验成果、检查记录和施工记录。

（3）对违反技术规程、规范、质量标准或设计文件的施工单位，通知项目法人（建设单位）、监理单位采取纠正措施，问题严重时，可向水行政主管部门提出整顿的建议。

（4）对使用未经检验或检验不合格的建筑材料、构配件及设备等，责成项目法人（建设单位）采取措施纠正。

（5）提请有关部门奖励先进质量管理单位及个人。

（6）提请有关部门或司法机关追究造成重大工程质量事故的单位和个人的行政、经济、刑事责任。

### (四)水利工程质量检测

根据《水利工程质量监督管理规定》和《水利工程质量检测管理规定》(水利部令第36号,2009年1月1日施行),水利工程质量检测是水利工程质量监督、质量检查、质量评定和验收的重要手段。

水利工程质量检测是指水利工程质量检测单位依据国家有关法律、法规和标准,对水利工程实体以及用于水利工程的原材料、中间产品、金属结构和机电设备等进行的检查、测量、试验或者度量,并将结果与有关标准、要求进行比较以确定工程质量是否合格所进行的活动。

## 二、水利工程建设档案的要求

为了加强水利工程建设项目档案管理工作,明确档案管理职责,规范档案管理行为,充分发挥档案在水利工程建设与管理中的作用,根据《中华人民共和国档案法》、《水利档案工作规定》及有关业务建设规范,结合水利工程的特点,水利部于2005年11月1日发布了《水利工程建设项目档案管理规定》(水办〔2005〕480号文)。该规定共5章32条,其中第一章总则、第二章档案管理、第三章归档与移交管理、第四章档案验收、第五章附则。

水利工程建设项目档案是指水利工程建设项目根据水利工程建设程序在工程建设各阶段(前期工作、施工准备、建设实施、生产准备、竣工验收等)形成的,具有保存价值的文字、图表、声像等不同形式的历史记录。

水利工程档案工作是水利工程建设与管理工作的重要组成部分。有关单位应加强领导,将档案工作纳入水利工程建设与管理工作中,明确相关部门、人员的岗位职责,健全制度,统筹安排档案工作经费,确保水利工程档案工作的正常开展。

### (一)档案管理的基本要求

(1)水利工程档案工作应贯穿于水利工程建设程序的各个阶段。即从水利工程建设前期就应进行文件材料的收集和整理工作;在签订有关合同、协议时,应对水利工程档案的收集、整理、移交提出明确要求;检查水利工程进度与施工质量时,要同时检查水利工程档案的收集、整理情况;在进行项目成果评审、鉴定和水利工程重要阶段验收与竣工验收时,要同时审查、验收工程档案的内容与质量,并作出相应的鉴定评语。

(2)项目法人对水利工程档案工作负总责,须认真做好自身档案的收集、整理、保管工作,并应加强对各参建单位归档工作的监督、检查和指导。大中型水利工程的项目法人,应设立档案室,落实专职档案人员;其他水利工程的项目法人也应配备相应人员负责工程档案工作。项目法人的档案人员对各职能处室归档工作具有监督、检查和指导职责。

(3)勘察设计、监理、施工等参建单位,应明确本单位相关部门和人员的归档责任,切实做好职责范围内水利工程档案的收集、整理、归档和保管工作;属于向项目法人等单位移交的应归档文件材料,在完成收集、整理、审核工作后,应及时提交项目法人。项目法人应认真做好有关档案的接收、归档和向流域机构档案馆的移交工作。

### (二)归档与移交的基本要求

(1)水利工程档案的保管期限分为永久、长期、短期三种。长期档案的实际保存期限,不得短于工程的实际寿命。

（2）水利工程档案的归档工作，一般是由产生文件材料的单位或部门负责。总包单位对各分包单位提交的归档材料负有汇总责任。各参建单位技术负责人应对其提供档案的内容及质量负责；监理工程师对项目部提交的归档材料应履行审核签字手续，监理单位应向项目法人提交对工程档案内容与整编质量情况的专题审核报告。

（3）水利工程文件材料的收集、整理应符合《科学技术档案案卷构成的一般要求》（GB/T 1182—2008）。归档文件材料的内容与形式均应满足档案整理规范要求。即内容应完整、准确、系统；形式应字迹清楚、图样清晰、图表整洁、竣工图及声像材料须标注的内容清楚、签字（章）手续完备，归档图纸应按《技术制图 复制图的折叠方法》（GB/T 10609.3—2009）要求统一折叠。

（4）竣工图是水利工程档案的重要组成部分，必须做到完整、准确、清晰、系统、修改规范、签字手续完备。项目法人应负责编制项目总平面图和综合管线竣工图。项目部应以单位工程或专业为单位编制竣工图。竣工图须由编制单位在图标上方空白处逐张加盖"竣工图章"，有关单位和责任人应严格履行签字手续。每套竣工图应附编制说明、鉴定意见及目录。项目部应按以下要求编制竣工图：

①按施工图施工没有变动的，须在施工图上加盖并签署竣工图章。

②一般性的图纸变更及符合杠改或划改要求的，可在原施工图上更改，在说明栏内注明变更依据，加盖并签署竣工图章。

③凡涉及结构形式、工艺、平面布置等重大改变，或图面变更超过1/3的，应重新绘制竣工图（可不再加盖竣工图章）。重绘图应按原图编号，并在说明栏内注明变更依据，在图标栏内注明"竣工阶段"和绘制竣工图的时间、单位、责任人。监理单位应在图标上方加盖并签署"竣工图确认章"。

（5）水利工程建设声像档案是纸制载体档案的必要补充。参建单位应指定专人，负责各自产生的照片、胶片、录音、录像等声像材料的收集、整理、归档工作，归档的声像材料均应标注事由、时间、地点、人物、作者等内容。工程建设重要阶段、重大事件、事故，必须要有完整的声像材料归档。

（6）电子文件的整理、归档，参照《电子文件归档与管理规范》（GB/T 18894—2002）执行。

（7）项目法人可根据实际需要，确定不同文件材料的归档份数，但应满足以下要求：

①项目法人与运行管理单位应各保存1套较完整的工程档案材料（当二者为一个单位时，应异地保存1套）；

②工程涉及多家运行管理单位时，各运行管理单位则只保存与其管理范围有关的工程档案材料；

③当有关文件材料需由若干单位保存时，原件应由项目产权单位保存，其他单位保存复制件；

④流域控制性水利枢纽工程或大江、大河、大湖的重要堤防工程，项目法人应负责向流域机构档案馆移交1套完整的工程竣工图及工程竣工验收等相关文件材料。

（8）工程档案的归档时间，可由项目法人根据实际情况确定。可分阶段在单位工程或单项工程完工后向项目法人归档，也可在主体工程全部完工后向项目法人归档。整个项目的归档工作和项目法人向有关单位的档案移交工作,应在工程竣工验收后3个月内完成。

**(三)工程档案验收方面的基本要求**

根据《水利工程建设项目档案管理规定》以及水利部《水利工程建设项目档案验收管理办法》(水办〔2008〕366号)的有关规定,档案验收是指各级水行政主管部门,依法组织的水利工程建设项目档案专项验收。工程档案验收方面的基本要求如下。

Ⅰ.档案验收依据《水利工程建设项目档案验收评分标准》对项目档案管理及档案质量进行量化赋分,满分为100分。验收结果分为3个等级:总分达到或超过90分的,为优良;达到70~89.9分的,为合格;达不到70分或"应归档文件材料质量与移交归档"项达不到60分的,均为不合格。

《水利工程建设项目档案验收评分标准》中,"应归档文件材料质量与移交归档"满分为70分,其中:

(1)文件材料完整性(24分)。

(2)文件材料的准确性(32分),基本要求为:

①反映同一问题的不同文件材料内容应一致。

②竣工图编制规范,能清晰、准确地反映工程建设的实际;竣工图图章签字手续完备;监理单位按规定履行了审核手续。

③归档材料应字迹清晰,图表整洁,审核签字手续完备,书写材料符合规范要求。

④声像与电子等非纸质文件材料应逐张、逐盒(盘)标注事由、时间、地点、人物、作者等内容。

⑤案卷题名简明、准确;案卷目录编制规范,著录内容翔实。

⑥卷内目录著录清楚、准确;页码编写准确、规范。

⑦备考表填写规范;案卷中需说明的内容均在案卷备考表中清楚注释,并履行了签字手续。

⑧图纸折叠符合要求,对不符合要求的归档材料采取了必要的修复、复制等补救措施。

⑨案卷装订牢固、整齐、美观,装订线不压内容;单份文件归档时,应在每份文件首页右上方加盖、填写档号章;案卷中均是图纸的可不装订,但应逐张填写档号章。

(3)文件材料的系统性(10分),基本要求为:

①分类科学。依据项目档案分类方案,归类准确,每类文件材料的脉络清晰,各类文件材料之间的关系明确。

②组卷合理。遵循文件材料的形成规律,保持文件之间的有机联系,组成的案卷能反映相应的主题,且薄厚适中、便于保管和利用;设计变更文件材料,应按单位工程或分部工程或专业单独组成一卷或数卷。

③排列有序。相同内容或关系密切的文件按重要程度或时间循序排列在相关案卷中;反映同一主题或专题的案卷相对集中排列。

(4)归档与移交(4分)。

①归档。项目法人各职能部门和相关工程技术人员能按要求将其经办的应归档的文

件材料进行整理、归档。

②移交。各参建单位按单位工程或单项工程已向项目法人移交了相关工程档案,并认真履行了交接手续。

Ⅱ.水利工程档案验收是水利工程竣工验收的重要内容,应提前或与工程竣工验收同步进行。凡档案内容与质量达不到要求的水利工程,不得通过档案验收;未通过档案验收或档案验收不合格的,不得进行或通过工程的竣工验收。

Ⅲ.水利工程在进行档案验收前,项目法人应组织工程参建单位对工程档案的收集、整理、保管与归档情况进行自检,确认工程档案的内容与质量已达要求后,可向有关单位报送档案自检报告,并提出档案专项验收申请。

档案自检报告应包括:工程概况,工程档案管理情况,文件材料的收集、整理、归档与保管情况,竣工图的编制与整理情况,档案自检工作的组织情况,对自检或以往阶段验收发现问题的整改情况,按《水利工程建设项目档案验收评分标准》自检得分与扣分情况,目前仍存在的问题,对工程档案完整、准确、系统性的自我评价等内容。

# 第六节　水利工程验收的分类与要求

为了加强公益性建设项目的验收管理,《国务院办公厅关于加强基础设施工程质量管理的通知》中指出:"必须实行竣工验收制度。项目建成后必须按国家有关规定进行严格的竣工验收,由验收人员签字负责。项目竣工验收合格后,方可投入使用。对未经验收或验收不合格就交付使用的,要追究项目法定代表人的责任,造成重大损失的,要追究其法律责任。"对于水利工程建设项目,《国务院批转国家计委、财政部、水利部、建设部关于加强公益性水利工程建设管理若干意见的通知》中再次指出"严格水利工程项目验收制度"。这里所指的验收制度,既包括法人验收,也包括政府验收。

有关水利工程建设项目的竣工验收工作,过去一直执行的是行业技术标准《水利水电建设工程验收规程》(SL 223—1999),但缺少行业管理具体的规章。2006年12月18日水利部颁发了《水利工程建设项目验收管理规定》(水利部令第30号),该规定自2007年4月1日起施行。《水利工程建设项目验收管理规定》是水利行业第一部针对验收工作的具体管理规章,该规定的办法和实施,是完善水利工程建设管理方面制度的一项重要举措,标志着水利工程项目建设过程中的验收工作以及竣工验收管理工作进一步走向规范化、制度化,将有力推动水利工程建设管理各方面管理水平的提高。

《水利工程建设项目验收管理规定》的颁布和实施,为一系列围绕工程项目验收所需要的规章制度(如工程建设的技术鉴定、质量检测、优质工程评定、质量监督管理规定等)和技术标准(如验收规程、质量检验与评定规程、单元工程施工质量评定标准等)的修订提供了重要的依据。

《水利工程建设项目验收管理规定》中关于违反该规定的主要处罚有:

(1)违反本规定,项目法人不按时限要求组织法人验收或者不具备验收条件而组织法人验收的,由法人验收监督管理机关责令改正。

(2)项目法人以及其他参建单位提交验收资料不真实导致验收结论有误的,由提交不真实验收资料的单位承担责任。竣工验收主持单位收回验收鉴定书,对责任单位予以通报批评;造成严重后果的,依照有关法律法规处罚。

(3)参加验收的专家在验收工作中玩忽职守、徇私舞弊的,由验收监督管理机关予以通报批评;情节严重的,取消其参加验收的资格;构成犯罪的,依法追究刑事责任。

(4)国家机关工作人员在验收工作中玩忽职守、滥用职权、徇私舞弊,尚不构成犯罪的,依法给予行政处分;构成犯罪的,依法追究刑事责任。

为加强水利水电建设工程验收管理,使水利水电建设工程验收制度化、规范化,保证工程验收质量,依据水利部《水利工程建设项目验收管理规定》(水利部令第 30 号)等有关文件,按照《水利技术标准编写规定》(SL 1—2002)的要求,对《水利水电建设工程验收规程》(SL 223—1999)进行修订。水利部 2008 年 3 月 3 日发布《水利水电建设工程验收规程》(SL 223—2008 ),自 2008 年 6 月 3 日实施。该规程适用于由中央、地方财政全部投资或部分投资建设的大中型水利水电建设工程(含 1、2、3 级堤防工程)的验收,其他水利水电建设工程的验收可参照执行。

《水利水电建设工程验收规程》共 9 章 15 节 146 条和 25 个附录。

《水利水电建设工程验收规程》(SL 223—2008)所替代标准的历次版本为:SD 184—86、SL 223—1999。

## 一、水利水电工程验收分类

根据《水利水电建设工程验收规程》,水利水电建设工程验收按验收主持单位可分为法人验收和政府验收。

法人验收应包括分部工程验收、单位工程验收、水电站(泵站)中间机组启动验收、合同工程完工验收等;政府验收应包括阶段验收、专项验收、竣工验收等。验收主持单位可根据工程建设需要增设验收的类别和具体要求。

## 二、水利水电工程验收的基本要求

(1)工程验收应以下列文件为主要依据:

①国家现行有关法律、法规、规章和技术标准;

②有关主管部门的规定;

③经批准的工程立项文件、初步设计文件、调整概算文件;

④经批准的设计文件及相应的工程变更文件;

⑤施工图纸及主要设备技术说明书等;

⑥法人验收还应以施工合同为依据。

(2)工程验收工作的主要内容如下:

①检查工程是否按照批准的设计进行建设;

②检查已完工程在设计、施工、设备制造安装等方面的质量及相关资料的收集、整理和归档情况;

③检查工程是否具备运行或进行下一阶段建设的条件;

④检查工程投资控制和资金使用情况;

⑤对验收遗留问题提出处理意见；

⑥对工程建设作出评价和结论。

（3）政府验收应由验收主持单位组织成立的验收委员会负责；法人验收应由项目法人组织成立的验收工作组负责。验收委员会（工作组）由有关单位代表和有关专家组成。

验收的成果性文件是验收鉴定书，验收委员会（工作组）成员应在验收鉴定书上签字。对验收结论持有异议的，应将保留意见在验收鉴定书上明确记载并签字。

（4）工程验收结论应经2/3以上验收委员会（工作组）成员同意。

验收过程中发现的问题，其处理原则应由验收委员会（工作组）协商确定。主任委员（组长）对争议问题有裁决权。若1/2以上的委员（组员）不同意裁决意见时，法人验收应报请验收监督管理机关决定；政府验收应报请竣工验收主持单位决定。

（5）工程项目中需要移交非水利行业管理的工程，验收工作宜同时参照相关行业主管部门的有关规定。

（6）当工程具备验收条件时，应及时组织验收。未经验收或验收不合格的工程不应交付使用或进行后续工程施工。验收工作应相互衔接，不应重复进行。

（7）工程验收应在施工质量检验与评定的基础上，对工程质量提出明确结论意见。

（8）验收资料制备由项目法人统一组织，有关单位应按要求及时完成并提交。项目法人应对提交的验收资料进行完整性、规范性检查。

（9）验收资料分为应提供的资料和需备查的资料。有关单位应保证其提交资料的真实性并承担相应责任。工程验收的图纸、资料和成果性文件应按竣工验收资料要求制备。除图纸外，验收资料的规格宜为国际标准A4（210 mm × 297 mm）。文件正本应加盖单位印章且不应采用复印件。需归档资料应符合《水利工程建设项目档案管理规定》（水利部水办〔2005〕480号）要求。

提供资料是指需分发给所有技术验收专家组专家和验收委员会委员的资料；备查资料是指按一定数量准备，放置在验收会场，由专家和委员根据需要进行查看的资料。

### 三、水利水电工程验收监督管理的基本要求

（1）水利部负责全国水利工程建设项目验收的监督管理工作。水利部所属流域管理机构（以下简称流域管理机构）按照水利部授权，负责流域内水利工程建设项目验收的监督管理工作。县级以上地方人民政府水行政主管部门按照规定权限负责本行政区域内水利工程建设项目验收的监督管理工作。

（2）法人验收监督管理机关应对工程的法人验收工作实施监督管理。由水行政主管部门或者流域管理机构组建项目法人的，该水行政主管部门或者流域管理机构是本工程的法人验收监督管理机关；由地方人民政府组建项目法人的，该地方人民政府水行政主管部门是本工程的法人验收监督管理机关。

（3）工程验收监督管理的方式应包括现场检查、参加验收活动、对验收工作计划与验收成果性文件进行备案等。

工程验收监督管理应包括以下主要内容：

①验收工作是否及时；

②验收条件是否具备；

③验收人员组成是否符合规定；

④验收程序是否规范；

⑤验收资料是否齐全；

⑥验收结论是否明确。

(4)当发现工程验收不符合有关规定时,验收监督管理机关应及时要求验收主持单位予以纠正,必要时可要求暂停验收或重新验收并同时报告竣工验收主持单位。

(5)项目法人应在开工报告批准后 60 个工作日内,制定法人验收工作计划,报法人验收监督管理机关备案。当工程建设计划进行调整时,法人验收工作计划也应相应地进行调整并重新备案。

(6)法人验收过程中发现的技术性问题原则上应按合同约定进行处理。合同约定不明确的,应按国家或行业技术标准规定处理。当国家或行业技术标准暂无规定时,应由法人验收监督管理机关负责协调解决。

## 四、水利工程分部工程验收的要求

根据《水利水电建设工程验收规程》(SL 223—2008),分部工程验收的基本要求如下。

(1)分部工程验收应由项目法人(或委托监理单位)主持。验收工作组应由项目法人、勘测、设计、监理、施工、主要设备制造(供应)商等单位的代表组成。运行管理单位可根据具体情况决定是否参加。质量监督机构宜派代表列席大型枢纽工程主要建筑物的分部工程验收会议。

(2)大型工程分部工程验收工作组成员应具有中级及其以上技术职称或相应执业资格;其他工程的验收工作组成员应具有相应的专业知识或执业资格,参加分部工程验收的每个单位代表人数不宜超过 2 名。

(3)分部工程具备验收条件时,项目部应向项目法人提交验收申请报告。项目法人应在收到验收申请报告之日起 10 个工作日内决定是否同意进行验收。

(4)分部工程验收应具备以下条件:

①所有单元工程已完成;

②已完单元工程施工质量经评定全部合格,有关质量缺陷已处理完毕或有监理机构批准的处理意见;

③合同约定的其他条件。

(5)分部工程验收工作包括以下主要内容:

①检查工程是否达到设计标准或合同约定标准的要求;

②评定工程施工质量等级;

③对验收中发现的问题提出处理意见。

(6)项目法人应在分部工程验收通过之日后 10 个工作日内,将验收质量结论和相关资料报质量监督机构核备。大型枢纽工程主要建筑物分部工程的验收质量结论应报质量监督机构核定。质量监督机构应在收到验收质量结论之日后 20 个工作日内,将核备

（定）意见书面反馈项目法人。当质量监督机构对验收质量结论有异议时，项目法人应组织参加验收单位进一步研究，并将研究意见报质量监督机构。当双方对质量结论仍然有分歧意见时，应报上一级质量监督机构协调解决。

（7）分部工程验收遗留问题处理情况应有书面记录并有相关责任单位代表签字，书面记录应随分部工程验收鉴定书一并归档。

（8）分部工程验收的成果性文件是分部工程验收鉴定书。正本数量可按参加验收单位、质量和安全监督机构各一份以及归档所需要的份数确定。自验收鉴定书通过之日起30个工作日内，由项目法人发送有关单位，并报送法人验收监督管理机关备案。

（9）根据《水利水电建设工程验收规程》（SL 223—2008），"分部工程验收鉴定书"的主要内容及填写注意事项如下：

①开工完工日期，系指本分部工程开工及完工日期，具体到日。

②质量事故及缺陷处理，达不到《水利工程质量事故处理暂行规定》（水利部第9号令）所规定分类标准下限的，均为质量缺陷。对于质量事故的处理程序应符合《水利工程质量事故处理暂行规定》第9号令，对于质量缺陷按有关规范及合同进行处理。需说明本分部工程是否存在上述问题，如果存在是如何处理的。

③拟验工程质量评定，主要填写本分部单元工程个数、主要单元工程个数、单元工程合格数和优良数以及优良品率，并应按《水利水电工程施工质量检验与评定规程》（SL 176—2007）和《堤防工程施工质量评定与验收规程（试行）》（SL 239—1999）的要求进行质量评定。工程质量指标，主要填写有关质量方面设计指标（或规范要求的指标），项目部自检统计结果，监理单位抽检统计结果，以及各指标之间的对比情况。

④存在问题及处理意见：主要填写有关本分部工程质量方面是否存在问题，以及如何处理，处理意见应明确存在问题的处理责任单位，完成期限以及应达到的质量标准，存在问题处理后的验收责任单位。

⑤验收结论，填写验收的简单过程（包括验收日期、质量评定依据）和结论性意见。

⑥保留意见，填写对验收结论的不同意见以及需特别说明与该分部工程验收有关的问题，并需持保留意见的人签字。

## 五、单位工程验收的基本要求

根据《水利水电建设工程验收规程》（SL 223—2008），单位工程验收的基本要求如下。

### （一）验收的组织

（1）单位工程验收应由项目法人主持。验收工作组应由项目法人、勘测、设计、监理、施工、主要设备制造（供应）商、运行管理等单位的代表组成。必要时，可邀请上述单位以外的专家参加。单位工程验收工作组成员应具有中级及其以上技术职称或相应执业资格，每个单位代表人数不宜超过3名。

（2）单位工程完工并具备验收条件时，项目部应向项目法人提出验收申请报告。项目法人应在收到验收申请报告之日起10个工作日内决定是否同意进行验收。

（3）项目法人组织单位工程验收时，应提前10个工作日通知质量和安全监督机构。主要建筑物单位工程验收应通知法人验收监督管理机关。法人验收监督管理机关可视情况决定是否列席验收会议,质量和安全监督机构应派员列席验收会议。

(4)需要提前投入使用的单位工程应进行单位工程投入使用验收。单位工程投入使用验收应由项目法人主持,根据工程具体情况,经竣工验收主持单位同意,单位工程投入使用验收也可由竣工验收主持单位或其委托的单位主持。

**(二)验收的条件**

单位工程验收应具备以下条件:

(1)所有分部工程已完建并验收合格。

(2)分部工程验收遗留问题已处理完毕并通过验收,未处理的遗留问题不影响单位工程质量评定并有处理意见。

(3)合同约定的其他条件。

(4)单位工程投入使用验收除应满足以上条件外,还应满足以下条件:

①工程投入使用后,不影响其他工程正常施工,且其他工程施工不影响该单位工程安全运行;

②已经初步具备运行管理条件,需移交运行管理单位的,项目法人与运行管理单位已签订提前使用协议书。

**(三)验收的主要工作**

单位工程验收工作包括以下主要内容:

(1)检查工程是否按批准的设计内容完成。

(2)评定工程施工质量等级。

(3)检查分部工程验收遗留问题处理情况及相关记录。

(4)对验收中发现的问题提出处理意见。

(5)单位工程投入使用验收除完成以上工作内容外,还应对工程是否具备安全运行条件进行检查。

**(四)验收工作程序**

单位工程验收应按以下程序进行:

(1)听取工程参建单位工程建设有关情况的汇报。

(2)现场检查工程完成情况和工程质量。

(3)检查分部工程验收有关文件及相关档案资料。

(4)讨论并通过单位工程验收鉴定书。

**(五)验收工作的成果**

单位工程验收的成果性文件是单位工程验收鉴定书。项目法人应在单位工程验收通过之日起10个工作日内,将验收质量结论和相关资料报质量监督机构核定。质量监督机构应在收到验收质量结论之日起20个工作日内,将核定意见反馈项目法人。当质量监督机构对验收质量结论有异议时,应按分部工程验收的有关规定执行。

单位工程验收鉴定书正本数量可按参加验收单位、质量和安全监督机构、法人验收监督管理机关各一份以及归档所需要的份数确定。自验收鉴定书通过之日起30个工作日内,由项目法人发送有关单位并报法人验收监督管理机关备案。

## 六、合同工程完工验收的基本要求

根据《水利水电建设工程验收规程》(SL 223—2008),合同工程完成后,应进行合同工程完工验收。当合同工程仅包含一个单位工程(分部工程)时,宜将单位工程(分部工程验收与合同工程完工验收一并进行,但应同时满足相应的验收条件。

合同工程完工验收的基本要求如下。

### (一)验收的组织

(1)合同工程完工验收应由项目法人主持。验收工作组应由项目法人以及与合同工程有关的勘测、设计、监理、施工、主要设备制造(供应)商等单位的代表组成。

(2)合同工程具备验收条件时,项目部应向项目法人提出验收申请报告。项目法人应在收到验收申请报告之日起20个工作日内决定是否同意进行验收。

### (二)验收的条件

合同工程完工验收应具备以下条件:

(1)合同范围内的工程项目已按合同约定完成。

(2)工程已按规定进行了有关验收。

(3)观测仪器和设备已测得初始值及施工期各项观测值。

(4)工程质量缺陷已按要求进行处理。

(5)工程完工结算已完成。

(6)施工现场已经进行清理。

(7)需移交项目法人的档案资料已按要求整理完毕。

(8)合同约定的其他条件。

### (三)验收的主要工作

合同工程完工验收工作包括以下主要内容:

(1)检查合同范围内工程项目和工作完成情况。

(2)检查施工现场清理情况。

(3)检查已投入使用工程运行情况。

(4)检查验收资料整理情况。

(5)鉴定工程施工质量。

(6)检查工程完工结算情况。

(7)检查历次验收遗留问题的处理情况。

(8)对验收中发现的问题提出处理意见。

(9)确定合同工程完工日期。

(10)讨论并通过合同工程完工验收鉴定书。

### (四)验收工作程序及成果

(1)合同工程完工验收的工作程序可参照单位工程验收的有关规定进行。

(2)合同工程完工验收的成果性文件是合同工程完工验收鉴定书。正本数量可按参加验收单位、质量和安全监督机构以及归档所需要的份数确定。自验收鉴定书通过之日起30个工作日内,应由项目法人发送有关单位,并报送法人验收监督管理机关备案。

## 七、堤防工程验收的要求

根据《堤防工程施工质量评定与验收规程(试行)》(SL 239—1999)以及《水利水电建设工程验收规程》(SL 223—2008),堤防工程建设管理中应注意以下几点:

(1)工程质量事故处理后,应按照处理方案的质量要求,重新进行工程质量检测和评定。

(2)单元工程(或工序)质量达不到合格标准时,必须及时处理。其质量等级按下列规定确定:

①全部返工重作的,可重新评定质量等级。

②经加固补强并经鉴定能达到设计要求的,其质量只能评定为合格。

③经鉴定达不到设计要求,但项目法人认为能基本满足安全和使用功能要求的,可不加固补强;或经加固补强后,造成外形尺寸或永久性缺陷的,经项目法人认为基本满足设计要求,其质量可按合格处理。

(3)项目法人或监理单位在核定单元工程质量时,除应检查工程现场外,还应对该单元工程的施工原始记录、质量检验记录等资料进行查验,确认单元工程质量评定表所填写的数据、内容的真实和完整性,必要时可进行抽检。单元工程质量评定表中应明确记载项目法人或监理单位对单元工程质量等级的核定意见。

(4)堤防工程验收包括分部工程验收、阶段验收、单位工程验收和竣工验收。与其他水利工程一样。

(5)工程竣工验收前,项目法人应委托省级以上水行政主管部门认定的水利工程质量检测单位对工程质量进行一次抽检。工程质量抽检所需费用由项目法人列支。

(6)工程质量检测单位应通过技术质量监督部门计量认证,不得与项目法人、监理单位、项目部隶属同一经营实体,并按有关规定提交工程质量检测报告。

(7)工程质量检测项目和数量由质量监督部门确定。

(8)土料填筑工程质量抽检主要内容为干密度和外观尺寸。

(9)干(浆)砌石工程质量抽检主要内容为厚度、密实程度和平整度,必要时应拍摄图像资料。

(10)混凝土预制块砌筑工程质量抽检主要内容为预制块厚度、平整度和缝宽。

(11)垫层工程质量抽检主要内容为垫层厚度及垫层铺设情况。

(12)堤脚防护工程质量抽检主要内容为断面复核。

(13)混凝土防洪墙和护坡工程质量抽检主要内容为混凝土强度。

(14)堤身截渗、堤基处理及其他工程,工程质量抽检的主要内容及方法由工程质量监督机构提出方案报项目主管部门批准后实施。

(15)凡抽检不合格的工程,必须按有关规定进行处理,不得进行验收。处理完毕后,由项目法人将处理报告连同质量检测报告一并提交竣工验收委员会。

(16)工程竣工验收时,竣工验收委员会可以根据需要对工程质量再次进行抽检,抽检内容和方法由验收委员会确定。

【案例】

某新建泵站位于某县境内，设计排涝面积52.9 km²。设计抽排流量为14.80 m³/s，装机为1 075 kW，根据《泵站设计规范》(GB/T 50265—97)，泵站等别划分为Ⅲ等，规模为中型。顺水流向依次布置进水闸、前池进水池、泵房及压力水箱和穿堤涵等建筑物。站为堤后式湿室型泵房，安装1000ZLB－4型立式轴流泵5台套，一泵一池，配套电机为YSL 5004－12型，单机功率为215 kW。配套干沟开挖。

(1)排涝引渠

底宽为10.60 m，底高程为12.50 m，边坡1:2。进水闸前设护砌段。

(2)进水闸段

进水闸布置在泵站进水前池前，钢筋混凝土结构，底板高程为12.50 m，闸顶高程为16.50 m，单孔净宽3.0 m，共3孔，闸室长度为8 m。闸前设拦污栅配抓斗式清污机。后段设检修控制闸门，闸门为平面滑动钢闸门，上设工作桥及启闭房。

闸室上游设M10浆砌石圆弧形翼墙接排涝引渠，顺水流向长8.00 m。

(3)前池与进水池

位于进水闸与泵室之间，为调顺进泵水流，前池平面以36°扩散，扩散段长12.00 m，口宽10.60～18.50 m，底板由12.50 m高程渐变至11.30 m；坡降1:10。进水池为矩形，长5.00 m，宽18.50 m，底高程11.30 m。

前池与进水池均采用C25混凝土护底，两侧采用M10浆砌石重力式挡土墙结构。

(4)泵房及压力水箱

泵房为堤后湿室型，与压力水箱为一整底板，泵站装机5台套，一泵一池，单池净宽3.30 m，泵房总宽19.70 m；水泵梁顶高程13.447 m，泵室底板高程11.30 m。

压力水箱底板高程为13.50 m，净空高度为3.00 m，与泵房相接段宽18.50 m，与涵洞相接处宽3.00 m，内设导流墩，压力水箱设4.374 m直段后以80°收缩角接穿堤涵。

电机层高程为17.50 m，本站最大吊件重为电机4.5 t，电机高2.4 m(包括机座)，采用5 t的Lx型电动单梁双向悬挂式起重机，主梁底高程24.40 m，厂房顶高程25.10 m。厂房长8.40 m，宽19.70 m同底层泵室宽。对应各泵室墩墙设混凝土框架，屋顶为钢筋混凝土坡屋面。

(5)穿堤涵及防洪闸

穿堤涵为单孔钢筋混凝土箱型结构，孔径为3.00 m×3.00 m，分三节，前两节长均为8 m，最后一节长9.00 m设防洪闸。闸上设启闭机房，安装平面定轮式钢闸门，配1台QPK－160KN－SD手电两用快速卷扬式启闭机。

(6)变电所

变电所布置在站身南侧，可由主厂房直接进入变电所，四周用围墙与其他区域分开。

(7)设备购安

泵站选用5台1 000 mm口径立式轴流泵，配套YSL5004－12 215(kW)380(V)型电动机，总装机容量1 075 kW；主变压器一台，型号为S11－1600/35；站用变压器一台，型号为S11－100/35；低压配电柜选用GGD₂型；进水闸及防洪闸设钢闸门，配QL－150KN－SD及QPK－160KN－SD启闭机各一台；设拦污栅配抓斗式清污机。

问题1:该工程应该划分为哪几个分部工程？哪些作为主要分部工程？

[答]可分为如下几个分部工程:①引渠,②前池及进水池,③地基与基础处理,④主机段(土建,电机层地面以下),⑤检修间,⑥配电间,⑦泵房房建工程(电机层地面至屋顶),⑧主机泵设备安装,⑨辅助设备安装,⑩金属结构及启闭机安装,⑪输水管道工程,⑫变电站,⑬出水池,⑭桥梁(检修桥、清污机等)。

其中,⑦、⑧作为主要分部工程。

问题2:假设该工程在施工中发生如下事件:浇筑穿堤箱涵一节底板(C20)时,混凝土试块强度(C15)达不到设计强度值,如何处理？

[答]混凝土试块达不到设计强度时,首先要检查原始资料,如混凝土配合比、水泥、砂石骨料等试验记录,混凝土拌和记录,混凝土试块养护情况等,如未出现异常,可委托具有相应资质等级的质量检测单位对相应工程部位进行检测,如进行回弹检测或钻取芯样试验。如仍不合格,由项目法人组织有关单位进行研究,并提出处理意见。

问题3:该工程上游护砌施工完毕,在验收时,经检查石材尺寸不符合规范要求,监理工程师要求返工重作,损失约11万元,工期耽误约20 d,问该事件是否属于质量事故？

[答]属于一般质量事故。根据《水利工程质量事故处理暂行规定》,土石方工程直接经济损失>10万元,≤30万元为一般质量事故。

问题4:工程结束后,作为施工负责人,应准备哪些验收资料？工程验收分为哪两大类？施工负责人主要参加哪些验收？

[答]验收资料分为应提供的资料和需备查的资料。应提供的资料主要有工程施工管理工作报告,以及机组启动试运行计划文件、机组试运行工作报告(仅在机组启动验收阶段提供)。

要组织相关人员对工程验收需要的需备查资料进行管理。

工程验收按验收主持单位可分为法人验收和政府验收两大类。法人验收包括分部工程验收、单位工程验收、水电站(泵站)中间机组启动验收、合同工程完工验收等;政府验收包括阶段验收、专项验收、竣工验收等。

施工负责人主要参加法人验收。

问题5:该单位工程主要分部工程有两个,全部优良,如要单位工程达到优良的标准,还必须有哪些条件？

[答](1)所含分部工程质量全部合格,其中70%以上达到优良,且施工中未发生较大质量事故;

(2)质量事故已按要求处理;

(3)外观质量得分率达到85%以上;

(4)单位工程施工质量检验与评定资料齐全;

(5)工程施工期及试运行期,单位工程观测资料分析结果符合国家和行业技术标准及合同约定的标准要求。

# 第七章 水利工程安全管理

## 第一节 水利工程施工单位主要管理人员安全 生产考核要求

### 一、相关概念

（1）施工企业主要负责人，是指对本企业日常生产经营活动和安全生产工作全面负责、有生产经营决策权的人员，包括企业法定代表人、经理、企业分管安全生产工作副经理等。

（2）施工企业项目负责人，是指由企业法定代表人授权，负责水利水电工程项目施工管理的负责人。

（3）施工企业专职安全生产管理人员，是指在企业专职从事安全生产管理工作的人员，包括企业安全生产管理机构的负责人及其工作人员和施工现场专职安全员。

### 二、基本规定

（1）水利水电工程施工企业管理人员必须经水行政主管部门安全生产考核，考核合格取得安全生产考核合格证书后，方可担任相应职务。

（2）水利部负责全国水利水电工程施工企业管理人员的安全生产考核工作的统一管理，并负责组织水利水电工程施工总承包一级（含一级）以上资质、专业承包一级资质施工企业以及直属施工企业的施工企业管理人员水利水电工程安全生产知识和能力考核。考核合格证书加盖水利部印章及"水利部建筑施工企业管理人员安全生产考核合格证书专用章"钢印。

各省、自治区、直辖市水利（水务）厅（局）负责组织对本行政区域内水利水电工程施工总承包二级（含二级）以下资质以及专业承包二级（含二级）以下资质施工企业的施工企业管理人员水利水电工程安全生产知识和能力考核。

（3）施工企业管理人员安全生产考核内容包括安全生产知识和安全管理能力两方面。

（4）水利水电工程施工企业管理人员应当具备与所从事的施工活动相应的文化程度、专业知识和水利水电工程安全生产工作经历，并经企业年度水利水电工程安全生产教育培训合格后，方可参加水行政主管部门组织的安全生产考核。任何单位和个人不得伪造相关资料。

（5）水行政主管部门对水利水电工程施工企业管理人员进行安全生产考核，不得收取考核费用，不得组织强制培训。

（6）安全生产考核合格的，经公示后无异议的，由相应水行政主管部门在 20 日内核发水利水电工程施工企业管理人员安全生产考核合格证书。对不合格的,应通知本人并说明理由,限期重新考核。

(7)水利水电工程施工企业管理人员变更姓名、所在法人单位等,应在一个月内到原安全生产考核合格证书发证机关办理变更手续。

(8)水利水电工程施工企业管理人员遗失安全生产考核合格证书,应在公共媒体上声明作废,并在一个月内到原安全生产考核合格证书发证机关办理补证手续。

(9)水利水电工程施工企业管理人员安全生产考核合格证书有效期为3年。有效期满需要延期的,应当于期满前3个月内向原发证机关申请办理延期手续。

(10)水利水电工程施工企业管理人员在安全生产考核合格证书有效期内,严格遵守安全生产法律法规,认真履行安全生产职责,按规定接受企业年度水利水电工程安全生产教育培训,所管辖职责范围内未发生死亡事故的,其安全生产考核合格证书有效期届满时,经原考核发证机关同意,不再考核,安全生产考核合格证书有效期延期3年。

(11)水行政主管部门负责建立水利水电工程施工企业管理人员安全生产考核档案管理制度,并定期向社会公布水利水电工程施工企业管理人员取得安全生产考核合格证书的情况。

(12)水利水电工程施工企业管理人员取得安全生产考核合格证书后,应当认真履行安全生产管理职责,接受水行政主管部门的监督检查。

(13)水行政主管部门应当加强对水利水电工程施工企业管理人员履行安全生产职责情况的监督检查,发现其违反安全生产法律法规、未履行安全生产职责、不按规定接受企业年度安全生产教育培训、发生死亡事故,情节严重的,应当收回其安全生产考核合格证书,限期改正,重新考核。

(14)任何单位和个人不得伪造、转让、冒用水利水电工程施工企业管理人员安全生产考核合格证书。

(15)水行政主管部门工作人员在水利水电工程施工企业管理人员的安全生产考核、发证、管理和监督检查工作中,不得索取或者接受企业和个人的财物,不得谋取其他利益。

(16)任何单位或者个人对违反本规定的行为,有权向水行政主管部门或者监察机关等有关部门举报。

## 三、考核要点

### (一)水利水电工程施工企业主要负责人

1.安全生产知识考核要点

(1)国家有关安全生产的方针政策、法律法规、部门规章、技术标准和规范性文件;

(2)水利水电工程安全生产管理的基本知识和相关专业知识;

(3)水利水电工程重、特大事故防范、应急救援措施、报告制度及调查处理方法;

(4)企业安全生产责任制和安全生产规章制度的内容和制定方法;

(5)国内外水利水电工程安全生产管理经验;

(6)水利水电工程典型生产安全事故案例分析。

2. 安全生产管理能力考核要点

（1）能够认真贯彻执行国家有关安全生产的方针政策、法律法规、部门规章、技术标准和规范性文件；

（2）能够有效组织和督促本单位安全生产工作，建立健全本单位安全生产责任制；

（3）能够组织制定本单位安全生产规章制度和操作规程；

（4）能够采取有效措施保证本单位安全生产条件所需资金的投入；

（5）能够有效开展安全生产检查，及时消除事故隐患；

（6）能够组织制定水利水电工程安全度汛措施；

（7）能够组织制定本单位生产安全事故应急救援预案，正确组织、指挥本单位事故救援；

（8）能够及时、如实报告水利水电工程生产安全事故；

（9）水利水电工程安全生产业绩。

### （二）水利水电工程施工企业项目负责人

1. 安全生产知识考核要点

（1）国家有关安全生产的方针政策、法律法规、部门规章、技术标准和规范性文件；

（2）水利水电工程安全生产管理的基本知识和相关专业知识；

（3）水利水电工程重大事故防范、应急救援措施、报告制度及调查处理方法；

（4）企业和项目安全生产责任制及安全生产规章制度的内容与制定方法；

（5）水利水电工程施工现场安全生产监督检查的内容和方法；

（6）国内外水利水电工程安全生产管理经验；

（7）水利水电工程典型生产安全事故案例分析。

2. 安全生产管理能力考核要点

（1）能够认真贯彻执行国家有关安全生产的方针政策、法律法规、部门规章、技术标准和规范性文件；

（2）能够有效组织和督促水利水电工程项目安全生产工作，并落实安全生产责任制；

（3）能够保证安全生产费用的有效使用；

（4）能够根据工程的特点组织制定水利水电工程安全施工措施；

（5）能够有效开展安全检查，及时消除水利水电工程生产安全事故隐患；

（6）能够及时、如实报告水利水电工程生产安全事故；

（7）能够组织制定并有效实施水利水电工程安全度汛措施；

（8）水利水电工程安全生产业绩。

### （三）水利水电工程施工企业专职安全生产管理人员

1. 安全生产知识考核要点

（1）国家有关安全生产的方针政策、法律法规、部门规章、技术标准和规范性文件；

（2）水利水电工程重大事故防范、应急救援措施、报告制度、调查处理方法及防护救护措施；

（3）企业和项目安全生产责任制和安全生产规章制度内容；

（4）水利水电工程施工现场安全监督检查的内容和方法；

（5）水利水电工程典型生产安全事故案例分析。

2. 安全生产管理能力考核要点

（1）能够认真贯彻执行国家安全生产方针政策、法律法规、部门规章、技术标准和规范性文件；

（2）能有效对安全生产进行现场监督检查；

（3）能够发现生产安全事故隐患，并及时向项目负责人和安全生产管理机构报告；

（4）能够及时制止现场违章指挥、违章操作行为；

（5）能够有效对水利水电工程安全度汛措施落实情况进行现场监督检查。

（6）能够及时、如实报告水利水电工程生产安全事故；

（7）水利水电工程安全生产业绩。

# 第二节　安全生产事故的应急救援预案

## 一、基本概念

### （一）应急预案
针对可能发生的事故，为迅速、有序地开展应急行动而预先制定的行动方案。

### （二）应急准备
针对可能发生的事故，为迅速、有序地开展应急行动而预先进行的组织准备和应急保障。

### （三）应急响应
事故发生后，有关组织或人员采取的应急行动。

### （四）应急救援
在应急响应过程中，为消除、减少事故危害，防止事故扩大或恶化，最大限度地降低事故造成的损失或危害而采取的救援措施或行动。

### （五）恢复
事故的影响得到初步控制后，为使生产、工作、生活和生态环境尽快恢复到正常状态而采取的措施或行动。

### （六）综合应急预案
综合应急预案是从总体上阐述处理事故的应急方针、政策，应急组织机构及相关应急职责，应急行动、措施和保障等基本要求和程序，是应对各类事故的综合性文件。

### （七）专项应急预案
专项应急预案是针对具体的事故类别（如煤矿瓦斯爆炸、危险化学品泄漏等事故）、危险源和应急保障而制定的计划或方案，是综合应急预案的组成部分，应按照综合应急预案的程序和要求组织制定，并作为综合应急预案的附件。专项应急预案应制定明确的救援程序和具体的应急救援措施。

### （八）现场处置方案
现场处置方案是针对具体的装置、场所或设施、岗位所制定的应急处置措施。现场处置方案应具体、简单、针对性强。现场处置方案应根据风险评估及危险性控制措施逐一编制,做到事故相关人员应知应会,熟练掌握,并通过应急演练,做到迅速反应、正确处置。

## 二、综合应急预案的主要内容

### (一)总则

1.编制目的

简述应急预案编制的目的、作用等。

2.编制依据

简述应急预案编制所依据的法律法规、规章,以及有关行业管理规定、技术规范和标准等。

3.适用范围

说明应急预案适用的区域范围,以及事故的类型、级别。

4.应急预案体系

说明本单位应急预案体系的构成情况。

5.应急工作原则

说明本单位应急工作的原则,内容应简明扼要、明确具体。

### (二)生产经营单位的危险性分析

1.生产经营单位概况

主要包括单位地址、从业人数、隶属关系、主要原材料、主要产品、产量等内容,以及周边重大危险源、重要设施、目标、场所和周边布局情况。必要时,可附平面图进行说明。

2.危险源与风险分析

主要阐述本单位存在的危险源及风险分析结果。

### (三)组织机构及职责

1.应急组织体系

明确应急组织形式,构成单位或人员,并尽可能以结构图的形式表示出来。

2.指挥机构及职责

明确应急救援指挥机构总指挥、副总指挥、各成员单位及其相应职责。

应急救援指挥机构根据事故类型和应急工作需要,可以设置相应的应急救援工作小组,并明确各小组的工作任务及职责。

### (四)预防与预警

1.危险源监控

明确本单位对危险源监测监控的方式、方法,以及采取的预防措施。

2.预警行动

明确事故预警的条件、方式、方法和信息的发布程序。

3.信息报告与处置

按照有关规定,明确事故及未遂伤亡事故信息报告与处置办法。

1)信息报告与通知

明确24小时应急值守电话、事故信息接收和通报程序。

2）信息上报

明确事故发生后向上级主管部门和地方人民政府报告事故信息的流程、内容和时限。

3）信息传递

明确事故发生后向有关部门或单位通报事故信息的方法和程序。

### (五)应急响应

1.响应分级

针对事故危害程度、影响范围和单位控制事态的能力,将事故分为不同的等级。按照分级负责的原则,明确应急响应级别。

2.响应程序

根据事故的大小和发展态势,明确应急指挥、应急行动、资源调配、应急避险、扩大应急等响应程序。

3.应急结束

明确应急终止的条件。事故现场得以控制,环境符合有关标准,导致次生、衍生事故隐患消除后,经事故现场应急指挥机构批准后,现场应急结束。

应急结束后,应明确:

(1)事故情况上报事项;

(2)需向事故调查处理小组移交的相关事项;

(3)事故应急救援工作总结报告。

### (六)信息发布

明确事故信息发布的部门,发布原则。事故信息应由事故现场指挥部及时准确向新闻媒体通报事故信息。

### (七)后期处置

主要包括污染物处理、事故后果影响消除、生产秩序恢复、善后赔偿、抢险过程和应急救援能力评估及应急预案的修订等内容。

### (八)保障措施

1.通信与信息保障

明确与应急工作相关联的单位或人员通信联系方式和方法,并提供备用方案。建立信息通信系统及维护方案,确保应急期间信息通畅。

2.应急队伍保障

明确各类应急响应的人力资源,包括专业应急队伍、兼职应急队伍的组织与保障方案。

3.应急物资装备保障

明确应急救援需要使用的应急物资和装备的类型、数量、性能、存放位置、管理责任人及其联系方式等内容。

4.经费保障

明确应急专项经费来源、使用范围、数量和监督管理措施,保障应急状态时生产经营单位应急经费的及时到位。

5. 其他保障

根据本单位应急工作需求而确定的其他相关保障措施（如交通运输保障、治安保障、技术保障、医疗保障、后勤保障等）。

## （九）培训与演练

1. 培训

明确对本单位人员开展的应急培训计划、方式和要求。如果预案涉及社区和居民，要做好宣传教育和告知等工作。

2. 演练

明确应急演练的规模、方式、频次、范围、内容、组织、评估、总结等内容。

## （十）奖惩

明确事故应急救援工作中奖励和处罚的条件和内容。

## （十一）附则

1. 术语和定义

对应急预案涉及的一些术语进行定义。

2. 应急预案备案

明确本应急预案的报备部门。

3. 维护和更新

明确应急预案维护和更新的基本要求，定期进行评审，实现可持续改进。

4. 制定与解释

明确应急预案负责制定与解释的部门。

5. 应急预案实施

明确应急预案实施的具体时间。

# 三、专项应急预案的主要内容

## （一）事故类型和危害程度分析

在危险源评估的基础上，对其可能发生的事故类型和可能发生的季节及其严重程度进行确定。

## （二）应急处置基本原则

明确处置安全生产事故应当遵循的基本原则。

## （三）组织机构及职责

1. 应急组织体系

明确应急组织形式，构成单位或人员，并尽可能以结构图的形式表示出来。

2. 指挥机构及职责

根据事故类型，明确应急救援指挥机构总指挥、副总指挥以及各成员单位或人员的具体职责。应急救援指挥机构可以设置相应的应急救援工作小组，明确各小组的工作任务及主要负责人职责。

（四）预防与预警

1. 危险源监控

明确本单位对危险源监测监控的方式、方法，以及采取的预防措施。

2. 预警行动

明确具体事故预警的条件、方式、方法和信息的发布程序。

（五）信息报告程序

主要包括：

（1）确定报警系统及程序；

（2）确定现场报警方式，如电话、警报器等；

（3）确定 24 小时与相关部门的通信、联络方式；

（4）明确相互认可的通告、报警形式和内容；

（5）明确应急反应人员向外求援的方式。

（六）应急处置

1. 响应分级

针对事故危害程度、影响范围和单位控制事态的能力，将事故分为不同的等级。按照分级负责的原则，明确应急响应级别。

2. 响应程序

根据事故的大小和发展态势，明确应急指挥、应急行动、资源调配、应急避险、扩大应急等响应程序。

3. 处置措施

针对本单位事故类别和可能发生的事故特点、危险性，制定的应急处置措施（如煤矿瓦斯爆炸、冒顶片帮、火灾、透水等事故应急处置措施，危险化学品火灾、爆炸、中毒等事故应急处置措施）。

（七）应急物资与装备保障

明确应急处置所需的物资与装备数量、管理和维护、正确使用等。

## 四、现场处置方案的主要内容

（一）事故特征

主要包括：

（1）危险性分析，可能发生的事故类型；

（2）事故发生的区域、地点或装置的名称；

（3）事故可能发生的季节和造成的危害程度；

（4）事故前可能出现的征兆。

（二）应急组织与职责

主要包括：

（1）基层单位应急自救组织形式及人员构成情况；

（2）应急自救组织机构、人员的具体职责，应同单位或车间、班组人员工作职责紧密结合，明确相关岗位和人员的应急工作职责。

### （三）应急处置

主要包括以下内容：

（1）事故应急处置程序。根据可能发生的事故类别及现场情况，明确事故报警、各项应急措施启动、应急救护人员的引导、事故扩大及同企业应急预案的衔接的程序。

（2）现场应急处置措施。针对可能发生的火灾、爆炸、危险化学品泄漏、坍塌、水患、机动车辆伤害等，从操作措施、工艺流程、现场处置、事故控制，人员救护、消防、现场恢复等方面制定明确的应急处置措施。

（3）报警电话及上级管理部门、相关应急救援单位联络方式和联系人员，事故报告的基本要求和内容。

### （四）注意事项

主要包括：

（1）佩戴个人防护器具方面的注意事项；

（2）使用抢险救援器材方面的注意事项；

（3）采取救援对策或措施方面的注意事项；

（4）现场自救和互救注意事项；

（5）现场应急处置能力确认和人员安全防护等事项；

（6）应急救援结束后的注意事项；

（7）其他需要特别警示的事项。

## 五、应急预案的评审和发布

应急预案编制完成后，应进行评审。

### （一）要素评审

评审由本单位主要负责人组织有关部门和人员进行。

### （二）形式评审

外部评审由上级主管部门或地方政府负责安全管理的部门组织审查。

### （三）备案和发布

评审后，按规定报有关部门备案，并经生产经营单位主要负责人签署发布。

建筑施工企业的综合应急预案和专项应急预案，按照隶属关系报所在地县级以上地方人民政府安全生产监督管理部门和有关主管部门备案。

建筑施工企业申请应急预案备案，应当提交以下材料：

（1）应急预案备案申请表；

（2）应急预案评审或者论证意见；

（3）应急预案文本及电子文档。

## 六、预案的修订

生产经营单位制定的应急预案应当至少每3年修订一次，预案修订情况应有记录并归档。

下列情形之一的，应急预案应当及时修订：

（1）生产经营单位因兼并、重组、转制等导致隶属关系、经营方式、法定代表人发生变化的；

（2）生产经营单位生产工艺和技术发生变化的；

（3）周围环境发生变化，形成新的重大危险源的；

（4）应急组织指挥体系或者职责已经调整的；

（5）依据的法律、法规、规章和标准发生变化的；

（6）应急预案演练评估报告要求修订的；

（7）应急预案管理部门要求修订的。

## 七、法律责任

（1）生产经营单位应急预案未按照相关规定备案的，由县级以上安全生产监督管理部门给予警告，并处 3 万元以下罚款。

（2）生产经营单位未制定应急预案或者未按照应急预案采取预防措施，导致事故救援不力或者造成严重后果的，由县级以上安全生产监督管理部门依照有关法律、法规和规章的规定，责令停产停业整顿，并依法给予行政处罚。

# 第三节　水利工程重大质量安全事故应急预案

为提高应对水利工程建设重大质量与安全事故能力，做好水利工程建设重大质量与安全事故应急处置工作，有效预防、及时控制和消除水利工程建设重大质量与安全事故的危害，最大限度减少人员伤亡和财产损失，保证工程建设质量与施工安全以及水利工程建设顺利进行，根据《中华人民共和国安全生产法》、《国家突发公共事件总体应急预案》和《水利工程建设安全生产管理规定》等法律、法规和有关规定，结合水利工程建设实际，水利部制定了《水利工程建设重大质量与安全事故应急预案》（水建管〔2006〕202 号），自2006 年 6 月 5 日起实施。该应急预案共分为 8 章。

根据 2005 年 1 月 26 日国务院第 79 次常务会议通过的《国家突发公共事件总体应急预案》，按照不同的责任主体，国家突发公共事件应急预案体系设计为国家总体应急预案、专项应急预案、部门应急预案、地方应急预案、企事业单位应急预案五个层次。

《水利工程建设重大质量与安全事故应急预案》属于部门预案，是关于事故灾难的应急预案，其主要内容包括：

（1）《水利工程建设重大质量与安全事故应急预案》适用于水利工程建设过程中突然发生且已经造成或者可能造成重大人员伤亡、重大财产损失，有重大社会影响或涉及公共安全的重大质量与安全事故的应急处置工作。按照水利工程建设质量与安全事故发生的过程、性质和机理，水利工程建设重大质量与安全事故主要包括：

①施工中土石方塌方和结构坍塌安全事故；

②特种设备或施工机械安全事故；

③施工围堰坍塌安全事故；

④施工爆破安全事故；

⑤施工场地内道路交通安全事故；

⑥施工中发生的各种重大质量事故；

⑦其他原因造成的水利工程建设重大质量与安全事故，水利工程建设中发生的自然灾害（如洪水、地震等）、公共卫生事件、社会安全等事件，依照国家和地方相应应急预案执行。

（2）应急工作应当遵循"以人为本，安全第一；分级管理、分级负责；属地为主，条块结合；集中领导、统一指挥；信息准确、运转高效；预防为主，平战结合"的原则。

（3）水利工程建设重大质量与安全事故应急组织指挥体系由水利部及流域机构、各级水行政主管部门的水利工程建设重大质量与安全事故应急指挥部、地方各级人民政府、水利工程建设项目法人以及施工等工程参建单位的质量与安全事故应急指挥部组成。

（4）在本级水行政主管部门的指导下，水利工程建设项目法人应当组织制定本工程项目建设质量与安全事故应急预案（水利工程项目建设质量与安全事故应急预案应当报工程所在地县级以上水行政主管部门以及项目法人的主管部门备案）。建立工程项目建设质量与安全事故应急处置指挥部。工程项目建设质量与安全事故应急处置指挥部的组成如下：

指挥：项目法人主要负责人；

副指挥：工程各参建单位主要负责人；

成员：工程各参建单位有关人员。

（5）承担水利工程施工的施工单位应当制定本单位施工质量与安全事故应急预案，建立应急救援组织或者配备应急救援人员，配备必要的应急救援器材、设备，并定期组织演练。水利工程施工企业应明确专人维护救援器材、设备等。在工程项目开工前，施工单位应当根据所承担的工程项目施工特点和范围，制定施工现场施工质量与安全事故应急预案，建立应急救援组织或配备应急救援人员并明确职责。在承包单位的统一组织下，工程施工分包单位（包括工程分包和劳务作业分包）应当按照施工现场施工质量与安全事故应急预案，建立应急救援组织或配备应急救援人员并明确职责。施工单位的施工质量与安全事故应急预案、应急救援组织或配备的应急救援人员和职责应当与项目法人制定的水利工程项目建设质量与安全事故应急预案协调一致，并将应急预案报项目法人备案。

（6）重大质量与安全事故发生后，在当地政府的统一领导下，应当迅速组建重大质量与安全事故现场应急处置指挥机构，负责事故现场应急救援和处置的统一领导与指挥。

（7）预警预防行动。施工单位应当根据建设工程的施工特点和范围，加强对施工现场易发生重大事故的部位、环节进行监控，配备救援器材、设备，并定期组织演练。

（8）按事故的严重程度和影响范围，将水利工程建设质量与安全事故分为Ⅰ、Ⅱ、Ⅲ、Ⅳ四级。对应相应事故等级，采取Ⅰ级、Ⅱ级、Ⅲ级、Ⅳ级应急响应行动。其中：

①Ⅰ级（特别重大质量与安全事故）：已经或者可能导致死亡（含失踪）30人以上（含本数，下同），或重伤（中毒）100人以上，或需要紧急转移安置10万人以上，或直接经济损失1亿元以上的事故。

②Ⅱ级（特大质量与安全事故）：已经或者可能导致死亡（含失踪）10人以上、30人以下（不含本数，下同），或重伤（中毒）50人以上、100人以下，或需要紧急转移安置1万人

以上、10 万人以下，或直接经济损失 5 000 万元以上、1 亿元以下的事故。

③Ⅲ级(重大质量与安全事故)：已经或者可能导致死亡(含失踪)3 人以上、10 人以下，或重伤(中毒)30 人以上、50 人以下，或直接经济损失 1 000 万元以上、5 000 万元以下的事故。

④Ⅳ级(较大质量与安全事故)：已经或者可能导致死亡(含失踪)3 人以下，或重伤(中毒)30 人以下，或直接经济损失 1 000 万元以下的事故。

(9)水利工程建设重大质量与安全事故报告程序如下：

①水利工程建设重大质量与安全事故发生后，事故现场有关人员应当立即报告本单位负责人。项目法人、施工等单位应当立即将事故情况按项目管理权限如实向流域机构或水行政主管部门和事故所在地人民政府报告，最迟不得超过 4 h。流域机构或水行政主管部门接到事故报告后，应当立即报告上级水行政主管部门和水利部工程建设事故应急指挥部。水利工程建设过程中发生生产安全事故的，应当同时向事故所在地安全生产监督局报告；特种设备发生事故，应当同时向特种设备安全监督管理部门报告。接到报告的部门应当按照国家有关规定，如实上报。报告的方式可先采用电话口头报告，随后递交正式书面报告。在法定工作日向水利部工程建设事故应急指挥部办公室报告，夜间和节假日向水利部总值班室报告，总值班室归口负责向国务院报告。

②各级水行政主管部门接到水利工程建设重大质量与安全事故报告后，应当遵循"迅速、准确"的原则，立即逐级报告同级人民政府和上级水行政主管部门。

③对于水利部直管的水利工程建设项目以及跨省(自治区、直辖市)的水利工程项目，在报告水利部的同时应当报告有关流域机构。

④特别紧急的情况下，项目法人和施工单位以及各级水行政主管部门可直接向水利部报告。

(10)事故报告内容分为事故发生时报告的内容以及事故处理过程中报告的内容。

事故发生后及时报告以下内容：

①发生事故的工程名称、地点、建设规模和工期，事故发生的时间、地点、简要经过、事故类别和等级、人员伤亡及直接经济损失初步估算；

②有关项目法人、施工单位、主管部门名称及负责人联系电话，施工等单位的名称、资质等级；

③事故报告的单位、报告签发人及报告时间和联系电话等。

根据事故处置情况及时续报以下内容：

①有关项目法人、勘察、设计、施工、监理等工程参建单位名称、资质等级情况，单位以及项目负责人的姓名以及相关执业资格；

②事故原因分析；

③事故发生后采取的应急处置措施及事故控制情况；

④抢险交通道路可使用情况；

⑤其他需要报告的有关事项等。

(11)事故现场指挥协调和紧急处置：

①水利工程建设发生质量与安全事故后，在工程所在地人民政府的统一领导下，迅速

成立事故现场应急处置指挥机构负责统一领导、统一指挥、统一协调事故应急救援工作。事故现场应急处置指挥机构由到达现场的各级应急指挥部和项目法人、施工等工程参建单位组成。

②水利工程建设发生重大质量与安全事故后,项目法人和施工等工程参建单位必须迅速、有效地实施先期处置,防止事故进一步扩大,并全力协助开展事故应急处置工作。

(12)各级应急指挥部应当组织好三支应急救援基本队伍:

①工程设施抢险队伍,由工程施工等参建单位的人员组成,负责事故现场的工程设施抢险和安全保障工作。

②专家咨询队伍,由从事科研、勘察、设计、施工、监理、质量监督、安全监督、质量检测等工作的技术人员组成,负责事故现场的工程设施安全性能评价与鉴定,研究应急方案、提出相应应急对策和意见;并负责从工程技术角度对已发事故还可能引起或产生的危险因素进行及时分析预测。

③应急管理队伍,由各级水行政主管部门的有关人员组成,负责接收同级人民政府和上级水行政主管部门的应急指令、组织各有关单位对水利工程建设重大质量与安全事故进行应急处置,并与有关部门进行协调和信息交换。

经费与物资保障应当做到地方各级应急指挥部确保应急处置过程中的资金和物资供给。

(13)宣传、培训和演练。

其中,公众信息交流应当做到:

①水利部应急预案及相关信息公布范围至流域机构、省级水行政主管部门。

②项目法人制定的应急预案应当公布至工程各参建单位及相关责任人,并向工程所在地人民政府及有关部门备案。

培训应当做到:

①水利部负责对各级水行政主管部门以及国家重点建设项目的项目法人应急指挥机构有关工作人员进行培训。

②项目法人应当组织水利工程建设各参建单位人员进行各类质量与安全事故及应急预案教育,对应急救援人员进行上岗前培训和常规性培训。培训工作应结合实际,采取多种形式,定期与不定期相结合,原则上每年至少组织一次。

(14)监督检查。水利部工程建设事故应急指挥部对流域机构、省级水行政主管部门应急指挥部实施应急预案进行指导和协调。按照水利工程建设管理事权划分,由水行政主管部门应急指挥部对项目法人以及工程项目施工单位应急预案进行监督检查。项目法人应急指挥部对工程各参建单位实施应急预案进行督促检查。

# 第四节　水利工程安全生产监督管理的内容

根据《中华人民共和国安全生产法》第9条、第54条,《建设工程安全生产管理条例》第39条、第40条等有关规定,《水利工程建设安全生产管理规定》结合水利工程建设的特点以及建设管理体系的具体情况,对水利工程建设安全生产监督管理主要的要求如下:

（1）水行政主管部门和流域管理机构按照分级管理权限,负责水利工程建设安全生产的监督管理。水行政主管部门或者流域管理机构委托的安全生产监督机构,负责水利工程施工现场的具体监督检查工作。

（2）水利部负责全国水利工程建设安全生产的监督管理工作,其主要职责是:

①贯彻、执行国家有关安全生产的法律、法规和政策,制定有关水利工程建设安全生产的规章、规范性文件和技术标准;

②监督、指导全国水利工程建设安全生产工作,组织开展对全国水利工程建设安全生产情况的监督检查;

③组织、指导全国水利工程建设安全生产监督机构的建设、考核和安全生产监督人员的考核工作以及水利水电工程施工单位的主要负责人、项目负责人和专职安全生产管理人员的安全生产考核工作。

（3）流域管理机构负责所管辖的水利工程建设项目的安全生产监督工作。

（4）省、自治区、直辖市人民政府水行政主管部门负责本行政区域内所管辖的水利工程建设安全生产的监督管理工作,其主要职责是:

①贯彻、执行有关安全生产的法律、法规、规章、政策和技术标准,制定地方有关水利工程建设安全生产的规范性文件;

②监督、指导本行政区域内所管辖的水利工程建设安全生产工作,组织开展对本行政区域内所管辖的水利工程建设安全生产情况的监督检查;

③组织、指导本行政区域内水利工程建设安全生产监督机构的建设工作以及有关的水利水电工程施工单位的主要负责人、项目负责人和专职安全生产管理人员的安全生产考核工作。

市、县级人民政府水行政主管部门水利工程建设安全生产的监督管理职责,由省、自治区、直辖市人民政府水行政主管部门规定。

（5）水行政主管部门或者流域管理机构委托的安全生产监督机构,应当严格按照有关安全生产的法律、法规、规章和技术标准,对水利工程施工现场实施监督检查。安全生产监督机构应当配备一定数量的专职安全生产监督人员。安全生产监督机构以及安全生产监督人员应当经水利部考核合格。

（6）水行政主管部门或者其委托的安全生产监督机构应当自收到《水利工程建设安全生产管理规定》第9条和第11条规定的有关备案资料后20日内,将有关备案资料抄送同级安全生产监督管理部门。流域管理机构抄送项目所在地省级安全生产监督管理部门,并报水利部备案。

（7）水行政主管部门、流域管理机构或者其委托的安全生产监督机构依法履行安全生产监督检查职责时,有权采取下列措施:

①要求被检查单位提供有关安全生产的文件和资料;

②进入被检查单位施工现场进行检查;

③纠正施工中违反安全生产要求的行为;

④对检查中发现的安全事故隐患,责令立即排除;重大安全事故隐患排除前或者排除过程中无法保证安全的,责令从危险区域内撤出作业人员或者暂时停止施工。

（8）各级水行政主管部门和流域管理机构应当建立举报制度，及时受理对水利工程建设生产安全事故及安全事故隐患的检举、控告和投诉；对超出管理权限的，应当及时转送有管理权限的部门。举报制度应当包括以下内容：

①公布举报电话、信箱或者电子邮件地址，受理对水利工程建设安全生产的举报；

②对举报事项进行调查核实，并形成书面材料；

③督促落实整顿措施，依法作出处理。

# 第五节　水利工程文明建设工地的要求

## 一、规范文件

《水利系统文明建设工地评审管理办法》（建设指导委员会办公室建地〔1998〕4 号）。

## 二、评选组织及申报条件

（1）水利系统文明建设工地的评审工作由水利部优质工程审定委员会负责。其审定委员会办公室负责受理工程项目的申报、资格初审等日常工作。

（2）水利系统文明建设工地每两年评选一次。

（3）申报水利系统文明建设工地的项目，应满足下列条件：

①已完工程量一般应达全部建安工程量的 30% 以上。

②工程未发生过严重违法乱纪事件和重大质量、安全事故。

③符合《水利系统文明建设工地考核标准》的要求。

（4）水利系统文明建设工地由项目法人或建设单位负责申报。

①部直属项目，由项目法人或建设单位直接上报；

②以水利部投资为主的项目、跨省区边界的项目由流域机构进行审查后上报；

③地方项目，由省、自治区、直辖市水利（水电）厅（局）审查后上报。

（5）各流域机构或省级水行政主管部门需根据《水利系统文明建设工地考核标准》，在进行检查评比的基础上，向部排序推荐，推荐工程项目，要坚持高标准、严要求，认真审查，严格把关。

（6）申报单位须填写《水利系统文明建设工地申报表》一式二份，其中一份应附项目简介以及反映工程文明工地建设的录像带或照片（至少 10 张）等有关资料，于当年的 4 月报水利部优质工程审定委员会办公室。

## 三、评审

（1）根据申报工程情况，由审定委员会办公室组织对有关工程的现场进行复查，并提出复查报告。

（2）申报单位申报和接受复查，不得弄虚作假，不得行贿送礼，不得超标准接待。对违反者，视情节轻重，给予通报批评、警告或取消其申报资格。

（3）评审人员要秉公办事，严守纪律，自觉抵制不正之风。对违反者，视其情节轻重，给予通报批评、警告或取消其评审资格。

四、奖励

评为水利系统文明建设工地的项目,由水利部建设司、人事劳动教育司、精神文明建设指导委员会办公室联合授予建设单位奖牌;授予设计、监理、有关施工单位奖状。项目获奖将作为评选水利部优质工程的重要因素予以考虑。

工程项目获奖后,如发生严重违法违纪案件和重大质量、安全事故的,将取消其曾获得的"水利系统文明建设工地"称号。

五、水利系统文明建设工地考核标准

**(一)精神文明建设(30%)**

(1)认真组织学习《中共中央关于加强社会主义精神文明建设若干问题的决议》,坚决贯彻执行党的路线、方针、政策;

(2)成立创建文明建设工地的组织机构,制定创建文明建设工地的规划和办法并认真实行;

(3)有计划地组织广大职工开展爱国主义、集体主义、社会主义教育活动;

(4)积极开展职业道德、职业纪律教育,制定并执行岗位和劳动技能培训计划;

(5)群众文体生活丰富多彩,职工有良好的精神面貌,工地有良好的文明氛围,宣传工作抓得好;

(6)工程建设各方能够遵纪守法,无违法违纪和腐败现象。

**(二)工程建设管理水平(40%)**

1.工程实施符合基本建设程序

(1)工程建设符合国家的政策、法规,严格按基建程序办事;

(2)部有关文件实行招标投标制和建设监理制规范;

(3)工程实施过程中,能严格按合同管理,合理控制投资、工期、质量,验收程序符合要求;

(4)建设单位与监理、施工、设计单位关系融洽、协调。

2.工程质量管理井然有序

(1)工程施工质量检查体系及质量保证体系健全;

(2)工地试验室拥有必要的检测设备;

(3)各种档案资料真实可靠,填写规范、完整;

(4)工程内在、外观质量优良,单元工程优良品率达到70%以上,未发生过重大质量事故;

(5)出现质量事故能按"三不放过"原则及时处理。

3.施工安全措施周密

(1)建立了以责任制为核心的安全管理和保证体系,配备了专职或兼职安全员;

(2)认真贯彻国家有关施工安全的各项规定及标准,并制定了安全保证制度;

(3)施工现场无不符合安全操作规程状况;

（4）一般伤亡事故控制在标准内，未发生重大安全事故。

4. 内部管理制度健全，建设资金使用合理合法

**（三）施工区环境（30%）**

（1）现场材料堆放、施工机械停放有序、整齐；

（2）施工现场道路平整、畅通；

（3）施工现场排水畅通，无严重积水现象；

（4）施工现场做到工完场清，建筑垃圾集中堆放并及时清运；

（5）危险区域有醒目的安全警示牌，夜间作业要设警示灯；

（6）施工区与生活区应挂设文明施工标牌或文明施工规章制度；

（7）办公室、宿舍、食堂等公共场所整洁卫生、有条理；

（8）工区内社会治安环境稳定，未发生严重打架斗殴事件，无黄、赌、毒等社会丑恶现象；

（9）能注意正确协调处理与当地政府和周围群众关系。

# 第六节　安全管理

企业建立并实施职业健康安全与环境管理体系，是建设工程项目管理的一项主要内容，是强化企业管理的需要，也是体现企业管理现代化的重要标志。

## 一、施工安全管理

### （一）施工安全管理体系

1. 施工安全管理体系概述

施工安全管理体系是项目管理体系中的一个子系统，它是根据 PDCA 循环模式的运行方式，以逐步提高、持续改进的思想指导企业系统地实现安全管理的既定目标。因此，施工安全管理体系是一个动态的、自我调整和完善的管理系统。

2. 建立施工安全管理体系的重要性

（1）建立施工安全管理体系，能使劳动者获得安全与健康，是体现社会经济发展和社会公正、安全、文明的基本标志。

（2）通过建立施工安全管理体系，可以改善企业的安全生产规章制度不健全、管理方法不适当、安全生产状况不佳的现状。

（3）施工安全管理体系对企业环境的安全卫生状态规定了具体的要求和限定，从而使企业必须根据安全管理体系标准实施管理，才能促进工作环境达到安全卫生标准的要求。

（4）推行施工安全管理体系，是适应国内外市场经济一体化趋势的需要。

（5）实施施工安全管理体系，可以促使企业尽快改变安全卫生的落后状况，从根本上调整企业的安全卫生管理机制，改善劳动者的安全卫生条件，增强企业参与国内外市场的竞争能力。

3. 建立施工安全管理体系的原则

(1)贯彻"安全第一、预防为主、综合治理"的方针,企业必须建立健全安全生产责任制和群防群治制度,确保工程施工劳动者的人身和财产安全。

(2)施工安全管理体系的建立,必须适用于工程施工全过程的安全管理和控制。

(3)施工安全管理体系文件的编制,必须符合国家的法律、行政法规及规程的要求。

(4)项目经理部应根据本企业的安全管理体系标准,结合各项目的实际加以充实,确保工程项目的施工安全。

(5)企业应加强对施工项目的安全管理,指导、帮助项目部建立和实施安全管理体系。

## (二)施工安全保证体系

1. 施工安全保证体系的含义

施工安全管理的工作目标,主要是避免或减少一般安全事故和轻伤事故,杜绝重大、特大安全事故和伤亡事故的发生,最大限度地确保施工中劳动者的人身和财产安全。能否达到这一施工安全管理的工作目标,关键问题是需要安全管理和安全技术来保证。

2. 施工安全保证体系的构成

1)施工安全的组织保证体系

施工安全的组织保证体系是负责施工安全工作的组织管理系统,一般包括企业成立的安全生产委员会、专职管理机构的设置和专兼职安全管理人员的配备等。

2)施工安全的制度保证体系

施工安全的制度保证体系是为贯彻执行安全生产法律、法规、强制性标准、工程施工设计和安全技术措施,确保施工安全而提供制度的支持与保证体系。

3)施工安全的技术保证体系

施工安全是为了达到工程施工的作业环境和条件安全、施工技术安全、施工状态安全、施工行为安全以及安全生产管理到位的安全目的。施工安全的技术保证,就是为上述五个方面的安全要求提供安全技术的保证,确保在施工中准确判断其安全的可靠性,对避免出现危险状况、事态作出限制和控制规定,对施工安全保险与排险措施给予规定以及对一切施工生产给予安全保证。

4)施工安全投入保证体系

施工安全投入保证体系是确保施工安全应有与其要求相适应的人力、物力和财力投入,并发挥其投入效果的保证体系。其中,人力投入可在施工安全组织保证体系中解决,而物力和财力的投入则需要解决相应的资金问题。其资金来源为工程费用中的机械装备费、措施费(如脚手架费、环境保护费、安全文明施工费、临时设施费等)、管理费和劳动保险支出等。

5)施工安全信息保证体系

施工安全工作中的信息主要有文件信息、标准信息、管理信息、技术信息、安全施工状况信息及事故信息等,这些信息对于企业搞好安全施工工作具有重要的指导和参考作用。因此,企业应把这些信息作为安全施工的基础资料保存,建立起施工安全的信息保证体系,以便为施工安全工作提供有力的安全信息支持。

## 二、施工安全管理的任务

### (一)设置施工安全管理机构

1. 公司安全管理机构的设置

公司应设置以法定代表人为第一责任人的安全管理体系,并根据企业的施工规模及职工人数设置专门的安全生产管理机构部门并配备专职安全管理人员。

2. 项目经理部安全管理机构的设置

项目经理部是施工现场第一线管理机构,应根据工程特点和规模,设置以项目经理为第一责任人的安全管理领导小组,其成员由项目经理、技术负责人、专职安全员、工长及各工种班组长组成。

3. 施工班组安全管理

施工班组要设置不脱产的兼职安全员,协助班组长搞好班组的安全生产管理。班组要坚持班前班后岗位安全检查、安全值日和安全日活动制度,并要认真做好班组的安全记录。

### (二)制定施工安全管理计划

(1)项目经理部应根据项目施工安全目标的要求配置必要的资源,保证安全目标的实现。专业性较强的施工项目,应编制专项安全施工组织设计或安全技术措施。

(2)施工安全管理计划应在项目开工前编制,经批准后实施。

(3)施工安全管理计划的内容应包括工程概况、控制程序、控制目标、组织结构、职责权限、规章制度、资源配置、安全措施、检查评价、奖惩制度。

(4)施工安全管理计划的制定,应根据工程特点、施工方法、施工程序、安全法规和标准的要求,采取可靠的技术措施,消除安全隐患,保证施工安全。

(5)对危险性较大的分部分项工程,还应当编制专项施工方案,专项施工方案应当包括安全技术措施、应急救援预案等专门性文件。

(6)对高空作业、井下作业、水上和水下作业、深基础开挖、爆破作业、脚手架上作业、有毒有害作业、特种机械作业等专业性强的施工作业,以及从事电气、压力容器、起重机、金属焊接、井下瓦斯检验、机动车和船舶驾驶等特殊工种的作业,应制定单项安全技术方案和措施,并对管理人员和操作人员的安全作业资格、身体状况进行合格审查。

(7)施工平面图设计是施工安全管理计划的主要内容,设计时应充分考虑安全、防火、防爆、防污染等因素,满足施工安全生产的要求。

(8)实行总分包的项目,分包项目安全计划应纳入总包项目安全计划,分包人应服从总承包人的管理。

### (三)施工安全管理控制

施工安全管理控制必须坚持"安全第一、预防为主、综合治理"的方针。项目经理部应建立安全管理体系和安全生产责任制。安全员及特种作业人员应持证上岗,保证项目安全目标的实现。

1. 施工安全管理控制对象

施工安全管理控制主要以施工活动中的人力、物力和环境为对象,建立一个安全的生产体系,在施工活动过程中主要控制人的不安全行为、物的不安全状态和管理上的缺陷。

2.抓薄弱环节和关键部位,控制伤亡事故

在项目施工中,分包单位的安全管理,是整个安全工作的薄弱环节,总包单位要建立健全分包单位的安全教育、安全检查、安全交底等制度。对分包单位的安全管理应层层负责,项目经理要负主要责任。

伤亡事故大多发生在高处坠落、物体打击、触电、坍塌、机械和起重伤害等方面,水利工程还应当注意淹溺事故的发生,应当加强对施工项目周边水面的管理。所以对脚手架、洞口、临边、起重设备、施工用电等关键部位发生的事故要认真地分析,找出发生事故的症结所在,然后采取措施,加以防范,消灭和减少伤亡事故的发生。

3.施工安全管理目标控制

施工安全管理目标是在施工过程中安全工作所要达到的预期效果。其目标由施工总承包单位根据本工程的具体情况,对前面所述的施工安全管理策划目标,进行进一步展开、深入和具体化的修正,真正达到指导和控制安全施工的目的。

(1)施工安全管理目标实施的主要内容:

①六杜绝:杜绝因公受伤、死亡事故;杜绝坍塌伤害事故;杜绝物体打击事故;杜绝高处坠落事故;杜绝机械伤害事故;杜绝触电事故。

②三消灭:消灭违章指挥;消灭违章作业;消灭"惯性事故"。

③二控制:控制年负伤率,负轻伤频率控制在6‰以内;控制年安全事故率。

④一创建:创建安全文明示范工地。

(2)施工安全目标管理控制程序。

## 三、施工安全管理策划

施工安全管理策划,主要是根据工程项目的规模、特点、结构、环境、技术含量、施工风险和资源配置等情况,针对施工过程中的重大危险因素采用什么方式和手段进行有效的控制。

### (一)施工安全管理实施策划的原则

1.预防性

施工安全管理策划必须坚持"安全第一、预防为主、综合治理"的原则,针对工程施工的全过程制定安全预防措施,真正起到施工项目安全管理的预防、预控作用。

2.全过程性

施工安全管理策划必须覆盖施工生产的全过程和全部内容,使施工安全技术措施贯穿到施工生产的始终,从而实现整个施工系统的安全。

3.科学性

施工安全管理策划的编制,必须遵守国家的法律、法规及地方政府的安全管理规定,其策划的内容应体现最先进的生产力和地方政府的安全管理方法,执行国家、行业的安全技术标准和安全技术规程,真正做到科学指导安全生产。

4.可操作性和针对性

施工安全管理策划的目标和方案应坚持实事求是的原则,其安全目标具有真实性,安全方案具有可操作性,安全技术措施具有针对性。

5. 动态控制

施工生产全过程中的不安全因素是不同的、动态的,所以,对施工安全生产必须实施动态控制的原则。

6. 持续改进

施工安全生产必须坚持持续改进的原则,不断提高企业安全管理水平。

7. 实效的最优化

施工安全管理策划应遵守不盲目扩大项目投入,又不取消和减少安全技术措施经费来降低工程成本,而是在确保安全目标的前提下,在经济投入、人力投入和物质投入上坚持最优化的原则。

**(二)施工安全管理策划的基本内容**

1. 安全策划的依据

(1)国家、地方政府和主管部门有关施工安全的法律、法规及规定;

(2)采用的主要技术规范、规程、标准和其他依据。

2. 工程概况

(1)本工程项目所承担的施工任务及范围;

(2)工程性质、规模、地理位置及特殊要求;

(3)地质及水文条件;

(4)危险性较大的分部分项工程辨识。

3. 建设工程重大危险源

(1)基坑支护与降水工程。开挖深度超过 5 m(含 5 m)的基坑(槽)或地下室二层以上(含二层),并采用支护结构施工的工程;或基坑虽未超过 5 m,但地质条件和周围环境复杂、地下水位在坑底以上、地下管线极其复杂等工程。

(2)土方开挖工程。开挖深度超过 5 m(含 5 m)的基坑、槽的土方开挖。

(3)地下暗挖工程。地下暗挖及遇有溶洞、暗河、瓦斯、岩爆、涌泥、断层等地质复杂的隧道工程。

(4)模板工程。各类工具式模板工程,包括滑模、爬模、大模板等;水平混凝土构件模板支撑系统及特殊结构模板工程。

水平混凝土构件模板支撑系统高度超过 8 m,或跨度超过 18 m,施工总荷载大于 10 $kN/m^2$,或集中线荷载大于 15 $kN/m$ 的模板支撑系统。

(5)起重吊装工程。

(6)脚手架工程。

①高度超过 24 m 的落地式钢管脚手架;

②附着式升降脚手架,包括整体提升与分片式提升;

③悬挑式脚手架;

④门型脚手架;

⑤挂脚手架;

⑥吊篮脚手架;

⑦卸料平台。

（7）拆除、爆破工程。采用人工、机械拆除或爆破拆除的工程。

（8）其他危险性较大的工程。

①建筑幕墙的安装施工；

②预应力结构张拉施工；

③隧道工程施工；

④桥梁工程施工（含架桥）；

⑤特种设备施工；

⑥网架和索膜结构施工；

⑦6 m 以上的边坡施工或者高度虽不足 6 m 但地质条件复杂的高大边坡；

⑧大江、大河的导流、截流施工；

⑨港口工程、航道工程；

⑩采用新技术、新工艺、新材料，可能影响建设工程质量安全，已经行政许可，尚无技术标准的施工。

（9）30 m 及以上高空作业的工程。

（10）大江、大河中深水作业的工程。

（11）城市房屋拆除爆破和其他土石大爆破工程。

（12）其他专业性强、工艺复杂、危险性大、交叉作业等易发生重大事故的施工部位及作业活动。

4. 主要安全防范措施

（1）根据全面分析工程项目的各种危险因素，选用安全可靠的各种装置设备、设施和必要的安全检验、检测设备；

（2）根据火灾、爆炸等危险场所的类别、等级、范围，选择电气设备的安全距离及防雷、防静电、防止误操作等设施；

（3）对可能发生的事故做出预案、方案及疏散、应急救援等措施；

（4）危险场所和部位（如高空作业、外墙临边作业等）及危险期间（如冬期、雨期、台风、高温天气等）所采用的防护设备、设施和劳动保护用品及其效果等。

5. 预期效果评价

预期效果的评价，主要是通过施工项目安全检查获得，其检查的主要内容有安全教育和培训、安全生产责任制、安全保证计划、安全组织机构、安全保证措施、安全技术措施和交底、安全持证上岗、安全设施、安全标识、操作行为、违规管理、安全记录等。

6. 安全措施经费

（1）安全教育及培训的设备、设施等费用；

（2）主要生产环节专项防范设施费用；

（3）安全劳动保护用品费用；

（4）检验、检测设备及设施费用；

（5）事故应急救援措施费用；

（6）安全检查费用。

企业高危作业的人员办理团体人身意外伤害保险或个人意外伤害保险。所需保险费用直接列入成本（费用），不在安全费用中列支。

企业为职工提供的职业病防治、工伤保险、医疗保险所需费用，不在安全费用中列支。

### （三）施工安全管理目标策划

施工安全管理目标策划是根据企业的整体安全目标，结合本工程的性质、规模、特点、技术复杂程度等实际情况，确定工程安全生产所要达到的目标，并采取一系列措施去努力实现目标的活动过程。施工安全管理目标策划主要包括：①安全目标；②管理目标；③工作目标。

## 四、施工安全管理实施

### （一）施工安全管理实施的基本要求

（1）水利工程必须取得开工批准；

（2）必须建立健全安全管理保障制度；

（3）持证上岗管理；

（4）所有新工人（包括新招收的合同工、临时工、农民工及实习和代培人员）必须经过三级安全教育，即施工人员进场作业前进行公司、项目部、作业班组的安全教育；

（5）特种作业（指对操作者本人和其他工种作业人员以及对周围设施的安全有重大危险因素的作业）人员，必须经过专门培训，并取得特种作业资格证书；

（6）隐患排查治理制度；

（7）必须建立安全生产值班制度，并由现场领导带班；

（8）设施设备验收制度；

（9）方案评审制度；

（10）安全检查制度；

（11）安全技术交底制度等。

### （二）施工安全技术措施

施工安全技术措施是在施工项目生产活动中，根据工程特点、规模、结构复杂程度、工期、施工现场环境、劳动组织、施工方法、施工机械设备、变配电设施、架设工具以及各项安全防护设施等，针对施工中存在的不安全因素进行预测和分析，找出危险点，为消除和控制危险隐患，从技术和管理上采取措施加以防范，消除不安全因素，防止事故发生，确保施工项目安全施工。

1. 施工安全技术措施的编制要求

（1）施工安全技术措施在施工前必须编制好，并且经过审批后正式下达施工单位指导施工。设计和施工发生变更时，安全技术措施必须及时变更或作补充。

（2）根据不同分部分项工程的施工方法和施工工艺可能给施工带来的不安全因素，制定相应的施工安全技术措施，真正做到从技术上采取措施保证其安全实施。

①主要的分部分项工程，如土石方工程、基础工程（含桩基础）、砌筑工程、钢筋混凝土工程、钢门窗工程、结构吊装工程及脚手架工程等都必须编制单独的分部分项工程施工安全技术措施。

②编制施工组织设计或施工方案时,在使用新技术、新工艺、新设备、新材料的同时,必须考虑相应的施工安全技术措施。

(3)编制各种机械动力设备、用电设备的安全技术措施。

(4)对于有毒、有害、易燃、易爆等项目的施工作业,必须考虑防止可能给施工人员造成危害的安全技术措施。

(5)对于施工现场的周围环境中可能给施工人员及周围居民带来的不安全因素,以及由于施工现场狭小导致材料、构件、设备运输的困难和危险因素,制定相应的施工安全技术措施。

(6)针对季节性施工的特点,必须制定相应的安全技术措施。夏季要制定防暑降温措施;雨期施工要制定防触电、防雷、防坍塌措施;冬期施工要制定防风、防火、防滑、防煤气和亚硝酸钠中毒措施。

(7)施工安全技术措施中要有施工总平面图,在图中必须对危险的油库、易燃材料库以及材料、构件的堆放位置,垂直运输设备、变电设备、搅拌站的位置等,按照施工需要和安全规程的要求明确定位,并提出具体要求。

(8)制定的施工安全技术措施必须符合国家颁发的施工安全技术法规、规范及标准。

2.施工安全技术措施的审批管理

(1)一般工程施工安全技术措施在施工前必须编制完成,并经过项目技术负责人审批,报公司相关部门备案。

(2)对于危险性较大的分部分项工程的施工安全技术措施,由项目(或专业公司)总工程师审核,公司相关管理部门复核,由公司总工程师审批。

(3)分包单位编制的施工安全技术措施,在完成报批手续后报总包单位审批。

(4)施工安全技术措施变更。

①施工过程中若发生设计变更时,原安全技术措施必须及时变更,否则不准施工。

②施工过程中由于各方面原因所致,确实需要修改原安全技术措施时,必须经原编制人同意,并办理修改审批手续。

## (三)施工安全技术交底

施工安全技术交底是在建设工程施工前,项目部的技术人员向施工班组和作业人员进行有关工程安全施工的详细说明,并由双方签字确认。安全技术交底一般由技术人员根据分部分项工程的实际情况、特点和危险因素编写,它是操作者的法令性文件。

1.施工安全技术交底的基本要求

(1)施工安全技术交底要充分考虑到各分部分项工程的不安全因素,其内容必须具体、明确、针对性强。

(2)施工安全技术交底应优先采用新的安全技术措施。

(3)在工程开工前,应将工程概况、施工方法、安全技术措施等情况,向工地负责人、工长及全体职工进行交底。

(4)对于有两个以上施工队或工种配合施工时,要根据工程进度情况定期或不定期地向有关施工队或班组进行交叉作业施工的安全技术交底。

(5)在每天工作前,工长应向班组长进行安全技术交底。班组长每天也要对工人进行有关施工要求、作业环境等方面的安全技术交底。

(6)要以书面形式进行逐级的安全技术交底工作,并且交底的时间、内容及交底人和接受交底人要签名或盖章。

(7)安全技术交底书要按单位工程归放一起,以备查验。

2.施工安全技术交底制度

(1)大规模群体性工程,总承包人不是一个单位时,由建设单位向各单项工程的施工总承包单位作建设安全要求及重大安全技术措施交底。

(2)大型或特大型工程项目,由总承包公司的总工程师组织有关部门向项目经理部和分包商进行安全技术措施交底。

(3)一般工程项目,由项目经理部技术负责人和现场经理向有关施工人员(项目工程部、商务部、物资部、质量和安全总监及专业责任工程师等)和分包商技术负责人进行安全技术措施交底。

(4)分包商技术负责人,要对其管辖的施工人员进行详细的安全技术措施交底。

(5)项目专业责任工程师,要对所管辖的分包商工长进行专业工程施工安全技术措施交底,对分包工长向操作班组所进行的安全技术交底进行监督、检查。

(6)专业责任工程师要对劳务分包方的班组进行分部分项工程安全技术交底,并监督指导其安全操作。

(7)施工班组长在每天作业前,应将作业要求和安全事项向作业人员进行交底,并将交底的内容和参加交底的人员名单记入班组的施工日志中。

3.施工安全技术交底的主要内容

(1)建设工程项目、单项工程和分部分项工程的概况、施工特点和施工安全要求。

(2)确保施工安全的关键环节、危险部位、安全控制点及采取相应的技术、安全和管理措施。

(3)做好"四口"、"五临边"的防护设施,其中"四口"为通道口、楼梯口、电梯井口、预留洞口;"五临边"为未安栏杆的阳台周边、无外架防护的崖面周边、框架工程的楼层周边、卸料平台的外侧边及上下跑道、斜道的两侧边。

(4)项目管理人员应做好的安全管理事项和作业人员应注意的安全防范事项。

(5)各级管理人员应遵守的安全标准和安全操作规程的规定及注意事项。

(6)安全检查要求,注意及时发现和消除的安全隐患。

(7)对于出现异常征兆、事态或发生事故的应急救援措施。

(8)对于安全技术交底未尽的其他事项的要求(即应按哪些标准、规定和制度执行)。

## (四)安全文明施工措施

根据国家相关规定以及各省市有关文明施工管理的要求,施工单位应规范施工现场,创造良好生产、生活环境,保障职工的安全与健康,做到文明施工、安全有序、整洁卫生、不扰民、不损害公众利益。

1.现场大门和围挡设置

(1)施工现场设置大门,大门牢固、美观。高度不宜低于4 m,大门上应标有企业标志。

（2）施工现场的围挡必须沿工地四周连续设置，不得有缺口。并且围挡要坚固、平稳、严密、整洁、美观。

（3）围挡的高度：市区主要路段不宜低于2.5 m，一般路段不低于1.8 m。

（4）围挡材料应选用砌体、金属板材等硬质材料，禁止使用彩条布、竹笆、安全网等易变形材料。

（5）建设工程外侧周边使用密目式安全网（2 000目/100 cm²）进行防护。

2. 现场封闭管理

（1）施工现场出入口设专职门卫人员，加强对现场材料、构件、设备的进出监督管理。

（2）为加强对出入现场人员的管理，施工人员应佩戴工作卡以示证明。

（3）根据工程的性质和特点，出入大门口的形式，各企业各地区可按各自的实际情况确定。

3. 施工场地布置

（1）施工现场大门内必须设置明显的"五牌二图"（即工程概况牌、安全生产制度牌、文明施工制度牌、环境保护制度牌、消防保卫制度牌及施工现场平面布置图），标明工程项目名称、建设单位、设计单位、施工单位、监理单位、工程概况及开工、竣工日期等。

（2）对于文明施工、环境保护和易发生伤亡事故（或危险）处，应设置明显的、符合国家标准要求的安全警示标志牌。

（3）设置施工现场安全"五标志"，即指令标志（佩戴安全帽、系安全带等），禁止标志（禁止通行、严禁抛物等），警告标志（当心落物、小心坠落等），电力安全标志（禁止合闸、当心有电等）和提示标志（安全通道、火警、盗警、急救中心电话等）。

（4）现场主要运输道路尽量采用循环方式设置或有车辆调头的位置，保证道路通畅。

（5）现场道路有条件的可采用混凝土路面，无条件的可采用其他硬化路面。现场地面也应进行硬化处理，以免现场扬尘，雨后泥泞。

（6）施工现场必须有良好的排水设施，保证排水畅通。

（7）现场内的施工区、办公区和生活区要分开设置，保持安全距离，并设标志牌。办公区和生活区应根据实际情况进行绿化。

（8）各类临时设施必须根据施工总平面图布置，而且要整齐、美观。办公和生活用的临时设施宜采用轻体保温或隔热的活动房，既可多次周转使用，降低建设成本，又可达到整洁、美观的效果。

（9）施工现场临时用电线路的布置，必须符合安装规范和安全操作规程的要求，严格按施工组织设计进行架设，严禁任意拉线接电。而且必须设有保证施工要求的夜间照明。生活区宜装设负载识别器，控制职工宿舍内大功率电器的使用，防止发生电气火灾。

（10）工程施工的废水、泥浆应经流水槽或管道流到工地集水池统一沉淀处理，不得随意排放和污染施工区域以外的河道、路面。

4. 现场材料、工具堆放

（1）施工现场的材料构件、工具必须按施工平面图规定的位置堆放，不得侵占场内道路及安全防护等设施。

（2）各种材料、构件堆放应按品种、分规格整齐堆放，并设置标志。

（3）施工作业区的垃圾不得长期堆放，要随时清理，做到每天工完场清。

（4）易燃易爆物品不能混放，要有集中存放的库房。班组使用的零散易燃易爆物品，必须按有关规定存放。

（5）对于楼梯间、休息平台、阳台临边等地方不得堆放物料。

5. 施工现场安全防护布置

根据建设部有关建筑工程安全防护的有关规定，项目经理部必须做好施工现场安全防护工作。

（1）施工临边、洞口交叉、高处作业及楼板、屋面、阳台等临边防护，必须采用密目式安全立网全封闭，作业层要另加防护栏杆和18 cm高的挡脚板。

（2）通道口设防护棚，防护棚应为不小于5 cm厚的木板或两道相距50 cm的竹笆，两侧应沿栏杆架用密目式安全网封闭。

（3）预留洞口用木板全封闭防护，对于短边超过1.5 m长的洞口，除封闭外四周还应设有防护栏杆。

（4）电梯井口设置定型化、工具化、标准化的防护门，在电梯井内每隔两层（不大于10 m）设置一道安全平网。

（5）楼梯边设1.2 m高的定型化、工具化、标准化的防护栏杆，18 cm高的挡脚板。

（6）垂直方向交叉作业，应设置防护隔离棚或其他设施防护。

（7）高空作业施工，必须有悬挂安全带的悬索或其他设施，有操作平台，有上下的梯子或其他形式的通道。

6. 施工现场防火布置

（1）施工现场应根据工程实际情况，订立消防制度或消防措施。

（2）按照不同作业条件和消防有关规定，合理配备消防器材，符合消防要求。消防器材设置点要有明显标志，夜间设置红色警示灯，消防器材应垫高设置，周围2 m内不准乱放物品。

（3）当建筑施工高度超过30 m（或当地规定）时，为防止单纯依靠消防器材灭火不能满足要求，应配备有足够的消防水源和自救的用水量。扑救电气火灾不得用水，应使用干粉灭火器，消防水管应当采用镀锌钢管。

（4）在容易发生火灾的区域施工或储存、使用易燃易爆器材时，必须采取特殊的消防安全措施。

（5）现场动火，必须经批准，设专人管理。五级风及以上禁止使用明火。

（6）坚决执行现场防火"五不走"的规定，即交接班不交待不走、用火设备火源不熄灭不走、用电设备不拉闸不走、可燃物不清干净不走、发现险情不报告不走。

7. 施工现场临时用电管理

1）施工现场临时用电配电线路

（1）按照TN－S系统要求配备五芯电缆、四芯电缆和三芯电缆。

（2）按要求架设临时用电线路的电杆、横担、瓷夹、瓷瓶等，或电缆埋地的地沟。

（3）对靠近施工现场的外电线路，设置木质、塑料等绝缘体的防护设施。

2)配电箱、开关箱

(1)按三级配电要求,配备总配电箱、分配电箱、开关箱。开关箱应符合一机、一箱、一闸、一漏的要求。开关箱中的各类电器应是合格品及符合相关要求。

(2)按两级保护的要求,选取符合容量要求和质量合格的总配电箱和开关箱中的漏电保护器。

3)接地保护

装置施工现场保护零线的重复接地应不少于3处,工作接地电阻值不大于4 Ω,重复接地的电阻值不大于10 Ω。

8.施工现场生活设施布置

(1)职工生活设施要符合卫生、安全、通风、照明等要求。

(2)职工的膳食、饮水供应等应符合卫生要求。炊事员必须有卫生防疫部门颁发的体检合格证。生熟食分别存放,炊事员要穿白工作服,食堂卫生要定期清扫检查。

(3)施工现场应设置符合卫生要求的厕所,有条件的应设水冲式厕所,并有专人清扫管理。现场应保持卫生,不得随地大小便。

(4)生活区应设置满足使用要求的淋浴设施和管理制度。

(5)生活垃圾要及时清理,不能与施工垃圾混放,并设专人管理。

(6)职工宿舍要考虑到季节性的要求,冬季应有保暖、防煤气中毒措施;夏季应有消暑、防虫叮咬措施,保证施工人员的良好睡眠。

(7)宿舍内床铺及各种生活用品放置要整齐,通风良好,并要符合安全疏散的要求。

(8)生活设施的周围环境要保持良好的卫生条件,周围道路、院区平整,并要设置垃圾箱和污水池,不得随意乱泼乱倒。

9.施工现场综合治理

(1)项目部应做好施工现场安全保卫工作,建立治安保卫制度和责任分工,并有专人负责管理。

(2)施工现场在生活区域内适当设置职工业余生活场所,以便施工人员工作后能劳逸结合。

(3)现场不得焚烧有毒有害物质,该类物质必须按有关规定进行处理。

(4)现场施工必须采取不扰民措施,要设置防尘和防噪声设施,做到噪声不超标。

(5)为适应现场可能发生的意外伤害,现场应配备相应的保健药箱和一般常用药品及应急救援器材,以便保证及时抢救,不扩大伤势。

(6)为保障施工作业人员的身心健康,应在流行病发生季节及平时,定期开展卫生防疫的宣传教育工作。

(7)施工作业区的垃圾不得长期堆放,要随时清理,做到每天工完场清。

(8)施工现场应设置密闭式垃圾站,施工垃圾、生活垃圾应分类存放。施工垃圾必须采用相应容器或管道运输。

**(五)施工安全检查**

1.施工安全检查的内容

施工安全检查应根据企业生产的特点,制定检查的项目标准。其主要内容是:查思想、查制度、查安全教育培训、查措施、查隐患、查安全防护、查劳保用品使用、查机械设备、查操作行为、查整改、查伤亡事故处理等。

2.施工安全检查的方式

施工安全检查通常采用经常性安全检查、定期和不定期安全检查、专业性安全检查、重点抽查、季节性安全检查、节假日前后安全检查、班组自检、互检、交接检查及复工检查等方式。

3.施工安全检查的有关要求

(1)项目经理部应建立检查制度,并根据施工过程的特点和安全目标的要求,确定安全检查内容。

(2)项目经理应组织有关人员定期对安全控制计划的执行情况进行检查考核和评价。

(3)项目经理部要严格执行定期安全检查制度,对施工现场的安全施工状况和业绩进行日常的例行检查,每次检查要认真填写记录。

(4)项目经理部安全检查应配备必要的设备或器具,确定检查负责人和检查人员,并明确检查内容及要求。

(5)项目经理部的各班组日常要开展自检自查,做好日常文明施工和环境保护工作。项目部每周组织一次施工现场各班组文明施工、环境保护工作的检查评比,并进行奖罚。

(6)项目经理部安全检查应采取随机抽样、现场观察、异地检测相结合的方法,并记录检测结果。对现场管理人员的违章指挥和操作人员的违章作业行为应进行纠正。

(7)施工现场必须保存上级部门安全检查指令书,对检查中发现的不符合规定要求和存在隐患的设施设备、过程、行为,要进行整改处置。要做到定整改责任人、定整改措施、定整改完成时间、定整改完成人、定整改验收人的"五定"要求。

(8)安全检查人员应对检查结果和整改处置活动进行记录,并通过汇总分析,寻找薄弱环节和安全隐患部位,确定危险程度和需要改进的问题及今后须采取纠正措施或预防措施的要求。

(9)施工现场应设职工监督员,监督现场的文明施工、环境保护工作。发挥群防群治作用,保持施工现场文明施工、环境保护的管理,达到持续改进的效果。

**(六)施工安全资料管理**

项目部应当建立健全项目安全资料管理体系,主要应当包括以下几项。

1.安全生产责任制

(1)公司、项目、班组安全生产责任制(公司包括法定代表人、分管领导、技术负责人、安全部门、专职安全员责任制文字材料;项目包括项目经理、施工队长和施工员和技术员、班组长、岗位工人安全生产责任制文字材料);

(2)项目对各管理人员执行责任制的考核办法文字材料;

(3)项目独立承包及工程合同中的安全生产具体指标和要求;

(4)项目主要公众安全技术操作规程;

(5)施工现场按规定配备的专职安全员的文字材料。

2.目标管理

(1)施工现场安全工作目标;

(2)安全责任目标分解到人;

(3)对分解目标执行情况、考核结果记录。

3.施工组织设计

(1)施工组织设计中应有相应的安全技术措施(指总的施工组织设计);

(2)对专业性强、危险性大的专项工程必须编制专项施工方案(脚手架、模板工程、基坑支护与降水工程、土方开挖工程、施工用电、起重吊装等);

(3)专项施工方案应由技术人员编制、企业技术负责人批准并报建设监理单位总监审批;

(4)审批后的施工方案应由技术人员逐级书面交底到人,专职安全员负责监督方案实施;

(5)施工现场应编制有针对性的应急救援预案,且经编制人、审核人、工程建设监理单位总监签批。

4.分部(分项)工程安全技术交底

(1)各分部(分项)工程应按分部(分项)分层、分段进行书面交底;

(2)交底书由施工负责人、班组长、安全员各持一份,签字真实、齐全。

5.安全检查

(1)公司、施工现场的安全检查制度;

(2)安全检查记录:填写《建筑施工现场安全员检查记录本》记录(检查时间、参加人员、检查内容、存在问题);

(3)隐患整改通知(检查时间、评分表扣份项目应与检查存在问题相吻合);

(4)隐患整改台账应与隐患整改通知相吻合;

(5)安全检查评分表、安全检查评分汇总表(检查人要写出检查意见并签名)。

6.安全教育

(1)安全教育制度;

(2)职工上岗前三级教育花名册;

(3)职工上岗前三级安全教育登记表(填写身份证号码、贴照片);

(4)教育内容,见考卷(花名册、登记表、考试卷三位一体统一编号)。

7.班前安全活动

(1)活动制度;

(2)活动内容。

8.特种作业人员持证上岗

(1)特种作业人员花名册;

(2)特种作业人员上岗证复印件(复印件必须加盖公司安全管理部门公章确认)。

9.工伤事故处理

(1)工伤事故管理制度;

(2)工伤事故台账;

（3）《建筑施工企业职工伤亡事故综合月报表》。

10. 安全标志

施工现场安全标志布置图（安全色标彩绘图应符合 GB 294—96 的要求，针对作业危险部位标挂，不可排列流于形式）。

11. 文件及证件

（1）企业安全生产许可证（复印件）；

（2）施工许可证（复印件）；

（3）企业法人营业执照（复印件）；

（4）项目经理证书（复印件）；

（5）职工人身意外伤害保险单（复印件）；

（6）劳务分包企业营业执照、资质证书、安全生产许可证书、劳务分包合同书（含各自应负安全责任内容）复印件。

12. 各类设备设施验收、检测

施工现场各类设备设施验收、检测应予以量化，验收检测项目应齐全，数据应准确、真实，主要内容如下：

（1）施工现场临时用电；

（2）大型机械、特种设备；

（3）模板工程；

（4）钢筋加工机械；

（5）搅拌机；

（6）圆盘锯；

（7）平刨；

（8）电焊机；

（9）基坑、洞口等。

施工现场应按实际存在设备设施进行逐一验收，验收时要对照实物，实测、实量，量化验收，数据准确，并认真填写验收记录。属于大型机械设备，应由法定单位检测合格后验收，并悬挂验收合格牌后方可使用。

【案例】

某泵站工程施工现场，该泵房主厂房高 8.6 m，采用钢管扣件支架体系，施工单位管理人员在作业现场的危险区悬挂了警示标牌，当晚 7 时许开始浇筑屋面混凝土，9 时许，模板支架发生坍塌，造成 2 名浇筑作业人员当场死亡，1 人重伤，重伤人员在医院抢救第 20 天时医治无效死亡。

问题：

（1）根据《水利系统文明建设工地考核标准》的规定，工程建设管理水平考核包括哪些方面的主要内容？

（2）施工单位安全考核能否通过？

（3）该工程能否被评为文明建设工地？为什么？

（4）该起事故最终认定应为何种等级事故？为什么？

分析:

(1)依据《水利系统文明建设工地考核标准》中对工程建设管理水平的考核要求,其内容有以下四个方面:①基本建设程序;②工程质量管理;③施工安全管理;④内部管理制度。

(2)不能。施工安全措施不到位,且发生事故。

(3)不能。发生死亡3人的生产安全事故,不满足评审条件中的施工安全考核要求。

(4)该起事故属于较大事故。依据《生产安全事故报告和调查处理条例》第十三条规定,事故报告后出现新情况的,应当及时补报。自事故发生之日起30日内,事故造成的伤亡人数发生变化的,应当及时补报。

【案例】

某水库除险加固施工现场,施工单位(水利水电工程施工总包一级企业)在完成箱涵混凝土浇筑、土方回填施工后,为了满足水库下游灌溉需要,及时完成放水涵闸门安装。放水涵闸门启闭机台和启闭机房在水库蓄水期间施工。

问题:

(1)根据现场情景,辨识放水涵闸门启闭机台和启闭机房施工阶段可能发生哪些事故类型。

(2)施工现场临时用电应遵守哪三项基本原则?

(3)该项目建造师、安全员应当持有哪一级颁发的、何种安全生产考核合格证书?

分析:

(1)可能发生的事故类型有:①高处坠落;②物体打击;③触电;④机械伤害;⑤坍塌;⑥淹溺。

(2)施工现场临时用电应遵守"TN-S"系统、"三级配电"和"二级漏电保护"的三项基本原则。

(3)因该施工单位属于水利水电工程施工总承包一级企业,项目经理(建造师)和安全员应当持有水利部颁发的安全生产考核合格证书,项目经理持项目负责人安全生产考核合格证书(B证),安全员持安全生产管理人员考核合格证书(C证)。

# 参 考 文 献

[1] 中国水利学会水利工程造价管理专业委员会.中国水利造价[M]．北京:中国计划出版社,2002.

[2] 全国二级建造师执业资格考试用书编写委员会.水利水电工程管理与实务[M].3版．北京:中国建筑工业出版社,2009.

[3] 中华人民共和国水利部.SL 176—2007 水利水电工程施工质量检验与评定规程[S].北京:中国水利水电出版社,2007.

[4] 中华人民共和国水利部.SL 223—2008 水利水电建设工程验收规程[S].北京:中国水利水电出版社,2008.

[5] 中华人民共和国水利部.SL 398—2007 水利水电工程施工通用安全技术规程[S].北京:中国水利水电出版社,2007.

[6] 中华人民共和国水利部.SL 399—2007 水利水电工程土建施工安全技术规程[S].北京:中国水利水电出版社,2008.

[7] 中华人民共和国水利部.SL 400—2007 水利水电工程金属结构与机电设备安装安全技术规程[S].北京:中国水利水电出版社,2008.

[8] 中华人民共和国水利部.SL 401—2007 水利水电工程施工作业人员安全操作规程[S].北京:中国水利水电出版社,2009.

[9] 孙明权.水工建筑物[M].北京:中央广播电视大学出版社,2007.

[10] 魏宪田.水利水电工程质量检验与评定操作实务[M].郑州:黄河水利出版社,2010.

[11] 北京市政建设集团有限责任公司,中国市政工程协会.CJJ1—2008 城镇道路工程施工与质量验收规范[S].北京:中国建筑工业出版社,2008.

[12] 江苏省水利厅.SL 27—91 水闸施工规范[S].北京:中国水利水电出版社,2005.

[13] 中华人民共和国水利电力部.SDJ 207—82 水工混凝土施工规范[S].水利电力出版社,1982.

[14] 水利部淮河水利委员会.SL 260—98 堤防工程施工规范[S].北京:中国水利水电出版社,1998.